Basiswissen Physik, Chemie und Biochemie

Horst Bannwarth · Bruno P. Kremer ·
Andreas Schulz

Basiswissen Physik, Chemie und Biochemie

Vom Atom bis zur Atmung – für Biologen, Mediziner, Pharmazeuten und Agrarwissenschaftler

4., aktualisierte Auflage

Horst Bannwarth
Frechen, Deutschland

Bruno P. Kremer
Wachtberg, Deutschland

Andreas Schulz
Universität zu Köln
Köln, Deutschland

ISBN 978-3-662-58249-7 ISBN 978-3-662-58250-3 (eBook)
https://doi.org/10.1007/978-3-662-58250-3

Die Deutsche Nationalbibliothek verzeichnet diese Publikation in der Deutschen Nationalbibliografie; detaillierte bibliografische Daten sind im Internet über http://dnb.d-nb.de abrufbar.

Springer Spektrum

Verantwortlich im Verlag: Stefanie Wolf

Gedruckt auf säurefreiem und chlorfrei gebleichtem Papier

Springer Spektrum ist ein Imprint der eingetragenen Gesellschaft Springer-Verlag GmbH, DE und ist ein Teil von Springer Nature.
Die Anschrift der Gesellschaft ist: Heidelberger Platz 3, 14197 Berlin, Germany

Zu diesem Buch

Ein Mensch kann nicht alles wissen,
aber etwas muss jeder haben,
was er ordentlich versteht.
Gustav Freytag (1816–1895)

Zu unserer besonderen Freude liegt dieses Buch innerhalb kurzer Zeit nunmehr bereits in vierter Auflage vor. Vor diesem Hintergrund glauben wir daher davon ausgehen zu können, dass es unsere an diese Darstellung geknüpften Hoffnungen und Ziele voll erreicht hat. Darin bestärken uns auch die vielen positiven Besprechungen in verschiedenen Medien. Dennoch nahmen wir gerne die Gelegenheit zu Ergänzungen und Überarbeitungen wahr. Dabei haben wir in einigen Themenfeldern einige zusätzliche Akzente gesetzt.

Zu den jeweils rasch vergriffenen früheren Auflagen erreichten uns viele direkte Zuschriften. Gerne haben wir diese an uns herangetragene konstruktive Kritik sowie Anregungen für Erweiterungs- bzw. Verbesserungsmöglichkeiten aufgegriffen. Ganz besonderen Dank schulden wir erneut Stefan Brackertz/Köln für bemerkenswert kompetente Vorschläge. Vielen hier ungenannt bleibenden Kollegen danken wir nachdrücklich für die Durchsicht einzelner Kapitel und/oder für wertvolle Diskussionen.

Die Ausgangslage für dieses Buch bildeten unsere nicht allzu ermutigenden Wahrnehmungen zur naturwissenschaftlichen Grundbildung unserer Studierenden. Auch die aktuellen Untersuchungen zu diesem Problemfeld stellen den weiterführenden Schulen in Deutschland immer noch kein allzu ermutigendes Zeugnis aus. Der bei der Kultusbürokratie bereits mehrfach ausgebrochene Aktionismus hat die allzu evidenten Defizite nach unserer Einschätzung bislang wenig oder gar nicht ausgleichen können, zumal bundesweit eine angemessene und vor allem zeitlich durchgängige Grundausbildung in allen naturwissenschaftlichen Fächern nach wie vor nicht erkennbar ist. Selektives und eventuell auch noch oberflächliches Wissen in wenigen Themenschwerpunkten bildet indessen kein tragfähiges Fundament und ist als Startkapital für das Studium der Naturwissenschaften ausgesprochen problematisch. Die Bachelor- bzw. Master-Studiengänge nach dem Bologna-Prozess, der bestenfalls von den Politikern beklatscht, von der Mehrheit der Hochschullehrer aber mit kritischer Distanz wahrgenommen wurde, haben die Situation eher verschlimmert. Im Ergebnis zeigt sich, dass Studienanfänger (nicht nur) in den

Lebenswissenschaften über viele grundlegende Fakten und Phänomene nur unzureichend informiert sind und sich über den Beginn des Studiums hinaus beträchtlichen Schwierigkeiten ausgesetzt sehen. Möglichst breit angelegte naturwissenschaftliche Kenntnisse sind jedoch erwiesenermaßen für ein erfolgreiches Studium von Biologie, Medizin und Pharmazie ebenso unverzichtbar wie in anderen Feldern der Lebenswissenschaften wie etwa der Agrar- und Forstwissenschaft.

Wir bieten daher den Studierenden vor dem Hintergrund langjähriger Erfahrungen aus Lehrveranstaltungen (auch) im Grundstudium mit dem in diesem Buch zusammengestellten Grundwissen von der Physik bis zur Biochemie und Physiologie eine solide Grundlage und Lernhilfe für die Basismodule in den Bachelor-Studiengängen. Die hier behandelten Themen dienen der flankierenden Vor- und Nachbereitung von Kursen, Praktika und Vorlesungen, bieten sich aber auch als zuverlässige Lern- und Verständnishilfe bei der Vorbereitung für die ersten Prüfungen an. Gerade auch auf diesem Hintergrund lohnt sich das intensive Durcharbeiten dieses Buches. Zudem ersetzt es in den benannten Fachdisziplinen durch die Konzentration auf das Wesentliche mehrere kostenaufwändige Komplexlehrbücher, die fallweise dennoch zur Ergänzung, Erweiterung und Vertiefung hinzugezogen werden sollten.

In diesem Buch werden nur wirklich relevantes Basiswissen, Verständnisgrundlagen und kein im benannten Studienabschnitt entbehrlicher Ballast behandelt. Dennoch vermittelt es motivierende Impulse zur fortlaufenden Aktualisierung und Vertiefung des Wissens. Natürlich kann man es mit Erfolg auch zur Wissensauffrischung in den Semestern des zweiten Studienabschnitts oder zur raschen Information bei anderer Gelegenheit verwenden, etwa in der Berufspraxis an Schulen oder im Umwelt- und Gesundheitsbereich bei Ämtern und Behörden. In nicht wenigen Diskussionen mit Fachleuten aus Wirtschaft und Politik hätten die Autoren nicht selten gewünscht, dass der Wissensstoff eines Basisbuches wie des vorliegenden zur naturwissenschaftlichen Grundbildung gehört. Generell kommt es vielfach weniger auf sektorales Detailwissen als auf ein breit basiertes Verständnis an.

Wenn es ein vorrangiges Ziel des im derzeitigen Ergebnis gewiss nicht unkritisch zu bewertenden Bologna-Prozesses ist, europaweit ein Gefüge vergleichbarer Abschlüsse (Bachelor/Bakkalaureus bzw. Master/Magister) zu schaffen sowie das notwendige lebenslange bzw. lebensbegleitende Lernen zu fördern, dann könnte gerade dieses Buch einen angemessen hilfreichen Beitrag leisten. In diesem Sinne versuchen wir, mit unserem Buch auch zur Harmonisierung unter den Bio- und Umweltwissenschaften und zur Konsistenz des umfassenden naturwissenschaftlichen Wissens und Verstehens beizutragen.

Wir wünschen allen, die mit diesem Lehrbuch arbeiten, optimale Erfolge.

Köln, am 15. August 2018[1]

Horst Bannwarth
Bruno P. Kremer
Andreas Schulz

[1] Vor exakt 770 Jahren – am 15. August 1248 – hat der damalige Erzbischof Konrad von Hochstaden den Grundstein für den Kölner Dom gelegt.

Über die Autoren

Horst Bannwarth und Bruno P. Kremer lehrten und arbeiten am Institut für Biologie und ihre Didaktik, und Andreas Schulz lehrt am Institut für Physik und ihre Didaktik der Universität zu Köln.

Horst Bannwarth und Bruno P. Kremer sind auch Autoren des Springer-Lehrbuchs „Einführung in die Laborpraxis“.

Bruno P. Kremer hat das Springer-Lehrbuch „Vom Referat bis zur Examensarbeit“ verfasst.

Von links nach rechts: Horst Bannwarth, Bruno P. Kremer, Andreas Schulz

Inhaltsverzeichnis

1 Materie, Energie, Leben

Zusammenfassung

Wenn man die Objekte aus der Natur genauer untersucht, um deren Zusammensetzung zu erforschen, analysiert man sie – man nimmt sie auseinander, zerkleinert und zerlegt sie gar soweit, dass man an eine Grenze kommt. Bei einer solchen **Analyse** stößt man auf die kleinsten Teilchen der Materie, auf **Moleküle** bzw. **Atome**, die sich nicht weiter zerlegen lassen, ohne dass die charakteristischen Eigenschaften des untersuchten Stoffes verloren gehen. **Atom** bedeutet unteilbar. Atome lassen sich jedoch mit völlig anderen Methoden noch weiter teilen.

Wenn man zum Beispiel Wasser in immer kleinere Portionen zerlegt, gelangt man irgendwann zu Wassermolekülen, den H_2O-Teilchen. Diese lassen sich zwar noch in ihre atomaren Bestandteile H und O zerlegen, weisen dann aber keine typischen Wassereigenschaften mehr auf. Bereits bei der Annäherung an den atomaren oder molekularen Bereich mit der Größenordnung von 10^{-9} m (**Nanobereich**) verlieren die Stoffe ihre charakteristischen, mit unseren Sinnen erkennbaren Eigenschaften wie etwa Farbe und Konsistenz. Wasser bildet in diesem Bereich höchst interessante Molekülgruppierungen, die sogenannten **Cluster**, über deren Aggregatzustand (fest, flüssig oder gasförmig) keine eindeutigen oder sinnvollen Aussagen mehr möglich sind.

Der andere Weg, Objekte zu verstehen, ist die **Synthese**, die Herstellung einer chemischen Verbindung aus ihren Ausgangsstoffen. Normalerweise kann man einen Stoff, den man zerlegt hat, auch wieder zusammensetzen bzw. synthetisieren. Nicht nur durch die Analyse, sondern auch durch die Synthese und das Kombinieren von Teilen zu etwas Ganzem gewinnt man neue, nicht selten überraschende Erkenntnisse.

Lebende Organismen lassen sich nicht beliebig teilen oder zerlegen, ohne dass das Leben – als Gesamtheit betrachtet – zerstört wird. Man kann Lebewesen trotz der Strukturhierarchie ihrer Komponenten (vgl. Abb. 1.1) nicht wie technische Geräte oder chemische Stoffe auseinandernehmen und wieder zusammensetzen, da sie emergente biologische

H. Bannwarth et al., *Basiswissen Physik, Chemie und Biochemie*,
https://doi.org/10.1007/978-3-662-58250-3_1

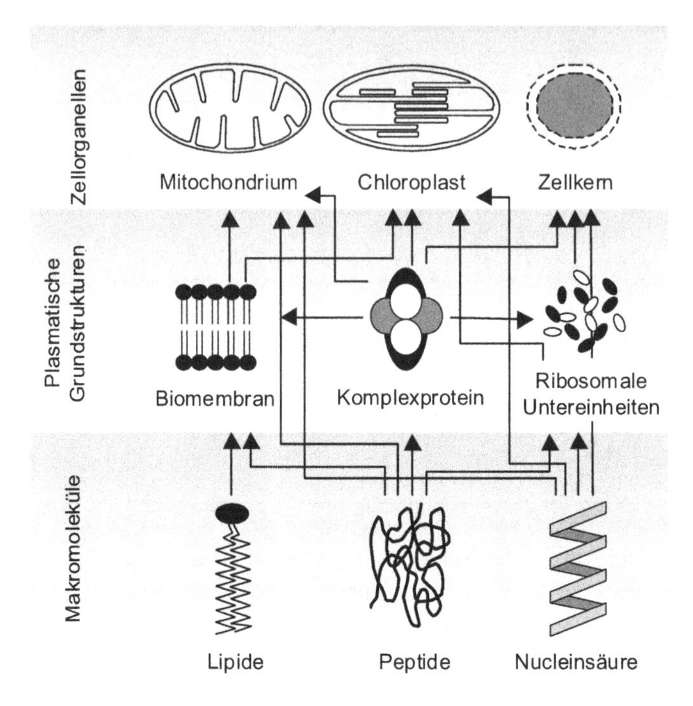

Abb. 1.1 Strukturhierarchie in der Zelle: Biomakromoleküle und Organellen

Systeme sind. Unter **Emergenz** versteht man die Eigenschaft von Einheiten, die erst durch das Zusammenfügen von Bestandteilen zu diesen Einheiten oder **Ganzheiten** zustande kommt. Das Ganze ist nach Aristoteles mehr als die Summe seiner Teile. Durch das Vereinigen der beiden Gase H_2 und O_2 entsteht ein Stoff mit völlig anderen Eigenschaften, nämlich Wasser (H_2O). Emergenz liegt demnach bereits vor, wenn sich zwei Teile zu einer **Funktionseinheit** zusammenfinden, zum Beispiel Schraube und Mutter oder Dose und Deckel. Die verschlossene Dose könnte immerhin im Wasser schwimmen, während dies den Einzelteilen nicht unbedingt möglich ist.

Exkurs: Emergenz

In der Biologie und den affinen Lebenswissenschaften spricht man auch dann von Emergenz, wenn sich etwa Einzelblüten zu einem komplexen Blütenstand zusammenfügen wie bei den Korbblütengewächsen (Asteraceae) oder den Wolfsmilchgewächsen (Euphorbiaceae). Emergenz betrifft ferner die **Interaktion**, den Zusammenschluss oder die **Kooperation** verschiedener Organismen etwa durch **Symbiose** (z. B. Knöllchenbakterien und Pflanzen). Solche Beziehungen bestehen nicht selten trotz nur einseitigen Nutzens, ohne dass aber ein Partner geschädigt wird (Pflanzengallen und ihre Erreger).

Pflanzliche, tierische und pilzliche Zellen (Eucyten bzw. Eukaryoten) sind in der Evolution durch Verschmelzen prokaryotischer Urgärzellen und relativ einfach gebauter anderer Protocyten durch serielle **Endosymbiose** entstanden. Es gibt gute Gründe anzunehmen, dass sich das Leben auf der Erde maßgeblich durch ständig wiederholtes zufallsbedingtes **Neukombinieren** von bereits Bewährtem, Verschmelzen und Vereinigen von unterschiedlichem Erbmaterial vor allem im Wege der sexuellen Fortpflanzung entwickelt hat.

1.1 Kennzeichen des Lebendigen

Leben ist aus der Sicht des Biologen durch **besondere Kennzeichen** oder **Kriterien des Lebens** definiert. Hierzu gehören vor allem Stoffwechsel, Reizbarkeit, aktive Bewegung, juveniles Wachstum und Altern, Entwicklung und Fortpflanzung. Aber auch die Verletzlichkeit und Regenerationsfähigkeit sind für lebende Organismen kennzeichnend. Ferner gehören dazu die Differenzierung, durch Zellen, Gewebe sowie Organe, das Verschiedenwerden in Raum und Zeit, die Formbildung (Morphogenese) und der Formwechsel. Ferner gehören dazu Komplexität, Anpassung, Vererbung, Evolution, Regulation, Steuerung, Gefährdung, Abwehr, Verteidigung, Ordnung, Entropieabnahme, Austausch, Verbindung, Kommunikation, Kooperation, Koordination, Ökonomie, Vernetzung, Wechselseitigkeit, Offenheit, Ergänzung, Systemeigenschaften und Emergenz.

Das ist aber noch längst nicht alles: Menschliches Leben unterscheidet sich eindeutig vom Tierreich insbesondere durch in gewissen Grenzen freies Entscheiden, vorsätzliches, geplantes und absichtliches Handeln und als Voraussetzung dafür handlungsorientiertes Verantwortungsdenken, die Möglichkeit, über das Leben und die eigene Identität, über das Sein, über Sinn und Zweck des Lebens selbst zu entscheiden, nicht zuletzt auch durch seine menschliche Würde, Selbstachtung, Anstand und Respekt.

Um Missverständnissen vorzubeugen: Solche Merkmalsunterschiede zwischen Mensch und Tier berechtigen den Menschen nicht, die ursprünglich vorgefundene Natur oder die vom Menschen bereits gestaltete Kultur-Natur in rücksichtsloser Weise auszubeuten oder Tieren in irgendeiner Weise Leid zuzufügen, im Gegenteil, Verantwortungsdenken, menschliche Ethik und Vernunft sowie wissenschaftliche Erkenntnis sind sinnvoll zur Verbesserung der Lebensbedingungen aller Lebewesen einzusetzen. Der Mensch steht im Mittelpunkt der Verantwortung und nicht des Eigennutzes und der Gewinnmaximierung.

Exkurs: Nerven

Alle diese erstaunlichen und großartigen Leistungen des höher organisierten Lebens sind letztlich **Funktionen der Nervenzellen** und des Nervensystems. Von zentraler Bedeutung in der Biologie ist der Begriff der **Information** und Informationsübertragung, der sowohl mit der Zellbiologie (Transkription, Translation, DNA-Replikation) und Genetik als auch in der Reizbarkeit und Erregungsleitung der Nervenzellen in völlig unterschiedlicher Weise in Erscheinung tritt.

1.2 Teilen, Wachsen und Vermehren

Biologisches Wachstum beruht auf der durch Stoffaufnahme und Stoffsynthesen basierenden **Zellvergrößerung** sowie der **mitotischen Kernteilung mit anschließender Zellteilung**. Bei Pflanzen gibt es auch das **Streckungswachstum**, das auf der Vergrößerung der Zelle durch Wasseraufnahme in die Vakuole beruht. Neben der mitotischen Teilung gibt es die **meiotische** Kernteilung, bei der **haploide Gameten** entstehen. Bei der Befruchtung oder **Syngamie** verschmelzen dann zwei haploide Keimzellen zu einer diploiden Zygote, aus der sich wiederum ein vollständiger Organismus durch Wachstum mit Zellteilung und durch Differenzierung entwickeln kann. Diese zellbiologischen Abläufe sind die Grundlagen für Fortpflanzung und Vermehrung von höheren Organismen wie Pilzen, Pflanzen, Tieren und Menschen. Bei der **Mitose** werden die Chromatiden (Chromosomenspalthälften) geteilt und als **Tochterchromosomen** gleichmäßig auf die Tochterzellen verteilt. Die mitotische Zellteilung ist die Basis der ungeschlechtlichen Vermehrung. Dabei denken wir heute nicht nur an Saatkartoffeln und Stecklingsvermehrung, sondern auch an das **Klonen** mit dem Ergebnis einer erbgleichen Nachkommenschaft. Bei der Meiose kommt es dagegen zu einer Verteilung der väterlichen und mütterlichen Chromosomen (Abb. 1.2).

Wachstums- und **Zerfallsvorgänge** lassen sich mathematisch durch e-Funktionen beschreiben. Diese erhält man immer dann, wenn die zeitliche Änderung einer Größe ΔA der Größe A, z. B. einer vorliegenden Stoffmenge oder Zellmasse, selbst proportional ist:

$$\Delta A \sim A \,. \tag{1.1}$$

Dafür kann man auch den Differenzialquotienten der Stoffmenge nach der Zeit schreiben:

$$dA/dt = k \cdot A \,, \tag{1.2}$$

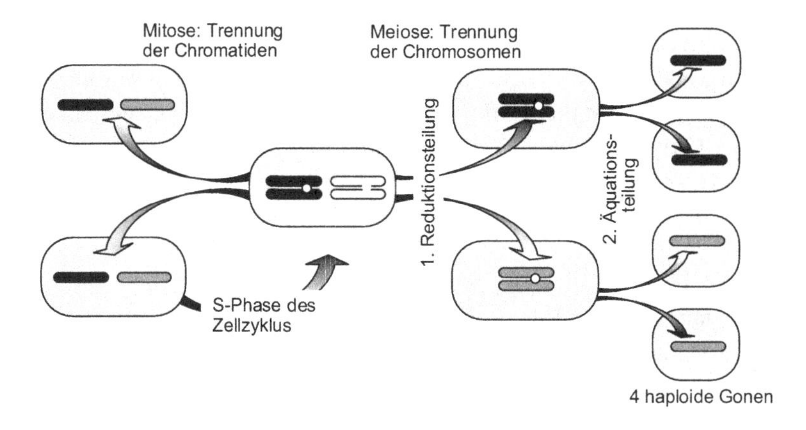

Abb. 1.2 Schematischer Vergleich von Mitose und Meiose

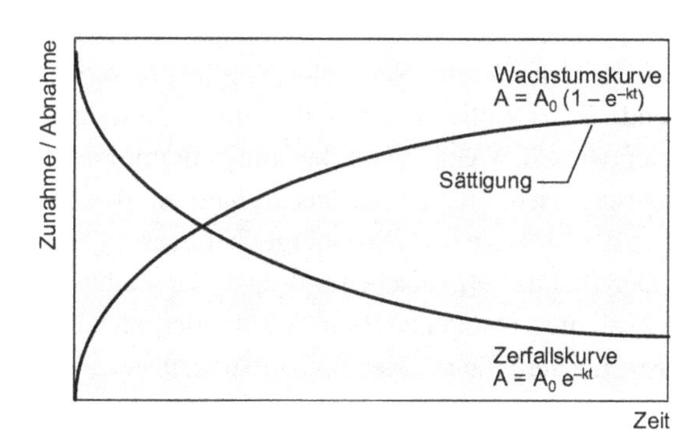

Abb. 1.3 Wachstums- und Zerfallskurve als *e*-Funktion

wobei k eine Konstante ist. Ist $dA/dt = k \cdot A$ positiv, dann bedeutet dies **Wachstum**. Ist dagegen $dA/dt = k \cdot A$ negativ, dann liegt **Zerfall** vor:

$$dA/dt = -k \cdot A \,. \tag{1.3}$$

Integriert man diese Gleichung

$$\int_{A_0}^{A} dA/A = k \int_{0}^{t} dt \,, \tag{1.4}$$

so erhält man:

$$\ln A - \ln A_0 = k \cdot t \quad \text{oder} \quad \ln A/A_0 = k \cdot t \,. \tag{1.5}$$

Weil *e* die Basis der natürlichen Logarithmen ist, bekommt man durch Entlogarithmieren:

$$e^{kt} = A/A_0 \tag{1.6}$$

oder

$$A = A_0 e^{kt} \tag{1.7}$$

für Wachstumsvorgänge (exponentielles Wachstum) sowie

$$A = A_0 e^{-kt} \tag{1.8}$$

für Zerfallsprozesse (vgl. Abb. 1.3). Bei den Wachstumsprozessen unterscheidet man das exponentielle Wachstum und das Sättigungswachstum etwa am Beispiel einer Bakterienkultur.

1.3 Chemie und Physik als Basis

Die **Lebenswissenschaften** können heute viele Erscheinungen der lebenden Natur nicht nur beobachten und beschreiben, sondern auch weitgehend erklären. Wo es möglich ist, biologische Abläufe aufgrund **stofflicher, energetischer oder informeller Grundlagen** – etwa der Genetik oder Neurophysiologie – zu verstehen, haben sich deshalb auch entsprechende Teildisziplinen wie Stoffwechsel-, Reiz- und Sinnes- oder Entwicklungsphysiologie entwickelt. Wenn es um den Umgang mit lebenden Organismen geht, den Menschen eingeschlossen, müssen wir uns deshalb mit den chemischen und physikalischen Grundlagen der Biologie und **Physiologie** befassen.

Der Bau der organischen Substanz der Zellen von Lebewesen vollzieht sich mithilfe optimal zugeschnittener Biomoleküle, darunter Kohlenhydrate, Fette und Proteine, von denen Letztere die höchste Spezifität besitzen. Ihre Struktur wird durch den genetischen Code, die Basensequenz auf der Erbsubstanz DNA, festgelegt (Kap. 12–18). Proteine sind jedoch nicht nur strukturell, sondern auch funktionell als Enzyme, Hormone und Transportproteine wichtig. **Struktur-** und **Funktionsaspekte** müssen in den Lebenswissenschaften jeweils zusammen betrachtet werden.

Für die Ernährung sämtlicher Organismen unterscheidet man

- die **Elemente** der organischen Substanz einschließlich der anorganischen mineralischen Bestandteile wie Kohlenstoff (C), Sauerstoff (O) und Wasserstoff (H),
- die **Makronährstoffe** Stickstoff (N), Phosphor (P), Schwefel (S), Kalium (K), Calcium (Ca) und Magnesium (Mg) sowie
- die **Mikronährstoffe** Bor (B), Molybdän (Mo), Kupfer (Cu), Eisen (Fe), Mangan (Mn), Zink (Zn), Chrom (Cr), Chlor (Cl), Natrium (Na), Silicium (Si) und Vanadium (V). Der Mensch benötigt zudem Fluor (F), Jod (I) und Selen (Se) in geringen Mengen.

Exkurs: Essenzielle Elemente

Mindestens 17 **Elemente** sind für Lebewesen – den Menschen eingeschlossen – in winzigen Mengen lebensnotwendig. Das Skelett und die Zähne der Wirbeltiere benötigen zum Aufbau anorganische **Mineralien** und vor allem solche, die Calcium, Magnesium, Phosphat bzw. Fluorid enthalten. Weichtiere (Schnecken, Muscheln) benötigen diese Stoffe zur Bildung ihrer Schalen, Reptilien und Vögel zur Produktion der Eierschalen. Korallen bauen aus Mineralien komplexe Riffe auf. Höhere Tiere brauchen für die Knochen unbedingt anorganische nicht brennbare und deshalb energetisch nicht verwertbare Gerüstsubstanzen. Höhere Pflanzen hingegen bauen organische Schutz-, Stütz- und **Festigungsstrukturen** wie Holz, Cellulose und Kork auf der Basis von energiereichen und deshalb verbrennbaren Kohlenstoffverbindungen auf.

Die Elemente der organischen Verbindungen, nämlich Kohlenstoff, Wasserstoff und Sauerstoff, kommen in allen Kohlenhydraten, Fetten, Proteinen, Nucleinsäuren und demnach in nahezu allen biologisch bedeutsamen Molekülen vor. Fette und fettähnliche Substanzen sind jedoch vergleichsweise arm an Sauerstoff. In allen Proteinen sind außerdem

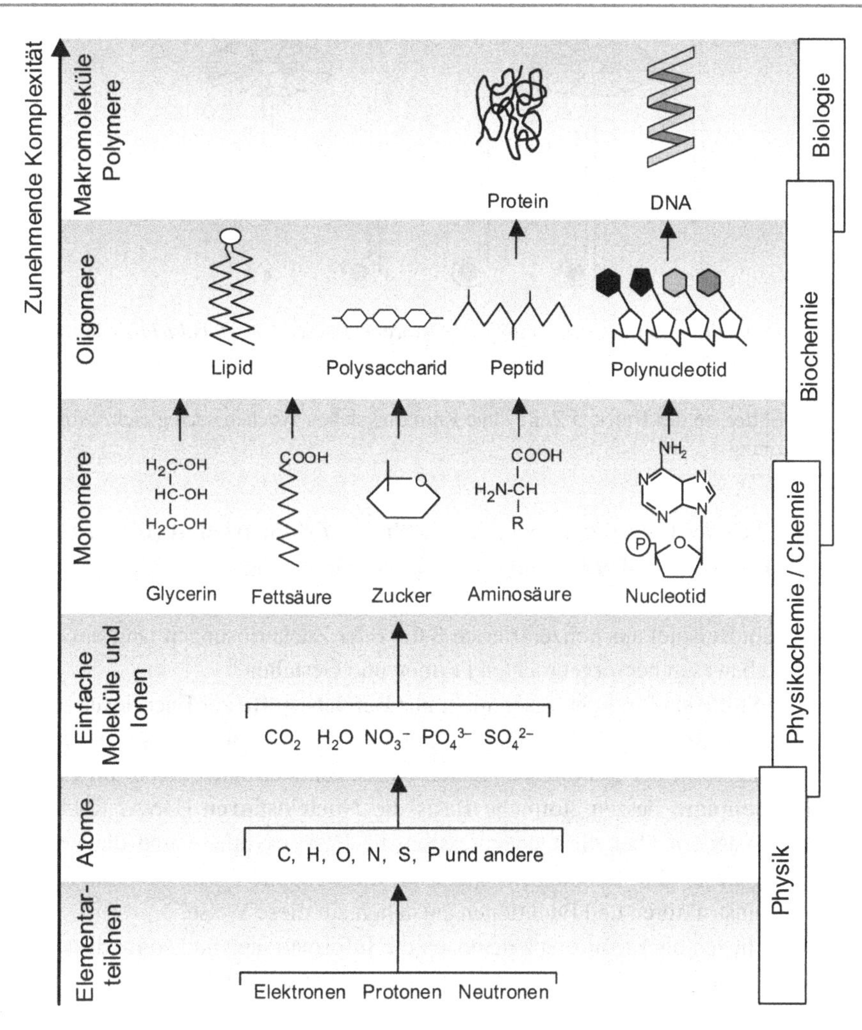

Abb. 1.4 Aufbau organismischer Strukturen aus ihren Grundbausteinen und Zuständigkeit der einzelnen Naturwissenschaften

Stickstoff und Schwefel gebunden und in allen Nucleinsäuren Stickstoff und Phosphor. Während Stickstoff in allen Aminosäuren und damit auch in allen Proteinen vorkommt, ist Schwefel nur in Methionin und Cystein bzw. seinem Dimer Cystin enthalten (vgl. Abb. 1.4 und Kap. 15).

1.4 Formen, Strukturen und Funktionen in der Natur

In der belebten und der unbelebten Natur gibt es eine faszinierende Vielfalt und Fülle an Formen. Mineralien beeindrucken durch die Schönheit ihrer Kristalle. Aber auch Lebewe-

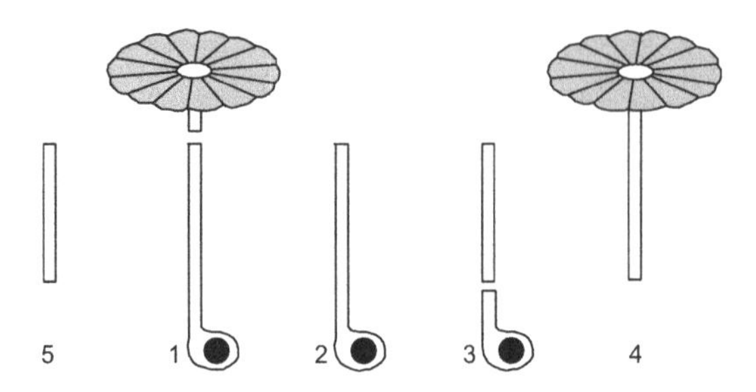

Abb. 1.5 Stoffe aus dem Zellkern bestimmen die Morphogenese: *1* *Acetabularia*-Zelle mit Kern unmittelbar nach Entfernen des Hutes; *2* eine Woche nach Entfernen des Hutes; *3* Kernentnahme eine Woche nach Hutentfernung; *4* Zelle ohne Kern sechs Wochen nach Kernentnahme sowie sieben Wochen nach Entfernen des Hutes; *5* Zelle ohne Kern und sieben Wochen nach gleichzeitiger Hut- und Kernentfernung

sen, einschließlich der Einzeller, imponieren durch ihre **Formenvielfalt** (Diversität), wie sie u. a. Ernst Haeckel (1834–1919) eindrucksvoll gezeichnet hat.

Gibt es nun grundsätzliche Unterschiede zwischen der Entstehung von Kristallformen, wie sie sich zum Beispiel aus konzentrierten Salz- oder Zuckerlösungen langsam bilden, und den von Lebewesen hervorgebrachten Formen und Gestalten?

Organische Stoffe sind in Lebewesen nicht nur **Betriebsstoffe** zur Energieversorgung, sondern auch **Baustoffe** von Zellen. Sie bestimmen die Struktur und die äußerlich sichtbare Erscheinungsform der Lebewesen. Leben entwickelt sich nach einem im Zellkern vorhandenen **Bauplan**, dessen stoffliche Basis die **Nucleinsäuren** (DNA, RNA) sind (Abb. 1.5). Sie steuern über die Genexpression die Proteinsynthese und die Formbildung (Morphogenese) aller Lebewesen. Nicht nur die sichtbare Form, sondern auch die molekularen Feinstrukturen und Funktionen entstehen auf diese Weise.

Im Zellkern liegen als Erbsubstanz demnach die Informationen und somit das gesamte stoffliche Programm, das bestimmt, wie sich alles Leben gestaltet. Dazu gehören auch alle durch „*self assembly*" oder Aggregationsprozesse hochmolekularer Verbindungen zustande gekommenen komplexen Strukturen und Funktionsträger wie **Mikrotubuli** und **Biomembranen**. Ohne Mitwirkung von Lebewesen und ohne einen solchen Bauplan vollziehen sich hingegen Kristallbildungen. Ihre Struktur ist bereits durch die Eigenschaften der Stoffe selbst festgelegt. Sie benötigen also zum Aufbau einer funktionierenden Struktur im Gegensatz zu den Lebewesen keine besondere genetische Anleitung (Instruktion) oder ein **genetisches Programm**.

1.5 Energetik – ohne Energieumsatz ist Leben nicht möglich

Mit der biologischen Information, die in Nucleinsäuren und Proteinen festgelegt ist, wird zwar gewissermaßen vorgeschrieben, wie sich **Bau- und Funktionsmerkmale** ausbilden, jedoch wäre der genetische Bauplan ohne energetische Voraussetzungen nicht umsetzbar.

Auch wichtige **Stoffwechselfunktionen** sind normalerweise energieabhängig. Letztlich stammt die **Energie**, von der alles Leben auf der Erde abhängt, immer von der Sonne (Abb. 1.6). **Photoautotrophe** grüne Organismen (Photosynthetiker wie Photobakterien, Cyanobakterien, photosynthetisch aktive Protisten, Pflanzen) nehmen deren **Lichtenergie** auf. Von der chemisch gebundenen Energie, die von grünen Pflanzen bereitgestellt wird, leben Bakterien, Pilze, Tiere und Menschen.

Dabei werden in den **Chlorophyllmolekülen** Elektronen durch die Lichtenergie auf ein höheres, energiereicheres Niveau angehoben. Dies bezeichnet man als **Anregung**. Solcherart angeregte Elektronen besitzen eine höhere **potenzielle Energie**, analog zur höheren Lageenergie eines angehobenen Körpers im Schwerefeld der Erde (Abschn. 2.4.3). Stehen Elektronenakzeptoren zur Verfügung, können die Elektronen jetzt übertragen werden und von einem **Redox-System** zum nächsten (Kap. 11, 19 und 20) transportiert werden. Hierbei werden sie bewegt. Bewegte Elektronen stellen einen elektrischen Strom dar. Die absorbierte Lichtenergie wird in den Pflanzen demnach zunächst in **elektrische Energie** umgewandelt, entweder als **potenzielle Energie** (Lageenergie) oder als **kinetische Energie** (Bewegungsenergie) der Elektronen. Die potenzielle Energie ist immer eine relative Größe – sie wird nur dann verfügbar und sinnvoll, wenn geeignete Elektronenakzeptoren bereitstehen. **Sauerstoff** ist ein wichtiger **Elektronenakzeptor**. Er sorgt bei der Atmung dafür, dass der Elektronenfluss oder der physiologische Elektronenstrom in Gang kommt. Als Ergebnis dieses Elektronenflusses wird wiederum elektrische Energie in Form von Strom in Transportarbeit zum Aufbau von Protonengradienten in elektrochemisch gespeicherte Energie umgewandelt (Abb. 1.6).

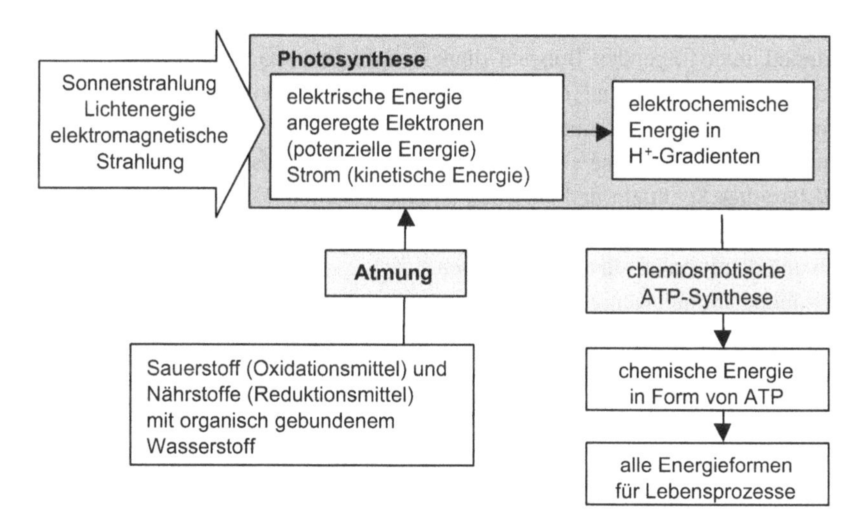

Abb. 1.6 Energieumwandlung in Pflanzen

1.6 Leben und die Hauptsätze der Thermodynamik

Die Energie eines Systems bleibt ohne Einwirkung von außen konstant. Energie kann weder erzeugt noch vernichtet, sondern nur in eine andere Form überführt werden. Dieser **Erste Hauptsatz** der Thermodynamik, der Energieerhaltungssatz (vgl. Abschn. 3.1.3), gilt ohne Einschränkung auch für lebende Systeme. Der Erste Hauptsatz macht jedoch keine Aussage darüber, welcher Zustand bei gleicher Energie des Systems der wahrscheinlichere ist, und legt damit nicht fest, in welche Richtung sich ein Zustand ändert.

Als Maß für die Wahrscheinlichkeit eines Zustandes bei gleicher Energie wurde als neue fundamentale Größe die **Entropie** S eingeführt (vgl. Abschn. 3.1.4 und 3.1.5). Dieser Begriff stammt von Rudolf Clausius (1822–1888) und ist ein Maß für die Ordnung oder besser für Unordnung und Gleichverteilung nach den Wahrscheinlichkeitsgesetzen. Entropieänderung bedeutet so viel wie Änderung der Ordnung in einem System.

Nach dem **Zweiten Hauptsatz** der Thermodynamik (**Entropie-Gesetz**) ändern sich alle Systeme in der Weise, dass sie den Zustand größter Wahrscheinlichkeit oder größter Unordnung, also maximaler Entropie, erreichen. Es sieht so aus, als „strebten" sie den Zustand maximaler Entropie an. Im thermodynamischen Gleichgewicht, wenn eine chemische Reaktion zu Ende verlaufen ist, hat ein System die größtmögliche Entropie erreicht. Des rechten Verständnisses wegen ist jedoch zu betonen, dass sie keinerlei Bestreben besitzen wie zum Beispiel der Mensch, der nach dem Erreichen bestimmter Ziele strebt. In den Naturwissenschaften muss man solches unterstellendes Denken und Hineininterpretieren unbedingt vermeiden.

Die Entropie eines abgeschlossenen Systems wird nie von selbst ohne äußere Einwirkungen kleiner. Ein Prozess, bei dem die Entropie zunimmt, ist ein irreversibler Vorgang – er verläuft nicht in umgekehrter Richtung.

Als Modell mag folgendes Beispiel dienen: Schichtet man hellen Sand über eine Schicht dunkler Eisenfeilspäne in einem Reagenzglas übereinander, so hat man ein geordnetes System (oben hell, unten dunkel). Schüttelt man das Ganze, mischen sich Helles und Dunkles, und diese Ordnung geht verloren. Sie lässt sich nicht durch noch so oft wiederholtes Schütteln und Mischen wiederherstellen. Die Wiederherstellung des Ausgangszustandes ist zwar statistisch gesehen prinzipiell möglich, aber völlig unwahrscheinlich und damit praktisch ausgeschlossen.

Eine Ordnung könnte, wenigstens in Teilen, wiederhergestellt werden, indem man längere Zeit über einem starken Magneten schüttelt, sodass die schwereren Eisenteilchen wieder nach unten gezogen werden und die Sandteilchen oben bleiben. Dies wäre aber ein gerichteter Eingriff von außen. Es zeigt sich also, dass sich Ordnung nur durch gerichtetes Eingreifen unter Einsatz von Energie wiederherstellen lässt.

Bei irreversiblen Prozessen nimmt die Entropie zu, bei reversiblen bleibt sie konstant. Dieser Fall der **Reversibilität** ist gegeben, wenn eine chemische Reaktion zum Stillstand gekommen ist und Hin- und Rückreaktion gleich groß sind. Von außen betrachtet, ereignet sich dann nichts mehr. Ohne solche irreversiblen Änderungen gäbe es keine Zeit, denn es wäre nicht sinnvoll, von einer absoluten Zeit zu sprechen, wenn alles bliebe, wie es ist.

Ebenso wie die Zeit nicht zurückläuft, sondern eine unumkehrbare Richtung hat, haben auch die Veränderungen, die Abläufe und Prozesse in der Natur und in Lebewesen eine eindeutige und nicht umkehrbare Richtung. Die Gesetzmäßigkeit, wonach sich Entwicklungen im Prinzip nicht umkehren lassen, ist als **Dollo'sches Gesetz** bekannt.

Irgendwann kommen alle Veränderungen und Entwicklungen im Kosmos zu ihrem **Gleichgewicht** und damit zu ihrem Ende, wenn der Zustand maximaler Unordnung erreicht ist und das absolute Gleichgewicht aller möglichen Reaktionen und Änderungen vorliegt.

Lebewesen bauen mithilfe von Energie und Information, die genetisch fixiert und in bestimmten Strukturen und Funktionen exprimiert werden, aus einfachen Systemen bemerkenswert komplexe und damit Ungleichgewichte auf. So kann sich aus einer befruchteten Eizelle, einer Spore oder einem Samenkorn ein hoch differenzierter und spezialisierter Organismus entwickeln. Auch in der Erdgeschichte entstanden durch Evolution komplexere Formen aus einfacheren. Ein Beispiel ist die Entstehung der Blütenpflanzen (Angiospermen bzw. Magnoliophyta) während der Kreidezeit, die mit ihrer doppelten Befruchtung einen weitaus komplizierteren Fortpflanzungsmechanismus besitzen als die Moos- und Farnpflanzen. Das Hervorgehen hoch geordneter und sehr komplexer aus weniger geordneten oder einfacher strukturierten Formen scheint zunächst im Widerspruch zum Entropie-Gesetz zu stehen. So ist der Zustand der gleichmäßigen Verteilung von Stoffen zwischen zwei benachbarten Kompartimenten der wahrscheinlichere und ohne Energieaufwand zu erreichen, während die ungleichmäßige Anreicherung oder Konzentrierung eines Stoffes in einem Kompartiment eher unwahrscheinlich ist. Die gleichmäßige Verteilung von Stoffen stellt sich von selbst ein, ein Konzentrationsgefälle (Gradient) dagegen nicht.

Das Leben steht deshalb mit dem Entropie-Gesetz (Zweiter Hauptsatz der Thermodynamik) nur oberflächlich betrachtet im Widerspruch. Beachtet man die auch in der Technik oft realisierte Möglichkeit, unter Aufwand von Energie und Information gegen das „Bestreben" von Systemen den wahrscheinlichsten oder am wenigsten geordneten Zustand der gleichmäßigen Verteilung einzunehmen, so löst sich dieser Widerspruch auf.

1.7 Experimente sind Fragen an die Natur

Die Naturwissenschaften sind im Wesentlichen empirisch arbeitende Wissenschaften und somit Erfahrungswissenschaften. Aus der unmittelbaren, oft **vergleichenden Beobachtung** an Lebewesen lassen sich bereits eine Reihe wichtiger Erkenntnisse gewinnen.

Es stellen sich aber auch Fragen, die ohne Versuche nicht zu beantworten sind. Das **Experiment** liefert also vor allem dort Erkenntnis und Klarheit, wo diese nicht direkt aus der Naturbeobachtung möglich sind. Experimente werden im Gegensatz zur Naturbetrachtung immer unter genau festgelegten Versuchsbedingungen durchgeführt. Diese müssen möglichst präzise angegeben werden, damit die Ergebnisse reproduzierbar sind. Für die Auswertung der in Tabellen oder graphischen Darstellungen festgehaltenen Ergebnisse sind mathematische Grundkenntnisse unerlässlich.

Wenn man Lebewesen aufgrund ihrer stofflichen und energetischen Beschaffenheit verstehen möchte, müssen vor allem chemische und physikalische Grundlagen vorausgesetzt und erworben werden. So sind klare Vorstellungen über Begriffe wie Atom, Molekül, Verbindung, Lösung, Ion, Ladung, Spannung, Strom, Temperatur, Wärme oder Energie unabdingbar notwendig zum Verständnis lebender Systeme. Ohne stofflich-chemische Begriffe ist es unmöglich, die Atmung oder die Photosynthese angemessen zu beschreiben und zu verstehen. Hieraus ergibt sich, dass eine umfassende naturwissenschaftliche Bildung mehrere Ziele ansteuern muss:

- Erlernen elementarer naturwissenschaftlicher, mathematischer, physikalischer und chemischer Grundkenntnisse in ihrem Bezug zu biologischen Erscheinungen und Sachverhalten,
- Erlernen einfacher praktischer Experimentiermethoden.

Fähigkeit zum objektiven Betrachten, zum quantitativen Arbeiten (Messen, Zählen, Rechnen), zum sinnvollen Auswerten und zur verbalen Ergebnisfixierung, Erklärung und Deutung der Versuche ist unerlässlich.

Ziel und Sinn einer jeden Wissenschaft ist Erkenntnisgewinnung. Die empirischen Naturwissenschaften gewinnen ihre Erkenntnisse im Wesentlichen mithilfe der beiden Verfahren **Induktion** und **Deduktion**. Induktion und Deduktion führen zu Erkenntnis und Bestätigung (Abb. 1.7).

Beide Verfahren sind in der Regel sehr eng miteinander verknüpft und lassen sich darum oft nicht trennen. Bei der Induktion werden Einzelergebnisse aus Beobachtungen und Experimenten systematisch gesammelt und geordnet, bis schließlich alle Ergebnisse unter einer allgemeinen Aussage, Vermutung, Hypothese oder sogar einer Behauptung (= These) zusammengefasst werden können. Eine einfache Aussage, ein einfaches Ergebnis, kann durch mehrere Untersuchungen nach und nach genauer und exakter formuliert werden. Die Wahrscheinlichkeit oder Sicherheit, dass die Aussage richtig ist, nimmt mit weiterführenden Untersuchungen prinzipiell zu.

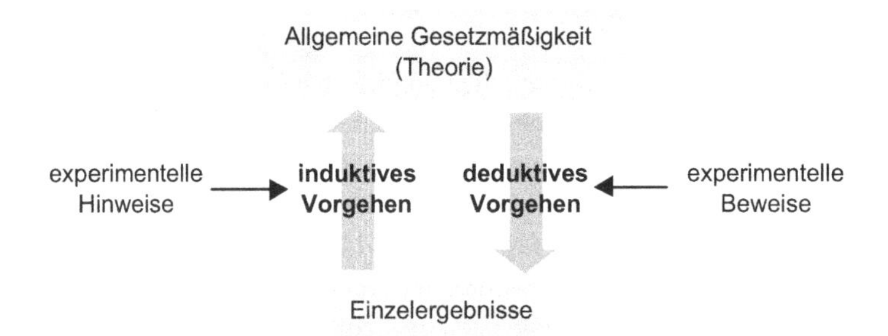

Abb. 1.7 Erkenntnis und Bestätigung durch Induktion und Deduktion

Eine absolute, ohne Bezug zu bestimmten Voraussetzungen, Gegebenheiten, Bedingungen und Zusammenhängen formulierte „Wahrheit" gibt es nicht oder sie erscheint bei genauerer Betrachtung als nichtssagend oder sinnlos. Beispiele sind:

Physik	Ein Körper befindet sich in Ruhe.
	Ein Dachziegel hat Lageenergie.
Chemie	Aluminiumhydroxid ist eine Base.
	Salpetersäure ist ein Schadstoff.
Biologie	Trittpflanzen werden durch Tritt gefördert.
	Der Transport von Kalium-Ionen in die Schließzellen erfolgt passiv (ohne Energieaufwand).
Medizin	Fasten und Sport erhalten die Gesundheit.
	Antibiotika heilen Infektionskrankheiten.
Pharmazie	Giftpflanzen sind Heilpflanzen.
	Tee aus manchen Pflanzen beugt Krankheiten vor.

Solche Aussagen können richtig oder falsch sein. Es kommt jeweils auf die Gegebenheiten, Voraussetzungen und Umstände, auf den Verständniszusammenhang an. Ziel des naturwissenschaftlichen Lehrens kann deshalb nicht nur das Vermitteln von gesichertem Wissen und von Tatsachen sein, sondern vor allem das richtige Erklären und Verstehen. Es geht hierbei demnach nicht um Schubladendenken, sondern um Bedingungsdenken, also das Denken und Verstehen in systemischen Zusammenhängen.

Die Naturwissenschaften kennen zahlreiche Beispiele für das Induktionsverfahren, darunter den Weg zur Entdeckung der Mendel'schen Regeln der Vererbung, Gesetzmäßigkeiten über die Verträglichkeit von Blutgruppen oder das Liebig'sche Minimumgesetz in der Biologie und Ökologie, die Grundgleichung der Mechanik (Newton'sche Bewegungsgleichung), die Masse- und Energieerhaltungssätze in der Physik, Gesetze der konstanten und multiplen Proportionen oder das Prinzip des kleinsten Zwangs (Le-Chatelier-Prinzip) in der Chemie. Einige Gesetze wie die elektrostatischen Gesetze lassen sich mehreren Wissenschaften zuordnen, etwa der Chemie, der Physik und der Molekularbiologie. Viele gesicherte Erkenntnisse der Naturwissenschaften lassen sich nur durch Experimentieren unter genau festgelegten Bedingungen gewinnen. Erkenntnisse werden beim Experimentieren unter Vergleichssituationen gewonnen. So kann die Wirkung eines Stoffes nur durch den Vergleich mit der Kontrolle ohne Wirkstoff erkannt werden. Die Rolle des Zellkerns in der Zelle kann man durch den Vergleich kernhaltiger und kernloser Zellen erkennen. Jedes Messen schließt immer den Vergleich mit einem Maßstab ein.

1.8 Maße und Messsysteme

Die Naturwissenschaften haben sich die Aufgabe gestellt, die Erscheinungen der Natur qualitativ und quantitativ zu beschreiben und zu ordnen. Für diese sortierende Gesamtinventur benötigt man einerseits hinreichend genaue Messverfahren und eine zuverlässig arbeitende Instrumentierung, andererseits aber definierte und allgemein verbindliche Messgrößen oder Dimensionen.

1.8.1 Skalare und vektorielle Größen

Grundsätzlich gibt es in den Naturwissenschaften zwei ihrem Charakter nach verschiedene Messgrößen. Die einfacheren lassen sich vollständig durch einen Zahlenwert und ihre Maßeinheit angeben, wie z. B. die Temperatur oder die Zeit. Hier spielt eine Raumrichtung keine Rolle. Man nennt sie **skalare Größen**.

Bei einer Größe wie einer Strecke oder einer Geschwindigkeit reicht dies jedoch nicht aus, denn es fehlt die Angabe, in welche Raumrichtung gemessen werden soll. Hier ist also zusätzlich die Richtung der Messung anzugeben. In solchen Fällen spricht man von **vektoriellen Größen**. In diesem Buch werden vektorielle Größen mit einem Pfeil über dem Symbol gekennzeichnet. Graphisch werden sie als Pfeile dargestellt (vgl. Abb. 2.8 und 2.9). In der Praxis lässt man sie aus Gründen der Vereinfachung gelegentlich weg, wenn klar erkennbar ist, dass eine bestimmte Größe ein Vektor ist. In einem (beliebig wählbaren) Koordinatensystem lassen sich Vektoren in ihre Koordinaten-Komponenten zerlegen, in einem rechtwinkligen x-y-System also in ihre x- und ihre y-Komponente.

Addition und Subtraktion von Vektoren erfolgen stets komponentenweise. Bei der Multiplikation von zwei Vektoren müssen zwei verschiedene Multiplikationsarten unterschieden werden: das **Skalarprodukt** und das **Vektorprodukt**. In einem rechtwinkligen (d. h. kartesischen) Koordinatensystem wird beim Skalarprodukt das Produkt der Beträge der Vektoren (d. h. der Zahlenwert der Größe) zusätzlich mit dem Cosinus des Winkels multipliziert, den die beiden Vektorpfeile einschließen. Als Multiplikationszeichen verwendet man einen Punkt (·). Das Resultat ist ein Skalar. Ein Beispiel hierfür ist die potenzielle Energie (Gewichtskraft mal Höhe), die kein Vektor ist.

Ein **Vektorprodukt**, bei dem man als Multiplikationszeichen ein Kreuz (= typographisches Zeichen ×, kein x!) verwendet, berechnet man, indem man das Produkt der Beträge zusätzlich mit dem Sinus des von den Vektorpfeilen eingeschlossenen Winkels multipliziert. Das Resultat ist ein weiterer Vektor, der umso größer ausfällt, je mehr sich der Winkel zwischen den Vektoren einem rechten Winkel nähert. Ein Beispiel dafür ist das Drehmoment aus Kraft mal gerichteter Hebelarmlänge (Energie und Drehmoment besitzen die gleiche Maßeinheit Newtonmeter (Nm)), die im Fall der Energie einen neuen Namen (Joule) erhält (vgl. dazu Abschn. 2.4 und 2.5). Der Vektor als Ergebnis eines Vektorprodukts steht senkrecht auf der Ebene, welche die beiden Ausgangsvektoren aufspannen. Die Richtung des neuen Vektors wird durch die Reihenfolge der Vektoren im Produkt bestimmt, wodurch – anders als im normalen und im Skalarprodukt – die Reihenfolge nicht vertauscht werden darf.

1.8.2 Basisgrößen und Basiseinheiten

Auf der 14. Generalkonferenz für Maß und Gewicht (1971) hat man für die Basismessgrößen sieben Basiseinheiten festgelegt, die hinsichtlich ihrer Dimension voneinander unabhängig sind. Schon vorher hat man diesem System die Bezeichnung **Internationales Einheitssystem** (*Système International d'Unités*) mit dem Symbol **SI** gegeben. Tab. 1.1 listet diese sieben **SI-Basiseinheiten** sowie die zugehörigen **Basisgrößen** mit ihren Zei-

Tab. 1.1 SI-Basisgrößen und Basiseinheiten

Basisgröße		Basiseinheit	
Name	Zeichen	Name	Zeichen der Einheiten
Länge	l	Meter	m
Masse	m	Kilogramm	kg
Zeit	t	Sekunde	s
Elektrische Stromstärke	I	Ampere	A
Temperatur	T	Kelvin	K
Stoffmenge	n	Mol	mol
Lichtstärke	I_v	Candela	cd

Tab. 1.2 Vorsätze (Multiplikatoren) zur Bezeichnung von dezimalen Vielfachen und Teilen von Einheiten

Vorsatz	Zeichen	Zahlenwert des Multiplikators	
Yotta	Y	1.000.000.000.000.000.000.000.000	10^{24}
Zetta	Z	1.000.000.000.000.000.000.000	10^{21}
Exa	E	1.000.000.000.000.000.000	10^{18}
Peta	P	1.000.000.000.000.000	10^{15}
Tera	T	1.000.000.000.000	10^{12}
Giga	G	1.000.000.000	10^{9}
Mega	M	1.000.000	10^{6}
Kilo	k	1000	10^{3}
Hekto	h	100	10^{2}
Deka	da	10	10^{1}
		1	10^{0}
Dezi	d	0,1	10^{-1}
Zenti	c	0,01	10^{-2}
Milli	m	0,001	10^{-3}
Mikro	µ	0,000 001	10^{-6}
Nano	n	0,000 000 001	10^{-9}
Pico	p	0,000 000 000 001	10^{-12}
Femto	f	0,000 000 000 000 001	10^{-15}
Atto	a	0,000 000 000 000 000 001	10^{-18}
Zepto	z	0,000 000 000 000 000 000 001	10^{-21}
Yocto	y	0,000 000 000 000 000 000 000 001	10^{-24}

chen für die Einheiten auf. Die SI-Einheiten sind heute in allen Naturwissenschaften verbindlich und in wissenschaftlichen sowie technischen Texten allgemein in Gebrauch.

Da die Naturwissenschaften unterdessen einerseits in sehr große, aber auch in bemerkenswert kleine Größenordnungen vorgedrungen sind, verwendet man zur Bezeichnung der Vielfachen von Einheiten besondere dezimale Multiplikatoren, unter anderem auch deshalb, um allzu „unhandliche" Zahlen zu vermeiden. Tab. 1.2 benennt dazu die allgemein üblichen Bezeichnungen.

Seit November 2018 wurde neben den übrigen Basiseinheiten auch das Kilogramm durch eine Naturkonstante definiert. Das 1889 festgelegte Urkilogramm, ein Pt-/Ir-Zylinder, hat demnach nur noch musealen Wert.

1.8.3 Abgeleitete Einheiten

Von den sieben **SI-Basisgrößen** lassen sich die zahlreichen übrigen in den Naturwissenschaften verwendeten Größen und ihre Einheiten ableiten, von denen in den zahlreichen Spezialsparten des Wissenschaftsbetriebes und der Technik unterdessen mehrere Hundert in Gebrauch sind. Einige auch für die Lebenswissenschaften relevanten **abgeleiteten Einheiten** und ihre Symbole führt Tab. 1.3 auf. Während sich die Namen der Einheiten in den verschiedenen Sprachen geringfügig unterscheiden können (*mètre, meter, metro*, Meter), sind die Symbole (Zeichen) selbst grundsätzlich unveränderbar. Alle abgeleiteten Einheiten sind als Potenzprodukte der Basisgrößen darstellbar (vgl. Tab. 1.2).

Als Zeichen der Einheiten wählte man sowohl Klein- als auch Großbuchstaben. Da das Alphabet für die Vielzahl notwendiger Einheitenzeichen nicht ausreicht, gibt es fallweise auch mehrbuchstabige Symbole, allerdings immer nur mehrere Kleinbuchstaben (lx, rad) oder eine Kombination aus nur einem Groß- mit einem Kleinbuchstaben (Bq, Hz).

Für viele Benennungen und Bezeichnungen (auch) im Einheitenwesen sind Klein- oder Großbuchstaben aus dem griechischen Alphabet üblich, beispielsweise bei den Elementarteilchen (γ = Photon, ν = Neutrino, Σ = Sigmateilchen) oder zur Angabe der Wellenlänge (λ). Die Buchstaben Epsilon/Eta sowie Omikron/Omega haben im gesprochenen Wort unterschiedliche Lautwerte. Für den Gebrauch im Einheitenwesen sind diese jedoch unerheblich. In Formeln oder sonstigen Angaben verwendet man für den Kleinbuchstaben Sigma immer nur die Binnenform σ.

Für die eindeutige und korrekte Schreibweise sind folgende Hinweise zu beachten:

- Hinter den Zeichen der Einheiten steht niemals ein Punkt. Ausnahme ist das reguläre Satzzeichen, wenn ein Symbol der letzte Buchstabe in einem Satz ist.
- Bei Einheitenprodukten setzt man zwischen den Einzelangaben einen Zwischenraum: N m.
- Bei mehr als zwei Divisionen wie Milligramm pro Kilogramm pro Stunde verwendet man vorzugsweise die Exponentialangabe: statt mg/kg/h also $\mathrm{mg\,kg^{-1}\,h^{-1}}$ oder aus Gründen der besseren Lesbarkeit mit typographischem Multiplikationszeichen: $\mathrm{mg} \times \mathrm{kg}^{-1} \times \mathrm{h}^{-1}$.

Tab. 1.3 Abgeleitete Größen und Einheiten mit ihren Namen und Symbolen

Größe	Symbol der Größe	SI-Einheit	Weitere Ableitung und Namen
Winkel	α, β, γ	rad	Grad (°), $1° = 1\,\text{rad} \times \pi / 180$ (Winkel-)Sekunde (″), $1'' = 1' / 60$ (Winkel-)Minute (′), $1' = 1° / 60$
Fläche	A	m^2	Ar (a), $1\,a = 100\,m^2$ Hektar (ha), $1\,ha = 10.000\,m^2$
Volumen	V	m^3	Liter (L), $1\,L = 10^{-3}\,m^3$
Dichte	ρ		$kg \cdot m^{-3}$
Kraft	F	Newton (N)	$kg \cdot m \cdot s^{-2}$
Arbeit	W	Joule (J)	$N \cdot m$
Leistung	P	Watt (W)	J/s
Druck	P	Pascal (Pa)	Bar (bar), $1\,bar = 10^5\,Pa = 10^2\,kPa = 10^3\,hPa$ $1\,Pa = 10^{-5}\,kg \cdot cm^{-2}$ 1 Torr = 1 mm Hg = 1,334 mbar
Zeit	t	s	Sekunde (s) Minute (min), 1 min = 60 s Stunde (h), 1 h = 60 min Tag (d), 1 d = 24 h Jahr (a), 1 a = 365,2422 d
Ladung	q	Coulomb (C)	$A \cdot s$
Radioaktivität	A	Bq	Curie (Ci), $1\,Ci = 3{,}7 \times 10^{10}\,Bq$

- Bei Divisionen von Einheitenprodukten setzt man die zusammengehörenden Ausdrücke wegen der notwendigen Eindeutigkeit gegebenenfalls in Klammern: W/(m K) oder $W\,(m \times K)^{-1}$.
- Eine Messwertangabe wählt man möglichst so, dass der zu benennende Zahlenwert zwischen 0,1 und 1000 liegt und man die Einheit an Stelle ihres dezimalen Teilers oder Vielfachen verwenden kann: 0,7 L statt 70 cl oder 700 mL, 5 mL statt 0,005 L, 3 µL statt 0,003 mL.
- Ein Einheitenzeichen darf man allerdings nie mit zwei Präfixen versehen, um besonders kleine oder große Teiler zu kennzeichnen: Die Schreibweise 1 mµm („Millimikrometer") für 10^{-9} m ist also unzulässig.
- Ein Präfix darf nicht alleine stehen. Die etwas nachlässige Angabe 1 µ für eine Strecke von 1 µm Länge ist demnach nicht zulässig.
- Zwischen Zahlenangabe (Multiplikator) und Einheitenzeichen steht immer ein einfacher Zwischenraum: 5 mm, 3 d, 125 Ci, 27 ha, 1,035 hPa.
- Durch die Kombination eines dezimalen Präfixes mit dem Einheitenzeichen entsteht gleichsam ein neues Symbol, das man ohne Klammer zur Potenz erheben kann: km^2, μL^3, ns^{-2}.

- Früher übliche Schreibweisen wie 5 ccm für 5 mL oder 2,4 qkm anstelle 2,4 km^2 sind nicht mehr zulässig.
- Das Prozentzeichen (%) kann man als mathematischen Operator auffassen, der die Anweisung „Multipliziere mit 0,01 oder 10^{-2}" gibt. Kleinere Operatoren sind Promille (‰; 10^{-3}), ppm (*part per million*; 10^{-6}), ppb (*part per billion*; 10^{-9}) und ppt (*part per trillion*; 10^{-12}). Die unterschiedliche Benennung von 10^9 mit billion/Milliarde und 10^{12} mit trillion/Billion in verschiedenen Sprachräumen (Frankreich/USA vs. Deutschland) ist zu beachten. Weitere Hinweise finden sich bei Kremer (2018).

1.8.4 Messfehler

Durch eine Beobachtung oder ein Experiment gemessene Größen können niemals mit beliebiger Genauigkeit bestimmt werden. Trotz angestrebter größtmöglicher Genauigkeit sind die quantitativen Angaben aus mancherlei Gründen fehlerbehaftet. Für naturwissenschaftliches Arbeiten ist also neben dem Messen und der formalen Erfassung der erhaltenen Messdaten auch eine Fehlerbetrachtung erforderlich.

Das Wechselspiel von Messung und theoretischer Erklärung eines Phänomens oder Vorgangs bestimmt maßgeblich den Fortschritt in der Wissenschaft. Klaffen die gemessene Größe und ihr durch eine Theorie bestimmter Wert auseinander, so ist die Theorie verbesserungsbedürftig.

Fehler einer Messung werden grundsätzlich in zwei Kategorien eingeteilt, in **systematische Fehler** und **statistische Fehler**. Systematische Fehler gehen auf einen mangelhaften Messprozess zurück, z. B. ein falsches Maßband für eine Längenmessung. Um den Fehler zu beziffern, muss der Mangel gefunden werden, da sonst keine Möglichkeit besteht, ihn abzuschätzen. Mehrmaliges Messen z. B. kann ihn weder eingrenzen noch beseitigen. Nach Auffinden des Fehlers lassen sich allerdings Ergebnisse sogar nachträglich verbessern oder sogar berichtigen.

Statistische Fehler entstehen zufällig: Es kann sich z. B. um Fehler beim Ablesen einer Skala handeln. Liest man einen zu beobachtenden Wert allerdings durch mehrmaliges erneutes Beobachten mehrmals ab, so wird man aufgrund der Streuung der Einzelwerte, die den Gesetzen der Statistik unterliegt, eine Abschätzung für die Größe der Schwankung erhalten. Man ist sogar in der Lage, den statistischen Fehler einer Messung durch die Anzahl ihrer Wiederholungen systematisch zu verkleinern.

Weil die Streuung der Messwerte der **Gauß'schen Normalverteilung** der Statistik unterliegt, lässt sich durch Bildung des arithmetischen Mittels ein repräsentativer Wert für die Messgröße angeben:

$$\bar{x} = \frac{1}{n}\sum_{i=1}^{n} x_i \,, \tag{1.9}$$

mit den Einzelmesswerten x_i (i von 1 bis n) und dem **Mittelwert** $\bar{x}$. Die Abweichung δx_i jedes Einzelwertes vom Mittelwert $\bar{x}$ lässt sich durch Differenzbildung leicht errechnen.

Aus diesen Abweichungen ist man in der Lage, die **Standardabweichung** δx anzugeben, also den statistischen Messfehler (Streuung) der Einzelwerte, mit

$$\delta x = \sqrt{\frac{1}{n-1}\sum_{i=1}^{n}(\delta x_i)^2} \approx \sqrt{\frac{n \cdot (\delta x_i)^2}{n}} = \delta x_i \, . \qquad (1.10)$$

Der rechte Teil von Gl. 1.10 gilt näherungsweise nur dann, wenn die einzelnen δx_i sich nicht stark voneinander unterscheiden, was oft der Fall sein wird. Bei genau nach Gauß verteilten Messwerten weichen 68 % aller Messwerte um höchstens diese Standardabweichung vom Mittelwert ab, 95 % aller Werte um höchstens $2\,\delta x$ und über 99 % um höchstens $3\,\delta x$. Der mittlere Fehler des Mittelwertes $\bar{x}$ – und dieser ist letztlich für das Endergebnis einer Messreihe interessant, um die eigene Messung z. B. mit der einer anderen Arbeitsgruppe zu vergleichen – ergibt sich aus der Statistik zu

$$\delta \bar{x} = \sqrt{\frac{1}{n(n-1)}\sum_{i=1}^{n}(\delta x_i)^2} \approx \sqrt{\frac{n \cdot (\delta x_i)^2}{n(n-1)}} \approx \frac{\delta x_i}{\sqrt{n}} \, . \qquad (1.11)$$

Die Einzelfehler lassen sich oft einfach abschätzen, ohne sie im Einzelnen auszurechnen. Eine hohe Genauigkeit interessiert hier in den allermeisten Fällen nicht. Damit wird die Fehlerrechnung sehr einfach.

Fehler kann man als **absolute Fehler** angeben (in der gleichen Maßeinheit wie die gemessene Größe, z. B. 12,5 kg ± 0,2 kg) oder als **relative Fehler** in Prozent des Messwertes (also 12,5 kg ± 1,6 %; im gewählten Beispiel mit 0,2 : 12,5 = 0,016 = 1,6 %).

1.8.5 Fehlerfortpflanzung

Hat man mehrere gemessene Größen, die rechnerisch zu einer weiteren Größe als Endergebnis zusammengefasst werden, so ermittelt sich der Gesamtfehler der Endgröße aus den Fehlern der Einzelgrößen. Dabei ergeben sich als hinreichend gute Abschätzungen für verschiedene rechnerische Operationen folgende vereinfachte Regeln:

Bei Summen und Differenzen (also $z = y + x$ oder $z = y - x$) werden die Absolutfehler unter der Wurzel quadratisch addiert:

$$\delta z = \sqrt{(\delta x)^2 + (\delta y)^2} \, . \qquad (1.12)$$

Bei Produkten und Quotienten (also $z = x \cdot y$ oder $z = x/y$) werden die relativen Fehler unter der Wurzel quadratisch addiert:

$$\frac{\delta z}{z} = \sqrt{\left(\frac{\delta x}{x}\right)^2 + \left(\frac{\delta y}{y}\right)^2} \, . \qquad (1.13)$$

Bei Potenzen und Wurzeln (also $z = x^a$, a nicht fehlerbehaftet) wird der relative Fehler von z (mit x fehlerbehaftet) bestimmt durch

$$\frac{\delta z}{z} = a \cdot \frac{\delta x}{x} \tag{1.14}$$

(dies gilt auch für $a < 1$, also Wurzeln).

Hat man ein Produkt aus Potenzen, so wird der Fehler jeder einzelnen Potenz nach Gl. 1.14 und danach der Fehler des Produkts nach Gl. 1.13 ermittelt.

Eine weitere Vereinfachung macht die Fehlerfortpflanzung zur einfachen Kopfrechenaufgabe: Übersteigt ein Fehler eines der zu verknüpfenden Einzelwerte alle anderen um den Faktor 1,5, so ist dieser angenähert der Fehler des Endwertes; sind alle Fehler etwa gleich groß, so ergibt sich der Fehler des Endwertes angenähert aus dem 1,5-Fachen des Fehlers der Einzelwerte.

1.9 Fragen zum Verständnis

1. Wie ist die belebte und wie die unbelebte Natur grundsätzlich aufgebaut? Welche wesentlichen Unterschiede bestehen zwischen beiden?
2. Was versteht man unter Emergenz? Nennen Sie je ein Beispiel aus Biologie, Chemie, Physik und Technik.
3. Welche sind die wichtigsten Elemente der organischen und welche der anorganischen Materie?
4. Welche Bedeutung haben die Makro- und Mikronährstoffe allgemein für die Gesundheit? Recherchieren Sie, wie viel Calcium und wie viel Selen der Mensch täglich benötigt und welchen Beitrag beide Elemente für die Gesundheit leisten.
5. Wie kann man zeigen kann, dass Aussehen, Form und Entwicklung der Zellen vom Zellkern bestimmt werden?
6. Erläutern Sie die Energieumwandlungen in Pflanzenzellen mithilfe von Modellversuchen aus Physik oder Chemie.
7. Was versteht man unter Entropie?
8. Was besagt das Dollo'sche Gesetz? Begründen Sie seine Gültigkeit anhand von Beispielen.
9. Weshalb ist das Leben mit dem Entropiegesetz vereinbar? Begründen Sie Ihre Antwort.
10. Kennzeichnen Sie begrifflich den Unterschied von Basisgröße und Basiseinheit.

Die Antworten zu diesen Fragen finden Sie im Anhang „Antworten und Lösungen zu den Fragen".

Basiswissen Physik

Mechanik 2

Zusammenfassung

Die Mechanik als einer von vier Teilbereichen der klassischen Physik befasst sich mit den Bewegungszuständen von Körpern und mit den Kräften, die auf sie einwirken. Die Körper können fest, flüssig oder gasförmig sein. Sie sind ausnahmslos mit Masse behaftet, weshalb dieser zentrale Begriff der Physik am Anfang des Kapitels behandelt wird. Innerhalb der Mechanik bleibt die Masse erhalten – in anderen Teilbereichen der Physik ist das fallweise nicht so. Daneben bestehen in einem in sich abgeschlossenen System weitere Erhaltungsgrößen wie Energie, Impuls und Drehimpuls. Außerdem werden in diesem Kapitel etliche weitere wichtige Größen (z. B. Leistung) anschaulich und großenteils experimentell nachvollziehbar erläutert, die in anderen Teilbereichen der Physik ebenfalls benötigt werden, dort aber für den Beobachter weniger gut sichtbar erscheinen. Als besondere Bewegungsarten bilden Schwingungen und Wellen den Abschluss des Kapitels.

2.1 Masse

Materie im Universum besteht entweder aus einzelnen freien Elementarteilchen oder ist aus Elementarteilchen zusammengesetzt. Wir sprechen dann von Körpern (wie bei einem Stück Holz oder den großen Himmelskörpern). Die Elementarteilchen, aus denen die Materie im ganzen Universum aufgebaut ist, haben nach neuester Erkenntnis ausnahmslos die Eigenschaft Masse. Selbst für die Neutrinos, Teilchen, die lange Zeit als masselos galten, konnte in der jüngeren Vergangenheit eine, wenn auch winzige Masse gefunden werden.

Masse ist also eine wichtige Grundeigenschaft von elementaren Materieteilchen und aller daraus entstandenen Körper, sie ist ursächlich an Materie gebunden. In Alltag und Wissenschaft wird der Begriff Masse häufig mehrdeutig verwendet, z. B. als etwas konkret Vorliegendes (wie beispielsweise eine Masse Teig), etwas Stoffliches oder Substanzielles oder auch im Sinne einer Stoffmenge.

H. Bannwarth et al., *Basiswissen Physik, Chemie und Biochemie*,
https://doi.org/10.1007/978-3-662-58250-3_2

In einer in sich konsistenten Theorie der Elementarteilchen geht man davon aus, dass diese ohne Ausnahme (ruhe-)masselos sind. Um den Bausteinen der Atome nun dennoch Masse zu verschaffen, wurde vom Physiker Peter Higgs ein theoretischer Mechanismus ersonnen, der die Teilchen mit einem von ihm erdachten neuen (skalaren) Kraftfeld, dem Higgs-Feld, umgibt, mit dem sie wechselwirken (siehe auch Exkurs in Abschn. 2.3.1). Das Ergebnis dieser Wechselwirkung ist, dass die Teilchen bei ihrer Bewegung nunmehr Trägheit (also träge Masse, vgl. Abschn. 2.1.2) erhalten. Dieses Feld, das keine Vorzugsrichtung haben darf und daher skalaren Charakter haben muss, ist – wie alle Felder – gequantelt, die Feldquanten sind die Higgs-Teilchen, die die Elementarteilchen „umschwärmen". Ein Teilchen, das in stärkstem Verdacht steht, das Higgs-Teilchen zu sein, wurde 2012 am Forschungszentrum CERN (Genf) entdeckt; an ihm wird mit großem Aufwand weiter geforscht.

2.1.1 Die bekannte Materie im Universum

Das bekannte Universum wird in seinem Verhalten und seiner Entwicklung heute von Teilchen und Körpern aus massebehafteter Materie maßgeblich bestimmt. Das war nicht immer so; in den ersten ca. 380.000 Jahren nach dem Urknall dominierte die – damals noch viel energiereichere – elektromagnetische Strahlung. Dass es überhaupt massebehaftete Materie in unserem Universum gibt, hätte eigentlich bei völlig symmetrisch ablaufenden Prozessen in seiner Frühphase nicht sein dürfen, ist also gewissermaßen eine „Ungenauigkeit" im Ablauf der Prozesse während des Urknalls: In der extrem heißen frühen „Strahlungsenergiesuppe" des kosmischen Urknall-Feuerballs wurden aus Energie symmetrisch Teilchen-Antiteilchen-Paare erzeugt (vgl. Abschn. 2.1.3); Teilchen und Antiteilchen vernichteten sich bei gegenseitiger Berührung auch wieder, da Materieteilchen sich mit ihren passenden Antimaterieteilchen bei Begegnung zerstrahlen, d. h. in Strahlungsenergie zurückverwandeln. Dieser Prozess verlief nun so lange hin und her, wie die Temperatur (bzw. Energie) im „Feuerball" des Urknalls dazu ausreichte, jeweils Teilchen-Antiteilchen gleicher Masse zu produzieren. Infolge der Expansion kühlte sich jedoch der Urknall-Feuerball zusehends ab, bis die lokale Energie nicht mehr ausreichte, selbst leichte Teilchen wie Elektronen (und Anti-Elektronen) zu erzeugen. Die noch vorhandenen Teilchen-Antiteilchen-Paare vernichteten sich nur noch gegenseitig, bei jeweils gleicher Anzahl hätte kein Teilchen übrig bleiben dürfen und aus dem Urknall eine Welt ohne Materie hervorgehen müssen. Stattdessen passierte aber ein winziger „Fehler" bei der Teilchenerzeugung: Es blieb im Kosmos von jeweils ca. 10^{10} vernichteten Teilchenpaaren ein Materieteilchen übrig.

Der Grund für diese Unsymmetrie zu Ungunsten der Antimaterie ist noch nicht erschöpfend verstanden und liegt vermutlich in einer leichten Unsymmetrie einer der vier Grundkräfte der Natur (s. Exkurs in Abschn. 2.3.1) zu einem ganz frühen Zeitpunkt, winzige Bruchteile von Sekunden nach dem Beginn des Urknalls. Daraufhin blieb die Materie übrig, wie wir sie kennen.

Neben der bekannten Materie gibt es noch eine bisher unbekannte Form von Materie im Universum, die so genannte „Dunkle Materie" (nicht zu verwechseln mit der „Dunklen Energie" im Universum, die noch viel rätselhafter ist). Es gibt insgesamt 6-mal mehr davon als von bekannter Materie. Aus welcher Art von Teilchen sie besteht, wissen wir (noch) nicht. Die Teilchen dürfen keine elektrische Ladung besitzen, weil sie sich dann durch elektromagnetische Strahlung verraten würden (vgl. Abschn. 4.5.4). Sie dürfen auch nicht der Starken Wechselwirkung unterliegen, denn diese wirkt ausschließlich auf Quarks (vgl. Exkurs in Abschn. 2.3.1 und 6.3.1), und diese haben wiederum auch elektrische Ladung; bestenfalls dürfen sie der Schwachen Wechselwirkung unterliegen – und natürlich der Gravitation, deren Wirkung wir bei Galaxien und Galaxienhaufen deutlich bemerken, weshalb wir sie ja überhaupt postulieren. Sie tragen den Arbeitstitel „WIMPs", **W**eakly **I**nteracting **M**assive **P**articles.

2.1.2 Eigenschaften der Masse

Man kennzeichnet mit der Größe Masse zunächst die Eigenschaft eines Körpers, auf eine Wechselwirkung durch einen anderen Körper stärker oder schwächer zu reagieren, sich z. B. in Bewegung zu setzen. Daher lässt sich Masse auch nur unter dem gegenseitigen Einfluss zweier oder mehrerer materieller Körper wahrnehmen. Bei einer solchen Wechselwirkung beobachtet man folgende mögliche Wirkungen:

(1) eine gegenseitige Anziehung der Körper und/oder
(2) eine Änderung des Bewegungszustandes beider Körper.

Exkurs: Ladungen
Materie besitzt neben Masse noch weitere wesentliche Eigenschaften von fundamentaler Bedeutung:

Die elementaren Teilchen, aus denen die Materie unseres Alltags besteht, sind einerseits die **Quarks**, aus denen die Protonen und Neutronen in den Kernen der Atome bestehen (Abschn. 6.3.1), und andererseits die **Elektronen** (sie sind vermutlich wirklich elementar im Wortsinn). Sie haben neben der Masse als weitere Stoffeigenschaft eine **elektrische Ladung** q (positiv oder negativ); positiv geladene Elektronen nennt man auch Positronen. Damit unterliegen sie der zur elektrischen Ladung zugehörigen Kraft (s. Abschn. 2.3), nämlich der elektromagnetischen Kraft (Abschn. 4.1.1 und 4.4.2). Positive und negative Ladungen können sich gegenseitig ausgleichen (Atome und somit auch Körper sind bei Normalbedingungen in unserem Alltag in der Regel elektrisch ungeladen).

Ohne sie hier näher zu erläutern, gibt es noch zwei weitere grundsätzliche Ladungsarten, die elementare Materieteilchen besitzen können: Aufgrund der **starken Ladung** (von der es sogar drei verschiedene „positive" und drei „negative" gibt, vgl. Abschn. 6.3.1) kann die Starke Kraft auf sie wirken und letztlich die Atomkerne zusammenhalten, während die noch unanschaulichere **schwache Ladung** über die Schwache Wechselwirkung bei gewissen radioaktiven Prozessen eine (wenn auch fundamental wichtige) Rolle spielt.

In diesem Zusammenhang kann man auch die Masse als Ladungseigenschaft begreifen, aufgrund derer die Schwerkraft auf Teilchen und Körper wirken kann. Materie ist also Substanz mit Stoffeigenschaften, die zusammen ihr Wesen ausmachen und die man verallgemeinernd als Ladungseigenschaften bezeichnen kann. Jede Ladungsart korrespondiert mit einer der grundlegenden Wechselwirkungen (die wir **Kräfte** nennen, s. Abschn. 2.3.1) im Kosmos.

Im Fall (1) kann sich zwar auch der Bewegungszustand ändern, muss es aber nicht: Ein Mensch, der fest auf dem Erdboden steht, erfährt keine Bewegungsänderung, obwohl er deutlich die wirkende Anziehungskraft der Erde spürt. Diese Eigenschaft eines Körpers, andere materielle Objekte anziehen zu können, nennt man **schwere Masse**. Sie beschreibt sein aufgrund der Masse gegebenes Anziehungsvermögen (Gravitationsverhalten).

Im Fall (2) stellt man fest: Wird ein Körper beschleunigt, so sucht er diesen Vorgang zu verzögern; wird er abgebremst, ist er bestrebt, sich weiter vorwärtszubewegen. Der Körper „wehrt sich" also gegen den Fremdeinfluss, das Ausmaß seines „Widerstandes" gegen eine Bewegungsänderung nennt man Trägheit, die Masse tritt als **träge Masse** in Erscheinung.

Man unterscheidet in der praktischen Messtechnik, dem gesetzlichen Messwesen und auch in der gesamten Physik aber die beiden Massearten nicht, denn zwischen Schwere und Trägheit eines Körpers besteht überall und jederzeit im Universum eine feste proportionale Beziehung. Wegen ihrer Universalität kann man ohne Widerspruch das Verhältnis der beiden Massenarten gleich 1 setzen, also $m_{\text{schwer}} = m_{\text{träge}}$. Ferner lassen sich die physikalischen Auswirkungen von Schwere und Trägheit nicht unterscheiden bzw. voneinander trennen. In der Relativitätstheorie ist diese Gleichheit eine wesentliche Voraussetzung.

Die Messung von Masse erfolgt ausschließlich über durch Masse verursachte Kraftwirkung. Im Allgemeinen wird hier die Schwerkraft (Abschn. 2.3.5) verwendet: Bei einer Balkenwaage wird die unbekannte Masse eines Körpers mit bekannten Massestücken verglichen, wobei die jeweiligen Gewichtskräfte ins Gleichgewicht gebracht werden. Bei elektronischen Labor- oder Haushaltswaagen wirkt die Gewichtskraft eines Körpers auf einen Drucksensor.

2.1.3 Massenkonstanz

In der klassischen Mechanik geht man davon aus, dass die Masse eines Körpers erhalten bleibt. Bei genauer Betrachtung ist dies aber nicht so. Nach der Relativitätstheorie liegt eine **Äquivalenz** von **Masse und Energie** vor. Masse und Energie lassen sich ineinander umwandeln (c: Vakuumlichtgeschwindigkeit):

$$E = m \cdot c^2 . \tag{2.1}$$

Das hat zur Folge:

- Masse ist energieabhängig; ein schneller Körper ist also massereicher als ein langsamer – was auch bestätigt ist: Nach der Relativitätstheorie wächst die Masse eines (ruhe-)massebehafteten Körpers gegen unendlich, wenn sich seine Geschwindigkeit der Lichtgeschwindigkeit nähert.
- Eine Verbindung, deren Energiezustand „günstiger“ (d. h. niedriger) liegt als der der Ausgangsstoffe, ist auch masseärmer als Letztere. Das lässt sich an den atomaren Massen schwerer Elemente ablesen, die stets niedriger sind als die Summe ihrer Kernbauteilchen allein (**Massendefekt** der Atomkerne, vgl. Abschn. 6.3.2). Auf diesem Massendefekt, der auch bereits beim Aufbau (Fusion) von Heliumatomkernen aus Wasserstoff auftritt und dessen Energieäquivalent als Bindungsenergie beim Zustandekommen der Bindung frei wird, beruht die Energiebereitstellung der Sonne! Auch bei exothermen chemischen Reaktionen wird die Masse der beteiligten Stoffe etwas geringer, der Unterschied ist aber praktisch nicht messbar.
- Am drastischsten wird die Nichterhaltung von Masse bei der in Abschn. 2.1.1 erwähnten Paarvernichtung deutlich: Ein Elementarteilchen, z. B. ein Elektron, „zerstrahlt“ sich bei Berührung mit seinem zugehörigen Antiteilchen (hier einem Positron e^+, dem positiven Anti-Elektron) zu elektromagnetischer Strahlung, hier wird die Masse nach $E = m \cdot c^2$ komplett in (Strahlungs-)Energie umgesetzt! Dies geschieht allerdings unter Erhaltung der Energie, wie denn die Energieerhaltung einer der zentralen Sätze der Physik überhaupt ist (s. Abschn. 2.4). Man kann also formulieren: Die Gesamtenergie einschließlich der Ruhemasse-Energie mc^2 bleibt in einem abgeschlossenen System stets erhalten. Dazu ein Rechenbeispiel: 1 g Masse vollständig in Energie umgesetzt ergibt 3×10^{14} Kilowattstunden!

  Umgekehrt können aus Strahlungsenergie ebenso auch Teilchen-Antiteilchen-Paare erzeugt werden, was in Kernforschungsanlagen auch genutzt wird. Anders könnte man Antimaterie auch nicht gewinnen – im Supermarkt kann man sie nicht kaufen!

2.1.4 Volumen und Dichte

Materie mit einer Masse m nimmt stets und ausnahmslos einen gewissen Raum ein. Materie ist also mit einem gewissen **Volumen** V verknüpft, das man in den drei Richtungen des Raumes „abtasten", also z. B. in Längenmaßeinheiten messen kann.

Je nach Volumen, das Materie einnimmt, spricht man davon, dass die Materie verschieden dicht gepackt ist. Man definiert daher die **Dichte** von Materie (ρ) als

$$\rho = \frac{m}{V} \tag{2.2}$$

und misst sie in Kilogramm pro Kubikmeter oder in Gramm pro Kubikzentimeter ($\mathrm{g\,cm^{-3}}$). Wasser hat bei 3,98 °C eine Dichte von $1\,\mathrm{g\,cm^{-3}}$.

2.2 Bewegung

Bewegung bedeutet Ortsveränderung eines Objekts. Wir beschränken uns hier zunächst auf die Bewegung von Körpern als ganze, ohne ihre Ausdehnung zu beachten; der Körper sei punktförmig gedacht, seine Masse im Schwerpunkt vereinigt.

2.2.1 Bewegungsgröße Geschwindigkeit

Die Geschwindigkeit ist eine zusammengesetzte (d. h. abgeleitete) Größe und wird definiert als zurückgelegtes Wegstreckenintervall Δs pro Zeitintervall Δt. Sie hat demzufolge einen zahlenmäßigen Betrag, den wir in Metern pro Sekunde (m/s) messen. Darüber hinaus hat sie aber auch noch eine Richtung im Raum, sie ist demzufolge eine **vektorielle Größe** ($\vec{v}$). Weiterhin wird ihr Betrag (und gegebenenfalls auch ihre Richtung) im Allgemeinen vom Ort und damit auch von der Zeit anhängen.

Aus der Gesamtstrecke und der Gesamtzeit für diese Strecke kann man den Betrag für die Durchschnittsgeschwindigkeit (**mittlere Geschwindigkeit**) errechnen, indem man die Länge der Strecke durch die Gesamtzeit teilt (nur Beträge der Vektoren betrachtet):

$$\bar{v} = \frac{s_{\text{total}}}{t_{\text{total}}} \qquad (s_{\text{total}} = \text{Summe aller } \Delta s)\ . \tag{2.3}$$

Diese stimmt nur dann mit der **Momentangeschwindigkeit** (s. Abb. 2.1) zu jedem Zeitpunkt

$$v = \frac{\Delta s}{\Delta t} \quad \text{bzw. als Differenzialquotient } v = \frac{ds}{dt} \tag{2.4}$$

überein, wenn die Geschwindigkeit sich während der betrachteten Gesamtzeit nicht geändert hat.

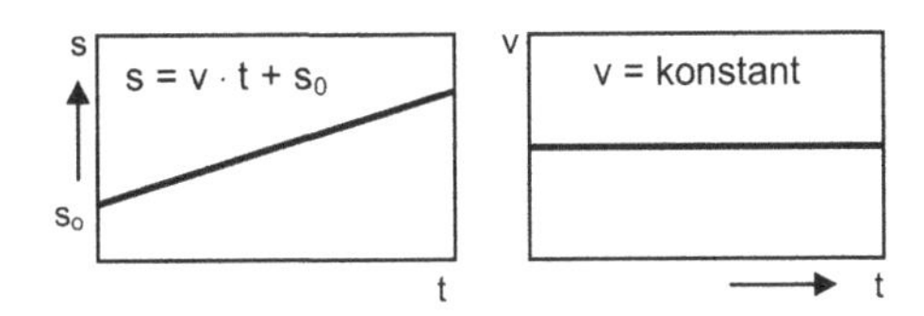

Abb. 2.1 Bewegungsdiagramme (Weg-Zeit- und Geschwindigkeits-Zeit-Diagramm) der geradlinig gleichförmigen Bewegung

Exkurs: Bewegungen im Kosmos
Im gesamten Kosmos steht nichts still. Es bewegt sich alles, aber auch nichts kann unendlich schnell sein. Die höchste aller möglichen Geschwindigkeiten ist die des Lichts im Vakuum, ca. 300.000.000 m/s; dies gilt auch für alle Bezugssysteme relativ zu einander – Licht, das von einem Teilchen ausgesandt wird, das seinerseits mit annähernd Lichtgeschwindigkeit fliegt, kann dennoch nicht schneller sein als diese Lichtgeschwindigkeit. Die sich daraus ergebenden Konsequenzen sind Thema der Speziellen Relativitätstheorie.

Um eine Ortsveränderung zu beschreiben, muss man den Ort eines Körpers zu jedem Zeitpunkt angeben. Dazu wird der Körper zu anderen Objekten bzw. Punkten im Raum in Beziehung gesetzt. Diese anderen Objekte bilden das **Bezugssystem** für die Ortsangabe. Man wählt dazu ein geeignetes Koordinatensystem (mit Maßangaben, z. B. ein rechtwinkliges aus Länge, Breite und Höhe), in dem die Lage des Objekts durch eine entsprechende Koordinatenangabe festgestellt wird. Dabei ergibt sich je nach Standpunkt (Bezug) eine andere Aussage über die Lage. Eine „absolute“ Ortsangabe ist also prinzipiell nicht möglich, Ortsangabe setzt stets die Vereinbarung eines Bezugssystems voraus.

Die Abhängigkeit der Geschwindigkeit vom Bezugssystem lässt sich leicht verdeutlichen: In einem mit konstanter Geschwindigkeit auf gerader Strecke fahrenden Zug begibt sich eine Person mit einer Geschwindigkeit von 1 m/s nach vorne. Die Person merkt beim Gehen nur etwas von der Zuggeschwindigkeit, wenn sie aus dem Fenster schaut. Ein draußen am Gleis stehender Mensch (im Bezugssystem des Erdbodens) sieht etwas anderes: Die Person hat zunächst die Geschwindigkeit des Zuges, z. B. 30 m/s (umgerechnet 108 km/h), und dazu addiert sich (weil die Person in dieselbe Richtung geht, in die der Zug fährt) die Geschwindigkeit relativ zum Zug, also insgesamt sind es 31 m/s. Aber auch der am Gleis Stehende steht nicht still: Die Erde bewegt sich um die Sonne, Erde und Sonne bewegen sich zusammen auf vielfältige andere Weise im Kosmos! Geschwindigkeit ist also stets eine **relative** Größe, bezogen auf ein Bezugssystem.

Nimmt ein Körper zu verschiedenen Zeitpunkten verschiedene Orte in einem Bezugssystem ein, so kann man die Orte mit einer **Bahn**kurve verbinden. Diese kann eine regelmäßige Form haben, z. B. eine Gerade oder ein Kreis (wie z. B. annähernd die Bahnkurve der Erde um die Sonne).

Um die verschiedenen Bewegungsarten systematisch zu unterscheiden, betrachten wir im Folgenden drei besondere Arten der Bewegung, entsprechend dem zeitlichen Verhalten der Geschwindigkeit, die konstant bleiben oder sich in Betrag oder Richtung ändern kann.

2.2.2 Geradlinig gleichförmige Bewegung

Die Geschwindigkeit bleibt nach Richtung und Betrag stets die gleiche, d. h. der Körper (z. B. ein Auto) legt in jedem Zeitintervall $\Delta t = t_1 - t_2$ jeweils die gleiche Strecke zurück, z. B. 30 m in 1 s, d. h., das Auto fährt konstant mit der Geschwindigkeit 108 km/h. Der gesamte Weg ermittelt sich einfach aus der Geschwindigkeit multipliziert mit der Zeitdauer der Fahrt, das **Bewegungsgesetz** lautet also

$$\text{Weg} = \text{Geschwindigkeit} \times \text{Zeit:} \quad \vec{s} = \vec{v} \cdot t \; . \tag{2.5}$$

Startet die Bewegung bei einer Strecke $s_0 \neq 0$, so muss diese zum Gesamtweg s hinzugezählt werden (vgl. Abb. 2.1).

2.2.3 Geradlinig beschleunigte Bewegung

Hat ein Radfahrer in 2 Stunden 30 km zurückgelegt, so ist es sehr unwahrscheinlich, dass er konstant mit 15 km/h gefahren ist: 15 km/h ist also zwar seine Durchschnittsgeschwindigkeit (mittlere Geschwindigkeit), seine momentanen Geschwindigkeiten werden aber je nach Gelände schwanken (eventuell wird er auch mal eine Pause einlegen oder an einer Ampel halten).

Jede Geschwindigkeitsänderung nennt man **Beschleunigung** a (Verzögern = negative Beschleunigung). Man kann sie als die „Geschwindigkeit" bezeichnen, mit der sich die Geschwindigkeit ändert. Da die Geschwindigkeit ein Vektor ist, gilt dies auch für die Beschleunigung. Sie wird definiert als Quotient aus Geschwindigkeitsänderung und Zeitintervall (hier nur den Betrag des Vektors betrachtend)

$$a = \frac{v_2 - v_1}{t_2 - t_1} \quad \text{oder} \quad a = \frac{\Delta v}{\Delta t} \quad \text{bzw. differenziell} \quad a = \frac{dv}{dt} \; . \tag{2.6}$$

Der Zähler des Bruchs wird gemessen in Metern pro Sekunde (m/s), der Nenner in Sekunden, der ganze Wert also in Metern pro (Sekunde)^2 (m/s^2). Wir wollen uns hier mit dem häufigsten Fall einer konstanten Beschleunigung begnügen, d. h. man erzielt mit jeder Sekunde die gleiche Geschwindigkeitsänderung $\Delta v = a \cdot \Delta t$.

Wenn die Geschwindigkeit bereits proportional mit der Zeit zunimmt, so nimmt die zurückgelegte Wegstrecke mit der Zeit quadratisch zu, was aus der Maßeinheit m/s^2 zu erkennen ist: Das **Bewegungsgesetz** ergibt sich für den hier betrachteten Fall, dass das

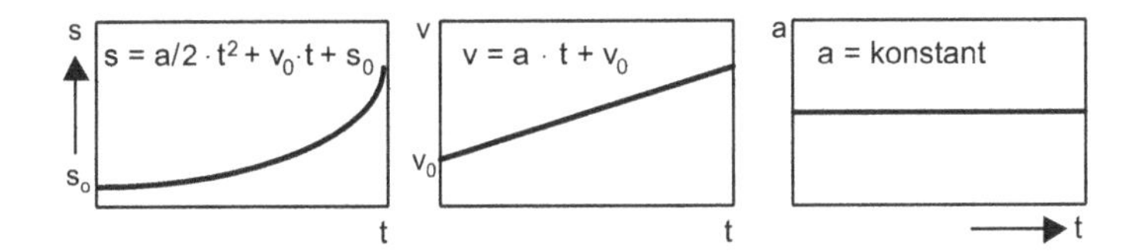

Abb. 2.2 Bewegungsdiagramme der geradlinig beschleunigten Bewegung (bei konstanter Beschleunigung)

Objekt aus der Ruhelage beschleunigt wird, aus:

$$\vec{s} = \int \vec{v} \cdot dt = \int \left(\int \vec{a} \cdot dt \right) \cdot dt = \frac{\vec{a}}{2} \cdot t^2 . \tag{2.7}$$

Zu Gesamtweg sind gegebenenfalls ein Ausgangswegstück s_0 und ein eventueller Anteil gleichförmiger Bewegung hinzuzuzählen. Analoges gilt für die Geschwindigkeit (vgl. Abb. 2.2).

Dieses Verhalten, dass der zurückgelegte Weg mit der Zeit quadratisch anwächst, ist u. a. ganz wichtig im Straßenverkehr: Der Bremsweg eines Fahrzeugs nimmt quadratisch mit der Zeit zu, die zum Bremsen nötig ist (und nimmt damit auch quadratisch mit der vor dem Abbremsen gefahrenen Geschwindigkeit zu; Abb. 2.3)!

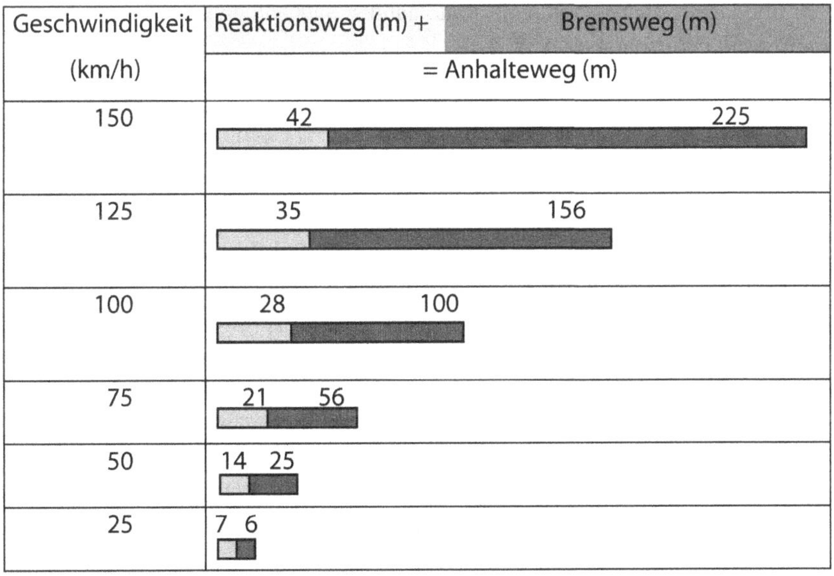

Geschwindigkeit (km/h)	Reaktionsweg (m) + Bremsweg (m) = Anhalteweg (m)	
150	42	225
125	35	156
100	28	100
75	21	56
50	14	25
25	7	6

Abb. 2.3 Geschwindigkeit, Reaktionsweg (bei 1 s Reaktionszeit), Bremsweg und Anhalteweg im Straßenverkehr

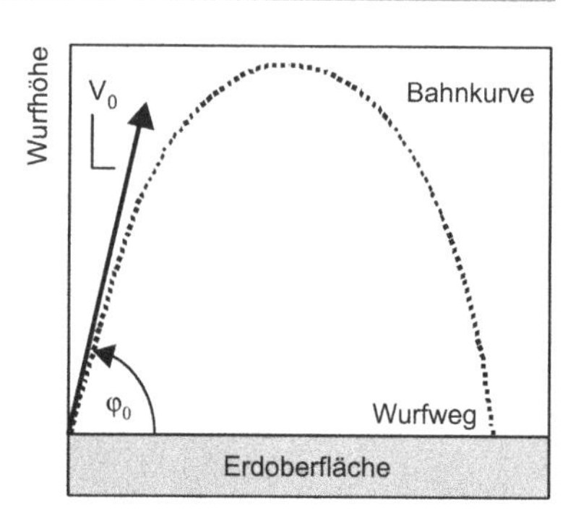

Abb. 2.4 Die Bahnkurve des schiefen Wurfs

Eine wichtige beschleunigte Bewegung aus dem Alltag ist die **Fallbewegung**, auch hier ist die Beschleunigung in Erdnähe (durch die konstante Anziehungskraft der Erde, vgl. Abschn. 2.3.5) konstant (9,81 m/s^2), also nimmt die Fallgeschwindigkeit eines Körpers (bei vernachlässigtem Luftwiderstand!) mit der Zeit stetig linear zu und daher die Wegstrecke quadratisch, der Körper fällt also immer schneller.

Das hat zur Folge, dass das Springen von einer Treppenstufe harmlos, aus dem zweiten Stock eines Hauses aber bereits lebensgefährlich ist, da am Boden auf sehr kurzer Strecke (z. B. mit den Beinen) die gesamte erreichte **Endgeschwindigkeit** abgebremst werden muss.

Die **Wurfbewegung** stellt eine Mischung aus gleichförmiger Bewegung (Anfangsgeschwindigkeit beim Abwurf, die konstant bleibt) und Fallbewegung dar. Beide Bewegungen überlagern sich unabhängig voneinander und addieren sich (vektoriell) zur Gesamtbewegung (Wurfparabel; Abb. 2.4).

2.2.4 Kreisbewegung

Die Kreisbewegung ist der einfachste Fall aller nicht geradlinig verlaufender Bewegungen. Auch hier ändert sich die Geschwindigkeit, wenn auch bei der idealen Kreisbewegung nicht dem Betrag nach, aber ständig in ihrer Richtung. Es handelt sich also auch um eine beschleunigte Bewegung, wozu eine beschleunigende Kraft nötig ist (Abschn. 2.3.3). Beim Fahren in Kurven erfährt man eine richtungsändernde Beschleunigung: Im Karussell wird man ebenso wie beim Busfahren aufgrund der Massenträgheit stets nach „außen" gedrückt und dies umso mehr, je schneller das Fahrzeug und je enger die Kurve ist.

Bei einer idealen Kreisbewegung bleiben der Betrag der Bahngeschwindigkeit und der Kreisbahnradius konstant; das bedeutet gleichzeitig, dass jeder volle Umlauf auf der Kreisbahn die gleiche Zeitdauer erfordert; man nennt sie **Periode** oder **Umlaufdauer**.

Man führt zweckmäßig den Begriff der Winkelgeschwindigkeit ω als Quotient aus zurückgelegtem Winkel φ und dem Zeitintervall ein:

$$\omega = \frac{\Delta\varphi}{\Delta t} \quad \text{bzw. differenziell} \quad \omega = \frac{d\varphi}{dt}\,. \tag{2.8}$$

Bei der Kreisbewegung ist ω zeitlich konstant.

Kreisbewegungen (näherungsweise) gibt es im Kosmos vielfältig. Neben der hier nicht gemeinten Rotation um ihre Achse, die den Tageslauf bestimmt (s. Drehbewegungen in Abschn. 2.5), bewegt sich z. B. die Erde auf ihrer (fast) kreisförmigen Bahn um die Sonne. Dabei hat sie eine Geschwindigkeit von 940 Millionen km (= Bahnumfang) geteilt durch 365,25 Tage = 107.228 km/h. Die Sonne nimmt mit dem gesamten Planetensystem an der Rotation der Milchstraße teil, bewegt sich also auf einer kreisähnlichen Bahn um deren Zentrum. Mond und Erde kreisen umeinander, Doppelsterne ebenso.

2.3 Kraft

Im Alltag wird der Begriff der Kraft oft anders verwendet als in der Physik. So spricht man z. B. von der Muskelkraft, aber auch von der Geisteskraft oder der Sehkraft, wobei Letztere im physikalischen Sinn keine Kräfte sind.

2.3.1 Kraftbegriff

Wenn man beobachtet, dass Körper aufeinander einwirken (sich gegenseitig beeinflussen), spricht man in der Physik von einer Wechselwirkung, d. h. einer wirkenden **Kraft**. Kräfte kann man also nicht „sehen“, sondern lediglich ihre Wirkung, das Resultat der Beeinflussung. Dieses Resultat kann bestehen in einer

(1) Bewegungsänderung (also Beschleunigung oder Bremsung),
(2) Verformung (die letztlich aus einer Bewegungsänderung herrührt),
(3) Materieumwandlung (z. B. bei radioaktiven Prozessen).

Die Kraftwirkung einer Materieumwandlung spielt bei kernphysikalischen Prozessen eine große Rolle, z. B. bei radioaktiven Prozessen oder bei solchen im Inneren der Sonne und in der Frühphase des gesamten Universums. Die Radioaktivität wird in Abschn. 6.3.3 behandelt.

Kräfte sind jedem Menschen geläufig wie die Muskelkraft, die Kraft von Maschinen aller Art im Haushalt und in der Technik, natürliche Kräfte von Wasser und Wind. All dies sind aber in der Naturwissenschaft sekundäre Kräfte, die sich direkt oder indirekt auf eine der vier **Grundkräfte** der Natur zurückführen lassen.

Wie Kraftwirkung grundsätzlich zustande kommt, ist vollständig nur quantenphysikalisch zu verstehen (s. Exkurs); in der klassischen Physik, die sich mit mechanischen und elektrischen Phänomenen befasst, behelfen wir uns mit dem Begriff des Kraftfeldes, das ist derjenige Teil des Raumes, in dem eine Kraftwirkung spürbar ist.

Um die Größe „Kraft“ im Folgenden sinnvoll einzuführen und zu diskutieren, müssen wir eine weitere wesentliche Größe zur Beschreibung von Bewegungen und Bewegungsänderungen einführen: den Impuls.

Exkurs: Kräfte

Die vier Grundkräfte (Wechselwirkungen) der Natur im gesamten Universum sind nach ihrer relativen Stärke geordnet:

- Die **Starke Wechselwirkung** (Starke Kraft) wirkt zwischen Quarks und ist verantwortlich für den Zusammenhalt der Protonen und Neutronen und der Atomkerne. Ihre Reichweite ist auf den Atomkern beschränkt (behandelt in Abschn. 6.3.1).
- Die **elektromagnetische Wechselwirkung** (elektromagnetische Kraft) wirkt auf elektrisch geladene Materie. Sie ist z. B. verantwortlich für den elektrischen Strom und wird in Abschn. 4.1.1 und 4.4.2 behandelt.
- Die **Schwache Wechselwirkung** (Schwache Kraft) tritt nur bei gewissen radioaktiven Prozessen in Erscheinung (behandelt in Abschn. 6.3.3). Sie hat eine extrem kurze Reichweite. Sie ist allerdings für uns lebenswichtig: Ohne sie könnten in der Sonne keine Kernfusionsprozesse ablaufen; die Sonne wäre dann schon seit langer Zeit erkaltet.
- Die **Gravitation** (Schwerkraft) wirkt auf alles, sie ist die uns geläufigste Kraft und wird hier auch in Abschn. 2.3.5 beschrieben.

In der klassischen Betrachtungsweise benutzt man den Begriff des **Kraftfeldes**, das es in Wirklichkeit nicht gibt, ebenso wenig wie eine Fernwirkung von Kraft. Im Detail betrachtet ist Kraft nichts anderes als der Austausch von „Informations- oder Nachrichtenpaketen“ (sogenannten Austauschquanten) zwischen Objekten, die sich „in ihrer Nachrichtensprache“ gegenseitig „unterhalten und verstehen“ müssen. Beispielsweise ist die „Sprache“ der elektromagnetischen Wechselwirkung die elektromagnetische Strahlung, zu der auch das Licht gehört. Ein solcher Austausch wird als Kraftwirkung mit den makroskopisch beobachtbaren Phänomenen registriert. Die Objekte müssen dazu allerdings die jeweils für die Wechselwirkung charakteristischen Ladungseigenschaften (s. Exkurs in Abschn. 2.1.2) haben, damit sie sich „verstehen“ können und somit die eine oder andere Kraft (oder auch mehrere) zwischen den Objekten wirken kann.

Zusätzlich zu den vektoriellen (d. h. richtungsabhängigen) vier Wechselwirkungen hat man nun, um den Elementarteilchen (die dieser Theorie nach eigentlich keine eigene Masse haben) doch Masse zu verleihen, das skalare (d. h. richtungsunabhängige) Higgs-Feld – bzw., weil auch dies gequantelt ist, die Higgs-Teilchen – ersonnen. Diese überall „im Verborgenen“ vorhandenen Teilchen, die auch zu den

Austauschquanten zu rechnen sind, umgeben die an sich masselosen Elementarteilchen wie eine „neugierige Reportertraube" und machen so die Teilchen bei ihrer Bewegung träge, verleihen ihnen also dadurch Masse. Einige Teilchen z. B. wie das Photon halten sich die „Reporter" allerdings vom Leibe und bleiben somit (ruhe-)masselos.

Damit wird klar, dass das Auffinden des Higgs-Teilchens und die Untersuchung seiner Eigenschaften eine große Herausforderung der modernen Physik war und ist, um die Richtigkeit dieser Vorstellung zum Phänomen „Masse" zu prüfen.

2.3.2 Impuls

Das Bewegungsverhalten eines Körpers wird durch zwei physikalische Größen beschrieben, seine Masse und seine Geschwindigkeit.

Diese beiden Größen werden nun zu einer neuen Bewegungsgröße zusammengefasst. Ihr Produkt bildet den **Impuls** p:

$$\vec{p} = m \cdot \vec{v} \,. \tag{2.9}$$

Da die Geschwindigkeit ein Vektor ist, gilt dies auch für den Impuls. Seine Einheit ist $\mathrm{kg\,m\,s^{-1}}$. Der Impuls eines abgeschlossenen Systems ist in der Physik eine wichtige Erhaltungsgröße, er kann nicht „verschwinden" (ebenso wenig wie die Energie, s. Abschn. 2.4.4). Dies lässt sich besonders bei einem **elastischen Stoß** studieren: Die Summe der Impulse der stoßenden Körper vor dem Stoß ist gleich der Summe nach dem Stoß. Haben die Geschwindigkeiten alle die gleiche Richtung (zentraler Stoß), so betrachten wir nur ihre Beträge:

$$m_1 \cdot v_1 + m_2 \cdot v_2 = m_1 \cdot v_{1n} + m_2 \cdot v_{2n} \,. \tag{2.10}$$

Der Index n steht für die Geschwindigkeit nach dem Stoß. Stößt im speziellen Fall eine Kugel eine andere ruhende Kugel gleicher Masse zentral (gut zu beobachten beim Billardspiel), so gibt die erste ihren gesamten Impuls an die zweite weiter, die mit der gleichen Geschwindigkeit (und Richtung) wegrollt, die erste bleibt in Ruhe liegen. Ein weiterer Sonderfall liegt vor, wenn eine Kugel zentral eine sehr viel massereichere stößt und dabei in die entgegengesetzte Richtung zurückfliegt.

Bei einem **unelastischen Stoß** bewegen sich zwei Körper nach dem Stoß zusammen mit einer gemeinsamen Geschwindigkeit weiter,

$$m_1 \cdot v_1 + m_2 \cdot v_2 = (m_1 + m_2) \cdot v_{\text{res}} \,. \tag{2.11}$$

Der Gesamtimpuls bleibt ebenfalls erhalten.

2.3.3 Kraftwirkung „Beschleunigung"

Wirken keine äußeren Kräfte auf ihn, so ändert sich der Bewegungszustand eines Körpers nicht, er bleibt in Ruhe oder in gleichförmig geradliniger Bewegung (**Erstes Newton'sches Grundgesetz**; der viel verwendete Begriff „Axiom" ist hier irreführend. Er wird in der Mathematik für eine fundamentale Grundannahme verwendet. Hier handelt es sich aber um ein Naturgesetz!). Kraft als Änderung des Bewegungszustands ist nichts anderes als die Änderung des Impulses; wenn wir die Masse als konstant annehmen, muss sich die Geschwindigkeit ändern. Zeitliche Änderung der Geschwindigkeit ist die Beschleunigung (Abschn. 2.2.3). Damit ergibt sich die Aussage des **Zweites Newton'schen Grundgesetzes** der Bewegung für einen beliebigen Körper (Isaac Newton, 1643–1727):

Kraft = Impulsänderung = Masse × Geschwindigkeitsänderung = Masse × Beschleunigung

$$\vec{F} = m \cdot \vec{a} \,. \tag{2.12}$$

Umgekehrt bestätigt sich, was bei der Behandlung beschleunigter Bewegungen bereits erwähnt wurde: Jeder Beschleunigung muss eine Kraft zugrunde liegen!

Mit obiger Gl. 2.12 liegt automatisch die Einheit der Kraft fest: $1\,\mathrm{kg\,m/s^2} = 1\,\mathrm{N}$ (1 Newton). Da die Beschleunigung eine vektorielle Größe ist, muss dies auch für die Kraft gelten.

Im Straßenverkehr sind Kräfte besonders deutlich erfahrbar. Um ein massereiches („schweres") Fahrzeug zu beschleunigen, braucht man eine große Kraft (starken Motor); die Masse mit ihrer Eigenschaft „Trägheit" setzt der Geschwindigkeitsänderung einen Widerstand entgegen (s. Abschn. 2.1.2). Ist ein Auto voll beladen, muss man beim Bremsen stärker auf das Bremspedal treten als beim leeren Auto.

2.3.4 Kräftegleichgewicht und Kräfteaddition

Kräfte als Wechsel(!)wirkung treten niemals alleine auf, sondern mindestens paarweise: Wird z. B. durch einen Körper (z. B. eine Feder) auf einen anderen Körper (z. B. eine zweite Feder) eine Kraft ausgeübt, so übt Letzterer eine gleichgroße Gegenkraft auf Ersteren aus, was mit zwei Kraftmessern (s. Abb. 2.5) sehr schön zu demonstrieren ist:

Dies entspricht der Aussage des **Dritten Newton'schen Grundgesetzes** der Bewegung:

$$\textbf{actio} = \textbf{reactio}\text{, also „Wirkung gleich Gegenwirkung".} \tag{2.13}$$

Aus dem Dritten Newton'schen Grundgesetz der Bewegung lässt sich also erkennen, dass ein kräftefreier Zustand auch dann nicht vorliegen muss, wenn keine Bewegung statt-

Abb. 2.5 Beide Kraftmesser zeigen den gleichen Wert

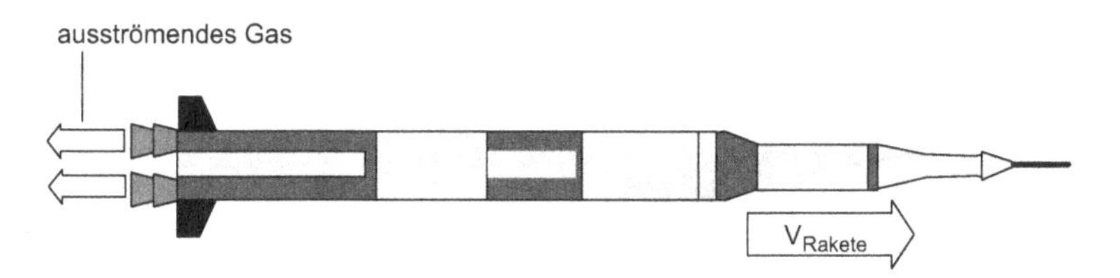

Abb. 2.6 Das Rückstoßprinzip beim Raketenantrieb

findet (z. B. Stehen auf der Erde, die dem Körper eine Zwangskraft entgegensetzt, sodass man stehen bleibt, obwohl die Schwerkraft weiter wirkt). Tatsächlich gibt es im gesamten Universum keinen völlig kräftefreien Ort! Wenn ein Körper in einem Bezugssystem sich nicht beschleunigt bewegt, spricht man davon, dass er im **Kräftegleichgewicht** ist, d. h. alle auf den Körper einwirkenden Kräfte sich gegenseitig aufheben.

Auf demselben Prinzip „*actio* = *reactio*" basiert jede Art von Antrieb. So üben wir beim Laufen auf den Fußboden eine Kraft (tangential) nach hinten aus (*actio*), die *reactio*, d. h. die Kraft, die nun der Fußboden als Reaktion auf uns ausübt, treibt uns nach vorne: Wir erhalten vom Fußboden (bzw. eigentlich von der Erde!) einen Rückstoß. Beim **Rückstoß** beschleunigt man also Körper mit Masse, um in Gegenrichtung vorwärts zu kommen. Besonders augenfällig wird dies bei Raketen (mitgeführtes Treibgas wird ausgestoßen; Abb. 2.6) oder bei Booten bzw. Schiffen: Wasser wird, z. B. mit Rudern oder Schrauben, „nach hinten" beschleunigt, und das Boot fährt vorwärts. Dass der Rückstoß beim Laufen (und beim Autofahren!) funktioniert, verdanken wir der Reibung (s. Abschn. 2.3.7).

Aus dem Gesagten folgt weiterhin, dass sich Kräfte addieren (Abb. 2.7) bzw. subtrahieren – dies allerdings auch, wenn sie nicht entlang einer einzigen Richtung wirken (Abb. 2.8): Schließen zwei Kräfte einen Winkel zwischen 0° und 180° ein, so ergibt sich ein **Kräfteparallelogramm**, in dem die Diagonale die resultierende Kraft ergibt. Umgekehrt lässt sich mit einem solchen Parallelogramm jede Kraft in verschieden gerichtete Komponenten zerlegen. Ein Beispiel hierfür ist das Fahren auf einer Rampe (Abb. 2.9).

Überall in der Technik spielt das „Verteilen" von Kräften eine herausragende Rolle. So müssen beispielsweise beim Bau von Brücken oder Häusern aufwendig die Statik – dies ist nichts anderes als die gleichmäßige (stabile) Verteilung der Kräfte und somit der Bauteile – berechnet und danach die Teile des Bauwerkes ausgelegt werden. Bewundernswert sind in dieser Hinsicht die großen gotischen Kathedralen. Aber auch die Tragwerke von Pflanzen und Tieren sind Beispiele wirksamer Kräfteverteilung.

Abb. 2.7 Verteilung der Kraft auf ein bzw. zwei Kraft ausübende Elemente

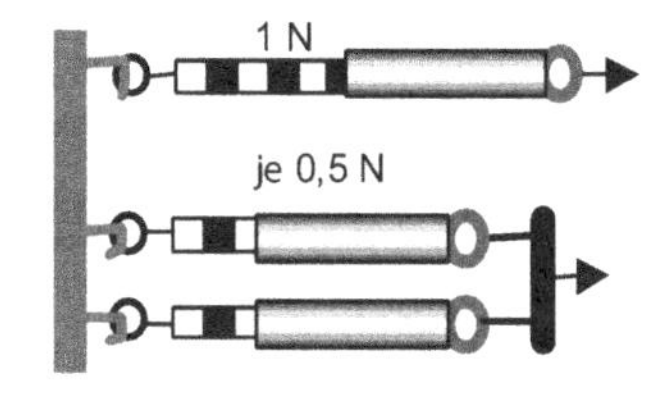

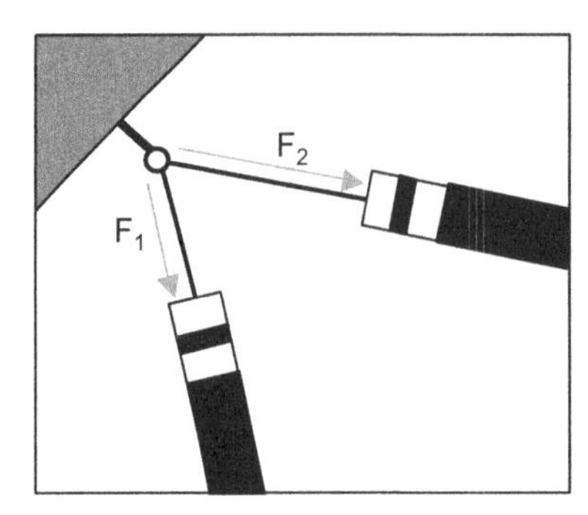

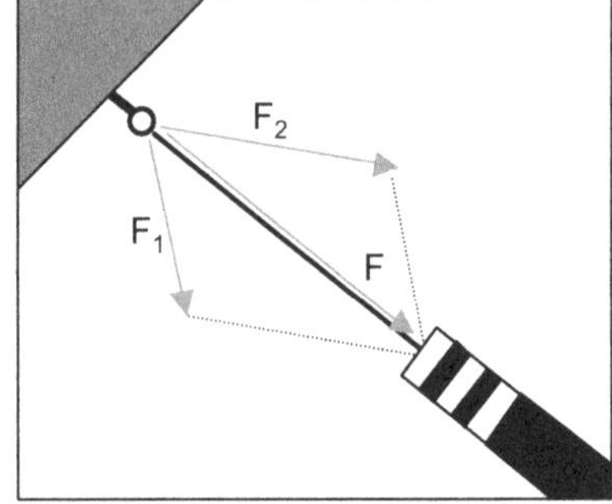

Abb. 2.8 Verteilung von zwei in verschiedene Richtungen wirkenden Kräften: Kräfteparallelogramm

In der Raumfahrt spricht man vielfach von Schwerelosigkeit, aber streng genommen ist das falsch. Die Schwerkraft der Erde (besser: zwischen Raumfahrzeug und Erde) ist zwar im Orbit geringer als am Boden wegen des größeren Abstands, aber keinesfalls null! Im (beschleunigten) Bezugssystem des Raumfahrzeugs hat man ein Kräftegleichgewicht, hier zwischen der Schwerkraft der Erde, die das Raumfahrzeug zur Erde hinzieht, und der Zentrifugalkraft (aufgrund der Kreisbeschleunigung, vgl. Abschn. 2.3.6), die das Raumfahrzeug durch seine Geschwindigkeit bei der Umkreisung der Erde aufgrund seiner Massenträgheit erfährt und es „aus der Bahn tragen" will (vgl. Abschn. 2.3.6). Im Gleichgewicht ergibt sich eine stabile Bahn des Raumfahrzeuges.

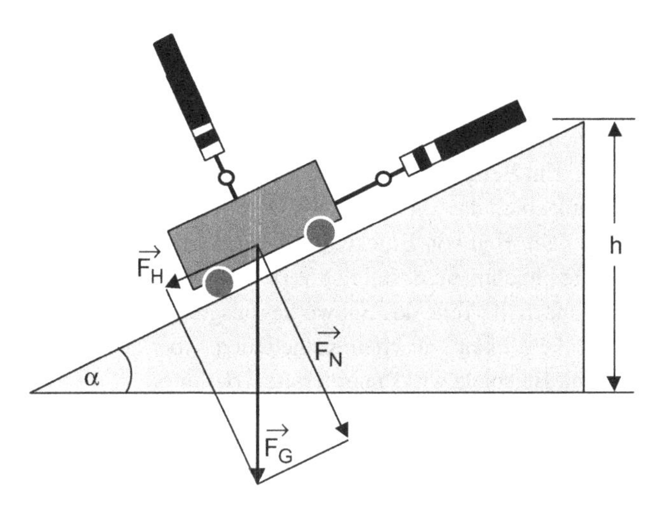

Abb. 2.9 Kräftezerlegung an der schiefen Ebene: F_H = Hangabtriebskraft, F_N = Normalkraft auf die Unterlage, F_G = Gewichtskraft

2.3.5 Schwerkraft (Gravitation)

Ein Stein im Weltall fern der Erde erfährt keine Erdanziehung, erst in der Wechselwirkung mit der Erde kommt eine Kraftwirkung zustande, weil sich Stein und Erde aufgrund ihrer Masse gegenseitig anziehen. Dies ist die für uns bekannteste der vier Grundkräfte im Kosmos (s. Exkurs in Abschn. 2.3.1), die **Schwerkraft** (**Gravitation**). Sie wirkt zwischen den Zentren der Körper, solche Kräfte heißen Zentralkräfte. Deshalb fallen auch die Australier auf der Südhalbkugel nicht „von der Erde herunter", „unten" ist für jeden auf der Erde stets zum Zentrum hin gerichtet. Aus demselben Grund ist die ganze Erde (und auch die Sonne!) kugelförmig, alle Teile der Erde werden gleichmäßig zum Zentrum hin angezogen (Abb. 2.10).

Die Schwerkraft bezeichnen wir auch als **Gewichtskraft**, sie verursacht das Gewicht aller Körper mit Masse. Sie hängt ab von den Massen (M, m) der sich anziehenden Körper und dem Abstand r ihrer Zentren:

$$\vec{F}_{\mathrm{G}} = -\gamma \frac{M \cdot m}{r^2} \cdot \frac{\vec{r}}{r} \quad \text{(Gravitationsgesetz)} \tag{2.14}$$

($\frac{\vec{r}}{r}$: Einheitsvektor in Richtung r; $\gamma = 6{,}67259\ 10^{-11}\ \mathrm{m^3/kg \times s^2}$ ist die Gravitationskonstante).

Die das Gewicht verursachende Masse der Erde ist natürlich für alle Körper auf der Erde gleich, ebenso der Abstand von Oberfläche zum Zentrum (wenn auch nicht exakt: Tatsächlich ist die Erde etwas abgeplattet, der Abstand also am Äquator etwas größer als an den Polen). Man fasst diese Größen daher gemeinsam mit der Gravitationskonstante γ zu einer Größe zusammen und definiert sie entsprechend der Newton'schen Definition (Kraft = Masse × Beschleunigung, $F = m \cdot g$) als **Erdbeschleunigung** g (nur skalar betrachtet):

$$g = \gamma \cdot \frac{M}{r^2}\,. \tag{2.15}$$

Dies ist auch die Beschleunigung, die man im freien Fall erfährt, $g = 9{,}81\ \mathrm{m/s^2}$, sie wird daher auch **Fallbeschleunigung** genannt.

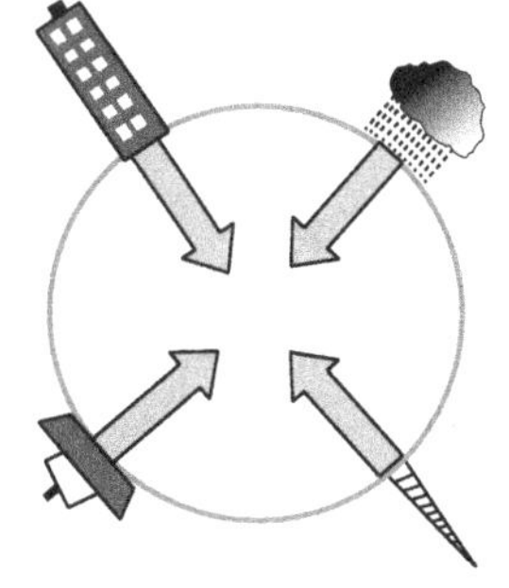

Abb. 2.10 Schwerkraft als Zentralkraft: Ihre Richtung „unten" zeigt überall zum Erdmittelpunkt. Auch der Regen fällt immer nach unten

Es folgt, dass zwei Körper gleicher Masse auf der Erde auch die gleiche Gewichtskraft erfahren. Auf diesem Befund beruht die gebräuchlichste Massenbestimmung auf der Erde, nämlich durch Vergleich mit der Balkenwaage: Bei Gleichgewicht auf der Balkenwaage sind die Gewichtskräfte auf beiden Seiten gleich groß und, so schließt man daraus, auch die Massen der Körper.

Auf dem Mond weisen Körper nur ca. 1/6 ihres Gewichts auf der Erde auf, womit die Abhängigkeit der Gewichtskraft von beiden Massen ersichtlich ist.

Ebenso wie die elektromagnetische Wechselwirkung unter bestimmten Bedingungen mit elektromagnetischer Strahlung (z. B. Licht) verbunden ist, so trifft dies auch für die Gravitation zu. Allerdings ist Gravitationswellenstrahlung – aufgrund der extrem viel geringeren Stärke der Gravitation verglichen mit den elektromagnetischen Kräften – extrem schwach. Erst 100 Jahre nach ihrer Postulierung durch Albert Einstein, am 14.09.2015, wurde zum ersten Mal Gravitationswellenstrahlung von zwei verschmelzenden Schwarzen Löchern (32 und 34 Sonnenmassen) durch das Detektorsystem LIGO (USA) nachgewiesen. Dies ist zugleich der erste (halbwegs) direkte Nachweis der Existenz Schwarzer Löcher, insgesamt ein gewaltiger wissenschaftlicher Triumph!

2.3.6 Trägheitskräfte

Trägheitskräfte treten nur in beschleunigten Systemen aufgrund der Massenträgheit auf, ein außen stehender Beobachter (im ruhenden Bezugssystem) merkt nichts davon.

Ein Fahrstuhl, der nach oben beschleunigt wird, übt auf die Insassen aufgrund ihrer Massenträgheit eine Kraft aus, die sich zur Gewichtskraft hinzuaddiert (lineare Trägheitskraft).

Auch die gleichförmige Kreisbewegung ist eine beschleunigte Bewegung, die mit einer Kraftwirkung verbunden ist. (vgl. Abschn. 2.2.4): Beim Kurvenfahren z. B. im Bus wirkt auf unseren Körper eine Kraft, die ihn nach außen „aus der Kurve tragen" würde, wenn wir uns nicht festhielten; deshalb ist auch zu schnelles Fahren in zu engen Kurven häufig Ursache von Unfällen. Diese radial nach außen gerichtete Kraft nennt man, weil sie den Körper dem Zentrum der Kurve entfliehen lässt, **Zentrifugalkraft**; mit der Geschwindigkeit v ist ihr Betrag

$$F_Z = m \cdot \frac{v^2}{r} \quad \text{(bzw. mit } v = \omega \cdot r\text{: } F_Z = m \cdot r \cdot \omega^2\text{)}\,. \tag{2.16}$$

Wenn wir sie z. B. durch das Festhalten eines Griffes im Bus kompensieren (d. h. ins Gleichgewicht bringen, sodass letztlich unser Körper keine Bewegung ausführt), üben wir eine entgegengesetzt gleiche Kraft aus, die man **Zentripetalkraft** (Kraft, die zum Zentrum der Kurvenbewegung strebt) nennt. Sie hält den Körper auf seiner „korrekten" Bahn.

2.3.7 Reibung

Abschließend soll noch eine Kraft behandelt werden, die im Alltag zuweilen als lästig, weil „Kräfte zehrend“ empfunden wird. Im Physikunterricht wird sie gerne „wegidealisiert“, weil sie Versuchsbedingungen meist stört. Ohne sie würde aber andererseits unser Alltagsleben überhaupt nicht funktionieren: die **Reibung**. Glatte Flächen z. B. gleiten erheblich leichter aneinander als raue. Quantitativ lässt sich die Reibungskraft beschreiben als Anteil der Normalkraft (die Kraft, mit der ein Körper senkrecht auf seine Unterlage gedrückt wird, bei deren waagrechter Lage ist dies i. A. die Gewichtskraft):

$$\vec{F}_{\text{reib}} = -\mu \cdot \vec{F}_{\text{N}} , \tag{2.17}$$

wobei μ der Reibungskoeffizient ist, der zwischen 0 (keine Reibung) und 1 variieren kann.

Man unterscheidet bei festen Körpern drei verschiedene Arten von Reibung (Abb. 2.11):

- die Haftreibung (= die Kraft, einen Körper gegen seine Unterlage in Bewegung zu versetzen),
- die Gleitreibung (= die Kraft, einen Körper gegen seine Unterlage in gleichförmiger Bewegung zu halten, wozu ja ohne die Reibung überhaupt keine Kraft benötigt wird),
- die Rollreibung (= die Kraft, die einen rollenden Körper auf ebener Fläche mit konstanter Geschwindigkeit am Rollen hält).

Die Haftreibung ist stets größer als die Gleitreibung, denn das erste Inbewegungsetzen („Losbrechen“) eines ruhenden Körpers ist schwieriger als das weitere Fortbewegen; die Rollreibung ist am geringsten.

Ohne Reibung wäre das Laufen und Fahren unmöglich, da man sich dabei gegen den Boden seitlich abdrückt, was ja auf Glatteis schwer oder gar nicht klappt. Beim Fahren und Laufen bedient man sich des Rückstoßprinzips (Abschn. 2.3.4), allerdings wird hierbei der rückgestoßene Körper Erde nicht senkrecht zur (Gravitations-)Kraftrichtung gestoßen, sondern tangential „weggeschoben“. Dies führt nur dann zu einer Fortbewegung, wenn die abstoßende Kraft die maximale Haftreibungskraft zwischen Boden und Schuh bzw. Reifen

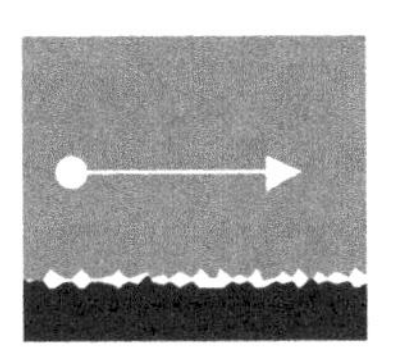

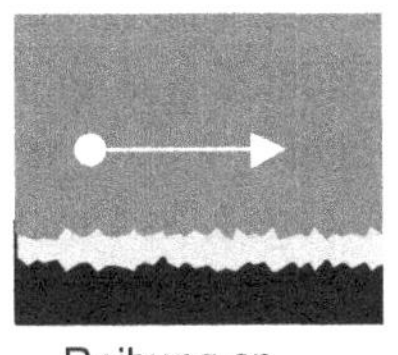

Abb. 2.11 Reibungskräfte

nicht übersteigt (was bei Glatteis oder durchdrehenden Reifen dann ja doch der Fall ist). Man könnte sich nur durch kleine „Raketenantriebe" fortbewegen! Auch das Bremsen über Felgen, Scheiben, Trommeln usw. wäre unmöglich (und ölverschmierte Bremsen funktionieren nicht, wie jeder weiß).

Reibung tritt auch in Flüssigkeiten auf (Strömung mit Widerstand, behandelt in Abschn. 2.7.5). Auch die Luft verursacht Reibung, die z. B. die Höchstgeschwindigkeit von fahrenden oder durch die Luft fallenden Gegenständen begrenzt: Eine Feder fällt in Luft langsamer als ein Stein (im Vakuum fallen beide gleich schnell!), ein fallender Mensch (auch ohne geöffneten Fallschirm) bleibt stets langsamer als etwa 200 km/h, obwohl das Fallgesetz eine höhenabhängige Fallgeschwindigkeit fordert (s. Abschn. 2.3.5). Und es ist auch allgemein bekannt, dass ein Porsche weniger Luftreibung erfährt – weil er, wie wir sagen, „windschnittiger" ist – als ein VW-Bus: Die Form (bzw. der durch sie bestimmte „c_w-Wert" eines Körpers) spielt in diesem Zusammenhang eine wichtige Rolle.

2.4 Arbeit, Energie und Leistung

Die Begriffe Arbeit, Energie und Leistung werden im Alltag und in der Gesellschaft häufig verwendet. Sie sind auch zentrale Termini in der Wirtschaft. Energie- und Leistungsbilanzen bestimmen unser physisches und gesellschaftliches Leben. Sie spielen auch in allen Bereichen der Naturwissenschaften eine besondere Rolle. Die präzise Beschäftigung mit diesen Begriffen ist also in vielerlei Hinsicht notwendig.

2.4.1 Arbeit

Der Begriff „Arbeit" ist in der Physik scharf begrenzt: Arbeit W wird dann und nur dann verrichtet, wenn entlang einer gewissen Wegstrecke eine (zunächst als konstant angesehene) Kraft wirkt:

$$W = \vec{F} \cdot \vec{s} = \left|\vec{F}\right| \cdot |\vec{s}| \cdot \cos\alpha \,. \tag{2.18}$$

Arbeit als Skalarprodukt zweier Vektoren ist somit eine skalare Größe. Für die verrichtete Arbeit ist stets nur diejenige Kraftkomponente maßgeblich, die in Richtung der Wegstrecke wirkt, z. B. beim Schieben eines Wagens auf einer schiefen Ebene (Abb. 2.9) nur die parallel zum Weg gerichtete Komponente. Diese ergibt sich gerade, wenn Kraft- und Streckenvektor den Winkel α einschließen, als $|\vec{F}| \cdot \cos\alpha$. Die Kraft also, um den Wagen auf eine Höhe h zu bewegen, ist vom Hangwinkel α abhängig, ebenso vom auf der schiefen Ebene zurückzulegenden Weg. Die dafür zu verrichtende Arbeit dagegen ist stets dieselbe, nämlich gleich der Gewichtskraft mal der Höhe ($F_g \cdot h$).

Nun ist aber die Kraft entlang des Weges nicht immer konstant; dann muss über kleine Intervalle vom Weganfang s_1 bis zum Wegende s_2 summiert bzw. integriert werden:

$$W = \int_{s_1}^{s_2} F(s) \cdot ds \ . \tag{2.19}$$

Die Einheit der Arbeit ist das Newtonmeter, 1 Nm oder Joule (1 J).

2.4.2 Energiebegriff

Hat man Arbeit verrichtet und z. B. einen Körper vom Erdboden hochgehoben oder eine Feder vorgespannt, so ist diese Arbeit nicht etwa verschwunden, sondern in dem Körper bzw. der Feder als gespeicherte Arbeit noch vorhanden. Man kann sie wiedergewinnen, indem man den Körper fallen lässt (und damit an seinem Auftreffpunkt am Boden etwas „bearbeitet", so funktioniert beispielsweise das Schmieden) oder die Feder beim Entspannen einen Gegenstand bewegt. Diese gespeicherte Arbeit nennt man **Energie**:

$$E = -W \ . \tag{2.20}$$

Energie hat somit die gleiche Dimension wie die Arbeit (N m).

Energie spielt in den Naturwissenschaften eine ganz zentrale Rolle, sie ist die wichtigste Größe in unserem Universum und die Voraussetzung für das Leben (vgl. Kap. 1). Dazu sei erwähnt, dass alle für den Menschen verwendbaren Energieformen durch Sterne bereitgestellt werden, die meisten für uns durch die Sonne, aber auch die Kernenergiequellen durch Kernfusionsprozesse in sterbenden Sternen früherer Generationen.

2.4.3 Energieformen

Durch die oben genannten Beispiele ist bereits klar, dass es mehrere Energieformen gibt. Wird ein Körper vom Erdboden eine Strecke h angehoben, so ist dazu die Gewichtskraft $m \cdot g$ aufzubringen (Abschn. 2.3.5) Damit kann man diese Energieform beschreiben als

$$E_{\text{pot}} = -m \cdot g \cdot h \tag{2.21}$$

und als Lageenergie oder **potenzielle Energie** bezeichnen.

Lässt man den Körper wieder herunterfallen, so gewinnt er schnell an Geschwindigkeit (vgl. Abschn. 2.2.3) und kann am Auftreffpunkt aufgrund seiner gewonnenen Bewegungsenergie Arbeit verrichten. Diese **kinetische Energie** berechnet sich wie folgt: Bei konstanter Beschleunigung a ist die Geschwindigkeit $v = t \cdot a$, und mit Gl. 2.7 folgt:

$$v = \sqrt{\frac{2s}{a}} \cdot a = \sqrt{2 \cdot a \cdot s} \tag{2.22}$$

und mithilfe von Gl. 2.12 wird daraus

$$v = \sqrt{2 \cdot \frac{F}{m} \cdot s} = \sqrt{2 \cdot \frac{W_{\text{kin}}}{m}}, \tag{2.23a}$$

womit die Bewegungsarbeit W_{kin} definiert ist.

Damit wird der Betrag der kinetischen Energie

$$E_{\text{kin}} = \frac{1}{2} m \cdot v^2 . \tag{2.23b}$$

Energie steckt auch in einer gespannten Feder, sie wird als Spannenergie bezeichnet (vgl. Abschn. 2.6.1).

2.4.4 Energieerhaltung

In der klassischen Physik gibt es die drei Erhaltungssätze der Impuls-, der Drehimpuls- (vgl. Abschn. 2.5.3) und der Energieerhaltung. Diese Erhaltungssätze sowie Kräfte- (bzw. Drehmoment-)Gleichgewichte und die Bewegungsgleichungen sind die „Standardwerkzeuge“, mit denen physikalische Probleme gelöst werden.

Energieerhaltung lässt sich gut am Fadenpendel beobachten (die Reibung im Aufhängungspunkt vernachlässigt): Beim Hin- und Herschwingen hat es an den Wendepunkten keine kinetische Energie mehr, sie ist vollständig in potenzielle Energie umgewandelt worden, am Scheitel unten ist diese wieder verschwunden und vollständig in die hier maximale kinetische Energie umgewandelt, hier ist das Pendel am schnellsten (Abb. 2.12). Ohne Reibung ginge dies unendlich so weiter. Auch die Reibung vernichtet freilich keine Energie, sie wandelt sie lediglich in (für das Pendel im Augenblick nicht nutzbare) Wärmeenergie um.

Energie kann deshalb auch nicht „verbraucht“ werden, wie man umgangssprachlich oft zu hören bekommt. Sie ist nicht „weg“, sondern eventuell in eine nicht weiter nutzbare Form umgewandelt worden, man spricht daher von Energieentwertung.

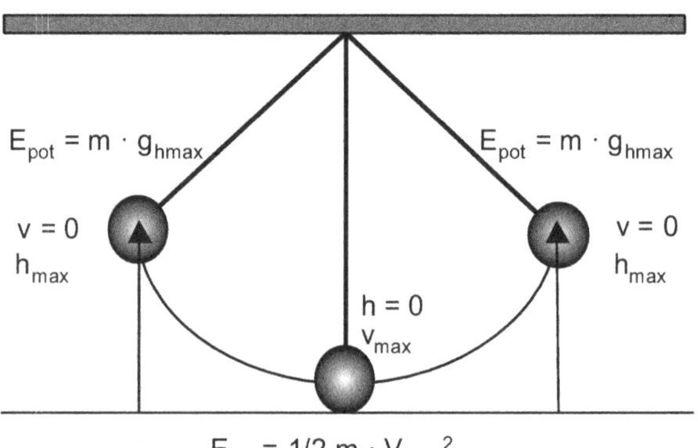

Abb. 2.12 Energieverhältnisse einer am Faden pendelnden Kugel

Energie kann auch nicht „erzeugt“ werden. Drastisches Beispiel hierfür ist der Energieinhalt des gesamten Universums: Wie jüngste Messungen der kosmischen Hintergrundstrahlung (Rest des Urknalls, heute bei einer Temperatur von 2.76 K) gezeigt haben, ist er sehr genau gleich null! Dies hat drastische Auswirkungen auf unser modernes Weltbild zur Entstehung des Universums (als statistisch zu verstehende Energiefluktuation um die sogenannte „Vakuum-Energie“).

2.4.5 Leistung

Projekterfolg wird selten mit verrichteter Arbeit, meist aber mit der erbrachten Leistung bewertet, d. h. wie viel Arbeit in welcher Zeit erbracht worden ist. So wird auch in der Physik der Begriff der **Leistung** definiert als Arbeit pro Zeit:

$$P = \frac{W}{t} \quad \text{bzw. differenziell} \quad P = \frac{dW}{dt}\,, \tag{2.24}$$

wenn die Arbeit zeitlich nicht konstant ist (der erste Ausdruck ergibt dann die mittlere Leistung). Die Einheit ist 1 Joule/s, genannt 1 Watt (1 W). Damit ergeben sich die geleistete Arbeit und die dazu umgesetzte Energie auch als Produkt von Leistung und Zeit in Wattsekunden oder Kilowattstunden (Energie z. B. im Haushalt).

2.5 Drehungen am starren Körper

Bei den bisherigen Betrachtungen griffen Kräfte, die eine Bewegungsänderung von Körpern verursachten, stets am Schwerpunkt solch ausgedehnter (starrer) Körper an. Ihre Wirkung führte dazu, dass die Körper sich als Ganzes in eine Richtung fortbewegten. Daher konnten die Körper idealisiert als mit Masse behaftete (am Ort des jeweiligen Körperschwerpunktes befindliche) mathematische Punkte, als **Massenpunkte** aufgefasst werden. Körper haben aber eine zuweilen beträchtliche Ausdehnung. Neben einer Bewegung (Translation) können sie auch noch gedreht werden (Rotation), was bei Massenpunkten ohne Auswirkung bleibt und deshalb bisher nicht zu berücksichtigen war.

2.5.1 Drehmoment und Hebel

Dreht man einen Kreisel, ein Rad oder kippt man einen Schrank, so ist das offenbar eine **Drehbewegung**. Hierbei reicht der Begriff der Kraft allein nicht aus, die Bewegung zu charakterisieren: Wenn man einen Schrank weit unten angreift, lässt er sich weit weniger gut kippen („drehen“) als wenn man ihn am äußersten Ende ganz oben packt. Außer der angreifenden Kraft spielt also der Abstand zwischen der Drehachse (hier die Kante des Schrankbeins) und dem Kraftangriffspunkt eine entscheidende Rolle. Das führt zur Definition einer neuen Größe: dem **Drehmoment**:

Drehmoment = Kraftarmlänge × Kraft:

$$\vec{M} = \vec{r} \times \vec{F} \,. \tag{2.25}$$

Die Einheit ist 1 Newtonmeter (1 N m). Das Drehmoment ist ein Vektor als Kreuzprodukt zweier Vektoren, sein Betrag ergibt sich demnach aus

$$\left|\vec{M}\right| = |\vec{r}| \cdot \left|\vec{F}\right| \cdot \sin\alpha \,, \tag{2.26}$$

mit α als dem Winkel zwischen Kraft- und Dreharmrichtung. Greift die Kraft senkrecht zum Dreharm an, ergibt sich ein maximales Drehmoment; greift die Kraft in Richtung des Dreharms an, kommt natürlich überhaupt keine Drehung zustande, das Drehmoment ist null.

Die Einheit N m wird auch für die Energie verwendet. Dies ist kein Widerspruch zum Wert des Betrags des Drehmoments, da die Energie das Skalarprodukt aus Kraft mal Strecke darstellt, das Drehmoment aber das Vektorprodukt. Die Einheit N m für das Drehmoment erhält hier auch keinen weiteren Namen.

Drehmomente spielen bei allen um eine Achse drehbar gelagerten Körpern eine Rolle, wenn Kräfte an ihnen angreifen. Alle Arten von Maschinen arbeiten mit Drehbewegungen. Neben allen Arten von Räderwerken (Getriebe usw.) gehört zu den wichtigsten Anwendungen der **Hebel**. Es gibt einarmige Hebel, bei denen Last und tragende Kraft am gleichen Hebelarm ansetzen (z. B. die Schubkarre, aber auch der menschliche Arm) und zweiseitige Hebel, bei denen die Last an der einen Hebelseite (Hebelarm), die Kraft aber am gegenüberliegenden Hebelarm jenseits des Drehpunktes angreift (z. B. Zange, Schere, Stemmeisen). Alle Bewegungen von Gliedmaßen in tierischen und menschlichen Körpern sind Hebelbewegungen. Sie sind Gegenstand der Biomechanik.

Sind entgegengesetzt drehende Drehmomente an einem Körper gleich groß, so ist der Körper im Gleichgewicht; es findet keine resultierende Drehung statt. Ein beliebig geformter drehbar gelagerter Körper ist im Gleichgewicht, wenn die Summe aller an ihm angreifenden Drehmomente null ergibt. Dieser Lehrsatz wird beim Hebel oft einfacher formuliert: Kraft mal Kraftarm ist gleich Last mal Lastarm (Abb. 2.13).

Es gibt drei Arten von Gleichgewicht: Beim **stabilen Gleichgewicht** (z. B. Kugel in einer halbkugelförmigen Schale) wird ein Körper bei Auslenkung aus der Ruhelage wieder in diese zurückkehren, da sein Schwerpunkt bei Auslenkung angehoben wurde und sich aufgrund des rücktreibenden Drehmoments durch die Schwerkraft von selbst wieder zurückbewegt. Beim **labilen Gleichgewicht** (z. B. Kugel auf Scheitel der umgedrehten Schale) wird bei Lageänderung der Schwerpunkt abgesenkt, das entstehende Drehmoment entfernt den Körper weiter aus der Ruhelage. Beim **indifferenten Gleichgewicht** (z. B. Kugel auf ebener Fläche) wirkt nach Lageänderung kein Drehmoment, der Körper verbleibt in Ruhe.

2.5.2 Trägheitsmoment

Um eine einfache Analogie zwischen Translations- und Drehbewegungen herzustellen, ist die Einführung einer neuen Größe zweckmäßig, des **Trägheitsmoments**, das sich jeweils auf eine bestimmte Drehachse bezieht und das definiert ist als

$$\Theta = \sum_i m_i \cdot {r_i}^2 , \tag{2.27}$$

wobei der Körper in viele kleine Masseteile m_i zerteilt gedacht wird, die sich jeweils im Abstand r_i zur Drehachse befinden (Abb. 2.14). Damit ergibt sich das Drehmoment aus dem Trägheitsmoment und der Winkelbeschleunigung (zeitliche Ableitung der Winkelgeschwindigkeit):

$$\vec{M} = \Theta \cdot \frac{d\vec{\omega}}{dt} \tag{2.28}$$

in Analogie zur Kraft aus Masse und Linearbeschleunigung. Das Trägheitsmoment einer Kugel ist wegen ihrer Symmetrie um jede beliebige Achse gleich, beim Drehen eines Ellipsoids oder eines Quaders ist das Trägheitsmoment um seine kürzeste Achse spürbar größer (Hauptträgheitsmoment) als um seine längste Achse. Das Trägheitsmoment ist eine skalare Größe.

2.5.3 Drehimpuls

So wie jeder linear bewegte Körper einen Impuls besitzt, so besitzt jeder drehende Körper einen **Drehimpuls**, den man erhält, wenn man den Impuls eines jeden Masseelements des Körpers mit seinem Abstand von der Drehachse multipliziert und über alle Elemente aufsummiert (zunächst betragsmäßig):

$$\left|\vec{L}\right| = \sum_i m_i \cdot v_i \cdot r_i = \sum_i m_i \cdot \omega_i \cdot {r_i}^2 \tag{2.29}$$

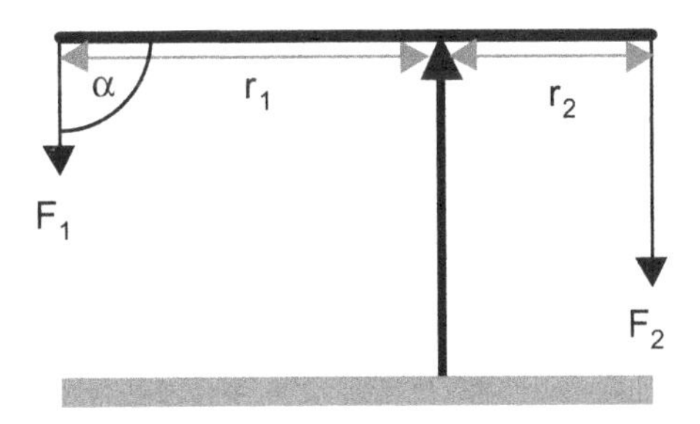

Abb. 2.13 Gleichgewicht am zweiseitigen Hebel

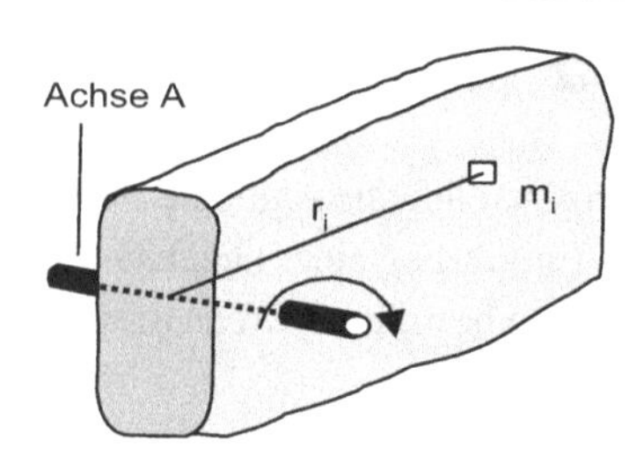

Abb. 2.14 Zur Definition des Trägheitsmomentes

mit $v = w \cdot r$. Der rechts stehende Ausdruck ergibt sich mit Gl. 2.16. Mit dem zuvor definierten Trägheitsmoment ergibt sich also in Analogie zum Impuls bei der Translation $\vec{p} = m \cdot \vec{v}$

$$\vec{L} = \Theta \cdot \vec{\omega} \,. \tag{2.30}$$

Ebenso ergibt sich nun das Drehmoment als zeitliche Drehimpulsänderung (in Analogie zur Translationsbewegung: Kraft als zeitliche Änderung des Impulses):

$$\vec{M} = \frac{d\vec{L}}{dt} \,. \tag{2.31}$$

Die Richtung des Drehimpulsvektors liegt in Richtung der Drehachse.

Der Drehimpuls ist ebenso wie der Impuls eine Erhaltungsgröße. Das lässt sich an der Pirouette eines Eiskunstläufers gut beobachten: Er leitet die Drehung mit ausgestreckten Armen ein und zieht dann die Arme fest an den Körper; dadurch verringert er sein Trägheitsmoment um seine Drehachse, die Folge ist ein starker Anstieg seiner Winkelgeschwindigkeit.

2.6 Verformung fester Körper

Starre Körper sind eine Idealisierung, Material kann im Allgemeinen mehr oder weniger leicht verformt werden. Solche Verformungen spielen in Alltag und Technik eine wichtige Rolle.

2.6.1 Elastische und inelastische Verformung

Bei der Verformung unterscheiden wir zwei unterschiedliche Extremfälle: die **elastische Verformung**, d. h. die Verformung bildet sich komplett zurück, wenn die Kraft nicht mehr wirkt, und die **inelastische (plastische) Verformung**, wenn sie auch nach Wegfall der Kraft bestehen bleibt. Für die elastische Verformung bietet die Schraubenfeder ein ideales Beispiel, man findet sie z. B. in Polstermöbeln, an Fahrzeugen, in Uhrwerken usw. Für eine Schraubenfeder gilt das **Hooke'sche Gesetz** (Robert Hooke, 1635–1703):

$$F = G \cdot x \,. \tag{2.32}$$

Wir begnügen uns hier mit der skalaren Schreibweise, d. h. eine Schraubenfeder verlängert sich bei jeweils gleicher (z. B. doppelter) Kraftzunahme um jeweils die gleiche (hier: doppelte) Strecke x; die Größe G beschreibt die „Stärke" der Feder (Federkonstante), ihre Einheit ist 1 N/m.

Damit hat man eine ideale Möglichkeit, sich einen Kraftmesser (s. Abb. 2.5) zu bauen, der umgangssprachlich (nicht ganz korrekt) „Federwaage" genannt wird: Die Verlängerung der Feder ist ein Maß für die an ihr angreifende Kraft (vgl. Abschn. 2.3).

Elastische Verformung begegnet uns u. a. bei jeder Art von Federung, bei Fahrzeugreifen, beim Springen von Bällen. Inelastische Verformung ist z. B. bei der Knautschzone am Auto erwünscht; sie tritt bei jedweder plastischen Formung von Materialien auf (z. B. beim Schmieden und Töpfern) und bildet generell einen wichtigen industriellen Arbeitsprozess.

2.6.2 Arten der Verformung

Bei der Verformung eines Körpers senkrecht zur Auflagefläche wird (analog zum Druck in Flüssigkeiten und Gasen) die **Spannung** im Körper definiert als Verhältnis von Zugkraft und Körperquerschnitt (skalar):

$$\sigma = F/A\,, \tag{2.33}$$

mit der Einheit N/m^2. Die skalare Größe **Dehnung** ergibt sich als Verhältnis von Längenänderung und ursprünglicher Länge:

$$\varepsilon = \Delta l/l\,. \tag{2.34}$$

Das Verhältnis von Spannung und Dehnung ist der Elastizitätsmodul

$$E = \frac{\sigma}{\varepsilon}\,. \tag{2.35}$$

Im Allgemeinen wird eine Verformung nun aber nicht senkrecht zur Auflagefläche erfolgen, wir sprechen dann von **Biegung**. Auf der Außenseite der Biegung tritt Spannung, auf der Innenseite Stauchung auf, in der Mitte dazwischen befindet sich die **neutrale Faser**, deren Länge sich nicht ändert.

Wird ein Körper an einer seiner Flächen festgehalten und wirkt an der gegenüberliegenden Fläche eine Kraft parallel zur Letzteren, so spricht man von **Scherung**, deren Scherspannung analog zur Spannung definiert ist (Kraft pro Fläche, an der sie angreift).

Eine weitere Möglichkeit der Verformung ist die Verdrehung oder **Torsion** eines Körpers (z. B. eines Stabes) mit dem Radius r und der Länge l um einen gewissen Torsionswinkel φ; zwischen dem am einen Stabende ausgeübten Drehmoment und dem Torsionswinkel ergibt sich mit dem Torsionsmodul G die Beziehung

$$M = \frac{\pi \cdot G \cdot r^4}{2l}\varphi\,. \tag{2.36}$$

2.7 Flüssigkeiten und Gase

In den vorangehenden sechs Unterkapiteln zur Mechanik gingen wir von festen Körpern aus, auf die direkt Kräfte einwirken und auf die sie als Ganzes reagieren. Dies ist bei Flüssigkeiten und Gasen nicht möglich, da sie nicht zusammenhalten, ohne dass man sie „einsperrt“.

2.7.1 Aggregatzustände

Die geläufigen Aggregatzustände (vgl. Abschn. 7.1) sind fest, flüssig und gasförmig. Jenseits des gasförmigen Zustands findet sich der eines ionisierten Gases (**Plasma**), jenseits des festen Zustandes der der entarteten Materie (ultradichte Materieform).

In festen Stoffen können sich die Atome oder Moleküle der Materie an ihren Plätzen aufgrund der Wärme etwas hin und her bewegen, ihren Platz aber nicht gänzlich verlassen, sie sind in ein festes Gefüge (oft ein Kristallgitter) eingebaut.

In Flüssigkeiten liegen die Teilchen immer noch dicht aneinander, sind aber frei beweglich, wenn Kräfte auf sie wirken, weil die Bindungsenergie zwischen ihnen nun schwächer ist als die Bewegungsenergie aufgrund ihrer Wärme. Flüssigkeiten haben daher keine feste Gestalt, sie passen sich dem Gefäß an, in dem sie sich befinden. Die immer noch dichte Lage der Teilchen in einer Flüssigkeit führt dazu, dass die Dichte eines Stoffes sich nicht erheblich unterscheidet, wenn er vom festen in den flüssigen Zustand übergeht.

Bei Gasen liegen nun die Teilchen nicht mehr dicht aneinander, sie sind nahezu völlig frei, und der Zwischenraum ist rund 1000-mal größer als ihr Durchmesser. Dies ist die freie Weglänge zwischen ihnen. Hierin liegt ein ganz wichtiger Grund für den großen Dichteunterschied und für die völlig unterschiedliche Kompressibilität von Flüssigkeiten und Gasen; sie ist bei Ersteren so gut wie nicht vorhanden, Letztere sind sehr gut kompressibel, was man intensiv ausnutzt (Expansion und hoher Druckaufbau in Wärmekraftmaschinen, Luft im Autoreifen).

2.7.2 Druck

Bei Flüssigkeiten und Gasen ist statt der Kraft der Begriff des **Druck**s zweckmäßiger. Er wird definiert als Kraft pro Fläche, auf welche die Kraft (senkrecht) einwirkt:

$$P = \frac{F}{A} \tag{2.37}$$

mit der Einheit 1 Pascal ($1\,\text{Pa} = 1\,\text{N/m}^2$). Die alte Einheit bar findet weiterhin Verwendung, $1\,\text{bar} = 1000$ Hektopascal ($1000\,\text{hPa} = 10^5\,\text{Pa}$).

Die Druckmessung – heute mit mechanischen oder elektronischen Manometern – wurde früher häufig mit U-Rohren durchgeführt, die mit Quecksilber gefüllt waren. Die

Druckdifferenz über den beiden Schenkeln eines U-Rohres manifestiert sich dabei als Schweredruckunterschied (s. unten) in unterschiedlichen Steighöhen des Quecksilbers. Evakuiert man einen Schenkel völlig (also $P = 0\,\text{Pa}$) und wirkt auf den anderen Schenkel der Normalluftdruck, so beträgt die Differenz der beiden Quecksilberspiegel 760 mm = 760 Torr (benannt nach Evangelista Torricelli, 1608–1647). Tauscht man das schwere Quecksilber durch Wasser aus, so beträgt die Füllhöhendifferenz ca. 10 m. Bei der Blutdruckmessung hat sich die alte Einheit Torr bzw. auch die Füllhöhenangabe „mm Hg“ bis heute gehalten.

Schweredruck in Flüssigkeiten In Flüssigkeiten nimmt der Druck infolge der Gewichtskraft einer Flüssigkeitssäule über der Messstelle mit der Tiefe zu, und zwar linear, da sich wegen der Inkompressibilität von Flüssigkeiten ihre Dichte mit der Tiefe nicht ändert. Wie stark der Druck zunimmt, hängt von der Dichte der Flüssigkeit ab. In Wasser (er heißt dann auch **hydrostatischer Druck**) mit seiner Dichte 1 g/cm^3 wirkt daher in 1 cm Tiefe auf jeden cm^2 die Gewichtskraft von 1 g; damit 1 bar = 1000 hPa ($\cong$ 1 kg/cm^2) zustande kommt, muss also eine 1000-mal so hohe Wassersäule stehen, was eine Tiefe von 10 m ergibt (s. oben). Dies ist z. B. für Taucher wichtig: In 50 m Wassertiefe wirkt auf seinen Körper nicht mehr 1 bar Luftdruck, sondern es wirken zusätzlich 5 bar Wasserdruck, also 6 bar.

Der Druck in einer bestimmten Flüssigkeitstiefe ist nach allen Seiten hin gleich – andernfalls würden sich Wasserteilchen ja von der entsprechenden Stelle fortbewegen! Dies führt zum **hydrostatischen Paradoxon**, dass der Druck **nur** von der Tiefe und nicht von der Gefäßform abhängt (Abb. 2.15).

Schweredruck in Gasen In Gasen nimmt der Druck ebenfalls infolge der Schwerkraft mit der Tiefe zu, aber nicht mehr linear, da sich in Gasen (z. B. Luft) die Dichte mit der Tiefe infolge der Kompressibilität der Gase erheblich erhöht. Der Druck folgt einem Exponentialgesetz, das aus der Barometrischen Höhenformel (hier nicht behandelt) abgeleitet werden kann und das sich folgendermaßen schreiben lässt, wenn man bei der Erdatmosphäre statt der Tiefe von außen, die wegen der sich immer weiter verdünnenden Luft sehr schlecht zu definieren ist, die Höhe vom Erdboden benutzt:

$$P = P_0 e^{-\frac{\rho_0 \cdot g}{P_0} h} \tag{2.38}$$

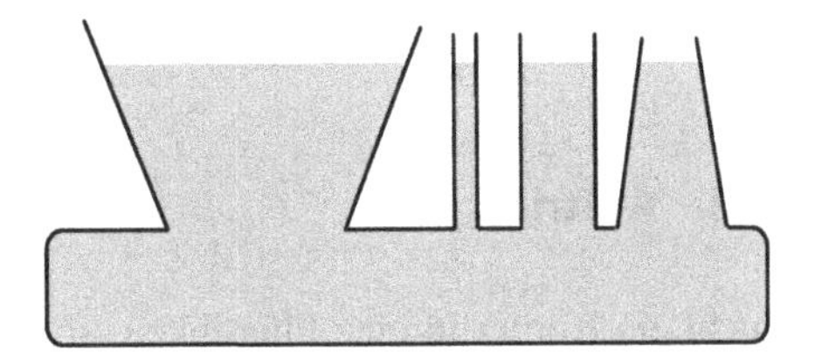

Abb. 2.15 Hydrostatisches Paradoxon: Der Druck am Boden des Gefäßes ist überall gleich

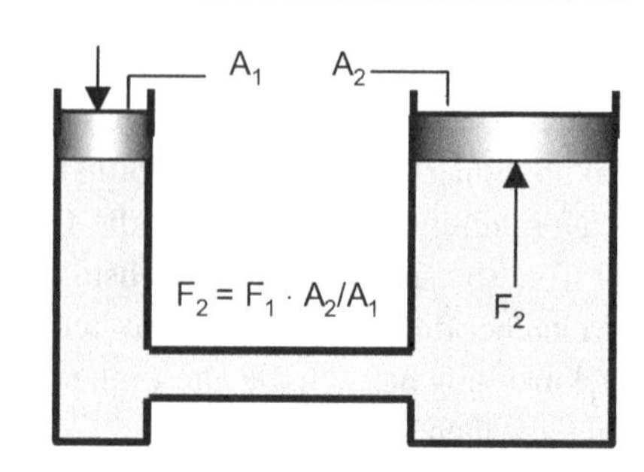

Abb. 2.16 Hydrostatische Kraftübertragung

P_0 und ρ_0 sind Druck und Dichte der Luft am Boden. Wenn man die (nahezu) konstanten Größen zusammenfasst, ergibt sich nach Gl. 2.38:

$$P(h) = P_0 \cdot e^{-\frac{h}{H}} \tag{2.39}$$

mit der Skalenhöhe $H \approx 8000\,\mathrm{m}$ (dort ist P auf $1/e$ abgefallen, also auf 37 % von P_0). Die Skalenhöhe, bei der sich der Luftdruck um jeweils einen Faktor 2 verringert, beträgt ca. 5,5 km; in 11 km Höhe ist er also auf 1/4 seines Wertes am Boden abgefallen.

Hydraulik In einem geschlossenen (flüssigkeitsgefüllten) hydraulischen System (Abb. 2.16) ist überall Druckgleichgewicht (Schweredruckunterschiede hier vernachlässigt). Fertigt man in einem solchen System zwei Kolben/Zylinder unterschiedlich groß, so wird beim Drücken auf den kleineren Kolben Flüssigkeit in den größeren Zylinder gedrückt und der andere Kolben wird sich heben, wenn er frei beweglich ist. Da Druckgleichgewicht herrscht, gilt:

$$\frac{F_1}{A_1} = \frac{F_2}{A_2} \quad \text{oder} \quad F_2 = F_1 \cdot \frac{A_2}{A_1} \,. \tag{2.40}$$

Daraus folgt, dass F_2 im Verhältnis von A_2/A_1 größer ist; gleichzeitig ist aber wegen des konstanten Gesamtflüssigkeitsvolumens und der größeren Fläche des Kolbens 2 der Hubweg des größeren Kolbens im gleichen Verhältnis geringer als der von Kolben 1. Darin manifestiert sich wiederum der Erhaltungssatz der Arbeit bzw. der Energie: Wählt man die Seite, die eine geringere Kraft erfordert, um auf der anderen Seite eine große Kraft auszuüben, muss man auf der ersten Seite auch einen entsprechend größeren Weg zurücklegen! Das ist das Prinzip der hydraulischen Kraftübertragung, angewendet z. B. bei Baumaschinen, Hebebühnen, manchen Wagenhebern und bei den Bremsen im Auto.

2.7.3 Auftrieb

Taucht ein Körper in eine Flüssigkeit, so ist der hydrostatische Druck auf die Unterseite des Körpers größer als der auf seine Oberseite (an den Seitenwänden sind die Drucke gleich). Daraus resultiert eine Kraft, die den Körper nach oben drückt: die **Auftriebskraft**, die jeder bereits beim Schwimmen erfahren hat. Die hydrostatische Druckdifferenz und damit die Auftriebskraft hängen von der Dichte der Flüssigkeit ab. Sie ist gleich der Gewichtskraft des verdrängten Volumens der Flüssigkeit:

$$F_{\mathrm{A}} = m_{\mathrm{Flüss}} \cdot g = V_{\mathrm{Körper}} \cdot \rho_{\mathrm{Flüss}} \cdot g \tag{2.41}$$

(g ist die Erdbeschleunigung). Je nachdem, ob die Dichte des Körpers größer, gleich oder kleiner als die der Flüssigkeit ist, wird die Auftriebskraft kleiner, gleich oder größer als die Gewichtskraft des eingetauchten Körpers sein. Im ersten Fall **sinkt** der Körper, seine Gewichtskraft erscheint lediglich etwas reduziert, ein Gleichgewicht beider Kräfte kann sich nicht einstellen. Im zweiten Fall **taucht** der Körper ganz in die Flüssigkeit und schwebt darin frei, es herrscht Gleichgewicht. Im dritten Fall taucht der Körper nur soweit ein, bis von selbst die Auftriebskraft bis auf die Gewichtskraft des Körpers angestiegen und Gleichgewicht erreicht ist, der Körper **schwimmt**. Da der Mensch zum größten Teil aus Wasser besteht und seine Dichte nur geringfügig über der des Wassers liegt, kann er durch geeignete Bewegungs- und Atemtechnik im Wasser schwimmen.

Da wir auf der Erde am Boden eines „Luftmeeres“ leben und die Luft auch eine Masse besitzt, erfahren auch Körper am Erdboden dadurch einen (geringen) Auftrieb.

2.7.4 Grenzflächenkräfte

An den Oberflächen von festen, flüssigen oder gasförmigen Körpern können Grenzflächenkräfte auftreten, die in deren atomarer bzw. molekularer Struktur begründet sind.

Kohäsion und Adhäsion Gleichartige Moleküle können sich (je nach ihrer Struktur) gegenseitig anziehen; diese **Kohäsionskräfte** sind **Van-der-Waals**-Kräfte, Restkräfte der elektromagnetischen Kraft, die auftreten, wenn ein Molekül z. B. polarisiert ist (vgl. Abschn. 4.1.4), d. h., wenn seine elektrische Ladungsverteilung nicht kugelsymmetrisch ausgeglichen ist (das ist z. B. beim Wassermolekül der Fall; Wasser ist eine polare Flüssigkeit, was auch ihre hohe Lösungskraft zur Folge hat).

Adhäsionskräfte können zwischen verschiedenartigen Molekülen auftreten (ebenfalls Van-der-Waals-Kräfte), sie haben prinzipiell die gleiche Ursache wie die Kohäsion.

Ist nun bei einem Übergang einer Flüssigkeit zum Gefäßrand die Kohäsion größer als die Adhäsion, so wird der Füllstand einer Flüssigkeit am Gefäßrand eine leichte Absenkung erfahren, was man am deutlichsten bei engen (<1 cm) Glasrohren beobachten kann. Quecksilber verhält sich so in Glas, es benetzt das Glas nicht, und man sieht einen kleinen „Quecksilberberg“ (Meniscus) im Glasrohr. Überwiegt im Gegenteil dazu die Adhäsion die Kohäsion, so tritt am Rand eine leichte Erhöhung des Spiegels auf, was wiederum im Glasrohr ebenso deutlich zu sehen ist als kleine „Flüssigkeitsmulde“. Wasser im Glas (in einer Pipette) verhält sich so.

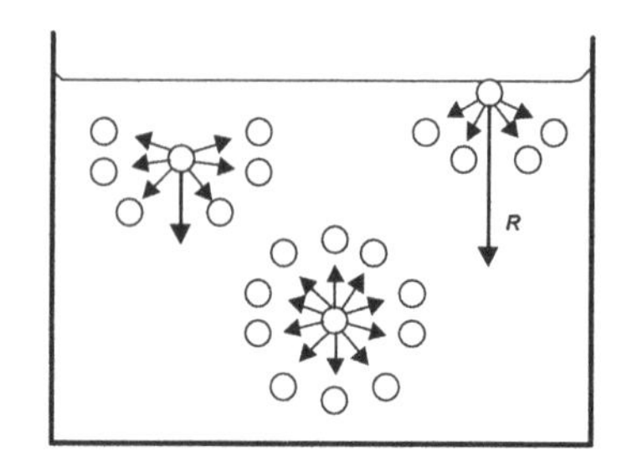

Abb. 2.17 Modell zur Deutung der Oberflächenspannung: Teilchen am Rand erfahren eine resultierende Kraftkomponente nach innen

Oberflächenspannung Die Kohäsionskräfte führen dazu, dass eine Flüssigkeit eine möglichst kleine Oberfläche anzunehmen bestrebt ist. Daher rührt die (annähernd kugelförmige) Gestalt von Wassertropfen. Man spricht von der **Oberflächenspannung** (Abb. 2.17), die ebenso wie in Abschn. 2.6.2 definiert ist. Sie ist materialabhängig. So hat Quecksilber eine sehr große Oberflächenspannung, was auch das Nichtbenetzen der Glasinnenwand in den früher üblichen Thermometern mit Quecksilber-Füllung erklärt. Die Oberflächenspannung von Wasser lässt sich durch Zusatz von Detergenzien stark reduzieren.

Kohäsionskräfte wirken auch in Gasen, sodass sich auch hier in Gasblasen innerhalb von Flüssigkeiten Oberflächenspannung aufbaut, die zu einer Verkleinerung der Blase und damit einer Druckerhöhung in ihrem Inneren führt.

2.7.5 Strömende Flüssigkeiten

Strömende Flüssigkeiten spielen in der Technik, aber auch in der Biologie (z. B. beim Kreislaufsystem) eine bedeutende Rolle.

Reibungsfreie Strömung

Der **Volumenstrom** bzw. die Volumenstromstärke in einem Rohr, in dem eine Flüssigkeit mit einer Geschwindigkeit v fließt, lässt sich als Volumenänderung pro Zeitintervall definieren. Da das Volumen in einem Rohrabschnitt (Abb. 2.18) seinerseits gegeben ist durch Querschnittsfläche A und Länge s des Rohrabschnitts, ergibt sich:

$$\frac{dV}{dt} = \frac{d(A \cdot s)}{dt} = A \cdot \frac{ds}{dt} = A \cdot v. \tag{2.42}$$

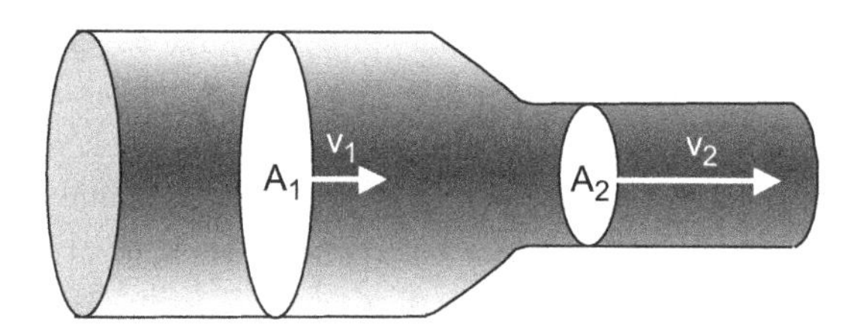

Abb. 2.18 Zur Kontinuitätsgleichung

Dieser Volumenstrom ist für ein geschlossenes Rohrsystem konstant, da Flüssigkeiten nicht kompressibel sind: Für beliebige Rohrabschnitte gilt $A_1 \cdot v_1 = A_2 \cdot v_2 = \text{const.}$ Dies ist die **Kontinuitätsgleichung** für strömende Flüssigkeiten. Ebenso gilt Gesamt-Druckgleichgewicht und also Energiegleichgewicht im System. Die an der Flüssigkeit zu leistende Arbeit beim Strömen ist gleich der kinetischen Energie der bewegten Wassermenge:

$$W_1 = F_1 \cdot s_1 = P_1 \cdot V_1 = E_{\text{kin}\,1} = \frac{1}{2} \cdot m_1 v_1{}^2 = \frac{1}{2} \cdot (\rho \cdot V_1) \cdot v_1{}^2 \,, \tag{2.43}$$

mit der Masse m und der Dichte ρ im Rohrabschnitt 1; Gleiches gilt auch für Rohrabschnitt 2. Daraus ergibt sich:

$$\Delta W = W_1 - W_2 = (P_1 - P_2) \cdot \Delta V = \frac{1}{2}(\rho \cdot \Delta V) \cdot (v_2{}^2 - v_1{}^2) \tag{2.44a}$$

oder

$$P_1 - P_2 = \frac{1}{2}\rho \cdot v_2{}^2 - \frac{1}{2}\rho \cdot v_1{}^2 \tag{2.44b}$$

und damit

$$P_1 + \frac{1}{2}\rho \cdot v_1{}^2 = P_2 + \frac{1}{2}\rho \cdot v_2{}^2 = \text{const.} = P_{\text{gesamt}} \,. \tag{2.44c}$$

Dies ist die **Bernoulli-Gleichung**, die besagt, dass in strömenden Flüssigkeiten neben dem statischen Druck ein **Staudruck** hinzutritt, der mit dem Quadrat der Geschwindigkeit zunimmt und den statischen Druck in dem Flüssigkeitsabschnitt entsprechend verringert (Abb. 2.19a), da der Gesamtdruck konstant bleibt. Auf diese Weise funktioniert ein Zerstäuber (auch ein Vergaser) oder die Wasserstrahlpumpe.

Strömung mit Widerstand

Eine völlig widerstandslose Strömung gibt es nicht. In einem Rohr wird die Geschwindigkeit nicht überall dieselbe, sondern in der Nähe der Wände geringer sein als in der Mitte. Durchmischen sich die einzelnen „Flüssigkeitsschichten" im Rohr nicht, so ist die Strömung **laminar**. Dann gilt für den Strömungswiderstand (definiert als Druckänderung dividiert durch den Volumenstrom, s. Kapitelanfang) R in einem zylindrischen Rohr der Länge l und dem Radius r das (hier nicht hergeleitete) **Hagen-Poiseuille'sche Gesetz**:

$$R = \frac{\Delta P}{A \cdot v} = \frac{8\eta \cdot l}{\pi \cdot r^4} \,, \tag{2.45}$$

mit der **dynamischen Viskosität** η (gemessen in Pa s).

Die Reibungskraft, die eine in einer viskosen Flüssigkeit fallende Kugel erfährt, ist nach Newton proportional zur Geschwindigkeit. Für sie gilt, wenn die Geschwindigkeit ihren Endwert erreicht hat, das **Stoke'sche Gesetz**,

$$F_{\text{R}} = 6\pi \cdot \eta \cdot r \cdot v \,, \tag{2.46}$$

mit dem Kugelradius r und ihrer Geschwindigkeit v.

Abb. 2.19 **a** Demonstration der Bernoulli-Beziehung im Venturi-Rohr, **b** Strömungsvorgänge am Querschnitt eines Vogelflügels; die Strömungslinien sind in den Punkten a und c gleich dicht (nur in c nach unten gerichtet), im Punkt b sind sie verdichtet. **c** Durch die Strömung an den Vogelflügeln erfährt die Luft dahinter eine Impuls- (und damit Kraft-)Komponente nach unten und der gesamte Vogel daher eine Komponente nach oben

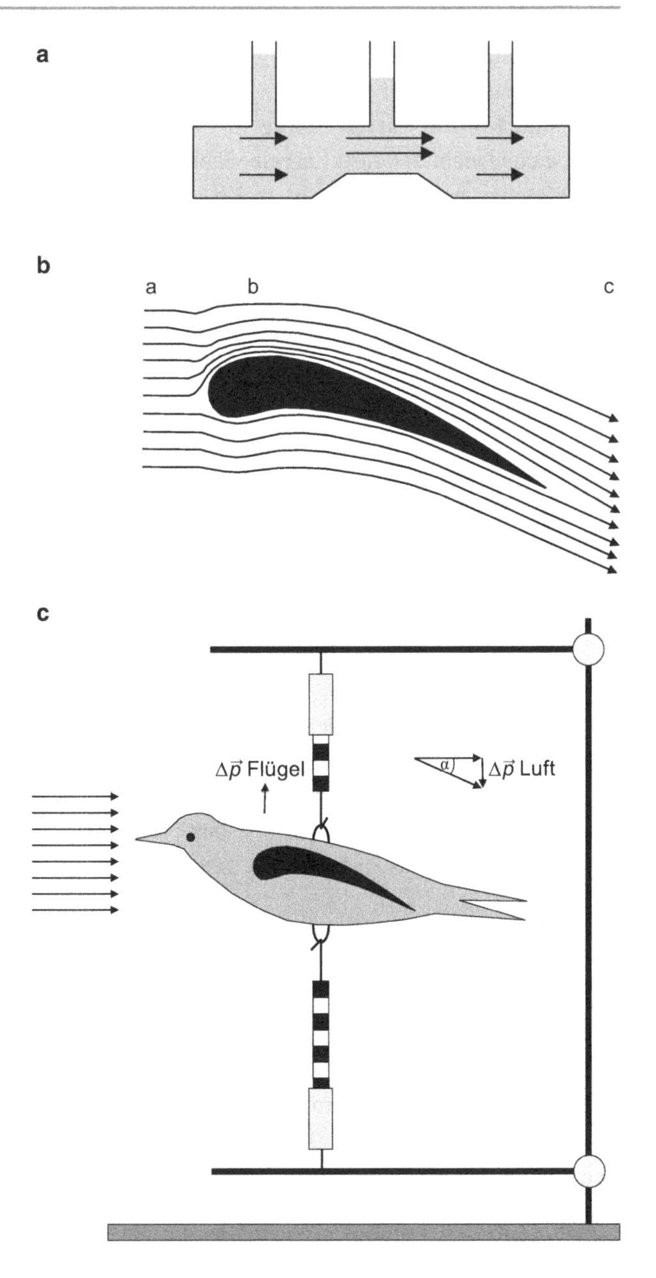

Gleiten die Flüssigkeitsschichten nicht mehr aneinander vorbei, ohne sich gegenseitig zu beeinflussen, so wird die Strömung **turbulent**, es bilden sich Wirbel, was den Strömungsablauf sehr kompliziert und die mittlere Strömungsgeschwindigkeit v herabsetzt. Ein Maß, wie laminar oder turbulent eine Strömung ist, bildet die **Reynolds-Zahl** (nach Osborne Reynolds, 1842–1912):

$$\text{Re} = \frac{l \cdot v \cdot \rho}{\eta} \, . \qquad (2.47)$$

Für Werte $\text{Re} < 1000$ ist die Strömung i. A. noch laminar, darüber wird sie turbulent, d. h. verwirbelt.

Verzweigte Strömungen

Befinden sich mehrere „Widerstände" in einer geschlossenen Strömung, so kommt es zu Druckdifferenzen, deren Summe natürlich null ergeben muss. Daraus folgt, dass in einer Reihe von hintereinander auftretenden Widerständen sich die einzelnen Widerstände addieren:

$$R_{\text{ges}} = \sum R_i \, . \qquad (2.48)$$

Verzweigen sich Röhren und liegen dann widerstandsbehaftete Abschnitte parallel, so addieren sich ihre Kehrwerte:

$$\frac{1}{R_{\text{ges}}} = \sum \frac{1}{R_i} \, . \qquad (2.49)$$

Beide Regeln sind völlig analog zur Addition von Widerständen im elektrischen Stromkreis (vgl. Abschn. 4.2.2) und werden daher auch hier **Kirchhoff'sche Gesetze** (nach Gustav Robert Kirchhoff, 1824–1887) genannt. Ein wichtiges Beispiel aus Biologie und Medizin für ein komplexes Röhrensystem ist das Arterien- und Venennetz.

Exkurs: Luftströmung beim Vogelflug

Schaut man sich einen Vogelflügel im Querschnitt an, zeigt sich ein besonderes Profil: Knochen, Haut und mehrere Lagen kleiner Federn bilden die deutlich verdickte Vorderkante. Zum hinteren Flügelrand hin liegen immer weniger Federn übereinander. Der Hinterrand läuft schließlich in nur einer Ferderreihe (Arm-, Handschwingen) aus.

Ferner weist die gesamte Flügelfläche eine besondere Neigung nach unten und eine Wölbung der Oberseite auf. Die Luft tendiert wie jede Strömung dazu, einer gekrümmten Oberfläche zu folgen, wovon man sich überzeugen kann, wenn man einen Löffel mit der gekrümmten Außenseite an den Wasserstrahl aus einem Wasserhahn hält (der Löffel wird „angezogen", der Wasserstrahl abgelenkt) (Abb. 2.19b). Dadurch entsteht auf der Oberseite der Flügelfläche ein Sog (und hinter dem Flügel sind die Strömungslinien abwärts gerichtet) und insgesamt für die Luft hinter dem

Vogel eine Kraftkomponente nach unten und entsprechend für den Flügel ein Impuls bzw. eine Kraft nach oben, die die Flügel und damit den gesamten Vogel anhebt (Abb. 2.19c) Das ist auch beim Segelflug sowie beim Paragliding der Fall.

2.8 Schwingungen und Wellen

Am Ende des Kapitels „Mechanik" betrachten wir eine besonders herausgehobene Bewegungsart, die feste, flüssige und gasförmige Körper ausführen können: periodische Bewegungen in Form von Schwingungen, die ihrerseits wiederum zur Ausbreitung von Wellen führen können.

2.8.1 Schwingungen

Schwingungen sind periodische (sich wiederholende) Vorgänge. Breitet sich eine Schwingung im Raum aus, spricht man von einer **Welle**.

Harmonische Schwingung

Eine **harmonische Schwingung** verläuft stets sinusförmig (Abb. 2.20). Die schwingende Größe, also z. B. eine Auslenkung y um die Gleichgewichtslage eines Systems wie eines Pendels oder einer massebelasteten Feder, lässt sich beschreiben mit

$$y = y_0 \cdot \sin(\omega \cdot t + \varphi) \ . \tag{2.50}$$

Wobei y_0 der Maximalwert der Auslenkung bzw. die **Amplitude** der Schwingung, ω die **Kreisfrequenz** (vgl. Gl. 2.8), t die Zeit und φ die Winkel-**Phasenverschiebung**

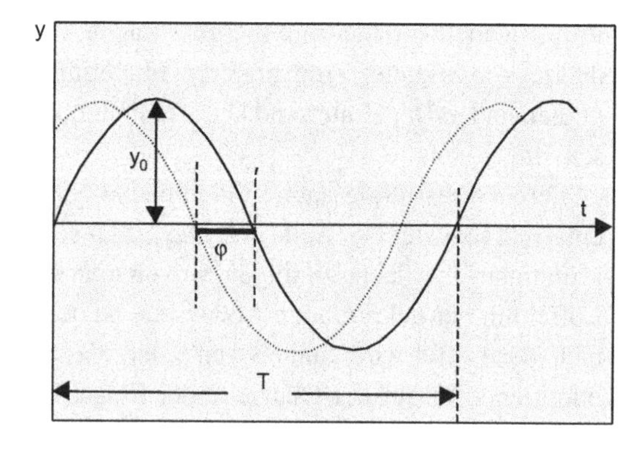

Abb. 2.20 Harmonische Schwingung der Form $y(t) = y_0 \cdot \sin(\omega\, t)$ (*durchgezogene Kurve*) und $y(t) = y_0 \cdot \sin(\omega\, t + \varphi)$ (*gepunktete Kurve*)

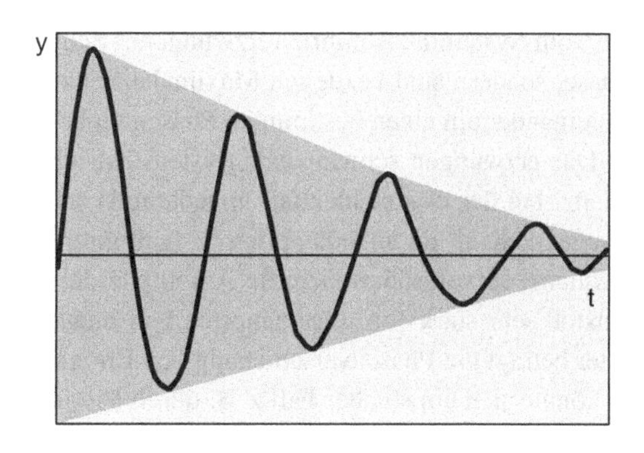

Abb. 2.21 Zeitabhängiger Verlauf einer gedämpften Schwingung

bedeuten, wenn die Schwingung nicht zum Zeitnullpunkt beginnt. Die **Frequenz** ν einer Schwingung, definiert als der Kehrwert der Zeitdauer einer Schwingung, gibt an, wie viele volle Schwingungszyklen in 1 Sekunde stattfinden (gemessen in Hertz, 1 Hz = 1 Schwingung pro Sekunde). Zwischen ihr und der Kreisfrequenz besteht die Beziehung: $\omega = 2 \cdot \pi \cdot \nu$.

Schwingungsfähige Systeme gibt es vielfältig. Wo periodische Vorgänge auftreten, kann man von einer Schwingung sprechen, also auch z. B. bei einem drehenden Rad oder der Bewegung der Erde um die Sonne (die Erde, in der Bahnebene von Ferne beobachtet, vollführt eine sinusförmige Hin- und Herbewegung gegenüber der Sonne). Auch in der Elektrizitätslehre gibt es „Schwingkreise" (s. Abschn. 4.5.4).

In einem harmonisch schwingenden System, einem **harmonischen Oszillator**, bleibt die Gesamtenergie stets konstant (die Reibung bleibt dabei vernachlässigt), wobei sich ggf. verschiedene Energieformen fortwährend ineinander umwandeln (siehe Energieumwandlung beim Fadenpendel Abschn. 2.4.4).

Gedämpfte Schwingung

Bei einem realen Fadenpendel bewirkt die Reibung eine Dämpfung der Schwingung, die Amplitude nimmt mit der Zeit exponentiell ab (Abb. 2.21):

$$y_0(t) = y_0(t_0) \cdot e^{-\xi \cdot t} , \tag{2.51}$$

mit ξ als Dämpfungskonstante.

Ist die Dämpfung groß, sodass keine volle Schwingungsperiode mehr zustande kommt, so tritt der aperiodische **Kriechfall** ein, man sieht nur noch ein exponentielles Abklingen der Auslenkung.

Erzwungene Schwingung

Ein System, das seine Schwingung nicht von selbst aufrechterhält, sondern dazu eine äußere Kraft benötigt, die periodisch auf es einwirkt und so die Schwingung erregt, vollführt eine **erzwungene Schwingung** (z. B. die Maschine eines Autos). Die erregende Kraft und die vom System ausgeführte (erzwungene) Schwingung liegen im Allgemeinen nicht in Phase, sondern sind bezüglich Maximalauslenkung (Amplitude) und Nulldurchgang gegeneinander um einen bestimmten Phasenwinkel verschoben.

Das erzwungen schwingende System hat im Allgemeinen auch noch eine Eigenfrequenz, bei der es (im Idealfall ungedämpft) selbständig schwingen würde. Erreicht die erregende Kraft im ungedämpften Fall mit ihrer Frequenz (Erregerfrequenz) diese Eigenfrequenz, so vergrößert sich die Amplitude der Schwingung durch immer fortgesetzten Anstoß sehr stark (im ungedämpften Fall unendlich): Der **Resonanzfall** ist eingetreten (hier beträgt die Phasenverschiebung von Erreger- und Eigenschwingung 90°). Beim Auto könnte sich ein solcher Fall z. B. durch Vibrieren von Blechteilen bemerkbar machen. Ist die Dämpfung im Resonanzfall zu schwach, so kann das System durch zu großen Anstieg der Amplitude zerstört werden (Resonanzkatastrophe). Beim Bau von Brücken (und auch bei deren Benutzung) muss dies beachtet werden.

Anharmonische Schwingung

Schwingungen, die sich nicht durch eine Sinuskurve beschreiben lassen, sondern einen anderen periodischen Verlauf nehmen (z. B. Sägezahn- oder Rechteckfunktion), sind **anharmonische Schwingungen**. Durch die mathematische Operation der Fourier-Analyse lässt sich jedoch jede periodische Funktion als Überlagerung von Sinus- und Cosinusfunktionen darstellen, sodass auch diese Schwingungen einer physikalischen Beschreibung zugänglich sind.

2.8.2 Wellen

Breitet sich eine Schwingung im Raum aus, so spricht man von einer sich ausbreitenden **Welle** (Beispiel: Wurf eines Steins ins Wasser). Die Schwingungsauslenkung wandert i. A. durch ein Medium durch den Raum, die Teilchen werden nacheinander durch ihre Nachbarn ausgelenkt, die ihrerseits zuvor ausgelenkt wurden, sie verlassen aber dadurch ihren Ort in dem Medium langfristig nicht, nur die Welle schreitet fort (Abb. 2.22).

Man unterscheidet grundsätzlich zwei verschiedene Arten von Schwingungen/Wellen. Wenn sich die Schwingung in Ausbreitungsrichtung der Welle vollzieht, nennt man sie **longitudinale Schwingungen/Wellen**. Tritt die Schwingung senkrecht zur Ausbreitungsrichtung auf, spricht man von **transversalen Schwingungen/Wellen**. Beispiele für Erstere sind Druckwellen im Gas (die in einem bestimmten Frequenzbereich Schall erzeugen), Beispiele für Letztere sind mechanische Seilwellen, Wasserwellen oder auch Lichtwellen.

Eine Welle lässt sich charakterisieren durch ihre Amplitude A_0 und ihre Wellenlänge λ bzw. Frequenz ν (Abb. 2.23), Letztere gemessen in 1/s (= 1 Hertz, 1 Hz). Zwischen den beiden letzteren Größen besteht die einfache Beziehung (analog zum Gesetz der gleichförmigen Bewegung, $s = v \cdot t$) $\lambda = c/\nu$, wobei c die Ausbreitungsgeschwindigkeit der Welle ist.

Die Wellenbewegung lässt sich durch eine Wellenfunktion (räumliche und zeitliche Entwicklung der schwingenden Größe bzw. des Schwingungsvektors) beschreiben, die einer zugehörigen Wellengleichung genügt; Eine Wellenfunktion ist im Allgemeinen orts- und zeitabhängig und hat z. B. die Form (nur eindimensional betrachtet, mit der Amplitude A_0):

$$\psi(x,t) = A_0 \cdot \sin 2\pi \left(\frac{x}{\lambda} - \nu \cdot t\right) . \tag{2.52}$$

Diese Funktion genügt der Wellengleichung

$$\frac{\partial^2 \psi}{\partial x^2} = \frac{1}{c^2} \frac{\partial^2 \psi}{\partial t^2} . \tag{2.53}$$

Das Symbol ∂ steht für eine partielle Differenziation nur nach x oder nur nach t.

Wellenausbreitung

Wellen im Raum breiten sich im Allgemeinen nach allen Richtungen gleichmäßig aus, d. h. als Kugelwellen. Geläufige Beispiele sind Schall- und Lichtwellen. Wenn dies ungehindert geschieht, werden, modellhaft gesprochen, die Flächen von Kugelschalen durchstoßen, deren Oberflächen sich mit dem Quadrat des Abstandes vergrößern (Kugeloberfläche $4\,\pi\, r^2$). Da die Energie der ausgesandten Welle erhalten bleibt, wird die durch eine bestimmte Fläche pro Zeiteinheit transportierte Energie, d. h. der **Fluss** einer Welle (gelegentlich auch als deren Intensität bezeichnet), ebenfalls mit dem Abstandsquadrat vom Ursprung abnehmen:

$$I_{\text{Welle}} = \frac{E}{t \cdot 4\pi \cdot r^2} , \tag{2.54}$$

mit der Energie E der Welle und der Zeit t.

Wellen haben die Eigenschaft, dass sie sich gegenseitig durchdringen können, ohne dabei „Schaden" zu nehmen, nach der Durchdringung laufen sie weiter durch den Raum. Man kann das gut an Wasserwellen beobachten, die durch zwei gleichzeitig ins Wasser

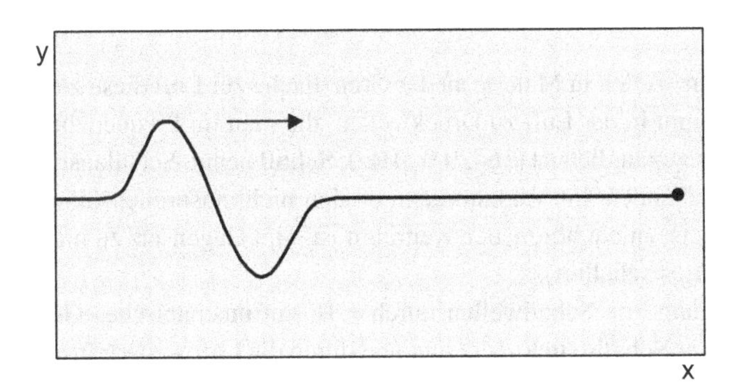

Abb. 2.22 Ausbreitung einer einmalig angeregten, eindimensional fortschreitenden (Seil-)Welle im Raum

Abb. 2.23 Harmonische Welle (sinusförmig)

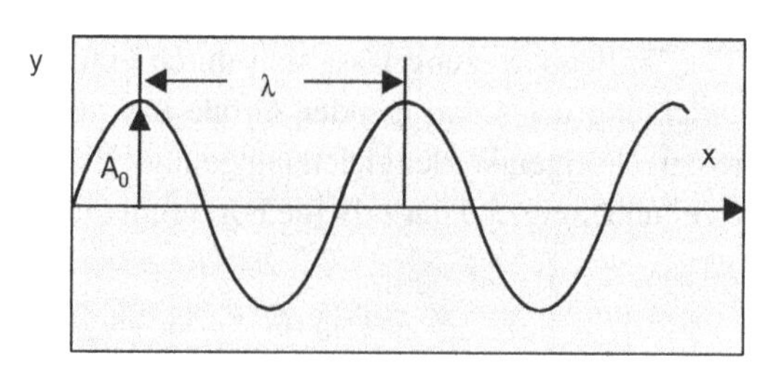

geworfene Steine erzeugt werden. Dieses Phänomen bezeichnet man als **Interferenz** von Wellen. In fester Phasenbeziehung schwingende Wellen gleicher Frequenz nennt man **kohärent** (Abschn. 5.3.1 und 5.3.2).

Stoßen Wellen auf ein materielles Hindernis, so werden sie von diesem z. B. verschluckt (**Absorption**), in eine gezielte Richtung oder in viele beliebige Richtungen zurückgeworfen (**Reflexion**, **Streuung**) oder hindurch gelassen (**Transmission**) und dabei eventuell in eine andere Richtung gelenkt (**Brechung**). Diese Phänomene sowie die **Beugung** und **Polarisation** von Wellen werden für Lichtwellen in Abschn. 5.3 und 5.3 (Optik) vertieft behandelt.

Eine besondere Art von Wellen sind **Stehwellen**. Hierbei wird eine Welle von den zwei Begrenzungen des Systems, in dem sie sich ausbreitet, derart wieder reflektiert, dass die Schwingung jeweils an den gleichen Orten im System ihren Nulldurchgang erfährt (Wellenknoten); dann befinden sich auch die Minima und Maxima (Wellenbäuche) an festen Orten. Ein solches System ist z. B. eine gezupfte Saite (Gitarre) oder ein Rohr, in dem die Luft zum Schwingen angeregt wird (Orgelpfeife). Zum Zustandekommen einer Stehwelle muss der Wellenweg die halbe Wellenlänge der Stehwelle (Grundwelle) oder ein ganzzahliges Vielfaches davon (Oberwellen) betragen; das System hat also seine feste Grundfrequenz, und seine „Obertöne“. Alle Musikinstrumente funktionieren auf diese Weise.

2.8.3 Schall

Auf der Erde regen Wellen in Materie an der Grenzfläche zur Luft diese zu Druckschwankungen an, es kommt in der Luft zu Druckwellen, die man im Frequenzbereich, der dem menschlichen Ohr zugänglich ist (16–20.000 Hz), **Schall** nennt. Schallausbreitung ist stets an ein Medium gebunden, im Vakuum kann er sich nicht ausbreiten (die Sonne können wir, glücklicherweise, nicht hören, der Weltraum ist – im Gegensatz zu mancher Science-Fiction-Darstellung – schalltot).

Bei der Anregung von Schallwellen durch z. B. ein mechanisches Gerät (Trommel) wird ein bestimmter **Schalldruck** P erzeugt und durch die Luft weitertransportiert, der der Amplitude der mechanischen Schwingung entspricht. Die **Intensität** I der Schallwelle ist proportional zum Quadrat der Amplitude; und da das menschliche Ohr ein logarithmisch

„messendes" System ist, wird der **Schallpegel** L auch logarithmisch gemessen:

$$L = 10 \cdot \log\left(\frac{I}{I_0}\right) = 10 \cdot \log\left(\frac{P^2}{{P_0}^2}\right) = 20 \cdot \log\left(\frac{P}{P_0}\right), \tag{2.55}$$

gemessen in der Einheit Dezibel (dB), wobei I_0 als menschliche Reizschwelle bei 1 kHz festgelegt wird. Verzehnfacht sich also die Schallintensität, so erhöht sich der Pegel um 10 dB, verhundertfacht sie sich, so erhöht sich der Pegel um 20 dB.

Schall wird in drei Kategorien eingeteilt: Ein **Ton** ist eine reine Sinusschwingung bei einer einzigen Frequenz, ein **Klang** setzt sich aus Grundfrequenz und Obertönen zusammen, die zu einer bestimmten Grundfrequenz (beispielsweise Kammerton a′) in einem ganzzahligen Verhältnis stehen. Ein Musikinstrument spielt also keine Töne, sondern Klänge – sonst klängen auch alle Musikinstrumente sehr ähnlich. Ihre Unterschiede ergeben sich aus unterschiedlichem Einschwingvorgang (eine Geige z. B. „kratzt" am Anfang) und unterschiedlich zusammengesetzten Obertonreihen. Klänge sind also das Ergebnis von Stehwellen (s. Abschn. 2.8.2).

Die allgemeine Kategorie ist das **Geräusch**, als einer Mischung aus unspezifizierten Schallsorten, deren Frequenzen nicht in ganzzahligen Verhältnissen zueinander stehen; der Donner eines Gewitters ist hier einzuordnen.

Jenseits des Schalls wird bei niedrigen Frequenzen der **Infraschall** definiert, der als Vibration spürbar werden kann, bei hohen Frequenzen der **Ultraschall**, der in der Medizin als Analysemethode (z. B. statt Röntgenstrahlung) verwendet wird, aber auch als Ultraschallbad zum Reinigen feiner und empfindlicher Geräte. Infra- und Ultraschall spielen in der akustischen Orientierung mancher Tiere eine große Rolle (Wale, Elefanten, Fledermäuse).

Schallausbreitung

Schall braucht zur Ausbreitung stets ein Medium. Dies kann ein Festkörper, eine Flüssigkeit oder ein Gas sein. Schallwellen haben – wie jedwede Wirkung in der Natur – eine endliche Ausbreitungsgeschwindigkeit. Diese ist in festen Körpern im Allgemeinen am größten, in Flüssigkeiten geringer (in Wasser 1500 m/s) und in Gasen am geringsten; in Luft (1013 hPa, 0 °C) beträgt sie 330 m/s. Man kann dies erfahren, wenn man bei einem Gewitter die Zeit zwischen Blitz (Lichtgeschwindigkeit) und Donner (Schallgeschwindigkeit) abschätzt; wenn dies 3 s dauert, ist das Gewitter 1 km entfernt.

Zusätzlich zur Ausbreitungsgeschwindigkeit kennzeichnet auch die Reflexionsfähigkeit (**Reflexionskoeffizient** als Quotient von eingestrahlter und reflektierter Intensität) bzw. die **Schallabsorption** im betreffenden Medium die Schallausbreitung. Beide Größen sind frequenzabhängig, was für die Absorption gut während eines Gewitters zu beobachten ist: Ein ferner Donner grollt bei niedrigen Frequenzen, ein naher „prasselt" mit zusätzlich sehr viel größerem Anteil an höheren Frequenzen.

Die Schallgeschwindigkeit wird beim Echolot zur Messung von Wassertiefen benutzt: Je nach Entfernung zum Boden werden die vom Gerät ausgesandten Schallwellen durch die Reflexion am Boden unterschiedlich verzögert wiederempfangen, die Verzögerung ist ein gutes Maß für die Tiefe.

Eine weitere Konsequenz der endlichen Schallgeschwindigkeit ist der **Doppler-Effekt**. Man bemerkt ihn, wenn z. B. ein Rettungswagen mit Martinshorn schnell auf eine Person zu- bzw. von ihr wegfährt. Zuerst, wenn Sender und Empfänger sich aufeinander zubewegen, wird die Tonfrequenz etwas höher, danach, wenn sie sich voneinander entfernen, etwas tiefer. Für den Fall, dass die Bewegungsgeschwindigkeit v klein gegenüber der Signalausbreitungsgeschwindigkeit c ist, gilt für den Betrag der Frequenzverschiebung $\Delta\nu$ gegenüber der Ruhefrequenz ν_0:

$$\frac{\Delta\nu}{\nu_0} = \frac{v}{c} \,. \tag{2.56}$$

Der Doppler-Effekt tritt auch bei elektromagnetischen Wellen (z. B. Licht) auf.

2.8.4 Elektromagnetische Wellen

Eine elektrische Ladung, die im Feld einer oder mehrerer anderen Ladungen (beschleunigt) bewegt wird, strahlt elektromagnetische Wellen ab (s. auch Abschn. 4.5.4 und 5.1.1). Sie breiten sich im Raum als elektrische und magnetische Wechselfelder frei aus, wozu sie kein Medium benötigen. Andernfalls könnten wir die Strahlung der Sonne, zu der auch das sichtbare Licht gehört, hier nicht sehen!

Elektromagnetische Wellen sind transversale Wellen, d. h. ihre Schwingungsrichtung ist senkrecht zu ihrer Ausbreitungsrichtung orientiert, wobei die elektrischen und magnetischen Feldvektoren stets senkrecht zueinander gerichtet sind.

Das Spektrum der elektromagnetischen Wellen (s. Abschn. 5.1) reicht von langen Radiowellen (Wellenlängen im Kilometerbereich) über Mikrowellen (cm- bis mm-Bereich), Infrarotstrahlung, das sichtbare Licht, Ultraviolettstrahlung, Röntgenstrahlung bis hin zur Gammastrahlung.

Die Eigenschaften des Lichts als elektromagnetischer Welle werden im Abschn. 5.3 dargestellt.

2.9 Fragen zum Verständnis

1. Welche Eigenschaften hat Masse innerhalb der Mechanik?
2. Wie unterscheiden sich Momentan- und Durchschnittsgeschwindigkeit?
3. Was ist die Voraussetzung für eine beschleunigte Bewegung?
4. Wann herrscht in einem System Kräftegleichgewicht?
5. Wie zerlegt man eine Kraft in ihre Komponenten?
6. Warum ist die Sonne rund?

7. Wo geht Energie verloren?
8. Was ist „Drehmoment“ und wo wird diese Größe benötigt?
9. In welche Richtung zeigt der Vektor des Drehimpulses?
10. Warum ist bei Flüssigkeiten und Gasen statt der Kraft der Druck die sinnvollere Größe?
11. Was versteht man unter dem Archimedischen Prinzip? Recherchieren und erklären Sie.
12. Wie funktioniert eine hydraulische Presse?
13. Warum nimmt der Luftdruck mit der Höhe nicht linear ab?
14. Was ist physikalisch gesehen eine Welle?
15. Wie funktioniert eine Flöte?

Die Antworten zu diesen Fragen finden Sie im Anhang „Antworten und Lösungen zu den Fragen“.

3 Thermodynamik

Zusammenfassung
Die Thermodynamik befasst sich mit dem Verhalten von Stoffen unter dem Einfluss von Temperatur und Temperaturveränderung. In diesem Zusammenhang sind auch die Grundzüge der kinetischen Gastheorie sowie die Phasenübergänge von einem in einen anderen Aggregatzustand von Bedeutung. In der Mechanik konnten wir das Verhalten von Teilchen und Körpern einzeln bestimmen. Dies ist für die vielen Teilchen einer Flüssigkeit oder eines Gases völlig unmöglich und auch nicht erwünscht. Man muss daher statistische Betrachtungen anstellen und zu neuen Größen für das gesamte Teilchenensemble übergehen wie beispielsweise Druck (s. Abschn. 2.7.2), Temperatur oder Wärmemenge, die sehr viele verschiedene Teilchen-Mikrozustände zu Makrozuständen des gesamten Teilchenensembles zusammenfassen. In der statistischen Physik geht es in aller Regel darum herauszufinden, welcher Makrozustand schließlich das Gleichgewicht darstellt (s. Abschn. 3.2).

3.1 Thermodynamische Größen

Um in der Wärmelehre quantitativ arbeiten zu können, müssen zunächst die Größen „Temperatur", „Druck" und „Wärmemenge" (Wärmeenergie als die Summe der kinetischen Energien aller Teilchen) miteinander verknüpft und das Verhalten von Stoffen bei Temperaturänderung untersucht werden.

3.1.1 Temperatur

Temperatur ist ein makroskopisches Maß für die Geschwindigkeit der Bewegung von Teilchen (Atomen, Ionen oder Molekülen) in einem Körper oder Stoff, gleichgültig ob er fest, flüssig oder gasförmig ist.

H. Bannwarth et al., *Basiswissen Physik, Chemie und Biochemie*,
https://doi.org/10.1007/978-3-662-58250-3_3

Für den Gebrauch im Alltag ist die bei uns übliche Messskala nach **Celsius** sinnvoll, weil sie sich an den Eigenschaften des Wassers orientiert. Immerhin bestehen die meisten Lebewesen zum Großteil aus Wasser. Der Bereich vom Schmelzpunkt (0 °C) bis zum Siedepunkt (100 °C) jeweils bei Normalluftdruck (1013 hPa) wird in 100 gleiche Schritte (Grade) geteilt und die Skala nach unten (negativ gezählt) und oben fortgesetzt. Eine ältere europäische Skala ist die nach **Réaumur** (0–100 °C entspricht 0–80 °R bei gleichem Nullpunkt). In Amerika wird (immer noch) nach **Fahrenheit** gemessen.

Neben diesen willkürlichen Nullpunkten gibt es auch einen physikalischen, nämlich den, bei dem jegliche Bewegung von Teilchen erstarrt ist. Dieser und kein anderer ist bei den Gesetzen der Thermodynamik zu verwenden. Ihm trägt die Skala nach **Kelvin** Rechnung, welche die Graduierung nach Celsius übernimmt, aber am absoluten Nullpunkt beginnt, der bei −273,15 °C liegt. Dies ist die **absolute Temperatur** $\boldsymbol{T}$. 0 °C entspricht also 273,15 K (hier wird das Gradzeichen ° weggelassen!). Für die Temperatur in °C verwenden wir das Zeichen t, für die absolute Temperatur T.

Im Universum erreicht nichts den absoluten Temperaturnullpunkt. Überall in der Milchstraße herrscht das Strahlungsfeld der Sterne, und selbst im intergalaktischen Raum ist eine Reststrahlung (Hintergrundstrahlung) vorhanden, die vom Urknall stammt und jede Materie auf 2,7 K erwärmt.

Etliche Stoffeigenschaften sind von der Temperatur abhängig: Da sich bei hoher Temperatur die Teilchen eines Körpers stärker bewegen als bei niedriger, dehnen sich Körper mit steigender Temperatur in der Regel aus (**Volumenausdehnung**).

$$V(t) = V_0(1 + \alpha \cdot t) \tag{3.1}$$

In dieser Beziehung ist α der Volumenausdehnungskoeffizient, der seinerseits von der Temperatur abhängen kann; nach Konvention wird V_0 bei 0 °C gemessen. Hinzuweisen ist allerdings auf die vor allem im ökologischen Kontext bedeutsame Wärmeanomalie des Wassers: Ausgehend von Zimmertemperatur lässt Abkühlung das Volumen von Wasser abnehmen, bis bei etwa 4 °C (genau: 3,98 °C) sein Minimum erreicht ist. Bei tieferen Temperaturen nimmt das Volumen dagegen wieder zu: Eis schwimmt bekanntlich auf flüssigem Wasser (Abschn. 7.2).

Aus diesem Grund frieren Gewässer stets von oben zu, weil das dichteste Wasser mit einer Temperatur von 4 °C auf den Grund sinkt. Dieser Vorgang läuft theoretisch solange ab, bis ein Gewässer komplett durchgefroren ist. Praktisch bleibt das Wasser zumindest am Boden tieferer Gewässer aber flüssig, sodass hier die überwinternden Wassertiere überleben.

Oft ist es zweckmäßig, analog zur Volumenausdehnung auch die **Längenausdehnung** zu beschreiben (z. B. bei Eisenbahnschienen):

$$l(t) = l_0(1 + \beta \cdot t) \tag{3.2}$$

mit dem Längenausdehnungskoeffizienten β.

Fügt man zwei Stoffe mit unterschiedlicher Längenausdehnung fest zusammen, so wird sich ein solcher Materialstreifen bei Erwärmung stark verbiegen; auf diese Weise funktioniert ein Bimetallstreifen, häufig eingesetzt als elektrischer Wärmeschalter.

Über die Volumenausdehnung, die bei festen und flüssigen Stoffen wenigstens über einen gewissen Bereich hin linear erfolgt (doppelte Ausdehnung bei doppelter Temperaturerhöhung), wird vielfach die Temperatur gemessen: In einem dünnen Glasrohr befindet sich Quecksilber oder gefärbter Alkohol; die Höhe des Flüssigkeitsstandes ist ein Maß für die Temperatur.

Volumenvergrößerung bei Temperaturveränderung lässt wegen der schlechten Kompressibilität fester und flüssiger Körper auf die Umgebung der Stoffe gewaltige Kräfte wirken, wenn der Körper fest „eingesperrt" ist: Festgeschraubte Schienen verbiegen sich, eine im Eisfach einfrierende Bierflasche platzt.

Ein Beispiel aus der Geologie sind phreatische vulkanische Eruptionen, bei denen aufsteigendes heißes Magma mit kaltem Oberflächenwasser in Kontakt kommt und gewaltige Wasserdampfexplosionen verursacht – so entstanden die meisten der berühmten Maarkessel in der Eifel.

Bei idealen Gasen (vgl. Gasgesetze in Abschn. 3.2.2) steigt der Druck mit der Temperatur streng linear an, wenn sie sich in einem abgeschlossenen Gefäß befinden und sich das Volumen nicht ändern kann. Umgekehrt steigt bei konstant gehaltenem Druck das Volumen des Gases ebenfalls streng linear. Dieser Druck- oder Volumenanstieg lässt sich zur Temperatureichung heranziehen.

Die elektrische Leitfähigkeit von Stoffen (und damit der elektrische Widerstand) ist z. T. stark temperaturabhängig. Sie geht bei Metallen mit steigender Temperatur stark zurück, bei anderen Stoffen kann sie stark ansteigen.

Weitere physikalische Größen können ebenfalls von der Temperatur abhängen, darunter die Schallgeschwindigkeit in Stoffen.

3.1.2 Wärmemenge und Wärmekapazität

Wärme ist eine Energieform (mikroskopisch: kinetische Energie der Teilchen). Änderungen der **Wärmemenge** bedeutet Energiezufuhr oder -abnahme, die bei einem Körper in der Regel eine Temperaturänderung bewirkt (oder seinen Aggregatzustand ändert, vgl. Abschn. 3.4), seine innere Energie wird verändert. Nun ist die Temperaturänderung, die Stoffe erfahren, trotz gleicher verabreichter Energie z. T. sehr unterschiedlich. Bei gleicher Masse muss dem einen Stoff u. U. viel mehr Energie zugeführt werden als einem anderen, um ihn um 1 K zu erwärmen. Dies wird mithilfe der **spezifischen Wärmekapazität** (oft kurz: spezifische Wärme) ausgedrückt. Die Änderung der Wärmemenge Q eines Körpers ist

$$\Delta Q = c \cdot m \cdot \Delta T \ , \tag{3.3}$$

mit der Masse des Körpers m und der spezifischen Wärmekapazität c, die angibt, wie viel Energie nötig ist, um 1 kg eines Stoffes um 1 K zu erwärmen, gemessen in J/kg K. Wasser hat den besonders hohen Wert von 4180 J/kg K, was die enorme Wärmespeicherfähigkeit der Ozeane der Erde erklärt. In der Chemie, in der oft eher gleiche Stoffmengen anstatt gleiche Massen zu Vergleichen herangezogen werden, verwendet man auch die **molare Wärmekapazität** (in J/mol K).

Umgekehrt kann mit Kenntnis der spezifischen Wärmekapazität über eine Temperaturerhöhung in einem Isoliergefäß (Dewar-Gefäß) die Wärmemenge bestimmt werden, die einem Stoff zugeführt wurde (Kalorimetrie).

Die spezifische Wärmekapazität bei Festkörpern und Flüssigkeiten lässt sich nur auf eine einzige Weise (bei konstantem Druck) bestimmen, eine Ausdehnung der Körper ist dabei nicht zu verhindern. Der Wert kann auch selbst wieder von der Temperatur abhängen. Bei Gasen ist man allerdings in der Lage, bei der Messung entweder das Volumen oder den Druck konstant zu halten, indem man das Gas entweder fest einschließt oder (z. B. über einen Kolben) Expansion und Druckausgleich zulässt. Das Resultat fällt daher bei Gasen z. T. recht verschieden aus, weshalb man die Messmethode angeben muss: c_p ist der Wert bei konstantem Druck, c_v ist der Wert bei konstantem Volumen. c_p muss naheliegenderweise größer sein als c_v, da sich bei konstant gehaltenem Volumen im Gas durch die Temperaturerhöhung der Druck erhöht, was *per se* bereits eine Temperaturerhöhung nach sich zieht (adiabatische Zustandsänderung, s. Abschn. 3.1.3) und daher weniger Wärmemenge für die Erhöhung um 1 K von außen zugeführt werden muss. Der Quotient $c_\mathrm{p}/c_\mathrm{v}$ wird Adiabatenexponent genannt.

3.1.3 Erster Hauptsatz der Thermodynamik

Aus der Mechanik kennen wir Erhaltungssätze, z. B. Energie- und Impulserhaltung. Die Hauptsätze der Thermodynamik spielen hier eine ähnliche Rolle.

Bei thermodynamischen Betrachtungen kommt dem Begriff des Systems eine zentrale Bedeutung zu. Ein **System** ist dabei ein vernetztes Gefüge voneinander abhängiger Größen.

Physikalische Systeme, wie eine bestimmte Gasmenge unter bestimmten Druck- und Temperaturbedingungen, weisen immer einen bestimmten Energieinhalt auf, den man als **Innere Energie *U*** bezeichnet. Die Größe U kann sich aus verschiedenen Energieformen zusammensetzen. Sie ist eine Zustandsfunktion und hängt somit vom jeweiligen Zustand des betrachteten Systems ab.

Julius Robert Mayer (1814–1878) und Hermann von Helmholtz (1821–1894) formulierten als Erste den **Energiesatz** der Wärmelehre, der auch der **Erste Hauptsatz** der Thermodynamik genannt wird. Er zeigt unter Einbeziehung der Wärme die Unmöglichkeit eines Perpetuum mobile. Danach ist die Summe der einem System von außen zugeführten Wärmemenge Q und der zugeführten Arbeit W gleich der Zunahme der inneren Energie U des Systems:

$$\Delta U = \Delta Q + \Delta W \ . \tag{3.4}$$

Abgeführte Beiträge werden mit negativem Vorzeichen versehen. Wird das System nach außen isoliert, so bleibt seine innere Energie U konstant (Energieerhaltung).

Meist lassen sich für thermodynamische Energien bzw. Potenziale (s. auch Abschn. 3.1.5) keine Absolutwerte, sondern nur deren Änderung angeben bzw. berechnen.

Wird z. B. einem Gas durch äußere Arbeit (Kompression) Energie zugeführt, so erhöht sich ohne Wärmezufuhr (oder -abfuhr) nach Gl. 3.4 seine innere Energie, es wird sich erwärmen; ebenso wird es sich bei Expansion abkühlen. Diese Zustandsänderung nennt man **adiabatisch**. Diese ist gut zu beobachten beim schnellen Zusammendrücken einer Luftpumpe: Die Pumpe wird warm. Lässt man aber Wärmeabfuhr an die äußere Umgebung des Systems so zu, sodass die Temperatur konstant bleibt, so nennt man diese Zustandsänderung **isotherm**.

3.1.4 Zweiter Hauptsatz der Thermodynamik

Nicht alle Prozesse, die der Erste Hauptsatz zulässt, existieren auch tatsächlich in der Natur. So fließt Wärmemenge zwar von selbst vom wärmeren zum kälteren Körper, nicht aber umgekehrt. Ebenso entweicht ein Gas aus einem geöffneten kleinen Gefäß in ein größeres, es wird aber nie wieder in die kleine Flasche zurückkehren, auch wenn Druckgleichgewicht herrschte. Es gibt also offensichtlich **irreversible Prozesse**, was im **Zweiten Hauptsatz** zum Ausdruck gebracht wird: **Es kann keine periodisch arbeitende Maschine geben, die aus der Abkühlung eines Wärmevorrats vollständig mechanische Arbeit gewinnt.**

Die Konsequenz daraus ist u. a., dass bei Wärmekraftmaschinen stets Abwärme entsteht, die zur Gewinnung von Arbeit nicht mehr verwendet werden kann. Die Effizienz einer Wärmekraftmaschine hängt von der relativen Temperaturdifferenz zwischen warmem und kaltem (Abwärme-)Reservoir ab. Ein idealer reversibler Prozess dieser Art ist der Carnot'sche Kreisprozess für ein **ideales Gas**. Ein ideales Gas beschreibt in der Thermodynamik generell einen physikalisch außerordentlich bedeutsamen Zustand von Teilchen (z. B. Molekülen) und lässt sich mit einfachen Beziehungen präzise formulieren – dies tun wir in Abschn. 3.2.1 und 3.2.2. Im Carnot-Prozess eines idealen Gases wird im 1. Schritt das Gas isotherm (vgl. dazu Abschn. 3.1.3) expandiert; dazu muss es, damit es dabei nicht abkühlt, natürlich im Kontakt mit einem Wärmereservoir (unter Zufuhr von Wärmeenergie) mit einer höheren Temperatur sein. Die aufgenommene Wärme wird in mechanische Arbeit umgesetzt. Im 2. Schritt expandiert das Gas weiter, nun aber adiabatisch (ohne Wärmezufuhr), wobei es ebenfalls mechanische Arbeit verrichtet und sich abkühlt. Eine technische Anwendung ist das sich entzündende Gas im Zylinder eines Motors: Das Gas expandiert und leistet dabei mechanische Arbeit, indem es den Kolben im Motorzylinder antreibt. Im 3. Schritt wird das Gas mit einem kalten Reservoir (isotherm) in Kontakt gebracht. Es wird Abwärme abtransportiert und das Gas kontrahiert (im benannten Beispiel wird der Kolben mechanisch wieder zurückbewegt, ein Verbrennungsmotor mit Ventilen für Gasein- und -auslass ist keine exakte Carnot'sche Maschine). Im 4. Schritt wird das Gas weiter komprimiert, aber nun wieder adiabatisch (ohne Wärmereservoirkontakt), die dabei erfolgende Erwärmung entspricht energetisch der Arbeitsverrichtung zuvor. Nun erreicht das Gas wieder seinen Ausgangszustand. Dies muss das System natürlich auch, damit es zu einem echten Kreisprozess kommt. Der Prozess beginnt von neuem. Wärmekraftmaschinen spielen in Technik und Alltag eine bedeutende Rolle bei der Energiebereitstellung (Kraftwerke) und beim Transport (Kraftwagen).

Reversibilität bzw. Irreversibilität kann man sehr schön am Beispiel einer Porzellantasse verdeutlichen. Der Gesamtzustand (Makrozustand) „Tasse intakt" hat nur den einen Mikrozustand, bei dem alle Keramikteilchen sich an ihrem jeweiligen (eindeutig zugewiesenem) Platz befinden, während „Tasse kaputt" fast beliebig viele Mikrozustände besitzt, je nachdem, wie die Tasse zerspringt; und dieser Zustand ist nun (nahezu) irreversibel, von selbst wird die Tasse nie wieder intakt. „Tasse kaputt" ist langzeitlich gesehen der stabile Endzustand und damit der Gleichgewichtszustand. Der Zustand „Tasse intakt" ist der mit der höheren Ordnung der Keramikteilchen, er kann nun auch recht lange stabil sein, stabiler ist aber der mit der höheren „Unordnung".

Das Maß der Reversibilität eines Prozesses wird in einer neuen physikalischen Größe formuliert, der **Entropie** S, die auch als ein Maß für die Unordnung in einem System aufgefasst werden kann. Bei einem reversiblen Prozess gilt für ein System der Temperatur T für die Änderung der Entropie:

$$\Delta S = \frac{\Delta Q}{T} \text{ oder differenziell } dS = \frac{dQ}{T}. \tag{3.5}$$

Dabei gilt $dS = 0$, wenn sich Q nicht ändert (Prozesse im „Quasigleichgewicht"). Bei einem irreversiblen Prozess nimmt die Entropie in jedem Fall zu. Der 2. Hauptsatz lässt sich auch schreiben als

$$dQ \leq T \cdot dS\ . \tag{3.6}$$

Von selbst laufen nur Prozesse ab, bei denen die Entropie zunimmt. Der Zustand maximaler Entropie in einem abgeschlossenen System ist der Gleichgewichtszustand – er kann sich von selbst nichts mehr ändern, wie bei unserer Tasse. Diese Suche nach Gleichgewichtszuständen soll im Folgenden vertiefend erläutert werden.

3.1.5 Thermodynamische Potenziale und Reaktionsabläufe

Das thermodynamische Gleichgewicht ist also der Zustand, der die höchste Wahrscheinlichkeit hat. Deshalb erreicht ein thermodynamisches System normalerweise nach einer Weile dieses Gleichgewicht und bleibt dann in diesem Zustand. Eine der wichtigsten Aufgaben der Thermodynamik besteht darin, herauszufinden, welcher Zustand das thermodynamische Gleichgewicht ist. Es lässt sich für jedes ein sog. Thermodynamisches Potenzial (wie z. B. die Enthalpie) angeben, das ein Maß dafür ist, wie wahrscheinlich ein Zustand ist. Dieses Potenzial maximiert/minimiert man. Es sei betont, dass man mit den

Thermodynamischen Potenzialen immer zu einer Lösung thermodynamischer Probleme (z. B. Reaktionsabläufe, s. u.) gelangt, allerdings ist dies oft mühsamer als das – im Allgemeinen einfachere – Arbeiten mit den Hauptsätzen der Thermodynamik (Energiesätze), soweit dies möglich ist.

Je nach physikalischer Situation (durch das Experiment vorgegebene Größen) müssen also die Wahrscheinlichkeiten für Gleichgewichtsbedingungen unterschiedlich berechnet und demnach verschiedene Potenziale genutzt werden. Für beispielsweise den Gleichgewichtszustand „Porzellantasse" haben wir die Potenzial-Maximierung in Abschn. 3.1.4 bereits erörtert (Entropie maximal). In Tab. 3.1 sind die gebräuchlichsten Potenziale angegeben. Zunächst erfolgt im 1. Schritt die Auswahl des passenden thermodynamischen Potenzials anhand der durch den experimentellen Aufbau vorgegebenen Größen, die sich in der zweiten Spalte der Tabelle finden. Nun wird im 2. Schritt die Gleichung für das ausgewählte Potenzial herangezogen und im 3. Schritt das Potenzial in Abhängigkeit von den offenen Größen minimiert/maximiert (letzte Tabellenspalte). Die dabei herauskommenden Werte für die offenen Größen beschreiben das gesuchte thermodynamische Gleichgewicht. Für das ideale Gas (Abschn. 3.2.1, 3.2.2) ergibt sich dann daraus u. a. die allgemeine Zustandsgleichung. Für einige Fälle thermodynamischer Potenziale wird die Vorgehensweise im Folgenden erläutert.

Tab. 3.1 Thermodynamische Potenziale und ihre Anwendung

Thermodynamisches Potenzial	Durch das Experiment fest vorgegebene Größen	Offene Größen	Was tun?
Entropie S	Energie U, Teilchenzahl N, Volumen V (abgeschlossenes System, kein Austausch von Energie oder Teilchen, festes Volumen; Thermoskanne)	Temperatur T, Druck P, chemisches Potenzial μ	S maximieren
Freie Energie/Helmholtz-Energie $F = U - TS$	Temperatur T, Teilchenzahl N, Volumen V (Energieaustausch möglich, aber kein Teilchenaustausch und festes Volumen; nicht isoliertes, geschlossenes Gefäß)	Energie U, Druck P, chemisches Potenzial μ	F minimieren
Enthalpie $H = U + PV$	Temperatur T, Teilchenzahl N, Druck P (Energieaustausch möglich und variables Volumen, aber kein Teilchenaustausch; Luftballon)	Energie U, Volumen V, chemisches Potenzial μ	H minimieren
Gibbs-Energie/freie Enthalpie $G = U + PV - TS$	Temperatur T, chemisches Potenzial μ, Druck P (Offener Topf, aus dem Wasserteilchen verdampfen können)	Energie U, Volumen V, Teilchenzahl N	G minimieren

In einem abgeschlossenen System, bei dem kein Austausch mit der Umgebung möglich ist, bleibt die Innere Energie U unverändert: $\Delta U = 0$ bzw. $U =$ konstant. Verrichtet man an einem System Arbeit, so kann sie beispielsweise in Wärme umgewandelt werden. Ein Beispiel dafür ist die adiabatische Druckerhöhung, also Kompression von z. B. Luft (Luftpumpe). Umgekehrt kann aber auch Wärme in arbeitsfähige Energie überführt werden, wie die Beispiele Dampfmaschine oder Wärmekraftwerk zeigen.

Aus praktischen Gründen hat man zur Beschreibung von chemischen Reaktionen für die Summe aus der Inneren Energie und dem Produkt aus Druck P und Volumen V als neue Zustandsfunktion die **Enthalpie *H*** (s. Tab. 3.1, griechisch: Wärme; Wärmeinhalt bzw. Wärmekapazität, innere Energie oder innere Enthalpie einer Verbindung) eingeführt, wobei allerdings ihr Absolutwert nicht messbar ist. Gemessen werden lediglich Änderungen der Enthalpie ΔH, wie bei anderen Potenzialen im Allgemeinen auch, die sich wie folgt berechnet (Schritt 2, s. o.):

$$\Delta H = \Delta(U + P \cdot V) = \Delta U + P\Delta V + V\Delta P \ . \tag{3.7}$$

Bei Prozessen, die bei konstantem Druck ablaufen (isobare Prozesse, $\Delta P = 0$) entfällt der letzte Summand.

Für einen bei konstantem Druck ablaufenden Vorgang ohne Volumenänderung gilt wegen $\Delta V = 0$ dann natürlich

$$\Delta H = \Delta U \ . \tag{3.8}$$

Wenn sich die Innere Energie U eines Systems ändert, entspricht die Änderung nach Gl. 3.4 $\Delta U = \Delta Q + \Delta W$.

Generell gelten die folgenden Konventionen:

$\Delta Q > 0$ Das System nimmt Wärme auf.
$\Delta Q < 0$ Das System gibt Wärme ab.
$\Delta W > 0$ Am System wird Arbeit verrichtet.
$\Delta W < 0$ Das System verrichtet Arbeit.

Bei chemischen Reaktionen finden neben Materie- gewöhnlich auch Energieumsätze statt. Die bei einer Reaktion freigesetzte Wärmemenge bezeichnet man als **Reaktionswärme**, früher auch die Wärmetönung einer Reaktion genannt. Da die meisten chemischen Umsetzungen – zumindest in biologischen Systemen – bei konstantem Druck ablaufen, verwendet man statt der Änderung der Inneren Energie (ΔU) die Änderung der **Reaktionsenthalpie ΔH**. Diese stellt mithin die Differenz zwischen der Enthalpie des Anfangs- und des Endzustandes der Reaktanden dar. Eine chemische Reaktion lässt sich also folgendermaßen kennzeichnen:

$$\Delta H = \sum H_{\text{Produkte}} - \sum H_{\text{Edukte}} \ . \tag{3.9}$$

Vielfach ist es sinnvoll, die jeweiligen Reaktionsverläufe unter so genannten **Standardbedingungen** zu betrachten. Darunter versteht man einen Druck von 1,013 bar (1013 hPa), eine Stoffmenge von 1 mol, eine Temperatur von 25 °C, reine Phasen und ideales Verhalten von Gasen. Für alle Reaktionen, die unter diesen Standardbedingungen ablaufen, verwendet man anstelle der Reaktionsenthalpie ΔH die **Standardreaktionsenthalpie** ΔH°.

Wird nun bei einer Reaktion Energie benötigt, muss sie nach Gl. 3.9 den Edukten zugeführt werden. Umgekehrt wird die Energie, die bei einer Reaktion freigesetzt wird, den Edukten entzogen. Somit gilt:

- Eine Reaktion, die **Wärme freisetzt** und an ihre Umgebung abgibt, heißt **exotherm**. Aus der Perspektive des reagierenden Systems geht dabei Energie „verloren" – die Reaktionsenthalpie ist negativ:
$$\Delta H < 0\,.$$
- Eine Reaktion, die **Wärme benötigt** und aus ihrer Umgebung aufnimmt, heißt **endotherm**. Aus der Perspektive des Systems liegt eine Energiezunahme vor – die Reaktionsenthalpie ist positiv:
$$\Delta H > 0\,.$$

In biologischen Systemen wird beim Ausgleich eines Konzentrationsgradienten die darin gespeicherte Energie entweder in ATP (vgl. Kap. 18 und 19) überführt oder in Wärme umgewandelt. Im letzteren Fall erfolgt gewissermaßen eine Entwertung, weil aus Wärmeenergie nicht wieder chemische Energie oder chemiosmotisch bzw. elektrochemisch gespeicherte Energie in Form eines Konzentrationsgradienten zurückgebildet werden kann. Diese Entwertung von Energie beschreibt man mit der Zunahme von **Entropie *S*** (vgl. Abschn. 3.1.4). Man kann sich dies in diesem Zusammenhang im Sinne der Zunahme von Unordnung als die Überführung von elektrochemisch gespeicherter Energie in Wärmeenergie vorstellen. Bei jedem spontan ablaufenden Vorgang erhöht sich deshalb die Entropie und nähert sich einem Höchstwert, dem thermodynamischen Gleichgewichtszustand. Es gilt folglich:

$$\Delta S \geq 0\,. \tag{3.10}$$

Die hier als die Neigung zur Unordnung aufgefasste Entropie nimmt mit steigender Temperatur zu, umgekehrt steigt mit fallender Temperatur die Tendenz zur Ordnung. Man kann den 2. Hauptsatz für isobare Reaktionen auch in die folgende Formel fassen:

$$\Delta H = \Delta F + T \cdot \Delta S\,. \tag{3.11}$$

Jede Änderung der Reaktionsenthalpie ΔH setzt sich danach aus einem arbeitsfähigen Teil, der Änderung der **Freien Energie ΔF**, und einem nicht zur Arbeitsverrichtung befähigten Teil zusammen, dem **Entropieanteil $T \cdot \Delta S$**.

Für den arbeitsfähigen Teil der Reaktionsenthalpie ΔH hat man nun den Begriff **Freie Enthalpie** ΔG eingeführt (in der internationalen Literatur vielfach und etwas verwirrend auch **Freie Energie** ΔG genannt; in Kap. 16 wird dieser Begriff verwendet). Sie ist ein Maß für die „Triebkraft" einer isobaren Umsetzung (bei konstantem Druck *P* und Volumen *V*). Verläuft eine Reaktion unter Standardbedingungen (s. oben), betrachtet man die Änderung der **Freien Enthalpie ΔG im Standardzustand** $\Delta G°$, gelegentlich auch Standardreaktionsarbeit genannt.

Nach den Gl. 3.10 und 3.11 lassen sich für die jeweiligen Energiebeträge die Größen ΔG bzw. $T \cdot \Delta S$ einsetzen. Damit erhält man die **Gibbs-Helmholtz-Gleichung**:

$$\Delta H = \Delta G + T \cdot \Delta S \;, \tag{3.12}$$

bzw.

$$\Delta G = \Delta H - T \cdot \Delta S \;. \tag{3.13}$$

Man bezeichnet darin die Freie Energie auch als **Helmholtz-Energie** und die Freie Enthalpie als **Gibbs'sche Energie**. Der Teil der Reaktionsenthalpie, der bei einem spontan ablaufenden Prozess maximal in Arbeit umgesetzt werden kann, ist die Änderung der Freien Enthalpie ΔG (vgl. Kap. 15).

Mit der Gibbs-Helmholtz-Gleichung verfügt man über eine wichtige Fundamentalbeziehung, denn sie fasst für chemische Reaktionen die Hauptsätze der Thermodynamik zusammen und ermöglicht aus den experimentell zugänglichen bzw. messbaren Größen ΔH, ΔS und T die Bestimmung von ΔG.

Im geschlossenen System sind nun folgende Fälle zu unterscheiden:

- **$\Delta G < 0$**: Die Freie Enthalpie ΔG nimmt ab; die betreffende Reaktion läuft spontan (freiwillig) ab – sie ist **exergonisch** (ΔG erhält ein negatives Vorzeichen!)
- **$\Delta G = 0$**: Die Reaktion befindet sich im **Gleichgewicht**
- **$\Delta G > 0$**: Die Freie Enthalpie ΔG nimmt zu; die Reaktion läuft nicht spontan ab, sondern kann nur durch die Zufuhr von Arbeit erzwungen werden – sie ist **endergonisch** (ΔG erhält ein positives Vorzeichen!)

Um aufzuzeigen, dass die Begriffe endergonisch und endotherm bzw. exergonisch und exotherm nicht gleichbedeutend sind oder synonym verwendet werden dürfen, kann folgendes Beispiel dienen: Beim Lösen von Kochsalz (NaCl) in Wasser wird dem Wasser stets Wärme entzogen. Den Wärmeverbrauch stellt man als Abkühlung fest. Es handelt sich also um einen **endothermen** Vorgang ($\Delta H > 0$). Das Lösen und die Dissoziation der Ionen des Salzes erfordern nämlich Energie (Arbeit gegen das elektrische Feld der Ionen). Die Trennung der Ionen ist somit an den Wärmeentzug aus dem Wasser gekoppelt. Dass das Lösen des Salzes, ein Wärme verbrauchender endothermer Vorgang, dennoch spontan ohne Energiezufuhr von außen erfolgt, liegt daran, dass der Gesamtvorgang aufgrund der Entropiezunahme ($-T \cdot \Delta S$) exergonisch erfolgt und ΔG negatives Vorzeichen erhält ($\Delta G < 0$).

Ein weiteres eindrucksvolles Beispiel für einen spontan ablaufenden **endothermen**, aber **exergonischen** Prozess, ist die Umsetzung nach Gl. 3.14. Hierbei wird Wärmeenergie nicht freigesetzt, sondern benötigt. Wie beim Lösen des hydratisierten Salzes gilt hierfür ebenfalls: $\Delta H > 0$ und $\Delta G < 0$:

$$ZnSO_4 \cdot 7\,H_2O + FeCl_3 \cdot 6\,H_2O \rightarrow Zn^{2+} + Fe^{3+} + SO_4^{2-} + 3\,Cl^- + 13\,H_2O \;. \tag{3.14}$$

Bei Zimmertemperatur (Ausgangstemperatur) kann das Lösen dieser Salze in der Lösung eine Temperaturerniedrigung um 12 °C bewirken. Die Reaktion läuft aber auch im festen, nicht gelösten Zustand ab. Das Kristallwasser (vgl. Kap. 7) wird dabei frei, weil das Salzgemisch von einem trockenen in einen feucht-breiigen Zustand und damit in einen Zustand geringerer Ordnung oder höherer Entropie übergeht. Auch hier ist die Entropiezunahme die Ursache dafür, dass eine Wärme benötigende endotherme Reaktion spontan abläuft. Sie bewirkt, dass bei der Gesamtreaktion trotz des Wärme-„Verbrauchs" Energie frei wird (exergonische Reaktion).

3.2 Kinetische Gastheorie

Bisher haben wir uns mit makroskopischen Größen (wie z. B. Druck, Temperatur oder den thermodynamischen Potenzialen) befasst. Die kinetische Gastheorie setzt nun makroskopisch messbare Größen (gemittelt über sehr viele Teilchen) mit dem mikroskopischen Verhalten der Gasteilchen in Beziehung. In diesem Abschnitt werden nur die wichtigsten Grundlagen dargestellt. Dabei werden Gasteilchen betrachtet, die in einem Quader der Länge l und Querschnittfläche A eingeschlossen sind (Abb. 3.1).

3.2.1 Ideales Gas

Ideales Gas ist der „Reinzustand" der kinetischen Gastheorie. Er wird in der Realität tatsächlich vielfach sehr gut angenähert angetroffen. In einem **idealen Gas** bewegen sich die Atome bzw. Moleküle frei umher, ihre Größe ist verschwindend gering im Vergleich zu ihrer freien Weglänge (Weg zwischen zwei Stößen), und sie stoßen gelegentlich zusammen, wobei sie bei reiner Translation drei **Freiheitsgrade** der Bewegung in den drei Raumrichtungen besitzen (pro Rotations- und Schwingungsrichtung käme bei einem nicht kugelsymmetrischen Molekül noch je ein Freiheitsgrad hinzu).

Luft bei **Normalbedingungen** (definiert als 1013 hPa Druck und 0 °C Temperatur, nicht identisch mit den Standardbedingungen in Abschn. 3.1.5) kann als ideales Gas angesehen werden. Mikroskopische Größen wie z. B. Geschwindigkeit der Moleküle, die eine statistische Verteilung besitzt (Maxwell'sche Geschwindigkeitsverteilung), korrespondieren mit makroskopischen Größen wie Druck P, Volumen V und Temperatur T. Druck ist der Quotient aus Kraft und Fläche. In einem Gefäß der Länge l und der Seitenfläche A eingeschlossen üben die auftreffenden Gasteilchen auf die Fläche A je eine Kraft aus, die proportional zu ihrer Geschwindigkeit und ihrer Aufprallhäufigkeit ist (Abb. 3.1). Letztere ist wiederum auch proportional zur Teilchengeschwindigkeit und umgekehrt proportional zur Gefäßlänge l, also gilt für den Druck:

$$P = \frac{F}{A} \propto \frac{v \cdot v}{A \cdot l} = \frac{v^2}{V} . \tag{3.15}$$

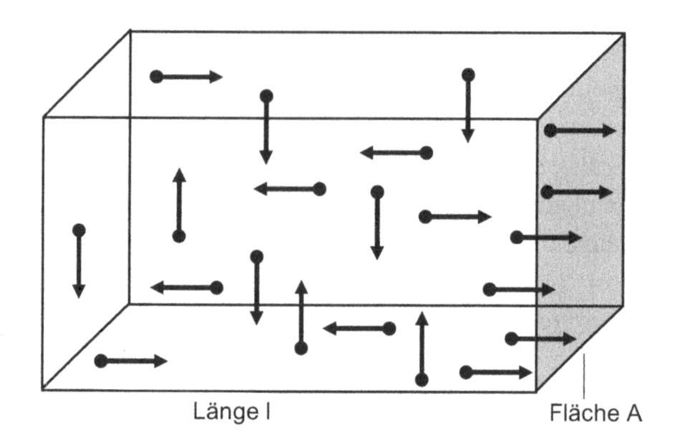

Abb. 3.1 Gasteilchen in einem Quader. Diejenigen Teilchen, die auf die Fläche A treffen, üben dort einen Druck aus

Da nun ihrerseits die kinetische Energie eines Teilchens nach Gl. 2.23b proportional zu v^2 ist, ergibt sich der Druck als ein Maß für die Energie pro Volumen. Bei einer mittleren Geschwindigkeit $\bar{v}$ lässt sich die mittlere kinetische Energie eines Moleküls ausdrücken als

$$\bar{E}_{\text{kin}} = \frac{1}{2}m \cdot \bar{v}^2 = \frac{1}{2}f \cdot k \cdot T \tag{3.16}$$

(**Gleichverteilungssatz**), wobei der Ausdruck der rechten Seite von Gl. 3.16 für die mittlere thermische Energie des Systems steht; f ist die Anzahl der Freiheitsgrade für die Bewegung der Teilchen (= 3 für reine Translation in den drei Raumrichtungen, s. o.) und k die **Boltzmann-Konstante** ($k = 1{,}38 \cdot 10^{-23}\,\mathrm{J\,K^{-1}}$) (nach Ludwig Boltzmann, 1844–1906).

3.2.2 Zustandsgleichung des idealen Gases

Nach Gl. 3.15 und 3.16 ist nun klar, dass das Produkt aus Druck und Volumen in einem abgeschlossenen System ein Maß für die Energie des idealen Gases ist. Die Verknüpfung der thermischen Energie eines Systems von Teilchen mit Druck und Volumen ergibt die **allgemeine Zustandsgleichung** für ideale Gase

$$P \cdot V = N \cdot k \cdot T, \tag{3.17}$$

wobei N die Anzahl der Teilchen (Moleküle) ist. Herleiten lässt sich diese Gleichung mit Hilfe der thermodynamischen Potenziale (Abschn. 3.1.5). Diese Zustandsgleichung ist der Energiesatz der kinetischen Gastheorie. Für 1 mol eines Gases lässt sie sich schreiben als

$$P \cdot V_{\text{mol}} = N_{\text{A}} \cdot k \cdot T = R \cdot T, \tag{3.18}$$

wobei N_{A} die Anzahl der Teilchen in einem Mol eines Gases bezeichnet (**Avogadro-Zahl**, sie ist für alle Stoffe gleich und beträgt $6{,}022 \cdot 10^{23}$), deren Produkt mit der Boltzmann-Konstante die **universelle Gaskonstante** $R = 8{,}314\,\mathrm{J\,mol^{-1}\,K^{-1}}$ ist.

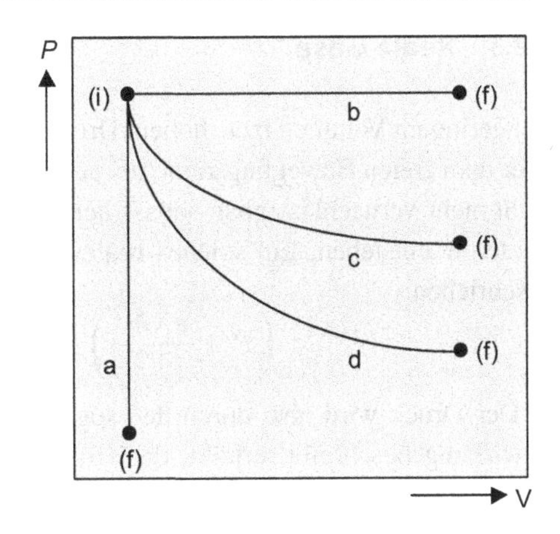

Abb. 3.2 Reversible Zustandsänderungen im *P*-*V*-Diagramm: *a* isochor, *b* isobar, *c* isotherm und *d* adiabatisch (vgl. Abschn. 3.1.3); *i* bedeutet initial, *f* final

Wir hatten in Abschn. 3.1.4 die Entropie als Maß für die Unordnung eines Systems aufgefasst. In der statistischen Physik bzw. der kinetischen Gastheorie wird die Entropie nun besser als Maß für die Wahrscheinlichkeit der Mikrozustände (vgl. Abschn. 3.1.4) der Teilchen des Systems definiert, die zu einem bestimmten Gesamtzustand (Makrozustand) gehören.

Mit Gl. 3.18 ergibt die rechte Seite von Gl. 3.17 den makroskopisch besser erfassbaren Ausdruck $n \cdot R \cdot T$, wobei n die Anzahl der Mole in dem betrachteten Volumen bedeutet. Mit der Zustandsgleichung lassen sich eine Reihe spezieller Zustandsänderungen beschreiben (Abb. 3.2):

Isobar Der Druck bleibt konstant, eine Volumenänderung geht linear mit einer Temperaturänderung einher:

$$V_1/V_2 = T_1/T_2 \quad \text{bei} \quad P = \text{constant.} \tag{3.19}$$

Isotherm Die Temperatur bleibt konstant (beispielsweise beim sehr langsamen Komprimieren oder Expandieren eines Gases unter Zulassen von Wärmeabfuhr); dann bleibt das Produkt aus Druck und Volumen konstant:

$$P \cdot V = \text{const.} \tag{3.20}$$

Dies ist das **Boyle-Mariotte'sche Gesetz**.

Isochor Das Volumen bleibt konstant, eine Temperaturänderung zieht linear eine Druckänderung nach sich:

$$P_1/P_2 = T_1/T_2 \quad \text{bei} \quad V = \text{constant.} \tag{3.21}$$

3.2.3 Reale Gase

Bei geringem Volumen bzw. hohem Druck sind sowohl das Volumen der Moleküle gegenüber dem freien Bewegungsraum als auch die Wechselwirkung zwischen den Molekülen nicht mehr vernachlässigbar, sodass bei beiden Größen der linken Seite von Gl. 3.17 Zusatzterme entstehen. Ein solches **reales Gas** wird durch die **van-der-Waals-Gleichung** beschrieben:

$$\left(P + \frac{a \cdot N^2}{V^2}\right) \cdot (V - N \cdot b) = N \cdot k \cdot T \; . \tag{3.22}$$

Der Druck wird also durch den sogenannten „Binnendruck", der die Teilchenwechselwirkung beschreibt, erhöht, das (freie) Volumen wird durch das Eigenvolumen der Teilchen („Covolumen") vermindert; a und b sind von der Gasart abhängig, N ist wieder die Teilchenanzahl im Volumen V.

3.3 Wärmetransport

Wärme kann wie jede andere Energieform innerhalb eines physikalischen Systems oder von einem in ein anderes im Raum transportiert werden. Dafür stehen drei verschiedene Transportarten zur Verfügung, nämlich Wärmeleitung (Konduktion), Wärmeströmung (Konvektion) und Wärmestrahlung (Radiation).

3.3.1 Wärmeleitung

Wärmeleitung bezeichnet den Wärmetransport durch „Weitergeben der Bewegung" der Teilchen in einem Körper oder Stoff, ohne dass die Teilchen ihren Ort verlassen. Der Stoff kann fest, flüssig oder gasförmig sein. Als Beispiel dient eine Eisenstange, die man mit einem Ende ins Feuer hält. Nach einiger Zeit ist auch das andere Ende so heiß, dass man es nicht mehr in der Hand halten kann. Der **Wärmestrom** ist die in einer Zeiteinheit transportierte Wärmemenge durch eine Querschnittsfläche A eines Stoffes mit der Wärmeleitfähigkeit λ und dem Temperaturgradienten pro Längeneinheit dT/dx,

$$\frac{dQ}{dt} = \lambda \cdot A \cdot \frac{dT}{dx} \; . \tag{3.23}$$

Mit Wärmeleitung ist also kein Stofftransport verbunden. Metalle sind gute Wärmeleiter, Flüssigkeiten im Allgemeinen deutlich weniger. Letzteres lässt sich im Labor beobachten, indem man in ein Reagenzglas mit Eiswasser ein Eisstück am Boden (mit Draht) festhält und das Glas im oberen Bereich erhitzt: Das Wasser gelangt oben rasch zum Kochen, ohne dass sich der Eiswürfel unten auflöst. Auf der Erde profitieren die großräumigen Meeresströme von der schlechten Leitfähigkeit des Wassers: Der Golfstrom transportiert große Wärmemengen nach Europa, ohne unterwegs viel davon zu verlieren.

Gase sind im Allgemeinen noch schlechtere Wärmeleiter. Die isolierende Wirkung von Luft zwischen dem Vogelgefieder, in Thermopane®-Scheiben oder in einem Pullover sind hierfür Beispiele.

3.3.2 Wärmeströmung

Wärmetransport durch den Transport warmer Materie wird **Wärmeströmung** oder **Konvektion** genannt. Sie kann daher nur in Flüssigkeiten oder Gasen wirken. Für Konvektion, die in der Natur von selbst erfolgt, ist die Ursache stets eine Dichteänderung (z. B. aufgrund von Erhitzen oder Abkühlen) im Zusammenspiel von Gravitation. Ein gutes Beispiel ist der Kochtopf, denn über Wärmeleitung dauerte das Erwärmen von Speisen erheblich länger: Die heiße Herdplatte gibt über (gute) Wärmeleitung die Energie an den metallenen Topfboden weiter, dieser erhitzt ebenso die erste Flüssigkeitsschicht darüber, die daraufhin sofort zu steigen beginnt, wobei kühlere unten nachfließt. Es entsteht eine Konvektionszirkulation.

Ein weiteres wichtiges Beispiel ist die Erdatmosphäre; die Konvektion von Luftmassen ist das wichtigste Phänomen zur Steuerung des Klimas. Durch Aufheizen bzw. Abkühlen bodennaher Luftschichten werden diese in gewaltigen Konvektionszellen auf- bzw. abwärtsbewegt und strömen nord- oder südwärts ab, wenn sie wieder den Boden erreichen. Die Drehung der Erde sorgt zusätzlich für eine Drift nach Osten oder Westen. So erklären sich die Hauptklimagürtel der Erde.

Pro Erdhalbkugel gibt es nur drei solcher Konvektionszellen, die äquatornahe Headley-Zelle (hier strömt vom Boden am Äquator erwärmte Luft aufwärts und in geographischen Breiten von ca. 30° wieder abwärts), die Polarzelle (hier strömt Luft aus der Höhe zur kalten Erdoberfläche und danach südwärts (Nordhalbkugel)) und die dazwischen liegende Ferrell-Zelle, die bodennah von den anderen beiden gespeist wird (abwechselnd Hoch- und Tiefdruckgebiete).

Konvektion kann auch durch Krafteinwirkung (z. B. durch Pumpen) bewerkstelligt werden, wenn sie von selbst zu ineffizient (Heizung im Haus) oder überhaupt nicht zustande käme (Blutkreislauf).

3.3.3 Wärmestrahlung

Alle Vorgänge am Erdboden werden durch die Strahlung der Sonne aufrechterhalten: Der Erdboden und die Ozeane (und auch die Luft) absorbieren einen Teil der Strahlung (auf diese Weise wird das Wasser erst flüssig gehalten!). Boden und Ozeane erwärmen die Luftschicht darüber, die Konvektion der Luft verteilt die Wärme weiter, die Erddrehung lenkt die Luftströme ab (Klima). Ohne die Strahlung der Sonne wären das Wasser und die Gase der Luft ausgefroren, es herrschte Weltraumkälte, Leben wäre unmöglich. Es handelt sich also um ein lebenswichtiges Phänomen.

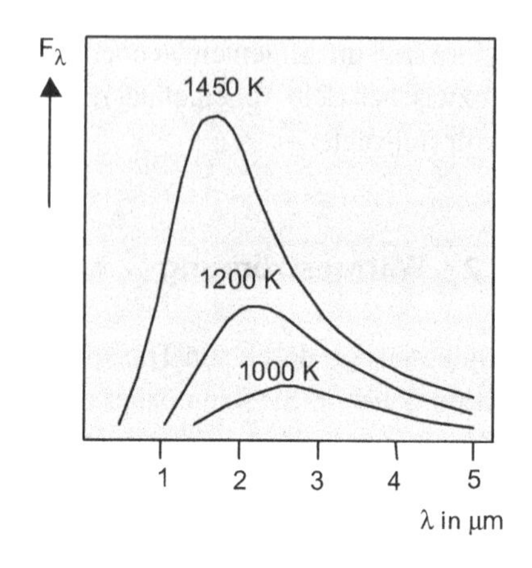

Abb. 3.3 Strahlungsstrom F_λ eines schwarzen Körpers (hier in Abhängigkeit von der Wellenlänge anstatt der Frequenz) bei verschiedenen Temperaturen

Wärmestrahlung ist ein Teil der elektromagnetischen Strahlung (wie auch das Licht, vgl. Abschn. 2.8.4 und 5.1.1). Sie bewegt sich durch den Raum, ohne ein Medium zu benötigen, andernfalls könnten wir auch die Sonne nicht sehen.

Um die Strahlungsgesetze zu studieren, verwenden wir eine Idealisierung, den **Schwarzen Körper**. Er hat die Eigenschaft, alles an elektromagnetischer Strahlung zu absorbieren, was auf ihn trifft. Dadurch erwärmt er sich und strahlt entsprechend seiner Temperatur wieder ab. Dies bedeutet auch, dass jeder derartige (und auch jeder nicht schwarze) Körper, der eine von null verschiedene Temperatur besitzt, Strahlung abgibt. Der Schwarze Körper scheint zunächst eine grobe Vereinfachung zu sein, ist aber für eine Reihe von wichtigen Körpern und Stoffen annähernd erfüllt, wie z. B. leuchtende Gase (Sterne), glühende Metalle oder Planetenoberflächen.

Bei einem Schwarzen Körper ist die abgestrahlte **Energie-** bzw. **Strahlungsintensität pro Raumwinkel** bei jeder Strahlungsfrequenz nur von seiner Temperatur abhängig (**Planck'sches Strahlungsgesetz**):

$$B_\nu(T) = \frac{2h\nu^3}{c^2} \frac{1}{e^{\frac{h\nu}{kT}} - 1} \tag{3.24}$$

(h: Planck'sches Wirkungsquantum, c: Lichtgeschwindigkeit, vergleiche Abschn. 5.1).

Integriert man über den Raumwinkel, so erhält man den **Strahlungsstrom F_ν** (bzw. F_λ in Abb. 3.3); integriert man daraufhin auch über alle Frequenzen, so ergibt sich das **Stefan-Boltzmann-Gesetz** als Gesamtstrahlungsstrom S, gemessen in Watt/m^2 (mit der Stefan-Boltzmann-Konstanten $\sigma = 5{,}67 \cdot 10^{-8}\,\mathrm{W\,m^{-2}\,K^{-4}}$) (Josef Stefan, 1835–1893):

$$\int F_\nu d\nu = S = \sigma \cdot T^4 . \tag{3.24a}$$

Die gesamte **Strahlungsleistung** P_S ergibt sich dann als weiteres Integral über die Fläche A

$$P_S = \int S \cdot dA , \tag{3.25}$$

gemessen in Watt. Somit hängt die Strahlungsleistung eines Schwarzen Körpers nur von seiner Temperatur und der strahlenden Oberfläche ab.

Leitet man das Planck'sche Strahlungsgesetz nach der Frequenz ab und setzt die Ableitung gleich null, so erhält man das **Wien'sche Verschiebungsgesetz**, das (wenn man statt der Frequenz die Wellenlänge der Strahlung verwendet) mit der Konstanten $\zeta = 2{,}898\,\mathrm{mm\,K}$ lautet (nach Wilhelm Karl Werner Wien, 1864–1928):

$$\lambda_{\max} = \frac{\zeta}{T} \,. \tag{3.26}$$

Für die Sonne (Oberflächentemperatur ca. 6000 K) liegt das Strahlungsmaximum bei ca. 500 nm Wellenlänge (grünes Licht), beim Draht einer Glühlampe (2500 K) bei 1200 nm = 1,2 µm (also bereits im Infrarotbereich), beim Menschen (300 K) bei 10 µm (Wärmestrahlung im mittleren Infrarotbereich). So ist verständlich, warum man Menschen und Gegenstände (beispielsweise Häuser) mit einer Wärmebildkamera (Thermographie) abbilden und somit feststellen kann, wo bei Häusern Isolierungsbedarf besteht. Auch in der Medizin findet Thermographie Anwendung.

3.4 Phasenübergänge

Bisher haben wir bei unseren Überlegungen den Aggregatzustand nicht verlassen. Nun beschreiben wir den temperatur- und druckabhängigen Wechsel von Aggregatzuständen (vgl. Abschn. 2.7.1) als Phasenübergänge. Insbesondere das Phasenübergangsverhalten von Wasser ist für das Leben auf der Erde von fundamentaler Bedeutung.

3.4.1 Schmelz- und Siedepunkt

Grundsätzlich sind beliebige Übergänge von allen Zuständen in alle Zustände möglich, hängen aber für jede Substanz in anderer Weise von der Temperatur und dem herrschenden Druck ab (Tab. 3.2). Die Vorgänge kann man in einem Phasendiagramm darstellen, beispielhaft am Wasser (Abb. 3.4). Man erkennt drei Kurvenverläufe, die jeweils verschiedene Zustände abgrenzen. Auf einer solchen Kurve existieren jeweils zwei Phasen im Gleichgewicht. Die Teilkurve 1 vom Ursprung ($T = 0, P = 0$) bis zum Tripelpunkt T ist die **Sublimationskurve**, die Teilkurve 2 die **Schmelzkurve**. Bei Wasser verläuft sie, anders als bei vielen anderen Stoffen, mit negativer Steigung. Teilkurve 3 stellt die **Verdampfungskurve** dar. Auf Meereshöhe (1013 hPa) ist man gewohnt, dass Wasser bei 100 °C siedet, aber bereits im Hochgebirge ist eine deutliche Verschiebung des Siedepunkts zu erkennen; evakuiert man einen Raum völlig, so siedet Wasser bereits bei Zimmertemperatur.

Zwei besondere Punkte im Phasendiagramm sind zu erläutern: Im **Tripelpunkt** T existieren alle drei Phasen zusammen im Gleichgewicht, am **kritischen Punkt** C endet die

Tab. 3.2 Übersicht zu den Zustandsveränderungen der Materie

Phasenübergang	Prozess	Fixpunkt
Flüssig → fest	Erstarren	Erstarrungspunkt (Gefrierpunkt)
Fest → flüssig	Schmelzen	Schmelzpunkt
Fest → gasförmig	Sublimieren	
Gasförmig → fest	Resublimieren	
Flüssig → gasförmig	Verdampfen	Siedepunkt
Gasförmig → flüssig	Kondensieren	Kondensationspunkt

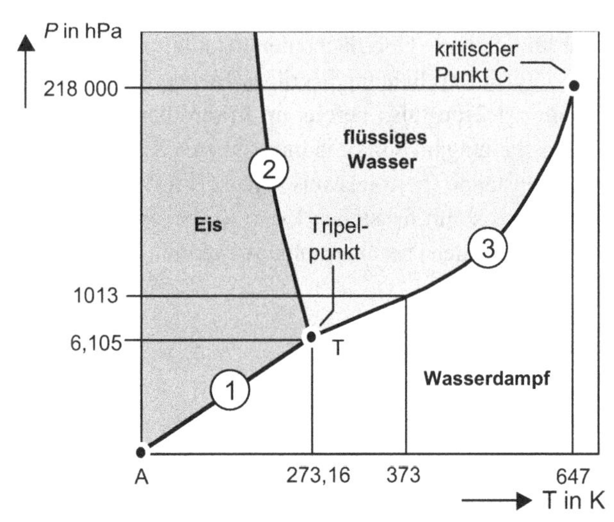

Abb. 3.4 Phasendiagramm des Wassers

Siedekurve, weil ab hier Flüssigkeit und Dampf die gleiche Dichte besitzen und daher ununterscheidbar werden.

Beim Phasendiagramm muss zum Erreichen des jeweils „dünneren“ Aggregatszustands Energie aufgewendet werden, um die Bindung der Atome/Moleküle des Stoffes zu überwinden. Diese Energien werden als **Schmelzwärme** und **Verdampfungswärme** bezeichnet. Während des jeweiligen Vorgangs steigt trotz Energiezufuhr die Temperatur des Stoffes so lange nicht weiter an, bis die ganze Menge des betrachteten Stoffes geschmolzen bzw. verdampft ist.

Für Wasser nehmen beide Größen recht hohe Werte an, was – besonders bezüglich der Verdampfungswärme – am eigenen Körper deutlich zu spüren ist, wenn man aus einem Schwimmbad steigt: Man friert, vor allem wenn es windig ist, solange das Wasser auf der Haut verdampft (verdunstet). Auch für den thermischen Haushalt der Erdatmosphäre ist dies von großer Bedeutung: Beim Verdampfen wird der Atmosphäre recht viel Energie entzogen, was die Temperatur der Luft absenkt und zu viel Verdampfung verhindert. Beim Kondensieren wird diese Energie der Luft zugeführt und dadurch die Kondensation wiederum gebremst; somit „moderiert“ die hohe Verdampfungswärme des Wassers die Atmosphärentemperatur deutlich.

3.4.2 Phasengleichgewichte

Flüssigkeit und Dampf stehen entlang der Verdampfungskurve (auch: Dampfdruckkurve) im Gleichgewicht. Anders ausgedrückt: Dort erreicht der Dampfdruck der Flüssigkeit den Außendruck (z. B. Luftdruck). Es bilden sich Dampfblasen in der Flüssigkeit – zu Gas gewordene Flüssigkeit steigt konvektiv auf und entweicht in den Raum darüber. Aber auch bereits bei niedrigeren Temperaturen können einige Moleküle die Flüssigkeit verlassen, da die Geschwindigkeiten der Moleküle in der Flüssigkeit statistisch verteilt sind. Wir nennen diesen Vorgang Verdunsten. Es bildet sich ein gewisser Dampfdruck über der Flüssigkeit, der niedriger als der Außendruck ist. Es liegt also nun ein Gasgemisch vor, dessen Partialdrücke sich zum Gesamtdruck über der Flüssigkeit addieren. Natürlich ist das Verhältnis von Partialdruck zum Gesamtdruck gleich dem Verhältnis von Partialteilchenzahl zur Gesamtteilchenzahl am betrachteten Ort. Im Übrigen ist auch die Luft ein Gasgemisch mit entsprechenden Partialdrücken.

3.5 Fragen zum Verständnis

1. Wie grenzen sich Temperatur und Wärmemenge voneinander ab?
2. Was versteht man unter „Wärmekapazität"?
3. Was besagt der Zweite Hauptsatz der Wärmelehre?
4. Definieren Sie den Begriff „Enthalpie".
5. Was versteht man unter dem Begriff „adiabatisch"?
6. Welche Größen verbindet die kinetische Gastheorie?
7. Was ist der Unterschied zwischen einer exothermen und einer exergonischen Reaktion?
8. Wie definiert man ein ideales Gas?
9. Wo spielt Wärmetransport durch Konvektion eine bedeutsame Rolle?
10. Wovon hängt bei einem idealen Schwarzen Körper die Strahlungsleistung ab?

Die Antworten zu diesen Fragen finden Sie im Anhang „Antworten und Lösungen zu den Fragen".

Elektrizität und Magnetismus

4

Zusammenfassung

Die Elektrizitätslehre behandelt das Verhalten von Körpern, das durch die in ihnen vorhandene elektrische Ladung verursacht wird. So wie die Masse für die Mechanik ist die elektrische Ladung die Ursache der Wechselwirkung und somit der zentrale Begriff in diesem Teilbereich der Physik. Elektrische Ladungen sind an Teilchen als Ladungsträger gebunden und gehören zu den fundamentalen Eigenschaften von Materie (vgl. Exkurs in Abschn. 2.1.2). Ladungsträger können unbewegt (Elektrostatik) oder bewegt sein (Elektrodynamik, elektrische Ströme).

Elektrische Ströme haben ausnahmslos die Entstehung von Magnetfeldern zur Folge, die ihrerseits wieder Kräfte auf die Ladungsträger ausüben. Diese Kräfte äußern sich als Phänomen der Induktion, die wiederum zur technischen Erzeugung von elektrischem Strom genutzt wird.

4.1 Elektrostatik

In der Elektrostatik geht es um Phänomene, bei denen kein stetiger Transport von Ladungsträgern stattfindet, also keine dauerhaften elektrischen Ströme fließen.

4.1.1 Ladung und Feld

Die Ursache der elektromagnetischen Wechselwirkung, mit deren Phänomenen sich die Elektrizitätslehre beschäftigt, ist die Existenz von **elektrischer Ladung**. Die Evidenz, dass Materie zumindest teilweise aus Teilchen aufgebaut ist, die u. a. elektrische Ladung besitzen, ist beispielsweise durch Effekte bei galvanischen Elementen bzw. bei der Elektrolyse oder bei radioaktiver Strahlung gegeben.

H. Bannwarth et al., *Basiswissen Physik, Chemie und Biochemie*,
https://doi.org/10.1007/978-3-662-58250-3_4

Wir greifen hier geringfügig auf Kap. 6 vor: Ladungen sind an Ladungsträger gebunden. Ladungsträger sind zum einen die Elektronen, die sich normalerweise in den Hüllen von Atomen (und Molekülen) befinden, und zum anderen Ionen, das sind Atome, denen (abweichend von ihrem unter Normalbedingungen neutralen Zustand) Elektronen in der Hülle verloren gegangen sind (positiv geladen) oder die zu viele Elektronen besitzen (negativ geladen). Ladungsträger können frei beweglich oder fest gebunden sein; im ersten Fall sprechen wir von einem elektrischen Leiter, im anderen von einem Nichtleiter (Isolator).

Elektrische Ladung tritt also in zwei verschiedenen Arten auf, die man per Definition als **positiv** bzw. **negativ** bezeichnet. Außerdem ist Ladung stets portioniert, d. h. gequantelt, tritt also in ganzen Vielfachen der **Elementarladung** auf, die $1{,}602 \cdot 10^{-19}$ C beträgt. Die Maßeinheit ist 1 Coulomb (1 C = 1 Amperesekunde, A s, auch As geschrieben; Vorsicht mit Verwechslung mit dem Elementsymbol As; zur Definition des Ampere vgl. Abschn. 4.2.1). Gleichnamige Ladungen stoßen sich ab, ungleichnamige ziehen sich mit derselben Stärke an. Das elektrische **Kraftgesetz** (wenn sich die Ladungen in keinem Magnetfeld bewegen) ist dem Gravitationsgesetz sehr ähnlich. Diese als **Coulomb-Gesetz** bezeichnete Beziehung lautet (skalar betrachtet):

$$F_{\mathrm{C}} = \frac{1}{4\pi\varepsilon_0} \cdot \frac{q_1 \cdot q_2}{r^2}, \tag{4.1}$$

mit dem Abstand r und der elektrischen Feldkonstante (Dielektrizitätskonstante) $\varepsilon_0 = 8{,}859 \cdot 10^{-12}$ As/Vm (Einheiten s. Kap. 1). Die Kraft, gemessen in Newton (N), ist natürlich wieder ein Vektor. Die vektorielle Schreibweise ist mit dem Einheitsvektor $\frac{\vec{r}}{r}$ in Richtung r:

$$\vec{F}_{\mathrm{C}} = \frac{1}{4\pi\varepsilon_0} \cdot \frac{q_1 \cdot q_2}{r^2} \cdot \frac{\vec{r}}{r}. \tag{4.1a}$$

So wie jede Masse als gravitative Ladung ein Schwerefeld um sich herum erzeugt (das wir bei der Erde als Schwerebeschleunigung bezeichnet haben), so bewirkt auch jede elektrische Ladung ein **elektrisches Feld**, das analog zum Schwerefeld beschrieben wird (nur skalar betrachtet) mit:

$$\left|\vec{E}\right| = \frac{1}{4\pi\varepsilon_0} \cdot \frac{q}{r^2} \tag{4.2}$$

(q_1 sei hier gleich q) mit $F = q_2 \cdot E$.

Nach dem Newton'schen Prinzip „*actio* = *reactio*" (Drittes Newton'sches Grundgesetz; vgl. Abschn. 2.3.4) erzeugt das Feld der Ladung q_1 die gleiche Kraft auf Ladung q_2 wie das Feld von q_2 auf q_1. Für ein elektrisches Feld zeichnet man gerne ein Kraftlinienbild (Abb. 4.1), in dem die Richtung einer Linie an jedem Ort die Richtung der Feldwirkung und die Dichte der Linien ihre Stärke bezeichnet. Das radiale Feld einer (Punkt-)Ladung ist räumlich nicht konstant, sondern verdichtet sich zur Ladung hin, es ist also inhomogen; bei homogenen Feldern ist die Feldliniendichte konstant.

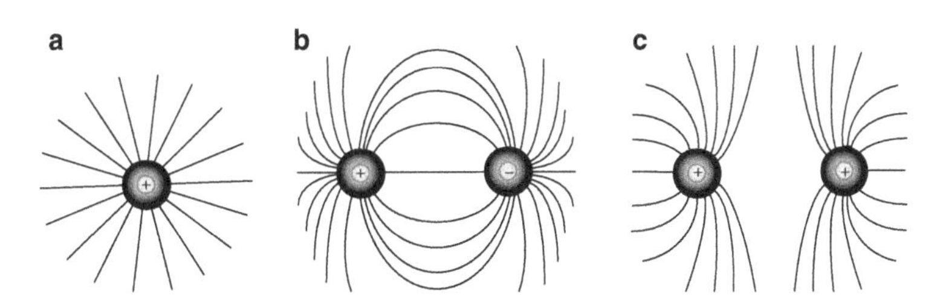

Abb. 4.1 Das elektrische Feld einer Punktladung (**a**), zwischen ungleichnamigen (**b**) und zwischen gleichnamigen Ladungen (**c**)

4.1.2 Potenzial und Potenzialdifferenz

Die potenzielle Energie im Schwerefeld ist $E_{\text{pot}} = (m \cdot g) \cdot h$ (d. h. „Kraft mal zurückgelegte Höhe“). Lässt man in diesem Ausdruck die „Ladung“ (hier also die Masse) fort, so erhält man das Schwerepotenzial. In gleicher Weise werden potenzielle Energie und Potenzial auch hier eingeführt: Die potenzielle Energie ist

$$E_{\text{pot}} = F_{\text{C}} \cdot r \tag{4.3a}$$

bzw. (wenn F nicht konstant)

$$E_{\text{pot}} = \int_a^b F_{\text{C}} \cdot dr = \int_a^b q \cdot E \cdot dr\ , \tag{4.3b}$$

mit der Feldstärke E im Integral. Dies ist identisch mit der Arbeit, wenn die Ladung q von a nach b transportiert wird. Ist am Ort a auch bereits ein Potenzial vorhanden, so muss man weit genug weggehen, um aus dem potenzialfreien Raum (verschwindende Feldliniendichte) die ganze potenzielle Energie am Ort b zu erfassen, also modellhaft ins Unendliche. Mit der Forderung, dass das **Potenzial** die potenzielle Energie ohne die transportierte Probeladung darstellt, also

$$E_{\text{pot}} = U_{\text{pot}} \cdot q \tag{4.4}$$

ergibt sich mit Gl. 4.3b die Folgerung

$$U_{\text{pot}} = \int_\infty^r E \cdot dr. \tag{4.5}$$

Beschreiben wir mit unserer Ladung q einen Weg, auf dem sich die Feldliniendichte nicht ändert (z. B. einen Kreis um eine Punktladung), so ist die potenzielle Energie stets dieselbe und die zu verrichtende Arbeit verschwindet. Zwischen zwei Orten a und b, in denen das Potenzial endliche Werte besitzt, wird aber im Allgemeinen eine Potenzialdifferenz bestehen, die wir als **elektrische Spannung** bezeichnen:

$$U = U_{\text{pot}}(a) - U_{\text{pot}}(b) , \tag{4.6}$$

womit die potenzielle Energie bzw. die zu leistende Arbeit im elektrischen Feld zwischen den Punkten a und b sich als Produkt aus Spannung und Ladung ergibt:

$$W = q \cdot U . \tag{4.7}$$

Die Einheit der Spannung ist demnach 1 Joule pro Coulomb (1 J/C) und wird zu Ehren des italienischen Physikers Alessandro Giuseppe Volta (1745–1827) Volt (1 V) genannt.

4.1.3 Kapazität und Dielektrikum

Zwei Metallplatten stehen sich mit dem Abstand d parallel gegenüber. Wenn wir die eine davon mit Ladungen versehen („aufladen“), so verteilen sich diese darauf gleichmäßig (die andere Platte bleibt ungeladen), und es entsteht ein in diesem Fall homogenes elektrisches Feld, d. h. die Feldstärke ist zwischen den Platten konstant. Damit baut sich zwischen den Platten eine Spannung auf. Auf der geladenen Platte sind die Elektronen als Ladungsträger frei beweglich, aber sie können nicht zur anderen Platte überwechseln, da sich zwischen den Platten keine leitende Verbindung, sondern ein Nichtleiter (Luft) befindet. Nach Gl. 4.5 ist die Spannung im homogenen Feld

$$U = \int_0^d E \cdot dr = E \cdot d . \tag{4.8}$$

Diese Anordnung speichert also das aufgebaute Feld und somit die Spannung, man kann sie als **Kondensator** des Feldes bezeichnen. Man sieht leicht ein, dass die Spannung direkt von der Ladungsträgermenge abhängt, die man auf die eine Platte gebracht hat ($q \sim U$), mit einer Proportionalitätskonstanten, die von der Anordnung und Größe der Platten sowie dem Material von Platten und Zwischenraum bestimmt ist. Man definiert über

$$q = C \cdot U \tag{4.9}$$

die neue Größe C als **Kapazität**. Sie wird in Coulomb/Volt gemessen: 1 C/V = 1 Farad zu Ehren von Michael Faraday (1791–1867). Die Feldstärke zwischen den Platten ist nun

$$E = U/d = q/C \cdot d . \tag{4.10}$$

Die Kapazität des Plattenkondensators ergibt sich aus d und der Fläche A der beiden Platten zu

$$C = \varepsilon_0 \cdot \frac{A}{d}\,, \tag{4.11}$$

wenn der Raum zwischen den Platten leer ist (oder Luft enthält); ε_0 s. Gl. 4.1. Ist der Raum zwischen den Platten aber mit einem Nichtleiter, einem **Dielektrikum** gefüllt (ein Leiter würde die Ladungen sofort über beide Platten gleich verteilen und die Spannung ginge auf null), so wird dieser das Feld schwächen, indem das Feld die nicht freien Ladungsträger im Nichtleiter etwas auseinanderzieht (s. Abschn. 4.1.4). Dies erhöht die Kapazität des Kondensators um den Faktor der **relativen Dielektrizitätskonstante** ε_r; für Glas besitzt sie Werte von 5 bis 10, für Wasser ist sie 81.

Schaltet man Kondensatoren parallel, so addiert sich die mögliche Anzahl von Ladungen, die man auf ihnen „unterbringen" kann, also ist

$$C_{ges} = C_1 + C_2 + C_3 + \ldots \tag{4.12}$$

Schaltet man sie aber in Reihe hintereinander, so addieren sich die Spannungen an den einzelnen Kondensatoren. Also ist dann wegen $U = q/C$ nach Gl. 4.9

$$\frac{1}{C_{ges}} = \frac{1}{C_1} + \frac{1}{C_2} + \ldots \tag{4.13}$$

In alten Radiogeräten befand sich zur Senderwahl ein Drehkondensator. Mit dem Senderwahlknopf drehte man die zweite Platte (tatsächlich eine ganze Plattenkaskade) von der ersten weg oder wieder hinzu, wodurch eine stufenlose Kapazitätsänderung und somit die gewünschte Frequenzänderung im Gerät zustande kam (vgl. Abschn. 4.5.4).

Der zeitliche Ablauf von Laden und Entladen eines Kondensators wird kurz in Abschn. 4.5.3 und 4.5.4 behandelt.

4.1.4 Polarisation im elektrischen Feld

Bringt man einen Isolator in ein elektrisches Feld, so sind die Ladungsträger in ihm nicht gänzlich von ihrem Platz wegbewegbar. Es kommt aber dennoch zu einer leichten Auslenkung und damit zu einer Schwächung des äußeren Feldes, da diese Auslenkung ein inneres (dem äußeren entgegengesetztes) Feld aufbaut. Dies wird als **Polarisation** bezeichnet. Bei Atomen und Molekülen mit symmetrischer Ladungsverteilung verschwindet diese wieder, wenn das Feld abgeschaltet wird (**Verschiebungspolarisation**).

Es gibt Stoffe, deren Moleküle von vornherein eine asymmetrische Verteilung der Elektronen besitzen (gutes Beispiel: Wasser). Dann besitzen die Moleküle ein permanentes elektrisches Dipolmoment m, das sich bei einem einfachen Hantel-Molekül (Länge l) mit zwei verschiedenen Ladungen am Ende einfach darstellt als

$$\vec{m} = q \cdot \vec{l}\,, \tag{4.14}$$

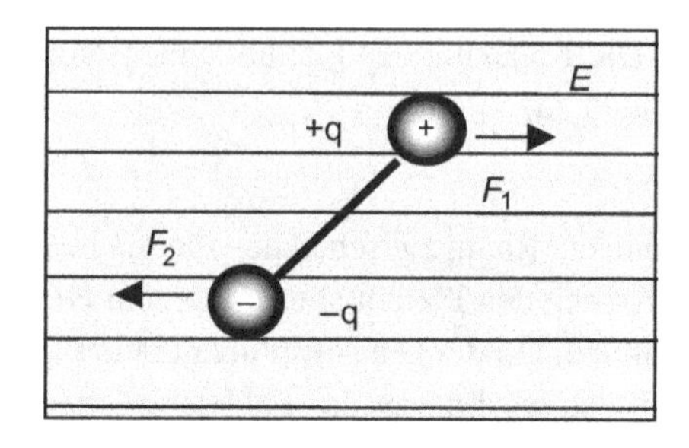

Abb. 4.2 Auf einen Dipol wirkende Kräfte F im elektrischen Feld E

an dem das äußere Feld ein Drehmoment ausübt (Abb. 4.2)

$$\vec{M} = \vec{m} \times \vec{E} \,, \tag{4.15}$$

solange, bis die Hantel parallel zum Feld ausgerichtet ist (**Orientierungspolarisation**). Diese Orientierungspolarisation bleibt auch nach Abschalten des Feldes bestehen.

Bringt man dagegen einen Leiter mit frei beweglichen Elektronen in ein elektrisches Feld, so zieht die (relativ zur anderen) positiv geladene Feldseite die Elektronen an, die negative stößt sie ab, und zwar so lange, bis das dadurch erzeugte interne Feld entgegengesetzt gleich dem äußeren Feld ist (**Influenz**). Damit verschwindet im Inneren des Leiters die resultierende Feldstärke; dies ist auch der Fall, wenn der leitende Körper hohl ist: Man hat einen **Faraday'schen Käfig**. Er schirmt Felder komplett ab. Faraday'sche Käfige werden in Forschung und Technik dort als Arbeitsräume benötigt, wo man absolut frei von Störeinflüssen durch äußere elektrische Felder arbeiten muss. Auch die Atomuhren der Physikalisch-Technischen Bundesanstalt (PTB) in Braunschweig befinden sich in einem solchen Käfig. Übrigens ist auch ein Auto mit metallener Karosserie ein derartiger Käfig, der u. a. vor Blitzschlag schützt.

4.2 Gleichstrom

Ladungstransport erfolgt über den Transport von Ladungsträgern, z. B. Elektronen im leitenden Draht. Ladungstransport bezeichnet man als elektrischen Strom. Ist die Richtung des Transports konstant, handelt es sich um Gleichstrom.

4.2.1 Elektrischer Strom

Bewegt man elektrische Ladungsträger, so erzeugt man einen elektrischen Strom

$$I = \frac{dq}{dt} \,, \tag{4.16}$$

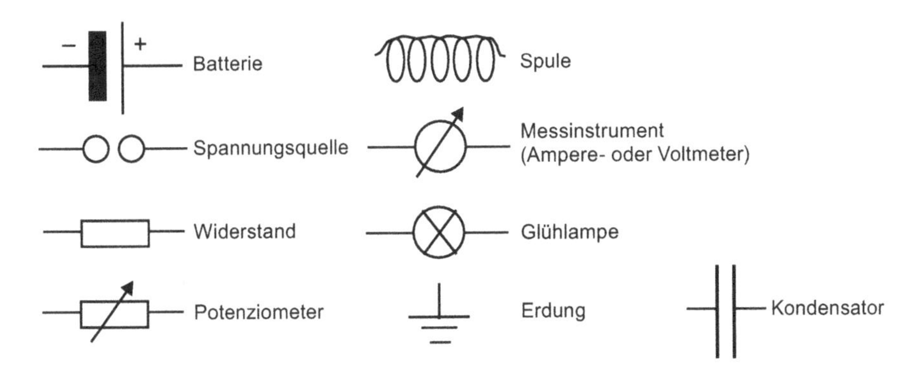

Abb. 4.3 Symbole für elektrische Schaltungen

dessen Stärke in Ampere (1 A) gemessen wird; nach Gl. 4.16 ist $1\,A = 1\,C/s$. Da die Stromstärke als Basiseinheit im SI-System definiert ist (s. Kap. 1), wird die Ladung als abgeleitete Größe über den Strom definiert: 1 Coulomb = 1 A s.

Wie in einem Wasserkreislauf benötigt ein Stromfluss eine Fortbewegungsmöglichkeit (eine „Röhre") und einen Antrieb. Die „Röhre" ist hier ein Leiter (z. B. Metalldraht), der die freie Beweglichkeit der Ladungsträger ermöglicht, der Antrieb ist die elektrische Spannung (analog dem Gefälle im Wasser) als Potenzialdifferenz zwischen einem Plus- und einem Minuspol. Stromfluss ist prinzipiell in Festkörpern, Flüssigkeiten und Gasen möglich.

Elektrischer Strom kann dauerhaft nur dann fließen, wenn ein Stromkreis geschlossen ist, andernfalls bleibt zwar die Spannung erhalten, es fließen aber dauerhaft keine Ladungsträger. Die technische Stromrichtung wurde offiziell festgelegt „vom Plus- zum Minuspol", obwohl im gebräuchlichsten Fall von Stromfluss (in Metallen) nur die (*per definitionem* negativ geladenen) Elektronen beweglich sind und sich genau entgegengesetzt bewegen. Der Beginn eines Stromflusses setzt nach dem Einschalten mit Lichtgeschwindigkeit ein, die Ladungsträger selbst driften aber nur sehr langsam durch den Draht (< 1 mm/s).

Abb. 4.3 zeigt die in der Darstellung eines elektrischen Stromkreises gebräuchlichen Symbole.

4.2.2 Widerstand

In direkter Analogie zu Flüssigkeitsströmen ist die fließende Strommenge abhängig vom Gefälle und vom Fließwiderstand (z. B. Rohrquerschnitt). Ebenso wie Letzterer die Fließgeschwindigkeit begrenzt, so begrenzt der elektrische **Widerstand** die Ladungsträgergeschwindigkeit. Elektrischer Widerstand wird definiert als

$$R = \frac{U}{I} \quad \text{bzw.} \quad U = R \cdot I \; . \tag{4.17}$$

Dies ist im Übrigen nicht (!) das **Ohm'sche Gesetz**, wie vielfach falsch zu lesen ist, denn dieses lautet schlicht $R = const.$, womit sich im Diagramm von Strom gegen Spannung (auch Kennlinie genannt) eine Gerade ergibt, deren Steigung gerade R bestimmt (Abb. 4.4). Die Einheit des Widerstandes ist 1 Ohm (1 Ω = 1 V/A). Der Kehrwert dieses Wertes ist die **Leitfähigkeit**, gemessen in Siemens (S).

Der Widerstand setzt sich aus einem materialspezifischen Anteil und geometrischen Größen des stromführenden Körpers (Länge l, Querschnittsfläche A) zusammen:

$$R = \sigma \cdot \frac{l}{A} \, , \tag{4.18}$$

mit dem spezifischen Widerstand σ. Dieser ist für Metalle sehr klein, sie werden daher auch als **Leiter** bezeichnet. Aus solchen Leitern bestehen die Verbindungsleitungen zwischen einer Spannungsquelle und den elektrischen Bauteilen, in denen der Strom genutzt wird (Glühlampe, Heizdraht, usw.). Bis zu diesem Bauteil wird von beiden Seiten die Spannung aufrechterhalten, an den Leitungen fällt (im Idealfall) keine Spannung ab. Das bedeutet aber, dass die gesamte Spannung an den im Stromkreis befindlichen Widerständen abfallen muss.

Abb. 4.4 zeigt zwei Kennlinien von Leitern. Der Widerstand von (1) gehorcht dem Ohm'schen Gesetz, der von (2) nicht – er steigt ab einer gewissen Spannung an. Letzteres Verhalten ist typisch für Metalle, wenn sie warm bzw. heiß werden. Ein gutes Beispiel hierfür ist der Glühdraht einer Glühbirne.

Nichtleiter werden auch als **Isolatoren** bezeichnet, da sie dazu verwendet werden, elektrisch leitende Teile voneinander zu isolieren (z. B. als Umhüllung von Leitungen).

Halbleiter besitzen die Eigenschaft, dass die Anzahl der für die Leitung zur Verfügung stehenden Ladungsträger von den Betriebsbedingungen abhängt (vgl. Abschn. 4.3.1), z. B. von der Stromrichtung (z. B. bei der Diode, die eine Durchlass- und eine Sperr-Richtung besitzt), der Temperatur oder der Lichteinstrahlung (Photoresistor).

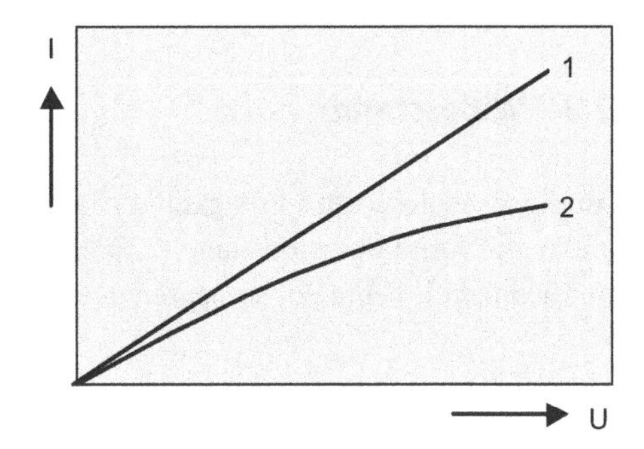

Abb. 4.4 Zwei Kennlinien von Leitern: *1* für $R =$ konstant, *2* für R ab einer gewissen Spannung variabel

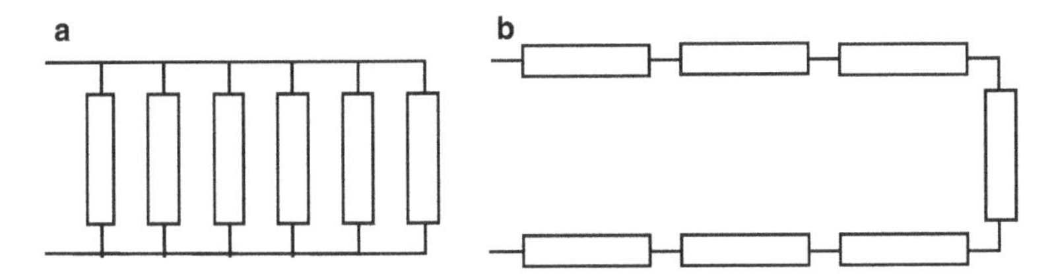

Abb. 4.5 Parallelschaltung (**a**) und Reihenschaltung (**b**) von Ohm'schen Widerständen

Auch Spannungsquellen sind nicht völlig widerstandsfrei, sonst wäre es möglich, beliebig hohe Ströme aus ihnen fließen zu lassen, ohne dass die Spannung nachließe. Man kennt das von einer Batterie, deren Spannung (ohne Belastung: Leerlaufspannung U_0) bei hoher Stromentnahme einbricht (bei Belastung: Klemmenspannung U). Diesen Widerstand nennt man **Innenwiderstand**; bei Stromentnahme fällt die nutzbare Klemmenspannung um den Betrag $U_\mathrm{i} = R_\mathrm{i} \cdot I$ ab:

$$U = U_0 - R_\mathrm{i} \cdot I \ . \tag{4.19}$$

Da U_i von I abhängt, ist die Klemmenspannung stets vom Strom abhängig, den man fließen lässt. Beim maximalen Strom, der fließen kann, ist R_i der einzige Widerstand im Kreis, dieser Strom ist der **Kurzschlussstrom**, den die Elemente im Stromkreis im Allgemeinen nicht sehr lange aushalten (daher sind Sicherungen in den Häusern/Geräten, um den Strom auf ein unschädliches Maß zu begrenzen).

Widerstände können hintereinander in Reihe (**Serienschaltung**) oder in einer Verzweigung parallel (**Parallelschaltung**) im Stromkreis auftreten (Abb. 4.5). Im ersten Fall addieren sich die Widerstände zum Gesamtwiderstand, der Strom ist überall gleich und die Gesamtspannung fällt anteilsmäßig einzeln an ihnen entsprechend ihrer Beträge ab. Aus $U_\mathrm{ges} = U_1 + U_2 + \ldots = R_1 \cdot I_1 + R_2 \cdot I_2 + \ldots$ ergibt sich wegen $I_\mathrm{ges} = I_1 = I_2 = \ldots$:

$$R_\mathrm{ges} = R_1 + R_2 + \ldots \tag{4.20}$$

Dies kann zu einer Potenziometer-Schaltung genutzt werden, in der die abgegriffene Spannung steigt, je mehr Widerstand abgegriffen wird (Abb. 4.6).

Im zweiten Fall verzweigt sich der Gesamtstrom in die Teilarme, und es fließt natürlich genau so viel Strom in die Verzweigung hinein wie aus ihr hinaus. Es müssen also

Abb. 4.6 Potenziometer-Schaltung für eine Glühlampe

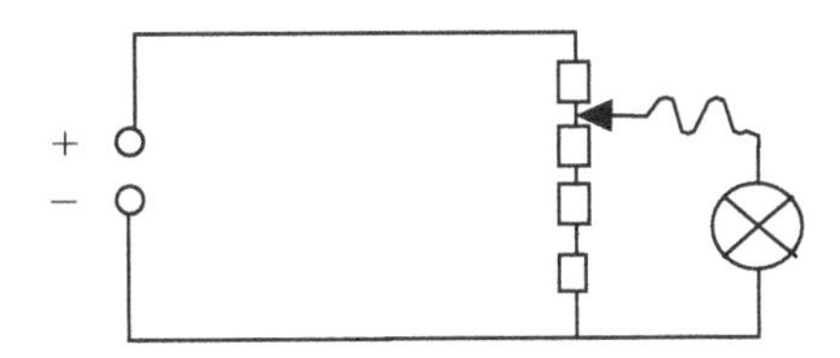

die Teilströme addiert werden; weil an jedem Teilwiderstand die volle Spannung anliegt, ergibt sich

$$I = I_1 + I_2 + \ldots = \frac{U_{\text{ges}}}{R_1} + \frac{U_{\text{ges}}}{R_2} + \ldots \tag{4.21a}$$

und somit

$$\frac{1}{R_{\text{ges}}} = \frac{1}{R_1} + \frac{1}{R_2} + \ldots \tag{4.21b}$$

4.2.3 Elektrische Energie und Leistung

Aus Gl. 4.4, mit der wir das Potenzial und daraufhin die Spannung als Potenzialdifferenz definiert hatten, ergibt sich die elektrische Energie aus der Spannung (konstante Spannung und Ströme vorausgesetzt; E ist hier nicht die Feldstärke)

$$E_{\text{el}} = q \cdot U = I \cdot t \cdot U \ , \tag{4.22}$$

gemessen in Joule (wie üblich). Daraus leitet man sofort die elektrische Leistung ab als Quotient aus Energie und Zeit (wie in der Mechanik):

$$P = \frac{dE}{dt} = \frac{d(I \cdot t \cdot U)}{dt} = U \cdot I \tag{4.23}$$

zu jedem Zeitpunkt t gemessen in Watt ($1\,\text{W} = 1\,\text{J/s}$), ebenfalls wie in der Mechanik. Damit ergibt sich für die Energie wiederum die Umformung $1\,\text{J} = 1\,\text{Ws}$, im Alltag ist allerdings eher die Einheit Kilowattstunde (1 kWh) in Gebrauch, in der auch die Verwendung elektrischer Energie im Stromzähler gemessen wird. Es sei wie in Kap. 2 und 3 darauf hingewiesen, dass auch elektrische Energie nicht „verbraucht", sondern lediglich umgewandelt wird (im Haushalt in Wärme, mechanische Arbeit, Licht); die im Stromzähler gekoppelte Messung von Stromstärke und Zeit ist nach Gl. 4.22 hierfür ein Maß – die Spannung bleibt ja konstant.

4.2.4 Strom- und Spannungsmessung

Strom und Spannung werden im Allgemeinen mit Drehspulinstrumenten oder digitalen Messinstrumenten gemessen. Auf die Arbeitsweise Ersterer wird in Abschn. 4.4.2 hingewiesen, digitale Instrumente werden in diesem Rahmen hier nicht behandelt.

Bei der Strommessung muss das Instrument selbst vom zu messenden Strom durchflossen werden (ähnlich wie bei einer Wasseruhr); es muss also in Reihe mit den anderen Elementen des Stromkreises geschaltet werden (Abb. 4.7). Es darf dabei nur einen sehr kleinen **Innenwiderstand** besitzen, andernfalls würde das Messgerät den Strom selbst maßgeblich verändern.

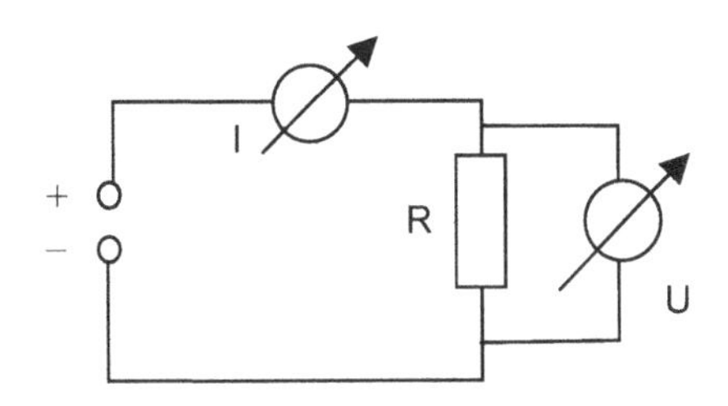

Abb. 4.7 Elektrischer Stromkreis mit Spannungsquelle und Widerstand R und Messgeräten für Strom I und Spannung U

Bei der Spannungsmessung ist es die Aufgabe, die an einem Element (oder mehreren) abfallende Spannung zu ermitteln. Das Instrument muss daher parallel zu dem Element (oder mehreren) geschaltet werden und darf dabei von keinem maßgeblichen Strom durchflossen werden, da es sonst selbst eine Strombrücke und somit eine unzulässige weitere Verzweigung des Stromkreises darstellte. Es muss daher einen sehr hohen Innenwiderstand besitzen.

4.3 Leitungsarten

Elektrische Ströme benötigen im Allgemeinen ein leitendes Medium. Dies kann ein Festkörper sein (z. B. metallischer Draht), aber auch eine Flüssigkeit oder ein Gas. Hier sollen die Leitungsmechanismen in leitenden Stoffen erläutert werden.

4.3.1 Leitung in Festkörpern

Bei einzelnen Atomen sind die Energiezustände der Elektronen diskret; man sagt auch, dass die Elektronen sich nur auf festen Niveaus bewegen können (vgl. Kap. 6). In Festkörpern, die vielfach Kristallstruktur besitzen, verschmieren sich diese festen Niveaus im Verband sehr vieler Atome zu Energiebändern (Abb. 4.8), in denen sich Elektronen entweder frei bewegen (Leiter) oder fest an ihren Plätzen verbleiben (Halbleiter, Nichtleiter). Das oberste Band in Abb. 4.8 heißt **Leitungsband**, bei Metallen ist es mit einigen (bei weitem nicht allen!) Elektronen besetzt, die dann durch ihre freie Beweglichkeit gerade die Leitfähigkeit ausmachen. Das darunterliegende Energieband heißt **Valenzband**, das vom Leitungsband energetisch unterschiedlich weit entfernt liegen kann; der Energiebereich zwischen den Bändern ist leer (keine erlaubten Zustände; Abb. 4.8).

Liegt das Valenzband dicht unter dem Leitungsband, so können durch Energiezufuhr (z. B. durch Wärme, Licht usw.) einige Elektronen hinauf gehoben werden und dann den Körper (etwas) leitend machen, der Körper ist ein **Halbleiter**. Bei Isolatoren ist das Valenzband zu weit vom Leitungsband entfernt, als dass Letzteres bevölkert werden könnte. Im Leitungsband driften die Elektronen durch das Kristallgitter, das auf sie Kräfte ausübt, was die Driftgeschwindigkeit sehr langsam werden lässt.

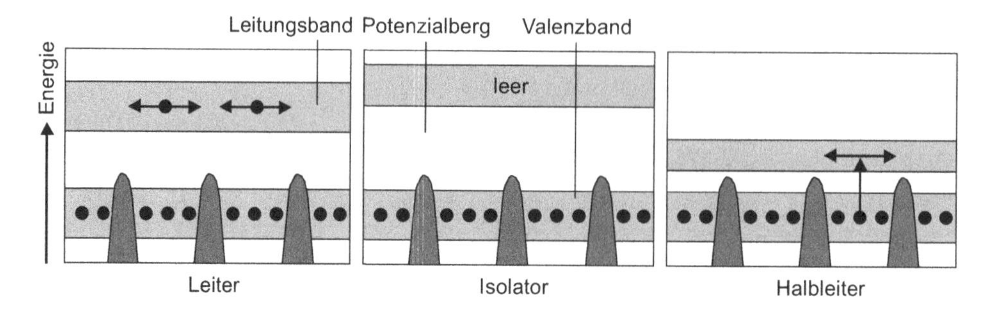

Abb. 4.8 Im Festkörperkristall sind die Energieniveaus der Elektronen zu Bändern verschmiert. Die Potenzialberge der regelmäßig angeordneten Kristallgitter-Atomrümpfe unterbinden eine freie Elektronenbeweglichkeit (Valenzband). Das Band, das nicht von diesen Bergen durchzogen wird, ist das Leitungsband, bei Leitern ist es mit Elektronen besetzt, bei Nichtleitern ist es leer

Halbleiter (z. B. Germanium, Silicium) werden zur Verbesserung ihrer Funktion z. T. geringfügig mit anderen Atomsorten „dotiert". Dies sind bei n-dotierten Schichten Atome mit beweglichen Elektronen im Leitungsband, bei p-dotierten Atome mit Elektronendefiziten („Löchern") im sonst voll besetzten Valenzband. Sie sind aus der Elektronik nicht mehr wegzudenken.

Durch die Hintereinanderanordnung von einer n-dotierten und einer p-dotierten Schicht erhält man eine Diode. An der Grenzschicht diffundieren die verschiedenen Ladungsträgerarten ineinander, bis die entstehende Diffusionsspannung den Austausch bremst. Die Grenzschicht verarmt somit an Ladungsträgern. Bei Anlegen einer äußeren Spannung werden je nach Polung entweder Ladungsträger in die Grenzschicht nachgeliefert (Durchlassrichtung) oder die Verarmung in der Grenzschicht wird noch größer (höherer Widerstand, Sperrrichtung).

Durch Hintereinanderanordnung einer p-dotierten, einer sehr dünnen n-dotierten und wieder einer p-dotierten Schicht erhält man einen p-n-p-Transistor. Bei entsprechender Verschaltung zwischen den drei Schichten ist er in der Lage, mit geringen Strom-/Spannungsänderungen zwischen den ersten beiden Schichten durch Ladungsträgerdiffusion in der gegenüber den Diffusionswegen sehr dünnen zweiten Schicht eine große Änderung zwischen den zweiten beiden Schichten zu steuern; der Transistor wird dadurch also zum Verstärker.

Die Bandstruktur ist für jede Substanz anders. Bringt man daher zwei verschiedene Leiter (Metalle) in Kontakt, so werden aufgrund der unterschiedlichen Energieniveaus der Leitungsbänder frei bewegliche Elektronen aus dem Metall mit dem höher gelegenen Leitungsband in das andere Metall mit niedrigerer Leitungsbandenergie wandern (wie Wasser aus einem höher gelegenen Rohr in ein niedrigeres Bassin). Dadurch wird das eine Metall gegenüber dem anderen negativ geladen, es entsteht eine Spannung, die **Kontaktspannung**. Diese wird so lange ansteigen, bis das elektrische Feld, das hierbei in der Umgebung der Kontaktstelle entsteht, eine weitere Wanderung unterbindet.

Führt man nun zwei unterschiedliche Metalle (als Drähte) zu einer Leiterschleife zusammen, so entsteht an beiden Kontaktstellen die gleiche Spannung, nur jeweils entgegengesetzt gepolt, die Spannungen ergeben zusammen null. Da allerdings die Kontaktspannung temperaturabhängig ist, wird dann eine Gesamtspannung übrig bleiben, wenn man die eine der beiden Kontaktstellen erhitzt. Da die Spannung in einem gewissen Bereich linear von der Temperatur abhängig ist, kann man diesen Effekt gut zur Temperaturmessung verwenden (Thermoelement; vgl. auch Peltier-Element, mit dem man durch Anlegen einer Spannung kühlen kann).

4.3.2 Leitung in Flüssigkeiten

In Flüssigkeiten sind die Teilchen nicht in einem Gitter organisiert, sondern frei beweglich; es gibt also auch keine Bänderstruktur – Atome und Moleküle behalten ihre Elektronen für sich. Wenn allerdings eine Flüssigkeit in der Lage ist, Substanzen zu lösen (vgl. Abschn. 8.2.1 und 8.2.2), können dabei **Ionen** in Lösung gehen. Beim Kochsalz lässt sich das Geschehen gut verdeutlichen: NaCl liegt als Ionengitter vor und wird in Wasser in Natrium-Kationen (Na^+) und Chlorid-Anionen (Cl^-) aufgespalten. Das Cl^--Anion hat dabei nun seine äußere Elektronenschale voll besetzt (vgl. Abschn. 6.2), und auch das Na^+-Kation weist mit einem fehlenden Elektron nunmehr eine stabile Achterschale auf. Ungeladene Metallatome wie Na-Atome und Nichtmetall-Atome wie Cl-Atome kommen in wässrigen Lösungen nicht vor. Das ungeladene Na-Atom hatte schon bei der Kochsalzbildung aus Natrium und Chlor sein mit nur schwacher Bindung ausgestattetes Außenelektron abgegeben, während das Cl-Atom seine Elektronenlücke auf der äußeren Schale durch die Aufnahme des einen Elektrons vom Na-Atom auffüllt. Im Ergebnis sind sowohl in der Lösung wie schon zuvor im Kristallgitter die beiden Ionen Na^+ und Cl^- enthalten (vgl. Abschn. 8.1). Nun weist die Lösung also freie (!) Ladungsträger auf und ist somit elektrisch leitend, sie ist ein **Elektrolyt**.

Wird nun über zwei Elektroden eine Spannung in der Flüssigkeit angelegt, so wandern die positiv elektrisch geladenen Ionen zum Minuspol, die negativ geladenen zum Pluspol; als wandernde Teilchen erhielten sie die Bezeichnung Ionen (griech. *iénai* = gehen, wandern; Partizip *íōn* = gehend). Es gelten folgende Festlegungen:

- Die **positiv** geladenen **Kationen** wandern zur **negativ** geladenen **Kathode**.
- Die **negativ** geladenen **Anionen** wandern zur **positiv** geladenen **Anode**.

Weil Ionen durch die dicht liegenden Teilchen der Flüssigkeit eine Reibungskraft erfahren, erreicht ihre Wandergeschwindigkeit einen feldabhängigen (spannungsabhängigen) konstanten Endwert. Es gilt weitgehend das Ohm'sche Gesetz (vgl. Abschn. 4.2.2 und 8.1.2).

An der negativ geladenen Elektrode (Kathode) nehmen die positiv geladenen Kationen Elektronen auf und werden neutral. An der positiv geladenen Anode geben die negativ geladenen Anionen Elektronen ab und werden ebenfalls neutral. Man hat also die Ionen elektrisch getrennt und in ungeladene Teilchen umgewandelt. Diesen Vorgang nennt man **Elektrolyse**. Sie ist eine endotherme Reaktion. Die zur Neutralisierung und Abscheidung an der Elektrode nötige Ladungsmenge für ein Mol eines Ions ist die Avogadro-Zahl N_A (vgl. Abschn. 3.2.2) multipliziert mit der Elementarladung e und der Wertigkeit Z des zu neutralisierenden Ions (= Anzahl der Ladungen, um ein Teilchen zu neutralisieren):

$$\sum q_i = Z \cdot e \cdot N_\mathrm{A} = Z \cdot F \;. \tag{4.24}$$

F wird **Faraday-Konstante** genannt (dieses Gesetz war vor der Avogadro-Zahl bekannt), sie beträgt 96.485 C/mol.

Taucht man zwei verschiedene Metallstäbe (z. B. Kupfer (Cu) und Zink (Zn)) in einen Elektrolyten (z. B. Schwefelsäure (H_2SO_4), diese bildet ja 2 H^+-Ionen und ein SO_4^{2-}-Ion), so kann man zwischen den Stäben eine Potenzialdifferenz (Spannung) feststellen, wobei das (elektrochemisch) gemäß der elektrochemischen **Spannungsreihe** (vgl. Abschn. 11.1.3) unedlere Metall den Minuspol darstellt. Verbindet man die Stäbe leitend, so ergibt sich ein Stromfluss, wobei der unedlere Stoff langsam aufgelöst wird (Zn geht als Ion in Lösung und bildet mit überschüssigem SO_4^{2-} ausfallendes $ZnSO_4$, die Elektronen neutralisieren am Cu-Stab H^+-Ionen). Eine solche Anordnung ist ein **galvanisches Element**. Auf diesem Prinzip beruhen Batterien und Akkumulatoren (bei Letzteren wird der Auflösungsprozess durch Elektrolyse (Aufladen) wieder rückgängig gemacht).

Wird das galvanische Element durch eine semipermeable Wand (oder Membran) geteilt, die nur kleine Ionen durchlässt, so kann sich auch bei gleichen und inerten Elektroden eine Potenzialdifferenz zwischen beiden Halbräumen durch selektive Ionenwanderung aufbauen.

Selektiver Ionentransport spielt an Zellmembranen in lebenden Zellen eine entscheidende Rolle. Allerdings werden in lebenden Zellen Ionen unter Energieaufwand unter Beteiligung von ATP (vgl. Kap. 12) durch die Membranen auch gegen ein Konzentrationsgefälle aktiv transportiert. Ionentransportprozesse in elektrolytischen Flüssigkeiten mit Ionenaustausch und -gradienten bilden die physikalische Basis für die Funktion von Nerven, die ihrerseits grundlegend für lebende Organismen sind (Sinnesleistungen, Bewegungsabläufe der Muskulatur, Organkoordination u. a.).

4.3.3 Leitung in Gasen

Gase sind im Allgemeinen elektrisch neutral und daher nicht leitend. Durch hochenergetische Strahlung oder durch Stöße mit Ladungsträgern, die unter Hochspannung beschleunigt werden, oder Stöße mit anderen Gasteilchen bei hohen Temperaturen (Sonneninneres) können jedoch aus den Elektronenhüllen der Gasmoleküle bzw. -atome Elektronen herausgeschlagen werden (das Gas wird **ionisiert**), sodass die Teilchen des Gases nun geladen und außerdem freie Elektronen vorhanden sind; wir sprechen dann vom Aggregatzustand eines **Plasmas**. Auch im Inneren von Leuchtstoffröhren finden wir das Gas als Plasma vor, das bei der Rekombination (d. h. dem Wiedereinfangen des Elektrons) Energie in Form von Strahlung abgibt (vgl. Abschn. 5.1.1). Plasmen leiten wegen der Beweglichkeit der Ladungsträger elektrischen Strom gut.

4.3.4 Freie Elektronen

Freie Elektronen lassen sich durch fünf verschiedene Prozesse erzeugen:

- Die **Ionisation** wurde in Abschn. 4.3.3 behandelt.
- Bei der **Feldemission** wird ein Körper, im Allgemeinen ein Metall, in ein sehr hohes elektrisches Feld gebracht, das stärker ist als das Feld der Atomrümpfe, welches die Elektronen an das Metall bindet. Dies vermindert die potenzielle Energie (Bindungsenergie) der äußeren Elektronen, sodass einzelne Elektronen den Körper ganz verlassen und im elektrischen Feld beschleunigt werden können. Die Austrittsarbeit für die Elektronen ist materialabhängig.
- Bei der **Glühemission** wird ein Metalldraht so erhitzt, dass den Leitungselektronen genug Energie zugeführt wird, um das Metall zu verlassen. Mithilfe eines (hier im Allgemeinen viel schwächeren) elektrischen Feldes können dann die Elektronen in eine bestimmte Richtung abgelenkt werden, wobei der Glühdraht die Kathode der Elektronenbewegung ist. Je nach Anwendung wird die Anode geformt, in deren Richtung die Elektronen fliegen. Bei der **Braun'schen Röhre** (Fernseher, Oszilloskop) ist die Anode prinzipiell als Ring ausgebildet, sodass die meisten Elektronen hindurch und danach weiter fliegen, um auf einen Schirm zu prallen, der so beschichtet ist, dass die Substanz beim Aufprall der Elektronen einen Lichtblitz abgibt. Durch geeignete Felder (Kondensatoren) werden die Elektronen zu einem Strahl gebündelt, der zeitabhängig abgelenkt werden kann, um so elektrische Vorgänge/Signale sichtbar zu machen.
- Photozellen arbeiten mit dem **Photoeffekt** (vgl. auch Abschn. 5.1.2), bei dem durch Licht, das in einen evakuierten Kolben fällt, aus einem darin befindlichen Feststoff, im Allgemeinen einem Halbleiter, Elektronen herausgeschlagen werden. Die Energie des Lichts (vgl. Abschn. 5.1.1) muss dabei mindestens der Ablösearbeit des Elektrons entsprechen. Durch eine angelegte Spannung fliegen die Elektronen von der Photokathode zur Anode, einem Draht, der aus dem Kolben herausführt, wo sie dann einer Messapparatur zugeführt werden. Der gemessene Strom ist in einem weiten Bereich der Lichtmenge proportional, die auf die Anode fällt. Photozellen sind also gute Lichtmesser.
- Der Beta-Zerfall (radioaktiver Zerfall, vgl. Abschn. 6.3.3) liefert freie Elektronen als Zerfallsprodukte, die im Allgemeinen sehr hohe Energien (Geschwindigkeiten) aufweisen und daher ohne Abschirmung für Menschen gefährlich sein können (vgl. Abschn. 6.4.3).

4.4 Magnetfelder

Im Jahre 1820 entdeckte Hans Christian Ørsted (1777–1851), dass ein von Strom durchflossener Leiter um sich herum ein Magnetfeld bildet. Heute weiß man, dass Magnetfelder ausschließlich (!) durch Ladungstransport, also elektrische Ströme erzeugt werden. Dies ist auch in Permanentmagneten der Fall, hier fließen atomare Ringströme, die in einem guten Permanentmagneten nahezu widerstandsfrei sind. Magnetfelder und elektrische Ströme stehen also in ursächlichem Zusammenhang. Außerdem erzeugen veränderliche Magnetfelder elektrische Spannungen (Induktion), was man zur technischen Bereitstellung elektrischer Energie nutzt (vgl. Abschn. 4.4.4).

4.4.1 Magnetfelder von Strömen

Genau wie das elektrische Feld lässt sich auch ein Magnetfeld mit Feldlinien bildlich darstellen (Abb. 4.9). Ein Maß für die Stärke des Magnetfeldes ist die **magnetische Flussdichte** B, gemessen in Tesla ($1\,\mathrm{T} = 1\,\mathrm{Vs/m^2}$); diese Größe wird oft auch unsachgemäß als Feldstärke bezeichnet. Doch die **magnetische Feldstärke** H steht mit der Flussdichte in folgender Beziehung:

$$\vec{B} = \mu_0 \cdot \mu_\mathrm{r} \cdot \vec{H} \,, \tag{4.25}$$

H gemessen in A/m, wobei μ_0 die magnetische Feldkonstante ($1{,}26 \cdot 10^{-6}$ Vs/Am) und μ_r die (dimensionslose) **relative Permeabilität** eines Stoffes ist, wenn man das Magnetfeld in Materie und nicht im Vakuum (bzw. Luft) betrachtet. B steht sozusagen für das „gesamte Magnetfeld", H ist sozusagen das stoffunabhängige „reine Feld". Die Richtung beider Vektoren liegt parallel zu den Feldlinien.

Bei einem **geradlinigen Leiter** bilden die Magnetfeldlinien konzentrische Kreise um den Leiter. Die Flussdichte ergibt sich aus der konstanten (!) Stromstärke I und dem Abstand r vom Leiter als Folge des Durchflutungsgesetzes (das ist die 1. Maxwell'sche Gleichung im Exkurs von Abschn. 4.4.4) zu

$$B = \mu_0 \cdot \mu_\mathrm{r} \frac{I}{2\pi \cdot r} \,. \tag{4.26}$$

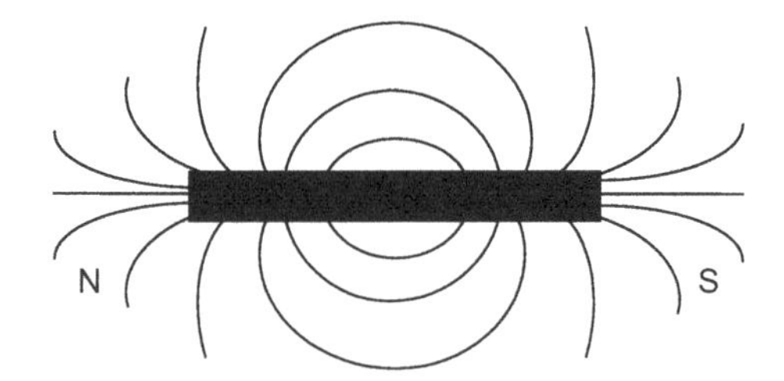

Abb. 4.9 Magnetfeldlinien eines Stabmagneten (Dipolfeld). Magnetfeldlinien sind stets geschlossen (was hier aus Platzgründen nicht vollständig dargestellt ist).

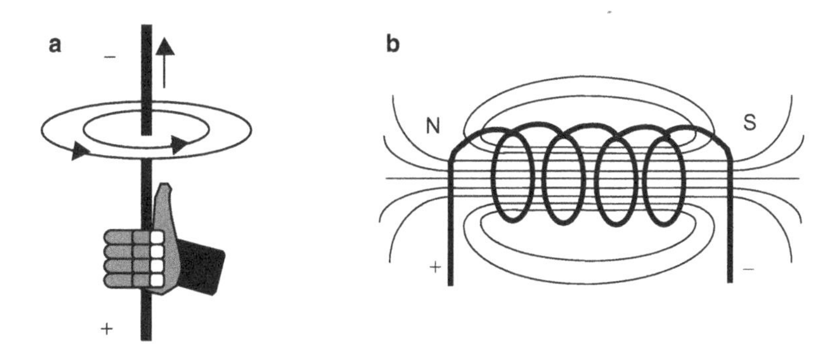

Abb. 4.10 Magnetfelder eines geraden stromdurchflossenen Leiters (**a**) und einer stromdurchflossenen Spule (**b**)

Ihre Richtung lässt sich mit der rechten Hand darstellen: Umfasst man den Leiter wie eine Stange mit vier Fingern, den Daumen in die (technische) Stromrichtung gestreckt, so weisen die vier Finger in die Feldrichtung (Rechte-Hand-Regel; Abb. 4.10).

Mit dieser Hilfe lässt sich dann auch das Magnetfeld einer Leiterschleife verstehen und darüber hinaus auch das einer Spule, die aus n Leiterschleifen besteht (vgl. Abb. 4.10). Bereits die **Leiterschleife** bildet im Fernfeld ein Dipolfeld aus, das senkrecht auf der Schleifenfläche steht. Das Feld einer langen zylindrischen **Spule** als Überlagerung der Felder vieler Leiterschleifen ähnelt stark dem eines Stabmagneten; es ist ein Dipolfeld, im Innern der Spule (nahezu) homogen. Die Feldstärke im Innern der Spule mit der Länge l, der Windungszahl n und der Stromstärke I hat den Wert (vgl. Gl. 4.26):

$$B = \mu_0 \cdot \mu_r \cdot \frac{n}{l} \cdot I \,. \tag{4.27}$$

Eine solche Spule stellt einen **Elektromagneten** dar, dessen Stärke sich durch einen in die Spule hinein geschobenen Weicheisenkern mit hoher Permeabilität (μ_r) enorm verstärken lässt. Elektromagneten finden in der Technik reichlich Anwendung, z. B. Relais, Lautsprecher und Klingel.

Magnetfelder haben stets geschlossene Feldlinien, Magnete sind stets Dipole. Das ist leicht zu beobachten, wenn man einen magnetisierten Draht durchschneidet und in immer kleinere Stücke zerteilt: Es bleiben stets kleine vollständige Dipolmagnete, man kann magnetische Pole nicht trennen. Dies ist eine Folge ihrer Entstehung durch Bewegung elektrischer Ladungen; es gibt keine magnetischen „Ladungen" (Monopole), das Magnetfeld ist stets quellenfrei (4. Maxwell'sche Gleichung im Exkurs von Abschn. 4.4.4).

4.4.2 Magnetische Kraft und Drehmoment

Die elektrische Kraft zwischen Ladungen wird durch das Coulomb-Gesetz beschrieben (Gl. 4.1). Sie wirkt auch auf nicht bewegte Ladungsträger. Eine weitere Kraftwirkung auf

Ladungsträger, die **Lorentz-Kraft**, ergibt sich, wenn diese in einem Magnetfeld bewegt werden (Geschwindigkeit v):

$$\vec{F} = q \cdot \vec{v} \times \vec{B} \quad \text{bzw. als Betrag} \quad F = q \cdot v \cdot B \cdot \sin\alpha \ , \tag{4.28}$$

wobei α der Winkel ist, den Magnetfeld- und Bewegungsrichtung einschließen. Die Lorentz-Kraft wirkt senkrecht zur Bewegungsrichtung, das Vektorsystem lässt sich dann mit den ersten drei je zueinander senkrecht abgespreizten Fingern der rechten Hand verdeutlichen: Der Daumen zeigt in Bewegungsrichtung einer positiven Ladung, der Zeigefinger in Feldrichtung (von Nord- zum Südpol), der Mittelfinger in Kraftrichtung.

In einem stromdurchflossenen Leiterstück der Länge l bewegen sich die Ladungen mit (konstanter) Driftgeschwindigkeit. Mit der Beziehung Geschwindigkeit = Weg pro Zeit (s. Abschn. 2.2.2) wird $q \cdot \vec{v} = l \cdot \vec{I}$ und damit aus Gl. 4.28

$$\vec{F} = l \cdot \vec{I} \times \vec{B} \ . \tag{4.29}$$

Dies ist die Kraft, die ein Magnetfeld auf das Leiterstück ausübt. Daraus folgt, dass zwei Leiterstücke, die nebeneinander parallel verlaufen, sich gegenseitig im Feld des jeweils anderen anziehen (Ströme parallel gerichtet) oder abstoßen (Ströme antiparallel gerichtet).

Eine stromdurchflossene Spule stellt einen **Dipol** dar. Ein Dipol ist grundsätzlich ein Paar engegengesetzter Ladungen mit einer Distanzlänge l. Die Eigenschaft eines Dipols der Länge l wird durch sein Dipolmoment m charakterisiert, das sich mit der Ladung q als $\vec{m} = q \cdot \vec{l}$ schreiben lässt (Gl. 4.14). Das Dipolmoment einer stromdurchflossenen Spule lässt sich mit ihrer Querschnittsfläche A, der Stromstärke I und der Windungszahl n ausdrücken:

$$\vec{m} = n \cdot I \cdot \vec{A} \ , \tag{4.30}$$

wobei der Vektor $\vec{A}$ den Betrag der Fläche und die Richtung der Flächennormalen (diese steht senkrecht auf der Flächenebene) hat. In einem äußeren (weiteren) Magnetfeld wirkt dann auf den „Magneten" der Spule ein Drehmoment

$$\vec{M} = \vec{m} \times \vec{B} \ . \tag{4.31}$$

In einem **Elektromotor** (Abb. 4.11) wird elektrische Energie in mechanische Arbeit verwandelt, es handelt sich also um eine Maschine. Hier sind im Allgemeinen sowohl der Rotor (Anker) als auch der Stator (Stehfeld) als Elektromagneten ausgelegt. Das durch Stromfluss erzeugte Feld des Stators übt auf das des Rotors ein Drehmoment aus, das so lange wirkt, bis beide Magnetfelder parallel gerichtet sind und je ein Nord- auf einen Südpol ausgerichtet ist. Dann würde der Motor stehen bleiben, eine geschickte Umpolung der Stromzuführung (Kommutator) sorgt allerdings sofort wieder für ein abstoßendes Drehmoment, bis die Felder beider Elektromagneten senkrecht zueinander stehen, und daraufhin wieder für ein anziehendes Drehmoment bis zur Feldparallelität. Auf diese Weise kommt es zu dauerhafter Drehung.

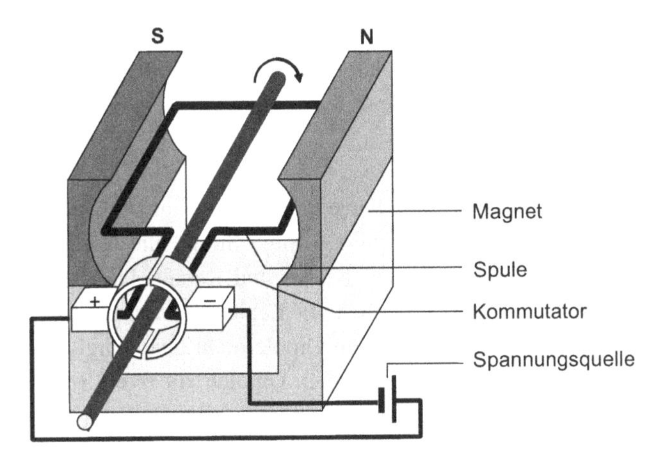

Abb. 4.11 Elektromotor. Hierbei wirkt das Magnetfeld des Stators (hier: Magnet) mit dem Magnetfeld des Rotors (hier: Spule) so zusammen, dass eine Drehung erzielt wird

Analoge (Zeiger-)Messinstrumente für Strom/Spannung haben ebenfalls eine drehbare Spule, auf die im Feld eines Magneten ein vom Stromfluss abhängiges Drehmoment wirkt, das durch eine Spiralfeder kompensiert wird. Der an der Spule befindliche Zeiger schlägt entsprechend aus.

4.4.3 Magnetismus

Grundsätzlich stellen wir noch einmal fest, dass jeder Magnetismus durch elektrische Ströme zustande kommt, nichts anderes kann Magnetfelder erzeugen. Dies ist auch bei einem Permanentmagneten der Fall, hier sind es (verlustfrei fließende) atomare Ringströme, die dauerhaft im Stoff vorhanden sind.

Da jedwede Materie aus Teilchen aufgebaut ist, die elektrische Ladung tragen, hat Materie auch stets magnetische Eigenschaften. Diese wird durch die bereits eingeführte **relative Permeabilität** beschrieben, die sehr unterschiedliche Werte annehmen kann.

Diamagnetismus Grundsätzlich haben alle Stoffe diamagnetische Eigenschaften, die relative Permeabilität liegt knapp unter 1 und ist temperaturunabhängig. Rein diamagnetische Stoffe zeigen kein permanentes magnetisches Dipolmoment; es werden aber durch ein äußeres Feld im Stoff Ringströme induziert (Induktion: s. Abschn. 4.4.4), deren magnetisches Dipolmoment so gerichtet ist, dass die Materie vom äußeren Feld abgestoßen wird, d. h. die magnetische Flussdichte B ist in einem mit solcher Materie gefüllten Feld etwas geringer als ohne, wenn dies nicht durch andere Effekte überlagert wird.

Paramagnetismus Paramagnetische Stoffe besitzen ein permanentes magnetisches Dipolmoment. Es fließen Ampère'sche Ringströme im Stoff, verursacht durch asymmetrische Elektronenhüllen der Atome bzw. Moleküle, die im äußeren Feld ausgerichtet werden und das Feld leicht verstärken (Permeabilität etwas über 1). Hohe Temperatur kann diese Ausrichtung allerdings stören oder zerstören, Paramagnetismus ist also temperaturabhängig.

Ferromagnetismus Grundsätzlich kann Ferromagnetismus nur bei Metallen angetroffen werden. Und auch darunter gibt es nur ganz wenige Stoffe, die ferromagnetisch sind: Außer Speziallegierungen sind dies Eisen, Nickel und Kobalt. Die Permeabilität kann riesige (positive) Werte bis zu 10^4 erreichen (in Legierungen sogar bis zu $3 \cdot 10^5$). In diesen Stoffen ist die Anordnung der internen Dipole nicht unabhängig voneinander. Es existieren bereits kleine Areale mit ausgerichteten Dipolen, die **Weiß'schen Bezirke**. Im äußeren Feld klappen dann alle diese Bezirke einheitlich in die Feldrichtung. Ferromagnetismus ist temperaturabhängig. Heizt man ein magnetisiertes Stück Eisen über die **Curie-Temperatur**, so geht durch die heftige interne Bewegung der Atome im Stoff die gemeinsame Ausrichtung verloren und es wird entmagnetisiert (ebenso durch starkes Schlagen, z. B. mit einem Hammer).

Wird ein ferromagnetischer, nicht magnetisierter Stoff in einem äußeren Feld H langsam magnetisiert, so steigt die Flussdichte B in ihm zunächst rasch, dann langsamer werdend an (Neukurve N, Abb. 4.12), bis zu einem Maximalwert (Sättigungswert B_s), der nicht mehr überschritten werden kann. Fährt man das äußere Feld zurück, so geht die innere Flussdichte langsamer zurück und hat bei $H = 0$ noch einen Wert B_r, Remanenz genannt. Um auch sie noch zu vernichten, muss das äußere Feld in den negativen Bereich gefahren werden bis zu H_k, der Koerzitivkraft. Die Magnetisierungskurve (symmetrisch zum Ursprung) zeigt also eine deutliche Hysterese. Ein Stoff mit breiter Hysterese wird magnetisch hart genannt, hieraus stellt man Permanentmagnete her. Magnetisch weiche Stoffe verlieren dagegen bei Abschaltung des äußeren Feldes ihre Magnetisierung weitgehend; aus solchem Stoff (z. B. Weicheisen) werden die Kerne von Elektromagneten hergestellt, damit nach deren Abschaltung möglichst wenig magnetische Restwirkung übrig bleibt.

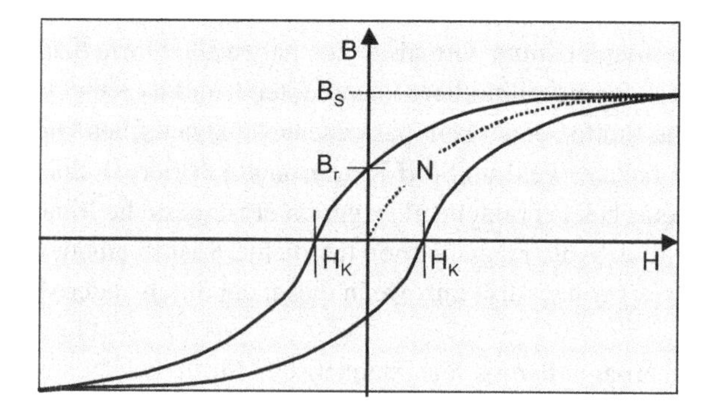

Abb. 4.12 Magnetisierungskurve eines ferromagnetischen Stoffes: Sie zeigt eine Hysterese mit Neukurve N, Sättigungsmagnetisierung B_s, Remanenz B_r und Koerzitivkraft H_K

Exkurs: Erdmagnetfeld

Die Erde als Planet besitzt ein Magnetfeld (wie übrigens die meisten anderen Planeten unseres Sonnensystems), das außerhalb des Erdkörpers angenähert ein Dipolfeld ist. Seine Pole befinden sich nicht weit von den geografischen Polen entfernt. Es gestattet die Benutzung eines Kompasses. Das Magnetfeld kommt durch zirkulierende Ströme von (z. T. elektrisch geladener) heißer Materie im Erdinneren zustande. Es verändert sich zeitlich langsam und kann sich über lange Zeiträume hinweg umpolen, was geologisch durch Untersuchungen von Eisenerzen bestätigt wurde. Übrigens besitzt auch die Sonne ein Magnetfeld, das die Ursache für die Aktivität der Sonne (Sonnenflecken) ist. Durch die unterschiedliche Rotationsgeschwindigkeit am Äquator und in höheren Breiten der Sonne wickelt es sich sehr rasch auf, „reißt ab" und bildet sich nach jeweils 11 Jahren umgepolt neu (Sonnenfleckenzyklus).

Die magnetische Aktivität der Sonne beeinflusst maßgeblich unser Klima auf der Erde – die Klimakurve der Erde in den letzten 12.000 Jahren (seit der letzten Eiszeit) zeigt Schwankungen von 1 bis 2 °C, an denen man wirtschaftliche Blütezeiten (wie z. B. die Gründung der ersten großen Städte vor ca. 7000 Jahren) ebenso wie die historischen Völkerwanderungen, verursacht durch wirtschaftliche Einbrüche, ablesen kann.

4.4.4 Induktion

Bewegt man einen Stabmagneten rasch in eine offene Leiterschleife hinein oder aus ihr heraus, so misst man an den Enden der Leiterschleife kurzzeitig eine Spannung. Verbindet man die Enden der Schleife mit einer (kleinen) Glühlampe, so leuchtet diese kurz auf, es fließt kurz ein (geringer) Strom (Abb. 4.13). Durch die Bewegung des Magneten ändert man den **magnetischen Fluss** durch die Leiterschleife, der (mit der Flussdichte B und der Fläche A) definiert ist als

$$\Phi = \int_A \vec{B} \cdot d\vec{A} = \vec{B} \cdot \vec{A}\,, \tag{4.32}$$

die rechte Seite von Gl. 4.32 gilt, wenn das Magnetfeld über der Fläche konstant ist. Die vektorielle Schreibweise der Fläche bedeutet, dass nur der in Richtung des Magnetfeldes projizierte Anteil der Fläche zu berücksichtigen ist. Eine zeitliche Änderung dieses Flusses induziert also eine Spannung in der die Fläche A umspannenden Leiterschleife (**Induktionsgesetz**)

$$U_{\text{ind}} = -\frac{d\Phi}{dt} \quad \text{bzw.} \quad U_{\text{ind}} = -n \cdot \frac{d\Phi}{dt} \tag{4.33}$$

für n Leiterschleifenwindungen.

Sobald die Flussänderung vorüber ist, kommt auch die induzierte Spannung zum Erliegen. Bildlich kann man sich die elektromagnetische **Induktion** so vorstellen, dass der

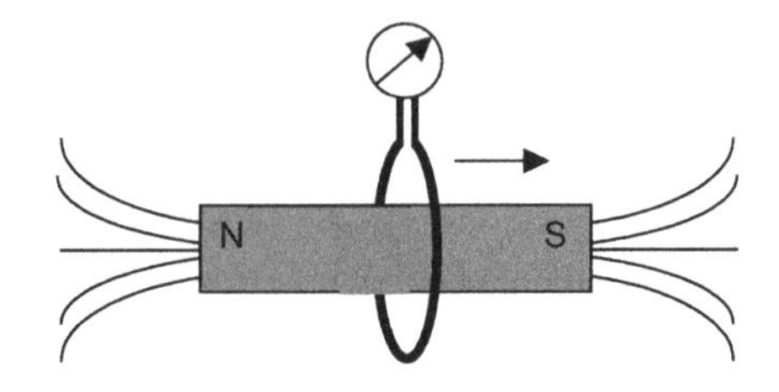

Abb. 4.13 Erregung einer Induktionsspannung und Fluss eines Induktionsstromes durch Bewegung eines Stabmagneten durch eine geschlossene Leiterschleife

bewegte Magnet an den im Draht befindlichen Ladungsträgern „zerrt“, d. h. eine Elektronenbewegung stattfindet. Nimmt man statt der Leiterschleife eine Spule mit n Windungen, so wird auch die Spannung n-mal so hoch.

Da nun jeder Stromfluss mit einem Magnetfeld verbunden ist, das sich beim Ein- und Ausschalten eines Stromkreises zwangsläufig ändern muss, ist jeder Schaltvorgang mit einem Induktionsvorgang verbunden, der **Selbstinduktion**. Hierbei sind Spannung, Strom bzw. Magnetfeld stets so gerichtet, dass sie ihrer Ursache entgegenwirken (Lenz'sche Regel). Dies bedeutet, dass beim Ein- oder Ausschalten Strom, Spannung und Magnetfeld nicht sprunghaft, sondern in einem (exponentiellen) zeitlichen Verlauf ansteigen oder abklingen, wie dies ausführlich in Abschn. 1.2 beschrieben wurde.

Exkurs: Maxwell'sche Gleichungen
(James Clerk Maxwell, 1831–1879)

Die Maxwell'schen Gleichungen beschreiben fundamental sämtliche elektromagnetischen Phänomene.

$$\oint_{\text{Rand der Fläche}} \frac{1}{\mu_0} \vec{B}\, d\vec{s} = \oint_{\text{Fläche}} \varepsilon_0 \dot{\vec{E}}\, d\vec{A} + I_{\text{durch die Fläche}}$$

I
Ströme verursachen Magnetfelder

$$\oint_{\text{Rand der Fläche}} \vec{E}\, d\vec{s} = -\oint_{\text{Fläche}} \dot{\vec{B}}\, d\vec{A}$$

II
Induktionsgesetz

$$\oint_{\text{Oberfläche des Volumens}} \varepsilon_0 \vec{E}\, d\vec{A} = q_{\text{im Volumen}}$$

III
Coulomb Gesetz

$$\oint_{\text{Oberfläche eines Volumens}} \vec{B}\, d\vec{A} = 0$$

IV
Quellfreiheit des magnetischen Feldes

Die in diesem Buch behandelten Gesetze finden sich dabei als Spezialfälle wieder:

- Aus I ergibt sich für ein konstantes E-Feld das Magnetfeld eines stromdurchflossenen Leiters (Gl. 4.26)
- Aus II ergibt sich das Induktionsgesetz (Gln. 4.32 und 4.33)
- Aus III ergibt sich für eine Punktladung das Coulomb-Gesetz (Gl. 4.1)
- Aus IV ergibt sich, dass es keine magnetischen Ladungen gibt.

Im Vakuum, wo der Strom I und die Ladung Q null sind, ergibt sich aus I und II die Wellengleichung des elektromagnetischen Feldes (Abschn. 2.8.4): Ein sich änderndes elektrisches Feld verursacht ein magnetisches Feld (I) und umgekehrt (II).

Gleichung 4.27 beschreibt die Flussdichte des Magnetfeldes einer (langen) Spule; eingesetzt in Gl. 4.32 bzw. Gl. 4.33 ergibt sich

$$U_{\text{ind}} = \mu_0 \mu_r \cdot \frac{n^2}{l} \cdot A \frac{dI}{dt} = L \cdot \frac{dI}{dt} , \qquad (4.34)$$

wenn man alle Größen, welche die Spule betrifft, in einer neuen Größe L zusammenfasst, dem Selbstinduktionskoeffizienten, kurz **Induktivität** der Leiterschleife bzw. Spule. Diese Größe spielt bei Widerständen im Wechselstromkreis eine wichtige Rolle. Ihre Einheit ist $1\,\text{Vs/A} = 1\,\text{H}$ (1 Henry).

Bei der Erzeugung und beim Transport elektrischer Energie ist die Induktion von entscheidender Bedeutung. Dreht man eine auf einer Achse gelagerte Spule in einem äußeren Magnetfeld (Permanent- oder Elektromagnet), so wird in der Spule, die periodisch von stets wechselnden Magnetfeldanteilen durchdrungen wird, eine sich ständig wechselnde Spannung induziert. Diese Anordnung, die mechanische in elektrische Energie umformt, wird **Generator** genannt. Einen solchen Generator erhält man, wenn man einen Elektromotor (beschrieben in Abschn. 4.4.2) nicht als solchen mit Strom antreibt, sondern mechanisch dreht (z. B. mittels einer Dampfturbine oder Wasserturbine) und somit Strom erzeugt – auf diese Weise arbeiten die meisten Kraftwerke zur Bereitstellung elektrischer Energie. Am Fahrrad stellt auf diese Weise ein Dynamo elektrische Energie bereit.

Der Stromtransport in Überlandleitungen soll möglichst verlustfrei geschehen. Dazu sind möglichst geringe Stromstärken anzustreben. Da aber hohe Leistungen benötigt werden, muss nach Gl. 4.23 die Spannung deutlich erhöht werden (Hochspannung). Dazu wird die erzeugte Spannung hochtransformiert (**Transformator**): In der einen Spule (Primärspule) eines Spulenpaares, das einen gemeinsamen Eisenkern (meist sogar ein geschlossenes Eisenjoch) besitzt, wird ein Wechselstrom erzeugt (Wechselstrom ist nötig, damit sich der magnetische Fluss permanent ändert, ohne den es nicht zur Induktion kommt), der in der zweiten (Sekundärspule) eine Wechselspannung induziert. Die Spannungen stehen im Verhältnis der Windungszahlen und demzufolge die Stromstärken im umgekehrten Verhältnis, da ja die Leistung (abgesehen von Verlusten) auf beiden Seiten gleich bleibt:

$$\frac{U_1}{U_2} = \frac{n_1}{n_2} = \frac{I_2}{I_1} . \tag{4.35}$$

Ebenso kann man Spannungen auch heruntertransformieren, was in vielen Elektrogeräten geschieht. Insbesondere, wenn man sehr hohe Stromstärken benötigt (z. B. beim Elektroschweißen), wird eine hohe Spannung sehr weit heruntertransformiert, um hohe Ströme zu generieren.

4.5 Wechselströme

Gleichströme kann man nicht transformieren. Gleichzeitig erzeugt ein Generator ohnehin Wechselspannung. Weil für viele Anwendungen in Technik und Haushalt die Spannung transformiert werden muss, wird von den Elektrizitätswerken Wechselspannung/Wechselstrom bereitgestellt.

4.5.1 Wechselspannung

Ihr Verlauf ist sinusförmig mit einer in Europa üblichen Frequenz von 50 Hz (Abb. 4.14). Sie lässt sich also darstellen mit dem **Scheitelwert** U_0 und der Frequenz ν.

$$U(t) = U_0 \cdot \sin(2\pi \cdot \nu \cdot t) = U_0 \cdot \sin(\omega \cdot t) . \tag{4.36}$$

Prinzipiell Gleiches gilt für den Strom, allerdings sind Spannung und Strom nicht unbedingt immer in Phase (Erreichen des Maximums zum gleichen Zeitpunkt):

$$I(t) = I_0 \cdot \sin(\omega \cdot t + \varphi) , \tag{4.37}$$

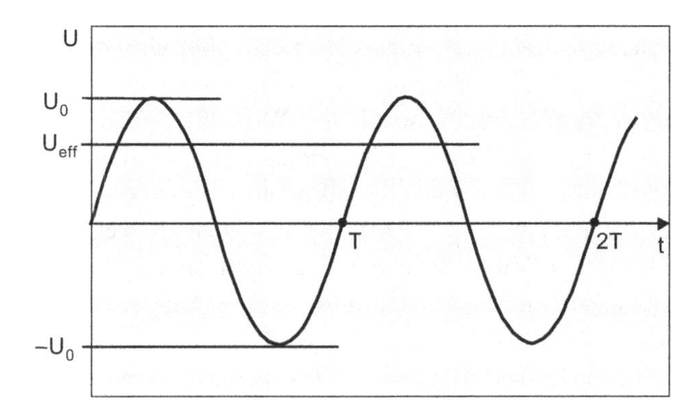

Abb. 4.14 Zeitlicher Verlauf von Wechselspannung

mit der Phasenwinkelverschiebung φ. Um einen repräsentativen „Orientierungswert" der sich dauernd ändernden Werte zu erhalten, ist der einfache Mittelwert (= null) unbrauchbar. Da die mittlere Leistung durch den Mittelwert des Produkts aus Strom und Spannung bestimmt ist ($\bar{P} = \bar{U} \cdot \bar{I}$) und der Mittelwert über eine Periode von $\sin^2(\omega \cdot t) = 1/2$ ist, wird der **Effektivwert** von Strom und Spannung gebildet als

$$U_{\text{eff}} = \frac{U_0}{\sqrt{2}} \quad \text{und} \quad I_{\text{eff}} = \frac{I_0}{\sqrt{2}} \,. \tag{4.38}$$

Damit ist dann $\bar{P} = \frac{1}{2} U_0 \cdot I_0$. Ein Wechselstrom der Amplitude I_0 und der Spannungsamplitude U_0 bringt die gleiche Leistung wie ein Gleichstrom mit den Effektivwerten.

4.5.2 Leistung

Die Effektivwerte sind es also auch, die zur Ermittlung der Leistung in einem Wechselstromkreis herangezogen werden müssen. Hierbei ist allerdings auch eine mögliche Phasenverschiebung (s. oben) zu berücksichtigen. Die tatsächlich erbrachte Leistung als geleistete Arbeit pro Zeit ist die **Wirkleistung**

$$P_{\text{W}} = U_{\text{eff}} \cdot I_{\text{eff}} \cdot \cos \varphi \,, \tag{4.39}$$

die mögliche maximale Leistung (bei $\varphi = 0°$) ist die **Scheinleistung**

$$P_{\text{Schein}} = U_{\text{eff}} \cdot I_{\text{eff}} \tag{4.40}$$

und die Leistung, die im Stromkreis keinen Umsatz erfährt, ist die **Blindleistung**

$$P_{\text{Blind}} = U_{\text{eff}} \cdot I_{\text{eff}} \cdot \sin \varphi \,. \tag{4.41}$$

Sie ist als Zahlenwert maximal bei $\varphi = 90°$, dann aber ist der zeitliche Mittelwert der Leistung gleich null; bei $\varphi = 0°$ ist der momentane Zahlenwert null. Sie ist nur bei der Betrachtung von Feldern in elektrischen Bauelementen von Belang.

4.5.3 Widerstand

In einem Gleichstromkreis haben Spulen nur Ohm'schen Widerstand. Kondensatoren lassen keinen kontinuierlichen Stromfluss zu. In einem Wechselstromkreis ist dies anders, auch eine Spule und ein Kondensator haben je einen **Wechselstromwiderstand**. Die Spannung am Ohm'schen Widerstand lässt sich zwar immer noch als $U_R = R \cdot I$ ausdrücken, aber Spannungsabfälle gibt es nun auch an einer Spule (s. Gl. 4.34) und am

Kondensator (s. Gl. 4.9), die sich zur Gesamt-**Impedanz** addieren. Die Gesamtspannung ergibt sich zu

$$U_{\text{ges}} = U_R + U_L + U_{\text{Kond}} = R \cdot I + L\frac{dI}{dt} + \frac{q}{C} \ . \tag{4.42}$$

Der Strom am Kondensator ist nach Gln. 4.16 und 4.9

$$I_{\text{Kond}} = \frac{dq}{dt} = C\frac{dU}{dt} \ . \tag{4.43}$$

Damit wird

$$I_{\text{ges}} = \frac{U}{R} + I_{\text{Sp}} + C\frac{dU}{dt} \ . \tag{4.44}$$

Am Ohm'schen Widerstand steigen und fallen Spannung und Strom in gleicher Weise, sie sind in Phase (Wirk- und Scheinleistung sind gleich, die Blindleistung ist null).

Bei einer Spule kommt es zu Selbstinduktion (Gl. 4.34), die induzierte Spannung wirkt der angelegten entgegen (Lenz'sche Regel). Daher ist der maximale Stromfluss noch nicht erreicht, wenn die Spannung ihr Maximum durchläuft. Stellt man den zeitlichen Verlauf von Strom und Spannung nicht mit Sinus- und Cosinusfunktionen, sondern mit komplexen Zahlen dar, so zeigt sich, dass der Strom eine Phasenverschiebung um $-90°$ erfährt. Also ist

$$I(t) = I_0 \cdot \sin\left(\omega \cdot t - \frac{\pi}{2}\right) \ . \tag{4.45}$$

Da mit steigender Frequenz auch die Anzahl der Induktionszyklen pro Zeiteinheit ansteigt, wird somit auch der **induktive Widerstand** größer; sein Betrag ergibt sich aus Gl. 4.34 und Einsetzen von I nach Gl. 4.45 und mit $U = R \cdot I$ zu

$$R_{\text{ind}} = Z = \omega \cdot L \ , \tag{4.46}$$

mit der Induktivität der Spule L. Bei hohen Frequenzen ist der induktive Widerstand einer Spule meist deutlich höher als der Ohm'sche Widerstand.

Im Gleichstromkreis kommt es bei einem Kondensator (vgl. Abschn. 4.1.3) lediglich beim Aufladen zu einem (kurzen) Stromfluss, wenn die Kapazität groß genug ist, um ein Durchbrechen der Spannung zu verhindern. Die Spannung steigt exponenziell auf ihren Endwert an, und der Strom erlischt dann. Dies geschieht in gleicher Weise wie in Abschn. 1.2 ausführlich beschrieben. Das Ansteigen weist eine Zeitkonstante τ auf, nach der nur noch $1/e = 37\,\%$ am Endwert fehlen (bzw. beim Entladen die Spannung auf $1/e = 37\,\%$ abgefallen ist), wobei gilt: $\tau = R \cdot C$, wenn R der Ohm'sche Widerstand im Kreis ist, über den der Kondensator geladen wird. Je nach Bestückung dämpft also ein so genanntes R-C-Glied (Kondensator zu einem Signalstromkreis parallel geschaltet) ein stark schwankendes (verrauschtes) Empfangssignal bei Messungen schwacher elektrischer Ströme.

Im Wechselstromkreis wird nun dauernd ge- und wieder entladen, sodass permanent ein Strom fließen muss. Zu Beginn des Ladevorgangs fließt ein maximaler Strom, das elektrische Feld ist durch die noch geringe Ladungsmenge am Anfang schwach, ebenso also auch die Spannung. Ist der Ladevorgang abgeschlossen, so fließt gar kein weiterer Strom mehr, aber die Spannung hat nun ihren maximalen Wert erreicht. Nun wird mit maximalem Strom entladen, der Vorgang kehrt sich um. Demzufolge tritt auch beim Kondensator eine Phasenverschiebung zwischen Spannung und Strom auf, diesmal aber derart, dass der Strom der Spannung vorauseilt (abermals, wie die Rechnung in komplexen Zahlen zeigt, um 90°):

$$I(t) = I_0 \cdot \sin\left(\omega \cdot t + \frac{\pi}{2}\right) . \tag{4.47}$$

Bei diesem Vorgang des permanenten Umladens tritt wiederum ein **kapazitiver Widerstand** auf, sein Betrag ergibt sich zu

$$R_{\text{kapaz}} = \frac{1}{\omega \cdot C} . \tag{4.48}$$

Auch dieser Widerstand ist frequenzabhängig. Bei hoher Kapazität und hoher Frequenz können hohe Ströme fließen, der Widerstand geht also zurück.

4.5.4 Schwingkreis

In einem Stromkreis seien ein Kondensator, ein Ohm'scher Widerstand und eine Spule in Reihe hintereinandergeschaltet. Der Kreis enthalte keine Spannungsquelle, und somit ist die Summe der Spannungsabfälle im Kreis insgesamt null (vgl. Gl. 4.42), also

$$U_{\text{ges}} = U_R + U_L + U_{\text{Kond}} = R\frac{dq}{dt} + L\frac{d^2q}{dt^2} + \frac{q}{C} = 0 , \tag{4.49}$$

mit $U_L = L\frac{dI}{dt} = L\frac{d^2q}{dt^2}$ für die Spule nach Gl. 4.34.

Dies ist eine Gleichung für einen (gedämpften) harmonischen Oszillator, der Ohm'sche Widerstand am Anfang von Gl. 4.49 sorgt für die Dämpfung. Falls sich Ladungen im Kreis befinden, werden diese hin- und her schwingen, und Spannung und Strom werden sinusförmig alternieren, bilden also einen **Schwingkreis**. Im dämpfungsfreien Idealfall sind induktiver und kapazitiver Widerstand gleich, also

$$\omega \cdot L = \frac{1}{\omega \cdot C} \tag{4.50}$$

und damit ist

$$\omega = \frac{1}{\sqrt{L \cdot C}} \tag{4.51}$$

die Eigenkreisfrequenz des Schwingkreises. Periodisch wird der Kondensator entladen, dadurch entsteht ein Strom und mit ihm in der Spule ein Magnetfeld, das eine Spannung induziert, welche die Ladungen aus der Spule in den Kondensator fließen lässt und sich daraufhin wieder in die Spule entlädt usw.

Dies gilt zunächst unabhängig davon, ob und wie der Schwingkreis evtl. von außen angestoßen wird. Ist aber die Gesamtspannung in Gl. 4.49 nicht null, sondern wird von außen eine Wechselspannung $U = U_0 \cdot \sin(\omega \cdot t)$ zugeführt, mit der Kreisfrequenz nach Gl. 4.51, so ist dies die Beschreibung einer erzwungenen Schwingung im Resonanzfall. Auf diese Weise wird der (in Realität ja durch Ohm'sche Anteile gedämpfte) Schwingkreis immer aufs Neue angestoßen.

Da eine in einem elektrischen Feld beschleunigt bewegte elektrische Ladung (als Konsequenz der Maxwell'schen Gleichungen, die in diesem Rahmen nur als Exkurs, vgl. Abschn. 4.4.4, behandelt werden) elektromagnetische Wellen abstrahlt, ist ein Schwingkreis in der Lage, solche Wellen zu erzeugen oder auch resonant zu empfangen. In der Tat ist eine Sendeantenne ein solcher Schwingkreis, und es finden sich Schwingkreise zum Empfang in Rundfunkgeräten. Prinzipiell kann man die Leiterschleife mit Kapazität und Induktivität auch zu einem Stab aufbiegen, sodass die Ladungsträger (Elektronen) im Draht hin und her wandern. Dies ist der **Hertz'sche Dipol**, in dem die Elektronenbewegung periodisch wechselnde magnetische und elektrische Felder erzeugt und der Energie über seine Wellenabstrahlung mit der Frequenz nach Gl. 4.51 verliert, die ihm vom Senderverstärker wieder zugeführt werden muss.

4.6 Fragen zum Verständnis

1. Wie hängen die Spannung und das Potenzial zusammen?
2. Warum addieren sich Widerstandswerte und Kondensatorkapazitäten bei Serien- und Parallelschaltung jeweils verschieden?
3. Wie kommt Induktion zustande?
4. Wie lautet das Ohm'sche Gesetz?
5. Wie groß (qualitativ) müssen die Innenwiderstände eines Strom- und eines Spannungsmessgerätes sein?
6. Auf welche Weise können Magnetfelder erzeugt werden?
7. Wo spielt der Leitungsvorgang in Flüssigkeiten eine wichtige Rolle?
8. Warum ist im realen Schwingkreis die Schwingung gedämpft?

Die Antworten zu diesen Fragen finden Sie im Anhang „Antworten und Lösungen zu den Fragen“.

Optik 5

Zusammenfassung

Gegenstand der Optik sind die Entstehung von Licht und seine Wechselwirkungen mit sich selbst und Materie. Letztere äußert sich durch Reflexion, Streuung, Transmission oder Absorption. Die Transmission durch transparente Medien wie Glas eröffnet die Möglichkeit zu vielfältigen Abbildungen und optischen Systemen (z. B. auch das Auge). Die Wellennatur des Lichtes führt zu den Phänomenen Interferenz, Beugung und Polarisation.

Durch Ausnutzung optischer Gesetzmäßigkeiten ist man in der Lage, optische Geräte herzustellen, die in allen naturwissenschaftlichen Disziplinen verwendet werden und die aus der Forschung nicht mehr wegzudenken sind – man denke nur an die „Revolution" in der Astronomie durch die Verwendung des Fernrohrs oder in der Biologie durch das Mikroskop.

5.1 Licht

Licht ist eine Form von Energie, nämlich elektromagnetische Strahlungsenergie. Licht ist nur ein kleiner Ausschnitt aus dem gesamten Spektrum der elektromagnetischen Strahlung (elektromagnetische Wellen). Alle diese darin enthaltenen, aber gemeinhin als verschieden angesehenen Strahlungsarten unterscheiden sich lediglich durch ihre Wellenlänge λ bzw. ihre Frequenz ν. Die kürzesten Wellenlängen bzw. höchsten Frequenzen besitzt die **Gammastrahlung**, gefolgt von **Röntgenstrahlung**, **ultraviolettem Licht**, dem **sichtbaren Licht**, **Infrarotstrahlung** (Wärmestrahlung), **Mikrowellen** und **Radiostrahlung** (Tab. 5.1).

Die Energie E der jeweils kleinsten Portionen von elektromagnetischer Strahlung, genannt Photonen (vgl. Abschn. 5.1.2), errechnet sich (mit der üblichen Einheit Joule =

H. Bannwarth et al., *Basiswissen Physik, Chemie und Biochemie*,
https://doi.org/10.1007/978-3-662-58250-3_5

Tab. 5.1 Das elektromagnetische Spektrum

Wellenlänge		Frequenz (Hz)	Wellenart / Nutzung	
3×10^4	km	10		niederfrequente Felder
3×10^3		10^2	technischer Wechselstrom	
3×10^2		10^3 – 1 kHz		
30		10^4		
3		10^5	Langwellen	Rundfunkwellen; Nachrichtentechnik (hochfrequente Felder)
3×10^7	m	10^6 – 1 MHz	Mittelwellen	
30		10^7	Kurzwellen	
3		10^8		
30	cm	10^9	Ultrakurzwellen	
3		10^{10}	Mobilfunk Radar	
3	mm	10^{11}	Mikrowellenherde	
0,3		10^{12}		
3×10^4	nm	10^{13}		optische Strahlung
3×10^3		10^{14}	Infrarot (Wärmestrahlung)	
3×10^2		10^{15}	sichtbares Licht	
30		10^{16}	UV-Strahlung (Solarium)	
3		10^{17}		ionisierende Strahlung
0,3		10^{18}	Röntgen-Strahlung	
3×10^{-2}		10^{19}		
3×10^{-3}		10^{20}		
3×10^{-4}		10^{21}	radioaktive Stoffe	
3×10^{-5}		10^{22}	Gamma-Strahlung/ kosmische Strahlung	
3×10^{-6}		10^{23}		
3×10^{-7}		10^{24}		

Die Frequenzbänder der Rundfunkwellen sind durch internationale Vereinbarungen neuerdings und abweichend von früheren Regelungen folgendermaßen eingeteilt: LW (LF = low frequency) 30–300 kHz (Wellenlängen 1–10 km), MW (MF = medium frequency) 0,3–3 MHz (Wellenlängen 100–1000 m), KW (HF = high frequency) 3–30 MHz (Wellenlängen 10–100 m) sowie UKW (VHF = very high frequency) 30–300 MHz (Wellenlängen 1–10 m). Über weitere technische Details informieren Fachbücher zur Hochfrequenztechnik.

Wattsekunde, vgl. Abschn. 2.4.2):

$$E = h \cdot \nu \,, \tag{5.1}$$

wobei $h = 6{,}6256 \cdot 10^{-34}\,\mathrm{J\,s}$ die Planck'sche Konstante (**Planck'sches Wirkungsquantum**) ist. Jeder Energie ist also eine ganz bestimmte Frequenz bzw. Wellenlänge zugeordnet und umgekehrt. Frequenz und Wellenlänge rechnen sich ineinander um nach (c: Lichtgeschwindigkeit).

$$\nu = \frac{c}{\lambda} \tag{5.2}$$

5.1.1 Entstehung von Licht

Elektromagnetische Strahlung kann nur durch Beschleunigung (Energieänderung) von elektrisch geladenen Teilchen (z. B. Elektronen oder Protonen) entstehen, daher auch ihr Name. Legt man z. B. an eine Radioantenne einen Wechselstrom, so werden die Elektronen hin und her bewegt. Dies wird dazu führen, dass sie Radiostrahlung abstrahlt; sie wird also zu einer Sendeantenne (vgl. Abschn. 4.5.4). In ihr wird die durch die Leitungen geführte Energie in Strahlungsenergie umgewandelt. Umgekehrt verursacht eine einfallende Radiowelle eines Rundfunksenders in einer Antenne durch Hin- und Herbewegung von Elektronen einen Wechselstrom, dessen Energie der Rundfunkempfänger verarbeitet (Strahlungsenergie wird so in elektrische und letztlich dann mechanische (akustische) Energie umgewandelt). Auch für sichtbares Licht (Wellenlängenbereich ca. 380 nm–750 nm; 1 Nanometer (nm) = 10^{-9} m) sind es durchweg Elektronen, die sich im Feld anderer Ladungen beschleunigt bewegen. Dies kann auf verschiedene Weise geschehen, von denen zwei wichtige hier erklärt werden:

Kontinuierliche Strahlung

Wird ein Körper (z. B. ein Glühdraht) geheizt, so geraten die Atome/Moleküle des Körpers in heftige Bewegung, die Elektronen in den äußeren Bereichen der Atome/Moleküle freilich mehr als die viel schwereren Atom-/Molekülrümpfe. Die im Leitungsband des Festkörpers Glühdraht befindlichen Elektronen (Bänderstruktur der Elektronen im Festkörper s. Abschn. 4.3.1) sind dort frei beweglich. Ihre Bewegung setzt sich aus einem sehr langsamen Driftanteil (aufgrund der angelegten elektrischen Spannung) und einem temperaturabhängigen chaotischen Anteil zusammen. Irgendwann ist diese chaotische Bewegung im Feld der Atomrümpfe so schnell, dass die Elektronen als Konsequenz der Maxwell'schen Gleichungen (vgl. Exkurs in Abschn. 4.4.4 und auch in Abschn. 4.5.4) Licht aussenden und dadurch Energie verlieren. Weil sich die Elektronen – verursacht durch den Widerstand des Glühdrahtes – chaotisch bewegen, erhalten sie innerhalb eines bestimmten Energiebereichs prinzipiell beliebige Energien. Also ist auch die Lichtaussendung über einen (von der Temperatur des Körpers abhängigen) Bereich von Frequenzen bzw. Wellenlängen, d. h. über ein breites Spektrum verteilt: Es entsteht ein kontinuierliches, d. h. über viele Wellenlängen verteiltes „Regenbogenspektrum“ (vgl. Abschn. 3.3.3). Je heißer der Körper wird, desto heller leuchtet er. Außerdem verändert sich auch die Farbe des Lichts von tief dunkelrot (600 °C) über gelb, weiß, hin zu blauweiß (20.000 °C). Dies gilt sowohl für feste und flüssige Körper als auch für Gase (nur können Körper eventuell eine bestimmte Temperatur nicht überschreiten, ohne zerstört zu werden). Die Strahlungsgesetze für kontinuierliche Strahlung werden im Abschn. 3.3.3 behandelt.

Linienstrahlung

Werden (z. B in einer Leuchtstoffröhre durch eine Hochspannung) die Atome eines Gases ionisiert (d. h. aus der Elektronenhülle der Atome Elektronen herausgeschlagen), so sind die freien Elektronen bestrebt, ihren alten (tieferen) gebundenen Energiezustand wieder einzunehmen; das nennt man **Rekombination**. Sie tun dies, wenn sie auf ein bereits ionisiertes Atom mit einem freien Elektronenplatz (d. h. ein Ion) treffen. Da sich innerhalb eines Atomverbandes die Elektronen auf diskreten Energieniveaus wie auf Stufen einer Leiter befinden (vgl. Abschn. 6.2.1) und damit auch die Energiebeträge zwischen den Niveaus nur bestimmte (diskrete) Werte annehmen können, haben die von den rekombinierten Elektronen beim Sprung auf niedrigere Niveaus abgegebenen Lichtenergiepakete nur bestimmte, für jede Atomsorte spezifische Beträge; also hat das ausgesandte Licht nur ganz bestimmte Frequenzen bzw. Wellenlängen. Wenn wir das Licht in seine Farben (Wellenlängen) zerlegen, z. B. mit einem Glasprisma (vgl. Abschn. 5.3.6), sehen wir kein „Regenbogenspektrum“, sondern nur wenige einzelne Linien, die Zwischenräume im Linienspektrum sind dunkel.

Durch einen Stoff kann Strahlung bei einer bestimmten Frequenz absorbiert werden, deren Lichtenergie genau einer Differenz zweier Elektronenenergieniveaus entspricht; dies ist also der umgekehrte Fall der Linienstrahlung, Elektronen werden auf ein höheres Niveau angeregt. Strahlt man mit kontinuierlichem Licht ein, erhält man nun im Spektrum dunkle Absorptionslinien. Solche Linien kann man im Spektrum der Sonne als Fraunhofer-Linien beobachten.

Wird die Energie als Strahlung dann nicht wieder bei derselben Frequenz abgegeben, sondern bei einer niedrigeren Frequenz, wenn die Elektronen vom angeregten zunächst in ein etwas tieferes Zwischenniveau gesprungen sind, so spricht man von **Lumineszenz**. Ist die Lumineszenz nach Einstrahlung rasch verklungen, spricht man von **Fluoreszenz**; leuchtet der Stoff noch länger nach, so sind die Elektronen auf ein Zwischenniveau gelangt, das eine vergleichsweise lange Lebensdauer hat und das von ihnen langsam abklingend verlassen wird; man spricht von **Phosphoreszenz**.

5.1.2 Lichteigenschaften

Licht hat einerseits Wellencharakter, andererseits Teilchencharakter, man spricht vom **Welle-Teilchen-Dualismus**, auf den wir in Abschn. 6.2 eingehen. Dort werden wir sehen, dass dies umgekehrt auch für Teilchen der Fall ist, die ihrerseits auch Welleneigenschaften zeigen, die bei den allerkleinsten Elementarteilchen sogar stark hervortreten.

Die Welleneigenschaften des Lichts werden durch Beugung, Interferenz und Polarisation des Lichts belegt; diese Phänomene werden in den Abschn. 5.3.2, 5.3.3 und 5.3.4 beschrieben. Dabei handelt es sich, wie durch die Polarisation eindeutig belegt wird, um **Transversalwellen** (vgl. Abschn. 2.8.2 und 2.8.4), deren Schwingungsrichtung stets senkrecht zur Ausbreitungsrichtung liegt.

Der Teilchencharakter des Lichts führt dazu, den Teilchen einen Namen zu geben: **Photonen**. Ein leicht nachvollziehbarer Beweis hierfür ist ein schwach radioaktives Präparat, das nur Gammastrahlung (kürzestwellige elektromagnetische Strahlung) emittiert. Am Geigerzähler, der mit einem Lautsprecher ausgestattet ist, hört man die Emissionsereignisse sehr gut einzeln (und auch unregelmäßig verteilt; vgl. Abschn. 6.3.3). Ein weiterer Beweis ist der äußere Photoeffekt (vgl. Abschn. 4.3.4): Die Freisetzung von Elektronen aus einem Material (meist einem Halbleiter) setzt schlagartig ein, wenn das Licht eine bestimmte Frequenz (Energie) überschritten hat, die genau der Austrittsarbeit für ein Elektron entspricht; ein einziges Photon reicht für die Ablösung eines Elektrons aus. Ist die Photonenenergie größer, so erhält das Elektron die Differenz als Bewegungsenergie. Ist die notwendige Frequenz unterschritten, können selbst gewaltige Intensitäten von Licht kein Elektron freisetzen, wie dies im Wellenmodell problemlos möglich wäre.

Für seine Ausbreitung benötigt das Licht kein Medium, es breitet sich auch im Vakuum des Weltraumes aus – andernfalls könnten wir ja weder die Sonne noch die Sterne sehen. Andererseits kann sich Licht auch in Medien ausbreiten, wenn sie transparent sind, z. B. Luft oder Glas. Im Medium ändert sich allerdings die Ausbreitungsgeschwindigkeit: Im Vakuum legt das Licht in 1 s ca. 300.000 km zurück (in Luft ist es nicht viel weniger), in Glas sind es dagegen nur noch ca. 200.000 km/s. Die Vakuumlichtgeschwindigkeit kann man anschaulich verdeutlichen: Ein Lichtblitz braucht bis zum Mond etwa 1 s, ein Lichtblitz von der Sonne erreicht die Erde nach ca. 8 min, und bis zum letzten Planeten Neptun braucht das Sonnenlicht ca. 4 h (und zum allernächsten Nachbarstern Alpha Centauri 4,3 Jahre!). Übrigens haben alle elektromagnetischen Strahlungsarten im Vakuum ausnahmslos die gleiche Lichtgeschwindigkeit. Wie die Änderung der Lichtgeschwindigkeit im Medium den Lichtweg beeinflusst, wird in Abschn. 5.2.4 erläutert.

5.1.3 Photometrie

Über photometrische Größen, wie Licht quantitativ gemessen wird, herrscht in der Literatur leider kein einheitliches Bild. Am ehesten findet man einen international einheitlichen Satz von Größen in der Astrophysik (hier wird ja so gut wie jedes Forschungsergebnis durch Strahlungsmessung erzielt). Unstrittig ist in jedem Fall die **Strahlungsleistung** oder **Leuchtkraft** eines leuchtenden Gegenstandes (vgl. Abschn. 3.3.3), gemessen in Watt (1 W). Die Leistung einer Lampe kann z. B. direkt mit der Leuchtkraft eines Sterns verglichen werden. Diese Größe, beschränkt auf sichtbares Licht, ist identisch mit dem **Lichtstrom**.

Eine weitere wichtige Größe ist der über alle Wellenlängen integrierte **Strahlungsfluss** oder **Strahlungsstrom** S, die Leuchtkraft bezogen auf die Fläche (1 W/m^2). Sie wird leider oft auch als Intensität bezeichnet. In dieser Einheit wird z. B. auch die Solarkonstante gemessen: Auf 1 m^2 der Erde (gemessen außerhalb der Atmosphäre) fallen ca. 1,4 kW. Aus dieser Messgröße lässt sich durch Summation über die Raumkugel (in der Entfernung Erde–Sonne) die Leuchtkraft der Sonne einfach berechnen. Für den Strahlungsstrom eines Schwarzen Körpers gilt das **Stefan-Boltzmann'sche Strahlungsgesetz** (Gl. 3.24a), das sich aus der Integration des **Planck'schen Strahlungsgesetzes** (Gl. 3.24) über alle Frequenzen ergibt, wie bereits in Abschn. 3.3.3 (Wärmestrahlung) erläutert wurde:

$$S = \sigma \cdot T^4 \tag{5.3}$$

(vgl. Gl. 3.24a); es besagt, dass der gesamte Strahlungsstrom einer thermischen Lichtquelle von der 4. Potenz der Temperatur des strahlenden Körpers abhängt (σ ist eine Konstante). Bezogen nur auf das sichtbare Licht wird diese Größe **Beleuchtungsstärke** Φ_I genannt, gemessen in Lux (1 lx = 1 W/m^2). Die Lichtstärke bzw. allgemein **Strahlungsstärke** Ψ ist die Leuchtkraft, bezogen auf den Einheitsraumwinkel 1 Steradiant (1 W/sr). Wiederum bezogen nur auf Licht, heißt sie **Lichtstärke** Ψ_L, für sie gilt die im SI-Einheitensystem eingeführte Basiseinheit 1 Candela (1 Cd).

Alle diese Größen sind integral für das sichtbare Licht bzw. für das gesamte elektromagnetische Spektrum definiert; es gibt weitere Größen, die sich noch auf die Frequenz (bzw. Wellenlänge) der Strahlung beziehen.

Das **Wien'sche Verschiebungsgesetz** (Gl. 3.26 in Abschn. 3.3.3) besagt, dass die Frequenz, bei der ein Schwarzer Körper das Maximum seiner Strahlungsleistung emittiert, linear mit der Temperatur verknüpft ist (d. h. die Wellenlänge umgekehrt proportional zur Temperatur ist). Zur Illustration: Die Sonne (ca. 6000 K) emittiert ihr Intensitätsmaximum bei ca. 500 nm, ein Glühdraht von 3000 K (so heiß wird ein Glühdraht im Allgemeinen nicht einmal) bei 1000 nm = 1 µm, das ist bereits im Infrarotbereich.

5.1.4 Sehen und Lichtquellen

Ohne die Sinne ist unser Gehirn (die Schaltzentrale höherer Lebewesen) ohne Information, und wir sind nicht handlungsfähig. Also braucht unsere Schaltzentrale Informanten, die ihr zutragen, wie die Welt „draußen“ aussieht, die Sinne, die ihr dies (mehr oder weniger objektiv) „berichten“, und zwar in ihren unterschiedlichen „Sprachen“, z. B. Gerüche, Schall oder auch Licht.

Unter den Sinnen des Menschen spielt das **Sehen** die wichtigste Rolle für die Fernorientierung. Sehen erlaubt zudem auch eine recht schnelle und ortsgenaue Orientierung. Selbstaktives Autofahren ist z. B. ohne das Sehen bislang schlicht unmöglich. Es gibt freilich auch Lebewesen, die fast oder ganz ohne Licht auskommen. So orientieren sich manche Tiere (Fledermäuse) mithilfe von Ultraschall, wieder andere mithilfe von Gerüchen, von Geräuschen oder von Wärmeunterschieden.

Damit man sehen kann, muss Licht ins Auge treffen; Licht, das nicht (direkt!) ins Auge trifft, kann man nicht sehen. Auf das Auge als optisches „Gerät“ wird z. B. in Abschn. 5.2.6 eingegangen.

Grundsätzlich muss man zwischen selbst leuchtenden und nicht selbst leuchtenden Lichtquellen unterscheiden. **Natürliche Lichtquellen** gibt es nur wenige. Wenn man den Blitz (der ja nur sehr kurz leuchtet), das Feuer (das entfacht werden muss) oder phosphoreszierende Lebewesen (wie z. B. Glühwürmchen) weglässt, bleiben eigentlich nur die Sterne – auch die Sonne ist ein gewöhnlicher Stern; und das Band der Milchstraße besteht ebenso wie alle fernen Galaxien aus Milliarden von Sternen. Der Mond darf übrigens nicht als direkte natürliche Lichtquelle angesehen werden, da er sein Licht von der Sonne bezieht und es lediglich (zu einem sehr geringen Teil) zu uns zurückstrahlt. Dasselbe gilt auch für die Planeten.

Bei den **künstlichen Lichtquellen** müssen zunächst diejenigen genannt werden, die über eine Verbrennung von Gasen arbeiten, also herkömmliches Feuer (hier wird Holz, Öl oder Kohle durch Hitze vergast, das Gas brennt dann), Kerzen, Öllampen oder Gaslaternen. Es ist jedoch meist nicht das verbrennende Gas selbst, das leuchtet, sondern in der Flamme zum Glühen gebrachte Partikel wie Ruß (Kerze) oder ein Glühstrumpf (klassische Gaslaterne); ein heiß eingestellter (nicht rußender) Bunsenbrenner mit rauschender Flamme leuchtet z. B. kaum.

In moderneren Lichtquellen werden Stoffe durch Heizen zum Glühen gebracht, z. B. durch elektrischen Strom in einer Glühbirne. Diese Lampen sind allerdings wenig effektiv, da man sie ohne sie zu zerstören nur so stark heizen kann, dass die meiste (elektrische) Energie in Wärme und nur zu ca. 4 % in Licht umgesetzt wird. Weitaus effektiver sind da die modernsten Lichtquellen, die Gase direkt zum Leuchten bringen wie z. B. Leuchtstoffröhren, Energiesparlampen und Leuchtdioden (LEDs).

Eine besondere Lichtquelle im Labor ist der **Laser**. Laserstrahlung ist nichtthermisches Licht, d. h. Licht, bei dem die Energiebereitstellung für die emittierenden Elektronen nicht durch Prozesse im thermischen Gleichgewicht erfolgt. Beim Laser wird ein Elektronenniveau in den Atomen eines Stoffes (z. B. durch Einstrahlung) angeregt, von dem die Elektronen auf ein Zwischenniveau springen, aus dem weitere spontane Sprünge abwärts (spontane Emission) sehr erschwert sind. Werden sehr viele solcher Atome angeregt, so reichen einige Lichtwellen jeweils gleicher Phase (die im statistischen Mittel doch auftreten), um in einer Lawine alle Elektronen in ein tieferes Niveau springen zu lassen und dabei nun Licht auszusenden (stimulierte oder erzwungene Emission). Um die Phasengleichheit zu erreichen, muss das Laserrohr an den Enden (am Austrittsende halbtransparent) verspiegelt und auf genaue Resonanz der Lichtwellen abgestimmt sein. Dieses Licht hat dann eine sehr scharf begrenzte Wellenlänge und ist sehr kohärent (d. h. alle Elektronen senden ihr Licht fast gleichzeitig aus), was den Lichtstrahl sehr stark bündelt.

5.2 Geometrische Optik

Die geometrische Optik beschäftigt sich mit dem Weg, den das Licht unter dem Einfluss von Körpern zurücklegt. Hierbei werden Wellen- oder Teilcheneigenschaften außer Acht gelassen – man arbeitet mit dem Modell von geometrischen Lichtstrahlen.

5.2.1 Geradlinige Ausbreitung des Lichts

Licht breitet sich von der Lichtquelle nach allen Richtungen stets geradlinig aus. Wäre das nicht so, hätte das fatale Folgen für die Orientierung mithilfe des Sehens. Bei jedem Anvisieren von Zielen (beim Gehen, Autofahren, bei der Landvermessung usw.) machen wir ausgiebig Gebrauch von dieser Eigenschaft.

Ein Lichtbündel kann zum Experimentieren durch Blenden sehr schmal, allerdings nicht beliebig schmal gemacht werden, es wird irgendwann infolge von Beugung wieder breiter (vgl. Abschn. 5.3.3). Somit ist es unmöglich, einen „Lichtstrahl" real zu erzeugen. Trotzdem wird dieser Begriff oft verwendet. Zur Präzisierung wollen wir von einem **Lichtstrahl** als der geometrischen Achse eines schmalen Lichtbündels sprechen.

Licht und Schatten

Die geradlinige Ausbreitung des Lichts hat eine ganz wichtige Konsequenz: Trifft Licht auf einen undurchsichtigen Gegenstand, so entsteht dahinter ein dunkler Raum, der **Schattenraum**. Dieses Phänomen trägt wesentlich zum kontrastreichen Sehen und damit zur Orientierung bei. Das sich geradlinig in alle Richtungen ausbreitende Licht einer nahezu punktförmigen Lichtquelle zeichnet von einem nichttransparenten „Hindernis" ein präzises Abbild auf einen dahinter aufgestellten Schirm, weil der Lichtkegel, der das Hindernis trifft, aus der beleuchteten Fläche des Schirmes präzise ausgeblendet wird (Abb. 5.1). Hat man zwei benachbarte Lichtquellen nebeneinander, so leuchtet die eine in den Schattenraum der anderen ein Stück hinein, während der Schattenraum, den beide Lichtquellen gemeinsam haben, völlig dunkel bleibt. Man spricht von **Halbschatten** und **Kernschatten**. Ist eine Lichtquelle ausgedehnt, so sind Halb- und Kernschatten nicht scharf voneinander getrennt, der Halbschatten geht diffus langsam in den Kernschatten über. Stehen die beiden Lichtquellen weit voneinander entfernt, leuchtet die jeweils eine den Schattenraum der jeweils anderen vollständig aus, es gibt zwei getrennte Halbschatten und überhaupt keinen Kernschatten. Weil am Tag der Himmel rundum relativ hell ist, werden Gegenstände „im Schatten" des direkten Sonnenlichts nicht völlig dunkel, der Sonnenschatten ist eigentlich nur ein Halbschatten. Auf dem Mond, der keine Atmosphäre hat, ist das anders: Schatten sind dort völlig dunkel.

Mondphasen und Finsternisse

Auch die **Phasen des Mondes** und die **Sonnen- und Mondfinsternisse** gehen auf Schattenbildung zurück. Die Phasen des Mondes hängen von der jeweiligen Stellung der drei

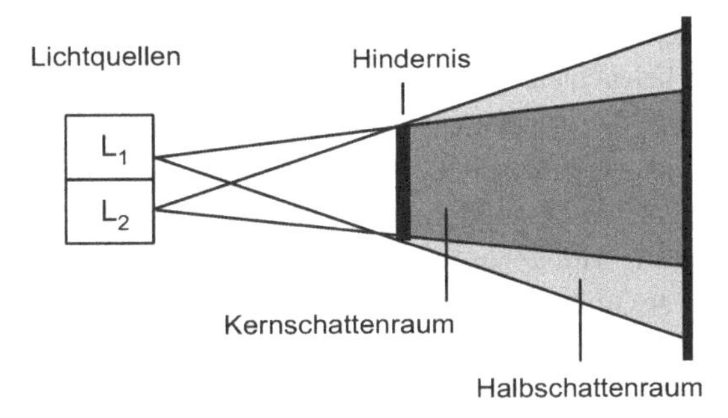

Abb. 5.1 Kernschatten und Halbschatten

Körper Sonne–Mond–Erde ab. Ebenso wie bei der Erde ist immer nur eine Halbkugel des Mondes von der Sonne beleuchtet, während die andere im Dunkel liegt. Je nach Konstellation der drei Körper sieht man auf der Erde als Mondphase mal die gesamte, mal einen Teil und mal überhaupt nichts von der beleuchteten Mondhalbkugel. Der Mond kreist in 29,530 Tagen um die Erde, bis er wieder die gleiche Phase erreicht (z. B. Neumond) (Abb. 5.2).

Man sieht in Abb. 5.2 deutlich, dass bei Neumond (Position 1) die der Erde zugewandte Mondseite im Schatten liegt. In Position 3 ist zunehmender Halbmond (rechte Mondseite beleuchtet), der am höchsten steht, wenn die Sonne gerade untergeht (die Erde dreht sich

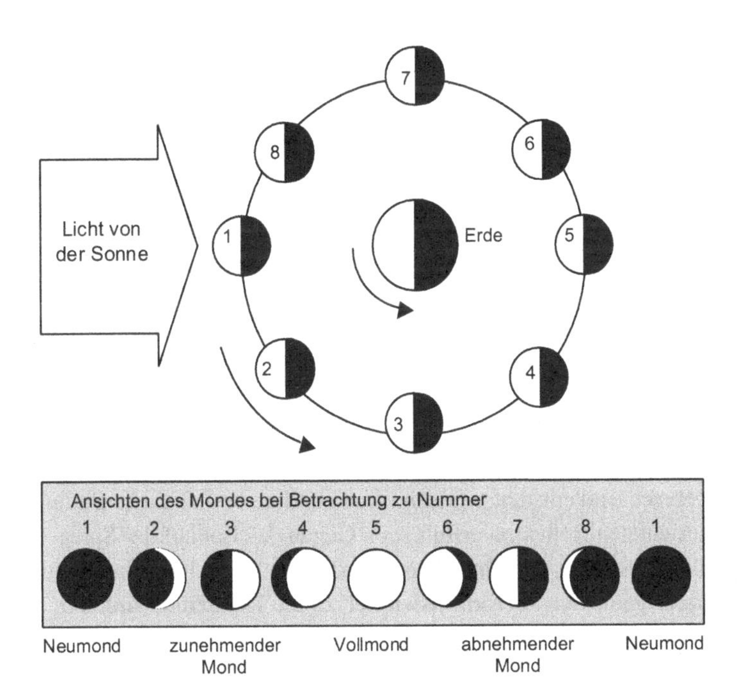

Abb. 5.2 Die Mondphasen im Laufe eines Monats

im gleichen Drehsinn wie der Mondumlauf). Bei 5 (Vollmond) sieht man die vollständig beleuchtete Mondhalbkugel, und der Mond ist die ganze Nacht über zu sehen. Nun nimmt der beleuchtete sichtbare Teil wieder ab, bei 7 ist abnehmender Halbmond (linke Mondseite beleuchtet), der am höchsten bei Sonnenaufgang am Himmel steht. Bei 1 ist wieder Neumond, der am Taghimmel steht und nicht zu sehen ist. Man erkennt hieraus, dass die Mondphasen und die Tageszeiten, zu denen der Mond am Himmel sichtbar ist, eng zusammenhängen.

Nun könnte man auf den Gedanken kommen, dass bei jedem Vollmond der Mond in den Schatten der Erde eintritt, es also eine **Mondfinsternis** geben müsste, und ebenso der Mond bei Neumond vor die Sonne tritt, also eine **Sonnenfinsternis** erzeugt. Dies ist offenbar nicht so. Der Grund liegt darin, dass die Mondbahn gegen die Erdbahn um 5° geneigt ist, sodass in den allermeisten Fällen der Vollmond den Erdschatten verpasst und der Neumond über oder unter der Sonne vorbeiläuft. Nur in der Nähe der beiden Schnittpunkte von Erd- und Mondbahn (Mondknoten) stehen jeweils Sonne, Erde und Mond in genau einer Linie, und es kommt zu Finsternissen. Mondfinsternisse sind dann auf der ganzen Nachtseite der Erde zu beobachten und dauern bis zu 100 Minuten, weil der Erdschatten in Mondentfernung deutlich größer ist als der Mond selbst. Andererseits ist der Schatten des Mondes auf der Erde bei einer Sonnenfinsternis sehr klein. Da er auch noch durch die Mondbewegung sehr schnell über die Erde hinweg zieht, ist eine vollständige (totale) Sonnenfinsternis nur an wenigen Orten der Erde zu beobachten und dauert auch für einen Ort jeweils nur wenige Minuten an.

5.2.2 Reflexion und Streuung

Steht ein Gegenstand einem Lichtbündel „im Wege“, so wird dieser das Licht irgendwie zurückwerfen, sofern er es nicht vollständig absorbiert.

Ebene Spiegel

Vor einem Spiegel stehend sehen wir ein genaues Abbild von uns selbst und je nach Standpunkt einen Teil des Hintergrundes (z. B. eines Zimmers) neben oder hinter uns. Der Spiegel reflektiert das in ihn einfallende Licht. Das Bild scheint in der doppelten Entfernung Person–Spiegel zu stehen, und es ist dort mit einem Blatt Papier als Schirm nicht aufzufangen – es ist, wie man sagt, **virtuell**.

Damit ein scharfes Bild entsteht, müssen offenbar klare und einfache Bedingungen bei einer solchen gerichteten Reflexion erfüllt sein. Gegen das Lot auf der Spiegeloberfläche im Auftreffpunkt des Strahls, das **Einfallslot**, werden die Winkel des einfallenden und des reflektierten Strahls gemessen als **Einfallswinkel** α_e und **Reflexionswinkel** α_r (Abb. 5.3). Das Reflexionsgesetz lautet einfach

$$\alpha_e = \alpha_r \,, \tag{5.4}$$

und einfallender, reflektierter Strahl und Einfallslot liegen in einer Ebene.

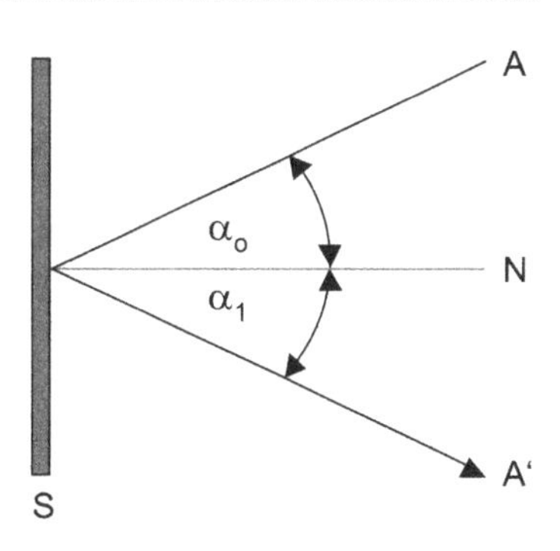

Abb. 5.3 Reflexion eines Lichtstrahls A an einem Spiegel S (N = Einfallslot)

Dies gilt für jeden Strahl einzeln, und somit sind die Verhältnisse nach der Reflexion vollkommen symmetrisch zu denen vor der Reflexion, und es entsteht ein scharfes Bild. Allerdings ist das Bild, das man von sich im Spiegel sieht, nicht das, das andere Personen von einem sehen würden: Hebt man die linke Hand, so scheint das Spiegelbild die rechte zu heben, die Seiten des Spiegelbildes erscheinen vertauscht (so entsteht auch die Spiegelschrift!).

Diffuse Reflexion: Streuung

Ein vollkommen glattes Blatt Aluminiumfolie erzeugt Bilder wie ein Spiegel. Zerknüllt man es und streicht es hinterher wieder glatt, so wird man kein Bild mehr sehen. Die Größe der vielen kleinen verbleibenden Falten reicht aus, um an jeder Stelle der Folie ein jeweils anders gerichtetes Einfallslot zu erzeugen, und die vielen Anteile des Bildes werden in ganz verschiedene Richtungen reflektiert. Man erhält danach nur noch eine ungerichtete oder **diffuse Reflexion** bzw. **Streuung**, ebenso wie bei der Betrachtung eines Stückes weißen Papiers. Der Gegenstand erscheint zwar hell (er gibt also das empfangene Licht wieder ab), bleibt aber unstrukturiert gleich hell, gleichgültig, unter welchem Winkel wir ihn betrachten. Die allermeisten Gegenstände streuen das Licht und reflektieren es nicht. Dass die Gegenstände dabei zusätzlich noch unterschiedlich hell und gegebenenfalls in unterschiedlicher Farbe erscheinen, wird durch die Absorption des Lichts hervorgerufen (s. Abschn. 5.3.5 und 5.3.6).

Übrigens ist auch der helle Taghimmel ein Ergebnis der Streuung: Sonnenlicht wird bei klarem Wetter an den Molekülen der Luft gestreut. Da die Moleküle erheblich kleiner sind als die Wellenlänge des Lichts, wird blaues Licht bei der Streuung gegenüber den roten Anteilen des Lichts bevorzugt – der Himmel erscheint blau. Sind die streuenden Teilchen deutlich größer als die Lichtwellenlänge, so ist die Streuung wellenlängenunabhängig (weiße Wolken).

5.2.3 Regelmäßig gekrümmte Spiegel (Hohlspiegel)

Verbiegt man eine spiegelnde dünne Metallplatte leicht, so entsteht ein „Zerrbild“. Es gilt zwar immer noch das Reflexionsgesetz, aber über die spiegelnde Oberfläche hinweg ändert von einer Stelle zur anderen das Einfallslot seine Richtung im Raum. Somit erhält jeder einfallende Strahl einen etwas anderen Einfallswinkel als die benachbarten Strahlen und damit auch eine andere Reflexionsrichtung.

Die wichtigsten dieser nichtebenen Spiegel sind die **Parabolspiegel** (Abb. 5.4). Diese haben die Eigenschaft, dass die Einfallslote ihre Raumrichtung über die Spiegelfläche derart ändern, dass jeder Strahl eines parallel einfallenden Lichtbündels in ein und demselben Punkt „gesammelt“ wird. Für das Bündel, das entlang der Spiegelmittelachse, der **optischen Achse**, einfällt, liegt der Punkt natürlich auf der optischen Achse, es ist der **Brennpunkt** des Spiegels. Bei schräg einfallenden Bündeln parallelen Lichts liegt der Punkt senkrecht oberhalb bzw. unterhalb des Brennpunktes; alle diese Punkte liegen in einer Ebene senkrecht zur optischen Achse, der **Brennebene**. Der Abstand vom Spiegel bis zum Brennpunkt ist die Brennweite. Sie hängt von der Krümmung des Paraboloids ab, stärkere Krümmung bedeutet kürzere Brennweite. Auf diese Weise wird also ein Gegenstand, der verglichen mit der Brennweite weit entfernt ist, in der Brennebene abgebildet, es entsteht ein reelles Bild, das man mit einem Schirm (weißen Blatt Papier) auffangen kann (freilich muss man das Papier seitlich neben den Spiegel halten und den Spiegel ein klein wenig kippen, sonst stünde das Papier ja dem einfallenden Licht im Weg). Das Bild, das der Spiegel entwirft, steht auf dem Kopf und ist seitenverkehrt. Die Abbildungsgesetze für Hohlspiegel sind identisch mit denen für Linsen und werden dort ausführlich erklärt.

Bei der Spiegelung ist der Strahlengang natürlich grundsätzlich umkehrbar. Setzt man eine kleine Lichtquelle in den Brennpunkt eines Hohlspiegels, so tritt das Licht nach der Reflexion als paralleles Bündel mit dem Durchmesser des Spiegels aus. Genauso funktioniert ein Scheinwerfer.

Für Gegenstände innerhalb der Brennweite entsteht kein reelles Bild, innerhalb der Brennweite einfallendes Licht wird als divergentes (sich aufweitendes) Bündel ausgesandt (Vergrößerungsspiegel, analog zur Lupe).

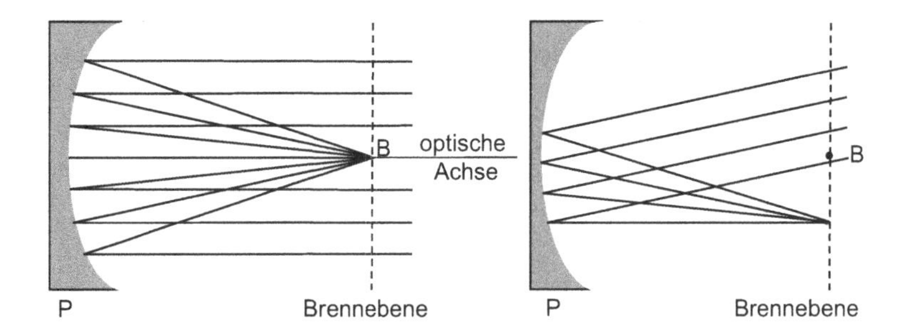

Abb. 5.4 Reflexion am Parabolspiegel (B = Brennpunkt)

Einen Hohlspiegel kann man auch „umdrehen“ und die konvexe Seite als Spiegel verwenden. So erhält man einen **Wölbspiegel**; seine Brennweite ist der negative Wert des entsprechenden Hohlspiegels. Wölbspiegel (genau wie Zerstreuungslinsen, s. Abschn. 5.2.5) können kein reelles Bild entwerfen, da die Strahlen eines einfallenden Bündels aufgeweitet werden und sich nicht mehr treffen. In einem Wölbspiegel erscheinen die Gegenstände verkleinert und man sieht einen größeren Blickfeldwinkel als mit dem unbewaffneten Auge (Anwendung: Rückspiegel im Auto).

5.2.4 Brechung

Das Licht nimmt bei schrägem Einfall in einem Medium, das zwar transparent, aber dichter als Luft ist, einen anderen Weg als in der Luft (Luft und Vakuum unterscheiden sich diesbezüglich nicht sehr); die Richtung des Lichtstrahls ändert sich also an der Grenzfläche des dichteren Mediums, das Licht wird gebrochen.

Die Ursache für den anderen Lichtweg ist die Tatsache, dass das Licht im Medium eine deutlich langsamere Ausbreitungsgeschwindigkeit hat als in Luft/Vakuum. Da das Licht bestrebt ist, seinen Weg im betreffenden Medium in kürzestmöglicher Zeit zurückzulegen (**Fermat'sches Prinzip**), muss sich im Medium mit einer anderen Lichtgeschwindigkeit auch der eingeschlagene Weg des Lichts ändern. Das Verhältnis der Lichtgeschwindigkeiten in Vakuum/Luft und im dichteren Medium ist der **Brechungsindex** $\boldsymbol{n}$.

Einfache Brechung

Wir benutzen wieder das Einfallslot senkrecht auf der Grenzfläche zwischen den Medien, z. B. Luft und Glas, und messen wie bei der Reflexion den **Einfallswinkel** α des einfallenden Lichtstrahls gegen das Einfallslot und den **Brechungswinkel** β zwischen dem Einfallslot und dem sich im anderen Medium ausbreitenden und gebrochenen Strahl. Wie bei der Reflexion liegen einfallender und gebrochener Strahl und das Einfallslot in einer Ebene. Beim Übergang vom optisch dünneren zum dichteren Medium wird ein Lichtstrahl zum Einfallslot hin gebrochen, der Brechungswinkel ist also kleiner als der Einfallswinkel (Abb. 5.5). Beim Übergang vom optisch dichteren ins optisch dünnere Medium ist es natürlich umgekehrt. Quantitativ lautet das von Snellius (Willibrord Snel van Royen, 1580–1626) gefundene **Brechungsgesetz**:

$$\frac{\sin\alpha}{\sin\beta} = \frac{n_2}{n_1}\,, \tag{5.5}$$

verbunden mit der Aussage: Der einfallende, gebrochene Strahl und das Einfallslot liegen in einer Ebene (Brechungsindices n_1 – in Luft ist dieser fast gleich 1 – im ersten und n_2 im zweiten Medium).

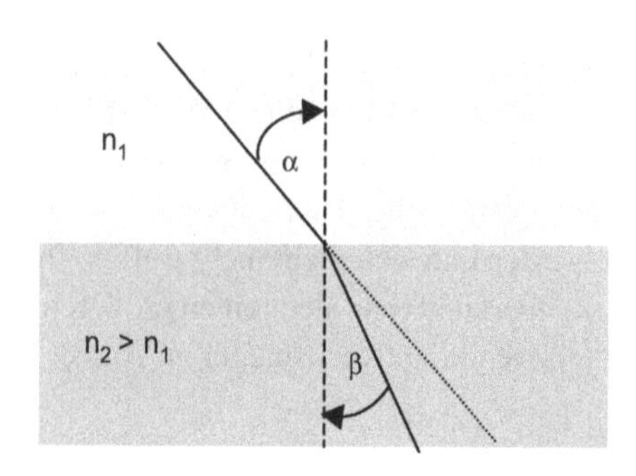

Abb. 5.5 Lichtbrechung am Übergang zweier Medien

Totalreflexion

Bei einem Einfallswinkel von 0° beträgt der Brechungswinkel ebenfalls 0°, es tritt zwar eine Verlangsamung des Lichts auf, sie führt jedoch in diesem Fall zu keiner Richtungsänderung. Vergrößert man den Eintrittswinkel, so nimmt auch der Brechungswinkel zu, freilich langsamer. Bei einem „Einfallswinkel" nahe 90° hat der Brechungswinkel als Grenzwert einen deutlich kleineren Winkel als 90° erreicht. Lassen wir das Licht umgekehrt aus dem dichteren Medium ins dünnere treten, so gibt es offenbar bei dem eben erwähnten Grenzwinkel den Fall, dass der Austrittswinkel im dünneren Medium 90° erreicht. Vergrößern wir den Winkel über diesen **Grenzwinkel** hinaus im dichteren Medium weiter, so überschreitet der im dünneren Medium die 90°, was nicht mehr zum Austritt aus dem dichteren Medium führen kann: Das Licht wird also an der Oberfläche ins dichtere Medium zurückreflektiert (Abb. 5.6), es tritt **Totalreflexion** ein. Übrigens wird auch bereits vor Erreichen dieses Grenzwinkels ein immer weiter zunehmender Anteil des Lichts an der Grenzfläche wieder reflektiert, wie Abb. 5.6 unter anderem zeigt.

Umlenkprismen und Glasfasern

Totalreflexion in Glasprismen (Abb. 5.6) kann ebene Spiegel ersetzen. Eine weitere wichtige Anwendung ist der Lichtleiter, z. B. mithilfe von geeigneten Glasfasern. Ein Lichtbündel bleibt stets in einer solchen Glasfaser, solange der Grenzwinkel der Totalreflexion nicht unterschritten wird. Bündelt man sehr viele sehr dünne Glasfasern zu einem Lichtleiter, so erhält jede einzelne Glasfaser einen Teil des einfallenden Bildes und gibt diesen und nur diesen Teil bei ihrem Austreten am Ende auch wieder frei. Damit dies so funktioniert, darf

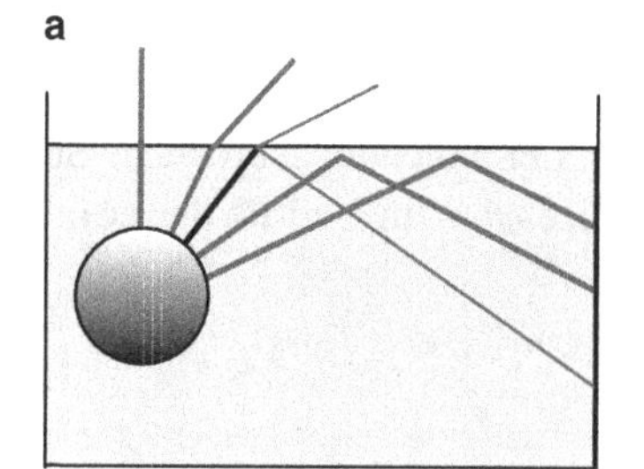

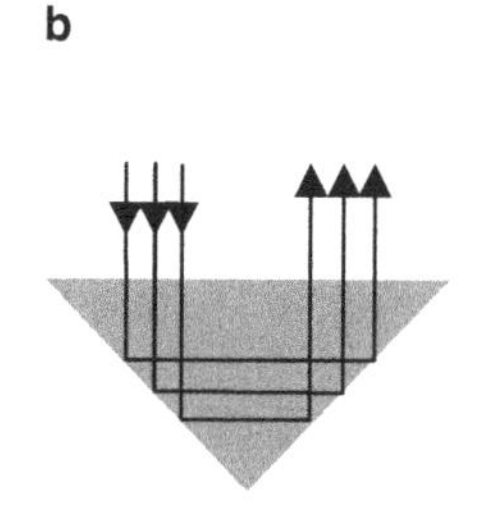

Abb. 5.6 Brechung und Totalreflexion an der Grenze Wasser/Luft (**a**) und Manipulation von Lichtstrahlen mithilfe der Totalreflexion an einem Prisma: Richtungsumkehrung (**b**)

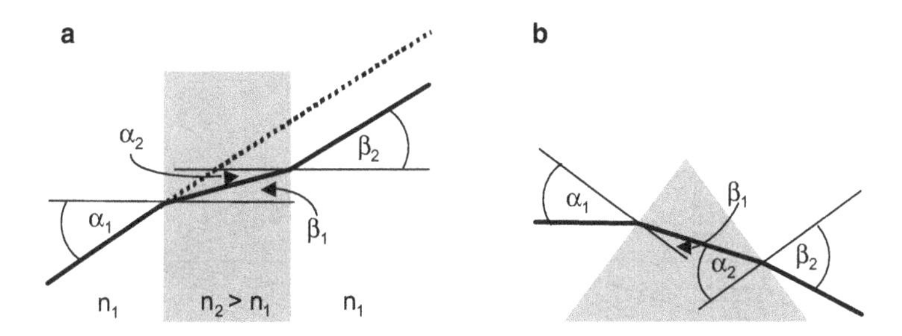

Abb. 5.7 Brechung in einer planparallen Platte (**a**) und in einem Prisma (**b**)

freilich kein Lichtstrahl aus seiner Faser in eine andere treten – die Totalreflexion funktioniert ja nur, wenn um die einzelne Faser herum ein optisch dünneres Medium existiert. Jede einzelne Glasfaser besteht daher aus einem Glaskern mit hohem Brechungsindex, der eigentlichen Glasfaser, und einem dünnen Glasmantel mit erheblich niedrigerem Brechungsindex, der sie sozusagen gegen die Nachbarfasern optisch „isoliert".

Lichtleiter finden z. B. in der Medizin als Endoskope vielfältige Anwendung. Aber auch zur Datenübertragung werden sie häufig genutzt (z. B. Telefonkabel).

Brechung an mehreren Flächen

Lässt man Licht durch einen transparenten Körper hindurchtreten, so tritt Lichtbrechung zweimal auf: beim Eintritt und beim Austritt. Der einfachste Fall ist der einer planparallelen Platte (Abb. 5.7). Hier liegen die beiden Einfallslote parallel, sie sind lediglich gegeneinander umso mehr versetzt, je größer der Einfallswinkel ist. Wegen dieser Parallelität ist der erste Einfallswinkel gleich dem letzten Ausfallswinkel, $\alpha_1 = \beta_2$ und deshalb $\beta_1 = \alpha_2$, und es gibt lediglich einen Versatz des Lichtbündels, wie in Abb. 5.7 gezeigt, bei senkrechtem Einfall (0° Einfallswinkel) ist auch der Versatz weg, da beide Einfallslote zusammenfallen.

Sind die beiden Grenzflächen zwar noch eben, aber nicht mehr parallel, so haben wir ein Prisma vor uns (Abb. 5.7). Die Einfallslote stehen nun in einem Winkel zueinander, und einfallender und austretender Strahl sind gegeneinander geneigt, weil jetzt α_2 und β_1 sich nicht auf der jeweils entgegengesetzten Seite der Einfallslote befinden, sondern auf derselben, und sich die erste Brechung nicht „kompensiert" wie im Fall der planparallelen Platte, sondern sich der gesamte Winkel nach den beiden Brechungen verstärkt.

5.2.5 Linsen und Abbildung

Die Lichtbrechung in transparenten Medien wird zur Erzeugung von Abbildungen und damit zur Konstruktion von optischen Geräten (Abschn. 5.4) genutzt.

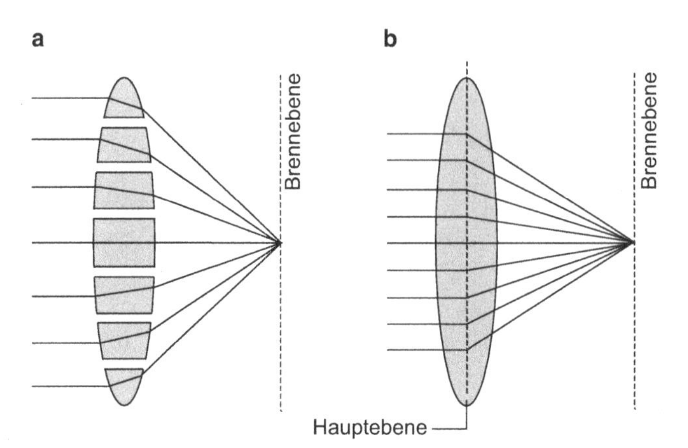

Abb. 5.8 Modelllinse aus verschiedenen Prismen (**a**) und Strahlengang von senkrecht und parallel einfallendem Licht (**b**)

Sammellinsen

Wie in Abb. 5.8 ordnen wir eine Reihe von Glasprismen an: In der Mitte denken wir uns eine planparallele Platte, zu beiden Seiten symmetrisch jeweils Prismen mit langsam zunehmender Neigung der Lichtein- und -austrittskante. Für parallel einfallendes Licht ergeben sich durch die Lichtbrechung in den Prismen die gezeigten Strahlengänge. In Gedanken unterteilen wir nun die Prismen in immer mehr Teilprismen mit immer geringerem Neigungsunterschied der Kanten. Beim gedanklichen Grenzübergang haben wir eine kontinuierliche Rundung erreicht und damit eine Linse konstruiert, die paralleles Licht, das in der **optischen Achse** (das ist das Einfallslot auf die Mitte der Linsenfläche) einfällt, im **Brennpunkt** sammelt. Ähnlich wie beim Hohlspiegel wird ein paralleles Lichtbündel, das in einem Winkel schräg von unten/oben eintrifft, in einem Punkt senkrecht oberhalb/unterhalb des Brennpunkts gesammelt. Alle diese „Sammelpunkte" bilden zusammen mit dem Brennpunkt die **Brennebene**. Der Abstand von der Linsenmitte zum Brennpunkt ist die **Brennweite** f (wegen der Umkehrbarkeit des Strahlengangs ist sie für beide Seiten der Linse gleich). Der Kehrwert der Brennweite ist die **Brechkraft**, gemessen in Dioptrien ($1\,\text{dpt} = 1\,\text{m}^{-1}$).

Abbildung

Ein – verglichen mit der Brennweite – „unendlich" weit entfernter Gegenstand wird durch eine Linse in der Brennebene exakt abgebildet, und das Bild ist seitenverkehrt auf dem Kopf stehend. Wie beim Hohlspiegel haben stark gekrümmte Linsen eine kurze, schwach gekrümmte Linsen eine lange Brennweite, und die Bilder werden klein bzw. groß.

Verringert man den Abstand eines abzubildenden Gegenstandes zur Linse, die **Gegenstandsweite** g, vom Quasi-Unendlichen näher an die Linse heran, so entfernt sich das Bild von der Brennebene (Abb. 5.9), d. h. sein Abstand von der Linse, die **Bildweite** b, wird größer, ebenso wie auch das Bild größer wird, als es in der Brennebene war. Bei einer

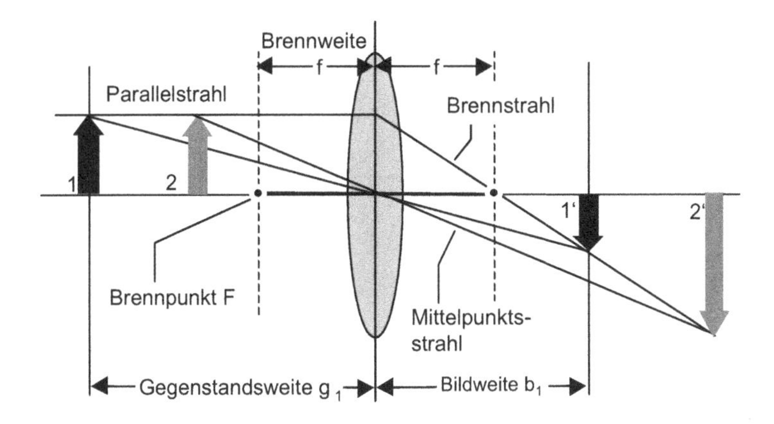

Abb. 5.9 Abbildungsverhältnisse bei verschiedenen Gegenstandsweiten

Gegenstandsweite von genau dem Doppelten der Brennweite ist auch die Bildweite genau zwei Brennweiten von der Linse entfernt, und das Bild ist genau so groß wie der Gegenstand: Man spricht von der Abbildung 1 : 1. Rückt der Gegenstand weiter zur Linse, so entfernt sich das Bild rasch auf der anderen Seite der Linse und wird rasch größer. Steht der Gegenstand genau in der Brennebene, so verlässt das Lichtbündel, das der Gegenstand aussendet, die Linse als paralleles Lichtbündel, und es entsteht überhaupt kein reelles Bild mehr, es ist der umgekehrte Fall der Ausgangssituation entstanden. Rückt man den Gegenstand schließlich noch ein bisschen näher an die Linse heran, so entsteht dahinter ein virtuelles Bild, das man zwar mit dem Instrument „Auge" betrachten, aber nicht auf einem Schirm auffangen kann: Die Linse funktioniert als Lupe (s. Abschn. 5.4.1).

Quantitativ lauten die Abbildungsgleichungen mit der Brennweite f, **Gegenstandsweite** g, der **Bildweite** b, der **Gegenstandsgröße** G und der **Bildgröße** B

$$\frac{1}{f} = \frac{1}{g} + \frac{1}{b} \tag{5.6}$$

und

$$\frac{B}{G} = \frac{b}{g} = \text{Abbildungsmaßstab } A \; . \tag{5.7}$$

Zur Konstruktion des Bildes einer Linse auf dem Papier dienen die Regeln für die drei ausgezeichneten Strahlen (Hauptstrahlen) **Brennstrahl**, **Parallelstrahl** und **Mittelpunktsstrahl** (Abb. 5.10): Der Brennstrahl wird hinter der Linse zum Parallelstrahl, der Parallelstrahl wird zum Brennstrahl, Mittelpunktsstrahl bleibt Mittelpunktsstrahl. Wo sich zwei dieser ausgezeichneten von einem Gegenstandspunkt ausgesandten Strahlen schneiden, liegt auf der anderen Seite der Linse der Bildpunkt, wie es Abb. 5.10 zeigt. Der optische Strahlengang ist umkehrbar.

Neben Linsen, die an beiden Seiten konvex gewölbt sind (**bikonvexe Linsen**), gibt es auch solche, die nur eine gekrümmte Seite haben (**plankonvexe Linsen**). Eine besonde-

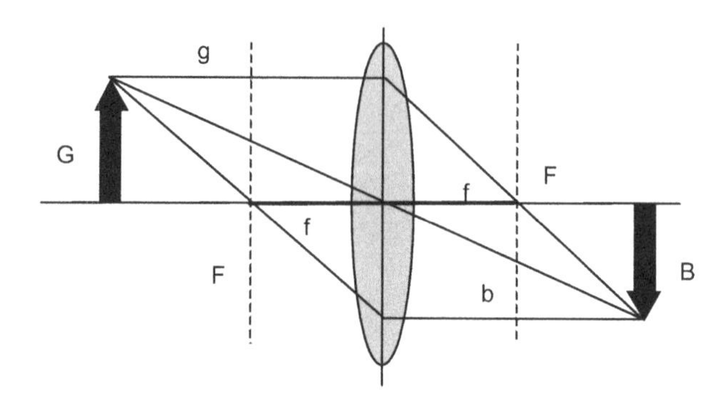

Abb. 5.10 Bildkonstruktion für eine Sammellinse

re Form einer solchen plankonvexen Linse ist die **Fresnel-Linse**. Wie Abb. 5.11a zeigt, kommt es für die Wirkung einer Linse nur auf die Anordnung der gekrümmten bzw. glatten Oberflächen an, den restlichen (für den Prozess der Brechung unwirksamen) inneren planparallelen Anteil des Linsenkörpers kann man auch „herausschneiden“ bzw. weglassen, z. B. die inneren Teile der Prismen in Abb. 5.8.

In der Praxis wird der gepunktet dargestellte Teil weggelassen, und man erhält eine glatte Oberfläche. Damit erhält man eine Linse wie in Abb. 5.11. Auf diese Weise wird die Linse sehr flach, ist aber aus Glas nur sehr aufwendig herstellbar. Da aber auch transparentes Plastikmaterial gute brechende Eigenschaften hat, kann man sie aus solchem Material gießen. Solche Fresnel-Linsen werden beispielsweise bei Tageslichtprojektoren und in Leuchttürmen verwendet.

Das bisher Gesagte gilt für **dünne Linsen**, bei denen man vereinfacht davon ausgeht, dass Richtungsänderungen von Strahlen sich an der Mittelebene der Linse (Hauptebene, in Abb. 5.8b gestrichelt dargestellt) vollziehen – eigentlich tritt ja wie beim Prisma an jeder brechenden Kante eine Richtungsänderung auf, wie dies in Abb. 5.8a exakt gezeichnet ist. Bei **dicken Linsen**, bei denen die Strecke im Glas einen deutlichen Anteil am Gesamtlichtweg hat, geht man von zwei Hauptebenen aus, von denen zu der jeweiligen Linsenseite hin die Größen wie Bildweite oder Brennweite gemessen werden. Wir gehen hier nicht weiter darauf ein.

a

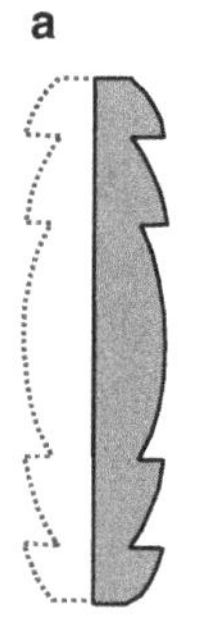

b

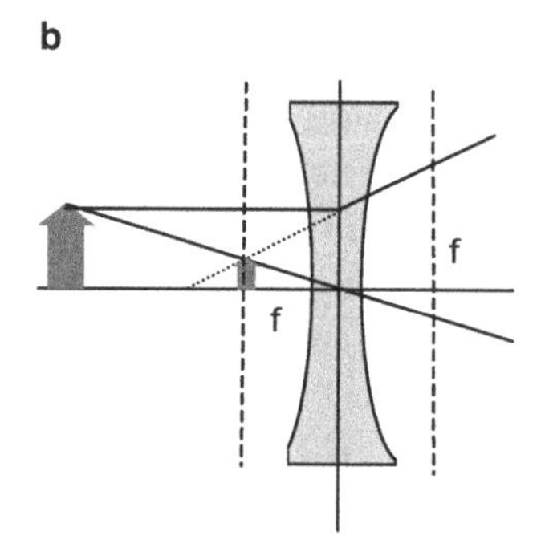

Abb. 5.11 Fresnel'sche Stufenlinse (**a**) und Ablenkung von Parallelstrahl, Mittelpunktsstrahl sowie Brennstrahl durch eine defokussierende Linse (**b**)

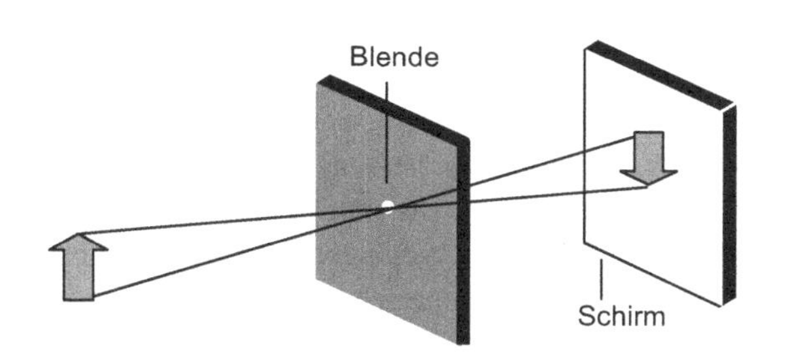

Abb. 5.12 Prinzip der Lochkamera

Zerstreuungslinsen

Neben den Konvexlinsen gibt es auch **Konkavlinsen** (Abb. 5.11b), deren Flächen einwärts gewölbt sind (sie sind daher in der Mitte dünner als am Rand). Wegen ihrer Wirkung heißen sie auch **Zerstreuungslinsen** (defokussierende Linsen), da sie das Licht nicht bündeln, sondern divergieren lassen, also zerstreuen. Sie können (wie der Wölbspiegel) keine reellen Bilder erzeugen, aber natürlich virtuelle und haben negative Brennweiten. Sie finden in Mehrlinsensystemen reichlich Verwendung und sind im Alltag vor allem als Brillengläser in Gebrauch (s. Abschn. 5.2.6).

Lochkamera

Wenn man nun nach allem, was oben zur Abbildung gesagt wurde, meint, dass zum Abbilden stets eine Linse oder ein Spiegel nötig sei, so ist dies nicht ganz richtig. Man kann auch lediglich die geradlinige Ausbreitung des Lichts ausnutzen, muss aber dafür sorgen, dass von jedem Punkt eines Gegenstandes nur ein schmales Lichtbündel auf dem Bildschirm abgebildet wird, damit das Bild nicht „verwaschen“ wird, so wie in Abb. 5.12 dargestellt. Dies ist das Prinzip der **Lochkamera**.

Entscheidend für die Abbildung ist das Loch der Blende. Freilich ist die Abbildung nicht „optimal“, denn je schärfer das Bild werden soll, desto kleiner muss jedes der Lichtbündel (d. h. die Lochblende) sein, was das Bild sehr lichtschwach werden lässt. Es gibt auch hier weder Brenn- noch Parallelstrahl, lediglich zu jedem Punkt des Gegenstandes den Mittelpunktsstrahl. Die Bildgröße ergibt sich aus Gegenstandsweite und Bildweite, für ein großes Bild eines Gegenstandes benötigt man kleines g und/oder großes b.

5.2.6 Auge und Sehfehler

Das Auge ist unsere „Kamera“ zum Empfang des Lichts, und dass wir zwei davon besitzen, hat auch seinen Sinn. Sie bestehen aus einem optischen System zur Abbildung und dem eigentlichen Detektorsystem (analog zum Chip einer Digitalkamera) dahinter. Die äußere Hülle des Augapfels ist die weiße feste Lederhaut (Aderhaut), die im vorderen Bereich zur durchsichtigen Hornhaut wird. In der Augenhöhle kann der Augapfel durch sechs Muskeln seitlich bewegt werden. In der vorderen Augenkammer, die bis zur Linse reicht und mit einer wässrigen Flüssigkeit gefüllt ist, trifft das Licht zunächst auf die Iris, welche die Pupille freigibt. Je nach Lichtstärke wird die Iris ohne unseren Willen geöffnet bzw. geschlossen (Adaption) wie eine Blende an einer Kamera (ca. 2 mm, bei völliger Dunkelheit nach 20 bis 30 min Adaptionszeit bis maximal 9 mm). Dahinter liegt die Augenlinse, die für etwa ein Drittel der gesamten Lichtbrechung im Auge verantwortlich ist (den Rest besorgen die anderen durchsichtigen Bestandteile). Ein Ringmuskel umschließt sie, um sie verschieden stark zu krümmen und damit ihre Brennweite an die gewünschten Abbildungsverhältnisse anzupassen (Akkommodation), da ja die Bildweite (unabhängig von der Gegenstandsweite) im Augenkörper stets die gleiche bleiben muss. Beim Nah-Sehen wird sie stärker gekrümmt, was man beim plötzlichen Wechsel von Fern- auf Nah-Sehen auch selbst spüren kann, beim Fern-Sehen ist der Muskel entspannt.

Die hintere Augenkammer wird großteils vom gallertartigen Glaskörper ausgefüllt, hinter dem der eigentliche Detektor liegt: die Netzhaut. Auf dieser Netzhaut liegen die nur lichtempfindlichen Stäbchen und die farbempfindlichen Zapfen (zusammen etwa 125×10^6) sowie die Nervenbahnen, welche die Signale einzeln (in der Nähe des Blickzentrums) bzw. mehrere Stäbchen/Zapfen verknüpfend (außen liegende Bildteile) schließlich gebündelt zum Sehnerv an das Gehirn (den „Computer" unserer „Kamera") weiterleiten. Die Stäbchen sind viel lichtempfindlicher und auch sehr viel zahlreicher als die Zapfen; das hat zur Folge dass wir bei wenig Licht keine Farben mehr sehen – „nachts sind alle Katzen grau".

Erst im Gehirn werden die beiden Augenbilder verarbeitet (z. B. Aufrichtung der auf dem Kopf stehenden Bilder) als auch die Augen gesteuert (Blickrichtung, Linsenkrümmung, Neigung beider Augen gegeneinander). Dort, wo der Sehnerv durch den Augenkörper tritt, sind natürlich keine Stäbchen/Zäpfchen, hier liegt der blinde Fleck des Auges.

Sehwinkel und Parallaxe

Wie groß ein Gegenstand gesehen wird, hängt allein vom **Sehwinkel** ab; ein naher Gegenstand bildet sich unter einem größeren Winkel auf der Netzhaut ab als ein ferner. Mithilfe von optischen Geräten (z. B. einer Lupe, vgl. Abschn. 5.4.1) lässt sich der Sehwinkel verändern. Damit steigt gleichzeitig das Auflösungsvermögen, und man sieht mehr Details.

Mit nur einem Auge kann man nicht räumlich sehen. Und die beiden Augen schauen beim Betrachten desselben Gegenstands auch niemals in exakt dieselbe Richtung, denn sie liegen im Kopf an verschiedenen Stellen. Dies wird jedem sofort deutlich, wenn man den Daumen am ausgestreckten Arm mal mit dem linken, mal mit dem rechten Auge gegen einen entfernten Hintergrund anpeilt: der Daumen „hüpft" hin und her um einen Winkel, den man **Parallaxe** nennt. Er ist umso größer, je näher der Gegenstand steht. Das Gehirn „misst" diesen Winkel und schätzt danach mithilfe der Lebenserfahrung die Entfernung.

Sehfehler

Die häufigsten Sehfehler sind Kurz- und Weitsichtigkeit. Bei der **Kurzsichtigkeit** kann die Augenlinse nicht völlig entspannt werden, sie bleibt stärker gekrümmt, oder der Augapfel ist zu lang. Die Akkommodation für die Ferne gelingt nicht mehr, und das Bild entsteht in einer Ebene vor der Netzhaut. Um Abhilfe zu schaffen, muss man lediglich die

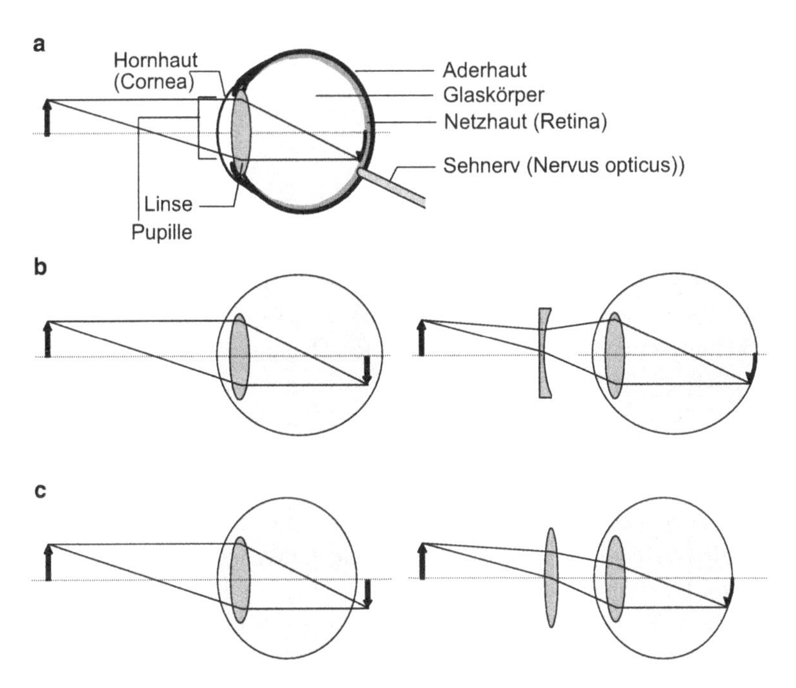

Abb. 5.13 Auge und Sehfehler. Normalsichtiges Auge (**a**). Bei Kurzsichtigkeit (**b**) entsteht das scharfe Bild vor der Netzhaut und wird erst bei Verwendung einer Konkavlinse (Zerstreuungslinse) wieder auf die Natzhaut gelegt. Bei Weitsichtigkeit (**c**) liegt das scharfe Bild hinter der Netzhaut und wird erst mithilfe einer Konvexlinse (Sammellinse) korrigiert

Brennweite der Augenlinse etwas verlängern, und das geht einfach mithilfe einer vor dem Auge befestigten Zerstreuungslinse, die man in einer Brille unterbringt (Abb. 5.13).

Weitsichtigkeit ist der umgekehrte Fall: Die Augenlinse ist zu schwach gekrümmt bzw. der Augapfel ist zu kurz, und das Bild wäre erst hinter der Netzhaut scharf. Also erhöht man die Brechkraft durch eine normale Sammellinse in der Brille (Abb. 5.13). Weitsichtigkeit tritt häufig als Altersweitsichtigkeit auf; der Muskel, der die Augenlinse zum Nah-Sehen krümmen soll, ist erschlafft, die Fähigkeit zur Akkommodation geht verloren (Lesebrille zur Korrektur).

Ein weiterer Sehfehler ist der **Astigmatismus**. Die Augenlinse ist dabei etwas zu „zylindrisch" geraten, der Brennpunkt der Strahlen, die z. B. in der horizontalen Ebene einfallen, liegt etwas entfernt vom Brennpunkt des in der vertikalen Ebene einfallenden Lichts. Auch dies kann leicht durch entsprechenden Schliff einer Brillenlinse korrigiert werden.

5.3 Wellenoptik

Einige Phänomene der Optik können mit dem einfachen Modell geometrischer Strahlenbündel nicht erklärt werden. Hier macht sich die Wellennatur des Lichtes bemerkbar. Die

Phänomene lassen sich vielfach durch Wellen im Wasser in Modellexperimenten veranschaulichen.

5.3.1 Wellennatur des Lichts

Christian Huygens (1629–1695) fasste Licht als eine sich fortpflanzende Welle auf. Jeder Licht aussendende Punkt soll Ausgang einer Kugelwelle (Elementarwelle) in den Raum sein (Modellversuch: Zwei Steine werden ins Wasser geworfen), die Wellen überlagern sich im Ausbreitungsraum (Huygens'sches Prinzip). Damit diese Überlagerung geordnet vor sich geht, müssen die Wellen **kohärent** sein, d. h. in ihren Frequenzen übereinstimmen und bestenfalls eine konstant bleibende Phasendifferenz (vgl. Abschn. 2.8.2) haben. Gewöhnlich müssen sie dazu aus der gleichen Quelle stammen. Haben sie auch noch die gleiche Phase, so können viele solcher Elementarwellenzüge sich zu einer ebenen Wellenfläche oder Wellenfront als Einhüllender überlagern (Abb. 5.14). Solche Wellenfronten finden wir z. B. in einem homogenen Lichtbündel vor, die Wellenfronten verlaufen in Ebenen senkrecht zur Lichtbündelachse.

In Abschn. 2.8.3 sind wir auf den Doppler-Effekt bei Schallwellen eingegangen. Auch beim Licht tritt der **Doppler-Effekt** auf, wenn sich die lichtaussendende Quelle gegenüber dem Beobachter auf ihn zu oder von ihm weg bewegt. Die Lichtgeschwindigkeit ändert sich dabei nicht, aber die Wellenlänge, die der Empfänger beobachtet. Insbesondere bei Linienemission (im optischen Bereich ebenso wie in allen anderen des elektromagnetischen Spektrums, also auch bei Molekükllinien im Radiobereich) gestattet die Blau- bzw. Rotverschiebung einer Spektrallinie gegenüber der Laborwellenlänge eine genaue Analyse der Kinetik des Objekts, freilich nur in Sehstrahlrichtung; auch hier gilt Gl. 2.56 für $v < c$. Insbesondere die mit der Entfernung zunehmende Rotverschiebung des Lichts ferner Galaxien trug maßgeblich zur Analyse des Aufbaus und der Entwicklung unseres gesamten Kosmos bei (Urknall und nachfolgend permanente weitere Expansion des Kosmos).

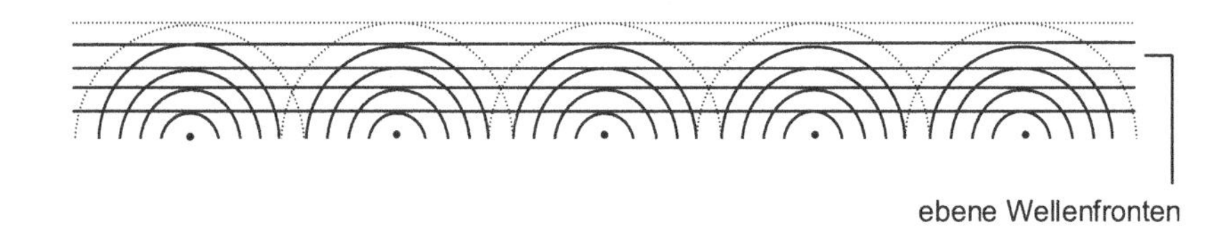

Abb. 5.14 Ebene Wellenfront

5.3.2 Interferenz

Unter Interferenz versteht man die Überlagerung von Wellen. Wirft man z. B. mehrere Steine gleichzeitig in einen Teich, so breiten sich kreisförmige Wellen von jeder Einschlagstelle aus, die sich dann gegenseitig durchdringen und je nach Phasenlage ein Wellenmuster erzeugen. An jedem Ort addieren sich die Amplitudenvektoren; trifft ein Wellenberg auf ein Wellental, so löschen sich an dieser Stelle die Wellenamplituden komplett aus, treffen Tal auf Tal oder Berg auf Berg, so verstärkt sich die resultierende Amplitude dort.

Das Licht verhält sich ebenso: Treffen Elementarwellen in Phase aufeinander, so ergibt sich eine **konstruktive Interferenz**, treffen sie gegenphasig aufeinander, so erhält man **destruktive Interferenz**, d. h. an dieser Stelle Dunkelheit. Beleuchtet man zwei Planspiegel, die minimal gegeneinander gekippt sind (Fresnel'scher Doppelspiegel), mit derselben Lichtquelle, so überlagern sich die reflektierten Bündel, die Lichtwellen interferieren, und es gibt in regelmäßigen Abständen Zonen, in denen Wellenberg auf Wellental stößt (dort herrscht Dunkelheit), und solche, in denen die Wellenberge und -täler jeweils zusammenfallen (dort ist es hell).

5.3.3 Beugung

Tritt eine gleichsam unendlich ausgedehnte ebene Wellenfront (breites kohärentes Lichtbündel) durch eine Blende, so wird sie durch deren Begrenzung abgeschnitten. An den Rändern der zunächst ebenen Wellenfront tritt wieder die Kugelform der Elementarwellen in Erscheinung, die zur Folge hat, dass ein Teil der Wellen am Rand auch in den Raum hineintritt, der nach geometrischer Vorstellung dunkel sein sollte. Diese Wellen interferieren dann hier nicht mehr zu einer ebenen Wellenfront. Dies tritt insbesondere dann deutlich zutage, wenn durch die Blende nur noch wenige Wellenzüge nebeneinander hindurchpassen und eine breite Wellenfront dahinter nicht mehr zustande kommt. Man sieht im Zentrum des Lichtbündels, das eine kleine Blende verlässt, Helligkeit und zum Rand hin helle und dunkle Zonen (Ringe im Fall einer Kreisblende), das Lichtbündel wirkt aufgeweitet. Eine große Öffnung erzeugt also geringe Beugungserscheinungen, eine kleine dagegen erhebliche.

Beugung am Spalt

Wir denken uns den Spalt in Abb. 5.15 in viele schmale Streifen zerlegt, von denen jeder nach dem Durchtritt von Licht als Ausgang einer Elementarwelle angesehen wird. Nach dem Huygens'schen Prinzip breiten sich nun nicht nur in der ursprünglichen Richtung des Lichtbündels Lichtwellen aus, sondern auch in den übrigen Raum hinter dem Spalt mit der Breite d. Betrachten wir eine Richtung im Winkel α zur geraden Durchtrittsrichtung (s. Abb. 5.15), so hat der Strahl in der Spaltmitte (Gangunterschied x gegenüber dem oberen Randstrahl) gegenüber dem am unteren Rand (Gangunterschied $2x$) eine Wegdifferenz

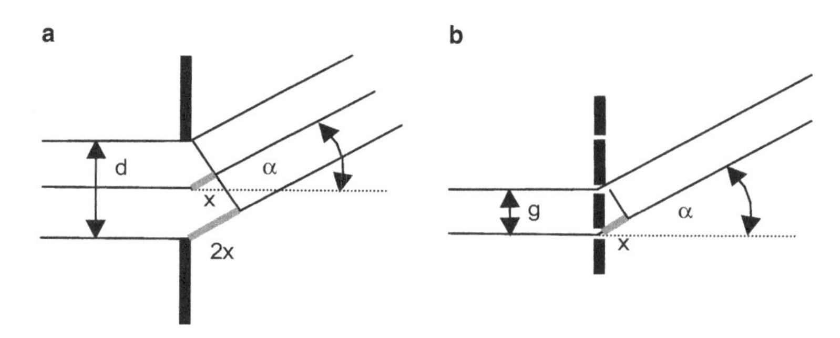

Abb. 5.15 Beugung am Spalt (**a**) und am Gitter (**b**)

von $x = d/2 \cdot \sin\alpha$. Entspricht dieser Gangunterschied der halben Wellenlänge, sind also die Wellenzüge gegenphasig (vgl. Abschn. 5.3.2), so herrscht hier Dunkelheit: $\lambda/2 = d/2 \cdot \sin\alpha$ oder $\lambda = d \cdot \sin\alpha$.

Dasselbe trifft aber auch für viele weitere Strahlenpaare entlang des Spalts zu und darüber hinaus nicht nur für Gangunterschiede λ, sondern auch für den Gangunterschied 2λ, 3λ usw., wir finden also für eine spezielle Wellenlänge stets Dunkelheit, wenn gilt:

$$n \cdot \lambda = d \cdot \sin\alpha \;, \tag{5.8}$$

mit $n = 1, 2, 3, 4$ usw. Dazwischen befindet sich jedes Mal ein heller Streifen.

Beugung am Gitter

Ein optisches Gitter ist nichts anderes als die Anordnung vieler enger Spalte in gleichmäßigem Abstand dicht nebeneinander. Die Beugung an jedem einzelnen Spalt soll hier unberücksichtigt bleiben. Wir betrachten jeden Spalt nun insgesamt als Ausgang einer Elementarwelle. Der Gangunterschied der Wellen im geraden Durchtritt ist natürlich überall null. Aber in einem Winkel α betrachtet, ergibt sich ein Gangunterschied $x = g \cdot \sin\alpha$ (Abb. 5.15b), wenn g der Abstand zweier Gitterspalte ist. Ist der Gangunterschied gleich einer oder mehrerer Wellenlängen, so interferieren hier alle Elementarwellen jeweils konstruktiv miteinander, man sieht bei der speziellen Wellenlänge Helligkeit:

$$n \cdot \lambda = g \cdot \sin\alpha \;. \tag{5.9}$$

Für jede Wellenlänge ergibt sich natürlich ein anderer Winkel α. Damit ist klar, dass ein solches Gitter Licht nach seinen Wellenlängen räumlich aufspaltet. Das Licht wird also spektral zerlegt. Je mehr Spalte vom einfallenden Lichtbündel getroffen werden, desto weiter liegen die hellen Zonen der einzelnen Wellenlängen des Lichts auseinander, d. h. die einzelnen Wellenlängen sind besser getrennt (aufgelöst). Dies nutzt man zur Spektroskopie, die ja zur Aufgabe hat, die einzelnen Wellenlängen des Lichts räumlich zu trennen (vgl. Abschn. 5.4.4). Denselben Effekt hat man, wenn man schräg auf eine CD blickt. Dort wirken allerdings die Spalte auf reflektiertes und nicht auf durchtretendes Licht.

Beugung an der Kreisblende

Wie zu Beginn dieses Kapitels dargestellt, tritt Beugung an jeder Lichteintrittsblende auf, also z. B. auch am Auge und am Fernrohr. Je kleiner die Öffnung, desto größer ist das Beugungsscheibchen einer punktförmigen Lichtquelle, das die Bildschärfe limitiert. Mit dem unbewaffneten (und nachtadaptierten) Auge kann man Details gerade noch erkennen, die ca. 1/60 Winkelgrad (1 Bogenminute) auseinanderliegen; mit einem Fernglas von 5 cm Objektivöffnung verbessert sich das Auflösungsvermögen auf zwei Bogensekunden.

5.3.4 Polarisation

Licht ist eine transversale Welle, d. h. die Schwingungsrichtung der Wellenamplitude verläuft stets senkrecht zur Ausbreitungsrichtung der Welle. Dadurch gibt es prinzipiell beliebig viele Schwingungsrichtungen in der Ebene senkrecht zur Ausbreitungsrichtung. Zwingt man nun alle Wellen, in nur einer einzigen Richtung zu schwingen, hat man die Wellen polarisiert.

Polarisation kann gemessen werden, indem man eine optische Anordnung, die nur Licht bestimmter Polarisation hindurchtreten lässt, in den Strahlengang einbringt und dreht, bis einmal maximale Helligkeit, einmal minimale Helligkeit gemessen wird. Aus dem Verhältnis der Helligkeiten ergibt sich der Grad der Polarisation, aus dem gemessenen Winkel des Maximums die Polarisationsrichtung.

Natürliches Licht (z. B. das der Sterne und der Sonne) ist unpolarisiert, alle Schwingungsrichtungen kommen mit gleicher Häufigkeit vor. Man kann alle vorkommenden Richtungen in der Ebene senkrecht zur Ausbreitung in zwei (gleich große) Komponenten eines Koordinatensystems zerlegen, eine in der Zeichenebene (Striche senkrecht zum Strahl in Abb. 5.16) und eine senkrecht zur Papierebene (in Abb. 5.16 angedeutet durch Punkte auf dem Strahl).

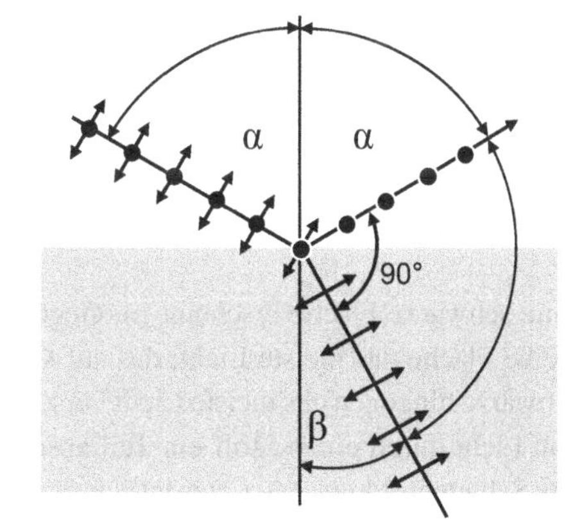

Abb. 5.16 Polarisiertes Licht durch Reflexion (Brewster'sches Gesetz): Die einfallenden Lichtwellen schwingen sowohl in der Zeichenebene (*Pfeile*) als auch senkrecht dazu (*Punkte*). Die reflektierten Wellen können nur noch die senkrecht schwingende Komponente besitzen, die gebrochenen nur noch die in der Zeichenebene

Polarisiertes Licht lässt sich auf verschiedene Weise herstellen: **Polarisationsfolien** können sowohl als Polarisator (Erzeugung) als auch als Analysator (Prüfgerät der Schwingungsrichtung) verwendet werden. Durch gewisse Substanzen wird nur Licht einer Schwingungsrichtung hindurchgelassen, die andere absorbiert. Aus unpolarisiertem wird dadurch polarisiertes Licht, das eine Analysatorfolie nur dann mit maximaler Helligkeit durchtritt, wenn die Schwingungsrichtungen beider Folien übereinstimmen.

Brechung: Licht tritt auf eine ebene Grenzfläche (z. B. Glas) und wird dort teilweise reflektiert, teilweise tritt es ein und wird gebrochen. Bei einem bestimmten Eintrittswinkel, dem Brewster-Winkel, der die Bedingung $\tan\alpha = n$ (n: Brechungsindex) erfüllt, stehen reflektierter und gebrochener Strahl senkrecht aufeinander. Dann müsste (s. unsere Komponentenzerlegung in Abb. 5.16) aber die Komponente, die in der Zeichenebene schwingt, nach der Reflexion in ihrer neuen Ausbreitungsrichtung schwingen, was für eine Transversalwelle unmöglich ist. Also ist der reflektierte Strahl vollständig senkrecht zur Zeichenebene polarisiert, der gebrochene in der Zeichenebene.

Doppelbrechung: Es gibt einige optisch durchsichtige Kristalle (z. B. Kalkspat), die optisch anisotrop sind. Sie haben die Eigenschaft, Licht verschiedener Polarisationsrichtung verschieden schnell hindurchtreten zu lassen, wenn es sich nicht entlang der Vorzugsrichtung (der optischen Achse) des Kristalls bewegt. Dies muss sich (vgl. Abschn. 5.2.4) in einer unterschiedlich starken Brechung auswirken. Es treten also zwei versetzte Teilstrahlen aus solch einem Kristall (Doppelbild), die jeweils senkrecht zueinander polarisiert sind.

Streuung: Die Streuung des Lichts kann ebenfalls polarisieren, nämlich dann, wenn die eine Schwingungskomponente des (zuerst unpolarisierten) Lichts nach der Streuung in der Ausbreitungsrichtung liegt. Das ist bei senkrechter Streuung der Fall. Auf diese Weise wird das Licht des (unbewölkten) Taghimmels polarisiert, am stärksten im Winkel von 90° zur Sonne.

Es gibt optisch aktive Substanzen, vor allem etliche organische (z. B. Zucker), welche die Richtung polarisierten Lichts verändern (d. h. den Polarisationswinkel drehen). Damit kann man den Zuckergehalt von Traubensaft messen (Mostgewicht in Grad Oechsle). Dieses Verfahren spielt bei der Weinbereitung eine wichtige Rolle. Andere Stoffe werden doppelbrechend, wenn man sie in ein elektrisches Feld verbringt (**Kerr-Effekt**).

5.3.5 Absorption

Eine schwarze Fläche erscheint im Gegensatz zu einer weißen deshalb dunkel, weil die weiße Fläche das meiste Licht, das auf sie einfällt, zurückstreut (vgl. Abschn. 5.2.2), die schwarze hingegen das meiste Licht verschluckt (absorbiert). Ebenso kann beim Durchtritt von Licht durch einen Stoff ein Teil absorbiert werden. Die **Absorption** trägt zusätzlich zur Schattenbildung ganz wesentlich zur Kontrastbildung in unserer Umwelt und damit zur Orientierung über das Sehen bei.

Absorption von Licht der Intensität I beim Durchtritt durch eine Substanz lässt sich durch ein Exponentialgesetz, das **Beer'sche Gesetz**, beschreiben:

$$I(x) = I(0) \cdot e^{-\alpha \cdot x} \tag{5.9}$$

für die durchlaufene Strecke x mit dem stoffabhängigen (und für Lösungen konzentrationsabhängigen) Absorptionskoeffizienten α.

Absorption ist genauso wie Durchsichtigkeit eine Stoffeigenschaft. Das Licht als Energieform ist natürlich nicht verschwunden, sondern seine Energie ist in den absorbierenden Körper eingetreten und macht sich in Form einer (vgl. Abschn. 3.3.3) Temperaturerhöhung bemerkbar. Ein sehr gut absorbierender Körper – ein sogenannter „**Schwarzer Körper**" – nimmt nun alles Licht auf und erhöht seine Temperatur so lange, bis die aufgrund seiner höheren Temperatur abgestrahlte Wärme (also Infrarotstrahlung) genau der Energiemenge entspricht, die er als Licht aufnimmt (vgl. Abschn. 3.3.3). Dann herrscht wieder Gleichgewicht (Strahlungsgleichgewicht), nun auf einem höheren Temperaturniveau als vorher. Dieses Gleichgewicht wird für einen Schwarzen Körper mithilfe des **Planck'schen Strahlungsgesetzes** (Gl. 3.24) beschrieben. Es sagt u. a. aus, dass die bei jeder Wellenlänge abgegebene Strahlung dieses Körpers nur von seiner Temperatur und von der Größe seiner Oberfläche abhängt.

Das Phänomen ist auch im Alltag gut bekannt; z. B. wird ein schwarzes Auto, wenn es in der Sonne steht, innen sehr viel wärmer als ein helles. Umgekehrt ist eine Thermoskanne zusätzlich zu ihrer Isolierung durch ein Vakuum zwischen Außen- und Innenwand innen noch verspiegelt, damit von innen auf die Wand treffende Wärmestrahlung wieder nach innen und von außen auftreffende wieder nach außen zurückreflektiert wird.

Nun gibt es nicht nur weiße, graue und schwarze Gegenstände in unserer Welt, sondern auch z. B. rote und grüne. Warum dies so ist, obwohl sie doch kein eigenes Licht produzieren und weißes Licht (z. B. Sonnenlicht) auf sie einstrahlt, wird in Abschn. 5.3.6 behandelt.

5.3.6 Farben

Weiß ist eine Mischung aus allen Farben. Dies kann man nachprüfen, indem man weißes Licht (z. B. das der Sonne) in seine Farben zerlegt. „Farbe" ist dabei eine durch das Auge vermittelte Sinnesempfindung, die von Licht bestimmter Wellenlänge ausgelöst wird. Sichtbares Licht reicht vom Violett (380 nm Wellenlänge) bis zum Tiefrot (750 nm).

Um die Farben des Lichts einzeln sichtbar bzw. messbar zu machen, d. h. weißes Licht in seine Farben räumlich zu zerlegen, kann man Beugung und Interferenz am Gitter ausnutzen (s. Abschn. 5.3.3). Die zweite Möglichkeit nutzt die Lichtbrechung in einem Prisma aus. In Abschn. 5.2.4 wurde als (dort zulässige) Vereinfachung angenommen, dass aufgrund der in Glas geringeren Lichtgeschwindigkeit jedes Licht in gleicher Weise gebrochen wird. Genau betrachtet stellt man allerdings fest, dass diese geringere Geschwindigkeit des Lichts für jede Wellenlänge etwas unterschiedlich ist. Violettes Licht ist geringfügig langsamer als das rote und erfährt deswegen auch eine etwas stärkere Brechung. Dieses Phänomen heißt **Dispersion** des Lichts. Die Folge davon ist die Aufspaltung des weißen Lichtbündels in seine verschieden Wellenlängen. Diese Farben sind elementar, d. h. man kann sie nicht noch weiter zerlegen. Die **Spektralanalyse** spielt in den Naturwissenschaften insgesamt eine große Rolle.

Vereinigt man ein kontinuierliches Spektrum hinterher wieder mit einer geeigneten Zylinderlinse, so ist der weiße Ausgangszustand wiederhergestellt. Vereinigt man nur einen Teil des Spektrums, so ergibt sich eine Mischfarbe. Diese Farbmischung wird **additive Farbmischung** genannt, man addiert farbige Lichtbündel. Auch mit nur jeweils zwei (speziell auszuwählenden) Farben kann sich weiß ergeben. Dies sind jeweils **Komplementärfarben**.

Die Farbe von Gegenständen, die nicht selbst leuchten, hängt mit selektiver Absorption zusammen. Nimmt die Absorption vom angebotenen Licht einen bei allen Wellenlängen gleichmäßigen Anteil heraus, so wird das Ergebnis grau sein. In vielen Fällen ist aber die Absorption stark wellenlängenabhängig. Nimmt man z. B. aus weißem Licht das Rot heraus (z. B. durch Farbfilter), so ergibt die Mischung der Restfarben die Komplementärfarbe Grün. Man spricht von **subtraktiver Farbmischung**. Auch das Zustandekommen der Malfarben geht wie jedes farbige Aussehen von nicht selbst leuchtenden Gegenständen auf subtraktive Farbmischung zurück; die Farben können nicht selbst leuchten. Im Gegenzug wirken Farben einer Abbildung überhaupt nicht mehr bunt, wenn man sie mit dem Licht nur einer einzigen Wellenlänge bestrahlt. In solchem Licht können bunte Gegenstände nun nicht selektiv verschiedene Farbanteile herausfiltern, weil sie ihnen gar nicht angeboten werden. Man sieht als Folge davon den bunten Gegenstand in diesem Licht nur noch in „Grautönen“.

Farben spielen in der belebten Natur eine herausragende Rolle. So absorbieren z. B. Pflanzen über die Chlorophylle in den Blättern große Teile des roten und blauen Lichtes (mit zusätzlichen Absorptionsanteilen auch im UV-Bereich), der nicht absorbierte Rest summiert sich zum Farbeindruck grün. Grelle Farben von Blüten oder Früchten locken Tiere an, wieder andere Farbgebungen tarnen und schützen bestimmte Lebewesen.

5.3.7 Röntgenstrahlung

Röntgenstrahlung ist elektromagnetische Strahlung von extrem kurzer Wellenlänge und daher hoher Energie (vgl. Tab. 5.1). Dadurch besitzt sie ein hohes Durchdringungsvermögen von Substanzen und ist daher zur physikalischen Analyse von Stoffen geeignet.

Erzeugt wird Röntgenstrahlung in speziellen Röntgenröhren. Hier werden in einem evakuierten Glaskolben durch Emission aus einem Glühdraht (Glühkathode) freie Elektronen erzeugt (vgl. Abschn. 4.3.4) und durch eine Hochspannung sehr stark beschleunigt. Sie treffen dann auf eine Metallanode und dringen in sie ein. Ein Teil der Elektronen wird nun im Feld der Elektronenhüllen des Anodenmaterials stark gebremst, d. h. negativ beschleunigt (vgl. Abschn. 4.5.4), wobei sie umso energiereichere Strahlung aussenden, je stärker der Bremsvorgang ist. Dieser Anteil wird **Bremsstrahlung** genannt, ihr Spektrum ist, weil der Bremsvorgang statistisch verläuft, kontinuierlich verteilt und in seiner Stärke und Lage seines Maximums von der Hochspannung und dem verwendeten Anodenmaterial abhängig.

Der zweite Anteil, die **charakteristische Strahlung**, kommt zustande, weil einige Elektronen durch Stoß aus Atomen der Anode Elektronen herausschlagen, die in den energiereichen untersten Elektronenschalen sitzen. Dann springen Elektronen aus darüberliegenden Schalen nach und füllen die untersten wieder auf. Wegen der gequantelten Energieniveaus der Schalen (s. Abschn. 5.1.1 und 6.2.1) sind die Energiedifferenzen und damit die charakteristische Strahlung diskrete Energiebeträge, es entsteht ein Röntgenlinienspektrum.

Gängige Anwendungen zur Analyse von Stoffen sind

- Röntgen-Aufnahmen, bei denen das verschiedene Durchdringungsvermögen zu verschiedener Schattenbildung auf dem Film führt (z. B. medizinische Röntgenaufnahmen, Materialkontrolle),
- die Röntgenbeugung an regelmäßigen Strukturen wie z. B. Kristallen.

5.4 Optische Geräte

Mithilfe von optischen Geräten kann man dreierlei erreichen:

- Man verändert (meist vergrößert) den Sehwinkel,
- man fängt mehr Licht ein als mit dem unbewaffneten Auge (z. B. Nachtfernglas),
- man erhöht die Bildauflösung.

5.4.1 Lupe

Das einfachste optische Gerät ist eine Lupe, eine Sammellinse, die man zur Vergrößerung des Sehwinkels und damit zur Vergrößerung des Bildes vor das Auge hält. Man könnte natürlich zur Erhöhung des Sehwinkels einfach mit dem Auge näher an den Gegenstand herangehen, das hat aber bei weniger als 10 cm keinen Sinn mehr, weil die Augenlinse nicht weiter akkommodieren kann. Die Lupe bringt man nun in eine etwas geringere Entfernung zum Gegenstand als ihrer Brennweite entspricht (Abb. 5.17). Dann treten die Lichtstrahlen fast parallel in das Auge. Nun sieht man mit der Lupe optimal bei deutlich vergrößertem Sehwinkel. Das Bild steht aufrecht, ist jedoch lediglich virtuell.

Die Vergrößerung eines optischen Gerätes wie einer Lupe hat man festgelegt als das Verhältnis der Sehwinkel, unter denen man den Gegenstand mit Lupe bzw. ohne Lupe und in 25 cm Entfernung (Bezugssehweite) sieht; dies entspricht dem Verhältnis von 25 cm

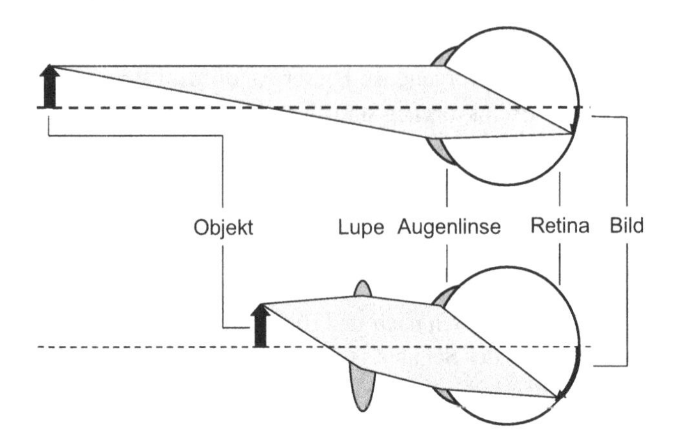

Abb. 5.17 Betrachtung eines Objektes ohne (*oben*) und mit Lupe (*unten*)

zur Brennweite der Lupe (in cm). Die Vergrößerung wird also umso höher, je kleiner die Lupenbrennweite ist. Mit Lupen erreicht man eine Vergrößerung von maximal etwa 30-fach.

5.4.2 Mikroskop

Reicht die Vergrößerung einer einfachen Lupe nicht aus bzw. ist der zu betrachtende Gegenstand sehr klein, so benutzt man ein **Mikroskop**. Es besteht prinzipiell aus zwei Sammellinsen (Abb. 5.18), die in einem Rohr (Tubus) montiert sind. Die erste – sie heißt **Objektiv**, weil sie dem Objekt zugewandt ist – hat eine extrem kurze Brennweite, damit man an das zu betrachtende Objekt zur Vergrößerung des Sehwinkels möglichst nahe an das Objektiv heranrücken kann, ohne dass die Gegenstandsweite geringer als die Brennweite wird und dann kein reelles Bild hinter der Linse entstünde.

Im Tubus des Mikroskops weit hinter dem Objektiv entsteht nun nach dem Abbildungsgesetz (Gln. 5.6 und 5.7) ein vergrößertes reelles Bild des Objekts, das auf dem Kopf steht und seitenverkehrt ist, was beim Mikroskop nicht stört (man kann ja das Objekt entsprechend herumdrehen). Dieses wird nun mit einer zweiten Linse – sie heißt **Okular**, weil sie dem Auge (lat. *oculus* = Auge) zugewandt ist – wie mit einer Lupe betrachtet und dabei nochmals vergrößert. Die Vergrößerungen (abermals definiert über das Verhältnis der Sehwinkel) sind oft auf dem Objektiv (z. B. 25 ×) und dem Okular (z. B. 8 ×) angegeben; die Gesamtvergrößerung ist dann das Produkt der beiden Zahlen. Bei modernen Mikroskopen findet man meist mehrere Objektive zur Wahl in einem drehbaren Objektivrevolver angeordnet, auch die Okulare sind austauschbar, um die Vergrößerung optimal wählen zu können. Sie haben außerdem noch eine Beleuchtungseinrichtung, denn mit steigender Vergrößerung wird das Bild immer lichtschwächer.

Die maximale Auflösung eines Lichtmikroskops beträgt ca. eine halbe Wellenlänge (etwa 0,3 µm). Um Strukturen sichtbar zu machen, die noch kleiner sind als die Lichtwellenlänge, kann man Licht offensichtlich nicht benutzen. Hier kommen **Elektronenmikro-**

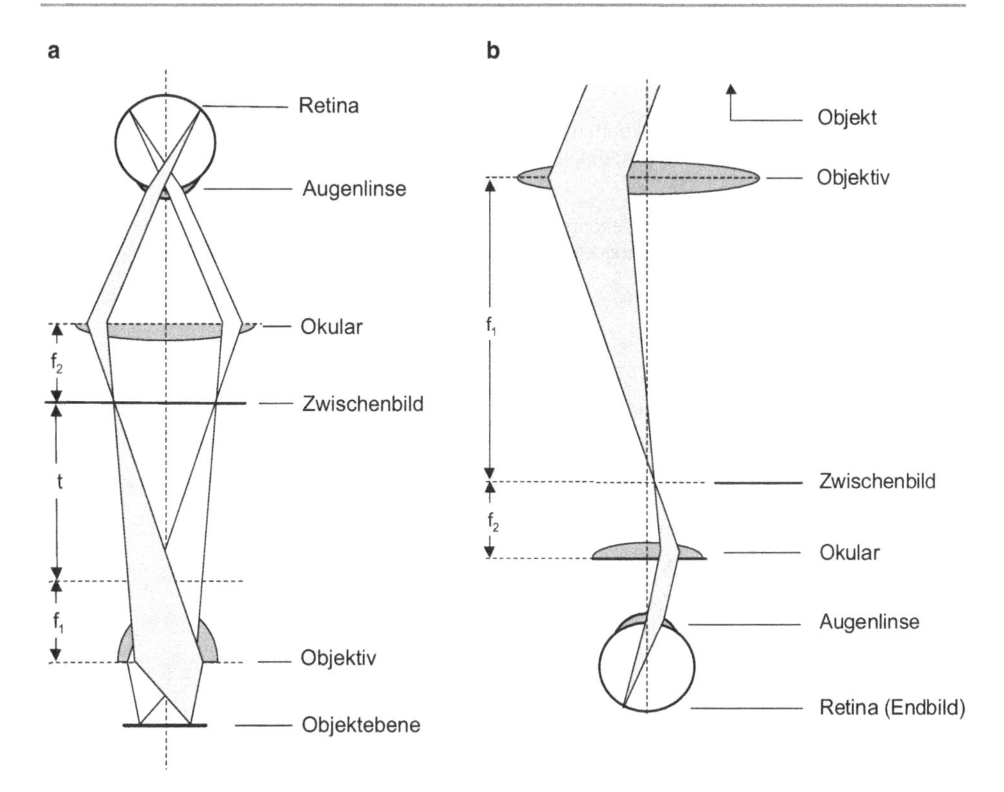

Abb. 5.18 Strahlengang im Mikroskop (**a**) und im astronomischen Fernrohr (**b**)

skope zum Einsatz (Abb. 5.19). Statt Lichtstrahlen werden exakt gebündelte Elektronenstrahlen verwendet, die nicht mit Glaslinsen fokussiert werden, sondern – da Elektronen elektrisch geladen sind – mit elektrischen und magnetischen Feldern (Abschn. 4.3.4).

Die ersten dieser Elektronenmikroskope arbeiteten über die Transmission (Durchtritt) des Strahls durch das zu untersuchende Objekt (TEM = Transmissionselektronenmikroskop). Rasterelektronenmikroskope (REM) nutzen die Rückstreuung des Elektronenstrahls durch das Objekt und aus dem Objekt gelöste Sekundärelektronen. Sie werden gebündelt (s. o.) und (z. B. durch eine Fernsehbildröhre) optisch sichtbar gemacht.

Rastertunnelmikroskope arbeiten wiederum völlig anders: Eine sehr scharfe Metallspitze wird gerastert so über eine Substanz bewegt, dass der Abstand (einige Zehntel nm) zwischen Spitze und Substanz, kontrolliert über einen durch den Tunneleffekt (vgl. Abschn. 6.3.3) verursachten Tunnelelektronenstrom, konstant bleibt. Das Bewegungsmuster der Spitze spiegelt die Oberflächenstruktur der Untersuchungssubstanz wider.

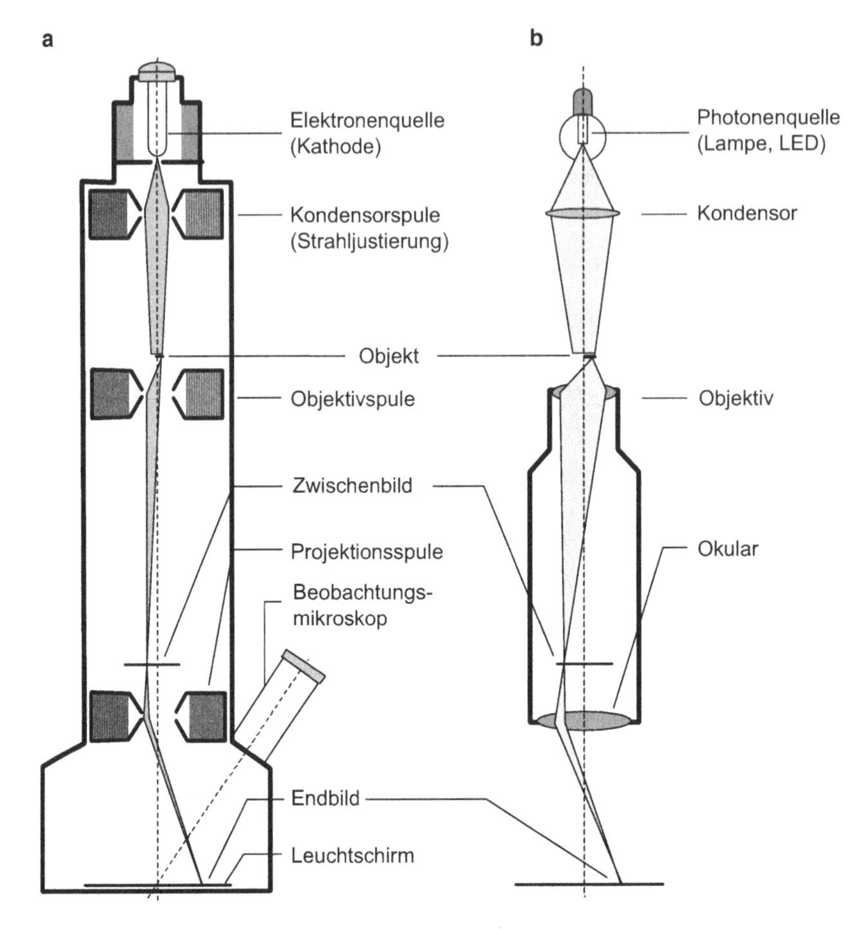

Abb. 5.19 Strahlengang im Transmissionselektronenmikroskop (TEM, **a**) und im Lichtmikroskop (LM, **b**). Das zum Vergleich abgebildete LM ist ein inverses Mikroskop (Utermöhl-Mikroskop)

5.4.3 Fernrohr und Fernglas

Kann man einen Gegenstand, den man vergrößert betrachten will, nicht nahe heranholen, so muss die Abbildung, die auch hier prinzipiell mit zwei Linsen funktioniert, anders gewählt werden., z. B. wie in dem auf Johannes Kepler (1571–1630) zurückgehenden **astronomischen Fernrohr** (vgl. Abb. 5.18). Das zu betrachtende Objekt stehe quasi unendlich weit entfernt, dann sind die vom Objekt ausgehenden Strahlen als parallel einfallend anzusehen. Wieder fungiert eine Sammellinse als Objektiv. Sie hat nun aber, da man den Sehwinkel nicht durch Herangehen vergrößern kann, eine große Brennweite, damit das vom Objektiv entworfene reelle Zwischenbild im Fernrohrtubus möglichst groß wird. Das – wiederum auf dem Kopf stehende und seitenverkehrte – Zwischenbild entsteht in der Brennebene des Objektivs, denn die einfallenden Parallelstrahlen werden zu Brennstrahlen (vgl. Abschn. 5.2.5). Dieses Zwischenbild wird nun wie beim Mikroskop mit einem

Okular als „Lupe" betrachtet, dessen Abstand vom Zwischenbild seiner Brennweite entspricht (Abb. 5.18). Die Vergrößerung ist auch hier wieder das Verhältnis der Sehwinkel mit und ohne Gerät; sie ergibt sich schließlich als das Verhältnis von Objektiv- zu Okularbrennweite; für eine hohe Vergrößerung braucht man also eine große Objektiv- und eine kleine Okularbrennweite. Dadurch werden Fernrohre besonders lang und unhandlich. Um beobachten zu können, ohne zu „verwackeln" (also ab etwa 10-facher Vergrößerung), muss ein solches Fernrohr auf eine solide Montierung gestellt werden.

Gerade bei Beobachtungen im Dunkeln und erst recht bei astronomischen Beobachtungen ist die einfallende Lichtmenge von größter Bedeutung. Man muss also das Objektiv möglichst groß machen. Dies hat noch den weiteren Vorteil, dass dadurch auch das dritte Ziel einer guten Abbildung erreicht wird: die Verbesserung der Auflösung (vgl. Abschn. 5.3.3, Beugung an der Kreisblende). Dies wird besonders deutlich am Hubble-Weltraumteleskop, dessen Optik (Objektdurchmesser > 2 m) frei von Verzerrungen durch die Erdatmosphäre die schärfsten je erzeugten Bilder von fernen Himmelsobjekten liefert.

Große Objektive mit Glaslinsen kann man nur bis zu einem Durchmesser von 1 m herstellen, denn Glas ist eine (erstarrte) Flüssigkeit und bei größeren Durchmessern „fließt" die Objektivlinse langsam aus ihrer Form. Für größere Teleskope verwendet man Parabolspiegel als Objektive.

Für astronomische Beobachtungen stören die große Baulänge und das umgekehrte Bild nicht sonderlich, aber für Beobachtungen auf der Erde schon. Daher haben die meist für terrestrische Beobachtung hergestellten **Ferngläser** (Feldstecher) – neben der Bequemlichkeit je eines „Fernrohrs" für beide Augen, auch für räumliches Sehen – in jedem Strahlengang zusätzliche Prismen, die so angeordnet sind, dass sie das Bild bei der mehrfachen Faltung des Strahlengangs aufrichten. Gleichzeitig ist dadurch die Baulänge erheblich reduziert und so nun ein bequemeres Beobachten möglich.

5.4.4 Spektrometer

Für die räumliche Aufspaltung des Lichts einer Lichtquelle nutzt man entweder die Dispersion bei der Lichtbrechung (Prisma, vgl. Abschn. 5.2.4) oder Beugung und Interferenz am Gitter (vgl. Abschn. 5.3.3). Beim Gitter ist paralleler Lichteinfall unabdingbar, beim Prisma nicht. Am Eintritt des Spektrometers befindet sich ein variabler schmaler Spalt, über eine Linse wird das Gitter bzw. das Prisma ausgeleuchtet, über eine weitere Linse wird der Eintrittsspalt auf den Detektor abgebildet. Ist der Spalt zu breit, so können benachbarte Wellenlängen nicht getrennt detektiert (d. h. aufgelöst) werden. Die Spaltbreite beeinflusst also maßgeblich die spektrale Auflösung (neben der Breite des Prismas bzw. der Anzahl der beleuchteten Gitterspalte). Der Detektor kann das Auge oder ein Photometer bzw. eine Kamera sein. Ist die Auflösung hoch, so ist das Gesichtsfeld am Detektor zu klein, um das gesamte Spektrum zu erfassen, und der Detektorarm des Geräts wird zur Beobachtung des ganzen Bereichs drehbar gelagert (Drehwinkelskala kalibriert auf eine Wellenlängenskala).

5.5 Fragen zum Verständnis

1. Wie entsteht Licht?
2. Besteht Licht aus Wellen oder Teilchen?
3. Wann ist der abnehmende Mond zu sehen?
4. Was unterscheidet Reflexion von Streuung?
5. Worauf ist das Phänomen der Lichtbrechung zurückzuführen?
6. Warum kann es in einem transparenten Medium zu Totalreflexion des Lichtes kommen?
7. Was unterscheidet reelle und virtuelle Bilder?
8. Warum entstehen hinter einer Lochkamera seitenverkehrte Bilder?
9. Wie verläuft der Strahlengang bei Kurz- und wie bei Weitsichtigkeit?
10. Wie bewerkstelligt man geometrisch die Konstruktion eines Bildes von einem Gegenstand durch eine Linse mit gegebener Brennweite?
11. Wodurch kommt das Phänomen der Lichtbeugung zustande?
12. Wie entstehen die Farben eines beleuchteten Gegenstandes?

Die Antworten zu diesen Fragen finden Sie im Anhang „Antworten und Lösungen zu den Fragen“.

6 Atom- und Kernphysik

Zusammenfassung
Der elementare Aufbau der Materie ist das Arbeitsgebiet der Atom- und Kernphysik. Erstere befasst sich mit dem Bau der Atomhülle und den Vorgängen darin, letztere mit den Atomkernen und den Elementarteilchen selbst. Hier werden die Denkweisen der klassischen Physik endgültig verlassen. Vielfach sind keine strikt kausalen Aussagen, sondern lediglich statistische Vorhersagen möglich, wie beispielsweise die Radioaktivität zeigt. Zudem ist die Kern- und Elementarteilchenphysik ein Gebiet intensiver Forschung, auf dem ein umfassendes Verständnis der Phänomene und vor allem deren Hintergründe auch im Zusammenhang mit der Entstehung des Kosmos noch vielfach fehlen. Auf Gebieten wie Allgemeine Feldtheorie oder Struktur und Energieinhalt des Kosmos tappen wir weitgehend im Dunkeln. Hier sind Revolutionen größten Ausmaßes zu erwarten.

6.1 Atome

Materie lässt sich nicht beliebig etwa durch fortgesetztes Halbieren in endlos kleine Portionen zerlegen. Bereits die Vorsokratiker Demokrit und Leukipp kamen aufgrund reiner Spekulation zu der Auffassung, dass man einen solchen Teilungsvorgang nicht unendlich wiederholen kann, und nannten die letzten nicht mehr teilbaren Teilchen **Atome** (von griechisch $\breve{\alpha}\tau o\mu \acute{o}\varsigma$ = unteilbar). In vielen Fällen sind allerdings die kleinsten Teilchen bestimmter Stoffe nicht Atome, sondern viel häufiger Moleküle oder Ionen, also Verbindungen der Atome in abgeänderter Form.

H. Bannwarth et al., *Basiswissen Physik, Chemie und Biochemie*,
https://doi.org/10.1007/978-3-662-58250-3_6

6.1.1 Bestandteile und Größenordnungen

Jedes Atom besitzt einen Kern, der sehr klein ist und die meiste Masse des Atoms in sich vereinigt. Er enthält die Kernbauteilchen (**Nukleonen**), zum einen die elektrisch positiv geladenen **Protonen** (p^+), zum anderen die 1932 durch James Chadwick (1891–1974) erstmals nachgewiesenen ungeladenen **Neutronen** (n). Um den Kern befindet sich eine fast leere Hülle, welche die seit 1897 aus Versuchen von Joseph J. Thomson (1856–1940) bekannten **Elektronen** (e^-) enthält, die man heute in die Teilchenfamilie der **Leptonen** (griech. λεπτός = leicht) einordnet. Sie sind 1836-mal masseärmer als die Protonen und Neutronen (Tab. 6.1). Nukleonen und Elektronen sind **Elementarteilchen**, aus denen die Materie im Kosmos aufgebaut ist (vgl. Abschn. 2.1.1). Das einfachste Atom (Wasserstoff) ist ca. 10^{-10} m groß, sein Kern ist dagegen 100.000-mal kleiner (10^{-15} m). Das Größenverhältnis Kern zu Schale ist damit etwa das gleiche wie das einer Stubenfliege zum Kölner Dom. Ein Atom ist wirklich „fast leer".

Die ersten grundlegenden Erkenntnisse über den Aufbau von Atomen stammen von Ernest Rutherford (1871–1937, Nobelpreis 1908). In seinem als Streuversuch berühmt gewordenen Experiment bestrahlte er eine Goldfolie mit der aus dem radioaktiven Element Radium emittierten Teilchenstrahlung. Lediglich ein kleiner Teil der radioaktiven Strahlung aus zweifach positiv geladenen Heliumkernen ${}^4_2\text{He}$ der Atommasse 4 (= α-Strahlen, vgl. Abschn. 6.3.3) wurde entweder reflektiert, wenn sie zentral auf einen positiven Kern stießen, oder abgelenkt, wenn sie in die Nähe des Kerns gelangten. Über 99 % der Strahlen hingegen traten ungehindert durch die aus vielen Goldatomen bestehende Folie. Daraus schloss Rutherford zutreffend, dass die Atome **größtenteils leer** sind. Die starke Ablenkung einzelner α-Strahlen erfolgt an den positiven Zentren (= Atomkernen) der schweren Goldatome, in denen die Masse auf engstem Raum zusammengedrängt ist.

In diesen kleinen Dimensionen werden andere Maßeinheiten als in der Makrophysik (Kap. 1) verwendet. Die **atomare Masseneinheit** u ist definiert als 1/12 der Masse des Kohlenstoffatoms ${}^{12}\text{C}$, das man als Bezugselement gewählt hat:

$$u = \frac{m({}^{12}\text{C})}{12} = 1{,}6603 \cdot 10^{-27}\,\text{kg}\,. \tag{6.1}$$

Die Atommasse eines bestimmten Atoms gibt nun definitionsgemäß an, um wie viel das betreffende Atom schwerer ist als 1/12 des Kohlenstoffatoms mit der Masse 12. Diese Zahl ist ohne Dimension und wird im internationalen Sprachgebrauch **Dalton** genannt. Sie ist niemals ganzzahlig und verschieden von der **Massenzahl** bzw. Nukleonenzahl A

Tab. 6.1 Ladung und Masse von Elementarteilchen

Elementarteilchen/Kernbaustein	Ladung	Relative Masse	Zeichen
Proton	+1	1	p^+
Neutron	0	1	n
Elektron	−1	1/1836	e^-

eines Atoms, die – ganzzahlig und dimensionslos – die Anzahl der Kernbauteilchen im betreffenden Atom angibt.

$$\text{Massenzahl} = \text{Protonenzahl} + \text{Neutronenzahl} \tag{6.2}$$

Die in Gl. 6.2 benannte Protonenzahl nennt man auch **Ordnungszahl** Z, denn sie gibt nicht nur an, wie viele Protonen sich im Kern des betreffenden Atoms befinden, sondern bestimmt auch, um welches Element im Periodensystem der Elemente (PSE, siehe letzte Doppelseite) es sich handelt. Sie ist gleichzeitig die Ladungszahl des Kerns (= Kernladungszahl). Ein jeweils durch seine Nukleonen festgelegtes Atom nennt man **Nuklid**. Die dafür übliche vollständige Schreibweise lautet:

$$^{\text{Massenzahl (Nukleonenzahl)}}_{\text{Ladungszahl (Protonenzahl)}}\text{Elementsymbol: } {}^{1}_{1}\text{H}\ {}^{4}_{2}\text{He}\ {}^{7}_{3}\text{Li}\ {}^{12}_{6}\text{C}\ .$$

Da ein chemisches Element bzw. Nuklid durch sein jeweiliges Elementsymbol absolut eindeutig gekennzeichnet ist, verzichtet man meist auf die Angabe der Ordnungszahl und gibt nur die Massenzahl an:

$$^{\text{Massenzahl (Nukleonenzahl)}}\text{Elementsymbol: } {}^{1}\text{H}\ {}^{4}\text{He}\ {}^{7}\text{Li}\ {}^{12}\text{C}\ .$$

Die elektrischen Ladungen im Atom sind stets ein Vielfaches der Elementarladung von $1{,}602 \cdot 10^{-19}$ C (Coulomb). Genau diese Ladung mit negativem Vorzeichen besitzt das Elektron, mit positivem Vorzeichen das Proton. Da Atome im elementaren Zustand nach außen hin neutral sind, besitzt ein ungeladenes Atom in diesem Zustand gleich viele Elektronen in der Hülle wie Protonen im Kern.

Mithilfe der Elementarladung definiert man auch eine Energieeinheit, das **Elektronvolt** (1 eV) als diejenige Energie, die ein Elektron beim Durchlaufen einer Spannung von 1 V erhält bzw. aufwenden muss (vgl. Gl. 4.7): $1\,\text{eV} = 1{,}602 \cdot 10^{-19}$ J. Wegen der oft vorkommenden geringen Energiebeträge ist diese Angabe handlicher als der Umgang mit der Einheit „Joule“.

6.1.2 Elemente und Isotope

Auf der Erde kommen 91 verschiedene natürliche **Elemente** mit den Ordnungszahlen 1 bis 93 vor. Der größte stabile Kern ist ${}^{208}_{82}\text{Pb}$. Das Element ${}^{209}_{83}\text{Bi}$ ist bereits instabil, allerdings mit einer extrem langen Halbwertszeit. Alle weiteren Elemente bis zum Uran Z = (92) bzw. Neptunium Z = (93) sind radioaktiv (mit steigendem Z sinken die Halbwertszeiten und steigt die Aktivität, s. Abschn. 6.3.3), Thorium Z = (90) und Uran (sowie stark eingeschränkt auch Neptunium Z = (93)) haben sehr lange Zerfallszeiten und sind noch messbar vorhanden. Die Elemente mit der Ordnungszahl 43 (Technetium, Tc) und 61 (Promethium, Pm) sind in allen Isotopen instabil (bei ziemlich kurzen Halbwertszeiten) und fehlen daher in der Natur fast völlig (vgl. Abschn. 6.5). Technetium ist aber trotzdem nachgewiesen worden: Es entsteht wie alle Elemente jenseits des Eisens ($Z = 26$) in Supernovaexplosionen, in denen es spektroskopisch beobachtet wird. Im **Periodensystem** der Elemente (PSE) sind alle nach ihren chemischen Eigenschaften angeordnet, vor allem nach dem Bau ihrer Elektronenhülle. Näheres dazu erläutert Abschn. 6.5.

Die Anzahl der Protonen bestimmt ein Element eindeutig, während die Anzahl der Neutronen im Kern variieren kann. Unterscheiden sich die Atome eines Elementes nur in der Anzahl an Neutronen und damit in ihrer Massenzahl, so spricht man von **Isotopen**, da sie am gleichen Platz im Periodensystem stehen (griech. ἴσος = gleich, τόπος = Platz). Alle Isotope eines Elements zeichnen sich durch die gleichen chemischen Eigenschaften aus, zeigen jedoch wegen der unterschiedlichen Massen geringe Abweichungen in der Reaktionskinetik, die man als **Isotopieeffekte** zusammenfasst. Die Neutronenanzahl liegt bei den leichten Elementen in der Nähe der Protonenzahl und steigt zu den schweren Elementen hin wegen der sich mit steigender Zahl zunehmend abstoßenden Protonen über deren Anzahl hinaus stärker an.

Die meisten Elemente kommen als Gemisch verschiedener Isotope vor (= **Mischelemente**), in dem im Allgemeinen ein Isotop häufiger ist als die anderen. Hierin liegt einer der Gründe für die nicht ganzzahligen Atommassen der Elemente. Nur 22 Elemente sind Reinelemente mit nur einem Isotop (darunter Be, Al, Na, F, Mn und Au). Mit zehn stabilen Isotopen besitzt Zinn (Sn) die meisten natürlich vorkommenden Isotope. In der Natur existieren etwa 500 natürliche Isotope. Künstlich hergestellt hat man etwa 1500.

Bereits das einfachste Element, Wasserstoff, ist ein Gemisch verschiedener Isotope. Das normale und bei weitem häufigste Wasserstoffatom besitzt im Kern nur ein Proton. Der schwere Wasserstoff **Deuterium**, für den man ausnahmsweise auch ein eigenes Elementsymbol D benutzt, besitzt ein Proton und ein Neutron. Künstlich erzeugter radioaktiver Wasserstoff (= Tritium, T) weist ein Proton und zwei Neutronen auf:

$$\underset{\text{Wasserstoff}}{{}^{1}\mathrm{H}} \quad \underset{\text{Deuterium}}{{}^{2}\mathrm{H}({}^{2}_{1}\mathrm{D})} \quad \underset{\text{Tritium}}{{}^{3}\mathrm{H}({}^{3}_{1}\mathrm{T})} \ .$$

Ein anderes Beispiel ist das Element Chlor (Cl), das zu 75 % aus dem Isotop ${}^{35}_{17}\mathrm{Cl}$ und zu 25 % aus dem Isotop ${}^{37}_{17}\mathrm{Cl}$ besteht. Viele, aber längst nicht alle Isotope sind radioaktiv und heißen dann **Radioisotope**. Bedeutsam bei sogenannten Tracer-Methoden in der biologischen Forschung ist unter anderem der Radiokohlenstoff (Radiocarbon) ${}^{14}_{6}\mathrm{C}$ (vgl. Tab. 6.4). Daneben gibt es zahlreiche künstlich hergestellte Radioisotope. Ihre Kerne zerfallen unter Aussendung energiereicher Strahlen (vgl. Abschn. 6.3.3).

6.2 Quantenmechanik

Beim Vordringen in atomare Dimensionen sowie bei der Untersuchung von Emissions- und Absorptionsprozessen von Licht zu Beginn des 20. Jahrhunderts traten u. a. drei wesentliche Phänomene auf, die mit der bisherigen „klassischen" Physik nicht vereinbar waren:

1. Bei zwei vollkommen gleich präparierten Systemen können unterschiedliche Messwerte registriert werden; es gibt lediglich bestimmte Häufigkeiten, mit denen die Werte auftreten.
2. Auch Teilchen zeigen Effekte, die – analog zur Interferenz des Lichtes – nur im Wellenmodell zu erklären sind.
3. Bei der Emission und Absorption von Licht durch Elektronen im Atomverband gibt es bestimmte charakteristische Lichtportionen fester Energie bzw. Frequenz (vgl. Gl. 5.1).

Eine befriedigende Erklärung brachte erst die ab 1923 entwickelte **Quantenmechanik**. Ihre Kernaussagen sind:

- Alle Phänomene sind gequantelt („Alles ist Teilchen").
- Teilchen halten sich nicht an feste Bahnen, sondern bewegen sich statistisch hin und her. Dabei kommt es zu Phänomenen wie Beugung und Interferenz, die man mit einem Wellenmodell beschreiben kann. Berechnen lässt sich hier lediglich die Wahrscheinlichkeit, ein Teilchen zu einer bestimmten Zeit an einem bestimmten Ort anzutreffen, also seine Aufenthaltswahrscheinlichkeit.
- In den makroskopischen Fällen, in denen mit den Mitteln der klassischen Physik erfolgreich gearbeitet werden kann, sind die Aufenthaltswahrscheinlichkeiten von Objekten extrem scharf – es gibt einen extrem kleinen Bereich, in dem sich ein Objekt mit $\approx 100\%$iger Wahrscheinlichkeit (= Sicherheit) aufhält. Dieser Bereich wandert kontinuierlich mit der Zeit, sodass man sich die Bewegung des Objektes als klassische Teilchenbahn vorstellen kann (Korrespondenzprinzip).

6.2.1 Bau der Atomhülle

Der dänische Physiker Niels Bohr (1885–1962; Nobelpreis 1922) erstellte 1913 als Erster ein verständliches Modell für den Hüllenaufbau der Atome, in dem er von diskreten „Bahnen" bzw. Schalen ausging, auf denen die Elektronen den Kern umkreisen (**Bohr'sches Atommodell**; Abb. 6.1). Sie werden nach diesem Modell einerseits von Zentrifugalkräften, andererseits von der Coulomb-Kraft (vgl. Abschn. 4.1.1) aufgrund ihrer elektrischen Ladungen auf ihrer Bahn gehalten. Tatsächlich gilt bis heute, dass in der Atomhülle einzig die (quantenmechanisch erweiterte) elektromagnetische Wechselwirkung wesentlich ist. Sie ist von den 4 Grundkräften (s. Exkurs in Abschn. 2.3.1) die einzige, die bislang als vollständig verstanden gilt. Je größer die Energie eines Elektrons ist, desto weiter weg vom Atomkern liegt seine Bahn. Die Elektronen in der Atomhülle unterscheiden sich lediglich durch ihre Energie, nicht aber durch Masse, Größe und Ladung. Die energetisch

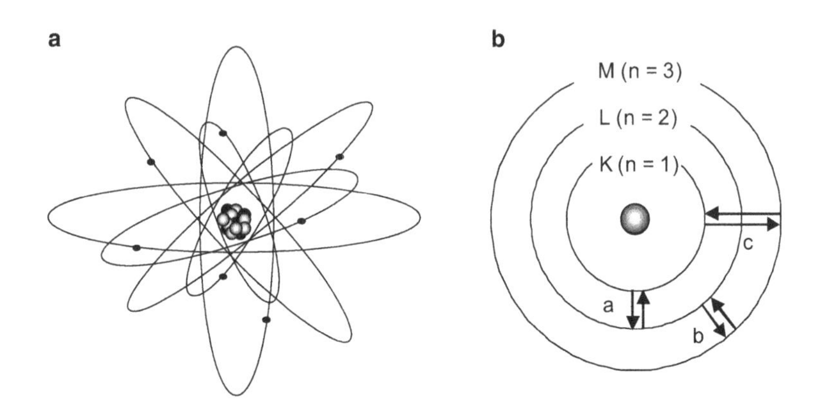

Abb. 6.1 Bohr'sches Atommodell mit kreisenden Elektronen auf planetenartigen Bahnen (nicht maßstabsgetreu) (**a**). **b** Elektronenschalen für die Hauptquantenzahlen $n = 1$, $n = 2$ und $n = 3$ (K-, L-, M-Schale) und Elektronenübergänge a–c zwischen verschiedenen Energieniveaus

unterschiedlichen Bahnen im Bohr'schen Modell (= Schalen) kennzeichnet man durch die Hauptquantenzahl n und ordnet den Werten $n = 1, 2, 3 \ldots$ die Buchstaben K, L, M usw. zu.

Bohr stieß jedoch bald auf die Schwierigkeit, dass die Bahnbewegung eine beschleunigte Bewegung ist, bei der das Elektron – klassisch betrachtet – Energie abstrahlen (und somit verlieren) müsste (vgl. Abschn. 2.8.4 und 4.5.4), was jedoch der Beobachtung widerspricht. Er konnte das Problem nicht lösen und half sich mit Postulaten:

- Elektronen bewegen sich strahlungsfrei auf festen Bahnen (diskreten Energiezuständen).
- Beim Springen von einer niedrigeren zu einer höheren Bahn muss eine bestimmte Energie $E = h \cdot \nu$ (vgl. Abschn. 5.1) aufgewendet werden. Genau dieser Energiebetrag wird beim Zurückfallen von der höheren zur niedrigeren Bahn in Form von Strahlung wieder frei.
- Der Betrag des Bahndrehimpulses eines Elektrons beträgt $L = n \cdot \hbar$ mit der Schalennummer n und dem Planck'schen Wirkungsquantum h, geteilt durch 2π.

In der von Arnold Sommerfeld (1868–1951) vorgenommen Erweiterung des Bohr'schen Atommodells laufen die Elektronen nun nicht auf Kreisbahnen, sondern auf Ellipsen. Deren große Halbachse entspricht der bereits benannten Hauptquantenzahl n, die kleine Halbachse der neu eingeführten **Nebenquantenzahl** mit den Werten $l = 0, 1, 2, 3$. Dieses Atommodell hat sich wie das von Niels Bohr als falsch herausgestellt, aber die Einführung der Nebenquantenzahl in der Interpretation als Bahndrehimpulsquantenzahl erwies sich als sehr nützlich. Nach dieser Nebenquantenzahl lassen sich die folgenden Elektronentypen unterscheiden:

$l = 0$ s-Elektronen (von ***sharp***)
$l = 1$ p-Elektronen (von ***principal***)
$l = 2$ d-Elektronen (von ***diffuse***)
$l = 3$ f-Elektronen (von ***fundamental***)

Die Bezeichnungen s, p, d und f sind historisch geprägt und vom Bild bestimmter Spektrallinien bei Energiesprüngen abgeleitet.

Da das im Prinzip so anschauliche Bohr'sche Atommodell sehr schnell an seine Grenzen stößt, war eine Lösung in anderer Richtung zu suchen. Sie kam durch Erwin Schrödinger (1887–1961, Nobelpreis 1933) und Werner Heisenberg (1901–1976, Nobelpreis 1932) mit dem Aufbau der Quantenmechanik. Sie geht das Problem nicht im Teilchenbild an, sondern schreibt den Teilchen Welleneigenschaften zu. Dass auch Licht gleichermaßen Teilchen- und Welleneigenschaften besitzt, wurde bereits in Abschn. 5.1.2 erläutert. Für Elektronen gibt es den gleichen Dualismus. Ihre Welleneigenschaften treten bei Teilchen umso stärker hervor, je kleiner bzw. massеärmer sie sind. Louis de Broglie (1892–1987, Nobelpreis 1929) hat die Wellenlänge für Teilchen durch Gleichsetzen von totaler Teilchenenergie ($E = m \cdot c^2$) und Lichtwellenenergie ($E = h \cdot \nu = h \cdot c/\lambda$) berechnet zu

$$\lambda = \frac{h}{m \cdot c} \quad \text{bzw.} \quad \lambda = \frac{h}{m \cdot v}\,, \tag{6.3}$$

wenn das Teilchen die Geschwindigkeit v besitzt. Mit den als Welle dargestellten Elektronen lassen sich mithilfe einer Wellengleichung, der **Schrödinger-Gleichung**, die Elektronenzustände als Aufenthaltswahrscheinlichkeiten mathematisch vollständig beschreiben. Aufstellen und Lösen der Schrödinger-Gleichung war einer der größten Erfolge der modernen Physik.

6.2.2 Orbitale

Man bekommt nun als Lösungen der Schrödinger-Gleichung für die Elektronen keine festen Bahnen mehr. Zusätzlich ist es nach der von Werner Heisenberg im Sommer 1927 auf Helgoland gefundenen **Unschärferelation** grundsätzlich nicht möglich, für ein Elektron zu einem bestimmten Zeitpunkt gleichzeitig seinen Aufenthaltsort x, die Bewegungsrichtung und die Geschwindigkeit (bzw. seinen Impuls p) anzugeben. Sie lautet:

$$\Delta x \cdot \Delta p \geq \frac{\hbar}{2} \tag{6.4a}$$

mit Δx und Δp als den jeweiligen Unschärfen in x und p. Sie gilt ebenso für die Unschärfen in Energie und Zeit in der Form

$$\Delta E \cdot \Delta t \geq \frac{\hbar}{2}\,. \tag{6.4b}$$

Man erhält nunmehr für jedes Elektron statt einer festen Kreis- oder Ellipsenbahn einen als **Atomorbital** (AO) oder einfach als **Orbital** bezeichneten Raum, in dem seine Aufenthaltswahrscheinlichkeit angegeben werden kann und in dem es gleichsam zur „Elektronenwolke“ verschmiert erscheint. Jede der Hauptschalen n (= Zustand gleicher Hauptquantenzahl) unterteilt sich in verschiedene Orbitale (= Zustände gleicher Nebenquantenzahl, also Neben- oder Unterniveaus, z. B. s-, p-, d-Niveaus). Größe und Form des Raumes, in dem sich ein Elektron mit größter Wahrscheinlichkeit befindet, hängen also von der Hauptquantenzahl n und der Nebenquantenzahl l (Bahndrehimpuls-Quantenzahl) ab. Diese Quantenzahl l kann Werte von 0 bis $(n - 1)$ annehmen. Die s-Elektronen ($l = 0$) haben quantenmechanisch keinen Bahndrehimpuls, ihr Orbital ist eine zentralsymmetrische Kugelschale ohne Achse (Abb. 6.2). Rechnerisch sind die Orbitale exakt die Lösungen der Schrödinger-Gleichung.

Die Orbitale können verschiedene Anordnungen im Raum haben, die u. a. durch Magnetfelder beeinflusst werden. Zur Kennzeichnung dieses Sachverhaltes verwendet man die magnetische Quantenzahl m. Sie beschreibt die Neigung des Drehimpulsvektors eines Elektronenzustands gegen ein äußeres Magnetfeld. Die Zahl der Einstellmöglichkeiten beträgt

$$m = 2l + 1 \,, \tag{6.5}$$

wobei m zum Beispiel für das d-Niveau (1 = 2) die fünf Werte −2, −1, 0, +1 und +2 annehmen kann (Abb. 6.4). Zu einem n gibt es also insgesamt n^2 verschieden angeordnete Orbitale.

Das einzige Elektron des Wasserstoffatoms weist die Nebenquantenzahl $l = 0$ auf und lässt sich demnach als kugelförmige, stehende bzw. in sich selbst zurücklaufende Welle im Raum um den Atomkern auffassen (Abb. 6.2). Weil es der K-Schale ($n = 1$) angehört, bezeichnet man sein kugelsymmetrisches Orbital auch als 1s. Das s-Orbital der L-Schale ($n = 2$) heißt demnach 2s, das der M-Schale 3s.

Bei den p-Orbitalen mit der Nebenquantenzahl $l = 1$ kann m die Werte −1, 0 und +1 annehmen, womit drei Stellungen im Raum möglich sind. Jedes der hantelförmigen p-Orbitale weist eine **Knotenebene** auf, in der die Aufenthaltswahrscheinlichkeit des Elektrons null ist (Abb. 6.3). Bei den d-Orbitalen bestehen fünf verschiedene Möglichkeiten (Abb. 6.4).

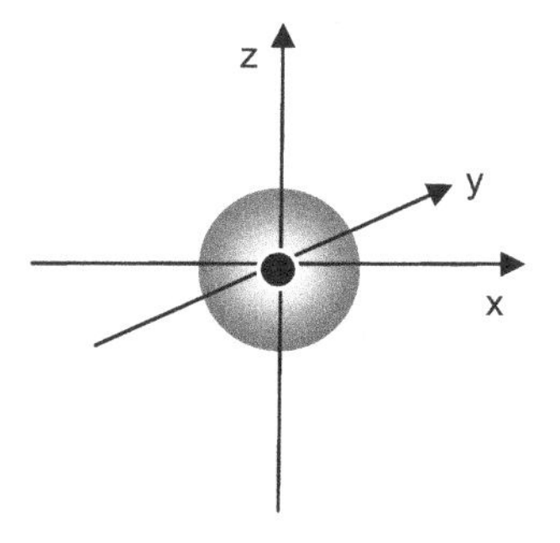

Abb. 6.2 Das s-Orbital ist immer kugelsymmetrisch

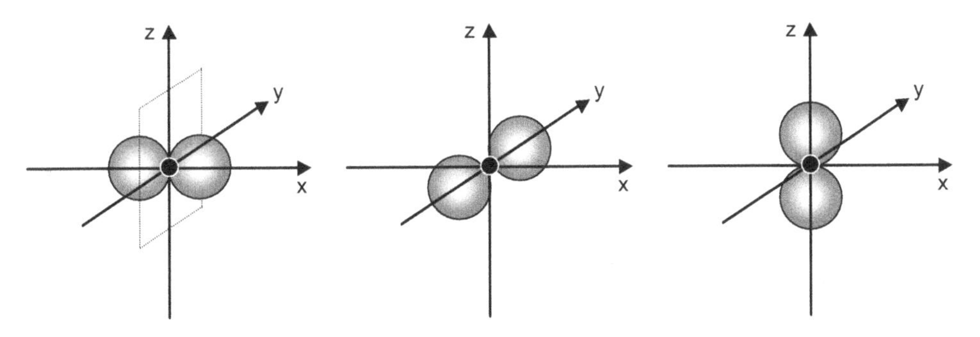

Abb. 6.3 Die drei möglichen p-Orbitale sind hantelförmig

Wie die meisten Elementarteilchen besitzen auch die Elektronen einen gequantelten Eigendrehimpuls, den **Spin** (Elektronenspin). Je nachdem, ob die Spinstellung zum Bahndrehimpuls parallel oder antiparallel ist, nimmt die Spinquantenzahl s die Werte $+1/2$ oder $-1/2$ an. Die Spinrichtung gibt man auch mit Pfeilen an (↑ bzw. ↓). Wegen der Quantelung sind auch hier Zwischenzustände verboten. Teilchen mit halbzahligem Spin werden auch **Fermionen** genannt. Sie haben die Eigenschaft, dass in einem abgeschlossenen System jedes einen wenigstens leicht unterschiedlichen Energiezustand aufweisen muss. Dies ist die Aussage des **Pauli-Verbots** (Pauli-Prinzip, nach Wolfgang Pauli 1900–1958). Das Pauli-Prinzip sagt also aus, dass in einem Atom keine zwei Elektronen in allen vier Quantenzahlen (n, l, s, m) übereinstimmen. Daher können sich auf einem Unterniveau auch nicht beliebig viele Elektronen befinden, sondern wegen der möglichen unterschiedlichen

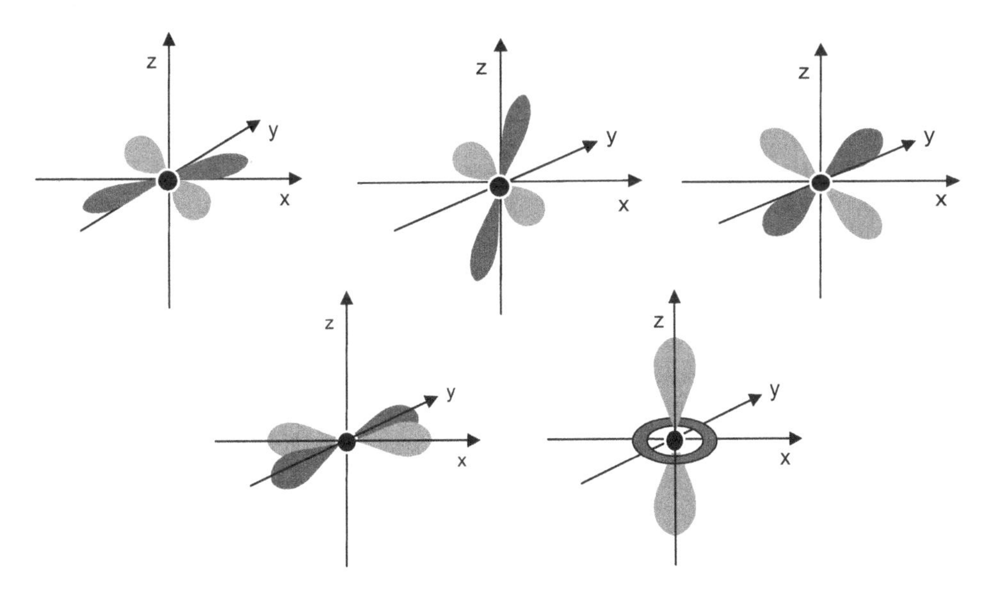

Abb. 6.4 Form und Orientierung der fünf d-Orbitale

Tab. 6.2 Orbitale und Elektronenbesetzung

Schale	Hauptquantenzahl n	Nebenquantenzahl l	Orbitalform	Magnetische Quantenzahl m	Zahl der Elektronen pro Unterschale	Elektronen pro Gesamtschale
K	1	0	1s	0	2	2
L	2	0	2s	0	2	8
		1	2p	−1, 0, +1	6	
M	3	0	3s	0	2	18
		1	3p	−1, 0, +1	6	
		2	3d	−2, −1, 0, +1, +2	10	
N	4	0	4s	0	2	32
		1	4p	−1, 0, +1	6	
		2	4d	−2, −1, 0, +1, +2	10	
		3	4f	−3, −2, −1, 0, +1, +2, +3	14	

Spinausrichtung ist die Zahl der möglichen Elektronenplätze für die unterste Schale (K-Schale) $n = 1$ insgesamt 2, für die nächste (L-Schale) 8, die dritte (M-Schale) 18 usw.

Mit den vier benannten Quantenzahlen n, l, s, m lässt sich der Zustand der Elektronen eindeutig und vollständig angeben. Tab. 6.2 fasst die Charakterisierung der Atomhüllen bis $n = 4$ zusammen:

Die Spinquantenzahl s beträgt in allen Fällen $\pm 1/2$. Bis zur Hauptschale $n = 4$ werden sukzessiv alle Ortbitale besetzt. Bei der Hauptschale $n = 5$ werden nur die Orbitale $l = 0$ bis $l = 2$ mit Elektronen besetzt (Ausnahme: Neptunium mit Z = 93 als letztes natürlich vorkommendes Element besitzt ein Elektron mit l = 3); l = 3 oder 4 wäre zwar theoretisch möglich, ist aber energetisch ungünstig. Bei $n = 6$ reicht die Besetzung nur bis $l = 2$, bei $n = 7$ werden nur s-Zustände ($l = 0$) besetzt (Elemente mit $Z \geq 87$).

Um experimentell Aufschluss über den Aufbau der Elektronenhülle zu erhalten, hat man Elektronen aus der Hülle durch Beschuss mit beschleunigten Elektronen in einer Vakuumröhre nach und nach einzeln abgetrennt, wobei geladene Atome (= **Ionen**) entstehen. Diesen Vorgang nennt man **Stoßionisation**, da das Atom nunmehr als Ion vorliegt. Waren die Atome zuvor gasförmig, spricht man nun von einem **Plasma** als weiterem Aggregatzustand (vgl. Abschn. 2.7.1 sowie 7.1). Der umgekehrte Vorgang, das Wiederherstellen des Zustandes mit der vollständigen Zahl an Elektronen, heißt **Rekombination**. Hierbei wird die Ionisationsenergie wieder abgegeben, meist in Form von Strahlung. Ionisation und Rekombination bestimmen z. B. die Vorgänge in einer Leuchtstoffröhre (vgl. Abschn. 5.1.1).

Je mehr Energie zum Herausstoßen eines Hüllenelektrons (Stoßionisation) benötigt wird, desto näher befindet es sich am Atomkern und desto stärker ist seine Bindungs-

Tab. 6.3 Ionisierungsenergien (in eV) für die ersten sechs Elemente des Periodensystems

Element	Abgespaltenes Elektron					
	1	2	3	4	5	6
H	13,6					
He	24,6	54,4				
Li	5,4	75,6	122,4			
Be	9,3	18,2	153,9	217,7		
B	8,3	25,1	37,9	259,3	340,1	
C	11,3	24,4	47,9	64,5	391,9	489,8

Tab. 6.4 Einige in der biologischen und medizinischen Forschung eingesetzten Radioisotope und ihre Halbwertzeiten (h = Stunden, d = Tage, a = Jahre)

Isotop	Symbol	Zerfallsart	Halbwertszeit $T_{1/2}$
Tritium	^{3}H	β^-	12,32 a
Radiocarbon	^{14}C	β^-	5730 a
Calcium-45	^{45}Ca	β^-, γ	163 d
Phosphor-32	^{32}P	β^-	14,26 d
Schwefel-35	^{35}S	β^-	87,5 d
Cobalt-60	^{60}Co	β^-, γ	6,2 a
Iod-123	^{123}I	γ	13,2 h

energie. Innere Schalen entsprechen deshalb höherer Ionisierungsenergie, äußere Schalen geringerer Ionisierungsenergie. Umgekehrt besitzen Elektronen auf den inneren Schalen niedrigere potenzielle Energie als auf den äußeren. Die für die Stoßionisation erforderliche Energie (Tab. 6.3) gibt man in Elektronenvolt (eV) an.

Sind bei Atomen die äußersten Nebenschalen mit jeweils $l = 0$ und $l = 1$ nicht abgeschlossen, d. h. noch nicht vollständig mit Elektronen besetzt, so können sich zwei oder mehrere gleiche oder auch verschiedene Atome zusammentun und ihre äußeren Schalen sozusagen miteinander teilen, also eine **chemische Bindung** eingehen, um den Schalenabschluss zu erreichen, der energetisch besonders günstig ist. Es entsteht ein **Molekül** (vgl. Abschn. 6.5 und Kap. 8).

6.3 Atomkerne

Der Bau der Atomhülle wird ausschließlich durch die (quantisierte) elektromagnetische Kraft (Wechselwirkung) bestimmt – die Gravitation kann hier vernachlässigt werden, denn sie ist 39 Größenordnungen schwächer. Der Atomhüllenaufbau gilt als restlos bekannt. Der Aufbau der Atomkerne ist ungleich komplizierter. Hier treten zwei weitere Wechselwirkungen auf. Vieles ist noch unbekannt.

6.3.1 Kernkräfte

Außer dem normalen Wasserstoff, der nur ein einzelnes Proton enthält, besitzen alle übrigen Atomkerne mehrere Nukleonen in Form von Protonen und Neutronen. Sie liegen im Kern äußerst eng gepackt vor, sodass der Kern eine enorm hohe Dichte besitzt (ca. $10^{14}\,\mathrm{g\,cm^{-3}}$). Sie ist für alle Atomkerne gleich.

Protonen und Neutronen sind ihrerseits zusammengesetzt aus **Quarks**, die in den 1980er-Jahren durch Experimente in Hochgeschwindigkeitsbeschleunigern entdeckt wurden. Sechs verschiedene Typen von Quarks sind bekannt. Sie tragen die Bezeichnungen ***up*** (u) und ***down*** (d) sowie *strange* (s), *charm* (c), *bottom* (b) und *top* (t). Protonen bestehen aus zwei *up*-Quarks und einem *down*-Quark: $p^+ = (uud)$. Neutronen sind aus zwei *down*- und einem *up*-Quark zusammengesetzt: $n = (ddu)$. Die vier weiteren Quarks s, c, b und t sind instabil und können als höher energetische Zustände der beiden Grundquarks angesehen werden. Die gesamte stabile Materie besteht also nur aus den beiden Quarks u und d und den Elektronen.

Bemerkenswert sind die elektrischen Ladungen: Das u-Quark trägt eine nicht ganzzahlige Ladung, nämlich $+2/3$ der Protonenladung. Die Ladung des d-Quarks ist dagegen 1/3 der Ladung eines Elektrons, nämlich $-1/3$. Entsprechend der Quarkzusammensetzung (uud) erhält man somit für die Protonenladung $2/3 + 2/3 - 1/3 = 1$ und für die Ladung eines Neutrons (ddu) entsprechend $2/3 - 1/3 - 1/3 = 0$.

Dass insbesondere das Neutron aus kleineren Teilchen zusammengesetzt ist, hätte man viel früher als erst in den 1980er-Jahren erkennen können: Das Neutron besitzt ein magnetisches Moment (vgl. Abschn. 4.4.2), und das ist nur möglich, wenn darin elektrische Ladungen enthalten sind!

Quarks besitzen zusätzlich eine **Starke Ladung** („Farbladung"), jedes der drei Quarks im Proton oder Neutron eine unterschiedliche. Man bezeichnet sie mit „rot", „grün" und „blau". Diese Attribute sind natürlich nicht wörtlich zu nehmen, sondern lediglich in Analogie zur Farbenlehre zu sehen. Die drei Quarks werden durch die **Starke Wechselwirkung** zusammengehalten, eine der vier Grundkräfte im Kosmos (vgl. Exkurs in Abschn. 2.1.2). Die drei Farbladungen kompensieren sich gegenseitig bezüglich der Starken Wechselwirkung; ein Nukleon ist daher bezüglich dieser Wechselwirkung nach außen hin neutral, also „weiß" bzw. „farblos". Sein direkter Nachbar im Kern bemerkt allerdings, dass das Nukleon intern eine asymmetrische Ladungsverteilung aufweist, es ist sozusagen an einer Seite „etwas blauer" als an einer anderen. Dies gilt auch für das Nachbar-Nukleon, und so ziehen sich direkt benachbarte (an sich farbladungsneutrale) Nukleonen doch durch die Starke Wechselwirkung an, wenn auch bei weitem nicht so stark wie die Quarks im Inneren der Nukleonen. Diese Anziehungskraft wird **Kernkraft** genannt.

Die Anziehung der Quarks untereinander ist so stark, dass diese niemals einzeln als freie Teilchen vorkommen. Dies hat seine Ursache darin, dass das Potenzial der Starken Wechselwirkung, dessen Verlauf bisher nur ungenügend verstanden wird, mit dem Abstand der Quarks stark zunimmt (und nicht wie bei der Gravitation sowie der elektromagnetischen Wechselwirkung abnimmt!). Die Folge ist, dass, bevor zwei Quarks getrennt werden können, sich aus dem extrem angewachsenen Energiefeld (vgl. Gl. 2.1) neue Quark-Antiquark-Paare bilden. Quarks sind daher keine frei vorkommenden Elementarteilchen, sondern lediglich Urteilchen.

Elektronen dagegen sind sowohl Elementarteilchen als auch gleichzeitig Urteilchen (sie sind nach heutiger Kenntnis nicht mehr teilbar). Die Kernkraft, welche die Protonen und Neutronen im Kern zusammenhält, ist also eine Restkraft der Starken Wechselwirkung (ähnlich wie die Van-der-Waals-Kräfte Restkräfte der elektromagnetischen Wechselwirkung sind, vgl. Abschn. 2.7.4), sie ist aber immer noch stärker als die gegenseitige elektrische Abstoßung der Protonen. Freilich erfahren nur jeweils direkt benachbarte Nukleonen diese Kraft, ein übernächster Nachbar sieht ein Nukleon tatsächlich neutral bezüglich der Starken Wechselwirkung. Daher wirkt die Kernkraft nur zwischen direkt benachbarten Nukleonen. Dies ist für die endliche Stabilität von Kernen wichtig.

Im Atomkern sind die Energien der Teilchen gequantelt – es gibt auch hier Energieniveaus wie in der Elektronenhülle, auch wenn die Nukleonen im Kern dicht an dicht liegen. Da Nukleonen wie Elektronen einen halbzahligen Spin besitzen, gilt auch hier das Pauli-Verbot. Jedes Nukleon hat seinen eigenen Energiezustand (Schalenmodell des Kerns).

Da Leptonen wie die Elektronen (und Neutrinos, s. unten) keine Starke Ladung besitzen, kann auf sie die Starke Wechselwirkung nicht wirken, sie treten im Kern nicht auf.

6.3.2 Stabilität

Größere Kerne mit mehr Nukleonen besitzen mehr Teilchen im Kerninneren als kleine Kerne, die fast nur Außennukleonen aufweisen. Damit haben die Nukleonen größerer Kerne im Durchschnitt mehr Nachbarn, an denen sie sich festhalten können. Also steigt die Bindungsenergie pro Nukleon mit steigender Nukleonenzahl zunächst an (Abb. 6.5).

Die besonders am Anfang der Stabilitätskurve deutlichen Zacken resultieren aus der Schalenstruktur der Kerne; Kerne mit abgeschlossener Schalenstruktur sind besonders stabil, wie dies auch für die Atomhülle gilt. Mit steigender Protonenzahl nimmt nun aller-

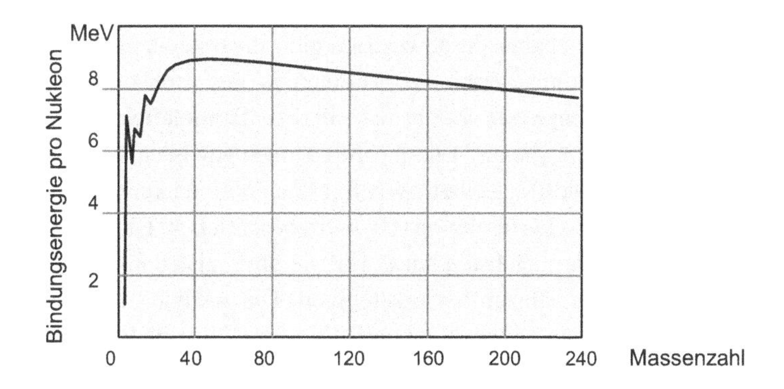

Abb. 6.5 Bindungsenergie pro Nukleon für Kerne verschiedener Massenzahl

dings auch die interne elektrische Abstoßung der Protonen zu, die nicht auf den jeweils allernächsten Nachbarn begrenzt ist, sondern nur langsam mit $1/r^2$ abnimmt (vgl. Gl. 4.1 in Abschn. 4.1.1). Ab dem Eisen ($Z = 26$, $A = 56$) nimmt daher die Bindungsenergie pro Nukleon wieder ab; dies führt schließlich zur Instabilität von Kernen mit $Z > 82$ ($Z = 82$: Blei). Darüber hinaus führt die Protonenabstoßung dazu, dass schwere Kerne mehr Neutronen als Protonen besitzen, welche die Protonen zum gewissen Teil abschirmen (z. B. ^{238}Uran: 92 Protonen und 146 Neutronen).

Die Differenz zwischen der Bindungsenergie der Ausgangskerne und des daraus fusionierten Kerns wird, wie bei einer chemischen Bindung, beim Eingehen der Bindung frei. Hierin liegt der Grund für die Energiefreisetzung bei der Kernfusion (vgl. Abschn. 6.3.5). Diese Energie wird durch Umsetzung von ca. 0,7 % der Kernmasse gewonnen, was zur Folge hat, dass Kerne stets etwas weniger Masse besitzen als die Summe ihrer einzelnen Nukleonen: Dieser **Massendefekt** wird nach der bekannten Einstein'schen Formel $E = m \cdot c^2$ (vgl. Gl. 2.1 in Abschn. 2.1.2) als Bindungsenergie frei.

6.3.3 Radioaktivität

Die von selbst erfolgende Umwandlung eines instabilen Elementes in ein anderes durch Veränderung seines Kerns wird als Radioaktivität bezeichnet. Sie wurde 1896 von Antoine Henri Becquerel (1852–1908) entdeckt. In der überwiegenden Mehrzahl aller vorkommenden Zerfallsarten ist sie mit der Aussendung hochenergetischer Teilchen verbunden. Grundsätzlich gibt es zwei verschiedene Arten von Zerfallsprozessen, den α-Zerfall und den β-Zerfall.

α-Zerfall

Zu schwere Kerne haben nach Abschn. 6.3.2 zu viele Protonen und müssen davon welche abgeben, um wieder einen stabilen Zustand zu erreichen. Der **Mutterkern** gibt allerdings nicht einzelne Protonen ab, sondern ein **α-Teilchen**, eine in sich ganz besonders stabile Konfiguration aus zwei Protonen und zwei Neutronen, die also identisch mit einem Heliumkern ist. Diese Art der Teilchenabgabe nennt man **α-Zerfall**.

Die austretenden α-Teilchen haben durchweg Energien, die unter denjenigen liegen, die nach klassischer Vorstellung nötig wären, um das Potenzial des Atomkerns als freie Teilchen zu verlassen. Die Quantenphysik erklärt dies mit dem **Tunneleffekt**, der es Teilchen erlaubt, sich mit sozusagen „geliehener" Energie durch einen gewissen Teil des Potenzialberges hindurch zu tunneln. Dieses „Leihen" von Energie für einen kurzen Zeitraum wird durch die Heisenberg'sche Unschärferelation (Gl. 6.4b) beschrieben. Diejenigen Teilchen, die dem Potenzialberggipfel am nächsten sind, weil sie am meisten eigene Energie aufweisen, können dies am zahlreichsten bewerkstelligen: Die Aktivität einer Substanz ist mit der Energie der austretenden Teilchen gekoppelt (**Geiger-Nuttall-Regel**).

Die Massezahl des entstehenden **Tochterkerns** ist um 4, die Ordnungszahl um 2 vermindert (Abb. 6.6). Da die Energieniveaus im Kern gequantelt sind, tritt das α-Teilchen

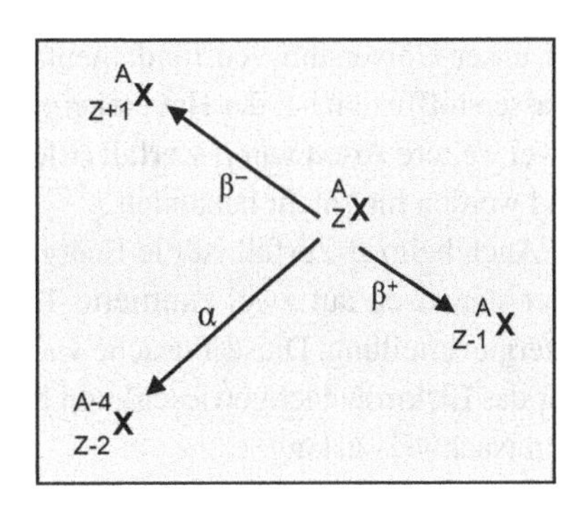

Abb. 6.6 Änderung der Kernladungszahl Z und der Massezahl A beim α- und β-Zerfall

mit einer für jeden Kern charakteristischen Energie aus, die umso größer ist, je instabiler der Kern war (d. h. je kürzer seine Halbwertszeit ist, s. unten).

β-Zerfall

Da große Kerne mehr Neutronen enthalten als kleine, besitzt beispielsweise nach einem α-Zerfall der Tochterkern eventuell zu viele Neutronen, was ihn abermals instabil werden lässt. Hier kommt nun eine neue Wechselwirkung ins Spiel, die **Schwache Wechselwirkung**. Sie hat eine so kurze Reichweite, dass ihre anziehende oder abstoßende Wirkung nicht messbar ist, sondern lediglich ihre umwandelnde Wirkung (vgl. Exkurs in Abschn. 2.3.1), die sich als **β^--Zerfall** äußert:

$$n \rightarrow p^+ + e^- + \bar{\nu} \ . \tag{6.6}$$

Ein Neutron wandelt sich dabei in ein Proton, und es entsteht gleichzeitig ein Elektron und ein (Anti-)Neutrino, also ein nichtsymmetrisches Teilchen-Antiteilchen-Paar. Die **β^--Strahlen** sind nichts anderes als **Elektronen**. Beim β^--Zerfall bleibt also die Massenzahl A konstant, während sich die Ordnungszahl Z um 1 erhöht (Abb. 6.6). Das Neutrino ist ein elektrisch neutrales Elementarteilchen mit einer sehr geringen Masse, die erst in jüngster Vergangenheit abgeschätzt werden konnte (ca. 10^{-7} Elektronenmassen). Es weist so gut wie gar keine Wechselwirkungen mit anderer Materie auf, sodass sein Nachweis extrem schwierig ist.

Auch der umgekehrte Fall, der **β^+-Zerfall**, kommt vor, wenn ein Kern zu viele Protonen besitzt, aber nicht α-instabil ist:

$$p^+ \rightarrow n + e^+ + \nu \ . \tag{6.7}$$

Ein Proton wandelt sich in ein Neutron, und es entsteht ein Antielektron (Positron, e^+) und ein Neutrino (ν), also ebenfalls wieder ein Teilchen-Antiteilchen-Paar. A bleibt wiederum konstant, Z nimmt um 1 ab (vgl. Abb. 6.6). Das Positron ist allerdings nicht langlebig. Sobald es auf sein zugehöriges Antiteilchen (ein Elektron) trifft, wird es mit diesem zusammen paarweise zu γ-Strahlung vernichtet (vgl. Abschn. 2.1.2). Dieser β^+-Zerfall ist für unser Universum von fundamentaler Bedeutung, da dies der erste Teilprozess in der Wasserstofffusion ist, der Hauptenergiequelle der Sterne und der Sonne (s. Abschn. 6.3.5). Zwei weitere Arten von β-Zerfall (Elektroneneinfang und Neutrinoabsorption) sind selten und werden hier nicht behandelt.

Auch beim β-Zerfall ist die Energie der austretenden Teilchen gequantelt. Da sie sich aber statistisch auf zwei emittierte Teilchen verteilt, besitzen beide eine kontinuierliche Energieverteilung. Diese Tatsache war zunächst nicht erwartet worden (man hatte anfangs nur das Elektron nachgewiesen) und führte dazu, das Neutrino zu postulieren, lange bevor sein Nachweis gelang.

γ-Emission

Der radioaktive Zerfall ist für einen Kern ein erheblicher Einschnitt in sein Gefüge, sodass er sich danach im Allgemeinen nicht mit allen seinen Nukleonen im Grundzustand befindet, sondern in einem angeregten Zustand. Genau wie in der Elektronenhülle der Sprung eines Elektrons in seinen Grundzustand mit der Emission elektromagnetischer Strahlung verbunden ist, so ist dies auch hier der Fall. Allerdings liegt die Strahlung wegen der hier erheblich größeren Energieniveaudifferenzen im Bereich der **γ-Strahlen**. Wegen der Quantelung der Niveaus tritt auch diese Strahlung als Linienstrahlung auf, wobei jeder Kern sein spezifisches Linienspektrum besitzt.

6.3.4 Zerfallsgesetz

In der klassischen Physik ist man gewohnt, dass alle Teilchen einer stabilen Konfiguration (z. B. Wasser im Glas) im System verbleiben und dass das erste nicht mehr stabile weitere Teilchen sofort das System verlässt (der Wassertropfen, der ein Glas zum Überlaufen bringt). Dies ist in der Quantenphysik nicht der Fall, da hier alle Vorgänge statistische Prozesse sind, für die man nur Wahrscheinlichkeiten angeben kann. So ist es absolut unmöglich, für ein einzelnes Uranatom vorherzusagen, ob es in der nächsten Sekunde zerfällt oder noch 10^{10} Jahre weiter bestehen wird. Über eine sehr große Zahl von Atomen gemittelt ist jedoch eine präzise Vorhersage möglich, in welcher Zeit z. B. die Hälfte einer radioaktiven Substanz zerfallen sein wird. Die Anzahl der Zerfälle dN ist verständlicherweise proportional zur ursprünglichen Anzahl vorhandener Atome N und der Zeitdauer der Beobachtung dt, die Proportionalitätskonstante (Zerfallskonstante) λ ist materialabhängig:

$$dN = -\lambda \cdot N \cdot dt \quad \text{oder} \quad \frac{dN}{N} = -\lambda \cdot dt \,. \tag{6.8}$$

Das Minuszeichen zeigt an, dass die Substanz abnimmt. Durch Integration in den Grenzen von N_0 bis $N(t)$ bzw. von 0 bis t ergibt sich $\ln N - \ln N_0 = -\lambda \cdot t$ oder (entlogarithmiert)

$$e^{\ln N - \ln N_0} = e^{-\lambda \cdot t} \quad \text{bzw.} \quad N(t) = N_0 \cdot e^{-\lambda \cdot t} \,. \tag{6.9}$$

Dies ist das **Zerfallsgesetz der Radioaktivität** (vgl. Abschn. 1.2). Die Zerfallskonstante hat die Dimension einer inversen Zeit, ihr Inverses ist die **mittlere Lebensdauer**, die angibt, nach welcher Zeit noch $1/e = 0{,}37$ der Ausgangssubstanz vorhanden ist. Gebräuchlicher ist allerdings die **Halbwertszeit $T_{1/2}$**, nach der die Hälfte der Substanz zerfallen ist (Gln. 6.10 und 6.11; Tab. 6.4).

$$\frac{N_0}{2} = N_0 \cdot e^{-\lambda \cdot T_{1/2}} \,, \tag{6.10}$$

woraus folgt:

$$T_{1/2} = \frac{\ln 2}{\lambda} \,. \tag{6.11}$$

6.3.5 Kernenergie

Eine angemessen ausführliche Behandlung des Themas würde diesen Rahmen sprengen, deshalb soll hier nur ein sehr schematischer Überblick gegeben werden.

Kernspaltung

Seit der ersten künstlichen Kernspaltung (1939) durch Otto Hahn (1879–1968), Fritz Straßmann (1902–1980) und Lise Meitner (1878–1968) wissen wir, dass sich bestimmte schwere Atome teilen lassen. Wie aus Abschn. 6.3.2 hervorgeht, lässt sich Energie als Bindungsenergie der Kerne freisetzen, indem man sich dem Maximum der Stabilitätskurve (Abb. 6.5) von der einen oder der anderen Seite nähert. Demnach setzt man aus sehr großen Kernen Energie frei, wenn man sie in zwei ca. halb so große Kerne zerteilt (spaltet). Das hierfür geeignete und natürlich vorkommende Material ist das Uranisotop ^{235}U, das aber nur zu weniger als 1 % im natürlichen Uran (mit über 99 % nicht spaltbarem ^{238}U) enthalten ist. Da sein geringer Anteil für das Aufrechterhalten einer Reaktion nicht ausreicht, muss man es für ein **Brennelement** anreichern, und zwar auf 3 %. Dies erfolgt durch Zentrifugieren des gasförmigen Uran-Hexafluorids, das danach in Uran-Oxid umgewandelt und in die Brennelemente verbracht wird.

Spontan ereignet sich die Kernspaltung nur äußerst selten. Der Spaltungsprozess muss durch **Aktivierung** des ^{235}U-Kerns angestoßen werden, was durch das Beschießen mit Neutronen geschieht. Nach dem Eindringen eines Neutrons in den Kern entsteht der Zwischenkern ^{236}U mit deutlich mehr Bindungsenergie als ^{235}U, weil er symmetrischer ist (gerade Protonen- und Neutronenanzahl). Diese bei seiner Bildung frei werdende Energie lässt ihn vollends instabil werden – er zerplatzt in zwei Bruchstücke, die jeweils etwas unterschiedlich sein können. Es entstehen also mehr als nur zwei Tochtersubstanzen. Bei einer solchen Spaltung entstehen ebenso zwei oder mehr weitere freie Neutronen, die nun ihrerseits den Aktivierungsprozess fortsetzen, und zwar lawinenartig (aus 2 werden 4, dann 8, 16 usw.). Um also nach dem Anfahren ein stabiles Gleichgewicht der Spaltung zu erzielen, braucht man deshalb ein **Steuerelement**, ein Material, das die zu vielen

Neutronen absorbiert. Solche Steuerstäbe werden in den Reaktor mehr oder weniger tief zwischen die Brennelemente (die das Spaltmaterial enthalten) hineingefahren.

Da der Aktivierungsprozess besser mit langsamen als mit schnellen Neutronen abläuft, die bei der Spaltung entstehenden Neutronen aber schnell sind, muss man sie durch Stöße mit einem **Moderator** verlangsamen, z. B. mit Wasser. Schließlich muss man die freigesetzte Energie – zum Großteil in Form von kinetischer Energie der Reaktionspartner – zu ihrer Nutzung auch abtransportieren; dies erfolgt mit einem **Kühlmittel**, z. B. mit Wasser. Das Wasser kann also hier gleich zwei Aufgaben übernehmen.

Die Spaltprodukte sind nahezu ausnahmslos radioaktiv, weil die Tochterkerne (mit etwa nur halb so vielen Protonen) zu viele Neutronen enthalten, um stabil zu sein, und weil diese Kerne sich in einem angeregten Zustand befinden (vgl. Abschn. 6.3.3). Die Halbwertszeiten können sehr unterschiedlich sein, was eine lange (gefordert sind 10^6 Jahre!) sichere Lagerung erfordert. Hier ergibt sich das bisher ungelöste Problem der Endlagerung.

Kernfusion

Der Prozess der Kernfusion ist für uns in mehrfacher Hinsicht von fundamentaler Bedeutung. Zum einen ist dies die Energiequelle der Sterne und der Sonne; auf die Strahlungsenergie der Sonne sind wir zwingend angewiesen. Zum anderen gäbe es ohne Fusionsprozesse der Sterne im Kosmos keinerlei Elemente jenseits von Wasserstoff und Helium, denn nur diese beiden sind während der Entstehung des Kosmos im Urknall entstanden. Es gäbe keinerlei Moleküle außer dem Wasserstoff H_2. Es könnte somit auch keine Lebewesen im Kosmos geben!

Die Entstehung der Elemente jenseits des Heliums bis zum Eisen geschah/geschieht durch solche (exothermen) Fusionsprozesse. Die Entstehung der Elemente jenseits von Eisen ($Z > 26$) mit wieder abnehmender Bindungsenergie erfolgt durch (endothermen) Neutroneneinfang in eruptiven späten Sternstadien und anschließende Betazerfälle, bei denen Z jeweils ansteigt.

Hier soll exemplarisch nur der Hauptstrang des Proton-Proton-Zyklus der Wasserstofffusion angesprochen werden. Er gliedert sich in folgende Teilreaktionen:

$$p^+ + p^+ \rightarrow {}^2_1D + e^+ + \nu \qquad (6.12a)$$

$${}^2_1D + p^+ \rightarrow {}^3_2He + \gamma \qquad (6.12b)$$

$${}^3_2He + {}^3_2He \rightarrow {}^4_2He + 2p^+ + \gamma \qquad (6.12c)$$

Die erste Reaktion ist ein β^+-Zerfall (vgl. Gl. 6.7), bei dem sich, bevor sich beide Protonen wieder abstoßen, eines in ein Neutron verwandelt und somit der schwere Wasserstoff (Deuterium) entsteht. Dieser Prozess (der aufgrund der Schwachen Wechselwirkung abläuft) hat eine sehr geringe Wahrscheinlichkeit, weshalb die Sonne sehr sparsam mit ihrem „Brennstoff" umgeht. Das ist wiederum für die Entwicklung von Leben auf der Erde von fundamentaler Wichtigkeit. Beim zweiten Prozess wird ein weiteres Proton stabil eingelagert. Der entstehende Kern ist somit kein Wasserstoff mehr, sondern (leichtes) Helium. Im dritten Schritt entsteht das bekannte ^{4}He, 2 überschüssige Protonen gehen in den Prozess zurück. Im zweiten und dritten Schritt entsteht außerdem noch γ-Strahlung. Im Kern der Sonne, in dem Fusion nur möglich ist, werden für die erste Reaktion (Gl. 6.12a) aufgrund der hohen Temperatur des Gases zwei Protonen durch Stöße nahe zusammengebracht.

Bei „zu kleinen" Sternen ($<0{,}06$ Sonnenmassen) ist die Zentraltemperatur nicht hoch genug, um die sich stark abstoßenden Protonen nahe genug zusammenzubringen, die Kernfusion kann also nicht zünden; man nennt diese Objekte „Braune Zwerge". Noch kleinere Objekte ($<0{,}01$ Sonnenmassen) werden zu den (Gas-)Planeten gezählt.

Kernfusion ist auf der Erde unkontrolliert in der Wasserstoffbombe zu erzielen, die zum Zünden eine explosive Kernspaltung benutzt. Kontrolliert ist sie in speziellen Fusionsreaktoren bislang nur für Sekundenbruchteile und unter gewaltigem Energieaufwand gelungen. Zur Erforschung der Fusion im europäischen Maßstab wird derzeit eine neue Anlage (ITER) in Südfrankreich gebaut. Um einen Fusionsreaktor zu betreiben, geht man gleich vom Deuterium aus, das für diesen Zweck auf der Erde ausreichend zur Verfügung steht. Das Hauptproblem ist das (stabile!) Erreichen der nötigen Temperaturen durch Einschnüren (adiabatische Kompression, vgl. Abschn. 3.1.3) des heißen Gases über enorme Magnetfelder. Da das Gas als Plasma vorliegt, ist es elektrisch geladen und lässt sich durch Magnetfelder beeinflussen. Die Spaltung von 1 kg reinem ^{235}U ergibt das 2-Millionenfache der Verbrennung von 1 kg Kohle und die Fusion von 1 kg ^{4}He das 20-Millionenfache.

6.4 Ionisierende Strahlung

Unter ionisierender Strahlung versteht man hochenergetische Teilchen oder Photonen. Zu Ersteren zählen die α- und β-Strahlen, aber auch andere schnelle Teilchen wie Neutronen, kosmische Strahlung (vorwiegend Protonen) oder schnelle schwere Kerne. Zu den Letzteren gehören Röntgen- und γ-Strahlen. Sie alle können dem Menschen und anderen Lebewesen gefährlich werden.

6.4.1 Messgeräte

Der Mensch hat zur Wahrnehmung dieser Strahlung kein Sinnesorgan. Er ist daher und wegen der Gefährlichkeit dieser Strahlung auf spezielle Messgeräte angewiesen.

Geiger-Müller-Zähler

Das Messprinzip des **Geiger-Müller-Zählers** (GMZ) (Abb. 6.7) beruht auf dem Phänomen, dass die radioaktive Strahlung in einem gasgefüllten Kondensator mit hoher angelegter Spannung die Gasmoleküle ionisiert. Die geladenen Ionen wandern zu den Kondensatorpolen und lassen sich als Spannungsstoß messen. Beim Geiger-Müller-Zähler ist der Kondensator als Röhre mit negativer (geerdeter) Außenwand und einem positiv geschalte-

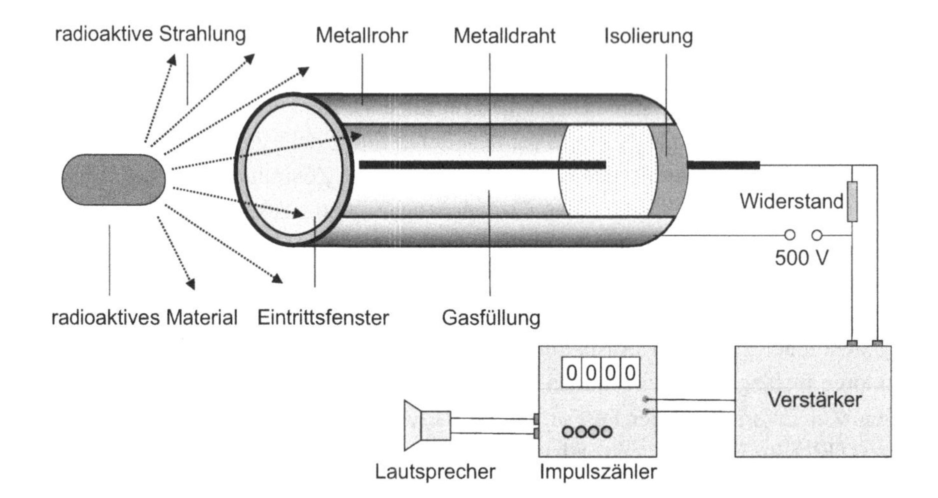

Abb. 6.7 Aufbau und Funktionsweise des Geiger-Müller-Zählrohrs

ten Draht in der Mitte angelegt, das Eintrittsfenster ist ein dünnes Glimmerplättchen. Das elektrische Feld in der Röhre ist nicht homogen, sondern nimmt zur Mitte radial stark zu. Das beschleunigt die bei der Ionisation entstehenden Elektronen stark zum Draht hin. Es kommt deshalb zusätzlich zu sekundären Ionisationen und letztlich zu einer Elektronenlawine, also einem starken Spannungsstoß, unabhängig von der Energie des einfallenden Teilchens (Abb. 6.8). Man kann daher mit dem Zähler gut Strahlungsintensitäten messen, also Teilchenzahlen pro Zeit, aber keine Energien der Teilchen.

Durch seine Bauweise mit Ohm'schem Widerstand R und Kapazität des Kondensators C besitzt das Zählrohr eine Totzeit ($\tau = R \cdot C$, vgl. Abschn. 4.5.3), in der es keine Teilchen registrieren kann; es werden also bei weitem nicht alle Teilchen nachgewiesen.

Scintillationszähler

In manchen Materialien (z. B. NaI-Kristallen) kann ionisierende Strahlung den Elektronen derart Energie zuführen, dass sie beim Zurückfallen in den Grundzustand mehrere Zwischenschritte durchlaufen, von denen mindestens einer mit Lichtemission im sichtbaren Bereich verbunden ist. So entsteht ein **Scintillations**lichtblitz, der mit einer Photozelle, direkt am Kristall montiert, registriert werden kann. Der Scintillationszähler eignet sich gut zum Nachweis von γ-Strahlung. Die Zahl der im Kristall entstehenden Lichtblitzphotonen pro Ereignis ist abhängig von der Energie der einfallenden Strahlung. Der Zähler lässt sich also zur Energiebestimmung der ionisierenden Strahlung verwenden. Da der Kristall gegen Licht von außen abgedeckt ist, eignet er sich nicht zum Nachweis von α-Strahlen (vgl. Abschn. 6.4.3), welche die Abdeckung nicht durchdringen können. Die Scintillationsmesstechnik in der nichtwässrigen Flüssigphase mit gelösten Scintillatoren ist ein wichtiges Verfahren der Radioaktivitätsbestimmung in der biochemisch-medizinischen Forschung.

Kernspurplatten und Filme

Fotografische Platten und Filme werden nicht nur durch optisches Licht, sondern auch durch ionisierende Strahlung geschwärzt. So wurde die Radioaktivität überhaupt durch Becquerel entdeckt. Kernspurplatten dienen der Rekonstruktion des Weges eines ionisierenden Teilchens, die Schwärzung eines einfachen Stücks Film, gegen Licht abgedeckt, kann als Maß für die Strahlenbelastung an einem Ort verwendet werden und dient somit als einfaches Dosimeter. Durch verschieden starke Abdeckung einzelner Filmabschnitte lässt sich eine grobe Energieabschätzung der Strahlung erzielen.

6.4.2 Dosimetrie

Die Dosimetrie dient dazu, ionisierende Strahlung quantitativ zu messen. Die **Aktivität** bezeichnet die Anzahl der Ereignisse pro Zeiteinheit, ohne dabei die Energie der Ereignisse zu berücksichtigen:

$$A = \frac{\Delta N}{\Delta t} \,. \tag{6.13}$$

Diese werden in Becquerel (1 Bq = 1 Zerfallsakt/s; nach Becquerel, dem Entdecker der Radioaktivität) gemessen. Die veraltete Einheit 1 Ci (1 Curie, nach Pierre Curie, 1859–1906, Mitentdecker des Radiums; $1\ \mathrm{Ci} = 37 \cdot 10^9\ \mathrm{Bq}$) wird nicht mehr verwendet (vgl. Kap. 1).

Die **Energiedosis** bezeichnet die von einem Objekt pro Masse aufgenommene Energie:

$$D = \frac{\Delta E}{\Delta m} \tag{6.14}$$

mit der Maßeinheit 1 J/kg = 1 Gray (1 Gy). Diese Dosis ist wichtig, um z. B. die Stärke einer Strahlenbelastung zu messen. Die Energiedosisrate gibt darüber hinaus an, wie groß die Belastung pro Zeiteinheit ist.

Die für die **Strahlenbelastung** der Lebewesen wichtigste Messgröße ist die **Äquivalentdosis**, die sich von der Energiedosis durch einen Bewertungsfaktor unterscheidet, der berücksichtigt, wie schädlich gerade für Mensch oder Tier die eine oder andere Strahlenart ist:

$$D_{\text{Ä}} = q \cdot D = q \cdot \frac{\Delta E}{\Delta m} \,, \tag{6.15}$$

mit der Maßeinheit 1 Sievert (1 Sv = 1 J/kg) und dem Bewertungsfaktor $q = 1$ für Röntgen-, β- und γ-Strahlung, $q = 5$ für langsame Neutronen, $q = 10$ für schnelle Neutronen und α-Strahlen sowie $q = 20$ für schwere Rückstoßkerne.

Frühere Bezeichnungen wie Rad ($1\ \mathrm{rad} = 10^{-2}\ \mathrm{Gy}$) für die Energiedosis und das Rem ($1\ \mathrm{rem} = 10^{-2}\ \mathrm{Sv}$) für die Äquivalentdosis sind nicht mehr in Gebrauch.

6.4.3 Strahlenwirkung

Ionisierende Strahlung ist prinzipiell für Lebewesen gefährlich, aber in unterschiedlicher Weise.

Eine besondere Gefährdung durch ionisierende Strahlung geht davon aus, dass emittierende Substanzen mit der Luft oder der Nahrung aufgenommen werden. Der tierische und menschliche Körper behandelt die Substanzen wie diejenigen mit verwandten chemischen Eigenschaften (gleiche Spalte im Periodensystem PSE). So lagert er beispielsweise radioaktives Strontium (aus Kernwaffenversuchen) in Knochen oder Schwermetalle in die Leber ein. Bei längerem Verbleib können die Substanzen dann sehr gezielt schwere Schädigungen verursachen.

Die natürliche und künstliche Strahlenbelastung in Deutschland ist relativ gering (ca. $2 \cdot 10^{-3}$ Sv pro Jahr), $5 \cdot 10^{-2}$ Sv pro Jahr ist der zulässige Grenzwert.

α-Strahlen

haben aufgrund ihrer Masse ein hohes spezifisches Ionisationsvermögen (Ionisationswirkung pro Wechselwirkungsereignis) und verlieren einen hohen Energieanteil auf kurzer Strecke; sie haben insgesamt eine kurze Reichweite: in Luft einige cm, in Wasser weniger als 0,1 mm. Sie gelangen nicht durch die menschliche Haut. Zur Abschirmung genügt ein Blatt Papier. Die Bremsung erfolgt ohne Richtungsänderung der Teilchen.

β-Strahlen

haben ein geringes spezifisches Ionisationsvermögen, bei Wechselwirkung mit Materie erleiden sie im Allgemeinen eine Richtungsstreuung. Ihre Reichweite ist größer und stärker energieabhängig: in Luft ca. 5 m/MeV, in Wasser ca. 1 cm/MeV, in Metall ca. 2 mm/MeV.

Neutronen

können nicht nur auf Elektronen der Atomhüllen wirken, sondern auch auf Atomkerne, da sie ungeladen sind und nicht von den Kernen abgestoßen werden. Der Energieübertrag ist dann umgekehrt proportional zur Ordnungszahl des Kerns, in wasserstoffreichen Materialien (z. B. organischen Stoffen) bilden sich schnelle Rückstoßkerne. Die Folge ist eine hohe Ionisationsdichte bei kurzer Reichweite. Sind Neutronen langsam genug geworden (Energien im thermischen Bereich), so können sie von größeren Kernen eingelagert werden, wobei ein radioaktiver Kern entstehen kann. Neutronenstrahlen richten in Organismen im Allgemeinen große und irreparable Schäden an.

γ-Strahlen

sind hochenergetische Photonen. Sie verlieren ihre Energie nicht in gleichen Portionen bei vielen Ereignissen (wie die Teilchenstrahlen), sondern in einem einzigen Absorptionsvorgang. Das Eindringen in ein Material bis zum Absorptionsvorgang ist ein statistischer Vorgang: Die anfängliche Strahlintensität in einem bestimmten Absorber nimmt nicht schlagartig, sondern exponentiell ab. Die Eindringtiefe ist hier also weit weniger scharf

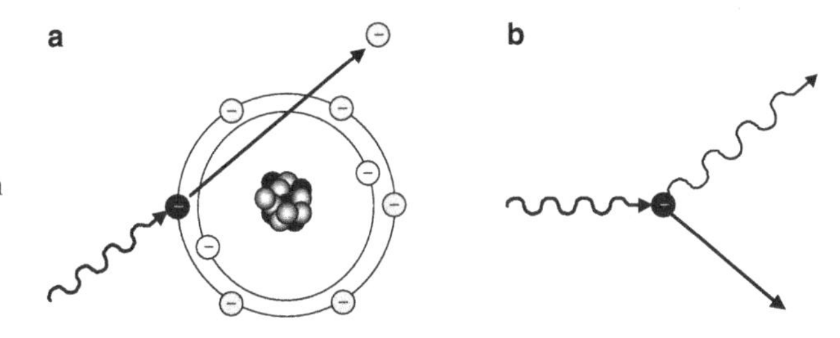

Abb. 6.8 **a** Wechselwirkung von Photonenstrahlung mit Elektronen beim Photoeffekt. **b** Impulsübertragung eines Photons auf ein freies Elektron beim Compton-Effekt

definiert als bei den Teilchenstrahlen. Dabei können γ-Strahlen drei verschiedene Wirkungen entfalten:

- Ein Elektron eines Atoms absorbiert das Photon, das dadurch aus der Hülle seines Atoms befreit wird (**Photoeffekt**, vgl. Abb. 6.8) und davonfliegt. Der Photoeffekt dominiert bei niedrigen Photonenenergien.
- Bei mittleren γ-Energien wird das Photon an einem (freien) Elektron gestreut und gibt einen Teil seiner Energie an das Elektron ab, wodurch das Photon nun eine geringere Energie (d. h. niedrigere Frequenz) besitzt (**Compton-Effekt**, vgl. Abb. 6.8).
- Bei hohen γ-Energien kommt es vermehrt zur **Paarbildung**, dem umgekehrten Prozess der Paarvernichtung (vgl. Abschn. 2.1.3): Nach der Einstein'schen Formel $E = m \cdot c^2$ verwandelt sich das Photon in ein symmetrisches Teilchen-Antiteilchen-Paar, hier in ein Elektron und ein Positron. Dazu muss das Photon natürlich mindestens die Ruhemasseenergie der beiden Teilchen ($2 \cdot 511$ keV) aufweisen.

γ-Strahlen haben die größte Reichweite aller ionisierenden Strahlen und zwar einige cm/MeV in Metallen (umgekehrt proportional zu deren Ordnungszahl) und einige m/MeV in Wasser. Ihre Abschirmung ist also schwieriger. Auch sie richten Schäden in Organismen an.

6.5 Das Periodische System der Elemente

Im Jahre 1869 stellten Dimitrij Mendelejew (1834–1907) und Julius Meyer (1830–1895) unabhängig voneinander fest, dass sich die Eigenschaften der Elemente periodisch wiederholen, wenn man sie nach steigender Atommasse anordnet: Acht Positionen hinter Natrium folgt das nächste typische Alkalimetall Kalium, und acht Positionen hinter Fluor folgt das diesem recht ähnliche Chlor. Dem heutigen Periodensystem liegen die Elektronenkonfigurationen der Atomhülle zugrunde. Das PSE (vgl. letzte Doppelseite) lässt sich also zwanglos aus dem Aufbau der Atome ableiten.

Die mit Buchstabencodes in das Periodensystem (Übersicht auf der letzten Doppelseite im Buch) gruppierten Elemente repräsentieren eine vergleichsweise überschaubare Ansammlung der Bausteine für die gesamte stoffliche Vielfalt sowohl auf der Erde als auch überall sonst im Kosmos. Die Entdeckungs- und Benennungsgeschichte der einzelnen Elemente ist bemerkenswert phasen- und stationenreich. Sie ist gleichsam auch ein Stück spannende Kulturgeschichte der Naturwissenschaften.

Während die Positionierung der einzelnen Elemente in Gruppen und Perioden unstrittig ist, gibt es für die Frage, wie viele Elemente tatsächlich in der (irdischen) Natur vorkommen, durchaus unterschiedliche Einschätzungen. Üblicherweise lassen Schul- und Lehrbücher die natürlich vorkommenden Elemente beim Uran (Nr. 92) als schwerstem Mitglied des PSE enden. Mit Element 93 (Neptunium) beginnen im PSE die Transurane, die man seit den 1940er-Jahren überwiegend durch Teilchenbeschuss hergestellt hat. Sie gelten folglich als künstliche Elemente. Vom Neptunium sind 20 radioaktive Isotope bekannt. Sie sind wegen ihrer relativ kurzen Halbwertszeiten (Minuten bis wenige Tage) viel zu kurzlebig, um noch in primärer Form in der Erdkruste zu existieren. Allerdings finden sich winzigste Spuren des Isotops $^{237}_{93}\mathrm{Np}$ in natürlichen Uranerzen, worin es laufend aus $^{238}_{92}\mathrm{U}$ durch Einfangen von Neutronen entsteht. Unter diesem Aspekt könnte man folglich Neptunium als natürliches Element bewerten.

Analog stellt sich die Situation für Plutonium (Nr. 94, Pu) dar. Dieses Element wurde bereits 1940 als zweites Transuran in Form seines Isotops $^{238}_{94}\mathrm{Pu}$ künstlich hergestellt. In einigen Uranmineralien kommt es jedoch mit seinem Isotop $^{238}_{94}\mathrm{Pu}$ ebenfalls in verschwindend geringen Mengen auch natürlich vor – es entsteht hier aus $^{232}_{92}\mathrm{U}$ nach Neutronenabsorption und anschließendem β-Zerfall der Folgeprodukte. Die Hauptmenge des heute in der Umwelt nachweisbaren Pu stammt jedoch aus Kernwaffentests und -anwendungen. Die 1945 auf Nagasaki abgeworfene Atombombe „Fat Man" war eine Pu-Bombe.

Mitten im PSE klafft bei Position 43 im Prinzip eine Lücke: Das hier angesiedelte Element Technetium (Tc) wurde zwar schon 1871 von Mendelejew vorausgesagt, aber erst 1937 künstlich hergestellt. In der Natur kommt es wegen der Kurzlebigkeit seiner Isotope nicht vor, entsteht aber in geringsten Mengen durch Spontanzerfall von $^{238}_{92}\mathrm{U}$. Tc wurde anhand seiner kennzeichnenden Spektrallinien im Licht von Supernovae (explodierende massereiche Sterne am Ende ihres Lebensweges) identifiziert.

Vergleichbar ist die Situation beim Promethium (Pm, Element 61), das in der Natur ebenfalls nicht allgemein vorkommt. Es findet sich in der Erdkruste nur in kleinsten Mengen in Form seines Isotops $^{147}_{61}\mathrm{Pm}$ in uranhaltigen Mineralien als Folgeprodukt des natürlichen radioaktiven Zerfalls von $^{235}_{92}\mathrm{U}$. Die Halbwertszeiten der 27 künstlich hergestellten Isotope bewegen sich überwiegend im Sekunden- bis Stundenbereich.

Alle Transurane jenseits von Pu sind bislang ausschließlich künstlich hergestellt und nicht in der Natur gefunden worden. Für Element 105 (Dubnium) war ursprünglich der passendere Name Hahnium (Ha) vorgeschlagen. Element 107 (Bohrium) hieß eine Weile lang Nielsbohrium (Ns). Element 112 trug nach seiner Herstellung (1999) vorläufig die Bezeichnung Uub (Ununbium = lateinisches Zahlwort für 112). Sein neuer Name Copernicium (Elementsymbol anfangs Cp, jetzt Cn) wurde im Frühjahr 2010 von der IUPAC angenommen.

Die Elemente 113 bis 116 sind nachgewiesen und von der IUPAC anerkannt als künstliche Transurane Niconium (113), Flerovium (114), Moscovium (115), Livermorium (116), offiziell benannt worden, ebenso Tennessine (117) und Oganesson (118). Die Elemente 119 und darüber hinaus hat man bislang (Stand Aug. 2018) noch nicht nachweisen können.

Aufbau des PSE

Die **Perioden** sind die waagerechten Zeilen des PSE – sie entsprechen der Hauptquantenzahl n (Schalen). Innerhalb der siebenPerioden (Schalen K bis Q) sind die Elemente nach steigender Ordnungszahl bzw. Elektronenzahl angeordnet. Die Zahl der Protonen ist bei allen Atomen eines Elements gleich. Sie erhöht sich regelmäßig von Element zu Element im PSE um jeweils ein Proton (vgl. Abschn. 6.1.2). Daher lassen sich Elemente nach ihrer Ordnungszahl anordnen.

Die in einer senkrechten Spalte untereinander stehenden Elemente bilden jeweils eine **Gruppe** mit ähnlichen chemischen Eigenschaften. Die Metalle der 1. Gruppe nennt man Alkalimetalle, die der 2. Gruppe Erdalkalimetalle und die der 3. Gruppe Erd(alkali)metalle. Die 4. Gruppe nennt man auch C-Gruppe, die 5. bildet die N-Gruppe. Die Elemente der 6. Gruppe heißen Chalkogene (Erzbildner), die der 7. Gruppe Halogene (Salzbildner). Die Elemente der 8. Gruppe bilden die Edelgase.

Man unterscheidet seit 1986 – ohne die Lanthanoide und Actinoide – **18 Gruppen** (früher eingeteilt in 8 Hauptgruppen IA bis VIIIA und 8 Nebengruppen IB bis VIIIB (Nebengruppe VIIIB = drei heutige Gruppen)).

Die Besetzung der **Energieniveaus** mit Elektronen betrachtet man vereinfachend am Schalenmodell von Bohr. Die innerste Schale (K-Schale) repräsentiert das Energieniveau, das in nächster Nähe zum Kern liegt. In dessen $1s$-Orbital finden maximal zwei Elektronen mit zwei unterschiedlichen Elektronenspins Platz (vgl. Abschn. 6.2.2). Die K-Schale ist somit bereits beim Helium voll besetzt und stellt als Zweierschale einen stabilen **Edelgaszustand** (Edelgaskonfiguration) dar.

Ein weiteres Elektron kann nun nur ein weiter außen liegendes Energieniveau und damit eine neue Schale (L-Schale) besetzen, die maximal acht Elektronen aufnehmen kann (Abschn. 6.2.2). Wie Abb. 6.9 zeigt, werden die $2p$-Orbitale der L-Schale vom Bor (B) bis zum Stickstoff (N) entsprechend der **Hund'schen Regel** zunächst nur einfach besetzt. Erst beim Sauerstoff (O) beginnt eine Spinpaarung, die beim Neon (Ne) abgeschlossen ist. Diese acht Elektronen auf der äußeren Schale kennzeichnen wiederum einen stabilen Edelgaszustand: Das Edelgas Neon besitzt insgesamt zehn Elektronen, davon zwei auf der ersten und acht auf der zweiten, äußeren Schale. Ein 11. Elektron findet beim Natrium auf der M-Schale Platz. Diese dritte Schale ist zwar beim Edelgas Argon noch nicht vollständig aufgefüllt, findet aber dennoch einen vorläufigen Abschluss: Mit der Elektronenbesetzung der $3s$- und $3p$-Orbitale ist auch hier eine Edelgaskonfiguration erreicht. Dies gilt auch für die weiteren Schalen $n \geq 4$.

Nach dem Auffüllen der $3p$-Orbitale bei den Elementen Al, Si, P, Cl und Ar wird, beginnend beim Kalium K, dem ersten Element der vierten Periode (N-Schale), das $4s$-Niveau besetzt (K: $4s^1$, Ca: $4s^2$). Es ist also energetisch günstiger, zuerst die $4s$-Orbitale zu besetzen, bevor die $3d$-Orbitale aufgefüllt werden. Erst beim Scandium (Sc) erfolgt der

	1s	2s	2p			3s	3p			3d				
H	↑													
He	↑↓													
Li	↑↓	↑												
Be	↑↓	↑↓												
B	↑↓	↑↓	↑											
C	↑↓	↑↓	↑	↑										
N	↑↓	↑↓	↑	↑	↑									
O	↑↓	↑↓	↑↓	↑	↑									
F	↑↓	↑↓	↑↓	↑↓	↑									
Ne	↑↓	↑↓	↑↓	↑↓	↑↓									
Na	↑↓	↑↓	↑↓	↑↓	↑↓	↑								
Mg	↑↓	↑↓	↑↓	↑↓	↑↓	↑↓								
Al	↑↓	↑↓	↑↓	↑↓	↑↓	↑↓	↑							
Si	↑↓	↑↓	↑↓	↑↓	↑↓	↑↓	↑	↑						
Ar	↑↓	↑↓	↑↓	↑↓	↑↓	↑↓	↑↓	↑↓	↑↓					
Sc	↑↓	↑↓	↑↓	↑↓	↑↓	↑↓	↑↓	↑↓	↑↓	↑				
Ti	↑↓	↑↓	↑↓	↑↓	↑↓	↑↓	↑↓	↑↓	↑↓	↑	↑			

Abb. 6.9 Elektronenkonfigurationen einiger Elemente

Einbau eines Elektrons in das $3d$-Orbital. Die Hauptschalen sind nun also auch energetisch nicht mehr strikt getrennt; sie überlappen einander, je nach ihren l-Werten. Dieser energetische Überlapp der Hauptschalen für $n \geq 4$ begründet übrigens die Bildung der früher so bezeichneten Nebengruppen.

Die **Elektronenkonfiguration** wird anstelle einer grafischen Darstellung wie in Abb. 6.9 mitunter auch **formelmäßig** angegeben, wobei die Anzahl der im gleichen Orbitaltyp platzierten Elektronen durch eine hochgestellte Zahl angegeben wird. Für Sauerstoff lautet sie demnach $1s^2\ 2s^2\ 2p^4$, für Neon $1s^2\ 2s^2\ 2p^6$, für Zink $1s^2\ 2s^2\ 2p^6\ 3s^2\ 3p^6\ 3d^{10}\ 4s^2$.

Die Elektronen auf der jeweils äußeren Schale bestimmen die chemischen Eigenschaften der Elemente. Weil die Elemente nur mithilfe dieser Außenelektronen verknüpft werden können und chemische Bindungen eingehen (vgl. Kap. 8), nennt man sie **Valenzelektronen**. Alle Elemente einer Gruppe weisen die gleiche Anzahl Valenzelektronen und somit gleiche chemische Wertigkeit auf.

Wird einem elektrisch neutralen chemischen Element durch einen bestimmten Vorgang ein Valenzelektron entnommen, ist es anschließend wegen der nun bestehenden Überzahl der Protonen im Kern **einfach positiv** geladen und bildet ein **einwertiges Kation**. Das Element wird durch diesen Vorgang der Elektronenabgabe **oxidiert** – seine **Oxidationsstufe** (Oxidationszahl) ist nunmehr $+1$. Fügt man einem neutralen Element ein Valenzelektron hinzu, wird es **reduziert**, und es entsteht ein einfach negativ geladenes **Anion** mit der Oxidationszahl -1 (vgl. Abschn. 8.2.1 und 11.1). Ein gutes Beispiel hierfür ist Kochsalz (NaCl).

6.6 Stoffarten und Stoffgemische

Elemente bestehen aus gleichen Atomen. Die Atome beispielsweise des Kohlenstoffs (Graphit, Diamant), des Schwefels oder Sauerstoffes werden in charakteristischer Weise durch **Atombindungen** (vgl. Kap. 8) zu **Molekülen** oder größeren **Molekülverbänden** zusammengehalten. Dagegen liegen die **Edelgase** Helium (He), Neon (Ne) oder Argon (Ar) jeweils unverbunden als **Einzelatome** vor. Beim Stickstoff (N_2) und Sauerstoff (O_2) sind die Atome paarweise miteinander zu einem Molekül verbunden.

Bei **Molekülen** (Abb. 6.10) können die Atome gleich (N_2, O_2) oder verschieden (H_2O, CO_2) sein. Moleküle sind zugleich die kleinsten Teilchen einer Verbindung oder einer Reinstoffart. Die meisten Elemente kommen in der Natur nur in Form von **Verbindungen** vor. Diese können aus verschiedenen **Atomen** oder **Elementen** zusammengesetzt sein wie Wasser (H_2O), Kohlenstoffdioxid (CO_2) und Glucose ($C_6H_{12}O_6$), aber auch aus gleichen Atomen bestehen wie molekularer Stickstoff (N_2) und Sauerstoff (O_2) (Reinstoff).

Luft, Wasser und Boden bestehen aus gasförmigen, flüssigen oder festen Stoffen. Sie bestehen aus **anorganischer Grundsubstanz**, die in der Natur allerdings von Leben, Lebewesen und Biomasse durchsetzt ist. Die gasförmige Luft besteht im Wesentlichen aus Stickstoff (N_2, 78 %) und Sauerstoff (O_2, 20 %), das flüssige Wasser (H_2O) aus dem reinen Wasser und den darin gelösten Substanzen (z. B. Ionen, Sauerstoff, Kohlenstoffdioxid), der Boden aus mineralischen Bestandteilen wie Quarzsand (hauptsächlich SiO_2,), Ton (überwiegend Al_2O_3) oder fallweise auch Kalk ($CaCO_3$). Die unbelebte und belebte

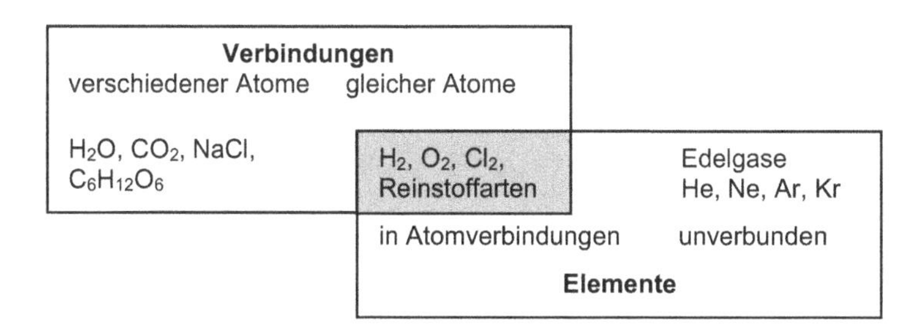

Abb. 6.10 Elemente und Verbindungen

Natur besteht immer aus solchen **Stoffarten**. Die genannten Beispiele zeigen, dass Stoffe prinzipiell aus einer einzigen Stoffart oder mehreren Stoffarten aufgebaut sein können.

Die Luft ist ein Gemisch vor allem aus den **Reinstoffarten** Stickstoff (N_2), Sauerstoff (O_2) und auch von Kohlenstoffdioxid (CO_2, 0,04 %). Reine Stoffe lassen sich mit chemischen oder physikalischen Methoden in ihre Grundstoffe oder in die beteiligten chemischen Elemente zerlegen (**Analyse**).

6.7 Fragen zum Verständnis

1. Welche Größe kennzeichnet ein Element?
2. Warum gibt es zu (fast) jedem Element Isotope?
3. Welche Mängel weist das Bohr'sche Atommodell auf?
4. Warum ist die Elektronenhülle der Atome nur im Wellenmodell erklärbar?
5. Warum ist die Magnetquantenzahl für Elektronenzustände notwendig?
6. Wie ist die Kernkraft im Unterschied zur Starken Wechselwirkung zu verstehen?
7. Warum sind schwere Elemente (hohes Z) radioaktiv?
8. Warum tritt zu α- und β-Strahlen bei radioaktiven Elementen oft auch noch γ-Strahlung auf?
9. Wie stellt die Sonne ihre Energie bereit?
10. Welchem Prinzip folgt der Aufbau des PSE?

Die Antworten zu diesen Fragen finden Sie im Anhang „Antworten und Lösungen zu den Fragen“.

Aggregatzustände und Lösungen 7

Zusammenfassung
Luft (gasförmig), Wasser (flüssig) und Boden (fest) werden in ihren wesentlichen Eigenschaften durch ihre Aggregatzustände bestimmt. Bewegung und Anordnung der Moleküle und Atome zueinander kennzeichnen diese Aggregatzustände (Abb. 7.1). Diese sind wiederum durch die chemische Beschaffenheit der Stoffe und durch die **Bewegung** ihrer Teilchen erklärbar. Die Teilchen bewegen sich ständig nicht nur in Gasen, sondern auch in Flüssigkeiten (**Brown'sche Bewegung**). Die Bewegungen sind umso heftiger, je höher die Temperatur ist. Diese Sachverhalte beschreibt die **mechanische oder kinetische Wärmetheorie**. In Gasen berühren sich die Stoffe nur, wenn die Moleküle oder Atome aufeinanderstoßen. In Flüssigkeiten und in Feststoffen behalten sie den Kontakt miteinander und führen **Schwingungen** aus. In Flüssigkeiten können die Kontakte leicht gelöst und neu geknüpft werden. In Feststoffen liegen sie fest.

Für den gasförmigen Zustand sind freie und ungeordnete Bewegungen der Moleküle und Atome charakteristisch. Im flüssigen Zustand berühren sich die Teilchen, jedoch ist der für den festen Zustand kennzeichnende Ordnungszustand aufgelöst und die Teilchen haben keinen festen Platz wie im Kristallgitter eines Feststoffes.

7.1 Aggregatzustände sind veränderbar

Aggregatzustände können sich in Abhängigkeit von Außenbedingungen, von Druck und Temperatur ändern (vgl. Abschn. 3.4). Gase können durch Druckerhöhung zu Flüssigkeiten verdichtet werden, und Flüssigkeiten können aufgrund einer Temperaturerniedrigung gefrieren oder erstarren. Eine Wärmezufuhr bringt feste Stoffe zum Schmelzen, und Flüssigkeiten können durch Druckerniedrigung oder Temperaturerhöhung verdampfen. Beim

H. Bannwarth et al., *Basiswissen Physik, Chemie und Biochemie*,
https://doi.org/10.1007/978-3-662-58250-3_7

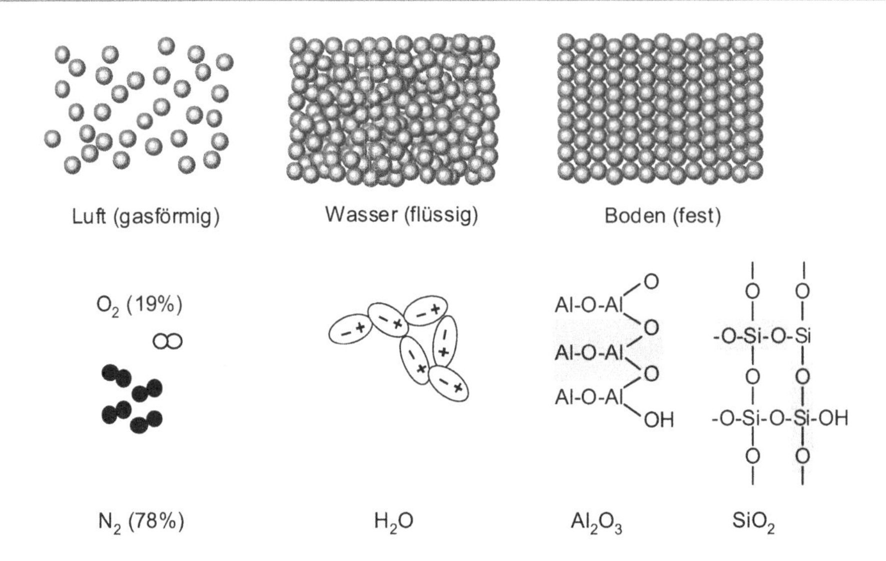

Abb. 7.1 Moleküle und Atome im gasförmigen, flüssigen und festen Aggregatzustand als Hauptkomponenten von Luft, Wasser und Boden. In der Flüssigkeit sind ähnlich wie im festen Zustand so gut wie keine Zwischenräume vorhanden, solange sie nicht in den gasförmigen Zustand übergeht. Der Unterschied zum Feststoff besteht darin, dass die Teilchen nicht geordnet vorliegen.

Übergang von einem zum anderen Aggregatzustand erfolgt der Wechsel mit steigender Temperatur nicht allmählich und kontinuierlich, sondern plötzlich und sprunghaft.

Es gibt vier verschiedene Übergänge, wobei die Temperatur, bei der ein Aggregatzustand in einen anderen übergeht, für jeden Stoff eine andere charakteristische Größe ist. Von diesen vier Übergängen entsprechen sich jeweils zwei – sie sind hinsichtlich des Temperaturfixpunktes identisch, werden aber aus entgegengesetzter Richtung durchlaufen (Tab. 7.1, Abb. 7.2).

Die Umwandlung der Aggregatzustände ist mit Wärmeprozessen, entweder Wärmezufuhr oder Wärmeentzug, verbunden (Tab. 7.2). Wärme wird abgegeben, wenn Gase zu Flüssigkeiten oder diese noch weiter zu Feststoffen verdichtet werden. Umgekehrt wird Wärme aufgenommen, wenn Feststoffe zu Flüssigkeiten oder diese zu Gasen aufgelockert werden (vgl. Abb. 7.2).

Bereits unterhalb des Siedepunktes können Flüssigkeiten in den gasförmigen Zustand übergehen. Diesen Vorgang bezeichnet man generell als **Transpiration**. Beispiele hier-

Tab. 7.1 Fixpunkte und Phasenübergänge

Fixpunkt	Übergang
Siedepunkt	Flüssig → gasförmig
Kondensationspunkt	Gasförmig → flüssig
Schmelzpunkt	Fest → flüssig
Erstarrungspunkt (Gefrierpunkt)	Flüssig → fest

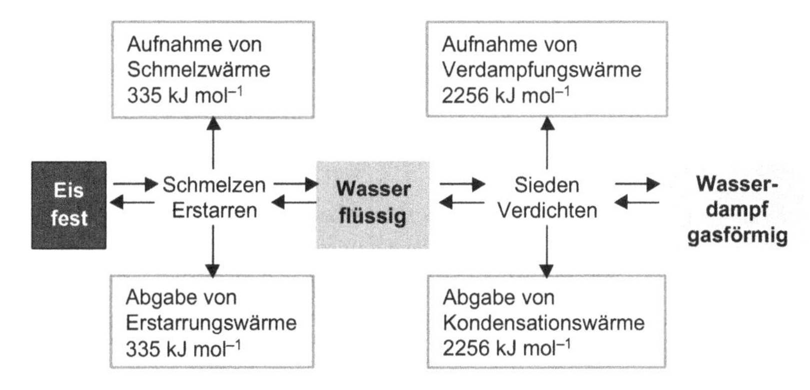

Abb. 7.2 Änderungen der Aggregatzustände von Wasser

für sind das Trocknen von Wäsche an der Luft oder das Verdunsten von Wasser von der schweißnassen Haut beim Sport. Dabei verlassen zuerst die energiereichsten Teilchen die Flüssigkeitsoberfläche. Die hierbei verlorene Bewegungsenergie der Teilchen wird der Haut als Verdampfungswärme entzogen. Deshalb kommt es beim Schwitzen zur Abkühlung, die aus Sicht der biologischen Temperaturregulation sinnvoll ist.

Die jeweiligen **Phasenübergänge** stellen sich am Beispiel des Wassers folgendermaßen dar (Abb. 7.2).

Die dabei beteiligten Wärmemengen werden gelegentlich noch in **Wärmeeinheiten** oder **Kalorien** angegeben. Sie sind auf die spezifische Wärmekapazität des Wassers bezogen.

Bei normalem Atmosphärendruck gilt:

- 1 Kalorie (cal) erwärmt 1 g H_2O von 14,5 auf 15,5 °C
- 1 Kilokalorie (kcal) erwärmt 1 kg H_2O von 14,5 auf 15,5 °C

Tab. 7.2 Beispiele für Schmelz- (Schmp.) und Siedepunkte (Sdp.)

Stoff		Schmp. (°C)	Sdp. (°C)	Aggregatzustand bei Normaltemperatur (20 °C)
H_2	Wasserstoff	−259	−253	Gasförmig;
N_2	Stickstoff	−210	−196	Schmelz- und Siedepunkt weit unter
O_2	Sauerstoff	−219	−183	Normaltemperatur (18 °C)
Br_2	Brom	−7	59	Flüssig
Hg	Quecksilber	−39	183	
H_2O	Wasser	0	100	
S	Schwefel	110	444	Fest;
Pb	Blei	327	1750	Schmelz- und Siedepunkt weit über
Au	Gold	1063	2950	Normaltemperatur (18 °C)

Seit 1978 ist die immer noch häufig zitierte **Kalorie** allerdings keine gesetzliche Einheit (SI-Einheit) mehr. Stattdessen verwendet man heute konsistent die SI-Einheit **Joule** (J). Rechnerisch besteht die Beziehung

$$1\,\text{cal} = 4{,}1855\,\text{J}\,. \tag{7.1}$$

1 Joule ist diejenige Energie, die ein Körper der Masse 1 kg erhält, wenn er mit einer Beschleunigung von $1\,\text{m}\,\text{s}^{-2}$ genau 1 m weit bewegt wird. Die Arbeit, die man hierfür aufwenden muss, beträgt ebenfalls 1 J. Energie und Arbeit werden somit beide in derselben Einheit angegeben. Darin kommt zum Ausdruck, dass man **Arbeit** in **Energie** und Energie in Arbeit umwandeln kann (vgl. Abschn. 2.4).

Wenn man Wasser erhitzt, bleibt die Temperatur am Siedepunkt zunächst konstant. Erst muss die Wärme zur Umwandlung in den nachfolgenden Aggregatzustand (Wasserdampf) aufgebracht werden, bis die Temperatur erneut steigt. Der gleiche Wärmebetrag wird wiederum frei, wenn Wasserdampf zu Wasser kondensiert. Die Schmelz- bzw. Erstarrungswärme des Wassers ist wesentlich niedriger als seine Verdampfungs- bzw. Kondensationswärme. 1 kg Eis von 0 °C benötigt zum **Schmelzen** 80 kcal oder 334,8 kJ, 1 kg Wasser von 100 °C benötigt zum **Verdampfen** 539 kcal oder 2256 kJ (vgl. Abb. 7.2). Die Schmelz- und Verdampfungswärme des Wassers fallen allerdings beim Vergleich mit den entsprechenden Kenngrößen anderer Stoffe erheblich aus dem Rahmen (Tab. 7.3).

Die Tatsache, dass vergleichsweise viel Energie nötig ist, um Wasser in den gasförmigen Zustand zu überführen, und auch entsprechend viel Energie entzogen werden muss, um es in den festen Zustand (Eis) zu bringen, begünstigt den flüssigen Aggregatzustand. Dies schafft die Voraussetzung dafür, dass flüssiges Wasser in einem weiten Temperaturbereich als Basisstoff für sämtliche Lebewesen verfügbar ist.

Der direkte Übergang vom festen in den gasförmigen Zustand heißt **Sublimation**. Sie tritt bei kleinen kompakten oder „rundlichen" Molekülen wie Iod (Beispiel aus der Anorganischen Chemie) oder Kampfer (Beispiel aus der Organischen Chemie) auf. Der flüssige Zustand wird gewissermaßen übersprungen, weil nach Auflösung des Kristallgitters beim Erwärmen nur **schwache zwischenmolekulare Kräfte** wirksam sind. Diese Kräfte sind für den flüssigen Aggregatzustand erforderlich.

Tab. 7.3 Schmelz- und Verdampfungswärme verschiedener Stoffe

Prozess	Stoff	Temperatur (°C)	Wärmemenge (kJ)
Schmelzen	Wasser (H_2O)	0	334,8
	Schwefel (S)	119	10,5
	Blei (Pb)	327	23,0
Verdampfen	Wasser (H_2O)	100	2255,9
	Sauerstoff (O_2)	−183	213,4

7.2 Wässrige Lösungen sind besondere Flüssigkeiten

Lösungen sind stets ganz bestimmte homogene Mischungen im flüssigen Zustand. Verschiedene Flüssigkeiten können miteinander solche homogenen Gemische bilden. Je nach der Beteiligung der Ausgangsmaterialien kann man drei Lösungstypen unterscheiden: Lösungen von Gasen (1), Flüssigkeiten (2) oder Feststoffen (3) in Flüssigkeiten. Die aufnehmenden Flüssigkeiten heißen **Lösemittel** (früher Lösungsmittel genannt).

Lebensprozesse sind immer an den flüssigen Aggregatzustand gebunden. Er ist dadurch gekennzeichnet, dass die Atome, Moleküle oder Ionen noch miteinander oder mit dem Lösemittel Wasser im Kontakt bleiben und sich nicht wie bei Gasen voneinander entfernt haben. Auch liegt nicht der geordnete Kristallgitterzustand eines Feststoffes vor. Stoffwechselprozesse in Zellen sämtlicher Organismen vollziehen sich somit in der Zellflüssigkeit. Die Stoffe reagieren nur im gelösten Zustand (*Corpora non agunt nisi soluta*) in bestimmten Stoffwechselräumen, den **Kompartimenten** der lebenden Zelle. Alle Bestandteile des Cytoplasmas wie die Organellen (Chloroplasten, Mitochondrien) sind in das Cytosol, die Grundflüssigkeit der Zelle, eingebettet. Die Organellen sind ihrerseits von einer Flüssigkeit erfüllt.

Wasser weist mehrere einzigartige **Besonderheiten** auf, wie jene, im Zustand größter Dichte (bei ungefähr 4 °C, genau: 3,8 °C) flüssig zu sein. Diese ungewöhnliche Eigenschaft, im flüssigen Zustand eine höhere Dichte als im festen (Eis) aufzuweisen, bezeichnet man als die **Anomalie des Wassers.** Sie spielt für die Gewässerökologie eine enorm wichtige Rolle. Das spezifisch leichtere, weil weniger dichte Eis schwimmt im Winter auf der Oberfläche des etwas wärmeren, aber dichteren Wassers. Weil das kältere leichtere Eis oben bleibt, wird verhindert, dass es in die Tiefe absinkt und dadurch das Gewässer von unten her durchfriert. Damit wird gewissermaßen die winterliche Kälte von den in der Tiefe existierenden Lebewesen bereits an der Oberfläche abgehalten. Der Grund für die Anomalie des Wassers ist in seinen Strukturveränderungen beim Schmelzen und Erstarren zu suchen. Das Wassermolekül ist tetraedrisch aufgebaut (sp^3-Hybrid, Kap. 8) und kristallisiert als Eis in der Struktur des Tridymits, einer Modifikation von Siliciumdioxid, SiO_2, (Abb. 7.1), die viel **Leervolumen** enthält und durch Fixierung der Wasserstoffbrücken stabil gehalten wird. Beim Schmelzen lösen sich die **Wasserstoffbrücken** wieder zum Teil, der Halt geht verloren, und das Ganze nimmt im flüssigen Zustand eine kompaktere Form an. Genaue Kenntnisse über Struktur und Bindung des Wassers in kleinen supramolekularen Bereichen, den **Clustern**, sind eine wichtige Voraussetzung für das Verständnis der Wassereigenschaften in der flüssigen Phase und im Eis sowie seiner Lösemitteleigenschaften (Abb. 7.3). Quantenmechanische und hoch auflösende spektroskopische Methoden konnten in jüngster Zeit einige beachtliche Erfolge bei der Aufklärung solcher Cluster bringen. Mit Clustermodellen versucht man, den Übergang vom festen in den flüssigen Aggregatzustand und umgekehrt vom flüssigen in den festen nachzuvollziehen.

Bereits die Tatsache, dass Wasser unter Normalbedingungen überhaupt flüssig ist, stellt eine bemerkenswerte Besonderheit dar. Vergleicht man nämlich (Tab. 7.4) die Schmelz- und Siedepunkte des Wassers mit den vom Wasser abgeleiteten Verbindungen der 6. Grup-

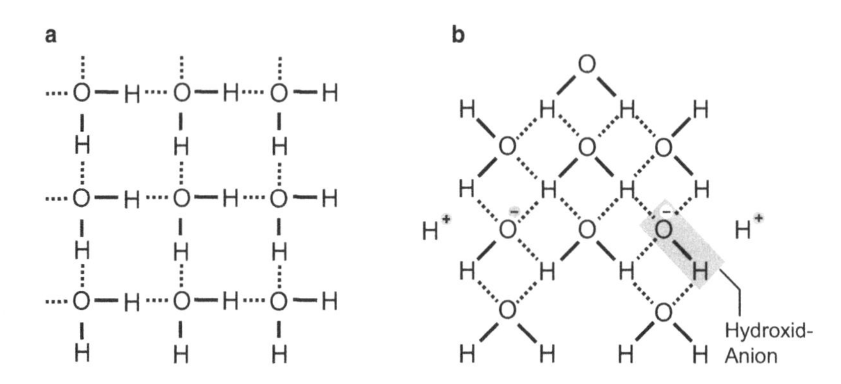

Abb. 7.3 Clustermodelle von Eis (**a**) und Wasser (**b**) zur Erklärung der Anomalie und der Ionenbildung

Tab. 7.4 Schmelz- und Siedepunkt von Wasser im Vergleich zu anderen Chalkogen-Wasserstoffverbindungen

Verbindung	Molare Masse ($g\,mol^{-1}$)	Schmelzpunkt (°C)	Siedepunkt (°C)
H_2O	18	0	100
H_2S	34	−85,6	−60,8
H_2Se	81	−60,4	−41,5
H_2Te	128	−51,0	−1,8

pe des PSE (Chalkogene; vgl. letzte Doppelseite in diesem Buch), müsste man für Wasser noch tiefere Werte erwarten als für Schwefelwasserstoff (H_2S). Erst die Assoziation der Wassermoleküle aufgrund der **Dipol-** oder **Wasserstoffbrückenbindung** (vgl. Kap. 4) verhindert, dass Wasser bereits oberhalb 0 °C nur gasförmig bestehen kann – ein für die Existenz von Leben sicherlich außerordentlich folgenreicher Umstand.

Die Grundflüssigkeit lebender Zellen stellt eine viskose Flüssigkeit dar. Große, langgestreckte Moleküle mit ausgeprägten **zwischenmolekularen Kräften** neigen dazu, im flüssigen Zustand oder in Lösungen zu verharren. Sie lassen sich schlecht kristallisieren (Frostschutzmittel), gehen aber auch nicht leicht in den gasförmigen Zustand über. Der Grund hierfür sind wiederum die zwischenmolekularen Kräfte, welche auf den **polaren** anziehenden Eigenschaften funktioneller Gruppen (z. B. OH-Gruppen), aber auch auf der Anziehung **unpolarer** Molekülteile (**van-der-Waals-Kräfte**, benannt nach dem niederländischen Physiker Johannes Diderik van der Waals, 1837–1923) etwa von schweren Ölen beruhen. Letztere sind im Grunde durch die Bewegung der Elektronen bedingt, die zu kurzfristigen Ungleichverteilungen von Ladungen (Polarisierungen) führen. Durch diese Kräfte wird über einen weiten Temperaturbereich ein **zähflüssiger** oder **viskoser Zustand** begünstigt. Die Viskosität einer Flüssigkeit hängt demnach von der Beschaffenheit der bindenden Kräfte zwischen den Molekülen, von der Konzentration (Zuckerlösungen), aber auch von der **Molekülgröße** ab. Die Viskosität steigt in der Reihenfolge Wasser, Glykol,

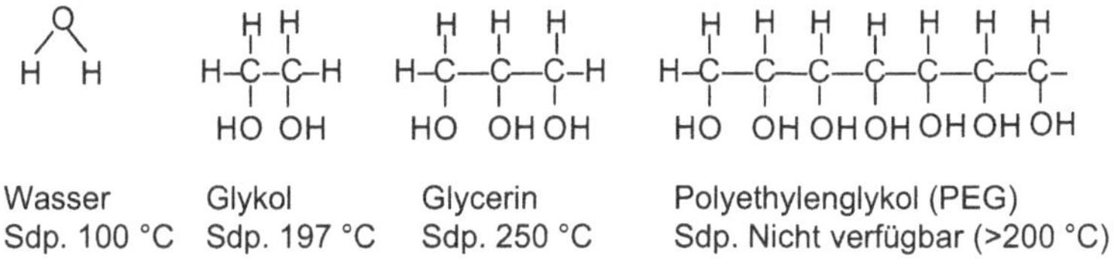

Wasser	Glykol	Glycerin	Polyethylenglykol (PEG)
H_2O	HO–CH₂–CH₂–OH		
Sdp. 100 °C	Sdp. 197 °C	Sdp. 250 °C	Sdp. Nicht verfügbar (>200 °C)

Abb. 7.4 Fixpunkte von Molekülen unterschiedlicher Kettenlänge

Glycerin und Polyethylenglykol (PEG) an (Abb. 7.4). Die intermolekularen Bindungen, die Wasserstoffbrücken- oder Dipolbindungen, sind in allen Fällen gleich:

Viele wichtige biologisch-organische Feststoffe (Kohlenhydrate, Proteine, Nucleinsäuren) werden übrigens eher bei Erhitzung zerstört, als dass sie in den gasförmigen Aggregatzustand übergingen (**Hitzeinaktivierung**, **Hitzesterilisation**).

Viskositätsbestimmungen lassen sich zur Ermittlung der **Molekülgrößen** von Polysacchariden, Proteinen oder Nucleinsäuren verwenden. Stoffe mit OH-Gruppen (Zucker, Alkohole) sind in der Regel gut wasserlöslich. Lösungen (Zuckerguss, Honig) sind umso viskoser, je höher die Konzentration der gelösten Feststoffe ist.

7.3 Gase

Gase werden zum Teil sehr leicht, jedoch in unterschiedlichen Mengen von Flüssigkeiten aufgenommen. In 1 L Wasser von 0 °C werden beispielsweise 1150 mL Ammoniak (NH_3), dagegen nur 80 mL Schwefeldioxid (SO_2) und nur 20 mL Wasserstoff (H_2) gelöst.

Die Menge des gelösten Sauerstoffs (O_2, Tab. 7.5) ist für aquatisch lebende Tiere sehr wichtig. Bei einem Sauerstoffgehalt der Luft von 21 % sind bei atmosphärischem Druck bei 0 °C nur etwa 10 mL Sauerstoff (O_2) pro Liter Wasser löslich. In 1 L Luft ist bei einer Masse von 1,2 g L^{-1} daher etwa 25-mal mehr Sauerstoff als in 1 L Wasser vorhanden. Zudem nimmt mit steigender Temperatur die Löslichkeit für Sauerstoff in Wasser weiter ab. Bei 15 °C sind nur noch 7 mL, bei 37 °C 5 mL Sauerstoff gelöst. Für das Überleben von Tieren im Wasser muss die Konzentration von Sauerstoff mindestens 4 mg $O_2\,L^{-1}$ betragen. Weil das Sauerstoffmolekül (O_2) nicht polar ist, löst es sich nicht im eigentlichen Sinne in Wasser, sondern wird eher in dieses eingemischt. Das ist bei kaltem Wasser wegen der schwächeren Molekularbewegungen besser möglich. Im Gegensatz zu den „echten" Lösungen (s. unten) wird das gelöste Gas mit steigender Temperatur ausgetrieben, und die Konzentration nimmt ab. Dies ist biologisch von großer Bedeutung, weil Wassertiere ausreichend mit Sauerstoff versorgt werden müssen. Erwärmung kann ihr Überleben erheblich gefährden.

Mit steigendem Druck nehmen die Flüssigkeiten mehr Gas auf. Ein bekanntes Beispiel ist das Kohlenstoffdioxid (CO_2) in Sprudelwasser oder Sekt. Gasblasen in einer Flüssigkeit stellen keine Lösung dar.

Tab. 7.5 Löslichkeit von Sauerstoff in Wasser bei verschiedenen Temperaturen

Temperatur (°C)	0	10	20	30	40	50	60	70
Löslichkeit O_2 ($mg\,L^{-1}$)	14,6	11,3	9,1	7,5	6,4	5,5	4,7	3,8

Der englische Chemiker William Henry (1774–1836) stellte 1801 den Zusammenhang in Form des heute nach ihm benannten **Henry'schen Gesetzes** dar. Danach ist die Löslichkeit S eines Gases in einer Flüssigkeit proportional zum Partialdruck des Gases:

$$S = k_{\mathrm{H}} \times P \,. \tag{7.2}$$

In dieser Gleichung steht k_{H} für die **Henry'sche Konstante** und P für den Partialdruck des Gases.

7.4 Flüssigkeiten und Lösungen

Lösungen sind homogene Mischungen reiner Stoffe, aber umgekehrt sind nicht alle homogenen Mischungen auch echte Lösungen. Echte Lösungen weisen nur zum Teil die Kennzeichen ihrer Bestandteile auf, zum anderen aber auch völlig neue, emergente Eigenschaften. Löst man zum Beispiel pulverfein gemahlenen Gips ($CaSO_4 \cdot 2\,H_2O$) in Wasser, dann gehen die pulverförmige Beschaffenheit und der feste Aggregatzustand des Gipses verloren. Auch erscheint er nicht mehr weiß. Das Wasser als Lösemittel erhält ebenfalls neue Eigenschaften. Dichte, Wasserhärte, Leitfähigkeit, Siede- und Gefrierpunkt sowie osmotischer Wert ändern sich, und damit ändert sich auch seine Verträglichkeit für die Organismen

Salz-Ionen und polare organische Verbindungen bilden beim Lösen mit den Dipolmolekülen des Wassers Hydrathüllen. Beim Lösen von Ammoniumchlorid (NH_4Cl) oder Soda ($Na_2CO_3 \cdot 10\,H_2O$) in Wasser ändert sich der pH-Wert deutlich. Beim Lösen eines Salzes kann sich auch die Temperatur des Wassers ändern. Löst man wasserfreies farbloses Kupfersulfat ($CuSO_4$) in Wasser, dann steigt die Temperatur, löst man aber blaues hydratisiertes Kupfersulfathydrat ($CuSO_4 \cdot 5\,H_2O$) in Wasser, dann sinkt sie. Daraus ist ersichtlich, dass mit dem Lösungsvorgang auch chemisch-physikalische Vorgänge und Veränderungen wie die Hydratbildung einhergehen können.

Salze sind nicht in beliebigen Mengen in Wasser löslich. So kann man beispielsweise Gips nicht unbegrenzt in Wasser lösen. Seine Löslichkeit liegt bei etwa 2,6 $g\,L^{-1}$. Magnesiumsulfat ($MgSO_4$) ist etwa 90-mal besser in Wasser löslich als Gips. Gips geht in Wasser jedoch rund 100-mal besser in Lösung als Carbonatkalk (Calciumcarbonat, $CaCO_3$).

Die physikochemischen Eigenschaften einer Lösung bezeichnet man als kolligativ (von lat. *colligare* = verbinden). Dazu gehören Dampfdruck, osmotischer Druck, die Gefrierpunktserniedrigung und die Siedepunktserhöhung. Diese Eigenschaften sind nur von der Teilchenzahl, nicht aber von der Art der Teilchen abhängig. Für die kolligativen Eigenschaften ist nicht entscheidend, ob die gelösten Stoffe eine oder mehrere Ladungen tragen oder als organische Stoffe insgesamt überhaupt nicht geladen sind. Wichtig ist im Falle des idealen Verhaltens einer Substanz in einer Lösung der **van't-Hoff-Faktor** und dass die gelösten Substanzen das chemische Potenzial des Lösungsmittels verringern. In der Physikalischen Chemie bezeichnet der van't-Hoff-Faktor i das Verhältnis der Stoffmenge eines gelösten Stoffes (= Soluts) in einer wässrigen Lösung zur Stoffmenge des ursprünglich zugegebenen (festen) Ausgangsstoffs.

Unter Solvatation versteht man die Anlagerung von Lösemittelmolekülen an gelöste Stoffe. Metall-Ionen bilden dabei Komplex-Ionen, die man **Hydratkomplexe** nennt. Mitunter gehen mit der Bildung von Hydratkomplexen markante Farbwechsel einher: Nur das hydratisierte Kupfer-Ion (Cu^{2+}) ist blau, nur das hydratisierte Eisen-Ion (Fe^{3+}) gelb gefärbt.

Die Empfängerflüssigkeit einer Lösung ist das **Lösemittel** (**Solvens**, früher üblicherweise Lösungsmittel genannt), der hierin gelöste Stoff ist das **Solut**. Erst das fertige Gemisch wird als **Lösung** bezeichnet. Der gesamte Lösevorgang wird **Solvatation** (Solvatierung) genannt. Das Lösemittel ist dabei immer diejenige Substanz, die in größerer Menge vorliegt. Zwischen dem Lösemittel und dem Solut kommt es im Allgemeinen nicht zu einer chemischen Reaktion. Die einzelnen Komponenten des Gemisches lassen sich daher durch physikalische oder chemische Verfahren in ihre ursprüngliche Form zurückführen. Durch Verdampfung kann man beispielsweise aus einer Lösung sowohl das Wasser als auch das gelöste Salz zurückgewinnen. Allerdings kann im kristallin anfallenden (= auskristallisierten) Salz ein definierter Rest des Wassers als **Kristallwasser** in Form der entsprechenden Hydrate erhalten bleiben wie bei $CuSO_4 \cdot 5\ H_2O$ oder bei $CaCl_2 \cdot 6\ H_2O$.

Beim Ansetzen von Lösungen muss dieses in der Substanz gegebenenfalls vorhandene Kristallwasser auf jeden Fall berücksichtigt werden. So müssen demnach nicht nur 110 g $CaCl_2$, sondern 110 g $CaCl_2$ + 108 g H_2O = 218 g $CaCl_2 \cdot 6\ H_2O$ abgewogen und in 1 L Wasser gelöst werden, wenn man eine Lösung der Stoffmengenkonzentration $c(CaCl_2 \cdot 6\ H_2O) = 1\ \text{mol}\ L^{-1}$ ansetzen will.

Schon die Alltagserfahrung zeigt, dass sich Stoffe nicht in jeder beliebigen Substanz lösen lassen. Das erklärt unter anderem die schwimmenden Fettaugen auf der Suppe oder die Tatsache, dass man Benzin nicht mit Wasser verdünnen kann. So gibt es Lösemittel für Fette und andere für Zucker oder Salze.

Die Verbindung aus Solut und Lösemittel ergibt immer ein homogenes stabiles Gemisch. Die Kenntnis der bei der Solvatation wirkenden zwischenmolekularen physikalischen Anziehungskräfte ist für das Verständnis der Lösungen unerlässlich. Es handelt sich dabei um elektromagnetische Kräfte, die sich mit der Wirkung kleinster Magneten vergleichen lassen. Hervorgerufen werden diese Kräfte durch bewegte Elektronen. Die Wirkung ist analog derjenigen von Elektromagneten. Ein Molekül ist nichts anderes als ein Teilchen, das aus zwei oder mehreren zusammenhängenden Atomen besteht.

Aus praktischen Gründen unterscheidet man zwischen anorganischen (Wasser, Säuren, Laugen) und organischen Lösemitteln (Aceton, Chloroform, Ethanol, Tetrachlorkohlenstoff, Benzol), die sich jeweils in ihrer Polarität erheblich voneinander unterscheiden.

Apolare Lösemittel Ein Wasserstoffmolekül (H_2) oder ein Kohlenwasserstoffmolekül vom Typ des *n*-Hexans wird von **intra**molekularen Kräften zusammengehalten. Hexan kann jedoch Fett lösen. Es bilden sich **inter**molekulare Kräfte zwischen Hexan und Fett aus, die allerdings viel schwächer sind als die intramolekularen Kräfte, die das Molekül zusammenhalten.

Bei den längerkettigen Kohlenwasserstoffen lässt sich eine auffallend homogene Verteilung der Elektronen als „elektrische" Ladungsträger entlang des Moleküls verstehen. Ein solches Molekül bezeichnet man als **apolar** oder unpolar. Diese besondere Struktur einer Kohlenwasserstoffkette ist mit der Struktur anderer Ketten und insbesondere mit dem molekularen Aufbau von Ölen und Fetten direkt vergleichbar.

Polare Lösemittel Das wichtigste polare Lösemittel ist Wasser. Bei Lösungen in Wasser unterscheidet man je nach der Beteiligung der Ausgangsmaterialien drei Typen:

(1) Lösungen von Gasen wie Kohlenstoffdioxid (CO_2), Chlorwasserstoff (HCl) oder Ammoniak (NH_3),
(2) Lösungen von Flüssigkeiten wie Methanol (CH_3OH), Ethanol (CH_3CH_2OH) oder Essigsäure (CH_3COOH) sowie
(3) Lösungen von Feststoffen wie Kochsalz (NaCl) oder Gips ($CaSO_4 \cdot 2\,H_2O$).

Eine der wichtigen Kenngrößen ist der **Härtegrad**. Ein Grad deutscher Härte (= 1° dH) liegt vor, wenn 1 L Trinkwasser 7,15 mg Calcium (Ca^{2+}) oder 4,33 mg Magnesium (Mg^{2+}) oder 10 mg Calciumoxid (CaO) enthält. Als sehr weich gilt Wasser bei 0–4° dH, als weich bei 4–8, mittelhart bei 8–18 und hart bei 18–30° dH. Die genauen Härtegrade sind beim örtlichen Versorgungsunternehmen zu erfahren. Im Labor dient gewöhnliches Leitungswasser nur zum Vorspülen von Gefäßen.

Zum Ansetzen von Lösungen könnten die im Leitungswasser vorhandenen Stoffe (Ionen) empfindlich stören. Daher verwendet man grundsätzlich **demineralisiertes Wasser** (*Aqua demineralisata*), fallweise auch als deionisiertes Wasser, vollentsalztes Wasser (als VE-Wasser oder Deionat bezeichnet). Demineralisiertes Wasser wird meist über Ionenaustauscher gewonnen. Für die normalen laborüblichen Lösungen reicht diese Qualität aus. Mit demineralisiertem Wasser werden alle mit Leitungswasser gereinigten Gefäße nachgespült.

Destilliertes Wasser (*Aqua destillata*, kurz *Aqua dest.*) wird energieaufwendig durch Destillation oder durch Umkehrosmose gewonnen. Es ist (weitgehend) frei von den in natürlichem Wasser als Verunreinigung enthaltenen Ionen bzw. Spurenstoffen. In Biologie, Chemie, Medizin und Pharmazie dient es als Lösemittel für analytisch saubere Lösungen. Die elektrische Leitfähigkeit liegt meist unter 5 µS/cm bei 20 °C. Falls besonders reines Wasser benötigt wird, reicht die einstufige Destillation nicht aus. In solchen Fällen verwendet man zwei- oder mehrfach destilliertes Wasser (*Aqua bidestillata*, *A. tridestillata*).

Durch Umkehrosmose, Ionenaustauscher, Aktivkohlefilter, Ultrafiltration, Photooxidation und Entgasung gewonnenes **Reinstwasser** weist nur noch eine Leitfähigkeit von höchstens 1,1 μS/cm bei 20 °C auf. Man verwendet es im Wesentlichen zur Herstellung von Medikamenten und insbesondere von Infusionslösungen.

Manche Flüssigkeiten lassen sich sehr leicht vermischen (z. B. Aceton oder Ethanol mit Wasser). Andere Flüssigkeiten sind mit Wasser jedoch nur begrenzt bzw. überhaupt nicht mischbar, z. B. Paraffinöl, Benzin oder Chloroform ($CHCl_3$). Wenn sich eine Flüssigkeit mit einer zweiten nicht mischt, kann sie dennoch in Form feinster Tröpfchen darin verteilt sein. Diese scheiden sich nach ihrer Dichte allmählich wieder ab. Solche **Mischsysteme** (flüssig/flüssig) nennt man **Emulsionen**. Ein bekanntes Beispiel ist Milch.

7.5 Feststoffe

Wenn Feststoffe mit Flüssigkeiten in Verbindung kommen, sind je nach der Größe und den Lösungseigenschaften der beteiligten Teilchen verschiedene Fälle zu unterscheiden. Enthält die aufnehmende Flüssigkeit die Feststoffe in Form feiner Körnchen (Partikeln), die oft noch mit bloßem Auge erkennbar sind, spricht man von Aufschwemmung oder **Suspension**. Sie kann etwa mithilfe von Filtrierpapier in ihre festen und flüssigen Ausgangsbestandteile getrennt werden.

Kolloidale Lösungen enthalten den „gelösten“ Stoff dagegen in Form feiner schwebender Partikel, die mit bloßem Auge und selbst unter dem Lichtmikroskop nicht wahrgenommen werden können. Die Teilchengröße dieser Makromoleküle liegt zwischen 1 und 100 nm (1 nm = 10^{-9} m) und damit unterhalb der Wellenlängen des sichtbaren Lichtes. Die Kolloidnatur solcher Lösungen ist u. a. durch Lichtstreuung (**Faraday-Tyndall-Phänomen**) nachweisbar.

Kolloide werden aus ihren Lösungen durch Fällung (**Präzipitation**) oder Ausflockung (**Koagulation**) abgeschieden. Kolloidale Lösungen sind beispielsweise Proteinlösungen oder andere Lösungen von Makromolekülen wie Kaffee oder Tee. Auch die Grundflüssigkeit von lebenden Zellen, das Cytosol, stellt eine solche kolloidale Lösung dar. Die Trennung von kolloidalen und echten Lösungen erfolgt mithilfe der **Dialyse**, wobei nur die kolloidalen Teilchen (Makromoleküle) die Membran des Dialysators nicht durchdringen. Suspensionen und kolloidale Lösungen sind keine „echten Lösungen“. Bei echten Lösungen (Salz- oder Zuckerlösungen) sind die gelösten Teilchen sehr klein. Sie liegen in Form einzelner Ionen oder Moleküle vor.

Die maximal in einem bestimmten Volumen Lösemittel lösliche Substanzmenge ist stoffabhängig verschieden. Bei Raumtemperatur lösen sich in 100 mL Wasser beispielsweise 0,26 g $CaSO_4 \cdot 2\,H_2O$ (Gips), 16,8 g Na_2SO_4 (Natriumsulfat), 35,5 g NaCl (Kochsalz) oder 116,4 g NaOH (Natriumhydroxid). Die **Löslichkeitszahl** bezeichnet diejenige Menge eines zu lösenden Stoffes in Gramm, die mit 100 mL Wasser von 18 °C eine **gesättigte Lösung** ergibt. Bei einer gesättigten Lösung kann das Lösemittel nichts mehr von dem zu lösenden Stoff aufnehmen.

7.6 Mengen- und Konzentrationsangaben

Für den praktischen Umgang mit Lösungen sind in der Chemie und Physiologie verschiedene standardisierte Konzentrationsangaben festgelegt worden, die nebeneinander in Gebrauch sind. Fallweise finden sich in der Literatur auch noch die hier ebenfalls berücksichtigten älteren Maßangaben.

Gewichtsprozent Das Gewichtsprozent, abgekürzt Gew.-% und früher auch Masseprozent genannt, gibt die **Anzahl Gramm** eines gelösten Stoffes **in 100 g Lösung** an. Diese Beziehung wird zur Konzentrationsangabe von Lösungen fester Stoffe verwendet, im internationalen Sprachgebrauch mit der Angabe *weight/weight* bzw. w/w.

Beispiel: Eine 10%ige NaCl-Lösung enthält 10 g Kochsalz in 100 g Lösungsflüssigkeit.

Anstelle der Angabe Gewichtsprozent oder Masseprozent hat man den Begriff **Massenanteil** eingeführt. Eine Schwefelsäure hat den Massenanteil 10 %, wenn sie 10 g H_2SO_4 und 90 g H_2O in 100 g fertiger Lösung enthält.

Volumenprozent Mit Volumenprozent, abgekürzt Vol.-%, gibt man den **Volumenanteil** eines reinen Stoffes **in 100 Volumenteilen** der jeweiligen Lösung an. Diese Bezeichnung wird oft zur Konzentrationsangabe von Lösungen flüssiger Stoffe verwendet (im internationalen Sprachgebrauch *volume/volume*, v/v).

Beispiel: 45 Vol.-%iges Ethanol enthält 45 mL reinen Alkohol in 100 mL Flüssigkeit, also in 100 mL Lösung.

Zu beachten ist: Wenn lediglich Prozentangaben vorliegen, ist immer das Masseprozent und damit der Massenanteil (Gewichtsprozent) gemeint!

Stoffmengenkonzentration, Molare Lösungen, Molarität Die gesetzlich vorgeschriebene SI-Einheit der Stoffmenge ist das **Mol** (Einheitszeichen: **mol**). Eine Lösung mit 1 mol L^{-1} (früher 1 M) (sprich: „einmolare Lösung") enthält in 1 L Lösung genau 1 mol des gelösten Stoffes. Ein Mol sind dabei so viele Gramm des aufzulösenden Stoffes, wie seine relative Molekülmasse angibt (Molekülmasse in g = molare Masse).

Die **Molekülmasse** (früher Molekulargewicht genannt) ergibt sich aus der Summe der im Molekül oder in der **Formeleinheit** (etwa beim NaCl) vorhandenen relativen Atommassen oder Ionenmassen. So ist z. B. die Molekülmasse von CO_2 44, weil 12 (Kohlenstoff) und $2 \cdot 16 = 32$ (Sauerstoff) 44 ergibt.

Die **Stoffmengenkonzentration** (früher Molarität) einer Lösung gibt an, wie viel Mal die Einheit der **Stoffmenge** 1 mol des gelösten Stoffes in 1 L Lösung enthalten ist. Sie ist demnach immer eine Konzentrationsangabe, während das Mol nur die Stoffmenge und damit die Masse angibt.

Beispiel: Eine 1 mol L^{-1} (1 M) Glucoselösung enthält in 1 L Lösung 180 g (1 mol) Glucose, da die Molekülmasse der Glucose 180 beträgt.

Für eine 0,1 molare Kochsalzlösung gibt man die Konzentration wie folgt an: $c(\text{NaCl}) = 0{,}1\ \text{mol}\,L^{-1}$. Sie enthält in 1 L Lösung 0,1 mol NaCl oder 5,846 g NaCl. Bei sehr kleinen

Konzentrationen verwendet man für die Mol-Angabe die üblichen dezimalen Bruchteile, also beispielsweise 1 mmol L^{-1} (für 0,001 mol L^{-1}) oder 1 µmol L^{-1} für 0,000.001 mol $L^{-1} = 10^{-3}$ mmol L^{-1}.

Äquivalentkonzentration, Normale Lösungen, Normalität Die Äquivalentkonzentration (früher Normalität) gibt an, wie viel Mal die **molare Masse eines Äquivalents** (früher 1 Grammäquivalent oder 1 Val) des gelösten Stoffes in 1 L Lösung enthalten ist. Diese Angaben sind für den unmittelbaren Vergleich von Säuren und Basen bzw. von Oxidations- und Reduktionsmitteln unterschiedlicher Wertigkeit besonders wichtig. Man erhält die molare Masse eines Äquivalents, einer Säure oder einer Base, indem man die molare Masse (also die Molekülmasse in Gramm) durch die Anzahl der ersetzbaren H^+- bzw. OH^--Ionen dividiert. Bei Redox-Reaktionen dividiert man durch die Anzahl der abgegebenen bzw. aufgenommenen Elektronen.

Die Äquivalentkonzentration oder Normalität gibt somit immer äquivalente oder gleichwertige Konzentrationen in mol L^{-1} an, die molare Masse des Äquivalents hingegen nur die äquivalente Stoffmenge in Gramm. Es gilt: 1 Äquivalent (Grammäquivalent) Säure neutralisiert 1 Äquivalent (Grammäquivalent) Base (vgl. Abschn. 9.2); 1 Äquivalent (Grammäquivalent) Oxidationsmittel oxidiert 1 Äquivalent (Grammäquivalent) Reduktionsmittel (Kap. 11).

Die Beschränkung auf die heute übliche SI-Einheit mol für die Stoffmenge und mol L^{-1} für die Stoffmengen- und Äquivalentkonzentration kann einiges vereinfachen und lässt einiges überflüssig erscheinen. Für dieselbe Lösung kann man sowohl die Stoffmengenkonzentration als auch die Äquivalentkonzentration angeben. Tab. 7.6 gibt einige Beispiele für Säuren, Basen, Reduktionsmittel und Oxidationsmittel.

Verzichtet man jedoch auf die Begriffe „Molarität" und „Normalität" sowie die kurzen Schreibweisen 1 M und 1 N, muss man stets angeben, ob man mit mol L^{-1} die Stoffmengenkonzentration oder die Äquivalentkonzentration angibt. Die traditionellen Begriffe, Schreibweisen und Bezeichnungen (Molarität, Normalität) sind nicht nur von historischer, sondern wegen der Kürze, Klarheit und Eindeutigkeit auch von didaktischer und praktischer Bedeutung. Sie sollen deshalb hier ebenfalls mit eingebracht werden (Tab. 7.7).

Molalität Die Molalität gibt die **Stoffmenge in mol in 1 kg Lösemittel** an. Die übliche SI-Einheit ist mol kg^{-1}. Bei verdünnten wässrigen Lösungen kann man Molarität und Molalität praktisch gleichsetzen. Diesem Konzentrationsmaß kommt jedoch viel geringere

Tab. 7.6 Stoffmengenkonzentration und Äquivalentkonzentration

Stoffmengenkonzentration (mol L^{-1})		Äquivalentkonzentration c (mol L^{-1})		
$c(H_2SO_4)$	0,1	$c(1/2\ H_2SO_4)$	0,2	für Säure-Basen-Titrationen
$c(Ca(OH)_2)$	0,1	$c(1/2\ Ca(OH)_2)$	0,2	
$c(SO_2)$	0,1	$c(1/2\ SO_2)$	0,2	für Redox-Titrationen
$c(KMnO_4)$	0,1	$c(1/5\ KMnO_4)$	0,5	

Tab. 7.7 Vergleich aktueller und früherer Konzentrationsangaben

Angabe	Abkürzung/Einheit	Definition	frühere Bezeichnung
Gewichtsprozent	Gew.-%	g gelöster Stoff in 100 g Lösung	Masseprozent
Volumenprozent	Vol-.%	mL gelöste Flüssigkeit in 100 mL Lösung	
Stoffmengen-konzentration	$mol\,L^{-1}$	Molekülmasse in g in 1 L Lösung	Molarität 1 M
Äquivalent-konzentration	$mol\,L^{-1}$	molare Masse des Äquivalents in g in 1 L Lösung	Normalität 1 N = 1 Val L^{-1}
Molalität	$mol\,kg^{-1}$	Stoffmenge in mol in 1 kg Lösemittel	

Bedeutung zu als der Stoffmengenkonzentration (Molarität). Allerdings hat die Molalität gegenüber der Stoffmengenkonzentration (Molarität) den Vorteil, dass sie unabhängig von thermisch bedingten Volumenänderungen ist.

Beispiel: Eine Schwefelsäure der Molalität 0,1 mol kg^{-1} enthält 0,1 mol H_2SO_4 in 1 kg Wasser gelöst.

Mischungskreuz Die Verwendung des Mischungskreuzes gestattet es, auf besonders einfache Weise die Mengenanteile von Ausgangsstoffen zu berechnen, die man zum Erreichen einer gesuchten Konzentration mischen muss.

Beispiel 1: Aus 96 Vol.-%igem Ethanol soll durch Verdünnen mit Wasser 70 Vol.-%iges Ethanol hergestellt werden.

Zur Lösung schreibt man auf die linke Seite untereinander die Ausgangskonzentrationen (96 und 0), rechts daneben die gesuchte Konzentration. In Pfeilrichtung werden die Differenzen gebildet. Die erhaltenen Zahlen geben die Mengen an, die miteinander zu mischen sind:

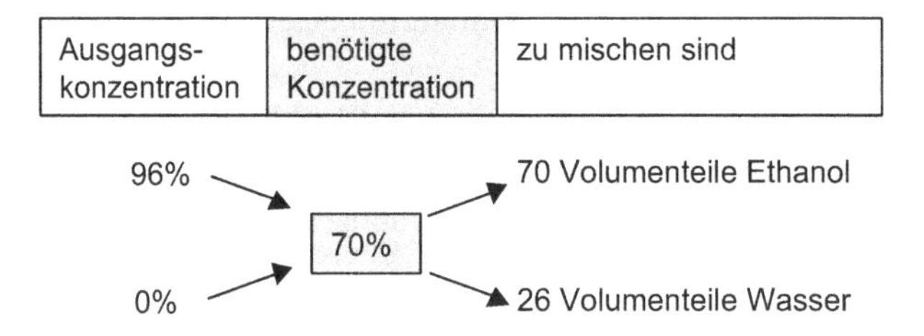

70 Volumenanteile 96 %iges Ethanol müssen also mit 26 Volumenanteilen Wasser gemischt werden, damit ein 70 %iger Alkohol entsteht, also 70 mL 96 %iges Ethanol werden mit 26 mL Wasser gemischt und würden 96 mL 70 %igen Alkohol ergeben, wenn man von der Volumenkontraktion absieht. Darunter versteht man die Erscheinung, dass 50 mL Wasser und 50 mL Ethanol miteinander vermischt nicht 100 mL Lösung ergeben, sondern

deutlich weniger, weil zusätzliche Bindungskräfte (Wasserstoffbrückenbindungen) entstehen. Dadurch rücken die Teilchen enger zusammen und das Volumen verringert sich.

7.7 Das Avogadro'sche Gesetz

Bei Versuchen mit biologischen Systemen (Bestimmung von Atmungs- bzw. Photosyntheseraten) müssen häufig Konzentrationsberechnungen der beteiligten Gase (O_2, CO_2) durchgeführt werden. Dabei ist das **Gesetz von Avogadro** von Bedeutung (nach dem italienischen Physikochemiker Lorenzo Avogadro, 1776–1856). Es besagt, dass 1 mol eines beliebigen Gases bei gleichem Druck und gleicher Temperatur immer das **gleiche Volumen** einnimmt. Unter Normalbedingungen nimmt 1 mol eines Gases immer das gleiche **Mol-Volumen** von 22,425 L ein.

Gleiche Volumina aller Gase enthalten bei gleichem Druck und gleicher Temperatur auch immer die **gleiche Anzahl von Molekülen.** In einem Liter Gas sind 1 mol / 22,425 L $= 0{,}0446\,\text{mol}\,\text{L}^{-1} = 44{,}6\,\text{mmol}\,\text{L}^{-1}$ Gasmoleküle enthalten. In 1 L Wasser (= 1000 mL, in etwa = 1000 g) sind bei einer relativen Molekülmasse von 18 für Wasser und bei einer molaren Masse $M(H_2O) = 18\,\text{g}\,\text{mol}^{-1}$ (1 mol H_2O hat die Masse 18 g) immer 1000 g / 18 g = 55,5 mol Wasser enthalten.

Das Avogadro'sche Gesetz hat große Bedeutung für die Naturwissenschaften. Bereits durch einen einfachen Volumenvergleich kann man mithilfe dieses Gesetzes beweisen, dass eine Reihe bedeutsamer Gase (N_2, O_2, Cl_2, H_2) als Verbindungen zweier gleichartiger Atome vorliegen (biatomarer Charakter):

Da der Gesamtraum, den die Gase einnehmen, sich bei entsprechenden Experimenten nicht ändert, muss auch die Zahl der Moleküle vor und nach dem Versuch dieselbe sein. Das ist nur möglich, wenn die Chlor- und die Wasserstoffmoleküle sich bei der Reaktion in zwei Hälften teilen und jede Hälfte eines Wasserstoffmoleküls sich mit einer Hälfte eines Chlormoleküls zu Chlorwasserstoffmolekülen verbindet. Wären die Gase dagegen einatomig, müsste sich das Volumen bei der Vereinigung von jeweils zwei Atomen halbieren, weil hierdurch auch die Teilchenzahl nur halb so groß wäre wie vor der Reaktion (Abb. 7.5).

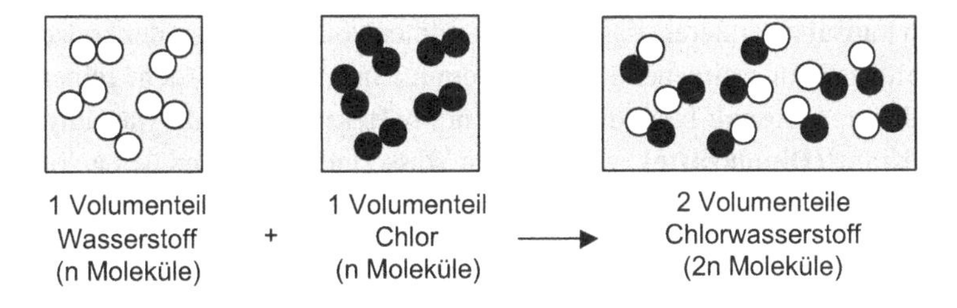

Abb. 7.5 Nachweis der Zweiatomigkeit einiger Gase durch Volumenvergleich

7.8 Diffusion und Osmose

Die Konzentration an gelösten Stoffen in Zellen oder Organismen, etwa im Blut, aber auch in Gewässern (Süßwasser, Meerwasser) oder in Böden sowie in der Trinkflüssigkeit ist lebenswichtig. Die richtige Konzentration, der **osmotische Wert**, bewirkt den richtigen zellulären Druck.

Wenn die Konzentration von gelösten Stoffen in den Zellen zu hoch ist, können diese platzen, weil sie dann zu viel Wasser aus der Umgebung aufnehmen. Ist die Konzentration dagegen zu niedrig, besteht beispielsweise für Pflanzenzellen die Gefahr, dass sie aus der Luft oder dem Boden zu wenig Wasser aufnehmen und bei Trockenheit sogar Wasser verlieren, daher unter Umständen welken und eingehen. Im Übrigen bietet die Einhaltung einer richtigen Lösungskonzentration für viele Pflanzen auch einen Schutz vor dem Erfrieren. Das ist mithilfe jener physikalischen Gesetze zu erklären, die den Einfluss von gelösten Stoffen auf Gefrier- und Siedepunkt beschreiben.

Bei der Osmose kommt es nicht auf die Größe der anziehenden Kräfte zwischen den gelösten Stoffen und dem Wasser an, sondern nur auf die Anzahl der gelösten Teilchen und somit auf die Stoffmengenkonzentration. Die Eigenschaften einer Lösung, die nur von dieser abhängen, nennt man, wie bereits erwähnt, **kolligative Eigenschaften**. Eine $1\,\text{mol}\,\text{L}^{-1}$ Kochsalzlösung hat bei vollständiger Dissoziation eine doppelt so große osmotische Wirkung wie eine $1\,\text{mol}\,\text{L}^{-1}$ Zuckerlösung, die keine dissoziierten Teilchen enthält.

Diffusion und **Osmose** erklären wichtige Transportprozesse in Zellen. Wasser diffundiert stets in die konzentriertere Lösung. Den Transport des Wassers in Richtung zur konzentrierten Lösung durch eine Membran nennt man **Osmose**. Durch die Diffusion des Wassers nähern sich die Konzentrationen auf beiden Seiten der Membran an (Abb. 7.6). Biologische Membranen (Cytomembranen) haben oft die Eigenschaft, große Moleküle nicht oder weniger gut passieren zu lassen, während Wasser frei durch die Mikroporen der Membran treten kann. Solche Membranen, die nur kleine Moleküle wie Wasser durchlassen, größere aber nicht, heißen **semipermeabel** oder **semiselektiv.**

Bringt man Zellen in eine Lösung, die konzentrierter ist als ihre eigene Zellflüssigkeit (man nennt diese Lösung ein **hypertones** Medium), dann geben sie Wasser ab. Bringt man sie umgekehrt in eine weniger konzentrierte Lösung, ein **hypotones** Medium, dann nehmen sie Wasser auf.

Es ist unzulässig zu sagen, das Wasser habe bei der Osmose das „Bestreben", in die konzentrierte Lösung zu fließen, **um** einen Ausgleich zu erreichen. Korrekter ist, die Osmose dadurch **kausal** zu erklären, dass das Ausströmen von Wasser aus der konzentrierten Lösung gegenüber dem weitgehend ungehinderten Einströmen aus dem reinen Wasser oder der verdünnten Lösung behindert ist („**Rückhaltekräfte**") und zwar aufgrund der anziehenden Kräfte (**Dipolkräfte**) zwischen den Wassermolekülen und den gelösten Teilchen (Abb. 7.6) entstehen.

Ist in der Umgebung der Zellen eine höher konzentrierte Lösung als in den Zellen vorhanden, verliert die Zelle Wasser. Bei Pflanzenzellen löst sich dann das Protoplasma von der Zellwand ab. Diesen Vorgang bezeichnet man als **Plasmolyse**. Meist enthält die Zelle

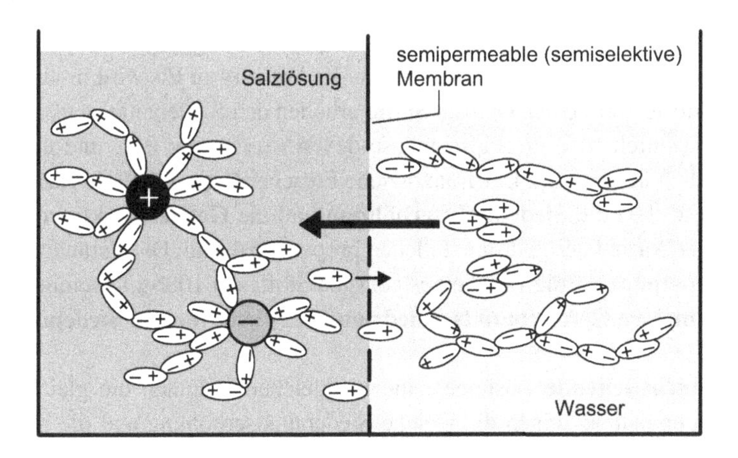

Abb. 7.6 Modellvorstellung zur Erklärung der Osmose

jedoch mehr gelöste Stoffe (Salze, Zucker) als die Außenlösung und nimmt dadurch Wasser auf. Dadurch steigt der Innendruck der Zelle, der **Turgor**, an. Der Turgor bestimmt die Form und das Aussehen von Pflanzen und Pilzen ganz entscheidend. Nimmt der Turgordruck auf die Zellwand stark ab, dann „welken" sie.

Tiere oder Einzeller, die keine Zellwand und keine große Zellsaftvakuole wie die Pflanzen besitzen, können nicht welken. Wenn sie aufgrund der Osmose zu viel Wasser aufnehmen, müssen sie es aktiv wieder abgeben (**Osmoregulation**).

Im „Kampf um das Wasser" ist für Pflanzen der trocken-heißen Standorte (Xerophyten) die Einhaltung einer angemessenen Konzentration der Lösungen in den Pflanzenzellen entscheidend. Dies betrifft auch die Arten, die Standorte mit hohen Salzkonzentrationen besiedeln (Halophyten). Trocken-heiße Luft weist ein ungleich negativeres Wasserpotenzial auf als kalte und entzieht den Pflanzen daher viel mehr Wasser als mit Wasserdampf weitgehend gesättigte Luft. Die Pflanze kann sich der Eigenschaft der Luft, ihr Wasser zu entziehen (**negative Dampfspannung der Luft**), durch einen geeigneten Verdunstungsschutz und mit der Einstellung einer höheren eigenen Zellsaftkonzentration widersetzen.

Tab. 7.8 zeigt, wie der von der Konzentration abhängige osmotische Wert oder osmotische Druck mit abnehmender Luftfeuchtigkeit ansteigen müsste, damit die Zelle oder Pflanze kein Wasser verliert.

Tab. 7.8 Relative Wasserdampfkonzentration der Luft im Gleichgewicht mit einer Lösung bei 20 °C

% rel. Luftfeuchte	Osmotischer Wert (bar)
100	0
99	13,5
97	41,0
95	69,1
90	141,0
70	481,0
50	933,0

Für Lebewesen ist die Aufrechterhaltung des flüssigen Aggregatzustandes von entscheidender Bedeutung. Vor allem das Erstarren des Wassers zu Eis wird in vielen Fällen durch gelöste Stoffe vermieden. Gelöste Stoffe erhöhen den Siedepunkt, senken aber den Gefrierpunkt. Dadurch wird die Flüssigphase des Wassers unter 0 °C und über 100 °C nicht unwesentlich ausgedehnt. Der französische Forscher François Marie Raoult (1830–1901) stellte fest, dass die **Siedepunktserhöhung** und die **Gefrierpunktserniedrigung** einer Lösung der Anzahl der gelösten Teilchen proportional sind. Die Veränderungen des Siede- und Gefrierpunktes, die 1 mol eines gelösten Stoffes in 1000 g Lösemittel bedingt, nennt man die **molare Gefrierpunktserniedrigung** E_G bzw. **molare Siedepunktserhöhung** E_S.

Verdünnte, **nicht leitende** Lösungen, die im gleichen Volumen die gleiche Anzahl von Molekülen enthalten, zeigen die gleiche Siedepunktserhöhung und die gleiche Gefrierpunktserniedrigung. Die Siedepunktserhöhung kann dadurch erklärt werden, dass die gelösten Teilchen den Siedeprozess behindern, die Gefrierpunktserniedrigung dadurch, dass die gelösten Teilchen den Kristallisationsvorgang behindern. Hierdurch wird der weite Temperaturbereich (0–100 °C), in dem Wasser als Flüssigkeit vorliegt, noch erweitert.

Wie verhält es sich jedoch mit Salzlösungen, die den elektrischen Strom leiten? Wegen der Dissoziation ist hier die Siedepunktserhöhung wesentlich höher bezogen auf 1 mol Salz im Vergleich zu 1 mol Zucker. Sie ist aber auch hier der Teilchenzahl, der Anzahl der gelösten Ionen, proportional. Diese Gesetze gelten ebenso wie die osmotischen nicht nur für Wasser, sondern auch für andere Lösemittel.

Die mathematische Fassung des **Raoult'schen Gesetzes** lautet:

$$\Delta T = E \cdot n = E \cdot m/M, \text{ weil } n = m/M \; . \tag{7.3}$$

Sie erlaubt, aus der Fixpunktverschiebung ΔT die Molekülmasse des gelösten Stoffes zu bestimmen (Molekülmassenbestimmung durch **Kryoskopie** bzw. **Ebullioskopie**). Dabei ist E die molare Siedepunktserhöhung oder Gefrierpunktserniedrigung, m die Masse des in 1000 g Lösemittel gelösten Stoffes, M die molare Masse, n die Anzahl der Mole des gelösten Stoffes und ΔT die Fixpunktverschiebung.

Der Quotient $n = m/M$ bringt zum Ausdruck, wie viel Stoff gelöst wurde. Da ein Mol immer gleich viele Teilchen nämlich $6{,}02 \cdot 10^{23}$ enthält, ist dies ein Maß für die Anzahl der gelösten Teilchen. Löst man z. B. $m = 20$ g eines Stoffes in 1000 g Wasser und misst eine Gefrierpunktserniedrigung von $\Delta T = 0{,}62$ °C oder K, so ist bei $E_G = 1{,}86$ K die Molekülmasse des gelösten Stoffes 60 und 1 mol des Stoffes hat die molare Masse von 60 g mol^{-1}.

7.9 Fragen zum Verständnis

1. Warum welken Pflanzen, aber nicht Tiere?
2. Mit welchen anorganischen und organischen Stoffen können sich Pflanzen vor dem Erfrieren schützen? Nennen Sie Beispiele. Vergleichen Sie den Einfluss auf die Gefrierpunktserniedrigung bei organischen und anorganischen Stoffen in einer Lösung.

3. Welcher Zusammenhang besteht zwischen Lufttemperatur und relativer Luftfeuchtigkeit?
4. Warum kann man eine bestimmte Konzentration einer Lösung auch durch ihren osmotischen Wert angeben? Wie kann man den Druck bestimmen?
5. Wie kann man prüfen, ob das Mischungsverfahren mithilfe des Mischungskreuzes richtig ist?
6. Warum diffundiert Wasser durch eine semipermeable Membran immer in die konzentrierte Lösung?
7. Wie ändert sich der Druck in einer konzentrierten Zuckerlösung, wenn die Membran nicht streng semipermeabel ist und mit der Zeit langsam auch Zucker nach außen in das Medium gelangen kann?
8. Die in den heißen (hydrothermalen) Quellen der ozeanischen Riftgebiete lebenden hyperthermophilen Bakterien können ihr Wachstumsoptimum bei $> 100\,°C$ haben. Wie ist dies möglich, da Wasser doch bei $100\,°C$ siedet?
9. Wie viel Mal mehr Wasserteilchen sind in einem Liter Wasser im Vergleich mit Luftteilchen in einem Liter Luft?

Die Antworten zu diesen Fragen finden Sie im Anhang „Antworten und Lösungen zu den Fragen“.

Chemische Bindung

8

Zusammenfassung

In der Natur kommen die weitaus meisten Elemente nicht atomar, also als einzelne voneinander getrennte Atome, sondern als Verbindungen vor. So sind die gasförmigen Hauptkomponenten der Atmosphäre N_2 und O_2 zweiatomige Moleküle. In den Gesteinen der Lithosphäre liegen die Metalle als Oxide, Sulfide oder Silikate und somit molekular bzw. in größeren Komplexen vor, in denen sich Einzelmoleküle nicht abgrenzen lassen. Nur die Edelgase He, Ne, Ar, Kr, Xe und Rn treten atomar auf.

Was die Welt der Verbindungen „im Innersten zusammenhält" (Goethe, Faust I), ist abgesehen vom Atomkern eine Angelegenheit der Atomhülle (vgl. Kap. 6), genauer der Valenzelektronen auf der äußeren Schale. Während bei den Edelgasen deren *s*- und *p*-Orbitale komplett aufgefüllt sind (Elektronenkonfiguration $1s^2$ beim Helium und $2s^2 2p^6$ beim Neon), ist bei allen anderen Elementen die äußere Schale nur teilweise mit Elektronen besetzt. Da diese Konfigurationen jedoch relativ instabil bzw. „energetisch ungünstig" sind, bevorzugen die Atome die Besetzungsverhältnisse des nächst erreichbaren Edelgases ihrer Nachbarschaft im PSE. Diesen Sachverhalt bezeichnet man (im Fall der L- und M-Schale) als **Oktettprinzip** – so erstmals 1916 von Walter Kossel (1888–1956) in seiner Oktettregel formuliert.

Zwei oder mehr Atome fügen sich nun so zu einer Verbindung zusammen, dass jeder der beteiligten Bindungspartner ein stabiles, weil energetisch günstigeres Elektronenoktett erreicht. Grundsätzlich bestehen dafür zwei Möglichkeiten:

- Von einem Bindungspartner findet ein Elektronenübergang auf den anderen statt.
- Die an einer Verbindung beteiligten Atome bilden ein gemeinsames Elektronenpaar oder mehrere gemeinsame Elektronenpaare.

H. Bannwarth et al., *Basiswissen Physik, Chemie und Biochemie*,
https://doi.org/10.1007/978-3-662-58250-3_8

Daraus ergeben sich die beiden hauptsächlichen Bindungstypen, die **Ionenbindung** und die **kovalente Bindung** (Elektronenpaarbindung).

Um das Verhalten der Elemente, die Verbindungen eingehen können, zu kennzeichnen, verwendet man neben den **Atom- und Ionenradien** weitere Größen wie die Ionisierungsenergie, die Elektronenaffinität und die Elektronegativität. Eine ausführliche Diskussion dieser stofflichen Parameter ist jedoch im Kontext dieses Buches vorerst entbehrlich.

8.1 Ionenbindung

Nach Kossels Theorie kann man sich die Ionen dadurch entstanden denken, dass Elemente, die links im PSE stehen (Metalle), Elektronen an solche Elemente abgegeben haben, die rechts im PSE stehen (Nichtmetalle). Kommen nun ein Natriumatom mit 11 Elektronen (1 Valenzelektron auf der M-Schale) und ein Chloratom mit 17 Elektronen (7 Valenzelektronen auf der M-Schale) zusammen, so lassen sich leicht Achteraußenschalen (**Edelgaskonfigurationen**) bilden (Abb. 8.1).

Beim Na^+-Ion liegt nunmehr die Elektronenkonfiguration des Neons vor ($1s^2 2s^2 2p^6$), beim Cl^--Ion dagegen diejenige von Argon ($1s^2 2s^2 2p^6 3s^2 3p^6$). Das einzige Außenelektron der äußeren Schale des Natriumatoms geht auf die Elektronenschale des Chlors über und füllt diese damit gerade bis zur Edelgasschale auf. Dann stimmt die Anzahl der Ladungen im Atomkern und auf der Schale beim Natrium und Chlor nicht mehr überein. Es sind daher geladene Teilchen Na^+ und Cl^- (**Ionen**) entstanden. Die Anzahl der aufgenommenen oder abgegebenen Elektronen legt die Ionenladung oder **Ionenwertigkeit** fest.

Es ist nicht immer eindeutig vorherzusagen, welche Ladung oder Ionenwertigkeit bestimmte Ionen aufweisen. So gibt es für ein Element durchaus mehrere Möglichkeiten: Kupfer-Ionen können ein- oder zweifach, Eisen-Ionen zwei- oder dreifach positiv geladen sein (Tab. 8.1). Für Stickstoff- und Schwefelverbindungen kommen in der belebten und unbelebten Natur mehrere Möglichkeiten in Betracht. Diese werden ihrem Ladungszustand entsprechend als **Oxidationsstufen** bezeichnet (vgl. Kap. 8 und 11). Eindeutig sind die Ionenladungen oder Oxidationsstufen für die Ionen der Alkali- und Erdalkalimetalle und des Aluminiums aus ihrer Stellung im PSE abzuleiten.

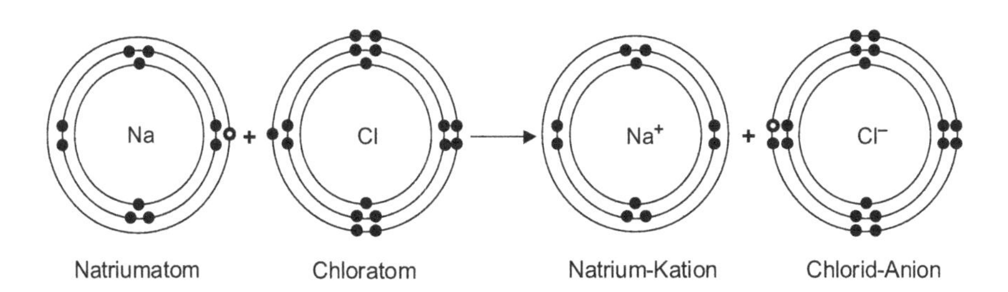

Abb. 8.1 Bildung von Ionen aus ungeladenen Atomen

Tab. 8.1 Wichtige Ionen und ihre Wertigkeit

Einwertig	Zweiwertig	Dreiwertig
H^+, Na^+, K^+, Cu^+	Ca^{2+}, Mg^{2+}, Cu^{2+},	Al^{3+}, Fe^{3+}
Cl^-, OH^-, NO_3^-	CO_3^{2-}, SO_4^{2-}	PO_4^{3-}

Ionen sind in der Regel wesentlich stabiler als ihre Ausgangsatome. Man beachte, wie heftig Natriummetall (Natriumatome) mit Wasser reagiert und wie aggressiv und giftig Chlor ist (Desinfektionsmittel, Chlorierung von Wasser). Dagegen sind die Ionen des Kochsalzes, Natrium-Ion und Chlorid-Ion, ungefährlich und harmlos (vgl. Blut, Meerwasser, gesalzene Speisen), wenn sie nicht in zu hoher Konzentration vorliegen.

Die Bindung zwischen Na^+ und Cl^- zum Natriumchlorid Na^+Cl^- (Kochsalz) kommt nun durch **elektrostatische Anziehung** zwischen den entgegengesetzt geladenen Teilchen zustande. Wegen der Ladungsverhältnisse spricht man bei der Ionenbindung auch von **polarer** bzw. **heteropolarer** Bindung. Da die ionalen Bindungskräfte nicht gerichtet sind, sondern in alle Raumrichtungen wirken, lagern sich die Ionen zu regelmäßigen Gittern zusammen und bilden makroskopische Ionenkristalle. Ionen können nicht getrennt nur als positive oder negative Ionenformen technisch gewonnen oder isoliert werden. Sie liegen grundsätzlich als **Salze**, **Säuren** oder **Basen** vor (vgl. Kap. 9). Stets sind in solchen Ionenverbindungen anteilig gleich viele Kationen- und Anionenladungen vorhanden. Positive und negative Ladungen gleichen sich immer aus – ein Kochsalzkristall ist nach außen elektrisch neutral.

8.1.1 Ionen und Kristallbildung

Ionenpaare bilden keine Einzelmoleküle wie bei kovalent gebundenen Partnern. Vielmehr wird die Teilchengröße von den makroskopischen Abmessungen des Kristalls bestimmt. Wenn man bei Ionenverbindungen dennoch, aber nicht korrekt, von Molekülmassen bzw. Mol spricht, ist immer die **Formeleinheit** (im vorliegenden Fall NaCl) gemeint.

Ionenverbindungen entstehen bevorzugt aus den Elementen am äußersten linken Rand (Alkalimetalle: niedrige Elektronenaffinität, niedrige Ionisierungsenergie: leichte e^--Abgabe) und am äußersten rechten Rand des PSE (vgl. Anhang; Halogene: hohe Elektronenaffinität, hohe Ionisierungsenergie: leichte e^--Aufnahme).

Im Kochsalzkristall (Abb. 8.2) umgibt sich jedes Na^+-Ion mit sechs Cl^--Ionen, und umgekehrt ist jedes Cl^--Teilchen von sechs Na^+ umstellt: Die Koordinationszahl beträgt also 6. Neben Ionen, die aus einzelnen Elementen entstehen, gibt es auch Molekül-Ionen wie das Hydroxid-Ion (OH^-) oder **Komplex-Ionen** wie Nitrat (NO_3^-), Carbonat (CO_3^{2-}) und Sulfat (SO_4^{2-}). Auch sie können Bestandteile eines Ionengitters bzw. Kristalls sein. Beispiele sind NaOH (Natriumhydroxid), $CaSO_4$ (Calciumsulfat), $CaCO_3$ (Calciumcarbonat = Kalk) und Na_2SO_4 (Natriumsulfat = Glaubersalz) (vgl. Abschn. 8.3).

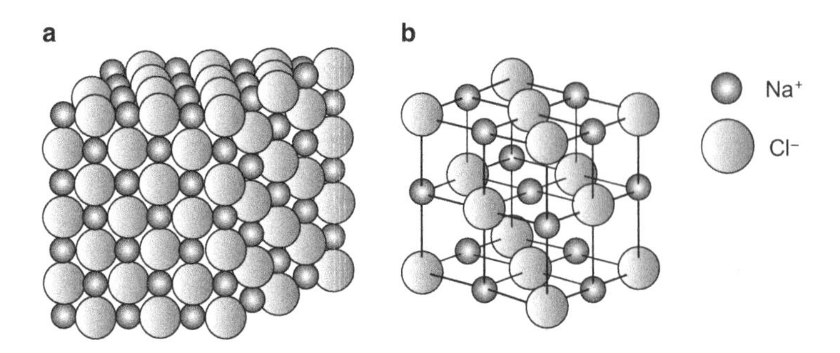

Abb. 8.2 Struktur eines Kochsalzkristalls (**a**) aus einem NaCl-Gitter (**b**)

Bei vielen Salzen wie z. B. beim Kochsalz ist die Ionenbindung in Wasser gut löslich. Sie kann von den ständig in Bewegung befindlichen **Dipolmolekülen** des Wassers (**Brown'sche Bewegung** – nicht Brown'sche *Molekular*bewegung!) leicht **getrennt** werden. Manchmal ist die Bindung jedoch so fest, dass dies – etwa bei schwerlöslichen Salzen wie Calciumcarbonat, Calciumsulfat oder Silberchlorid – nur wenig oder kaum möglich ist.

Eine **Ionenbildung** aus den Atomen gibt es unter natürlichen Bedingungen kaum, weil die energiereichen elementaren Ausgangsformen, die Atome, erst durch energieaufwendige technische Verfahren (z. B. **Elektrolyse**) aus ihren Ionenformen dargestellt werden müssten. Es sei aber noch einmal betont, dass im festen Kochsalz zum Beispiel die Ionen bereits vor dem Lösen in Wasser vorliegen und nicht erst entstehen. Diese werden beim Lösen in Wasser lediglich voneinander getrennt (**Dissoziation**).

Die meisten Elemente kommen schon mindestens so lange auf der Erde in der Ionenform vor, wie es die Erde und das Leben auf ihr gibt. Es bedarf demnach nicht der Organismen, um die Ionen aus ihren Elementen entstehen zu lassen. Umgekehrt ist menschliche Technik erforderlich, um aus den in der Natur vorkommenden Ionenformen die Elemente her- bzw. darzustellen – z. B. Eisen aus Eisenerzen oder Aluminium aus Bauxit.

8.1.2 Elektrolyse

Unter der **Ionenwertigkeit** oder **Ionenladung** versteht man die Anzahl positiver oder negativer Ladungen, die ein Ion besitzt, nachdem ein Atom durch Veränderung seiner Valenzelektronenzahl in den Ionenzustand gelangt ist. Bedeutsam für Umwelt und Organismen sind vor allem die mehrwertigen **Komplex-Ionen** wie Carbonat CO_3^{2-}, Sulfat SO_4^{2-}, Nitrat NO_3^- und Phosphat PO_4^{3-}. Man kann sie sich so zusammengesetzt denken, dass zweifach negativ geladene Sauerstoff-Ionen mit den positiv geladenen **Zentral-Ionen** des Kohlenstoffs, Stickstoffs, Schwefels und Phosphors einen Komplex bilden (vgl. auch koordinative Bindung, Abschn. 8.3). Beispiele gibt die Tab. 8.1.

Legt man einen Gleichstrom an Metall- oder Graphitelektroden, die in eine Elektrolytlösung (Lösung mit Ionen) tauchen, so werden die Ionen von den entgegengesetzt geladenen Polen angezogen und in ihre ungeladene elementare (atomare) Form umgewandelt. Dieses Verfahren, bei dem aus den Ionen die Elemente unter Aufwand elektrischer Energie mithilfe einer elektrischen Gleichspannung gebildet werden, nennt man **Elektrolyse**.

Wie viel Ladung zur Abscheidung der Ionen benötigt wird, hängt von deren Ionenladung ab. Ist z. B. das Kupfer-Ion zweiwertig, so wird für die Abscheidung eines einzigen Kupfer-Ions (Cu^{2+}), die Ladung $2e^-$ und damit das Doppelte der Elementarladung benötigt. Für das einwertige Kupfer-Ion (Cu^{1+}), benötigt man nur die Hälfte der Ladung, also nur ein Elektron ($1e^-$), zur Bildung und Abscheidung eines einzigen Kupferatoms. Aus der Anzahl oder Menge der zur Abscheidung einer bestimmten Gas- oder Metallmenge erforderlichen Ladung lässt sich somit auf die Ladung oder Wertigkeit der Ionen schließen:

$$\begin{aligned} 1\,\mathrm{Ion}^{1+} + 1\,\mathrm{e}^- &\rightarrow 1\,\mathrm{Atom} \\ 1\,\mathrm{Ion}^{2+} + 2\,\mathrm{e}^- &\rightarrow 1\,\mathrm{Atom}\,. \end{aligned} \tag{8.1}$$

Die Ladung, welche gerade 1 g bzw. 1 mol Wasserstoff elektrolytisch abscheidet, wird mit dem Großbuchstaben F (= **Faraday-Konstante**, nach dem englischen Chemiker und Physiker Michael Faraday, 1791–1867) benannt. Mit dieser Ladung F lässt sich bei der Elektrolyse aus Lösungen einfach geladener Ionen tatsächlich stets ein Mol, aus Lösungen zweifach geladener Ionen entsprechend die Hälfte davon, aus Lösungen dreifach geladener Ionen jeweils ein Drittel erhalten. Aus Säuren scheidet die Ladung F gerade 1 g Wasserstoff, aus Cu^{1+}-Salzlösungen etwa 64 g Kupfer, aus Cu^{2+}-Salzlösungen 64 g : 2 = 32 g Kupfer und damit gerade die **Äquivalentmasse** in Gramm ab.

Diese in Gramm angegebenen, von der Ladung F abgeschiedenen Stoffmengen sind die **molaren Massen des Äquivalents** eines Ions. Der Begriff des Äquivalents wurde bereits im Zusammenhang mit Konzentrationsangaben (Äquivalentkonzentration) von Lösungen (Abschn. 7.6) eingeführt. Ein Äquivalent ist auch hier der Bruchteil der Masse eines Atoms. Die Atommasse muss jeweils durch die Wertigkeit geteilt werden, um die Masse des Äquivalents zu erhalten. Früher hat man die molare Masse des Äquivalents als **Grammäquivalent** oder als **Val** bezeichnet. Heute spricht man vereinfachend nur noch von der molaren Masse M des Äquivalents, angegeben in g mol^{-1}, z. B.:

$$M(1/3\ \mathrm{Al}^{3+}) = 9\,\mathrm{g\,mol}^{-1}\,. \tag{8.2}$$

Bei der Ladungsmenge F handelt es sich um eine **Naturkonstante**, denn sie scheidet unabhängig von der Art des Salzes und seiner Ionen immer genau die molare Masse des Äquivalents eines Ions ab. Außerdem scheidet die Ladung F immer gleich viele einfach geladene Ionen ab. In 1 g H sind daher genauso viele Atome wie in 23 g Na, weil in einem Mol immer gleich viele Teilchen sind (vgl. Abschn. 7.6). Handelt es sich um zweiwertige Ionen, werden deshalb genau halb so viele Ionen bei der Elektrolyse durch die Ladung F abgeschieden.

Um die unbekannte Ladung oder Wertigkeit von Ionen in der Lösung eines Salzes zu ermitteln, ist theoretisch die Ladung von 96.500 As aufzubringen. Man muss z. B. einen Strom von 1 A genau 96.500 s lang (das sind 96.500 : 3600 = 26,8 h) fließen lassen und messen, ob die auf diese Weise erhaltene molare Masse des Äquivalents gleich der Atommasse in Gramm ist oder nur die Hälfte oder ein Drittel beträgt, um die Ladung oder Wertigkeit der Ionen zu ermitteln. Praktisch genügt es jedoch, nur einen Bruchteil der Zeit aufzuwenden, um beispielsweise die molare Masse eines Milliäquivalents (= 1/1000 eines Äquivalents) zu erhalten.

8.2 Kovalente Bindung: Atom- oder Elektronenpaarbindung

Die Verbindung gleichartiger Atome untereinander, etwa im Wasserstoff (H_2), im Sauerstoff (O_2), Schwefel und auch die Verbindung gleichartiger Atome, wie sie zwischen den Kohlenstoffatomen in Ethanol und Glucose besteht, nennt man **Atombindung, Elektronenpaarbindung** oder auch **homöopolare Bindung**. Man spricht auch von **kovalenter** Bindung, wenn beide Bindungspartner einen gleichen oder annähernd gleichen Anteil an der Bindung haben. Sie kommt vor allem zwischen Nichtmetallen vor. Statt eines Elektronenübergangs, wie er bei der Ionenbildung vorliegt, bilden sich bei der kovalenten Bindung gemeinsame Elektronenpaare.

Sehr einfach lassen sich die jeweiligen Elektronen- und Bindungsverhältnisse an der Bildung eines Wasserstoffmoleküls aus zwei Wasserstoffatomen nach $2\,H \rightarrow H_2$ darstellen (Abb. 8.3). Das von jedem H-Atom eingebrachte Elektron „gehört" nun beiden Atomen gemeinsam. Auf diese Weise erreicht jeder der beiden Bindungspartner die Edelgaskonfiguration des Heliums ($1s^2$). Die Elektronen des Elektronenpaares sind in diesem Bindungstyp gleichmäßig zwischen beiden Atomen verteilt.

Diesen Bindungstyp erklärte der amerikanische Physikochemiker Gilbert Lewis (1875–1946) im Jahre 1916 und ging dabei von der Tatsache aus, dass die Elektronenanordnung der Edelgaskonfiguration energetisch begünstigt und stabil ist (vgl. Abschn. 8.1). Auf dieser Basis entwickelte er eine Theorie, wie sich Atome desselben Elements miteinander verbinden können (**Lewis-Theorie**). Die Bildung solcher Elektronenpaare kann man auch damit erklären, dass ein Elektron eine bewegte elektrische Ladung ist und des-

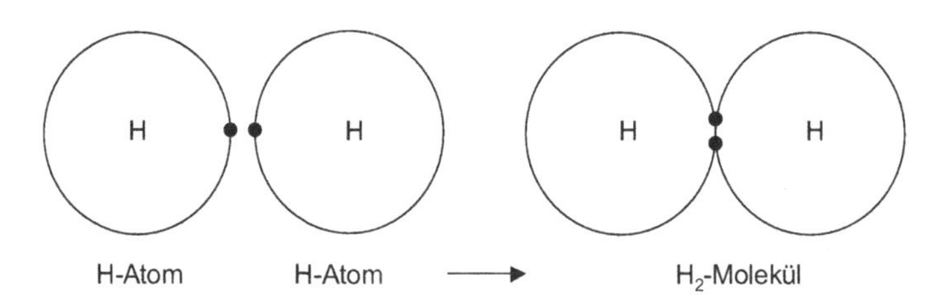

Abb. 8.3 Stabile Zweierschale des Wasserstoffmoleküls

halb wie ein Elektromagnet wirkt. Nach den **Maxwell'schen Gesetzen** (James Clerk Maxwell, 1831–1879) des **Elektromagnetismus** ist ein sich änderndes elektrisches Feld die Ursache für ein Magnetfeld (Elektromagnet) und umgekehrt ein sich änderndes Magnetfeld die Ursache für ein elektrisches Feld oder eine elektrische Spannung (Dynamo-Prinzip).

Analog liegen die Verhältnisse zum Beispiel beim Chlor. Gemäß dem Periodensystem der Elemente (PSE) besitzt das Chloratom sieben Valenzelektronen. Bis zum Oktett fehlt ihm demnach nur noch ein Elektron. Wenn die Valenzsphären von zwei Chloratomen sich gegenseitig durchdringen und ein gemeinsames Elektronenpaar bilden, ist für beide Chloratome die Edelgaskonfiguration erreicht: Beide Atome weisen nun acht Außenelektronen auf (Abb. 8.4).

Nach einem weiteren Vorschlag von Gilbert Lewis stellt man in Strukturformeln die Atome durch das jeweilige Elementsymbol dar und zusätzlich zeichnet man die Elektronen der äußeren, noch nicht komplettierten Schale – entweder als Punkte oder als Punktepaar bzw. Strich, die je ein Elektronenpaar symbolisieren (**Lewis-Formeln**). In der Praxis vereinfacht man allerdings die Schreibweise von Verbindungen auf das die betreffenden Atome verbindende Elektronenpaar (Bindungselektronenpaar) und lässt die freien Elektronenpaare weg. Für Wasserstoff und Chlorgas ergeben sich somit folgende Darstellungsmöglichkeiten:

$$:\underset{..}{\ddot{\mathrm{Cl}}}\cdot + :\underset{..}{\ddot{\mathrm{Cl}}}\cdot \rightarrow |\underline{\overline{\mathrm{Cl}}} - \underline{\overline{\mathrm{Cl}}}| \rightarrow \mathrm{Cl} - \mathrm{Cl} \rightarrow \mathrm{Cl}_2\,,$$

$$\mathrm{H}\cdot + \mathrm{H}\cdot \rightarrow \mathrm{H} : \mathrm{H} \rightarrow \mathrm{H} - \mathrm{H} \rightarrow \mathrm{H}_2\,.$$

Bei der Achterschale sind an allen vier Ecken eines Tetraeders Elektronenpaare vorhanden (Abb. 8.5). Man spricht deshalb anstelle von Edelgaskonfiguration auch vom **Oktettsystem**. Dies bedeutet eine besonders stabile räumliche Anordnung oder Konfiguration. So besteht ein Molekül **Methangas** aus einem Kohlenstoffatom und vier Wasserstoffatomen. Dafür schreibt man die Formel CH_4 (C = Symbol für 1 Atom Kohlenstoff, H = Symbol für 1 Wasserstoffatom). Das Kohlenstoffatom besitzt vier **Valenzelektronen** (vgl. Abschn. 6.4). Bis zum stabilen Oktett fehlen ihm vier Elektronen. Der Wasserstoff besitzt ein Valenzelektron. Bis zur stabilen Edelgaskonfiguration fehlt ihm ein Elektron. Wenn sich nun die Valenzsphären von vier Wasserstoffatomen mit den vier Valenzsphären der

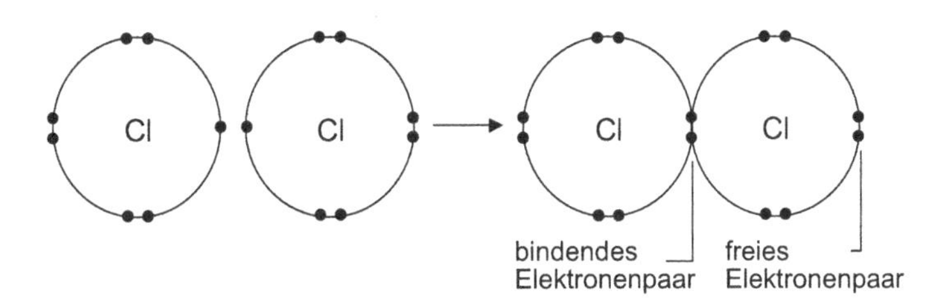

Abb. 8.4 Elektronenpaarbindung beim Chlor

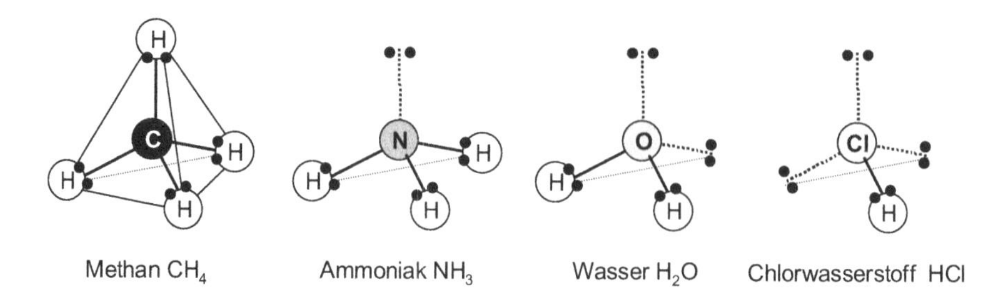

Abb. 8.5 Oktettsystem: Anordnung der Elektronenpaare auf der Achterschale an den Ecken eines Tetraeders

Kohlenstoffelektronen überlappen, entstehen durch die Ausbildung von insgesamt vier **gemeinsamen Elektronenpaaren** für alle Wasserstoffatome und auch für das Kohlenstoffatom Edelgaskonfigurationen.

Verbindet sich ein Kohlenstoffatom mit mehreren anderen Atomen, so kommt es durch die Verschiebung der Energieniveaus der Valenzelektronen bzw. durch Überlappen der **Valenzsphären** zu charakteristischen **Hybridorbitalen**. Das 2 *s*-Orbital (vgl. Abschn. 6.1.3) ist im energiearmen Grundzustand doppelt und die *p*-Orbitale einfach durch zwei ungepaarte Elektronen (s^2p^2) besetzt (Abb. 8.6). Im angeregten energiereicheren Zwischenzustand befindet sich im 2 *s*-Orbital und in den drei 2*p*-Orbitalen jeweils nur ein Elektron.

Kommt es nun zur Hybridisierung, wird die Energie des *s*-Orbitals erhöht und die Energie der *p*-Orbitale gesenkt, sodass nun vier energetisch gleichwertige, aber nur einfach besetzte Orbitale entstehen (Abb. 8.6): Man spricht dann von $\boldsymbol{sp^3}$**-Hybridisierung**, wie sie z. B. im Methan (CH_4) vorliegt. Die Orbitale weisen in die Ecken eines Tetraeders (vgl. Abb. 8.5). Kohlenstoff kann aber auch aus dem 2 s-Orbital und zwei 2*p*-Orbitalen ein $\boldsymbol{sp^2}$**-Hybrid** mit drei gleichwertigen sp^2-Orbitalen bilden, wie sie im Ethen $H_2C{=}CH_2$ vorliegen: Zwei der drei sp^2-Orbitale eines C-Atoms gehen jeweils eine Bindung mit dem *s*-Elektron eines H-Atoms ein. Das dritte sp^2-Orbital des Kohlenstoffs überlappt dagegen mit dem entsprechenden Orbital des benachbarten C-Atoms.

Abb. 8.6 Energieverhältnisse des C-Atoms im Grundzustand (**a**) und nach *sp*-Hybridisierung

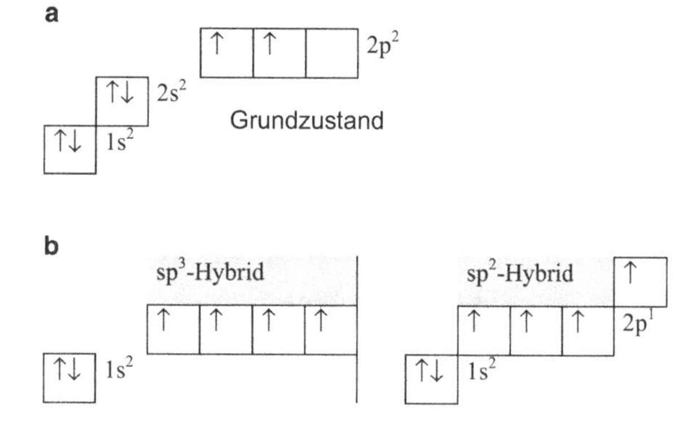

In Bezug auf die Verbindungsachse der beiden C-Atomkerne ist die Elektronendichteverteilung rotationssymmetrisch. Solche Bindungen nennt man σ-Bindungen. Neben den drei sp^2-Orbitalen in der Molekülebene haben beide C-Atome jedoch noch je ein senkrecht dazu orientiertes und einfach besetztes p-Orbital. Auch diese beiden Orbitale können überlappen und eine π-Bindung ausbilden (Abb. 8.7).

Auch im Fall des Wasserstoffgases (H_2) vereinigen sich zwei einfach besetzte s-Orbitale zu einem mit zwei Elektronen besetzten σ-Molekülorbital. Die Bindung zwischen den Wasserstoffatomen H–H ist deshalb eine σ-Bindung.

Obwohl jedes Chloratom im Chlormolekül (Cl_2) formal die Achterschale besitzt, hat das Molekül nach wie vor ein starkes „Bestreben", Elektronen aufzunehmen und in die Chlorid(Cl^-)-Form überzugehen. Allerdings ist auch hier **atomares** Chlor viel reaktionsfähiger als **molekulares**, weil es ein einzelnes ungepaartes Elektron auf der äußeren Schale besitzt. Chloratome mit sieben Außenelektronen schließen sich deshalb zu den chemisch gesehen weniger reaktiven, aber immer noch im Kontakt mit lebenden Zellen ziemlich aggressiven und reaktionsbereiten Chlormolekülen zusammen. Ein solches sehr aggressives und reaktives Atom oder Molekül mit einem ungepaarten Außenelektron nennt man **Radikal**, z. B. Chlorradikal $Cl^\bullet$:

$$2\,Cl^\bullet \rightarrow Cl_2. \tag{8.3}$$

Der Vergleich von Atom- und Ionenbindung zeigt eine Reihe von grundsätzlichen Verschiedenheiten (Tab. 8.2).

Während man mit **Ionenwertigkeit** immer die Ionenladung bezeichnet (vgl. Abschn. 8.1), versteht man unter **Bindigkeit** immer die Anzahl der vorliegenden bzw. von einem Atom eingegangenen Elektronenpaarbindungen, über die ein Atom mit einem anderen verbunden ist (Tab. 8.3). Die Bindigkeit hat man früher jedoch als Wertigkeit bezeichnet. Der Begriff der Wertigkeit ist also nicht eindeutig. Bei entsprechenden Angaben muss jeweils eindeutig erkennbar sein, ob man Bindigkeit, Ionenladung, die Säure/Base- oder die Redox-Wertigkeit meint.

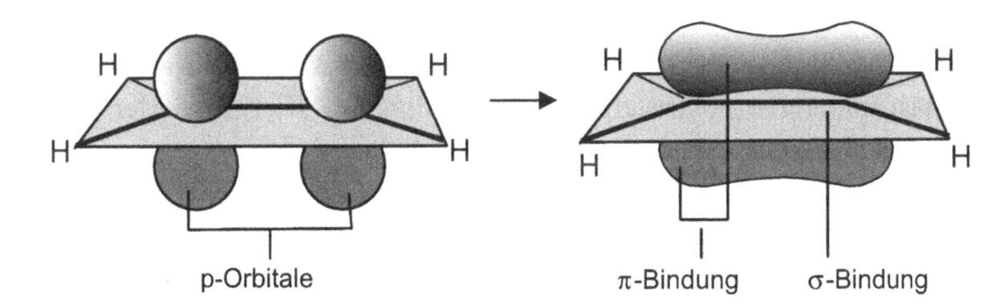

Abb. 8.7 Doppelbindung im Ethen ($H_2C{=}CH_2$): σ- und π-Bindungen

Tab. 8.2 Atombindung und Ionenbindung im Vergleich

Atombindung	Ionenbindung
Ausbildung eines oder mehrerer gemeinsamer Elektronenpaare	Elektrostatische Anziehung entgegengesetzt geladener Teilchen
In Wasser nicht oder wenig löslich, dissoziiert kaum in Wasser	Meist gut in Wasser löslich; dissoziiert beim Lösen in Wasser
Oft vergleichsweise niedriger Siede- und Schmelzpunkt; kommt vor z. B. in den Gasen der Luft (N_2, O_2), in Fetten, Ölen, Kohlenwasserstoffen	Vergleichsweise hoher Siede- und Schmelzpunkt; kommt vor in Salzen, Säuren und Basen
Bei niedermolekularen Verbindungen ist der gasförmige Aggregatzustand bevorzugt	Der feste Aggregatzustand ist bevorzugt

Tab. 8.3 Anzahl von Bindungen in Molekülen

Verbindung	Formel	Bindigkeit
Wasserstoff	H–H	1-bindig
Sauerstoff	O=O	2-bindig
Stickstoff	N≡N	3-bindig
Kohlenstoffmonoxid	C≡O	3-bindig
Kohlenstoffdioxid	O=C=O	4-bindig

Tab. 8.4 Elektronegativität einiger Elemente

H 2,1						
Li 1,0	Be 1,5	B 2,0	C 2,5	N 3,0	O 3,5	F 4,0
Na 0,9	Mg 1,2	Al 1,5	Si 1,8	P 2,1	S 2,5	Cl 3,0
K 0,8	Ca 1,0	Ga 1,6	Ge 1,8	As 2,0	Se 2,4	Br 2,8

8.2.1 Polarisierte Atombindung

Die beiden bisher vorgestellten Bindungsarten stellen sozusagen Idealfälle dar. Vielfach bestehen aber zwischen diesen beiden Verknüpfungsmöglichkeiten Übergänge: In einigen Fällen ist auch bei Elektronenpaarbindungen ein gewisser Ionenbindungscharakteranteil vorhanden. Man spricht in solchen Fällen von **polarisierten Atombindungen** (polarisierte Elektronenpaarbindungen, polarisierte kovalente Bindung). Hierbei werden Elektronen aufgenommen und abgegeben, jedoch keineswegs vollständig.

Die Fähigkeit der Elemente, Elektronen in kovalenter Bindung an sich zu ziehen, kann man in Zahlen zum Ausdruck bringen. Die Anziehungskraft bezeichnet man nach Linus Pauling (1901–1994, Nobelpreise 1954 und 1962) als **Elektronegativität**. Der elektronegativere Partner (vgl. Tab. 8.4) erhält dadurch eine Teilladung, die man in Schemata mit dem Symbol δ^- darstellt. Der elektropositivere Partner, der Elektronen bevorzugt abgibt, erhält folglich die Zusatzbezeichnung δ^+ (Abb. 8.8).

So hat im Wasser der Sauerstoff zwei Elektronen, wenn auch nicht vollständig, auf seine Seite gezogen, die von je einem der beiden Wasserstoffatome stammen. Wasserstoff und Sauerstoff haben nun Anteil am gemeinsamen Bindungselektronenpaar, jedoch keinen gleichen. Über das Molekül ist eine Teilladung nicht symmetrisch verteilt – es ist **polar** und weist ein **Dipolmoment** auf.

Die Bandbreite der Möglichkeiten lässt sich folgendermaßen darstellen:

A : B Reine Elektronenpaarbindung
A und B ohne Unterschiede in der Elektronegativität (meist nur bei Atomen des gleichen Elements)

$A\delta^+ : B\delta^-$ Polarisierte Elektronenpaarbindung
A und B mit größerem Unterschied in der Elektronegativität (Differenz < 2)

$A^+ : B^-$ Reine Ionenbindung
A und B mit großem Unterschied in der Elektronegativität (Differenz >2)

Eine polarisierte Atombindung mit Ionenbindungscharakter kann man gedanklich in Ionen aufteilen. Die dann bei jedem Bindungspartner vorliegende Ladung bezeichnet man als **Oxidationszahl** oder **Oxidationsstufe**. Die Oxidationsstufe ist im atomaren Zustand immer 0. Bei reinen Ionenbindungen ist sie identisch mit der Ionenladung (vgl. Abschn. 11.1). Tab. 8.5 listet die möglichen Oxidationsstufen für den Kohlenstoff auf.

Auch am Beispiel Chlor kann man die verschiedenen Ausprägungen der Atom- bzw. Ionenbindung aufzeigen (Tab. 8.6). Wesentlich für die Art der Bindung ist jeweils der Bindungspartner. Angesichts der großen Bedeutung von synthetischen Verbindungen, die nicht natürlich vorkommen, ist die Einschätzung wichtig, inwieweit die Art der Bindung ein Umweltrisiko darstellen kann. So reichern sich beispielsweise Halogenkohlenwasserstoffe in den Endgliedern von Nahrungsketten an (Vögel, Säugetiere, Mensch) und

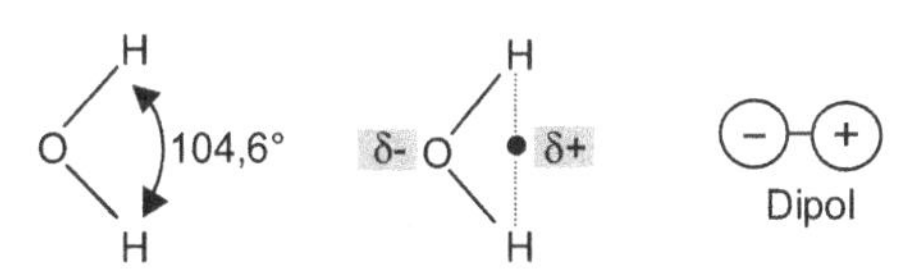

Abb. 8.8 Polarisierte Elektronenpaarbindung im Dipol des Wassermoleküls

Tab. 8.5 Beispiel Kohlenstoff: Oxidationszahl (Oxidationsstufe) und Bindigkeit

Kohlenstoff in	Oxidationszahl	Bindigkeit
Diamant	0	4
Methan (CH_4)	−4	4
Kohlenstoffmonoxid (CO)	+2	3
Kohlenstoffdioxid (CO_2)	+4	4
Formaldehyd (CH_2O)	0	4
Methanol (CH_3OH)	−2	4
Oxalsäure ($C_2H_2O_4$)	+3	4

Tab. 8.6 Chlor in verschiedenen Verbindungen

Verbindung	Formel		Bindungstyp	Aggregatzustand
Chlor	Cl_2	Cl–Cl	reine Atombindung	Gas
Methylchlorid	CH_3Cl	CH_3–Cl	Atombindung, nur schwach polarisiert	Gas
Chlorwasserstoff	HCl	H–Cl	Atombindung mit starkem Ionenbindungsanteil	Gas
Kochsalz	NaCl	Na^+Cl^-	Ionenbindung	Feststoff

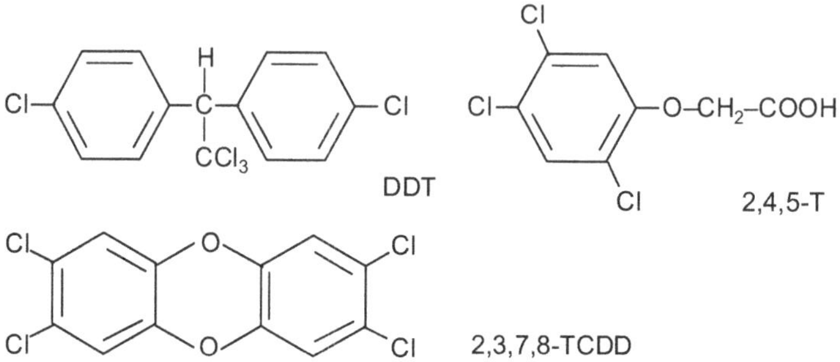

Abb. 8.9 Organische (aromatische) Verbindungen des Chlors

können deren Gesundheit oder sogar Existenz gefährden. Verbindungen wie die Fluor-Chlor-Kohlenwasserstoffe (FCKW) zerstören die Ozonschutzschicht in der Stratosphäre (Ozonloch!) und sind klimawirksam, indem sie zum Treibhauseffekt beitragen. Weitere Beispiele (Abb. 8.9) für organische Chlorkohlenwasserstoffe sind die chlorierten aromatischen Ringsysteme DDT = 4,4′-Dichlordiphenyltrichlorethan; 2,4,5-T = Trichlorphenoxyessigsäure; 2,3,7,8-TCDD = Tetrachordibenzo-*p*-dioxin. In diesen sind die Chloratome jeweils kovalent mit Kohlenstoffatomen verbunden. Diese Bindungen lassen sich nicht in Wasser lösen.

8.2.2 Wasser als Lösemittel und Brückenbildner

Im Unterschied zum Wasserstoff (H_2) oder Methan (CH_4) befindet sich das gemeinsame Elektronenpaar beim Wasser nicht genau (H_2) oder fast genau (CH_4) in der Mitte zwischen den beiden Bindungspartnern, sondern wird deutlich mehr auf die Seite des Sauerstoffs verlagert (Abb. 8.10). Das begründet den **Dipolcharakter** des Wassers. Aufgrund seines ausgeprägten Dipolcharakters ist Wasser ist ein wirksames **polares Lösemittel**, das polare Verbindungen wie Salze, Säuren und Basen, aber auch organische Substanzen mit polaren funktionellen Gruppen (einige Alkohole, Aldehyde, Ketone, Zucker, Amine sowie viele organische Säuren) hervorragend löst. Solche Verbindungen nennt man auch hydrophil. Unpolare und damit hydrophobe Verbindungen wie Fette, Öle, Wachs, Methan, Chloro-

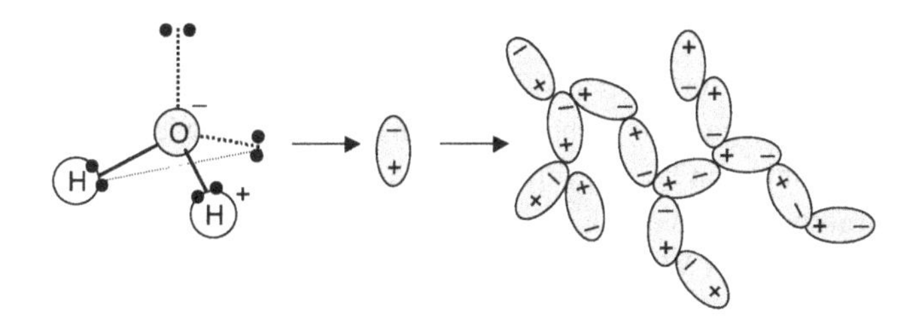

Abb. 8.10 Dipolcharakter und Wasserstoffbrücken

form, Benzin sowie Kohlenwasserstoffe mit **lipophilen Gruppen** sind hingegen in Wasser nicht löslich. Polare Verbindungen sind damit immer hydrophil und lipophob, unpolare (apolare) dagegen hydrophob und lipophil. Man kann somit bereits aus der Strukturformel erkennen, ob eine Verbindung gut oder schlecht wasserlöslich ist (Tab. 8.7).

Die lebende Zelle macht sich die verschiedene Löslichkeit bzw. die Nichtmischbarkeit von polaren (hydrophilen) und unpolaren (lipophilen) Substanzen zunutze. Durch den Einbau fettähnlicher Stoffe (Lipoide) in Membranen lassen sich nämlich in der Zelle einzelne Reaktionsräume wirksam voneinander trennen. Hierdurch entsteht eine besondere **räumliche Ordnung** (Kompartimentierung).

Kovalent an einen elektronegativen Partner gebundene Wasserstoffatome sind stark positiv polarisiert, wie das Beispiel Wasser (H_2O) zeigt. Wassermoleküle können sogar – wenn auch in geringem Maße – in ihre Ionen H^+ und OH^- dissoziieren (Abschn. 11.2.1). Die Wasserstoff-Ionen H^+ lagern sich unter Bildung eines **Hydronium-Ions** (= **Oxonium-Ion, H_3O^+**) an ein anderes Wasserteilchen an:

$$H^+ + H_2O \rightarrow H_3O^+. \tag{8.4}$$

Mit Atomen, die einsame Elektronenpaare aufweisen, können die Wassermoleküle bzw. die Hydronium-Ionen daher eine elektrostatische Wechselwirkung eingehen. Man spricht dann von einer **Wasserstoffbrückenbindung**. Das eindrucksvollste Beispiel dafür ist Wasser selbst (Abb. 7.3 und 8.10).

Durch die intermolekularen Wasserstoffbrücken bzw. Dipolmomente entstehen große, dreidimensionale Molekülnetze. Makroskopisch zeigen sie sich in der bemerkenswer-

Tab. 8.7 Lipophile und hydrophile Gruppen

Lipophil		Hydrophil	
$-CH_3$	Methyl-	$-OH$	Hydroxyl-
$-C_2H_5$	Ethyl-	$-SH$	Sulfhydryl-
$-C_nH_{2n+1}$	Alkyl-	$-NH_2$	Amino-
	Aryl-	$>C{=}O$	Carbonyl-

ten **Kohäsion** der einzelnen Wasserteilchen untereinander. Wasserstoffbrücken sind der Grund dafür, dass Wasser trotz seiner kleinen molekularen Masse eine **Flüssigkeit** ist. (Abschn. 7.2). Butan hingegen, das mehr als dreimal so schwer ist wie Wasser, ist noch ein Gas. Der hohe Siedepunkt von Wasser (im Vergleich zu Ethanol oder Ether) und die große **Oberflächenspannung** können durch die enge räumliche Vernetzung der Wasserteilchen untereinander sowohl mit der Wasserstoffbrückenbindung als auch mit dem **Dipolmodell** erklärt werden. Beide verdeutlichen den Zusammenhalt der Wasserteilchen untereinander (Abb. 7.3, 8.10).

Wasserstoffbrücken und andere polare Anziehungskräfte spielen auch in den Biomolekülen eine beträchtliche Rolle. Sie stabilisieren die Raumstruktur der Proteine (Abschn. 14.5) und die helicale Aufwicklung der Nucleinsäuren (Abschn. 18.2).

8.2.3 Mehrfachbindungen in Gasmolekülen

Der Sauerstoff hat sechs, der Stickstoff fünf Elektronen auf der äußeren Schale. Es müssen demnach je zwei bzw. drei Elektronen für die gemeinsame Elektronenpaarbindung bereitgestellt werden, um die ideale Achterschale zu erreichen (Abb. 8.11).

$$2\,O \rightarrow O_2 \text{ sowie } 2\,N \rightarrow N_2. \tag{8.5}$$

Die Dreifachbindung im Stickstoffmolekül (N_2) ist durch chemische Mittel jedoch weit weniger leicht aufzubrechen als die Zweifachbindung des Sauerstoffs. Wäre der molekulare Stickstoff der Luft (N_2) ähnlich reaktionsfähig wie der Sauerstoff (O_2), wäre Leben in der bekannten Form nicht möglich. Die Lösung der N≡N-Dreifachbindung ist nur prokaryotischen Organismen (N-fixierenden Bakterien), nicht aber den Pflanzen selbst, sondern höchstens ihren Symbionten, möglich.

Sauerstoff kommt nicht nur in der für Lebewesen unschädlichen Modifikation O_2, sondern auch als rektionsfähigeres und aggressiveres **Ozon** (O_3) <Ō=O–Ō| vor. In diesem Molekül ist ein weiteres Sauerstoffatom über eine Elektronenpaarbindung mit dem O_2-Molekül verknüpft. Zu den noch aggressiveren Sauerstoffspezies gehört das Radikal **Su-**

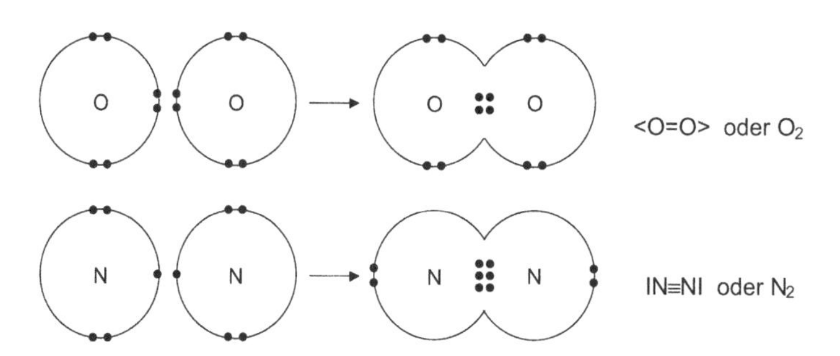

Abb. 8.11 Doppel- bzw. Dreifachbindung bei Sauerstoff und Stickstoff

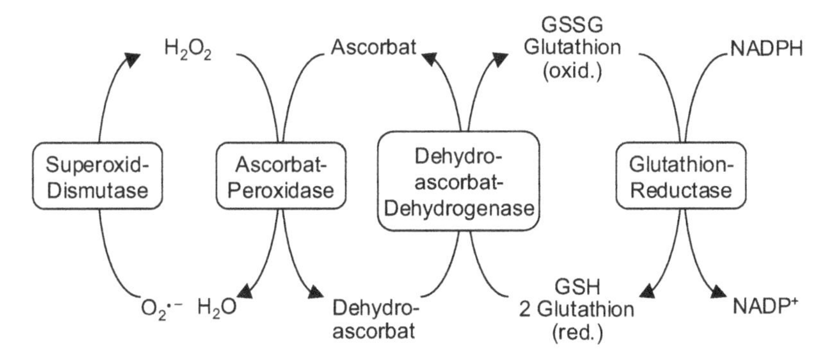

Abb. 8.12 Halliwell-Asada-Reaktionsweg zur Eliminierung reaktiver (radikaler) Sauerstoff-Spezies

peroxid ($O_2^{\bullet -}$). Dieses wirkt in der Zelle auf verschiedene, biologisch wichtige Moleküle zerstörend und muss enzymatisch durch die **Superoxid-Dismutase** schnellstens unschädlich gemacht werden (Abb. 8.12). Es entsteht, wenn bei gestörten Elektronentransportprozessen (Photosynthese, Atmung) der Sauerstoff als Akzeptor einzelner Elektronen dient. Die Radikal-Entsorgung verläuft gewöhnlich über den **Halliwell-Asada-Reaktionsweg**.

8.3 Koordinative Bindung

Ionen mit mehr als drei positiven Ladungen liegen meist in Form von Komplex-Ionen vor. Beispiele sind:

+7	+6	+5	+5	+4
MnO_4^- Permanganat	SO_4^{2-} Sulfat	PO_4^{3-} Phosphat	NO_3^- Nitrat	CO_3^{2-} Carbonat

Die Oxidationsstufen ergeben sich im Sulfat (SO_4^{2-}) für den Schwefel (S^{+6}) sechsfach und im Permanganat (MnO_4^-) für das Mangan (Mn^{+7}) siebenfach positiv (hochgestellte Zahlen). Bei dieser Betrachtung ist die **Ionenladung** des **Zentral-Ions** gleichbedeutend mit der **Oxidationsstufe**. Diese kann man leicht ausrechnen, wenn man auch die Ladungen der übrigen beteiligten Ionen in den Salzen kennt. Sauerstoff ist in diesen Ionenverbindungen z. B. in $KMnO_4$ meistens zweifach negativ geladen, und Kalium kommt nur als einfach positiv geladenes Ion vor (Abschn. 6.4).

Die feste, durch Wasser nicht trennbare Bindung der geladenen Teilchen innerhalb der Komplex-Ionen heißt **koordinative Bindung** (vgl. Abb. 8.13). Sie kann im Prinzip als eine stark polarisierte kovalente Bindung angesehen werden, doch stammen hier beide Bindungselektronen von nur einem Partner wie bei der Bindung von Ionen. Man kann sich ein Komplex-Ion aber auch aus Zentral-Ion und Sauerstoff-Ionen zusammenge-

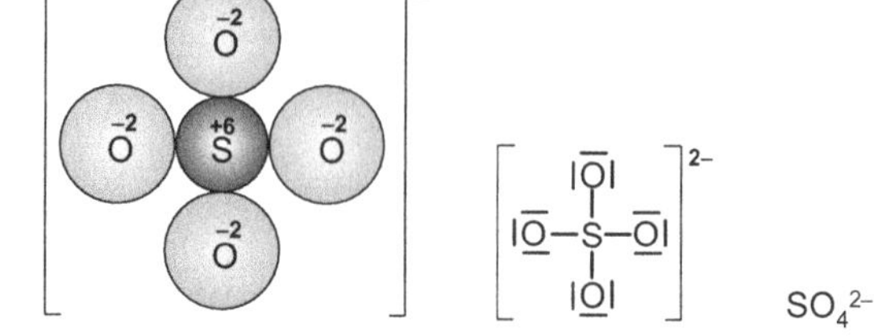

Abb. 8.13 Sulfat-Ion: koordinative Bindung in einem Komplex-Ion

setzt denken. Die Bindungspartner, welche die Bindungselektronen beisteuern, nennt man **Liganden**. Meist sind es Atome oder Atomgruppen mit freien Elektronenpaaren. Ein Zentralatom (besser ein Zentral-Kation) ist jeweils von mehreren Liganden umgeben. Deren genaue Anzahl bezeichnet die **Koordinationszahl**. Das Schwefel-Ion zieht im Sulfat-Ion von jedem Sauerstoff-Ion je ein Elektron zu sich herüber und erniedrigt dadurch seine eigene Ladung. Die **formale Ladung** lässt sich errechnen, wenn man von der durch die Oxidationsstufe vorgegebenen Ladung (+6) die Hälfte der Ladungen der Bindungselektronen (−8) subtrahiert: $+6-(8:2)=+6-4=+2$ (Tab. 8.8).

Bei der koordinativen Bindung sind demnach die Bindungselektronenpaare nicht gleichmäßig zwischen Schwefel und Sauerstoff verteilt, sondern mehr zum Sauerstoff hin verlagert. Die Bindung ist folglich **stark polarisiert**. In den genannten Fällen ist das positive zentrale Ion an den zweifach negativ geladenen Sauerstoff gebunden, der in Wasser nicht frei als Ion vorkommt, denn er würde sich mit Wasser sofort zu OH^--Ionen verbinden:

$$O^{2-} + H_2O \rightarrow 2\,OH^- \,. \tag{8.6}$$

Die Bildung des 6-fach positiv geladenen **Schwefelzentral-Ions** aus dem ungeladenen Atom kann man sich durch schrittweise **Elektronenabgabe** vorstellen. Auf diese Weise

Tab. 8.8 Bestimmung von Oxidationsstufen am Beispiel von S und Mn

Verbindung	Positive Ladungen	Negative Ladungen	Kommentar
Kaliumsulfat K_2SO_4	K: $2\times(+1)$ $=+2$	O: $4\times(-2)$ $=-8$	Bis zum Ausgleich fehlen +6 Ladungen, die nur der Schwefel beitragen kann. S ist in K_2SO_4 also 6-fach positiv geladen
Kaliumpermanganat $KMnO_4$	K: $1\times(+1)$ $=+1$	O: $4\times(-2)$ $=-8$	Bis zum Ausgleich fehlen +7 Ladungen, die nur das Mangan beitragen kann. Mn ist in $KMnO_4$ also 7-fach positiv geladen

wird der Schwefel oxidiert (vgl. Abschn. 11.1).

$$\overset{\pm0}{S} -2\,e^- \rightarrow \overset{+2}{S}; \quad \overset{+2}{S} -2\,e^- \rightarrow \overset{+4}{S}; \quad \overset{+4}{S} -2\,e^- \rightarrow \overset{+6}{S}\,. \tag{8.7}$$

Das könnte chemisch auf folgende Weise geschehen:

$$\overset{\pm0}{S} + \overset{\pm0}{O_2} \rightarrow \overset{+4}{SO_2}\,; \quad \underset{2}{\overset{+4}{SO}} + 1/2\,O_2 \rightarrow \overset{+6}{SO_3}\,. \tag{8.8}$$

Schwefel verbrennt mit Sauerstoff zu Schwefeldioxid (SO_2). Dieses wird mit Luftsauerstoff zu SO_3 oxidiert und das Sulfat-Ion könnte schließlich durch die Verbindung von Wasser mit Schwefeltrioxid (SO_3) entstehen (exotherme Reaktion!):

$$SO_3 + H_2O \rightarrow H_2SO_4 \rightarrow 2\,H^+ + SO_4^{2-}\,. \tag{8.9}$$

Bei **Komplexen mit ungeladenen Liganden** können nicht nur geladene Partner (Ionen) miteinander verbunden sein, sondern auch **elektrisch neutrale Moleküle**, insbesondere solche mit Dipoleigenschaften wie Wasser (Aquakomplexe) oder Ammoniak, z. B. im **Kupfer-Tetrammin-Komplex** (vgl. Abschn. 9.4.1).

Werden etwa verschiedene Salze des zweiwertigen Kupfer-Ions (Cu^{2+}) mit einem Überschuss an Ammoniak in Wasser gelöst, ist das Ergebnis, die tiefblaue Färbung, jedes Mal dasselbe. Es muss sich demnach in allen Fällen derselbe Kupfer-Tetrammin-Komplex gebildet haben:

$$\begin{aligned} CuSO_4 + 4\,NH_3 &\rightarrow Cu(NH_3)_4^{2+} + SO_4^{2-} \\ CuCl_2 + 4\,NH_3 &\rightarrow Cu(NH_3)_4^{2+} + 2\,Cl^- \\ Cu(NO_4)_3 + 4\,NH_3 &\rightarrow Cu(NH_3)_4^{2+} + 2\,NO_3^-\,. \end{aligned} \tag{8.10}$$

In jedem Fall werden die Salze in Wasser dissoziiert und die zweiwertigen Kupfer-Ionen (Cu^{2+}) von jeweils vier ungeladenen Ammoniakmolekülen umgeben, und zwar in der Weise, dass das freie Elektronenpaar jedes Stickstoffatoms in den vier Ammoniakmolekülen der Liganden im Kupfer-Tetrammin-Komplex zum zentralen Kupfer-Ion (Cu^{2+}) hin orientiert ist (Abb. 8.5).

$$Cu^{2+} + 4\,NH_3 \rightarrow Cu(NH_3)_4^{2+} \quad \text{Kupfer-Tetrammin-Komplex}\,. \tag{8.11}$$

Der tiefblau gefärbte Kupfer-Tetrammin-Komplex ist im Gegensatz zum Kupferhydroxid, $Cu(OH)_2$, gut wasserlöslich. Die Bildung dieses Komplexes beruht nicht, wie bei den schon bekannten Komplex-Anionen Sulfat, Nitrat, Phosphat und Carbonat, auf der Bindung zweier oder mehrerer geladener Teilchen miteinander, sondern auf der Bindung eines Ions, dem Cu^{2+}-Ion mit insgesamt vier neutralen Molekülen des Ammoniak. Allerdings ist auch hier die Anziehung entgegengesetzter Ladungen der Grund für die Komplexbildung und die Bindung im Komplex, denn das Ammoniakmolekül ist wie das

Wassermolekül ein Dipol und hat, wie oben erwähnt, ein **freies Elektronenpaar am Stickstoff** (das Wasser hat zwei freie Elektronenpaare am Sauerstoff!). Dieses bildet den negativen Pol des Dipolmoleküls, mit dem es an das Kupfer-Ion bindet. Aus räumlichen (sterischen) Gründen sind dies immer gerade vier Ammoniakmoleküle pro Cu^{2+}-Ion.

Komplexe mit koordinativen Bindungen spielen in lebenden Systemen eine bedeutende Rolle. Im roten Hämoglobin ist ein Eisen-Ion (Fe^{2+}) und im grünen Chlorophyll ein Magnesium-Ion (Mg^{2+}) als positiv geladenes Zentral-Ion in einem durch Mesomerie stabilisierten stickstoffhaltigen Porphyrinringsystem eingebunden. Vitamin B_{12} (Cyancobalamin) enthält in ähnlicher Weise einen Komplex mit einem Kobalt-Ion Co^{2+}.

Von **Mesomeriestabilisierung** spricht man, wenn zwei allein durch die Lage der Elektronen im Molekül oder im Ion unterscheidbare Grenzstrukturen in einem schwingungsfähigen molekularen System gegeben sind, zwischen denen immer ein stabiler Zwischenzustand eingenommen wird (Abb. 8.14). Beide Formen repräsentieren dynamische Grenzzustände, die in ständiger Wechselbeziehung zueinander stehen und ineinander übergehen.

Sowohl im Hämoglobin als auch im Chlorophyll ist das zweifach positiv geladene Zentral-Ion in einer stark polarisierten koordinativen Bindung mit jeweils **zwei negativ** geladenen **Stickstoffatomen** (von insgesamt vier) des Tetrapyrrolringsystems verbunden (Hauptvalenzen, durchgezogene Linien). Die beiden anderen Stickstoffatome sind mit ihren **freien** Elektronenpaaren dem Zentral-Kation locker zugeordnet (gepunktete Linien, Nebenvalenzen). Diese Bindungsverhältnisse sind im alternativen mesomeren Zustand gerade ausgetauscht (Abb. 8.15), sodass man beide mesomeren Formen und somit die vier Bindungen zwischen positiv geladenem Zentral-Kation und den negativ geladenen Stickstoffatomen eigentlich nicht voneinander unterscheiden kann. Haupt- und Nebenvalenzen gehen ineinander über.

Im Hämoglobin wird das ungeladene Sauerstoffmolekül, O_2, reversibel an eine der sechs Koordinationsstellen des räumlichen Komplexes des zweiwertigen Eisen-Ions (Fe^{2+}) des Ringsystems gebunden. Diese Bindung ist wegen des unpolaren Charakters des O_2-Moleküls recht schwach. Man vergleiche damit die schlechte Löslichkeit des Sauerstoffs im polaren Lösemittel Wasser (Kap. 7). Funktionsproteine wie die Cytochrome besitzen zu Valenzwechsel befähigte Eisen-Ionen im Zentrum.

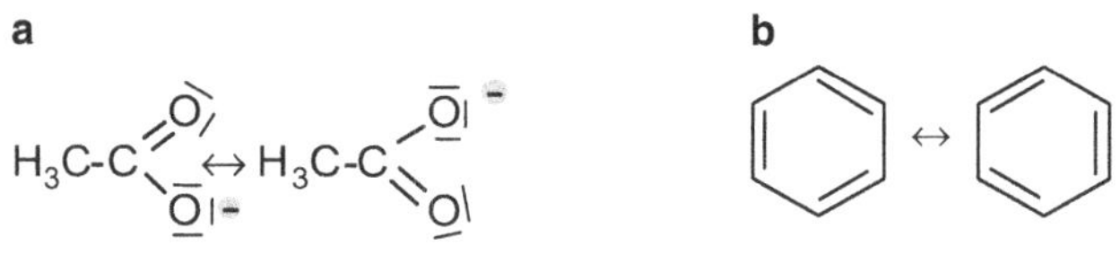

Abb. 8.14 Mesomeriestabilisierung im Acetat-Ion (**a**) und im Ringmolekül Benzol (**b**)

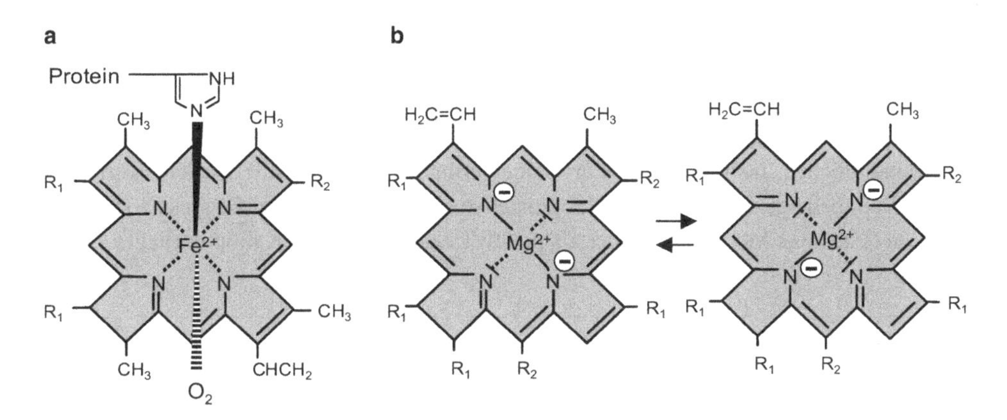

Abb. 8.15 Komplexbildung im Porphyrinringsystem von Häm (**a**, oktaedrischer Komplex) und Chlorophyll (**b**, planarquadratischer Komplex). Am Beispiel des Chlorophylls ist die Mesomeriestabilisierung dargestellt

8.4 Metallische Bindung

Über 75 % der Elemente im Periodensystem der Elemente (PSE) sind Metalle. Auf der Grenze zwischen den Metallen und den Nichtmetallen sind die so genannten Halbmetalle oder Übergangselemente platziert, beispielsweise Bor (B), Silicium (Si), Arsen (As), Antimon (Sb) und Bismut (Bi).

Die metallische Bindung ist eine Bindung zwischen gleichartigen Atomen. Daher erwarten wir Gemeinsamkeiten mit der Atombindung. In Wirklichkeit erinnert die metallische Bindung jedoch mehr an die Verhältnisse, die wir von der Ionenbindung kennen (vgl. Aggregatzustand, fester Bau, elektrische Leitfähigkeit). Nach einer Theorie von Linus Pauling liegen im Metall die Atome in dichtesten Kugelpackungen (hexagonal oder kubisch) vor. Die äußeren Elektronen sind dabei nur recht locker an ihre jeweiligen Atome

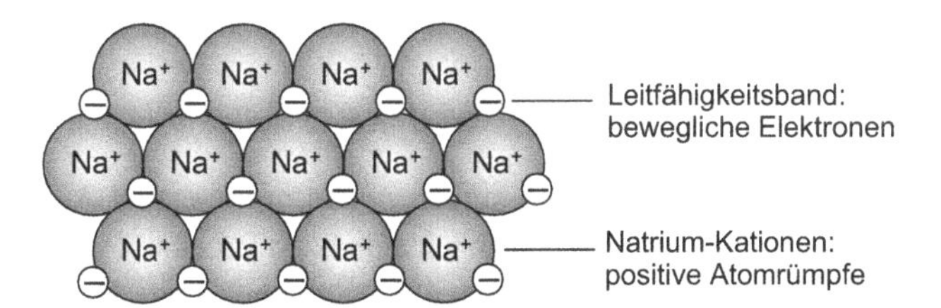

Abb. 8.16 Ausschnitt aus metallischem Natrium: Aus diesem Bild ist die **Leitfähigkeit** des Metalls und die Bieg- und Walzbarkeit der Metalle (**Duktilität**) gut verständlich, ebenso der feste Zusammenhalt. Die unterschiedliche Leitfähigkeit, Härte und Reaktionsfähigkeit zeigen aber, dass es neben diesen Gemeinsamkeiten der Metalle auch wesentliche Unterschiede gibt, die schwerer zu erklären sind

gebunden, sodass ein bestimmtes Elektron nicht fest zu einem bestimmten Atom gehört. Metallatome geben ihre äußeren Elektronen somit in ein **Leitfähigkeitsband** (vgl. Abschn. 4.3.1) ab und bleiben als **positive Atomrümpfe** im Metallgitter fest (Abb. 8.16). Die beweglichen Elektronen sind also gleichsam der „Bindungskitt" zwischen den positiven Metallteilchen. Insoweit besteht also eine geringe Ähnlichkeit mit den Ionenverbindungen. Dennoch betrachten wir hier das ganze Atom als ungeladen im Gegensatz zu den Salzen, in denen das Metall-Ion immer als positiv geladenes Metall-Kation vorliegt.

8.5 Bindungen an Oberflächen und Katalyse

An Oberflächen sind die chemischen Bindungen anders als im Inneren der Stoffe. Das kann man sich leicht schon theoretisch klarmachen, weil an der Oberfläche der ansonsten benachbarte Bindungspartner fehlt und „Bindungsarme" frei sein müssen, die für höchst interessante chemische Reaktionen zur Verfügung stehen. An Oberflächen von **Katalysatoren** werden Stoffe umgesetzt, die sonst kaum miteinander reagieren würden. Das griechische Wort „*katalysis*" bedeutet Loslösung. Der für die chemische Verfahrenstechnik und industrielle Produktion überragend wichtige Katalysatorbegriff wurde übrigens vom dänischen Chemiker Jöns Jakob Berzelius eingeführt. Katalysatoren beeinflussen oder beschleunigen die Reaktionsgeschwindigkeit ganz allgemein und Biokatalysatoren im Besonderen die Stoffumsetzungen in lebenden Zellen oder auch in Zellextrakten (Abschn. 15.2). Wilhelm Ostwald (1853–1932, Nobelpreis 1909) definierte: „Ein Katalysator ist jeder Stoff, der, ohne im Endprodukt einer chemischen Reaktion zu erscheinen, ihre Geschwindigkeit verändert."

Johann Wolfgang Döbereiner (1780–1849) produzierte im Jahr 1823 molekularen Wasserstoff mit Zink und Schwefelsäure:

$$\mathrm{Zn} + \mathrm{H_2SO_4} \rightarrow \mathrm{Zn^{2+}} + \mathrm{H_2} + \mathrm{SO_4^{2-}}\ . \tag{8.12}$$

In dem auf diese Weise erfundenen Feuerzeug wurde der Wasserstoff mit Luftsauerstoff mithilfe von Platin als Katalysator entzündet und zur Reaktion gebracht (**Knallgasreaktion**):

$$2\,\mathrm{H_2} + \mathrm{O_2} \rightarrow 2\,\mathrm{H_2O}\ . \tag{8.13}$$

Zuerst werden bei der Katalyse die Bindungen in den umgesetzten Ausgangsstoffen, den **Edukten**, aufgebrochen, sodass aus den so entstehenden Bruchstücken die hergestellten Stoffe, die **Produkte**, neu zusammengesetzt werden können.

Eine epochale Leistung war es, als es Fritz Haber (1886–1934, Nobelpreis 1918) im Jahre 1909 gelang, die Dreifachbindung im Stickstoffmolekül, N_2 ($N{\equiv}N$), mit Osmium als Katalysator bei hohem Druck aufzubrechen und daraus mit Wasserstoff (H_2) Ammoniak (NH_3) herzustellen. Beim bis heute bedeutsamen **Haber-Bosch-Verfahren** werden mit Eisen als Katalysator molekularer Wasserstoff und molekularer Stickstoff in einem kontinuierlich arbeitenden Durchflussreaktor bei hohem Druck (> 200 bar) und hoher Temperatur (ca. 400–500 °C) zu Ammoniak vereinigt:

$$N_2 + 3\,H_2 \rightarrow 2\,NH_3. \tag{8.14}$$

Der deutsche Nobelpreisträger Gerhard Ertl (Nobelpreis 2008) konnte erst 1975 mit damals neuesten Methoden mit Untersuchungen im Ultrahochvakuum zeigen, dass das Stickstoffmolekül an der Oberfläche von Eisen als Katalysator zuerst zerfällt.

8.6 Bindungen in Böden

Böden sind außerordentlich komplexe Gefüge mit mineralischen und organischen Komponenten, die sich in Abhängigkeit von den Außenbedingungen gegenseitig beeinflussen und verändern. Auch hier sind die Vorgänge an den Oberflächen von großer Bedeutung. Der folgende Sachverhalt aus der aktuellen Umweltdiskussion mag dies beispielhaft erläutern: Feldspäte sowie Ton- oder Lehmböden enthalten Aluminiumoxid. Wenn dieses Mineral verwittert, werden darin unter Wasseraufnahme und Bildung von OH-Gruppen an den Oberflächen Bindungen gelöst (Abb. 8.17). Beim Trocknen oder Brennen von Ton wird dieser Vorgang umgekehrt. Unter Wasseraustritt verfestigt er sich dann wieder. Ton- und Lehm werden deshalb beim Austrocknen unter der Sonnenhitze im Gegensatz zu Sand fest. Ein solcher Boden wird rissig.

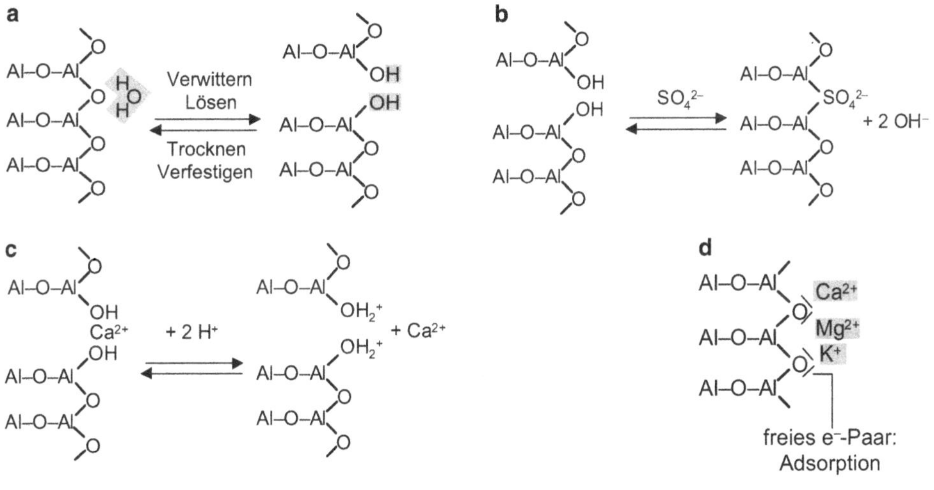

Abb. 8.17 **a** Bei der chemischen Verwitterung von Ton- und Lehmböden werden die O-Brücken der Al_2O_3-Bodenteilchen gespalten. **b** Bei der Adsorption von Sulfatteilchen werden OH^--Ionen freigesetzt. **c** Bei der Bodenversauerung kommen in Tonböden adsorbierte Ca^{2+}-Ionen durch Ionenaustausch frei, die wie andere Kationen leicht ausgewaschen werden können (**d**, vgl. Abb. 8.18)

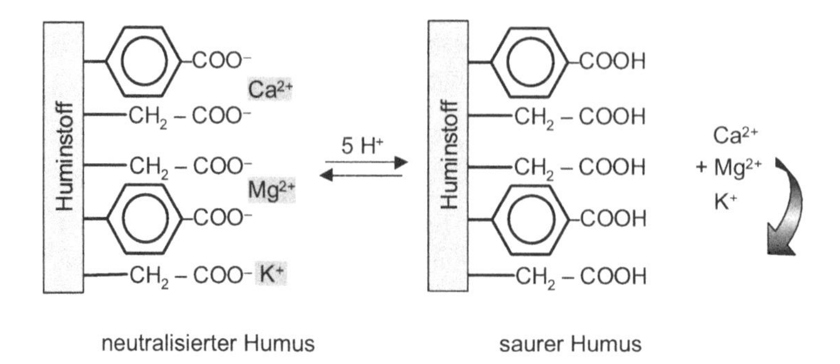

Abb. 8.18 An Humusteilchen adsorbierte Kationen gehen bei der Bodenversauerung durch Ionenaustausch gegen H^+-Ionen verloren

An die durch Verwitterung entstandenen OH-Gruppen an den Oberflächen können durch Ionenaustausch Kationen gebunden werden. An der Oberfläche können bei Verabreichen von Gips oder Calciumsulfat durch Anionenaustausch zwei OH^--Gruppen durch Sulfat ersetzt werden. Werden OH^--Ionen in der Bodenlösung frei, steigt der pH-Wert. Diesen Vorgang nennt man **Self-Liming-Effekt**. Das Ablösen von OH-Gruppen als OH^--Ionen und der Austausch gegen Sulfat ist in sauren Böden begünstigt. Der Self-Liming-Effekt kann bei der Verbesserung saurer Böden bedeutsam sein.

Umgekehrt ist auch ein **Kationenaustausch** möglich: Kationen wie Calcium-, Magnesium- oder Kalium-Ionen können sich aufgrund ihrer positiven Ladung an die OH-Gruppen der Bodenteilchenoberfläche anlagern, wenn sie als Pflanzennährstoffe zur Verfügung stehen. Kommt es dagegen durch anthropogene Säureeinträge zur Bodenversauerung, so lagern sich Protonen oder auch Aluminium-Ionen anstelle der genannten pflanzenrelevanten „Nähr"-Kationen an die OH-Gruppen der Bodenteilchenoberflächen an (Abb. 8.17).

Humusböden sind besonders fruchtbar, weil sie aufgrund ihrer negativen Oberflächenladungen, die durch die endständigen freien Carboxylat-Anionen der organischen Reste reichlich vorhanden sind, hervorragend als „Nähr"-Kationen bedeutsame Ionen binden können. Bei der Bodenversauerung werden auch diese durch Protonen ersetzt (Abb. 8.18).

8.7 Fragen zum Verständnis

1. Schreiben Sie die Reaktion des Aluminiums mit Brom auf. Welche Ionen entstehen dabei und wie heißt das entstandene Salz?
2. Warum löst sich Sauerstoff bei höherer Temperatur schlechter, Zucker und Salz dagegen besser in Wasser?
3. Warum kommen in der Natur die meisten Elemente nicht elementar, sondern als Ionen vor?

4. Welche Unterschiede gibt es zwischen Ionen- und Atombindungen? Wie sind die Auswirkungen für Löslichkeit und Aggregatzustand? Welche beiden Erklärungsmöglichkeiten gibt es jeweils für die Bindung der Wasserstoffatome im Wasserstoffmolekül und die Bindung der Wasserstoffmoleküle untereinander? Welche Bedeutung haben diese Bindungen für die Lebewesen und ihre Umwelt (Ökologie)?
5. Wie lässt sich die Bindung der H-Atome im Wasserstoffmolekül H_2 erklären?
6. Welche biologische Bedeutung haben die lipophilen und hydrophilen Gruppen organischer Moleküle?
7. Warum ist reines Wasser ein schlechter Leiter?
8. Wie heißen die Ionen, die sich bei der Dissoziation von Wasser bilden? Welche Ladung und Formel haben sie?
9. Was versteht man unter Ionenbildung und Ionenbindung? Welcher Zusammenhang besteht zwischen beiden Begriffen?
10. Grenzen Sie die Begriffe „Wertigkeit", „Bindigkeit", „Ionenladung" und „Oxidationsstufe (Oxidationszahl)" voneinander ab, indem Sie jeweils Beispiele nennen.
11. Welche Bindungsformen gibt es für Halogene (Chlor) und welche Eigenschaften haben diese? Welche ökologische Bedeutung hat die Chlor-Kohlenstoff-Bindung?
12. Erklären und diskutieren Sie den Begriff „Giftigkeit" unter quantitativem und qualitativem Aspekt.
13. Erläutern Sie die Begriffe „essenzielle Elemente" und „Spurenelemente" und ihre Bedeutung für die menschliche Gesundheit an konkreten Beispielen!
14. Welche Bedeutung hat die geringe, aber dennoch vorhandene, Löslichkeit der Carbonat- und Phosphatverbindungen des Calciums für den Aufbau und Abbau von Knochen und anderer kalkhaltiger fester Materialien (Zähne, Eierschalen, Schneckenhäuser, Korallen) in der Natur?
15. Wie lässt sich die Bindung in Komplexionen und anderen Komplexen erklären?
16. Welche Konsequenz für die Gesundheitsfürsorge hat die Erkenntnis, dass einige Elemente wie Fluor, Jod und Selen für Pflanzen kaum eine Rolle spielen, für die menschliche Ernährung aber unentbehrlich sind?

Die Antworten zu diesen Fragen finden Sie im Anhang „Antworten und Lösungen zu den Fragen".

Säuren, Basen, Salze 9

Zusammenfassung

Säuren, Basen und Salze bestehen ausnahmslos aus **Ionen**. Das unterscheidet sie von vielen organischen Verbindungen wie etwa von Zuckern, Fetten oder Alkoholen. Sie sind zwar zum großen Teil Gegenstand der **Anorganischen Chemie**, aber für die **Lebenswissenschaften** dennoch von großer Bedeutung. So ist das Wachstum von Pflanzen von der Qualität und Quantität der im Boden verfügbaren Ionen abhängig. Mikroorganismen, Pflanzen, Tiere und Pilze regulieren ihren **Ionenhaushalt** aktiv und unter beträchtlichem Energieaufwand und durch **Osmose** (vgl. Abschn. 7.8). Tierische und menschliche Körper besitzen viele Regulationsmöglichkeiten, den Ionenhaushalt durch Essen, Trinken und Ausscheidung über Niere und Haut richtig einzustellen. Dazu können die Zellen Ionen passiv durch Diffusion durch eine semipermeable (semiselektive) Membran oder aktiv unter Energieaufwand und ATP-Verbrauch auch gegen ein Konzentrationsgefälle aufnehmen oder ausscheiden. Für marine Organismen, die an ein ionenreiches Milieu von durchschnittlich etwa 35 psu (= *practical salinity unit*, entspricht der früheren Angabe des Salzgehaltes in ‰) angepasst sind, gelten andere Existenzbedingungen als für Lebewesen in Süßwasserhabitaten. Hochmoorpflanzen wie die Torfmoosarten (*Sphagnum* spp.) ertragen auf Dauer kein ionenhaltiges Leitungswasser, sondern benötigen mineralarmes Regenwasser.

9.1 Säuren geben Protonen ab

Der schwedische Chemiker Svante Arrhenius (1859–1927) erkannte, dass ein Stoff immer dann eine Säure ist, wenn er **Wasserstoff-Ionen** dissoziieren kann: Eine Säure HR dissoziiert demnach in Wasser in **H^+-Ionen = Protonen** sowie in **Säurerest-Anionen** R^-. Das Kennzeichnende der Säure sind somit die H^+-Ionen und nicht die Säurerest-Ionen.

Organische Verbindungen wie Kohlenwasserstoffe, Alkohole und Zucker sind deshalb keine Säuren, weil sie keine Wasserstoff-Ionen dissoziieren. Der Wasserstoff liegt hier

H. Bannwarth et al., *Basiswissen Physik, Chemie und Biochemie*,
https://doi.org/10.1007/978-3-662-58250-3_9

kovalent gebunden vor und kann deshalb nicht als Ion abgegeben werden (Kap. 14ff.). Organische Säuren wie die Ameisensäure, die Essigsäure, die Fettsäuren, Aminosäuren und auch die kompliziert gebauten Huminsäuren besitzen eine oder mehrere **Carboxylgruppen**, die H^+-Ionen abgeben können. Der Grund hierfür ist die Mesomeriestabilisierung der Anionen organischer Säuren (vgl. Kap. 8).

Wenn ein gelöster Stoff beim Kontakt mit Wasser Protonen abgibt, entstehen wässrige Lösungen von Säuren, die ebenfalls Säuren genannt werden. Genau genommen existieren in wässriger Lösung keine freien Protonen, sondern **Hydronium-Ionen** (H_3O^+, auch **Oxonium-Ionen** genannt), da die freigesetzten Protonen sofort mit den Wassermolekülen reagieren:

$$H^+ + H_2O \rightarrow H_3O^+ \ . \tag{9.1}$$

Für die Lösung von Protonen freisetzenden (deprotonierenden) Säuren im Wasser ergibt sich somit:

$$\underset{\text{Chlorwasserstoff}}{HCl} + \underset{\text{Wasser}}{H_2O} \rightarrow \underset{\text{Hydronium-Ion}}{H_3O^+} + \underset{\text{Säurerest-Ion: Chlorid}}{Cl^-} \tag{9.2}$$

$$\underset{\text{Essigsäure}}{CH_3COOH} + \underset{\text{Wasser}}{H_2O} \rightarrow \underset{\text{Hydronium-Ion}}{H_3O^+} + \underset{\text{Säurerest-Ion: Acetat}}{CH_3COO^-} \ . \tag{9.3}$$

Säuren können nicht nur an Wasser Protonen abgeben, sondern auch an andere Stoffe. Jedes Teilchen, das Protonen abgeben kann, ist nach heutigem Verständnis des Säurebegriffs eine Säure. Daraus hat der dänische Chemiker Johann Nicolaus Brønsted (1879–1947) die nach ihm benannte Definition von Säuren vorgenommen: Säuren sind **Protonenspender** oder **Protonendonatoren**.

Zudem werden auch solche Stoffe als Säuren bezeichnet, die selbst keine Protonen abgeben können, weil sie keinen Wasserstoff besitzen, aber beim **Kontakt mit Wasser** die **Freisetzung von H^+-Ionen** aus dem Wasser und die Bildung von Hydronium-Ionen bewirken. Beispiele hierfür sind Kohlenstoffdioxid (CO_2) und Schwefeldioxid (SO_2):

$$CO_2 + 2\,H_2O \rightleftarrows H_3O^+ + HCO_3^- \tag{9.4}$$

$$SO_2 + 2\,H_2O \rightleftarrows H_3O^+ + HSO_3^- \ . \tag{9.5}$$

Organische Säuren sind im Stoffwechsel der Organismen von besonderer Bedeutung. Es sind gewöhnlich gerade diejenigen Säuren, mit denen der Mensch schon früh in seiner Kulturgeschichte vertraut war. So verwendet er etwa Essig oder Zitronensaft im Haushalt. Organische Säuren sind **Stoffwechselprodukte** und entstammen dem Intermediärstoffwechsel lebender Zellen, beispielsweise dem Zitronensäurezyklus (Abschn. 19.4), in dem alle Umwandlungsprodukte als Säuren oder **Säure-Anionen** vorkommen.

Um weit verbreiteten Missverständnissen entgegenzutreten, ist Folgendes zu betonen: Die organischen Säure-Anionen oder „**Säurerest-Ionen**“ wie Oxalacetat, Malat, Citrat und ebenso die anorganischen Säure-Anionen Sulfat, Nitrat und Chlorid sind **keine Säuren** und können es auch nicht sein, weil sie keinen dissoziierbaren Wasserstoff enthalten.

Tab. 9.1 Beispiele für anorganische und organische Säuren

Verbindung		Säurerest-Ion	
Anorganische oder mineralische Säuren			
HCl	Salzsäure	Cl^-	Chlorid
H_2SO_3	Schweflige Säure	SO_3^{2-}	Sulfit
H_2SO_4	Schwefelsäure	SO_4^{2-}	Sulfat
H_3PO_4	Phosphorsäure	PO_4^{3-}	Phosphat
HNO_2	Salpetrige Säure	NO_2^-	Nitrit
HNO_3	Salpetersäure	NO_3^-	Nitrat
H_2CO_3	Kohlensäure	CO_3^{2-}	Carbonat
Organische Säuren			
HCOOH	Ameisensäure	$HCOO^-$	Formiat
CH_3COOH	Essigsäure	CH_3COO^-	Acetat

Die als Säurerest-Ionen aufgeführten Säure-Reste in Tab. 9.1 sind deshalb funktionell betrachtet nicht etwa große säurewirksame Teile der Säure, sondern im Gegenteil Basen (vgl. Abschn. 9.2). So ist z. B. das Sulfat-Ion eine Base, obwohl es Bestandteil der Schwefelsäure ist.

9.2 Basen nehmen Protonen auf

Nach Arrhenius dissoziiert eine **Base** XOH in Wasser in ein **Hydroxid-Ion**, OH^-, und in ein **Baserest-Ion**, X^+. Als **Laugen** bezeichnet man die wässrigen Lösungen von Basen in Wasser. Man unterscheidet hier also begrifflich im Gegensatz zu den Säuren zwischen dem Stoff (Base) einerseits und seiner wässrigen Lösung andererseits. Eine Lauge entsteht erst dann, wenn beim Kontakt einer Base mit dem Lösemittel Wasser Hydroxid-Ionen freigesetzt werden. Dazu muss die Base nicht unbedingt OH^--Ionen enthalten wie im Fall des Natriumhydroxids. Diese können auch wie beim **Ammoniak** erst beim Kontakt mit Wasser entstehen oder freigesetzt werden:

$$\underset{\text{Natriumhydroxid}}{\mathrm{NaOH}} \rightarrow \underset{\text{Natrium-Ion}}{\mathrm{Na^+}} + \underset{\text{Hydroxid-Ion}}{\mathrm{OH^-}} \tag{9.6}$$

$$\underset{\text{Ammoniak}}{\mathrm{NH_3}} + \underset{\text{Wasser}}{\mathrm{H_2O}} \rightarrow \underset{\text{Ammonium-Ion}}{\mathrm{NH_4^+}} + \underset{\text{Hydroxid-Ion}}{\mathrm{OH^-}} \,. \tag{9.7}$$

Nach der Brønsted'schen Definition sind alle diejenigen Stoffe Basen, die Protonen aufnehmen: Basen sind **Protonenfänger** oder **Protonenakzeptoren**. Das Hydroxid-Ion ist deshalb eine Base, weil es sehr effektiv H^+-Ionen aufnimmt und mit diesen sofort Wasser bildet:

$$\mathrm{OH^-} + \mathrm{H^+} \rightleftarrows \mathrm{H_2O} \,. \tag{9.8}$$

Um auch hier verbreitete Missverständnisse auszuräumen: Die in NaOH, KOH, $Mg(OH)_2$, $Ca(OH)_2$ und $Ba(OH)_2$ enthaltenen **Kationen** Na^+, K^+, Mg^{2+}, Ca^{2+} und Ba^{2+}

sind keine Basen und dürfen auch nicht als „basisch" bezeichnet werden. Böden, die diese Ionen an ihren Ionenaustauschern adsorbiert haben, reagieren zwar aufgrund der Hydrolyse (vgl. Abschn. 11.5) basisch. Das liegt aber nicht an den Kationen, sondern daran, dass die Anionen der schwachen Säuren im Boden (Huminsäuren) Protonen aus dem Bodenwasser binden. Nur diese Anionen und nicht die Kationen sind demnach Protonenakzeptoren und folglich Basen. Tab. 9.2 listet einige wichtige Basen bzw. Laugen auf:

Die neuere Säure/Base-Definition nach Brønsted betont also die **Funktion** des Stoffes als **Protonenabgabe** bzw. **Protonenaufnahme**, während die klassische alte Definition von Säuren und Basen eher seinen **Zustand**, das **Vorhandensein** von Protonen bzw. Hydroxid-Ionen, zugrunde gelegt hat. Aus der neueren **Brønsted-Definition** folgt, dass bei der jeweiligen Reaktion stets der entsprechende Partner vorhanden sein muss, der die abgegebenen Protonen aufnimmt oder abgibt. Es gibt demnach immer nur zueinander passende **konjugierte Säure-Base-Paare**. Durch die Protonenabgabe entsteht aus einer Säure die konjugierte Base, durch Protonenaufnahme aus der Base die konjugierte Säure:

$$\underset{\text{Säure}}{HX} \underset{\text{Protonenaufnahme}}{\overset{\text{Protonenabgabe}}{\rightleftarrows}} \underset{\text{Base}}{X^-} \underset{+}{+} \underset{\text{Proton}}{H^+} \ .$$

Man unterscheidet starke und schwache Säuren und Basen. Maßgeblich für die **Säure-** und **Basestärke** ist, wie stark die betreffenden Verbindungen in wässriger Lösung dissoziiert sind bzw. wo das **Gleichgewicht der Dissoziation** liegt (vgl. Kap. 10). Bei schwachen Säuren und Basen bleibt ein großer Anteil beim Lösen in Wasser undissoziiert, während starke Säuren und Basen in Wasser fast vollständig in ihre Ionen getrennt werden.

Starke Säuren sind beispielsweise Chlorwasserstoffsäure (Salzsäure), Salpetersäure und Schwefelsäure. Als mittelstarke Säuren gelten Schweflige Säure, Phosphorsäure oder Ameisensäure. **Schwache Säuren** sind dagegen Essigsäure, Kohlensäure, Borsäure (H_3BO_3) und Kieselsäure (H_4SiO_4). Als gefährliche und schon in relativ geringer Konzentration eventuell tödliche **Gifte** können die flüssige Fluorwasserstoffsäure (Flusssäure) sowie die im gasförmigen Zustand auftretenden schwachen Säuren Schwefelwasserstoff (H_2S) und Blausäure (HCN) wirken. Die Giftigkeit beruht in diesen Fällen nicht auf den Säureeigenschaften, sondern auf der Toxizität der Anionen Fluorid F^-, Sulfid S^{2-} und Cyanid CN^-. Erklärbar ist die Toxizität durch die Tatsache, dass diese Anionen entweder mit Calcium-Ionen (Ca^{2+}) oder mit Eisen-Ionen (Fe^{2+}) nahezu unlösliche, zumindest aber

Tab. 9.2 Basen und ihre wässrigen Lösungen (Laugen)

Verbindung		Lauge (umgangssprachlich)
NaOH	Natriumhydroxid	Natronlauge
KOH	Kaliumhydroxid	Kalilauge
$Ba(OH)_2$	Bariumhydroxid	Barytwasser
$Ca(OH)_2$	Calciumhydroxid	Kalkwasser
NH_3	Ammoniak	Salmiakgeist

äußerst schwerlösliche Verbindungen wie Calciumfluorid (CaF_2), Eisensulfid (FeS) oder Eisencyanid ($Fe(CN)_2$) eingehen. Dadurch werden lebenswichtige Funktionen an Nervenzellen (Synapsen funktionieren mithilfe von Calcium-Ionen, Ca^{2+}!) und der Atmung (Cytochrome und Häm enthalten Eisen, Fe^{2+}-Ionen!) blockiert (Abb. 8.15).

Beispiele für **Starke Basen** sind Natrium-, Kalium-, Barium- und Calciumhydroxid. Ammoniak (NH_3) ist dagegen eine **schwache Base**. Bei den Metallbasen sind Basencharakter und Löslichkeit weitgehend miteinander verknüpft. Sehr leicht löslich sind Alkalihydroxide wie NaOH und KOH, mittlere Löslichkeit besitzen die Erdalkalihydroxide $Ca(OH)_2$ oder $Mg(OH)_2$. Dagegen sind die Hydroxide der dreifach positiv geladenen Metall-Ionen der Bor-Gruppe (III. Hauptgruppe des PSE), z. B. Aluminiumhydroxid, $Al(OH)_3$, und der Schwermetalle, darunter $Fe(OH)_3$, in Wasser meist schwer löslich.

Organische basische Sekundärprodukte des pflanzlichen Stoffwechsels sind die außerordentlich typenreichen **Alkaloide**, die meist kovalent gebundenen Stickstoff enthalten und häufig giftig wirken. Auch die Basen der Nucleinsäuren (DNA, RNA) enthalten in ihren Pyrimidin- bzw. Purinringsystemen kovalent gebundenen Stickstoff (vgl. Abschn. 17.1). Diese natürlich vorkommenden organischen N-Verbindungen sind immer schwache Basen. Ihr Stickstoffatom kann wie das Ammoniakmolekül am freien Elektronenpaar Protonen aufnehmen:

$$NH_3 + HCl \rightarrow NH_4{}^+ + Cl^- . \quad (9.9)$$

9.3 Salze entstehen beim Neutralisieren

Wenn die im klassischen Sinne verstandenen Säuren und Basen miteinander reagieren, erfolgt unter Bildung von Wasser eine **Neutralisation** und damit eine Vernichtung der Säure- bzw. Baseeigenschaften der Ausgangsstoffe. Dabei entstehen **Salze** (Gln. 9.10 und 9.11). Sie bestehen aus einem positiv geladenen **Baserest-Kation** und einem negativ geladenen **Säurerest-Anion**. Zur Erinnerung: Weder ist das Baserest-Kation eine Base, noch das Säurerest-Anion eine Säure.

$$Na^+ + OH^- + H^+ + Cl^- \rightarrow Na^+ + Cl^- + H_2O \quad (9.10)$$

$$Ba^{2+} + 2\,OH^- + 2\,H^+ + 2\,NO_3{}^- \rightarrow Ba^{2+} + 2\,NO_3^- + 2\,H_2O . \quad (9.11)$$

Bei der Neutralisation werden die Protonen und die Hydroxid-Ionen zu Wasser vereinigt. Sie verlieren dabei ihre sauren oder basischen Eigenschaften. Bei der Benennung eines Salzes wird die Bezeichnung des Baserest-Kations (als elektropositiver Bestandteil) der Bezeichnung des Säurerest-Anions (elektronegativer Bestandteil) vorangestellt, z. B. Natriumchlorid (Na^+Cl^-). In Tab. 9.3 sind beide Namensbestandteile zur besseren Erkennbarkeit durch einen Bindestrich getrennt:

In Lösung liegen Salze je nach ihrer Wasserlöslichkeit mehr oder weniger dissoziiert vor. Die Ionen entstehen nicht beim Lösungsvorgang. Sie sind bereits in der festen

Tab. 9.3 Beispiele für Salze

Verbindung	Bezeichnung
KF	Kalium-fluorid
KI	Kalium-iodid
$AgNO_3$	Silber-nitrat
$BaSO_4$	Barium-sulfat
$CaCO_3$	Calcium-carbonat (Kalk)
$Cu(CH_3COO)_2$	Kupfer-acetat
PbS	Blei-sulfid

Zustandsform des Salzes, in dessen **Ionengitter**, in dieser Form vorhanden (vgl. Ionenbindung, Abschn. 8.1).

Salze sind ebenso wie Säuren und Basen in Wasser unterschiedlich stark löslich (vgl. Abschn. 7.2). Als **Elektrolyte** leiten sie in wässriger Lösung ebenso den elektrischen Strom wie Säuren und Basen. Salze entstehen nicht nur bei der Neutralisation. Auch bei der Auflösung von Metallen in Säuren (= Redox-Reaktionen, vgl. dazu Abschn. 11.8) entstehen Salze:

$$Zn + 2\,HCl \rightarrow Zn^{2+} + 2\,Cl^- + H_2\,. \tag{9.12}$$

Einige Alkali- und Erdalkalimetalle, z. B. Natrium, reagieren bereits mit Wasser unter Bildung von gasförmigem Wasserstoff. Hierbei entstehen aber nicht Salze, sondern Basen oder Laugen:

$$2\,Na + 2\,H_2O \rightarrow 2\,Na^+ + 2\,OH^- + H_2\,. \tag{9.13}$$

9.4 Ionennachweise

Die in wässrigen Lösungen von Säuren, Basen und Salzen enthaltenen Ionen sind mit dem umfangreichen Methodenrepertoire der analytischen Chemie leicht nachweisbar. Dafür stehen unter anderem die beiden nachfolgend skizzierten Möglichkeiten zur Verfügung, die Verwendung von Säure/Baseindikatoren sowie die Fällung von Ionen zu schwerlöslichen Verbindungen.

9.4.1 Farbreaktionen

Ob eine Lösung sauer, basisch oder neutral ist, kann man mithilfe von **Indikatoren** (Indikatorlösung, Indikatorpapier) erkennen. Säure/Baseindikatoren sind spezielle organische und meist synthetisch hergestellte Farbstoffe, die durch ihren jeweiligen Farbwert eine Säure oder Base anzeigen. Die verschiedenen Farbindikatoren ändern ihre Farbe jedoch nicht immer bei genau neutraler Reaktion, sondern teilweise bereits im schwach saurem (Methylrot, Methylorange), teilweise aber auch im schwach alkalischem Bereich (Phenolphthalein). Lackmus schlägt bereits um, wenn die Lösung neutral reagiert.

Indikatorfarbstoffe zeigen Säure oder Base dadurch an, dass sie ihre **Struktur** und damit ihre **Lichtabsorptionseigenschaften** (Farbe) beim Wechsel vom sauren ins basische Milieu und umgekehrt beim Wechsel vom basischen ins saure Milieu in charakteristischer Weise **verändern**. Beide Zustandsformen stehen zueinander in einem von den H^+-Ionen abhängigen Gleichgewicht (Kap. 10). Die üblicherweise verwendeten Säure/Baseindikatoren (Tab. 9.4) sind schwache Brønstedt-Säuren, die eine bestimmte Farbe zeigen, wenn sie in ihrer Säureform H-In (In = Indikator) vorliegen, und eine andere, wenn sie zu ihrer konjugierten Base In^- deprotoniert sind. In einer Lösung nimmt der Indikator also immer am Protonentransfergleichgewicht teil (vgl. Kap. 10).

Auch in der Natur kommt eine ganze Reihe von wasserlöslichen Farbstoffen vor, die sich sehr gut als Indikatoren eignen. Da man diese vor allem in Blüten als Blütenfarbstoffe findet, nennt man sie **Anthocyane** (von griech. *ánthos* = Blüte und *kýanos* = blau). Anthocyane sind aber auch reichlich in Früchten von Holunder, Liguster, Blaubeere, Kirsche, Brombeere oder in Blättern (Rotkraut) enthalten. Meist liegen sie glykosidiert vor. Die zuckerfreien Molekülbestandteile (= **Aglyka**) nennt man **Anthocyanidine**.

Beim qualitativen Arbeiten benutzt man meist mit Lackmus- oder Neutralrotlösung getränktes Filtrierpapier. Oft wird auch **Universalindikator** benutzt, der mehrere Farbindikatoren enthält. Die Farbe hängt von der Wasserstoffionenkonzentration ab (vgl. Abschn. 10.2).

Einige Ionen sind entweder von sich aus oder in der **Hydratform** farbig. So sind in wässriger Lösung oder als hydratisierte Salze die Kupfer(II)-Ionen (Cu^{2+}) blau, Eisen(II)-Ionen (Fe^{2+}) grün, Eisen(III)-Ionen (Fe^{3+}) gelb, Permanganat-Ionen (MnO_4^-) violett, Dichromat-Ionen ($Cr_2O_7^{2-}$) orange. Einige andere erfahren eine charakteristische Farbvertiefung, wenn sie mit einem geeigneten Reagenz zusammengebracht werden. Kupfer-Ionen erkennt man beispielsweise aufgrund des tiefblauen **Farbkomplexes** (= **Kupfer-Tetrammin-Komplex**), den das zweiwertige Kupfer-Ion mit Ammoniak bildet:

$$Cu^{2+} + 4\,NH_3 \rightarrow Cu\,(NH_3)_4^{2+} \; . \qquad (9.14)$$

Tab. 9.4 Häufig verwendete Säure/Baseindikatoren

Indikator	Farbe mit		Umschlagbereich (pH-Wert)
	Säuren	Basen	
Bromthymolblau	Gelb	Blau	6,0–7,6
Bromkresolgrün	Gelb	Blau	3,8–5,4
Lackmus	Rot	Blau	5,0–8,0
Methylrot	Rot	Orangegelb	4,4–6,2
Methylorange	Orangerot	Orangegelb	3,1–4,4
Neutralrot	Blaurot	Orangegelb	6,8–8,0
Phenolphthalein	Farblos	Rot	8,2–9,8

Der tiefblau gefärbte Kupfer-Tetrammin-Komplex ist in Wasser gut löslich. Die Bildung dieses Komplexes beruht nicht wie bei den Komplex-Anionen Sulfat, Nitrat, Phosphat und Carbonat auf der Bindung zweier oder mehrerer geladener Teilchen, sondern auf der Bindung eines geladenen Teilchens, des Cu^{2+}-Ions, mit insgesamt vier elektrisch neutralen Molekülen des Ammoniak (Gl. 9.14). Allerdings ist auch hier die Anziehung entgegengesetzter Ladungen der Grund für die Komplexbildung und die Bindung im Komplex, denn das Ammoniakmolekül ist wie das Wassermolekül ein Dipol und hat ein **freies Elektronenpaar** am Stickstoff. Dieses bildet den negativen Pol des Dipolmoleküls, mit dem es an das Kupfer-Ion bindet. Die genauen Erklärungen für die elektrostatischen oder elektrovalenten Anziehungen in solchen Komplexen bietet die hier nicht weiter thematisierte **Ligandenfeldtheorie** („LF-Theorie"). Aus räumlichen (sterischen) Gründen sind immer gerade vier Ammoniakmoleküle pro Cu^{2+}-Ion vorhanden (vgl. Kap. 8).

9.4.2 Nachweis durch Fällung

Bei den Fällungsreaktionen geht man von der Tatsache aus, dass es **schwerlösliche Salze** wie Silberchlorid (AgCl), Bariumsulfat ($BaSO_4$) oder Calciumcarbonat ($CaCO_3$) gibt. Das Prinzip dieses Nachweises besteht darin, das in einer Lösung nachzuweisende Ion gerade mit einem solchen Reagenz zusammenzubringen, welches das zur Fällung, d. h. zur Bildung eines schwerlöslichen Salzes, erforderliche zweite Ion enthält. So erkennt man die Anwesenheit von Chlorid-Ionen in einer Lösung, wenn sich nach Zugabe eines gelösten Silbersalzes ein weißer **Niederschlag** bildet. In der Silbersalzlösung sind freie Silber-Ionen gelöst, sodass sich Ag^+-Ionen und Cl^--Ionen zu einem schwerlöslichen Salz vereinigen können:

$$Cl^- + Ag^+ \rightarrow Ag^+Cl^- \downarrow \; . \tag{9.15}$$

Silberchlorid, vereinfacht AgCl geschrieben, bildet durch Fällung einen weißen schwerlöslichen Niederschlag. Die nicht reagierenden Ionen, z. B. Na^+ und NO_3^-, bleiben dabei in Lösung. Die komplette Reaktion bei Zugabe weniger Tropfen einer farblosen Lösung von Silbernitrat ($AgNO_3$) zu einer Kochsalzlösung lautet also:

$$Na^+ + Cl^- + Ag^+ + NO_3^- \rightarrow Ag^+Cl^- \downarrow + Na^+ + NO_3{}^- \; . \tag{9.16}$$

Wenn ein schwerlösliches Salz ausfällt, wird das **Löslichkeitsprodukt** L überschritten, das für ein bestimmtes Salz unter Sättigungsbedingungen eine Konstante ist. Für Silberchlorid ergibt sich bei 20 °C folgendes Löslichkeitsprodukt:

$$L = c\left(Ag^+\right) \times c(Cl^-) = 1{,}7 \times 10^{-10}\,\mathrm{mol^2\,L^{-2}} \; . \tag{9.17}$$

Warum das Löslichkeitsprodukt bei Sättigungsbedingungen für eine bestimmte Temperatur konstant ist, wird verständlich, wenn man das **Massenwirkungsgesetz** (vgl. Abschn. 10.1) auf die Löslichkeit von Salzen anwendet.

Entsprechend kann man Sulfat-Ionen nachweisen, wenn man zu einer klaren wässrigen Lösung, die Sulfat enthält (z. B. Mineralwasser) Tropfen einer klaren Lösung mit Barium-Ionen zugibt. Dann treten Ba^{2+}-Ionen und SO_4^{2-}-Ionen zum schwerlöslichen Salz Bariumsulfat ($BaSO_4$) zusammen:

$$SO_4^{2-} + Ba^{2+} \rightarrow BaSO_4 \downarrow \; . \qquad (9.18)$$

Auch hier bleiben die nicht an der $BaSO_4$-Fällung beteiligten Ionen K^+ und Cl^- in Lösung:

$$2\,K^+ + SO_4^{2-} + Ba^{2+} + 2\,Cl^- \rightarrow BaSO_4 + 2\,K^+ + 2\,Cl^- \; . \qquad (9.19)$$

Das Löslichkeitsprodukt für eine gesättigte Bariumsulfatlösung ist bei 20 °C:

$$L = c\left(Ba^{2+}\right) \times c(SO_4^{2-}) = 1{,}5 \times 10^{-9}\,\text{mol}^2\,\text{L}^{-2} \; . \qquad (9.20)$$

9.5 Fragen zum Verständnis

1. Nennen Sie konkrete Beispiele für Organismen, die an hohe, und andere, die an niedrige Salzkonzentrationen angepasst sind.
2. Welche Möglichkeiten hat eine Zelle und welche ein Organismus, den Ionenhaushalt zu regulieren?
3. Erklären Sie, was man unter einer starken Säure und einer schwachen Säure versteht, und benennen Sie Beispiele.
4. Inwiefern ist die Brønsted'sche Definition ein Fortschritt gegenüber derjenigen von Arrhenius?
5. Ist das Sulfat-Ion eine Säure oder Base? Begründen Sie die Antwort.
6. Was versteht man unter einem konjugierten Säure-Base-Paar? Nennen Sie ein Beispiel.
7. Warum ist Ammoniak eine Base? Begründen Sie, indem Sie zur Erklärung eine Säure-Base-Reaktion aufschreiben.
8. Was ist ein Salz und welche Möglichkeiten der Salzbildung kennen Sie? Schreiben Sie die entsprechenden Reaktionen auf.

Die Antworten zu diesen Fragen finden Sie im Anhang „Antworten und Lösungen zu den Fragen".

10 Gleichgewichtsreaktionen

Zusammenfassung

Es gehört zu den faszinierendsten Herausforderungen der Biowissenschaften, den Ablauf von Lebensprozessen durch Gesetze und Erkenntnisse aus der Physik und Chemie zu erklären und zu verstehen. Umgekehrt profitieren Naturwissenschaften und Technik auch von den Funktionsweisen lebender Systeme. Wer als chemischer Verfahrenstechniker der Natur abschauen kann, wie sie Stoffwechselprodukte herstellt, kann ebenfalls erfolgreich Stoffe miteinander verknüpfen, die sich wegen der ungünstigen Lage des chemischen Gleichgewichts nicht ohne Weiteres miteinander verbinden lassen (Biochemische Bionik). So gehen beispielsweise Alkohole und Säuren nicht von selbst eine Esterverbindung (vgl. Abschn. 13.8.4) ein – selbst dann nicht, wenn eine Esterase als Katalysator vorhanden ist. Zahlreiche Synthesen bzw. Stoffverknüpfungen laufen in den Organismen nur unter besonderen Bedingungen und nicht so leicht ab, wie Wasserstoff und Sauerstoff miteinander reagieren.

Weil sich im höchst komplexen Stoffwechselgeschehen einer lebenden Zelle Reaktionsgleichgewichte nie vollständig einstellen und Reaktionen oft fernab von Gleichgewichten ablaufen, muss Leben ein kompliziertes Anwendungsgebiet der Physik und Chemie sein. Wegen seiner besonderen **Systemeigenschaften** verläuft Leben zwar streng deterministisch nach einem genetischen Bauplan, aber dennoch nicht präzise vorhersagbar. Das kann mit dem Hinweis auf die unbestreitbare **Freiheit** der Lebewesen, die sich in der Entfaltung mehrerer Entscheidungs- und Entwicklungsmöglichkeiten äußert, verständlich gemacht werden (vgl. Abschn. 1.1), die im Laufe der **Evolution** vom Einzeller bis zum Menschen und ebenso im Laufe der Entwicklung des Menschen von der Zygote bis zur **eigenverantwortlichen Persönlichkeit** des Menschen offensichtlich zunimmt.

Im Bereich des Nichtlebenden bzw. der anorganischen Natur sind stoffliche Veränderungen mit Ausnahme von Aggregatzustandsänderungen im Allgemeinen einfachere

H. Bannwarth et al., *Basiswissen Physik, Chemie und Biochemie*,
https://doi.org/10.1007/978-3-662-58250-3_10

chemische Reaktionen, darunter etwa die chemische Verwitterung von Gesteinen unter dem gemeinsamen Einfluss von Kohlenstoffdioxid und Wasser.

Beim Gleichgewichtszustand chemischer Reaktionen sind zwei Fälle zu unterscheiden:

- Das System befindet sich im Gleichgewicht. Es gilt das **Massenwirkungsgesetz** (Abschn. 10.1).
- Das System befindet sich nicht im Gleichgewicht, aber das Gleichgewicht stellt sich ein. Für diesen Fall gilt das Prinzip des kleinsten Zwangs (**Le-Chatelier-Prinzip**, Abschn. 10.2).

10.1 Massenwirkungsgesetz

Was heißt, ein System befindet sich im Gleichgewicht? Nehmen wir eine beliebige Reaktion, bei der die Ausgangsstoffe (Edukte) A und B miteinander reagieren und die Endstoffe (Produkte) C und D bilden. Diese Ausgangssituation lässt sich selbstverständlich auch auf Fälle anwenden, bei denen nur ein Produkt entsteht, d. h. A und B sich zu C vereinigen. Dann wäre D = 0 zu setzen (Abb. 10.1). Wir betrachten also eine umkehrbare Reaktion. Für die Hin- und die Rückreaktion gilt:

$$\mathrm{A} + \mathrm{B} \underset{v_2}{\overset{v_1}{\rightleftarrows}} \mathrm{C} + \mathrm{D}\,. \tag{10.1}$$

v_1: Geschwindigkeit der Hinreaktion
v_2: Geschwindigkeit der Rückreaktion

Unter der Reaktionsgeschwindigkeit versteht man den Stoffumsatz pro Zeit oder die Konzentrationsänderung pro Zeit, für die Hinreaktion v_1 und die Rückreaktion v_2 also

$$v_1 = \underset{\text{Hinreaktion}}{\frac{\Delta c(\mathrm{A}) \times c(\mathrm{B})}{\Delta t}} \quad v_2 = \underset{\text{Rückreaktion}}{\frac{\Delta c(\mathrm{C}) \times c(\mathrm{D})}{\Delta t}}\,. \tag{10.2}$$

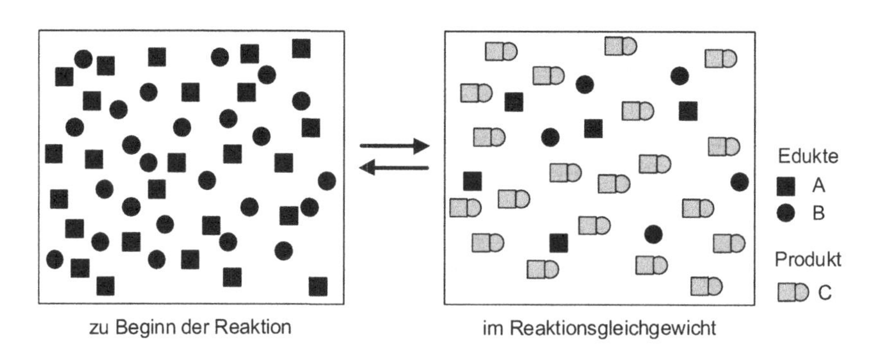

Abb. 10.1 Moleküle bei einer chemischen Gleichgewichtsreaktion

Umkehrbar heißt: Reagieren A und B miteinander, so werden zwar C und D gebildet, C und D können jedoch ebenfalls miteinander reagieren und die Ausgangsstoffe A und B zurückbilden. Dynamisch betrachtet bedeutet dies: Zunächst ist viel von den Stoffen A und B vorhanden und beide können somit rasch miteinander reagieren. Je mehr aber die Hinreaktion an A und B verbraucht, desto langsamer läuft die weitere Umsetzung ab. Auf der anderen Seite nimmt die Konzentration von C und D ständig zu und damit auch die Möglichkeit, durch die Rückreaktion wieder A und B zu bilden. Die Reaktionsgeschwindigkeit v_2 wird hierbei größer. Die Reaktion kommt dann zum Stillstand, wenn die Reaktionsgeschwindigkeiten der Hin- und Rückreaktion gleich groß geworden sind. Dann hat sich ein **chemisches Gleichgewicht** eingestellt, für welches gilt:

$$\nu_1 = \nu_2 \ . \tag{10.3}$$

In diesem Zustand liegen alle Reaktionspartner nebeneinander in bestimmten konstanten Konzentrationen vor. Obwohl dieser Zustand dynamisch ist, das heißt, immer noch Stoffe umgesetzt werden, ändern sich die Konzentrationen der am Gleichgewicht beteiligten Stoffe nicht mehr.

Der Gleichgewichtszustand bedeutet nicht, dass gleich viele Ausgangsstoffe wie Produkte vorliegen. Dieser theoretische Sonderfall wird in der Praxis höchstens näherungsweise erreicht. Die Regel ist vielmehr, dass das Gleichgewicht entweder auf der rechten oder auf der linken Seite liegt. Im ersten Fall reagieren die Ausgangsstoffe so gut, dass im Gleichgewichtszustand mehr Produkte als Edukte vorhanden sind, im zweiten Fall reagieren sie schlechter, sodass im Gleichgewichtszustand mehr Edukte als Produkte vorliegen. Den Gleichgewichtszustand beschreibt das **Massenwirkungsgesetz** (**MWG**). Im Folgenden soll die mathematische Formel des MWG hergeleitet werden.

Die Geschwindigkeit einer chemischen Reaktion hängt davon ab, wie viele Teilchen pro Zeiteinheit miteinander reagieren (Abb. 10.1). Die Materieteilchen sind ständig in Bewegung (**Brown'sche Bewegung**). Die Reaktionsgeschwindigkeit ist umso größer, je heftiger diese Bewegung ist, d. h. je höher die **Temperatur** und der **Druck** sind. Bei annähernd konstanten Temperatur- und Druckverhältnissen, die in der Natur oft vorkommen und in der Technik meistens angestrebt und eingestellt werden, ändert sich die Reaktionsgeschwindigkeit v dann nur noch mit der Konzentration der beteiligten Stoffe.

Die Abb. 10.1 zeigt eine vereinfachte Gleichgewichtsreaktion, bei der $\mathrm{D} = 0$ gesetzt ist. Es gilt dann:

$$\nu_1 \sim c\,(\mathrm{A}) \ , \tag{10.4}$$

$$\nu_1 \sim c\,(\mathrm{B}) \tag{10.5}$$

und daher

$$\nu_1 \sim c\,(\mathrm{A}) \cdot c\,(\mathrm{B}) \ . \tag{10.6}$$

Formal gilt für die Rückreaktion entsprechend:

$$\nu_2 \sim c\,(\mathrm{C}) \times c\,(\mathrm{D}) \ . \tag{10.7}$$

$c(\mathrm{A})$ Konzentration von A
$c(\mathrm{B})$ Konzentration von B
$\sim$ proportional

Reagieren zwei Teilchen A mit einem Teilchen B oder zwei Teilchen B mit einem Teilchen A, so nimmt die Reaktionsgeschwindigkeit quadratisch mit der Konzentration zu. Für $2\,\mathrm{A} + \mathrm{B} \rightarrow \mathrm{C} + \mathrm{D}$ oder $\mathrm{A} + 2\,\mathrm{B} \rightarrow \mathrm{C} + \mathrm{D}$ gilt demnach:

$$v_1 \sim c(\mathrm{A})^2 \times c\,(\mathrm{B}) \text{ oder } v_1 \sim c\,(\mathrm{A}) \times c(\mathrm{B})^2 \,. \tag{10.8}$$

Geht man von konstanten Druck- und Temperaturverhältnissen aus, kann man schreiben:

$$v_1 = k_1 \times c\,(\mathrm{A}) \times c\,(\mathrm{B}) \text{ und } v_2 = k_2 \times c\,(\mathrm{C}) \times c\,(\mathrm{D}) \,. \tag{10.9}$$

k_1, k_2: Stoffkonstanten, die für bestimmte Druck- und Temperaturverhältnisse als Konstanten betrachtet werden können.

Wenn für den Gleichgewichtszustand $v_1 = v_2$ gilt, ergibt sich

$$k_1 \times c\,(\mathrm{A}) \times c\,(\mathrm{B}) = k_2 \times c\,(\mathrm{C}) \times c\,(\mathrm{D}) \tag{10.10}$$

bzw.

$$\frac{c(\mathrm{C}) \times c(\mathrm{D})}{c(\mathrm{A}) \times c(\mathrm{B})} = k_1 : k_2 = K \,. \tag{10.11}$$

Die Konstante K ist der Quotient der beiden Konstanten k_1 und k_2. Damit haben wir das Massenwirkungsgesetz für die oben genannte Reaktion hergeleitet. Berücksichtigt man verschiedene Koeffizienten, wenn z. B. verschiedene Stoffmengen miteinander reagieren, erhält man für die Reaktion

$$a\mathrm{A} + b\mathrm{B} \rightarrow c\mathrm{C} + d\mathrm{D} \tag{10.12}$$

die folgende Formel des Massenwirkungsgesetzes:

$$\frac{c(\mathrm{C})^c \times c(\mathrm{D})^d}{c(\mathrm{A})^a \times c(\mathrm{B})^b} = K \,. \tag{10.13}$$

Falls man die Koeffizienten a, b, c und d vereinfachend mit 1 ansetzen kann, nimmt das MWG wieder die folgende übliche Form an:

$$\frac{c(\mathrm{C}) \times c(\mathrm{D})}{c(\mathrm{A}) \times c(\mathrm{B})} = K \,. \tag{10.14}$$

Das MWG wurde erstmals 1867 von den Norwegern Cato Maximilian Guldberg (1836–1902) und Peter Waage (1833–1900) formuliert. In Worten lautet es: Befindet sich ein chemisches Reaktionssystem bei konstanten Druck- und Temperaturbedingungen im **Gleichgewichtszustand**, dann ist das Produkt der Konzentrationen der entstehenden

Stoffe, dividiert durch das Produkt der Konzentrationen der Ausgangsstoffe konstant. Man könnte auch sagen: Der Quotient aus den Produkten der Endstoffe und der Ausgangsstoffe eines chemischen Systems hat im Gleichgewichtszustand einen konstanten Wert.

Der negative dekadische Logarithmus der **Gleichgewichtskonstanten** ist der **pK-Wert**. Selbstverständlich müssen die Konzentrationen in gleichen Maßeinheiten angegeben werden, also z. B. in mol L^{-1}. Wenn ein Reaktionspartner mehrfach an der Umsetzung teilnimmt, ist diese Zahl bei der mathematischen Formulierung als Potenz einzusetzen. Darüber, ob der Quotient in der oben angeführten Form oder sein Kehrwert geschrieben wird, müssen Vereinbarungen getroffen werden. Der größte Teil der Autoren stellt, wie hier angegeben, die Konzentrationen der rechts in der Reaktionsformel stehenden Stoffe über den Bruchstrich.

Das MWG gibt sofort an, wie sich die Konzentrationen ändern, wenn wir die Menge einer der Komponenten verändern. Vermehren wir z. B. bei der Reaktion $H_2 + I_2 \rightarrow 2\,HI$ die Wasserstoffkonzentration, so muss sich diejenige des Iods soweit vermindern und die des Iodwasserstoffs so stark erhöhen, dass die gleiche Konstante:

$$\frac{c(H_2) \times c(I_2)}{c(HI)^2} = K \tag{10.15}$$

wieder erreicht ist. Man kann demnach durch geeignete Wahl der Konzentrationen an Wasserstoff weitgehend Iod in Iodwasserstoff verwandeln.

Durch Erhöhung des Druckes verschiebt sich das Gleichgewicht bei Gasreaktionen stets nach der Seite, auf der die geringere Anzahl von Molekülen steht. Als Beispiel hierfür kann das **Haber-Bosch-Verfahren** (Fritz Haber, 1868–1934, Nobelpreis 1918; Carl Bosch, 1874–1940, Nobelpreis 1931) der Ammoniaksynthese angeführt werden (vgl. Abschn. 8.5):

$$3\,H_2 + N_2 \rightarrow 2\,NH_3\,. \tag{10.16}$$

Hier sind links vier Mole oder vier Gasvolumina, rechts nur zwei vorhanden. Die Reaktion wird deshalb durch hohen Druck begünstigt. Man arbeitet etwa bei 200 bar und 500 °C.

Auch die Temperatur beeinflusst das Gleichgewicht. Während sich bei Konzentrations- bzw. Druckänderungen die Gleichgewichtskonstante nicht ändert, wird durch die Temperaturänderung eine Änderung der Konstanten und damit eine **Gleichgewichtsverschiebung** hervorgerufen (vgl. Abschn. 10.2).

Die genannten Sachverhalte sind Beispiele für das **Prinzip von Le Chatelier,** wonach die Verschiebung der Gleichgewichte nach der Seite des kleinsten Zwanges vor sich geht.

Genau wie bei Gasreaktionen kann das Massenwirkungsgesetz auch auf Flüssigkeiten und Lösungen, also auch auf Ionenreaktionen, angewandt werden. Neben den allgemeinen Bedingungen, die für das chemische Gleichgewicht gelten, sind hier elektrische Anziehungskräfte maßgebend beteiligt. Beispiele sind das **Ionenprodukt** von Wasser:

$$\frac{c(H^+) \times c(OH^-)}{c(H_2O)} = K = 10^{-14}\,\text{mol L}^{-1} \tag{10.17}$$

oder das **Löslichkeitsprodukt** von Silberchlorid:

$$\frac{c(\mathrm{Ag}^+) \times c(\mathrm{Cl}^-)}{c(\mathrm{AgCl})} = 1{,}7 \cdot 10^{-10}\,\mathrm{mol\,L^{-1}}\ . \tag{10.18}$$

10.2 Das Prinzip vom kleinsten Zwang nach Le Chatelier

Betrachten wir nun den Fall, dass der Gleichgewichtszustand nicht erreicht ist oder ein bestehender Gleichgewichtszustand dadurch gestört wird, dass die im Gleichgewichtszustand konstanten Konzentrationen verändert (erhöht oder erniedrigt) werden. Eine solche Störung ist gleichbedeutend mit einem **Zwang**, der auf ein chemisches Reaktionssystem ausgeübt wird. Wie reagiert darauf ein System, das sich zuvor im Gleichgewicht befand?

Erhöht man die Konzentration von A oder B in einem System, das sich im Gleichgewichtszustand ($v_1 = v_2$) befindet oder erniedrigt die Konzentrationen von C oder D, so kommt die Reaktion in Richtung v_1 neu in Gang, weil sich entweder v_1 gegenüber v_2 erhöht oder v_2 gegenüber v_1 erniedrigt, denn es gilt:

$$v_1 = k_1 c\,(\mathrm{A}) \cdot c\,(\mathrm{B}) \quad \text{und} \quad v_2 = k_2 c\,(\mathrm{C}) \cdot c\,(\mathrm{D})\ . \tag{10.19}$$

Es reagiert also wieder entsprechend:

$$\mathrm{A} + \mathrm{B} \xrightarrow{v_1} \mathrm{C} + \mathrm{D}\ , \tag{10.20}$$

weil die Geschwindigkeit der Hinreaktion v_1 hierdurch größer wird als die Geschwindigkeit v_2 der Rückreaktion ($v_1 > v_2$).

Entsprechend kommt die Reaktion in umgekehrter Richtung, also in Richtung v_2 neu in Gang, wenn man die Konzentrationen von A oder B erniedrigt, beziehungsweise diejenigen von C oder D erhöht:

$$\mathrm{A} + \mathrm{B} \xleftarrow{v_2} \mathrm{C} + \mathrm{D}\ , \tag{10.21}$$

weil die Geschwindigkeit der Rückreaktion v_2 hierdurch größer wird als die Geschwindigkeit der Hinreaktion v_1 ($v_1 < v_2$), da auch hier gilt

$$v_1 = k_1 c\,(\mathrm{A}) \cdot c\,(\mathrm{B}) \quad \text{und} \quad v_2 = k_2 c\,(\mathrm{C}) \cdot c\,(\mathrm{D})\ . \tag{10.22}$$

Auf eine Konzentrationserhöhung eines Stoffes reagiert das System immer in der Weise, dass die Erhöhung vermindert wird. Auf eine Konzentrationserniedrigung eines Stoffes reagiert es so, dass die Erniedrigung geringer wird. Es wird also der entzogene Stoff, zum Beispiel D, nachgegeben, wenn man dem System D entzieht. Das System „gibt“ im wörtlichen Sinne „nach“. In jedem Falle wird die Störung, der Zwang, in Gestalt einer Konzentrationserhöhung oder Konzentrationserniedrigung auf das im Gleichgewicht befindliche System kleiner: Man spricht vom „**Prinzip des kleinsten Zwangs**" oder **Le-Chatelier-Prinzip** (nach dem französischen Chemiker Henry Louis Le Chatelier (1850–1936)). Es lautet:

Übt man auf ein im Gleichgewicht befindliches System einen Zwang aus, erhöht oder erniedrigt die Konzentrationen, so reagiert das System derart, dass es dem Zwang ausweicht oder nachgibt bzw. dass der Zwang vermindert oder abgeschwächt wird. Man kann demnach die Reaktion durch Änderung der Konzentrationen nach rechts oder links neu in Gang bringen.

Anschauliche Beispiele sind das säureabhängige Gleichgewicht, des Chromat/Dichromat- und des Phenolphthaleinsystems (Abb. 10.2), weil hier die Gleichgewichtsverschiebung nach rechts oder links mit einer **Farbänderung** einhergeht:

$$\underset{\text{(Chromat, gelb)}}{2\,\mathrm{CrO_4^{2-}}} + 2\mathrm{H^+} \rightleftarrows \underset{\text{(Dichromat, orange)}}{\mathrm{Cr_2O_7^{2-}}} + \mathrm{H_2O}\ . \tag{10.23}$$

Diesem Prinzip kommt in den Naturwissenschaften eine überragende Bedeutung zu. Seine Gültigkeit beschränkt sich nämlich nicht nur auf Änderungen der Konzentrationen. Bezieht man die **Energie *E*** (freie Enthalpie, vgl. Abschn. 3.1.5), die bei einer Reaktion freigesetzt (exergonische Reaktion) oder von außen zugeführt wird (endergonische Reaktion), in die Gleichgewichtsreaktion ein, so erhält man

$$\mathrm{A} + \mathrm{B} \underset{v_2}{\overset{v_1}{\rightleftarrows}} \mathrm{C} + \mathrm{D} + E\ \text{(Energie)}\ . \tag{10.24}$$

Läuft die Reaktion in Richtung v_1 ab, ist sie exergonisch und umgekehrt in Richtung v_2 endergonisch (vgl. Abschn. 3.1.5).

Ein einfaches und anschauliches Beispiel ist die Hydratisierung und Dehydratisierung von Kupfersulfat:

$$\underset{\text{(farblos)}}{\mathrm{CuSO_4}} + 5\,\mathrm{H_2O} \rightleftarrows \underset{\text{(blau)}}{\mathrm{CuSO_4 \cdot 5\,H_2O}} + E\ \text{(Wärme)} \tag{10.25}$$

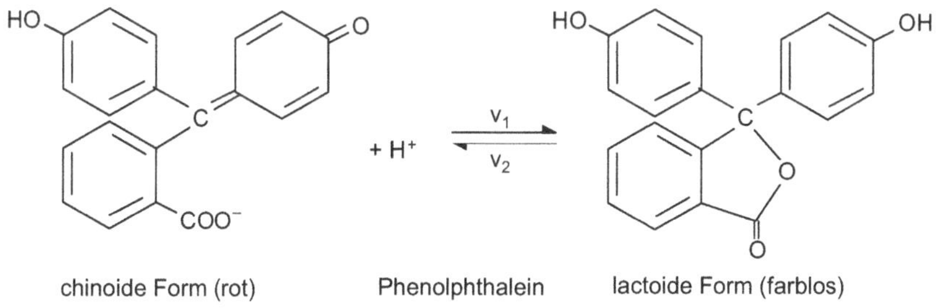

chinoide Form (rot) Phenolphthalein lactoide Form (farblos)

Abb. 10.2 Protonenabhängiges Gleichgewicht zwischen der roten chinoiden Form und der farblosen lactoiden Form des Phenolphthaleins

oder die Bildung von Kupferchlorid aus Kupfer und Chlor (Salzbildung):

$$Cu + Cl_2 \rightleftarrows Cu^{2+} + 2\,Cl^- + E\ . \qquad (10.26)$$

Die Energie stellt zwar keine Konzentration eines Stoffes dar, hat aber ebenfalls Einfluss auf die Reaktionsgeschwindigkeit und die Lage des Gleichgewichts. Nach dem Prinzip des kleinsten Zwangs kann man durch Energiezufuhr, etwa Erwärmen, das Gleichgewicht nach links (endotherme Reaktion), durch Energieentzug nach rechts verschieben (exotherme Reaktion). Die Energie wird formal ebenso wie die an der Reaktion beteiligten Stoffe behandelt, die in bestimmten Konzentrationen vorliegen.

Angesichts der Tatsache, dass hier die freigesetzte Energie E mit dem Plus-Zeichen versehen wird, sei daran erinnert, dass von Energiegewinn bezogen auf das reagierende System keine Rede sein kann; es handelt sich nur um Energieverlust, wenn man sich richtigerweise auf das reagierende System bezieht. So gesehen ist es richtig, dass die Freie Enthalpie ΔG ein negatives Vorzeichen erhält (vgl. Abschn. 3.1.5).

Das Prinzip vom kleinsten Zwang lässt sich auch auf Reaktionen anwenden, an denen **Elektronen** an metallischen Oberflächen beteiligt sind. So stellt sich beispielsweise an der Oberfläche eines in eine Kupfersalzlösung eingetauchten Kupferbleches folgendes Gleichgewicht ein:

$$\underset{\text{Ionen}}{Cu^{2+}} + \underset{\text{Elektronen}}{2\,e^-} \underset{v_2}{\overset{v_1}{\rightleftarrows}} \underset{\text{Atome}}{Cu}\ . \qquad (10.27)$$

Der Gleichgewichtszustand dieser Reaktion ist erreicht, wenn die Geschwindigkeit der Atombildung v_1 gleich der Ionenbildungsgeschwindigkeit v_2 ist. In diesem Gleichgewichtszustand hat die Kupfer-Ionenkonzentration einen bestimmten Betrag erreicht, eine genau definierte Konzentration, die sich nicht mehr ändert. Die Reaktion ist dadurch erneut in Gang zu bringen, dass man „künstlich" von außen die Konzentration der Cu^{2+}-Ionen verändert (Zwang auf das Gleichgewichtssystem). Aber auch durch **Elektronenzufuhr** (Kathode) lässt sich das Gleichgewicht nach dem Le-Chatelier-Prinzip nach rechts und durch **Elektronenentzug** (Anode) nach links verschieben (vgl. Elektrolyse, Abschn. 8.2.2).

10.3 Anwendung des Le-Chatelier-Prinzips

Das Massenwirkungsgesetz und das Prinzip des kleinsten Zwangs spielen neben der Anwendung in Chemie und Technik auch eine wichtige Rolle für das Verständnis von biologischen Funktionen in Organismen und in Ökosystemen, wie die folgenden Beispiele zeigen:

$$\text{Säure} + \text{Alkohol} \underset{v_2}{\overset{v_1}{\rightleftarrows}} \text{Ester} + \text{Wasser}\ . \qquad (10.28)$$

Das Gleichgewicht dieser chemischen Reaktion liegt links. Ein Chemiker, der Ester herstellen will, wendet das Le-Chatelier-Prinzip an, indem er ein Trocknungsmittel wie konzentrierte Schwefelsäure zusetzt, die dem Gleichgewicht Wasser entzieht. Das System reagiert auf den Entzug von Wasser dem Prinzip des kleinsten Zwangs gehorchend durch Nachlieferung („Nachgeben“) von Wasser. Hierbei wird, weil die Reaktion in Richtung v_1 läuft, ständig in erwünschter Weise Ester synthetisiert. „Wasser“ steht hier anstelle des Stoffes „D“ der oben allgemein formulierten Reaktionsgleichung 10.1.

Ein weiteres Beispiel ist das für die Ökologie und Physiologie bedeutsame Reaktionssystem mit H^+-Ionen, Hydrogencarbonat, Kohlensäure, Wasser und gasförmigem Kohlenstoffdioxid:

$$H^+ + HCO_3^- \rightleftarrows H_2CO_3 \rightleftarrows H_2O + CO_2 \, . \tag{10.29}$$

Es erlaubt Aussagen darüber, wie sich die Versauerung der Böden und Gewässer auf den Kohlenstoffdioxidgehalt der Luft auswirkt. Säurezufuhr verschiebt das Gleichgewicht nach rechts – Säure vertreibt das CO_2 aus dem Wasser. Die Versauerung der Gewässer und Böden erhöht die Konzentration von CO_2 in der Luft. Das könnte für das Klima bedrohlich sein, wenn nicht Pflanzen CO_2 photosynthetisch assimilieren und damit dem Gleichgewicht entziehen. Photosynthese verschiebt das Gleichgewicht nach rechts. Hierbei werden H^+-Ionen verbraucht, die Säurebelastung wird vermindert (vgl. Kap. 11).

Wir fassen die Erkenntnisse zusammen:

- Chemische Reaktionen nähern sich einem Gleichgewichtszustand an.
- Im Gleichgewichtszustand kommt die Reaktion zu einem dynamischen Stillstand. Ausgangs- und Endstoffe stehen dann in einem fest definierten Verhältnis zueinander (Massenwirkungsgesetz).
- Erneutes Reagieren ist nur durch einen „künstlichen Zwang“ möglich, z. B. Zufuhr oder Wegnahme eines der Reaktionspartner.
- Wird auf ein System im Gleichgewicht z. B. durch Veränderung der Konzentrationen ein Zwang ausgeübt, so reagiert das System so, dass dieser Zwang abgeschwächt oder vermindert wird.
- Das System leistet nur bis zum Erreichen des Gleichgewichts Arbeit. Danach wird keine Energie mehr nach außen abgegeben.
- Ein System nennt man geschlossen, bei dem während der Reaktion keine Stoffe mehr zu- oder abgeführt werden und bei dem keine Bedingungen mehr von außen geändert werden.

Die Gültigkeit des Le-Chatelier-Prinzips in der Biologie und Ökologie zeigt sich am besten im Funktionieren von **Fließgleichgewichten**. Charakteristisch dafür ist, dass Reaktionssysteme von außen ständig dem Le-Chatelier-Prinzip entsprechend gestört werden. Damit kann sich in solchen Systemen kein Gleichgewichtszustand der Einzelreaktionen einstellen.

10.4 Systeme ohne Stillstand: Fließgleichgewichte

Biologische Stoffwechselsysteme sind wesentlich komplexer organisiert als die bisher besprochenen chemischen Reaktionen, denn sie bestehen aus einer Vielzahl miteinander gekoppelter stofflicher Abläufe. Lebende Systeme nehmen Stoffe von außen auf und geben andere Stoffe an ihre Umgebung ab. Sie sind daher **offene Systeme** (*Input-Output*-Systeme). Leben kann sich nun nur vollziehen, wenn der **Gleichgewichtszustand** chemischer Reaktionen **nie erreicht** wird. Nur so können ständig neue Stoffe für Biosynthesen, Stoffwechsel und Wachstum angeliefert und Energie für die Aufrechterhaltung von Lebensfunktionen bereitgestellt werden. Dabei stört die vorangehende Reaktion stets die nachfolgende. Ein System im Gleichgewicht produziert in der Bilanz keine Stoffe und setzt keine Energie frei. Es muss demnach unter allen Umständen vermieden werden, dass die chemischen Reaktionen in den Zellen zum Stillstand kommen. Lebewesen erreichen dies durch das Prinzip der **Kompartimentierung**. Darunter versteht man die Unterteilung der Zelle in getrennte Stoffwechselräume durch ein hoch organisiertes System von **Membranen**. Sie garantieren, dass Stoffe nicht zu schnell, sondern in genau regulierter Weise miteinander reagieren, womit sich die Einstellung des Gleichgewichtszustandes verzögert.

So entsteht in der lebenden Zelle durch die genetisch determinierten Eigenschaften der Membranproteine eine **zeitlich-räumliche Ordnung**. Man nennt den Zustand, in dem ein Gleichgewicht miteinander gekoppelter Reaktionen zwar immer angestrebt, aber nie erreicht wird, ein **Fließgleichgewicht**. Alle Lebewesen leben nur so lange, wie sie sich im Zustand des Fließgleichgewichts befinden – so erstmals formuliert durch den österreichisch-kanadischen Biologen Ludwig von Bertalanffy (1901–1972). Im dynamischen Fließgleichgewicht entspricht die Geschwindigkeit, mit der ein bestimmter Stoff in einer Reaktion entsteht, etwa der Geschwindigkeit, mit der ein anderer Stoff aus dieser Reaktion verbraucht oder ausgeschieden wird. Im Vergleich von chemischem Gleichgewicht und biologischem Fließgleichgewicht kommt man zu folgenden Aussagen:

- Stoffwechselreaktionen kommen, solange sich Leben vollzieht, nicht zu einem chemischen Gleichgewichtszustand.
- Ständige Stoffzufuhr von außen (äußerer Zwang) verhindert, dass sich ein Stillstand einstellt.
- Die Bereitstellung von Energie ist an die Bedingung gebunden, dass die betreffenden Reaktionen nicht den chemischen Gleichgewichtszustand erreichen.
- Lebende Systeme sind immer offene Systeme. Geschlossene Systeme erreichen mehr oder weniger schnell den Gleichgewichtszustand.

Beispiele für solche **organismischen Fließgleichgewichte** sind Atmung und Photosynthese. Beide bestehen aus einem System komplexer Reaktionen und sind ständig auf Stoff- oder Energiezufuhr von außen angewiesen (vgl. Kap. 1, 3, 12 und 13). Diese wird durch die **Sonnenenergie** bereitgestellt. Fließgleichgewichte wie die Atmung und die Photosynthese sind in Ökosystemen zu **Stoffkreisläufen** integriert.

10.5 Dissipative Muster und biologische Oszillation

Der Ablauf der Nichtgleichgewichtsreaktionen ist in Zellen mit **zeitlichen** und mit **räumlichen Mustern** verknüpft. Für die Ausbildung einer bestimmten Gestalt oder Form ist eine gewisse Selbststeuerung der Systeme notwendig. Der Physiker Manfred Eigen (geb. 1927, Nobelpreis 1967) hat die Prinzipien der **Selbstorganisation** beschrieben, die Rückkopplung (negatives und positives Feedback) und Autokatalyse einschließt. Ein Beispiel für ein **negatives Feedback** im Stoffwechsel ist der **Pasteur-Effekt**, mit der Wechselbeziehung von Gärung und Atmung (Kap. 20): Das bei der Atmung gebildete ATP blockiert im Überschuss das Schlüsselenzym der Glycolyse, die Phosphofructokinase. Immer, wenn die Wirkung einer Ursache auf diese selbsthemmend zurückwirkt, haben wir es mit dieser Art von Steuerung zu tun. So vermindert beispielsweise die Nahrungsaufnahme den Hunger, der zugleich die Ursache des Essens ist (Abschn. 12.6).

Das Entstehen so genannter **dissipativer Muster** lässt sich in anorganischen Reaktionsmodellen vom Typ der Belousov-Zhabotinskij-Reaktionen beobachten. Diese sind aber zu komplex, um sie hier eingehender darzustellen.

Periodische Zeitmuster einer biochemischen Reaktion finden sich im Stoffwechselweg der Glycolyse (Abschn. 19.2). Bestimmte Amöbenstadien des Schleimpilzes *Dictyostelium discoideum* organisieren sich zu kreisförmigen Strukturen. In allen Fällen bilden sich offensichtliche zeitlich-räumliche Muster heraus.

Die zeitliche Ordnung in Zellen äußert sich auch in Form der **circadianen Rhythmik**. Dieser genetisch fixierte **endogene Rhythmus** stellt eine ungefähre Anpassung an den tageszeitlichen Wechsel dar. Andererseits ist es für diese endogene Rhythmik gerade charakteristisch, dass sie auch unter konstanten Bedingungen etwa unter Dauerlicht unabhängig von der Steuerung von Außenfaktoren abläuft. So erzeugt eine Reihe von Grünalgen (z. B. *Acetabularia*) auch im Dauerlicht periodisch mehr oder weniger Sauerstoff, so wie es die innere Uhr (circadiane Rhythmik) bestimmt. Auch Menschen haben eine solche innere Uhr oder einen genetisch fixierten endogenen Rhythmus.

Der belgische Physikochemiker Ilya Prigogine (1917–2003, Nobelpreis 1977) hat gezeigt, dass **dissipative Strukturen** eine bestimmte Entfernung vom chemischen Gleichgewicht voraussetzen (**Nichtgleichgewichts-Thermodynamik**). Die Aufrechterhaltung dissipativer Strukturen verlangt, wie der Name besagt, die ständige **Dissipation von Energie**, die mit einer Entropiezunahme einhergeht (vgl. Kap. 1 und 3). Würde das chemische Gleichgewicht sofort erreicht, würde jede entstandene Struktur sogleich wieder zerfallen. Auch die **Zeit** könnte nicht festgestellt oder gemessen werden. Wenn ein Pendel stets dieselben Zustände anstrebt, ist es gewissermaßen zeitlos – ohne Bezugsystem eignet es sich nicht zur Zeitmessung.

Man kann das Entstehen von dissipativen Strukturen im Experiment beobachten, wenn man einige Tropfen Milch in schwarzen Kaffee gibt. Zunächst bilden sich bestimmte Muster aus, solange durch Vermischung und Diffusion nicht der Gleichgewichtszustand, die gleichmäßige Verteilung, herbeigeführt wird.

10.6 Fragen zum Verständnis

1. Schäumt Sprudelwasser heftiger, wenn man eine Säure (z. B. Essig) oder eine Lauge (z. B. Seifenlauge) hinzu gibt?
2. Erklären Sie, weshalb das Massenwirkungsgesetz in Naturwissenschaft (Chemie) und Technik große Bedeutung und weitreichende wirtschaftliche Auswirkungen erlangt hat.
3. Wie können lebende Systeme die Einstellung des chemischen Gleichgewichtszustandes verhindern oder verzögern?
4. Warum ist die Frage der Gültigkeit des Le-Chatelier-Prinzips für lebende Systeme diskussionswürdig? Gilt dieses Prinzip auch für Lebewesen oder wird es durchbrochen?
5. Nennen Sie die Unterscheidungsmerkmale des biologischen Fließgleichgewichtes gegenüber einem chemischen Gleichgewicht.
6. Warum sind Lebewesen (Organismen) immer offene Systeme?
7. Begründen Sie, weshalb Katalysatoren (Enzyme) das Gleichgewicht nicht verschieben, sondern lediglich dessen Einstellung beschleunigen.
8. Erklären Sie mithilfe des Le-Chatelier-Prinzips, wie man mit Kupfermetall und Kupfersalzlösungen verschiedener Konzentration eine elektrische Spannung erzeugen kann? Wie, wo und warum entstehen ein Plus- und ein Minuspol? Machen Sie eine Versuchsskizze und geben Sie an, wie die Ionen und Elektronen fließen?
9. Warum wirkt Ammoniak als Base, warum Kohlenstoffdioxid als Säure? Erklären Sie, indem Sie auf die Gleichgewichte $NH_3 + H_2O \rightleftarrows NH_4^+ + OH^-$ und $CO_2 + H_2O \rightleftarrows H^+ + HCO_3^-$ eingehen. Wie kann man Ammoniakgas aus einem Ammoniumsalz (z. B. NH_4Cl) und wie Kohlenstoffdioxidgas aus einem Carbonatsalz (z. B. $CaCO_3$) freisetzen? Schreiben Sie die entsprechenden Reaktionen auf, erklären Sie mithilfe des Le-Chatelier-Prinzips!
10. Warum lösen sich Säuren wie Phosphorsäure (H_3PO_4), aber auch Fettsäuren (HR) und Phenolphthalein (HR) besser in Lauge als in Säure? Schreiben Sie die Dissoziationsgleichungen und erklären Sie mithilfe des Le-Chatelier-Prinzips (R: Säurerest).

Die Antworten zu diesen Fragen finden Sie im Anhang „Antworten und Lösungen zu den Fragen".

Redox- und Säure/Base-Reaktionen 11

Zusammenfassung

Die wichtigsten Prozesse in Zellen, Organismen und Ökosystemen sind Assimilation und Dissimilation. Sie sind jeweils mit **Elektronenabgabe** und **-aufnahme** (**Redox-Reaktionen**) oder mit **Protonenabgabe** und **-aufnahme** (**Säure-Base-Reaktionen**) verbunden. Bei den basalen Lebensvorgängen wie Photosynthese und Atmung (vgl. Kap. 18 und 19) sind Redox-Reaktionen und Säure-Base-Reaktionen jeweils miteinander verknüpft. Mit der Kenntnis solcher Zusammenhänge lassen sie sich überhaupt erst richtig verstehen.

Wegen dieser Verknüpfung und weil es in beiden Fällen um Abgabe- und Aufnahmeprozesse geht, ist es sinnvoll, beide in einem Kapitel gemeinsam zu behandeln. Nur so ist zum Beispiel richtig zu verstehen, was ein starkes Reduktionsmittel mit einer starken Säure gemeinsam hat.

11.1 Abgabe und Aufnahme von Elektronen und Protonen

Einige Stoffumwandlungen sind durch Abgabe oder Aufnahme von Elektronen gekennzeichnet, bei denen sich die **Oxidationsstufen** oder die Ladungen der reagierenden Teilchen ändern. Beispiele zeigen die Tab. 11.1 und 11.2.

Außerdem wurden bereits einige chemische Reaktionen genannt, bei denen H^+-Ionen (= Protonen) abgegeben oder aufgenommen werden:

Die Oxidationsstufen, die Ladungen oder Wertigkeiten der reagierenden geladenen Teilchen, ändern sich bei den oben aufgeführten Säure-Base-Reaktionen nicht (Tab. 11.2).

H. Bannwarth et al., *Basiswissen Physik, Chemie und Biochemie*,
https://doi.org/10.1007/978-3-662-58250-3_11

Tab. 11.1 Reaktionen mit Elektronenabgabe bzw. -aufnahme

Cu	→	$Cu^{2+} + 2\,e^-$
$2\,H^+ + 2\,e^-$	→	H_2
$2\,H_2 + O_2$	→	$2\,H_2O$
$Na + Cl$	→	$Na^+ + Cl^-$
$Cu + Cl_2$	→	$Cu^{2+} + 2\,Cl^-$
2 Cystein + 2 Fe^{3+}	→	1 Cystin + 2 Fe^{2+} + 2 H^+
$2\,KMnO_4 + 5\,SO_2 + 2\,H_2O$	→	$2\,MnSO_4 + 2\,H_2SO_4 + K_2SO_4$

Tab. 11.2 Reaktionen mit Protonenabgabe bzw. -aufnahme

$NaOH + HCl$	→	$NaCl + H_2O$
$CaCO_3 + 2\,HCl$	→	$CaCl_2 + H_2O + CO_2$
$NH_3 + HCl$	→	NH_4Cl
$(NH_4)_2SO_4 + 2\,NaOH$	→	$Na_2SO_4 + 2\,H_2O + 2\,NH_3$
$2\,CrO_4^{2-} + 2\,H^+$	→	$Cr_2O_7^{2-} + H_2O$
$CO_2 + H_2O$	→	$H^+ + HCO_3^-$
$H^+ + OH^-$	→	H_2O

11.1.1 Oxidationszahl oder Oxidationsstufe

Bei Redox-Reaktionen (vgl. Abb. 11.1) handelt es sich wie bei Säure-Base-Reaktionen um Übertragungsreaktionen:

- **Reduktionsmittel** sind Stoffe (Elemente, Verbindungen), die Elektronen an andere Stoffe abgeben (**Elektronendonatoren**) und diese damit **reduzieren**, oder denen Elektronen entzogen werden können. Mit der Elektronenabgabe werden sie selbst oxidiert.
- **Oxidationsmittel** sind Stoffe (Elemente, Verbindungen), die Elektronen aufnehmen (**Elektronenakzeptoren**) und andere Substanzen durch den Elektronenentzug **oxidieren**. Sie selbst werden dabei reduziert (Abb. 11.1 und 11.2).

Einige Elemente wie Sauerstoff und Chlor sind nur in molekularer Form (als O_2 oder Cl_2) Oxidationsmittel, nicht jedoch in ihren Verbindungen H_2O, CO_2, NaCl oder HCl. Andere Elemente wie Wasserstoff und Natrium und mit ihnen alle übrigen Metalle sind im elementaren Zustand dagegen überwiegend Reduktionsmittel. Das gilt jedoch nicht für ihre Verbindungen wie etwa H_2O, HCl, NaCl oder Na_2SO_4.

Chemische Reaktionen, die sich durch Elektronenübertragung mit Abgabe und Aufnahme von Elektronen erklären lassen, nennt man **Redox-Reaktionen**. Dieser Begriff setzt sich aus den Wortbestandteilen „Reduktion" und „Oxidation" zusammen. Nimmt ein Stoff Elektronen auf, spricht man von einer **Reduktion,** das heißt, dieser Stoff wird durch die Elektronenaufnahme reduziert. Gibt ein Stoff dagegen Elektronen ab, handelt es sich um eine Oxidation, das heißt, dieser Stoff wird durch die Elektronenabgabe oxidiert. Bei einer Oxidation **erhöht** sich die Oxidationsstufe des Stoffes, denn er wird durch die

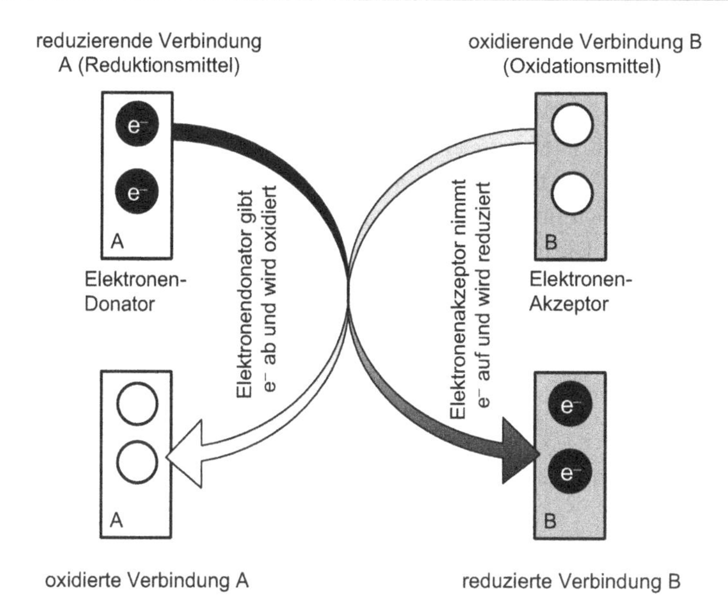

Abb. 11.1 Zusammenhänge zwischen Reduktion und Oxidation

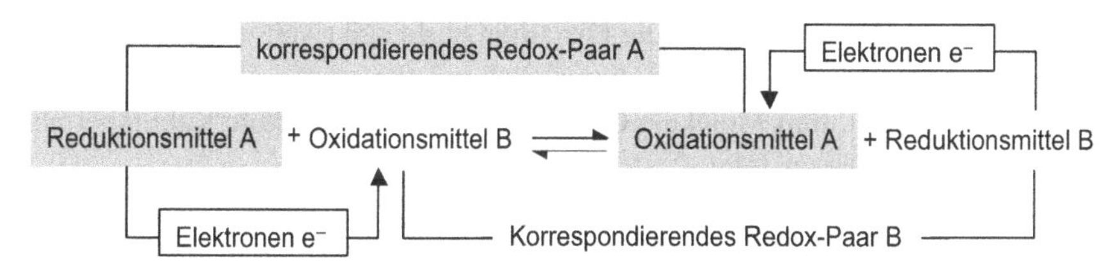

Abb. 11.2 Kopplung von Oxidation und Reduktion bei einer Redox-Reaktion

Elektronenabgabe positiver (z. B. Na von 0 auf +1). Wird er dagegen reduziert, **erniedrigt** sich die Oxidationsstufe entsprechend, weil er durch die Aufnahme von Elektronen (e^-) negativer wird, z. B. Cl von 0 auf −1.

Oxidation:	Na	→	$Na^+ + e^-$
Reduktion:	$Cl + e^-$	→	Cl^-

11.1.2 Aufstellen einer Redox-Gleichung

Wie man Redox-Gleichungen behandelt, zeigt das folgende Beispiel: Es soll Oxalsäure, $(COOH)_2$ oder $C_2O_4H_2$, mit Kaliumpermanganat ($KMnO_4$) unter Zugabe von Salzsäure zu Kohlenstoffdioxid oxidiert werden. Dabei entsteht außerdem Manganchlorid ($MnCl_2$) und Kaliumchlorid (KCl). Zur Aufstellung der zugehörenden Redox-Gleichung geht man in folgenden Schritten vor:

- Man stellt zunächst die **Oxidationsstufen** der an der Reaktion beteiligten Reduktions- und Oxidationsmittel fest und gibt die Oxidationsstufen für die Teilchen an, deren Oxidationsstufe sich bei der Redox-Reaktion ändert (vgl. Abschn. 6.4 und 8.3). Die Oxidationsstufe des Kohlenstoffs ermittelt man, indem man die Ladung (Wertigkeit) des Wasserstoffs als $+1$ und die des Sauerstoffs als -2 setzt: In der Summenformel $C_2O_4H_2$ ergibt sich für die Ladungen des Sauerstoffs $4 \times (-2) = -8$, des Wasserstoffs $2 \times (+1) = +2$. Die beiden C-Atome in der Oxalsäure $C_2O_4H_2$ gleichen demnach $-8 + 2 = -6$ negative Ladungen aus, müssen also pro C-Atom drei positive Ladungen tragen, das heißt, die Oxidationsstufe $+3$ haben. Daraus ergibt sich die folgende Formel:

$+3$	$+7$		$+4$	$+2$
$C_2O_4H_2$	MnO_4^-	$\rightarrow$	CO_2	Mn^{2+}
Oxalsäure	Permanganat		Kohlenstoffdioxid	Mn(II)-Ion

- Im zweiten Schritt erstellt man die Elektronenbilanz und formuliert die Ionenreaktion. Der Kohlenstoff gibt bei dieser Reaktion pro C-Atom ein Elektron ab – das erklärt die Differenz von $+3$ (links) und $+4$ (rechts). Da zwei C-Atome beteiligt sind, erweist sich die Oxalsäure als zweiwertiges Reduktionsmittel. Andererseits nimmt das Mangan im Permanganat fünf Elektronen auf – die Oxidationsstufe sinkt von $+7$ (links) auf $+2$ (rechts). Das Permanganat ist also in diesem Fall ein fünfwertiges Oxidationsmittel. Man benötigt demnach fünf Moleküle Oxalsäure, um zwei Moleküle Kaliumpermanganat zu reduzieren. Daraus folgt:

$$5\ C_2O_4H_2 + 2\ MnO_4^- \rightarrow 10\ CO_2 + 2\ Mn^{2+}\,. \qquad (11.1)$$

- Nun erstellt man eine Sauerstoffbilanz. Auf der linken Seite stehen $5 \times 4 = 20$ O-Atome in der Oxalsäure und $2 \times 4 = 8$ O-Atome im Permanganat zur Verfügung. Rechts sind im Kohlenstoffdioxid dagegen $10 \times 2 = 20$ O-Atome beteiligt. Es fehlen also rechts 8 Sauerstoff-Atome. Sie werden in Form von Wasser ergänzt:

$$5\ C_2O_4H_2 + 2\ MnO_4^- \rightarrow 10\ CO_2 + 2\ Mn^{2+} + 8\ H_2O\,. \qquad (11.2)$$

- Dann erstellt man entsprechend die Wasserstoffbilanz der Reaktion. Die Oxalsäure bringt $5 \times 2 = 10$, Permanganat kein Wasserstoffatom in die Reaktion ein. Rechts stehen dagegen die $8 \times 2 = 16$ Wasserstoffteilchen der im vorigen Schritt ergänzten Wassermoleküle. Es fehlen daher auf der linken Seite 6 Wasserstoffteilchen. Man ergänzt sie in Form von Säure, z. B. von Salzsäure HCl, wobei rechts der Gleichheit wegen auch die nicht benötigten Chlorid-Ionen erscheinen:

$$5\ C_2O_4H_2 + 2\ MnO_4^- + 6\ HCl \rightarrow 10\ CO_2 + 2\ Mn^{2+} + 8\ H_2O + 6\ Cl^-\,. \qquad (11.3)$$

- Zuletzt fasst man die Gesamtgleichung zusammen. Da das Permanganat als Kaliumpermanganat eingesetzt wurde, sind links und rechts in der Gleichung noch jeweils zwei

Kalium-Ionen (K^+) zu addieren und die zusammengehörigen Ionen zu Salzen zusammenzufassen. Die Reaktionsgleichung nimmt damit folgende vollständige Form an:

$$5\,C_2O_4H_2 + 2\,KMnO_4 + 6\,HCl \rightarrow 10\,CO_2 + 2\,MnCl_2 + 2\,KCl + 8\,H_2O\,. \quad (11.4)$$

Selbstverständlich greift das Kalium-Ion hier nicht in die Reaktion ein und könnte gegebenenfalls auch durch ein Natrium-Ion ersetzt werden. Außerdem ließe sich die Salzsäure, mit der hier angesäuert wurde, durch Schwefelsäure ersetzen. Die Reaktion würde entsprechend lauten:

$$5\,C_2O_4H_2 + 2\,NaMnO_4 + 3\,H_2SO_4 \rightarrow 10\,CO_2 + 2\,MnSO_4 + Na_2SO_4 + 8\,H_2O\,. \quad (11.5)$$

Wie bei den Säure-Base-Reaktionen kann bei einer Redox-Reaktion eine Abgabe von Elektronen nur dann erfolgen, wenn ein geeigneter **Elektronenakzeptor** vorhanden ist und umgekehrt.

Oxidation und Reduktion sind stets miteinander gekoppelte Reaktionen, die prinzipiell **Gleichgewichtsreaktionen** (Kap. 10) sind. Das Schema in Abb. 11.2 verdeutlicht diese Kopplung. Dazu ein Beispiel:

$$\overset{\text{Reduktionsmittel A}}{Zn} + \underset{\text{Oxidationsmittel B}}{Cu^{2+}} \rightleftarrows \overset{\text{Oxidationsmittel A}}{Zn^{2+}} + \underset{\text{Reduktionsmittel B}}{Cu}\,. \quad (11.6)$$

Reduktionsmittel A führt dabei Oxidationsmittel B Elektronen zu und reduziert diesen Partner. Oxidationsmittel B entzieht gleichzeitig dem Reduktionsmittel A Elektronen und oxidiert A. Im Ablauf einer Redox-Reaktion wird das Reduktionsmittel bei der Hinreaktion jeweils zum Oxidationsmittel, das Oxidationsmittel zum Reduktionsmittel. Entsprechendes gilt für die Rückreaktion. In allen Redox-Reaktionen reagieren also immer **Redox-Paare** – analog den korrespondierenden oder konjugierten Säure-Base-Paaren – miteinander. Reduktionsmittel A und Oxidationsmittel A bilden ebenso wie Oxidationsmittel B und Reduktionsmittel B **korrespondierende oder konjugierte Redox-Paare**.

Mithilfe solcher Redox-Reaktionen lassen sich in einfachen Versuchsanordnungen sogenannte **Galvanische Elemente** herstellen, die eine elektrische Spannung beziehungsweise einen elektrischen Strom liefern. Dabei taucht zum Beispiel ein Schenkel eines U-Rohr mit einer porösen Glaswand (Fritte) Kupfermetall in eine Kupfersalzlösung und der andere Schenkel Zinkmetall in eine Zinksalzlösung (**Daniell-Element**).

Bestimmte Stoffe können sowohl als **Oxidations-** als auch als **Reduktionsmittel** wirken. So können beispielsweise einwertige Kupfer-Ionen (Cu^+) als Oxidationsmittel sowohl zu elementaren Kupferatomen, Cu, reduziert, als auch als Reduktionsmittel zu zweiwertigen Kupfer-Ionen (Cu^{2+}) oxidiert werden. Schwefeldioxid (SO_2) kann sowohl zu Sulfat (SO_4^{2-}) oxidiert als auch zu Schwefel (S) reduziert werden. Ob ein Stoff reduziert oder oxidiert wird, hängt also von den jeweiligen Bedingungen, das heißt von den Eigenschaften des Reaktionspartners ab. Entscheidend ist die **Elektronenaffinität**. Diese ist ein Maß dafür, wie stark ein Elektron angezogen wird oder wie leicht es abgegeben werden kann (vgl. Kap. 8). Je geringer die Elektronenaffinität eines Stoffes ist, desto stärker ist sein „Bestreben“, anderen Stoffen Elektronen zuzuführen und sie damit zu reduzieren (**Reduktionsmittel**). Stoffe mit höherer Elektronenaffinität (**Oxidationsmittel)** haben dagegen das „Bestreben“, anderen Stoffen Elektronen zu entziehen und sie zu oxidieren.

Wenn in diesem Buch gelegentlich von „Neigung“, „Bestreben“ oder gar „Wollen“ die Rede ist oder Finalsätze gebraucht werden, so geschieht dies lediglich in Anlehnung an die Umgangssprache, die von Menschen geprägt ist. Im Bereich der Atome und Moleküle ist dies eigentlich unangebracht und dient nur der Verständigung, die immer korrigiert, richtiggestellt und weiterentwickelt werden müsste. So nimmt etwa das Chloratom nicht ein Elektron auf, **um** die Achterschale zu vervollständigen, verfolgt also keinerlei Zwecke, sondern nimmt einfach den energetisch günstigsten Zustand ein. Korrekterweise müsste man mit naturwissenschaftlichen Begriffen wie dem Potenzialbegriff arbeiten. Dieser kann aber ohne Einführung nicht richtig verstanden werden.

Elektropotenziale und Atombau: Um die Frage zu beantworten, weshalb Zinkmetall leichter Elektronen abgibt und damit ein stärkeres Reduktionsmittel ist als metallisches Kupfer, muss man sich mit dem Schalenaufbau beider Elemente und ihrer zweifach positiv geladenen Kationen befassen. Zink hat die Ordnungszahl 30 und die Elektronenkonfiguration $1s^2 2s^2 2p^6 3s^2 3p^6 3d^{10} 4s^2$ (Kap. 6 und 8). Kupfer mit der Ordnungszahl 29 hat demnach ein Elektron weniger und die Elektronenkonfiguration $1s^2 2s^2 2p^6 3s^2 3p^6 3d^9 4s^2$. Das heißt, die dritte Schale des Kupfers ist im Gegensatz zum Zink nicht voll und damit weniger stabil als die des Zinks. Weil abgeschlossene volle Schalen stabiler sind als solche, bei denen dies nicht der Fall ist, ist demnach das Zink-Ion (Zn^{2+}) stabiler als das Kupfer-Ion (Cu^{2+}). Weil in der Natur stabile Zustände bevorzugt werden, liegt nun das Gleichgewicht:

$$Zn + Cu^{2+} \rightleftarrows Zn^{2+} + Cu$$

rechts, weil sich eher das stabile Zink-Ion (Zn^{2+}) als das weniger stabile Kupfer-Ion (Cu^{2+}) bildet. Das elementare Zinkmetall (Zn) „neigt“ also leichter dazu, zwei Elektronen abzugeben und in den stabilen Zustand des zweifach positiv geladenen Kations Zn^{2+} überzugehen als das elementare Kupfermetall (Cu). Das Normalpotenzial des Zinks ist demnach deutlich negativer als das des Kupfers (Abschn. 11.1.3).

11.1.3 Redox- oder Spannungsreihe

Um zu entscheiden, welcher Stoff gegenüber einem anderen als Oxidations- oder als Reduktionsmittel wirkt, hat man ein übersichtliches Ordnungssystem eingeführt, die **Redox- oder Spannungsreihe** (Tab. 11.3). Die reduzierende Wirkung der **Elektronendonatoren** (Reduktionsmittel) nimmt in der nachfolgenden Tabelle von oben nach unten ab (linke Spalte) und die oxidierende Wirkung der **Elektronenakzeptoren** (Oxidationsmittel) von

Tab. 11.3 Redox-Reihe (Spannungsreihe) der Elemente

Reduzierte Form	Oxidierte Form	Anzahl der abgegebenen/ aufgenommenen Elektronen	Normalpotenzial E^0 in (Volt)
Li	Li^+	1	−3,03
K	K^+	1	−2,92
Ca	Ca^{2+}	2	−2,76
Na	Na^+	1	−2,71
Mg	Mg^{2+}	2	−2,40
Al	Al^{3+}	3	−1,69
Zn	Zn^{2+}	2	−0,76
Fe	Fe^{2+}	2	−0,44
H_2	2 H_3O^+	2	+0,00
Cu^+	Cu^{2+}	1	+0,17
Cu	Cu^{2+}	2	+0,35
4 OH^-	O_2	4	+0,40
2 I^-	I_2	2	+0,58
Fe^{2+}	Fe^{3+}	1	+0,75
Ag	Ag^+	1	+0,86
Cr^{3+}	CrO_4^{2-}	3	+1,30
2 Cl^-	Cl_2	2	+1,36
Mn^{2+}	MnO_4^-	5	+1,50
2 F^-	F_2	2	+2,85

oben nach unten zu (rechte Spalte). Zink beispielsweise ist ein stärkeres Reduktionsmittel als Kupfer, und Chlor erweist sich als stärkeres Oxidationsmittel als Sauerstoff.

Um die Unterschiede in der Stärke eines Reduktions- oder Oxidationsmittels quantitativ anzugeben, verwendet man den Begriff „**Potenzial**“. Damit bezeichnet man gewöhnlich nicht ganz korrekt ein „Gefälle“, eine „Neigung“ oder ein „Bestreben“, das im Prinzip die Voraussetzung für Energieumsetzungen oder Arbeit bedeutet. Ein **elektrisches Potenzial** ist definiert als der **Quotient aus Arbeit oder Energie zur Ladung** und stellt die **Ursache einer Spannung** dar.

Man misst es deshalb auch als Spannung und gibt es in Volt an. Bezieht sich das Potenzial auf genau normierte Konzentrationen (Äquivalentkonzentration) und festgelegte Temperaturwerte, spricht man vom **Normalpotenzial** $\boldsymbol{E°}$**.** Als Nullpunkt hat man willkürlich das Redox-System des Wasserstoffs festgelegt.

Für Redox-Reaktionen gilt (vgl. Abb. 11.1 und 11.2):

- Ein starkes Reduktionsmittel gibt leicht Elektronen ab.
- Ein schwaches Reduktionsmittel gibt nur schwer Elektronen ab.
- Ein starkes Oxidationsmittel nimmt leicht Elektronen auf.
- Ein schwaches Oxidationsmittel nimmt nur schwer Elektronen auf.

Tab. 11.4 Experimentell häufig verwendete Redox-Indikatoren

Substanz	Oxidiert	Reduziert
Neutralrot	Rot	Farblos
Methylenblau	Blau	Farblos
Thionin	Violett	Farblos
2,6-Dichlorophenol-indophenol (DCPIP)	Blau	Farblos
Ferroin	Rot	Blassblau
Indigo-sulfonsäure	Blau	Gelb
Triphenyl-tetrazolium-chlorid (TTC)	Farblos	Rot
Iod-Stärke	Blau	Farblos

Für Säure-Base-Reaktionen gilt analog:

- Eine starke Säure gibt leicht Protonen ab.
- Eine schwache Säure gibt nur schwer Protonen ab.
- Eine starke Base nimmt leicht Protonen auf.
- Eine schwache Base nimmt nur schwer Protonen auf.

Für Redox-Reaktionen gibt es wie für Säure-Base-Reaktionen mehrere Indikatoren (Redox-Indikatoren), die in der experimentellen Biologie oder in der Physiologie gerne verwendet werden (Tab. 11.4).

11.2 Säure-Base-Reaktionen

Säuren und Basen sind Ionenverbindungen, die in wässriger Lösung in Ionen dissoziieren (Abschn. 9.1). Das **Wasser** scheint dabei lediglich die Rolle des **Lösemittels** zu übernehmen, das aufgrund seines **Dipolcharakters** die Ionen der gelösten Säuren, Basen und Salze anzieht und aus dem Ionenverband löst. Zwei Beispiele zeigen, dass Wasser dabei zusätzlich wichtige Reaktionen mit Säuren und Basen eingeht, die sich nicht allein mit einem Dissoziationsvorgang erklären lassen.

11.2.1 Protolyse und Protonenübertragung

Chlorwasserstoff (HCl) ist ein zweiatomiges Gas. Die Bindung im HCl-Molekül stellt eine Atombindung mit Ionenbindungscharakter dar (Abb. 11.3; vgl. auch Kap. 8).

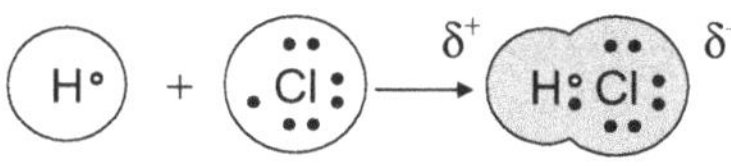

Abb. 11.3 Atombindung mit Ionenbindungscharakter

$H^{\circ} + :\!\ddot{Cl}\!: \longrightarrow \overset{\delta^+}{H}\!:\!\ddot{Cl}\!:^{\delta^-}$

Gelangt nun Chlorwasserstoffgas in Wasser, wirken Anziehungskräfte, die vom partiell negativ geladenen Sauerstoffatom des Wassermoleküls ausgehen und dem HCl-Molekül Protonen entziehen. Das Wassermolekül übernimmt das Proton in seinen Elektronenbereich. Es entsteht somit ein Hydronium-Ion (Oxonium-Ion) (vgl. Abschn. 8.2.2), während das negative Chlorid-Ion (Cl^-) übrig bleibt:

$$\underset{\substack{\text{Wasser}\\\text{Base A}}}{H_2O} + \underset{\substack{\text{Chlorwasserstoff}\\\text{Säure B}}}{HCl} \rightleftarrows \underset{\substack{\text{Hydronium-Ion}\\\text{Säure A}}}{H_3O^+} + \underset{\substack{\text{Chlorid-Ion}\\\text{Base B}}}{Cl^-} \,. \tag{11.7}$$

H_3O^+/H_2O und HCl/Cl^- bilden korrespondierende oder konjugierte Säure-Base-Paare. Es handelt sich dabei um eine Protonenübertragungs- oder **Protolyse**reaktion. Daran sind immer zwei Säure-Base-Paare beteiligt, zwischen denen ein Gleichgewicht besteht. Sämtliche **Dissoziationen von Säuren** in Wasser stellen **Protolysereaktionen** dar. In diesem Fall wirkt das Wassermolekül als Protonenakzeptor und damit als **Base**.

Ammoniak (NH_3) ist wie HCl ein Gas. Leitet man NH_3 in Wasser, entstehen OH^--Ionen aus einer Reaktion zwischen Ammoniak- und Wassermolekülen (Abschn. 9.2). Das OH^--Ion kann nur aus dem Wassermolekül hervorgehen, indem wiederum ein Proton auf das Ammoniakmolekül übergeht. Auch hier liegt eine Protolyse vor.

Kommt **Ammoniak (NH_3)** mit dem polaren Lösemittel Wasser in Kontakt, werden, bedingt durch den Dipolcharakter des Ammoniak- und des Wassermoleküls, Anziehungskräfte wirksam, die zur Entstehung von Ionen führen. Das Proton aus dem Wassermolekül gelangt dabei in die Elektronensphäre des Ammoniakmoleküls – es wird dem Wassermolekül entzogen und an das Ammoniakmolekül gebunden. Damit entstehen positive **Ammonium-Ionen (NH_4^+)** und negative Hydroxid-Ionen (OH^-) (Abschn. 9.2). In diesem Fall wirkt das Wasser als **Säure**:

$$\underset{\substack{\text{Wasser}\\\text{Säure A}}}{H_2O} + \underset{\substack{\text{Ammoniak}\\\text{Base B}}}{NH_3} \rightleftarrows \underset{\substack{\text{Ammonium-Ion}\\\text{Säure B}}}{NH_4^+} + \underset{\substack{\text{Hydroxid-Ion}\\\text{Base A}}}{OH^-} \,. \tag{11.8}$$

Weil das NH_3-Molekül ohne Beteiligung des Wassers keine Ionen bilden kann und auch keine OH^--Ionen mitbringt oder enthält wie etwa NaOH, ist eine **Erweiterung** der ursprünglichen **Definition für Basen** nach Arrhenius angebracht. Das Entstehen von Ionen in einer wässrigen Ammoniaklösung ist eine Folge der Reaktion zwischen NH_3- und H_2O-Molekülen unter Abspaltung und Aufnahme eines Protons.

Den beschriebenen Reaktionen ist die Ablösung, Übertragung und Verschiebung von Protonen gemeinsam. Die Säure/Base-Definition nach Brønsted (vgl. Abschn. 9.2) entspricht diesem Sachverhalt: Reaktionen, die eine Protonenübertragung einschließen, heißen Säure-Base-Reaktionen.

11.2.2 Amphotere Stoffe

Diese Definition verallgemeinert die ursprüngliche erheblich. Das **Wassermolekül** verhält sich gegenüber HCl als Base und gegenüber dem H_3-Molekül als Säure. Auch das Hydrogencarbonat-Ion (HCO_3^-) kann als **Säure** oder als **Base** wirksam sein. Es wird als **amphoter** bezeichnet. Im Organismus stellt es eine wichtige **Base** oder auch einen **Puffer** (Gl. 11.10) dar, da es Säureüberschüsse abfängt und die Wasserstoff-Ionenkonzentration $c(H^+)$ weitgehend konstant hält:

$$H^+ + HCO_3^- \rightarrow CO_2 + H_2O\,. \tag{11.9}$$

Durch Atmen wird das respiratorisch entstandene Kohlenstoffdioxid CO_2 (vgl. Kap. 20) bzw. die Kohlensäure H_2CO_3 aus dem Organismus entfernt. Andererseits könnte das Hydrogencarbonat-Ion (HCO_3^-) bei Basenüberschuss auch OH^--Ionen abfangen:

$$OH^- + HCO_3^- \rightarrow CO_3^{2-} + H_2O\,. \tag{11.10}$$

Die dabei entstehenden **Carbonat-Ionen** (CO_3^{2-}) können schwerlösliches **Calciumcarbonat** (**$CaCO_3$**) zusammen mit Ca^{2+}-Ionen bilden und beispielsweise in Zähnen, Knochen, Schalen von Muscheln und Schnecken oder Riffkalken als biogener **Kalk** abgelagert werden.

Ein weiteres Beispiel ist Aluminiumhydroxid, $Al(OH)_3$. Aluminiumhydroxid kann mit starker Lauge nach dem **Bayer-Verfahren** (Carl Joseph Bayer, 1847–1904) aus **Bauxit** nach Aufnahme von Hydroxid-Ionen als lösliches $Al(OH)_4^-$ gewonnen werden. Es lässt sich deshalb gut von braunrotem Eisenhydroxid ($Fe(OH)_3$, Rotschlamm) trennen, weil dieses viel weniger dazu neigt, OH^--Ionen aufzunehmen als $Al(OH)_{3.}$ Eisenhydroxid ($Fe(OH)_3$) verbleibt somit nach Fällung als schwerlösliches $Fe(OH)_3$ und geht nicht als Anion in Lösung wie $Al(OH)_{3.}$. Dabei fungiert $Al(OH)_{3.}$ als **Säure**, weil es OH^--Ionen aufnimmt – ebenso wie Protonen (H^+-Ionen).

$$Al(OH)_3 + NaOH \rightarrow Al\,(OH)_4^- + Na^+ \tag{11.11}$$

Anderseits kann $Al(OH)_3$ auch H^+-Ionen aufnehmen und als **Base** wirken:

$$Al(OH)_3 + H^+ \rightarrow Al\,(OH)_2^+ + H_2O \text{ oder } Al(OH)_3 + 3\,H^+ \rightarrow Al^{3+} + 3\,H_2O\,. \tag{11.12}$$

11.2.3 Erweiterung der Säure-Base-Definition

Am Beispiel von H_2O, HCO_3^- und $Al(OH)_3$ konnte dargelegt werden, dass sich einige Stoffe nicht ausschließlich als Säure oder Base verhalten. Es kommt jeweils auf den beteiligten Reaktionspartner an. Damit ergibt sich ein erweitertes Verständnis, das allerdings Bedingungs- und nicht Schubladendenken erfordert (Abschn. 1.7). Das Konzept von Brønsted behält bei dieser Erweiterung seine Gültigkeit.

Tab. 11.5 Beispiele für Lewis-Säuren und -Basen

Säure		Base		Säure-Base-Komplex
Cu^{2+}	+	$4\,NH_3$	→	$Cu(NH_3)_4^{2+}$
$AlCl_3$	+	Cl^-	→	$AlCl_4^-$
SO_3	+	H_2O	→	H_2SO_4
Fe^{3+}	+	$6\,CN^-$	→	$Fe(CN)_6^{3-}$
Al^{3+}	+	$6\,H_2O$	→	$Al(OH_2)_6^{3+}$
H^+	+	Cl^-	→	HCl

Die folgende Überlegung von Gilbert Newton Lewis führte über das Konzept von Brønsted hinaus: Säure-Base-Reaktionen sind immer Wechselwirkungen zwischen Protonen und Elektronen der reagierenden Stoffe. Was oben aus der Perspektive der Protonen beschrieben wurde, hat Lewis auf der Ebene der beteiligten **Elektronenpaare** zu einem neuen Konzept zusammengefasst. Nach der Lewis-Definition ist eine Base ein **Elektronenpaardonator**, eine Säure entsprechend ein **Elektronenpaarakzeptor**. Unter diesem Blickwinkel listet die folgende Tab. 11.5 eine Reihe von Beispielen auf.

Zu beachten ist, dass beispielsweise Salzsäure oder auch Schwefelsäure, die nach Arrhenius als reine Säuren gelten, nach dem Lewis-Konzept jeweils **Säure-Base-Komplexe** darstellen. Das ist umso verständlicher, da die Säurereste Chlorid (Cl^-) oder Sulfat (SO_4^{2-}) chemisch funktionell recht **schwache Basen** darstellen (vgl. Abschn. 9.2).

Eine Lewis-Base ist somit ein Stoff, der mindestens ein freies Außenelektronenpaar besitzt. Entsprechend muss eine Lewis-Säure auf der Außenschale eine Lücke für ein freies Elektronenpaar aufweisen, wie dies beim SO_3 der Fall ist (vgl. koordinative Bindung in Abschn. 8.3). Die Definition nach Lewis hat den enormen Vorzug, sehr einfach und allgemein zu sein und sich dabei auch ohne Weiteres auf organische Reaktionen anwenden zu lassen. Sie umfasst sogar Reaktionen, bei denen keine Ionen entstehen und auch keine – nicht einmal Protonen – übertragen werden. Wenn beispielsweise Wasserstoff mit Sauerstoff reagiert, verhält sich der Sauerstoff als Elektronenakzeptor (Lewis-Säure), der Wasserstoff als Elektronendonator (Lewis-Base). Nur in diesem Sinne, nicht aber nach dem Brønsted-Konzept, wäre dann der Sauerstoff wirklich sauer.

11.2.4 Die Definition von Usanovich

Der russische Chemiker Mikhail Usanovich (1894–1981) hat die schon sehr allgemeinen Konzepte von Brønsted und Lewis nochmals erweitert, indem er die **Abgabe und Aufnahme von Elektronen** nicht auf gemeinsame Elektronenpaare beschränkt. Seine Definition lautet daher vereinfacht: Eine Säure ist jede chemische Verbindung, die Kationen abgibt oder Anionen bzw. Elektronen aufnimmt. Eine Base ist entsprechend eine chemische Verbindung, die Anionen oder Elektronen abgibt oder sich mit Kationen vereinigt. In der

Reaktion

$$OH^- + CO_2 \rightarrow HCO_3^- \quad (11.13)$$

ist das OH^--Ion auch nach diesem Konzept eine Base, weil es eine negative Ladung (ein einzelnes Elektron) auf das Kohlenstoffdioxidmolekül CO_2 überträgt. CO_2 ist dabei die Säure, weil es das OH^--Ion – nach diesem Konzept das Anion – zusammen mit dem Ladungselektron unter Bildung von HCO_3^- aufnimmt. Im Unterschied zu den Redox-Reaktionen wird hierbei die Oxidationsstufe nicht verändert.

In die weit gefasste Definition nach Usanovich lassen sich auch die Redox-Reaktionen einschließen, da diese als Elektronenabgabe bzw. -aufnahme definiert sind.

11.2.5 Harte und weiche Säuren und Basen (HSAB-Prinzip)

Je größer ein positiv geladener Elektronenakzeptor, desto geringer ist seine Elektronen anziehende Wirkung. Er wird nach dem amerikanischen Chemiker Ralph G. Pearson (*1919) als „weich", das heißt, leicht polarisierbar, bezeichnet. Je kleiner der Akzeptor ist, desto stärker zieht er Elektronen an. Er wird als „hart", das heißt, schwer polarisierbar, bezeichnet. Dieser Sachverhalt ist die Basis des HSAB-Prinzips (*principle of hard and soft acids and bases*). Außerdem gilt: Je weniger positiv ein Elektronenakzeptor ist, desto geringer ist seine Elektronen anziehende Wirkung und desto geringer ist seine Härte. Die Bindung zwischen „harten" Säuren, z. B. Li^+ und „harten" Basen, z. B. Fluorid F^- hat mehr ionischen, z. B. beim LiF, und die Bindung zwischen „weichen" Säuren und „weichen" Basen mehr kovalenten Charakter, z. B. beim AgI.

Es hat sich nun gezeigt, dass Säure-Base-Komplexe stabil sind, wenn „harte" Säuren wie das Li^+-Kation und „harte" Basen z. B. das Fluorid-Anion zu LiF oder wenn „weiche" Säuren wie das Silberkation Ag^+ und „weiche" Basen wie das Iodid (I^-) miteinander kombiniert werden. In beiden Fällen entstehen stabile und schlecht wasserlösliche Salze nämlich LiF und AgI.

Dagegen entstehen weniger stabile Säure-Base-Komplexe und besser wasserlösliche Salze, wenn „harte" Säuren, z. B. Na^+ mit „weichen" Basen wie z. B. Bromid (Br^-)zu Natriumbromid NaBr oder „weiche" Säuren wie das Silber-Kation Ag^+ mit „harten" Basen wie Fluorid (F^-) zu AgF vereinigt werden.

11.2.6 Dissoziationsgleichgewicht: Säure- und Basenstärke

Ob eine Säure stark oder schwach ist, hängt davon ab, wie stark sie in Wasser dissoziiert. Salzsäure, Salpetersäure und Schwefelsäure **sind starke Säuren**, Kohlensäure, Essigsäure und andere längerkettige Carbonsäuren sind mittelstarke bis **schwache Säuren** (Abschn. 9.2 und 13.8.3).

Tab. 11.6 Beispiele für Säure-Base-Paare

Säure A		Base B		Base A		Säure B
HCl	+	NH_3	→	Cl^-	+	NH_4^+
HCl	+	H_2O	→	Cl^-	+	H_3O^+
H_2O	+	NH_3	→	OH^-	+	NH_4^+

Säure-Base-Reaktionen sind **Gleichgewichtsreaktionen** und laufen wie alle chemischen Reaktionen nicht vollständig in einer Richtung ab. Vielmehr stellt sich ein reaktionsspezifischer Gleichgewichtszustand ein (vgl. Abschn. 10.1). Allgemein lautet die Reaktionsgleichung:

$$\text{Säure A} + \text{Base B} \rightleftarrows \text{Base A} + \text{Säure B}\,. \tag{11.14}$$

Ein Stoff kann also nur als Säure wirken, wenn gleichzeitig ein Protonenakzeptor vorhanden ist und umgekehrt. Bei Säure-Base-Reaktionen wird die Säure der Hinreaktion zur Base der Rückreaktion, die Base der Hinreaktion entsprechend zur Säure der Rückreaktion. Man spricht, wie bereits oben erwähnt, von **korrespondierenden Säure-Base-Paaren.** Die Säure A und die Base A bilden ebenso wie die Base B und die Säure B solche korrespondierenden Paare (Abschn. 9.2). Das zugrunde liegende Reaktionsschema ist so allgemein gefasst, dass es sich sowohl auf die Reaktion einer Säure mit einer Base als auch von Säuren und Basen mit Wasser anwenden lässt, wie die folgende Tab. 11.6 zeigt.

11.3 Der pH-Wert – die Säure-Base-Reaktion des Wassers

Untersucht man reines Wasser auf seine **Leitfähigkeit** für elektrischen Strom, so zeigt sich, dass diese zwar äußerst gering, aber doch vorhanden ist. Wasser muss folglich **zu einem geringen Teil in Ionen dissoziiert** sein:

$$H_2O \rightarrow H^+ + OH^- \text{ bzw. } 2\,H_2O \rightarrow H_3O^+ + OH^-\,. \tag{11.15}$$

In dieser Reaktion verhält sich ein sehr kleiner Teil der Wassermoleküle als Säure. Diese geben Protonen an andere Wassermoleküle ab, die somit als Base wirken. In 10^7 Liter Wasser sind etwa 1 mol = 18 g Wasser H_2O dissoziiert. Entsprechend sind in 1 L Wasser nur 10^{-7} mol H_2O dissoziiert. Da nun jedes Wasserteilchen, das als Säure wirkt und ein Proton freisetzt, dadurch zum OH^--Ion wird, müssen in reinem Wasser insgesamt immer gleich viele OH^-- und H_3O^+-Ionen vorliegen, also jeweils 10^{-7} mol $H_3O^+\,L^{-1}$ und 10^{-7} mol $OH^-\,L^{-1}$. Das **Ionenprodukt** aus beiden $c(H_3O^+) \times c(OH^-)$ beträgt daher immer 10^{-14} mol^2 L^{-2}.

Das Ionenprodukt des Wassers gilt auch für verdünnte wässrige Lösungen von Salzen, Säure und Basen. Ist in einer Salzlösung die Konzentration an H_3O^+-Ionen gleich der Konzentration an OH^--Ionen, so gilt

$$c\left(H_3O^+\right) = c(OH^-) = 10^{-7}\,\mathrm{mol\,L^{-1}}\,. \tag{11.16}$$

Die entsprechende Lösung bezeichnet man dann als **neutral**.

Gibt man zu einer neutralen Lösung Säure (Protonen), verschiebt sich erwartungsgemäß das Gleichgewicht. Das System weicht aus (Prinzip von Le Chatelier), indem es die Konzentration an OH^--Ionen erniedrigt: Das H^+-Ion reagiert mit dem OH^--Ion zu H_2O. Gibt man stattdessen eine Base hinzu, wird das Gleichgewicht ebenfalls gestört. In diesem Fall weicht es aus, indem es die Erhöhung der OH^--Konzentration mit einer Erniedrigung der Protonenkonzentration kompensiert: Auch hier reagieren OH^--Ionen mit H^+-Ionen zu H_2O. Aus der Anwendung des Massenwirkungsgesetzes auf die Dissoziationsgleichung des Wassers ergibt sich, dass das **Ionenprodukt** bei konstanten Temperatur- und Druckverhältnissen **konstant** ist.

Protonen und Hydroxid-Ionen hängen immer voneinander ab. Um eine saure oder eine basische Lösung zu charakterisieren, genügt es, die Konzentration eines der beiden Ionen H_3O^+ oder OH^- zu kennen, da sich die andere zwangsläufig aus dem Ionenprodukt ergibt. Der Einfachheit halber hat man die Konzentration der Wasserstoff-Ionen (Protonen/Hydronium-Ionen) gewählt und gibt nun nicht die umständlichen Potenzzahlen an, sondern den Absolutbetrag des Exponenten. Einige Beispiele verdeutlichen die Schreibweise:

$c(H_3O^+) = 10^{-7}$ pH = 7 für reines Wasser,
$c(H_3O^+) = 10^{-2}$ pH = 2 für Salzsäure der Konzentration 0,01 mol L^{-1},
$c(H_3O^+) = 10^{-12}$ pH = 12 für Natronlauge der Konzentration 0,01 mol L^{-1}.

Der pH-Wert erweist sich somit als der negative dekadische Logarithmus der molaren $H^+(H_3O^+)$-Ionen-Konzentration.

Man bezeichnet Lösungen mit

$c(H_3O^+) = 10^{-7}$ und pH = 7 als neutral,
$c(H_3O^+) \geq 10^{-7}$ und pH ≤ 7 als sauer und
$c(H_3O^+) \leq 10^{-7}$ und pH ≥ 7 als basisch.

Betrachten wir ein Beispiel: Wie groß ist – vollständige Dissoziation vorausgesetzt – der pH-Wert einer **starken Säure**, z. B. der Schwefelsäure der Stoffmengenkonzentration $c(H_2SO_4) = 0{,}05\,\mathrm{mol\,L^{-1}}$? Da die Schwefelsäure pro Molekül 2 Protonen freisetzt, ist folgendermaßen umzurechnen:

$$c\,(H_2SO_4) = 0{,}05\,\text{mol}\,L^{-1}$$
$$c\,(1/2\;H_2SO_4) = 0{,}1\,\text{mol}\,L^{-1}\;(\text{Äquivalentkonzentration})\,.$$
$$c\,(H^+)\;\text{bzw.}\;c\,(H_3O^+) = 10^{-1}\,\text{mol}\,L^{-1}$$

Der pH-Wert beträgt folglich 1.

Dieses einfache Berechnungsverfahren für pH-Werte hat allerdings seine Grenzen. So ist der pH-Wert einer sehr **stark verdünnten Säure**, etwa einer 10^{-9} mol L^{-1} HCl nicht 9, sondern etwa 7, weil deren starke Verdünnung die Konzentration an H_3O^+-Teilchen des Wassers nicht mehr wesentlich beeinflusst, sondern die geringe Dissoziation des Wassers den pH-Wert allein bestimmt.

Bei **schwachen Säuren**, etwa der Essigsäure oder der Kohlensäure, ist dagegen die **Dissoziation** zu berücksichtigen. Wie dabei vorzugehen ist, zeigt die folgende Berechnung des **pH-Werts einer Essigsäure** mit der Konzentration $c(CH_3COOH) =$ 0,1 mol L^{-1}. Wendet man das Massenwirkungsgesetz (MWG) an, ergibt sich bei K = 1,76 $\times 10^{-5}$ mol L^{-1}:

$$\frac{c(H^+) \times c(CH_3COO^-)}{c(CH_3COOH)} = 1{,}76 \times 10^{-5} \tag{11.17}$$

und damit zu ungefähr 10^{-5} mol L^{-1}. Da $c(H^+) = c(CH_3COO^-)$ und $c(CH_3COOH) =$ 10^{-1} mol L^{-1} ist, wird $c(H^+)^2 / 10^{-1}$ mol $L^{-1} = 10^{-5}$ mol L^{-1} und $c(H^+)^2 = 10^{-6}$ mol^2 L^{-2}, daher $c(H^+) = 10^{-3}$ mol L^{-1} und der pH-Wert = 3. Logarithmiert man die nach dem MWG aufgestellte Gleichung, erhält man:

$$\lg c(H^+) + \lg \frac{c(CH_3COO^-)}{c(CH_3COOH)} = \lg K\,. \tag{11.18}$$

Weil $-\lg c(H^+) = \text{pH}$ und $-\lg K = \text{p}K$ gilt, ergibt sich auch

$$\text{pH} = \lg \frac{c(CH_3COO^-)}{c(CH_3COOH)} + \text{p}K \tag{11.19}$$

sowie

$$\text{pH} = \lg \frac{c(\text{Anion}^-)}{c(\text{Säure})} + \text{p}K\,. \tag{11.20}$$

Diese Form wird als **Henderson-Hasselbalch-Gleichung** (nach Lawrence Joseph Henderson, 1878–1942, und Karl Albert Hasselbalch, 1874–1962) bezeichnet. Sie ist wichtig zur Berechnung der pH-Werte von Salz-/Säuregemischen, wie sie in **physiologischen Puffern** vorliegen. Setzt man die oben verwendeten Zahlen ein, so erhält man für die Essigsäure der Konzentration 0,1 mol L^{-1}: pH = lg $c(10^{-3}$ mol $L^{-1})/c(10^{-1}$ mol $L^{-1})$ + 5 (genauerer Wert für pK bei 25 °C = 4,85) bzw. pH-Wert = $-2 + 5 = +3$. Eine Salzsäure derselben Konzentration 0,1 mol L^{-1} hätte bei einem pH-Wert von 1 demnach eine um zwei Zehnerpotenzen höhere H^+-Ionenkonzentration $c(H^+)$ oder enthielte etwa 100-mal mehr H^+-Ionen als diese Essigsäure.

11.4 Kationensäuren und Anionenbasen

Am Phänomen der **Bodenversauerung** (Bodenazidität) sind wesentlich Kationen wie Al^{3+}, Fe^{3+} oder Mn^{2+} neben H_3O^+-Ionen beteiligt (Abschn. 8.6). Das Al^{3+}-Kation wirkt gegenüber Wasser als Säure und reagiert tatsächlich fast so sauer wie Essigsäure – ein eindrucksvolles Beispiel für eine **Kationensäure**. Sehr einfach lässt sich dies damit erklären, dass Al^{3+}-Ionen bei der Reaktion mit Wasser unter Bildung von unlöslichem Aluminiumhydroxid, $Al(OH)_3$, den Wassermolekülen OH^--Ionen entziehen, wobei Protonen übrig bleiben:

$$Al^{3+} + 3\,H_2O \rightarrow Al(OH)_3 + 3\,H^+ \text{ bzw. } Al^{3+} + 6\,H_2O \rightarrow Al(OH)_3 + 3\,H_3O^+\,. \quad (11.21)$$

Eine weitere Erklärungsmöglichkeit wäre, dass Al^{3+}-Ionen in wässriger Lösung immer in **hydratisierter Form** als $Al \cdot 6\,H_2O^{3+} = Al(OH_2)_6^{3+}$ vorliegen und in dieser Form leicht Protonen abgeben:

$$\begin{aligned} Al(OH_2)_6^{3+} &\rightarrow Al(OH_2)_5OH^{2+} + H^+ \quad \text{bzw.} \\ Al(OH_2)_6^{3+} + H_2O &\rightarrow Al(OH_2)_5OH^{2+} + H_3O^+ \end{aligned} \quad (11.22)$$

oder für den Fall von drei abgegebenen Hydronium-Ionen:

$$Al(OH_2)_6^{3+} + 3\,H_2O \rightarrow Al(OH_2)_3(OH)_3 + 3\,H_3O^+\,. \quad (11.23)$$

Das Calcium-Ion (Ca^{2+}) und das Magnesium-Ion (Mg^{2+}) sind im Vergleich zu den benannten Kationensäuren kaum in der Lage, dem Wasser OH^--Ionen zu entziehen. Sie sind also höchstens sehr schwache Kationensäuren. Sie jedoch als basische Kationen zu bezeichnen, wie dies beispielsweise in älteren Lehrbüchern der Bodenkunde geschieht, ist nicht gerechtfertigt. So ist zum Beispiel der Begriff der „Basensättigung“ in der Bodenkunde nicht korrekt.

Betrachten wir nun nach den Kationensäuren noch kurz die **Anionenbasen**. Das Acetat-Ion CH_3COO^- stellt wie alle Anionen schwacher organischer Säuren (vgl. Abschn. 9.1) eine recht starke Base dar, weil es dem Wasser H^+-Ionen entzieht, wobei OH^--Ionen freigesetzt werden:

$$CH_3COO^- + H_2O \rightarrow CH_3COOH + OH^-\,. \quad (11.24)$$

Weitere Beispiele für Anionenbasen sind das bereits vorgestellte Hydrogencarbonat-Ion HCO_3^- sowie das Carbonat-Ion CO_3^{2-}, die dem Wasser sehr leicht H^+-Ionen entziehen oder solche abfangen. Die Anionen der starken Säuren Salzsäure (HCl), Schwefelsäure (H_2SO_4) oder Salpetersäure (HNO_3), Chlorid (Cl^-), Sulfat (SO_4^{2-}) und Nitrat (NO_3^-) sind nur sehr **schwache Anionenbasen**, weil sie dem Wasser kaum Protonen entziehen bzw. nur sehr wenig OH^--Ionen freisetzen.

Anionenbasen wie Sulfat SO_4^{2-} jedoch als Säuren zu bezeichnen, ist ebenso wenig gerechtfertigt, wie die oben genannten Kationen als Basen zu benennen. Weshalb es zu solchen Missverständnissen in älteren Lehrbüchern der Bodenkunde gekommen ist, ergibt sich aus der Hydrolyse.

11.5 Hydrolyse

Salze können wie Säuren oder Basen wirken. Die Salze starker Säuren und schwacher Basen reagieren in wässrigen Lösungen sauer:

$$NH_4Cl + H_2O \rightarrow NH_4OH + Cl^- + H^+ , \quad (11.25)$$

$$Al_2(SO_4)_3 + 6\,H_2O \rightarrow 2\,Al(OH)_3 + 3\,SO_4^{2-} + 6\,H^+ . \quad (11.26)$$

Auch Aluminium-Hydroxy-Sulfate wie Jurbanit $AlOHSO_4$ oder Basaluminit $Al_4(OH)_{10}SO_4$ können in versauerten Lehm- oder Tonböden durch Hydrolyse H^+-Ionen freisetzen:

$$AlOHSO_4 + 2\,H_2O \rightarrow Al(OH)_3 + 2\,H^+ + SO_4^{2-} \quad (11.27)$$

$$Al_4(OH)_{10}SO_4 + 2\,H_2O \rightarrow 4\,Al(OH)_3 + 2\,H^+ + SO_4^{2-} \quad (11.28)$$

Entsprechend verhalten sich die Salze starker Basen und schwacher Säuren in wässrigen Lösungen **basisch**:

$$CH_3COONa + H_2O \rightarrow CH_3COOH + Na^+ + OH^- , \quad (11.29)$$

$$Na_2CO_3 + H_2O \rightarrow HCO_3^- + 2\,Na^+ + OH^- , \quad (11.30)$$

$$CaCO_3 + H_2O \rightarrow HCO_3^- + Ca^{2+} + OH^- . \quad (11.31)$$

Starke Säuren und starke Basen neutralisieren sich in etwa, sodass ihre Lösungen neutral, das heißt, weder sauer noch basisch reagieren (Abschn. 9.3).

Bei der **Hydrolyse** kommt es zu Reaktionen zwischen den Ionen der Salze und dem Wasser, wobei sich die schwachen und wenig dissoziierten Säuren und Basen in **nicht dissoziierter Form** bilden und dabei in der Lösung die dissoziierten Ionen der starken Säuren und Basen vorherrschen. Allerdings sollte man betonen, dass es sich auch hier um **chemische Gleichgewichtsreaktionen** handelt und das Gleichgewicht wie am Beispiel des Kalks, $CaCO_3$, sogar stark auf der linken Seite liegen kann. Das ist biologisch und ökologisch höchst bedeutsam, weil sonst keine festen Kalkformen in der Natur möglich wären. Man hätte, um dies besser zum Ausdruck zu bringen, statt des Zeichens $\rightarrow$ für die Hinreaktion, die bei der Hydrolyse von Interesse ist, auch das Symbol $\rightleftarrows$ für Gleichgewichtsreaktionen verwenden können.

11.6 Pufferung

Im Bereich der Chemie und Physiologie erfolgt eine wirksame Pufferung durch geeignete Puffersubstanzen, die Protonen (H^+/H_3O^+-Ionen) oder Hydoxid-Ionen OH^- aus wässrigen Lösungen abfangen (Abb. 11.4). Diese Bedingung erfüllen die Ionen schwacher Säuren und Basen.

Die für die Funktion von Zellen und Organismen, aber auch komplexer Ökosysteme wichtige Einstellung und Aufrechterhaltung eines bestimmten pH-Wertes erfolgt durch verschiedene Puffersysteme. Als Puffer können solche Stoffe wirken, die eine plötzliche Veränderung des pH-Wertes verhindern. Hierzu sind sowohl die Anionen schwacher Säuren als auch die Kationen schwacher Basen geeignet, weil sie gezielt H^+- oder OH^--Ionen wegfangen. Zur Pufferung kann man die Salze schwacher Säuren und/oder schwacher Basen oder die Mischungen von beiden einsetzen.

Reaktionsbeispiele für Puffersubstanzen stellt die folgende Tab. 11.7 dar.

Kalkböden können die sauren Niederschläge nach folgender Reaktionsgleichung neutralisieren:

$$CaCO_3 + 2\,H^+ \rightarrow Ca^{2+} + H_2O + CO_2\,. \tag{11.32}$$

Bei der Neutralisation wird die Säure abgepuffert, der Kalk löst sich auf, die Säure wird als Kohlenstoffdioxid ausgetrieben und zunächst beseitigt. Dabei verarmt der Boden jedoch nicht selten an Calcium-Ionen (Ca^{2+}). Dies kann im Zusammenhang mit Bodenversauerung und Waldschäden auch für andere Ionen (beispielsweise Magnesium, Mg^{2+}, oder Kalium, K^+) zutreffen. Kalk lösende Vorgänge treten in den Kalkgebieten auch in geologisch langen Zeiträumen auf und führen hier zu den höchst eindrucksvollen

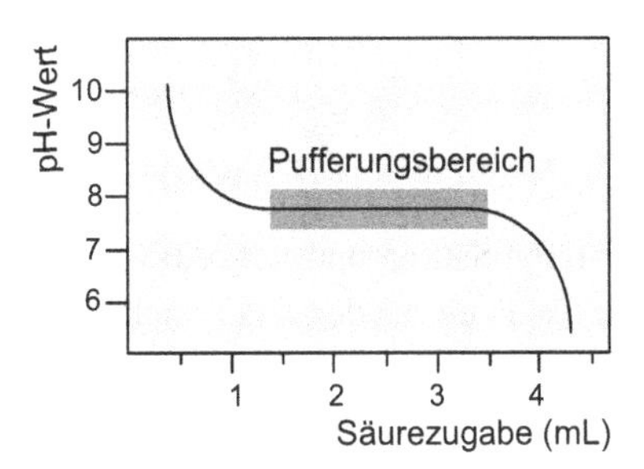

Abb. 11.4 Änderung des pH-Wertes bei der Pufferung von Säure

Tab. 11.7 Beispiele für Puffersubstanzen

CH_3COO^-	+	H^+	→	CH_3COOH
HCO_3^-	+	H^+	→	$H_2O + CO_2$
PO_4^{3-}	+	H^+	→	HPO_4^{2-}
NH_3	+	H^+	→	NH_4^+
Al^{3+}	+	OH^-	→	$AlOH^{2+}$
Fe^{3+}	+	OH^-	→	$FeOH^{2+}$
NH_4^+	+	OH^-	→	$H_2O + NH_3$

Karstphänomenen mit Tropfsteinhöhlen und unterirdischen Fließgewässern. Die erforderlichen Protonen stammen in diesem Fall aus der Lösung von Kohlenstoffdioxid im Niederschlagswasser.

11.7 Konzentrationsbestimmung durch Titration

Im Jahre 1830 hat Joseph Louis Gay-Lussac (1778–1850) die **Titrimetrie** oder **Maßanalyse** in die analytische Chemie eingeführt. Darunter versteht man ein quantitatives Messverfahren, bei dem man durch Zugabe von Lösungen bekannter Konzentrationen (**Titerlösung**) eines mit der Testlösung reagierenden Stoffes deren gelöste Stoffmenge ermittelt. Das Verfahren kann sowohl auf **Redox-Reaktionen** wie auf **Säure-Base-Reaktionen** angewendet werden, gestattet deshalb die Konzentrationsbestimmung von Reduktions- und Oxidationsmitteln ebenso wie die von Säuren und Basen. Beispiele zeigt die Übersicht in Tab. 11.8. Die **molaren Massen** der angegebenen **Äquivalente** erhält man, wenn man die Zahlenwerte der Tabelle in Gramm angibt.

Das Titrationsverfahren beruht darauf, dass man exakt so viele Milliliter (mL) der Lösung eines Oxidationsmittels (Reduktionsmittels) bekannter Konzentration zu einer Testlösung mit Reduktionsmittel (Oxidationsmittel) fließen lässt, bis dieses vollständig oxidiert (reduziert) ist. Bei Säure-Base-Reaktionen gibt man so viele Milliliter (mL) einer bekannten Säure (Base) zu einer unbekannten Testlösung mit Base (Säure), bis die Neutralisation erfolgt ist. Die **Äquivalentkonzentration (Normalität)** n eines Reduktions- oder Oxidationsmittels bzw. einer Säure oder Base lässt sich aus der molaren **Masse** m

Tab. 11.8 Beispiele maßanalytischer Reaktionen

Teilreaktion			Wertigkeit	Masse des Äquivalents
Säure-Base-Reaktionen				
HCl	→	$2\,H^+ + Cl^-$	1	36,46
HNO_3	→	$H^+ + NO_3^-$	1	63,02
H_2SO_4	→	$2\,H^+ + SO_4^{2-}$	2	49,04
$NaOH$	→	$Na^+ + OH^-$	1	40,00
$Ba(OH)_2$	→	$Ba^{2+} + 2\,OH^-$	2	85,68
$Ca(OH)_2$	→	$Ca^{2+} + 2\,OH^-$	2	37,05
Redox-Reaktionen				
$MnO_4^- + 8\,H^+ + 5\,e^-$	→	$Mn^{2+} + 4\,H_2O$	5	31,61
$Cr_2O_7^{2-} + 14\,H^+ + 6\,e^-$	→	$2\,Cr^{3+} + 7\,H_2O$	2	49,03
$I_2 + 2\,e^-$	→	$2\,I^-$	2	126,90
$IO_3^- + 6\,H^+ + 6\,e^-$	→	$I^- + 3\,H_2O$	6	29,32
$C_2O_4^{2-}$	→	$2\,e^- + 2\,CO_2$	1	45,02
I^-	→	$e^- + I$	1	166,01
Fe^{2+}	→	$e^- + Fe^{3+}$	1	126,76

der Äquivalente des jeweils gelösten Stoffes und dem **Volumen** V der Lösung errechnen:

$$n = m \cdot V^{-1}\,. \tag{11.33}$$

Dann ergeben sich $n_1 = m_1 / V_1$ und $m_1 = n_1 \cdot V_1$ sowie $n_2 = m_2 / V_2$ bzw. $m_2 = n_2 \cdot V_2$. Für den Fall $m_1 = m_2$ erhält man die für Redox-Reaktionen wie für Säure/Base-Reaktionen anwendbare Formel

$$n_1 \cdot V_1 = n_2 \cdot V_2 \text{ bzw. } n_1 = n_2 \cdot V_2 / V_1\,. \tag{11.34}$$

Ist darin beispielsweise die Konzentration n_1 gesucht, lässt sie sich leicht errechnen, sobald V_1 (Volumen der Testlösung), n_2 (Konzentration der Titerlösung) und V_2 (bei der Titration verbrauchtes Volumen) bekannt sind.

11.8 Redox- bzw. Säure-Base-Reaktionen in der belebten Natur

Photosynthese und Respiration, die in den Kap. 18 und 19 ausführlicher behandelt werden, lassen sich zugleich als Redox-Reaktionen und als Säure-Base-Reaktionen auffassen. Die Bruttoreaktionsgleichung der Photosynthese (van-Niel-Gleichung, s. Abschn. 19.1) lässt sich auch in folgende Form fassen:

$$\underset{\text{Hydronium}}{6\,H_3O^+} + \underset{\text{Hydrogencarbonat}}{6\,H\overset{+4\,-2}{CO_3^-}} \rightarrow \underset{\text{Hexose}}{\overset{\pm 0}{C_6H_{12}O_6}} + \underset{\text{Sauerstoff}}{6\,\overset{\pm 0}{O_2}} + 6\,H_2O\,. \tag{11.35}$$

Die Formel lässt erkennen, dass die Photosynthese Kohlensäure und **H^+-Ionen** bzw. H_3O^+-Ionen **verbraucht**. Zugleich ändern sich die **Oxidationsstufen** des Kohlenstoffs und Sauerstoffs.

Die Photosynthese ist jedoch komplexer. Mithilfe der Lichtenergie wird nämlich nicht nur Kohlenstoff als CO_2 assimiliert, sondern auch Stickstoff als Nitrat NO_3^- und Schwefel als Sulfat SO_4^{2-}:

$$\underset{\text{Hydronium}}{H_3\overset{-2}{O^+}} + \underset{\text{Nitrat}}{\overset{+5}{N}O_3^-} \rightarrow \overset{\pm 0}{2\,O_2} + \underset{\text{Ammoniak}}{\overset{-3}{N}H_3} \quad \text{als } NH_2\text{-Gruppe im Protein}\,, \tag{11.36}$$

$$\underset{\text{Hydronium}}{2\,H_3\overset{-2}{O^+}} + \underset{\text{Nitrat}}{\overset{+6}{S}O_4^{2-}} \rightarrow \overset{\pm 0}{2\,O_2} + 2\,H_2O + \underset{\text{Schwefelwasserstoff}}{H_2\overset{-2}{S}} \quad \text{als HS-Gruppe im Protein}\,. \tag{11.37}$$

Dabei wird ebenfalls **Säure verbraucht**, weil aus starken Säuren – nämlich der Salpetersäure (HNO_3) und der Schwefelsäure (H_2SO_4) – die Base Ammoniak (NH_3) und die sehr schwache Säure Schwefelwasserstoff (H_2S) entstehen. Die **Anschlussreaktionen** des Stoffwechsels mit der Aminosäure- und Proteinsynthese sind deshalb gleichzeitig **Entgiftungen**, weil schon leicht erhöhte Konzentrationen an NH_3 oder H_2S für die Lebewesen toxisch sind (Kap. 9.2). Bei der photosynthetischen Reduktion von Sulfat SO_4^{2-} und Nitrat NO_3^- ändern sich die Oxidationsstufen von Stickstoff und Schwefel zusammen mit derjenigen des Sauerstoffs.

Beim respiratorischen Stoffabbau sind die Reaktionsgleichungen 11.35 bis 11.37 von rechts nach links zu lesen. Dabei entstehen dann wieder die starken mineralischen Ausgangssäuren, die Salpetersäure (HNO_3) und die Schwefelsäure (H_2SO_4). In Waldböden kann der oxidative Stoffabbau der Proteine zu einem starken **Versauerungsschub** führen, der maßgeblich auf die Bildung von Salpetersäure (HNO_3) zurückzuführen ist. Der tierische und menschliche Organismus löst das Problem der Übersauerung, indem er den anfallenden Stickstoff als Harnstoff oder Harnsäure und damit ohne Oxidation zur Salpetersäure (HNO_3) ausscheidet. Anderenfalls wären die körpereigenen Puffersysteme überfordert, mit der Folge einer Übersäuerung des Blutes (**Acidose**).

In biologisch-physiologischen Fließgleichgewichten lassen sich Redox-Reaktionen und Säure-Base-Reaktionen nicht voneinander trennen. Von besonderer praktisch-ökologischer Bedeutung ist beispielsweise, dass Stoffe wie Ammoniak zwar chemisch als Base wirken, aber in Ökosystemen zu einer starken Säure (Salpetersäure) umgewandelt werden. Ammoniak (NH_3) ist unter diesem Aspekt unter oxidierenden Verhältnissen, wie sie in Gegenwart von Sauerstoff gegeben sind, obwohl es chemisch eine Base darstellt, als **Säurebildner** und somit als **acidogen** anzusehen. Die durch die **Photosynthese** unter **Säureverbrauch** reduzierten Nitrat- (NO_3^--) und Sulfat- (SO_4^{2-}-)Ionen wirken demnach Basen bildend bzw. **basogen**.

11.9 Fragen zum Verständnis

1. Erklären Sie den Unterschied zwischen der Stärke und der Konzentration einer Säure bzw. Base. Welche Beziehung besteht zwischen beiden Begriffen? Was hat eine schwache Base mit einem schwachen Reduktionsmittel gemeinsam? Erklären Sie anhand von Beispielen.
2. Begründen Sie im Hinblick auf Stichworte wie Biosphärenversauerung, Entgiftung der Luft, Brennstoffe, Energie, Mineralisierung oder Stoffkreislauf, warum Photosynthese und Atmung die wichtigsten biologischen Prozesse sind.
3. Wie verändern sich die Oxidationsstufen von Kohlenstoff, Sauerstoff, Stickstoff oder Schwefel bei Photosynthese und Atmung? Lassen sich diese Wechsel cyclisch formulieren?
4. Erklären Sie mithilfe von Reaktionsgleichungen, wo bei Atmung und Photosynthese Säure verbraucht und wo sie freigesetzt wird.
5. Sollte man das bei der Atmung freigesetzte Kohlenstoffdioxid besser mit einer Lösung von Calciumhydroxid oder einem Indikator (z. B. Bromthymolblau) nachweisen? Erklären Sie mithilfe der zugehörigen Reaktionen (Carbonatfällung des Kohlenstoffdioxids und Reaktion des Kohlenstoffdioxids mit Wasser).

6. Welche Konzentration hatte eine Natronlauge, wenn man 6 mL einer Schwefelsäure $c(H_2SO_4) = 0{,}2\,mol\,L^{-1}$ braucht, um 24 mL dieser Natronlauge zu neutralisieren?
7. 50 mL einer Lösung von Schwefelwasserstoff (H_2S) werden unter Zugabe von Schwefelsäure mit 10 mL einer Kaliumpermanganatlösung der Konzentration $c(KMnO_4) = 0{,}1\,mol\,L^{-1}$ titriert (Redox-Reaktion). Wie groß war die Konzentration an Schwefelwasserstoff, angegeben in $mol\,L^{-1}$? Formulieren Sie die Redox-Reaktion, wenn Schwefelwasserstoff zu Sulfat oxidiert und Permanganat zu Mn^{2+} reduziert wird.
8. Wie groß ist der pH-Wert einer Calciumhydroxidlösung der Konzentration $c(Ca(OH)_2) = 0{,}05\,mol\,L^{-1}$ – vollständige Dissoziation vorausgesetzt?
9. Wie groß ist der pH-Wert extrem verdünnter Säuren der Konzentrationen 10^{-12} und $10^{-24}\,mol\,L^{-1}$? Wie könnte man sie ausgehend von Lösungen der Konzentration $1\,mol\,L^{-1}$ herstellen?
10. Welche Gemeinsamkeiten und Unterschiede bestehen zwischen den Säure-Base-Konzepten von Brønsted, Lewis und Usanovich?
11. Wann muss die Henderson-Hasselbalch'sche Gleichung verwendet werden? Geben Sie ein weiteres Beispiel.
12. Was versteht man unter einem Potenzial? Welche Gemeinsamkeiten bestehen zwischen dem Elektropotenzial, dem Wasserpotenzial und dem Potenzial im Gravitationsfeld? Recherchieren Sie anhand der weiterführenden Literatur.
13. Was versteht man allgemein unter einem Puffer und unter einem Säurepuffer im Besonderen? Erklären Sie anhand von Beispielen.
14. Nennen sie ein korrespondierendes Redox-Paar aus der Photosynthese und Atmung (Kap. 19 und 20) und vergleichen Sie mit dem Zn/Zn^{2+}- und Cu/Cu^{2+}-System. Worin bestehen die Gemeinsamkeiten und die Unterschiede?
15. Warum reduziert Zink Kupfer-Ionen, aber nicht Kupfer Zink-Ionen? Erklären Sie diesen Sachverhalt mit der Spannungsreihe.

Die Antworten zu diesen Fragen finden Sie im Anhang „Antworten und Lösungen zu den Fragen“.

Basiswissen Biochemie und Physiologie

12 Stoffe, Energie und Information

Zusammenfassung

Für das Überleben eines jeden Organismus ist es von entscheidender Bedeutung, dass er alle Nährelemente in der für ihn richtigen Form und Menge aufnimmt. So müssen alle Tiere und Menschen und mit ihnen sämtliche heterotrophen Organismen als Kohlenhydrate, Fette und Proteine aufnehmen. Dagegen nehmen alle Pflanzen und mit ihnen alle autotrophen Organismen – etwa die Cyanobakterien (Blaugrünbakterien, früher Cyanophyceen bzw. Blaualgen genannt) – diese Elemente in anorganischer Form als Kohlenstoffdioxid, Wasser, Ammonium, Nitrat und Sulfat auf. Wir nennen die genannten organischen Verbindungen energiereich im Gegensatz zu den anorganischen, weil sie brennbar sind und beim Verbrennen Wärmeenergie freisetzen. Bei der biologischen Oxidation (Atmung) wird diese Wärmeenergie metabolisch genutzt. Für Lebewesen ist aber ganz besonders wichtig, dass beim Stoffabbau die frei werdende Energie nicht nur als Wärme anfällt, sondern als chemisch verwertbare Energie in Form von Adenosintriphosphat (ATP) festgehalten und für die Aufrechterhaltung von basalen Lebensfunktionen genutzt wird (Kap. 1, 19 und 20).

Organische Stoffe sind in Lebewesen nicht nur Betriebsstoffe zur Energieversorgung, sondern auch Baustoffe von Zellen. Sie bestimmen die Struktur und die äußerlich sichtbare Erscheinungsform der Lebewesen. Leben entwickelt sich immer nach einem im Zellkern vorhandenen Bauplan, dessen stoffliche Basis die Nucleinsäuren (DNA, RNA) sind. Sie steuern über die Genexpression die Proteinsynthese und damit die Formbildung (Morphogenese). Durch klassische Experimente an der einzelligen Grünalge *Acetabularia* hat man – noch bevor die Details des Informationsmanagements durch die Erbsubstanz der DNA und RNA bekannt waren – schon früh erkannt, dass es stoffliche Ursachen sind, die im Zellkern vorhanden sind und auch solche, die an die Zelle abgegeben werden, damit sich Struktur und Funktion eines Lebewesens entwickeln können (Kap. 1 und 18).

H. Bannwarth et al., *Basiswissen Physik, Chemie und Biochemie*,
https://doi.org/10.1007/978-3-662-58250-3_12

12.1 Energetische Aspekte

Ohne Energieumsetzungen gibt es kein Leben. Lebewesen gewinnen ihre Energie aus Redox-Reaktionen. Oxidationsmittel ist dabei immer der Sauerstoff, den wir einatmen, Reduktionsmittel ist alles in unserer Nahrung, was brennbar ist: Kohlenhydrate, Fette, Proteine – eben alle organischen Verbindungen.

Organische Biomasse kann von Mikroben mithilfe von Sauerstoff in Böden und Gewässern veratmet und damit abgebaut werden. Sie wirkt als Reduktionsmittel. Deshalb kann man in Gewässern die Belastung durch gelöste organische Stoffe, durch Bakterien und andere Mikroben mithilfe einer Redox-Reaktion etwa durch Kaliumpermanganat ($KMnO_4$) quantitativ bestimmen (Kap. 11).

Man sollte aber verstehen, dass die Eigenschaft „energiereich" immer nur in Bezug auf die Oxidierbarkeit, also die Umsetzung mit Sauerstoff, als sinnvolle Eigenschaft gelten kann. Betrachtet man die chemische Formel der genannten organischen Stoffe, also der Bausteine von Kohlenhydraten, Fetten und Proteinen, so fällt auf, dass sie alle Wasserstoff in gebundener Form enthalten. Bei der Atmung wird die Energie letztendlich durch die Reaktion des Luftsauerstoffs mit dem Wasserstoff, der in gebundener Form in diesen Nährstoffen vorliegt, in Form von ATP bereitgestellt.

Die Brennstoffzelle als Modell Aus physiologischen Gründen können wir nicht direkt Wasserstoffgas veratmen, weil die Gasform des Wasserstoffs (H_2) wegen des großen Volumens des Wasserstoffgases und seiner schlechten Wasserlöslichkeit hierfür ungeeignet ist. An der Wasserstoff-Sauerstoff-Brennstoffzelle (Abb. 12.1) kann man jedoch gut verdeutlichen, dass eine solche von Wasserstoff und Sauerstoff versorgte „Zelle" Energie in

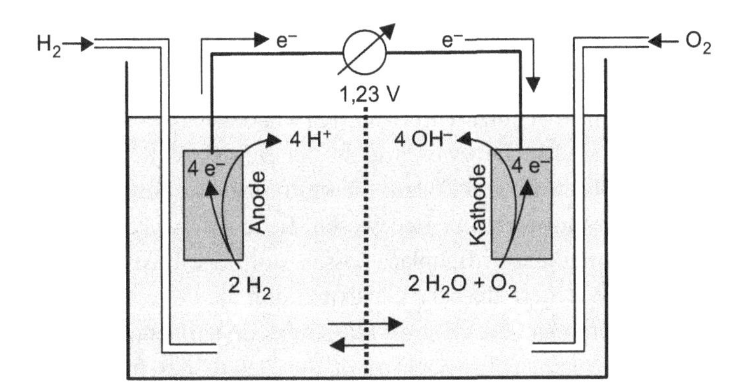

Abb. 12.1 Brennstoffzelle mit Wasserstoff und Sauerstoff: Zwischen dem –-Pol (Wasserstoff) und dem +-Pol (Sauerstoff) entsteht elektrische Energie in Form einer elektrischen Spannung oder eines elektrischen Stromes, wenn sich die Spannung ausgleicht. Außerdem wird Energie in einem Konzentrationsgradienten gespeichert. Die H^+-Konzentration links wird erhöht (pH-Wert sinkt) und rechts erniedrigt (pH-Wert steigt). Beachte: Im Gegensatz zur Elektrolyse (Kap. 8) ist hier wie bei der galvanischen Zelle (Kap. 11) der negative Pol die Anode und der positive Pol die Kathode!

Form eines elektrischen Stromes liefert und zugleich einen H^+-Ionengradienten aufbaut. Dies geschieht dadurch, dass der Wasserstoff an einem Metallblech Elektronen abgibt und dabei zu H^+-Ionen umgewandelt wird. Der Sauerstoff (O_2) auf der anderen Seite nimmt Elektronen auf und bildet mit dem Wasser Hydroxid, also OH^--Ionen.

Dadurch entsteht beim Wasserstoff ein negativer Pol, und die Lösung wird sauer. Beim Sauerstoff entsteht ein positiver Pol, und die Lösung wird basisch. Im Grunde wird dabei die Potenzialdifferenz zwischen Sauerstoff und Wasserstoff ausgenutzt (vgl. Redox-Potenziale und Spannungsreihe, Kap. 11).

In marinen Ökosystemen, in den Tiefen der Ozeane, wo elementarer Luftsauerstoff nicht hingelangen kann, spielt das Sulfat (SO_4^{2-}) als Oxidationsmittel eine wichtige Rolle. Sulfat reduzierende Bakterien gewinnen unter Bildung von Schwefelwasserstoff (H_2S) auf diese Weise ebenfalls Energie zum Aufbau von ATP (Kap. 19 und 20).

12.2 Chemiosmose, aktiver Transport und Gradienten

Das eigentlich Biologische an der Atmung, das die Brennstoffzelle nicht simulieren kann, ist die Bildung von ATP. Hierfür werden Enzyme als Katalysatoren benötigt, die ATP aus ADP und anorganischem Phosphat (P_i) (PO_4^{3-}) synthetisieren können. Schon einfache Halobakterien können durch einen lichtgetriebenen Protonentransport Protonen oder H^+-Ionen (Säure) im Außenmedium anreichern (Kap. 20). Chloroplasten und Mitochondrien, die sich von ursprünglich eigenständigen prokaryotischen Zellen ableiten (Abb. 12.2), können entsprechend Protonen in den Raum zwischen ihre jeweiligen Doppelmembranen pumpen. Die Energie für diesen energiebedürftigen Protonentransport durch die Membranen der Chloroplasten und Mitochondrien stammt von energiereichen bewegten Elektronen, die entweder Lichtenergie aufgenommen hatten (Photosynthese) oder aber vom Sauerstoff angezogen und bewegt wurden (vgl. Brennstoffzelle) und auf diese Weise kinetische Energie erhielten. Die Bewegungsenergie oder kinetische Energie der Elektronen wird somit sowohl für die Photosynthese als auch für die Atmung genutzt. In beiden Fällen kommt es zu einem Elektronenfluss, der gleichbedeutend mit bewegter elektrischer Ladung oder einem Strom ist. Durch das Fließen der Elektronen wird in beiden Fällen ein **H^+-Ionengradient** oder **pH-Gradient** aufgebaut. Mithilfe der in diesem Gradienten gespeicherten Energie wird ATP synthetisiert. Auf diese Weise entsteht in allen genannten Fällen (Halobakterien, Mitochondrien und Chloroplasten) Adenosintriphosphat (ATP) (Kap. 20).

Evolutionsbiologisch betrachtet kann man sich die Existenz einer Doppelmembran und andere Gemeinsamkeiten von Chloroplasten und Mitochondrien durch **Endosymbiose** erklären. Dabei geht man davon aus, dass prokaryotische Zellen, die die Fähigkeit entweder zur Atmung oder zur Photosynthese hatten, in eine zellkernhaltige Urgärzelle gelangten und integriert wurden (s. Abb. 12.2; vgl. **Phagocytose**).

Zeitlich-räumliche Ordnung in der Zelle, Kompartimentierung und Energieversorgung sind demnach eng miteinander verknüpft. Bei der Endosymbiose werden im Gegensatz

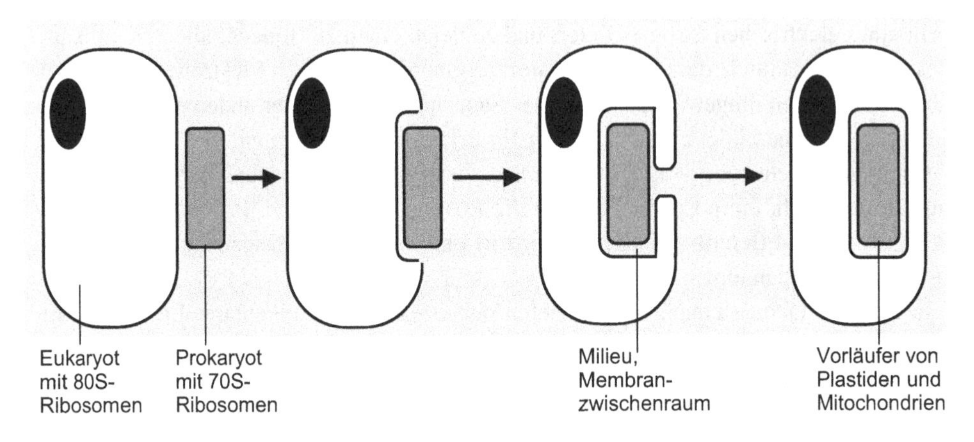

Abb. 12.2 Endosymbiontentheorie: von der Phagocytose zum Symbiosom

zur Phagocytose die aufgenommenen prokaryotischen „Zellen" nicht zerstört, sondern wie erwähnt integriert, und damit erlangte die Urgärzelle auch ihre Fähigkeit zur Atmung oder zur Photosynthese.

Da auch die einfacher gebauten prokaryotischen Zellen ebenfalls durch Biomembranen kompartimentiert sind, kann man behaupten, dass allen lebenden Systemen die Eigenschaft zukommt, kompartimentiert zu sein, eine zeitlich-räumliche Ordnung aufzuweisen und damit zusammenhängend energetische Voraussetzungen in Form von Ionengradienten für die Aufrechterhaltung von Leben bereitzustellen.

Es ist zweifellos das große Verdienst der amerikanischen Biologin Lynn Margulis (1938–2011), nicht nur die bereits schon länger bekannte **Endosymbiontentheorie** bestätigt, sondern vor allem erkannt zu haben, dass die Evolution durch Vereinigung und Verschmelzung und nicht nur durch Vernichtung und Ausmerzen (vergleiche auch die sexuelle Fortpflanzung mit Neukombination der Gene!) die wichtigsten Fortschritte vollzogen hat. Das hat angesichts der einseitig auf Kampf, Konkurrenz und Auslöschung basierenden Auffassungen des Darwinismus zu einem neuen modernen Verständnis der Biologie als eine emergente Wissenschaft der Ganzheiten und Einheiten, des sich Zusammenfügens und Zusammenpassens, des Miteinanders und nicht nur des Gegeneinanders geführt, welches weit über die Biologie hinausreicht. Der Emergenzbegriff hat auch für die Physik grundlegende Bedeutung (Robert B. Laughlin, *1950).

Es ist ein besonderes Verdienst von Peter Mitchell (1920–1992), erkannt zu haben, dass genau dieser pH-Gradient von den Zellen zur ATP-Synthese genutzt wird (Abb. 12.3). Dafür erhielt er 1978 den Nobelpreis. Die im Konzentrationsgefälle zwischen zwei Stoffwechselräumen (Kompartimenten) gespeicherte Energie wird zur Bildung von ATP verwendet. Dasselbe Enzym, das ATP spaltet und so Stoffe unter Umständen gegen ein Konzentrationsgefälle transportiert, sorgt demnach unter Umkehrung des aktiven Transports für die ATP-Bildung. Die **chemiosmotische Theorie** Mitchells konnte experimentell vielfach bestätigt werden.

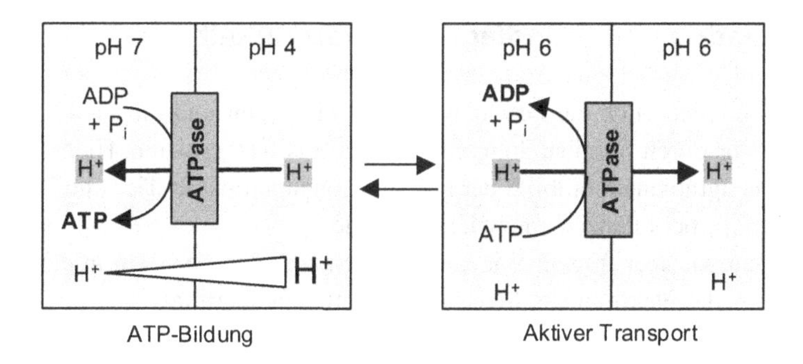

Abb. 12.3 Chemiosmotische ATP-Bildung und aktiver Transport von Protonen („**Protonenpumpe**")

Ist die Energie einmal in Form von ATP und damit in einer energiereichen chemischen Form vorhanden, so steht sie, wie oben bereits angedeutet, für sämtliche energieaufwendige Prozesse in Zellen und Organismen als geeignete Universalenergiewährung bereit. Aufbau und Umbau von Stoffen, Stofftransport, alle genetisch vorgegebenen Reaktionen benötigen Energie in Form von ATP. Schließlich können auch Elektropotenziale (Spannungen) an Membranen mithilfe von ATP aufgebaut werden. Wie nun wiederholt betont, sind Stoffwechsel, Reizbarkeit, aktive Bewegung, Wachstum, identische Re(du)plikationen – eben alle Kriterien des Lebens – damit möglich.

Es hat immer wieder Verständnisprobleme gegeben, die nicht allzu leichtfertig übergangen werden sollen. Als man sich etwa den aktiven Transport und die hier dargestellten Zusammenhänge mit der ATP-Bildung noch nicht so recht erklären konnte, versuchte man immer wieder, die erstaunliche Tatsache, dass Lebewesen und lebende Zellen Stoffe auch gegen ein Konzentrationsgefälle transportieren können, durch geheimnisvolle Kräfte zu erklären, die nur Lebewesen eigen seien (Position des **Vitalismus**). So ist es zweifellos richtig, dass der Darm von Mensch und Tier Glucose durch aktiven Transport aufnimmt, die Niere eine Reihe von Ionen aus dem Primärharn resorbiert oder die Wurzelzellen Nitrat (NO_3^-) jeweils gegen ein Konzentrationsgefälle aufnehmen. Jedoch sind diese Sachverhalte nicht durch eine geheimnisvolle Kraft (*vis vitalis*), sondern durch die im ATP gespeicherte Energie möglich und somit im Rahmen physikalischer bzw. chemischer Prozesse vollständig zu erklären. Unter Energieaufwand sind eben auch Vorgänge realisierbar, die ohne diesen ausgeschlossen wären (Kap. 1 und 10). Auch in nicht lebenden Systemen (Chemie, Physik) erfolgt kein Stofftransport gegen ein Konzentrationsgefälle, sondern ist nur mit Energieaufwand möglich wie etwa bei der Umkehrosmose, bei der unter hohem Druck aus Meerwasser in Umkehr der osmotischen Vorgänge (Kap. 7) Trinkwasser gewonnen wird.

12.3 Information und Grundlagen der Reizbarkeit

Schließlich lassen sich auch die Grundlagen der Reizbarkeit und die Funktionen unseres Nervensystems durch Bereitstellung von Energie aus ATP erklären. Hierbei spielt der Aufbau von Ionengradienten mithilfe der Natrium-Ionenpumpe bei Tier und Mensch und der Protonenpumpe bei Pflanzen eine wichtige Rolle.

Zuerst müssen wir aber fragen: Wie kann sich ein zelluläres System in der Evolution entwickelt haben, das elektrophysiologisch Informationen überträgt?

Ein Erklärungsansatz ist der folgende: Das Leben begann in den Ozeanen. Außerhalb der Urzellen befindet sich Kochsalz in Form seiner bekannten Ionen Na^+ und Cl^- reichlich in Lösung. Meerwasser enthält etwa 3,5 % Kochsalz. Bei neutralem pH-Wert der wässrigen Lösung in der Zelle müssen von den organischen Säuren in der Zelle, den Mono-, Di- und Tricarbonsäuren, den Aminosäuren und Nucleinsäuren und der anorganischen Phosphorsäure (H_3PO_4) im Wesentlichen die negativ geladenen Anionen vorhanden sein. Aufgrund der elektrostatischen Anziehungs- und Abstoßungskräfte führt dies zu einer Umverteilung der Ionen in und außerhalb der Zelle, zur Donnan-Verteilung:

$$c\left(\mathrm{Na}^+\right)_a \times c(\mathrm{Cl}^-)_a = c\left(\mathrm{Na}^+\right)_i \times c(\mathrm{Cl}^-)_i \ . \tag{12.1}$$

Wäre es bei dieser Ionenverteilung geblieben, hätte es niemals zum Phänomen der Reizbarkeit, geschweige denn zu Fühlen und Denken kommen können. Aber irgendwann und offenbar sehr frühzeitig muss die Zelle in der Evolution dic Ionenpumpen „erfunden" haben. Mithilfe von ATP und der ATP-spaltenden Enzyme (ATPasen) ist es auf jeden Fall möglich, unter Energieaufwand die in der Zelle angereicherten Natrium-Ionen (Na^+-Ionen) wieder aus der Zelle hinauszupumpen. Ohne eine durch Reizung hervorgerufene Veränderung an den Membranen können die Na^+-Ionen wegen ihrer großen Hydrathülle im Gegensatz zu den K^+-Ionen nicht durch Ionenkanäle zurück in die Zelle (Abb. 12.4).

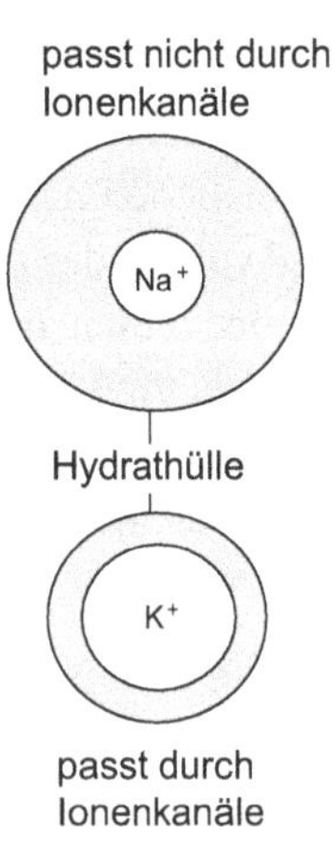

Abb. 12.4 Natrium- und Kalium-Ionen weisen einen unterschiedlichen Ionendurchmesser auf, aber beim Na^+-Ion ist die Hydrathülle erheblich größer als beim K^+-Ion

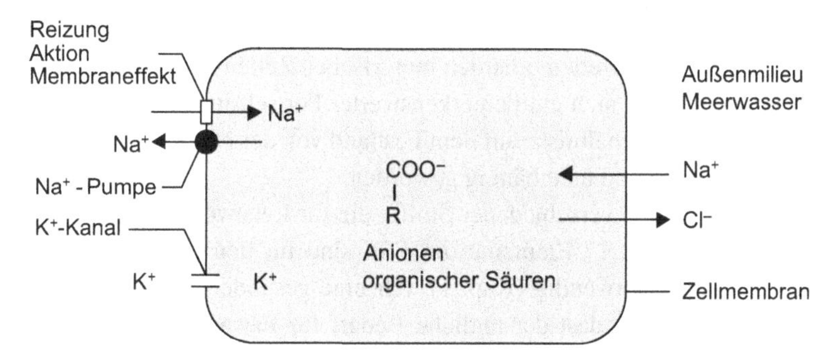

Abb. 12.5 Donnan-Verteilung und Natrium-Kalium-Pumpe in einer Zelle

Die Na^+-Ionen außerhalb der Zelle führen zu einer positiven Ladung außen an der Membran, während die Innenseite durch Chlorid-Ionen (Cl^--Ionen), die gemeinsam mit den K^+-Ionen durch die Ionenkanäle in die Zelle gelangen können, negativ geladen ist.

Durch diese Gegebenheiten gibt es nun zwei Zustände für die Verteilung der Na^+-Ionen, die durch das Ruhepotenzial (Na^+-Ion außen) und das Aktionspotenzial (Na^+-Ion innen) gekennzeichnet sind (Abb. 12.5). Das bedeutet die kleinste Informationseinheit (1 bit), die Wahl oder Entscheidung zwischen zwei Zuständen wie zum Beispiel zwischen 0 oder 1. Das Nervensystem arbeitet demnach ebenso mit der **digitalen Sprache** eines dualen Systems wie der Computer.

Bei der Erregungsleitung (nicht Reizleitung!) wird die Änderung der Ladungsverteilung am Axon weitergegeben. Bei der saltatorischen Erregungsleitung an den Axonen der Tiere und des Menschen erfolgt sie sprunghaft von einem Ranvier'schen Schnürring zum nächsten. Die Geschwindigkeit der Informationsübertragung von einem Schnürring zum nächsten ist enorm und entspricht der Ausbreitungsgeschwindigkeit des elektrischen Feldes oder des Lichtes (etwa 300.000 $km\,s^{-1}$). Allerdings treten erhebliche Zeitverzögerungen durch die Vorgänge an den Membranen der Schnürringe auf.

12.4 Anpassung

Der Grundgedanke der Evolution besagt, dass nur das Überlebensfähige im Zuge der Evolution erhalten bleibt und das, was nicht angepasst ist, der Selektion zum Opfer fällt und verschwindet. Das kann dadurch geschehen, dass das nicht Angepasste in einer Konkurrenzsituation unterliegt, verdrängt oder vernichtet wird oder erst gar nicht zur Fortpflanzung gelangt.

Die Unterschiede bei Pflanzen, Tieren und Menschen sind auf Anpassungen der Organismen zurückzuführen. Lebewesen sind auf vielfältige Weise an ihre Umwelt angepasst. Menschen und Tiere pumpen zum Beispiel durch aktiven Transport (Abb. 12.3) Natrium-Ionen im Gegenzug zu Kalium-Ionen aus den Zellen, um ihre Reizbarkeit aufrechtzuerhalten. Pflanzen pumpen dagegen Protonen im Gegenzug zu Kalium-Ionen aus den Zellen, etwa den Schließzellen oder den motorischen Zellen in den Blattgelenken der Mimose. Darin manifestiert sich ein bemerkenswerter Fortschritt: Landpflanzen sind somit in Anpassung an die Verhältnisse auf dem Festland von der Natrium-Ionenzufuhr (aus dem Meerwasser) weitgehend unabhängig geworden.

Es gibt eine ganze Reihe verschiedener Stoffe, die für Lebewesen eine besondere Bedeutung haben. Mindestens 17 Elemente des PSE sind für den Menschen zum Teil in winzigen Mengen lebensnotwendig (Kap. 1). Für eine gesunde Ernährung sollte darauf geachtet werden, dass zumindest der tägliche Bedarf für Erwachsene sichergestellt ist. Das Skelett sowie die Zähne des Menschen und der Wirbeltiere benötigen zu ihrem gesunden Aufbau eine ganze Reihe anorganischer Mineralien, darunter insbesondere Calcium- und Magnesium-Ionen, Phosphat sowie Fluorid und andere – in den **richtigen Mengen und Konzentrationen**. Weichtiere (Schnecken, Muscheln) benötigen diese Stoffe zur Bildung ihrer Schalen, und Korallen bauen aus Mineralien ganze Riffkomplexe auf. Der Bau der organischen Substanz der Zellen von Lebewesen vollzieht sich mithilfe eigens zugeschnittener Biomoleküle, der Kohlenhydrate, Fette und Proteine, von denen Letztere die höchste Spezifität besitzen. Ihre Struktur (Primärstruktur bzw. Aminosäuresequenz) wird durch den genetischen Code, die Basensequenz auf der Erbsubstanz DNA, festgelegt.

Für die Ernährung höherer Pflanzen unterscheidet man die **Grundelemente** der organischen Substanz Kohlenstoff (C), Sauerstoff (O) und Wasserstoff (H), ferner die **Makronährstoffe** Stickstoff (N), Phosphor (P), Schwefel (S), Kalium (K), Calcium (Ca) und Magnesium (Mg) sowie schließlich dic **Mikronährstoffe** Bor (B), Molybdän (Mo), Kupfer (Cu), Eisen (Fe), Mangan (Mn), Zink (Zn), Chlorid (Cl^-), Natrium (Na), Silicium (Si) und Vanadium (V). Die Grundelemente der organischen Substanz C, H, O kommen in allen Kohlenhydraten, Fetten, Proteinen, Nucleinsäuren, also nahezu in allen biologisch bedeutsamen Molekülen vor. Fette und fettähnliche Substanzen sind jedoch vergleichsweise arm an Sauerstoff. In allen Proteinen sind außerdem noch Stickstoff und Schwefel gebunden und in allen Nucleinsäuren Stickstoff und Phosphor. Wenige Mikroorganismen können auch den Luftstickstoff fixieren. Dazu gehören die Knöllchenbakterien (*Rhizobium*-Arten), die mit den Feinwurzeln von Leguminosen (Fabaceen) Symbiosen eingehen, sowie die Actinomyceten (Strahlen„pilze“, ebenfalls Bakterien), die auch Wurzelknöllchen (z. B. bei Sanddorn oder Erle) hervorrufen.

Neben der Form und Qualität, in der die Nährelemente den Organismen dargeboten werden oder verfügbar sind, ist auch die Quantität entscheidend. So benötigt der menschliche Organismus etwa bestimmte Mengen der Spurenelemente Fluor, Iod oder Selen in Form bestimmter Ionen im Gegensatz etwa zu den meisten höheren Pflanzen. Sowohl der Mangel als auch der Überschuss erzeugt beim Menschen schwere Erkrankungen. Während Pflanzen diese Elemente nicht benötigen und diese für die Ertragsbildung von Feldfrüchten, Obst und Gemüse bisher keine erkennbare Rolle spielen, sind sie für die Ernährung von Mensch und Tier hochgradig bedeutsam. Besonders ist zu beachten, dass an ihnen kein Mangel besteht. Schwerer Iodmangel hat in küstenfernen Gebirgsregionen zu epidemischen gravierenden Entwicklungsstörungen und Krankheiten geführt und ist auch heute noch besonders bei Jugendlichen in gewissem Ausmaß weit verbreitet. Selen wurde früher als Giftstoff bewertet. Heute weiß man, dass es vor Herz-Kreislauf-Erkrankungen, Tumorerkrankungen, Stress- und Schwermetallbelastung schützt und vor allem das Immunsystem stärkt. Schwefel wurde ebenfalls als Schadstoff für Wälder betrachtet und sein Gehalt in der Luft durch teure Rauchgasentschwefelungsanlagen stark herabgesetzt mit der Folge, dass er heute den Rapsfeldern nicht selten fehlt und mittlerweile sogar in Waldökosystemen ein Mangel an diesem Element auftritt. Schwefelüberschuss hingegen ist noch nicht einmal auf den Gipsböden des Keupers bekannt. Schädlich für Ökosysteme sind offenbar meistens nur die Erscheinungsformen Schwefeldioxid (SO_2), Schweflige Säure (H_2SO_3) und Schwefelsäure (H_2SO_4), nicht aber der Schwefel an sich. Verfügbare Menge und Erscheinungsformen gehören deshalb immer eng zusammen. So ist etwa der Luftstickstoff (N_2) direkt ökologisch gesehen völlig unproblematisch, während die Erscheinungsformen Ammonium (NH_4^+) und Nitrat (NO_3^-) sowie die Stickoxide N_2O, NO, NO_2 zwar pflanzenverfügbar, aber ökologisch problematisch sind, weil sie zur Überdüngung (Eutrophierung) führen können.

Aluminium-Ionen sind völlig ungefährlich, wenn auch nicht brauchbar für Pflanzen und andere Lebewesen, solange sie in gebundener, nicht löslicher Form in Lehm- und Tonböden gebunden vorliegen. Werden sie aber durch den sauren Regen oder andere Versauerungsprozesse im Boden freigesetzt, so können sie in der löslichen Form als Al^{3+}-Ionen für sämtliche Lebewesen gefährlich und in bestimmten Konzentrationen so toxisch sein, dass ein Überleben nicht möglich ist.

Bestimmte Richtwerte in Böden und die Grenzwerte der Trinkwasserversorgung sollen sicherstellen, dass der Mensch nicht allzu starken Belastungen, das heißt, einem Zuviel an in höheren Mengen toxischen Elementen ausgesetzt wird. Allerdings berücksichtigen die Richtwerte nicht, in welcher Bodenart und damit in welcher Form die Elemente vorkommen. So sind auf sauren Böden 3 mg/kg Cadmium weit gefährlicher als auf basischen, weil Cadmium in sauren Böden besser löslich, damit mobiler und leichter pflanzenverfügbar ist.

Die Grenzwerte der Trinkwasserverordnung haben andererseits nicht nur den Sinn, die menschliche Gesundheit zu schützen, sondern auch sonstige Schäden in der Umwelt zu vermeiden. So ist ein Sulfat-Wert über 500 mg/L zwar für die Gesundheit im Regelfall unbedenklich oder sogar förderlich, jedoch greift sulfatreiches Wasser Beton an.

Stoffe, die in geringen Konzentrationen lebenswichtig sein können, sind im **Überschuss** toxisch. Dazu gehören vor allem Selen (Se), Mangan (Mn), Chrom (Cr), Kupfer (Cu) und Zink (Zn). Blei (Pb), Cadmium (Cd) und Quecksilber (Hg) sind hingegen bereits in geringsten Mengen giftig. Die unterschiedliche Giftigkeit der Schwermetall-Ionen Pb^{2+}, Cd^{2+}, Hg^{2+}, Cu^{2+}, Mn^{2+} und Zn^{2+} beruht auf ihrer Fähigkeit, mit den Sulfhydryl-Gruppen der Enzyme, den –SH-Gruppen, schwerlösliche Metall-Schwefel-Verbindungen (Sulfide) zu bilden, so wie es auch Schwefelwasserstoff H_2S vermag:

$$H_2S + Me^{2+} \rightarrow MeS + 2\,H^+ \ .$$

Schwefelwasserstoff (H_2S) andererseits ist ein schweres Atmungsgift, weil es die Eisen-Ionen (Fe^{2+}) der Atmungskette unter Bildung schwerlöslichen schwarzen Eisensulfids bindet. Diese Reaktion findet in großem Umfang in den anoxischen Horizonten der Wattböden statt: $H_2S + Fe^{2+} \rightarrow FeS + 2\,H^+$ (Kap. 9).

Aber auch Leichtmetall-Ionen wie das Aluminium-Ion (Al^{3+}) sind deshalb toxisch, weil sie sich an lebenswichtige Moleküle binden. $AlPO_4$ ist ein schwerlösliches Salz, und so wird verständlich, dass Al^{3+}-Ionen an Phosphatreste von DNA, RNA, NAD^+, $NADP^+$ oder ATP binden und damit den Energiestoffwechsel oder genetisch wichtige Abläufe in der Zelle blockieren. Die Giftigkeit oder Unverträglichkeit lässt sich somit mit den bereits behandelten Bindungsverhältnissen der Stoffe in den lebenden Zellen erklären.

In geringen Konzentrationen sind Stickoxide, NO und NO_2, und selbst Schwefeldioxid (SO_2) für Pflanzen keine Schadstoffe, sie können im Gegenteil auch eine positive Düngewirkung haben, da sie von Pflanzen zur Proteinsynthese genutzt werden können. Es gilt die auf Paracelsus zurückgehende Erkenntnis: „Die Menge macht das Gift.“ Die Einhaltung der richtigen Konzentrationen setzt ein gutes Regulationsvermögen der Organismen voraus.

Bei **Mangelsituationen** reagieren Lebewesen, wenn dies überhaupt möglich ist, immer in der Weise, dass der Mangel verringert wird. Bei Sauerstoffmangel im Hochgebirge werden mehr rote Blutkörperchen (Erythrocyten) gebildet. Karpfen haben in Anpassung an den Sauerstoffmangel in stehenden Gewässern größere und leistungsfähigere Kiemen als Forellen, die in sauerstoffreichen Gebirgsbächen vorkommen. Eulen und andere nachts jagende Vögel haben in Anpassung an den Lichtmangel bessere Augen als tagaktive Vögel. Bei Nahrungsmangel wird die Nahrungssuche intensiviert. Es werden demnach sehr sinnvoll erscheinende Anstrengungen unternommen, „um“ mit dem Mangel fertig zu werden. Pflanzen bilden bei Lichtmangel im Schatten mehr Chlorophyll als im starken Sonnenlicht. Schattenpflanzen wie Efeu, Immergrün, Buchsbaum, Eibe und auch der Gummibaum sind dunkelgrün und zeigen an, dass sie reich an Blattgrün sind. Anderseits führt aber völlige Dunkelheit zu einem Totalverlust an Blattgrün oder zu einem Verlust der Augen von Höhlenbewohnern. Die Anpassungsfähigkeit der Organismen hat demnach ihre Grenzen.

Minimum-Gesetz: Es hat sich herausgestellt, dass das Wachstum von Pflanzen und somit auch der Ernteertrag, von dem Faktor oder derjenigen Ressource abhängen, die sich im Minimum befindet. Es bringt nichts, wenn man etwa bei der Düngung das dazugibt, wovon ohnehin reichlich und genug vorhanden ist, sondern das, was im Mangel ist oder woran es fehlt. Man kann das Prinzip auch durch den Satz ausdrücken: „Eine Kette ist nur so stark, wie ihr schwächstes Glied.“ Dieses wichtige Prinzip gilt nicht nur für die Agrarproduktion oder Landwirtschaft, sondern auch für andere Bereiche wie die Medizin, die Pädagogik und die Volkswirtschaft. Ein lebender Organismus, eine Population oder ein Staatsgefüge kann sich nur so weit entwickeln, wie es die knappste Ressource ermöglicht, bestimmt oder erlaubt. Wohlergehen, Wohlstand, Gedeihen, Gesundheit und Überleben sind entscheidend davon abhängig, dass Mängel oder Defizite behoben werden können. Erkennt ein Arzt, woran es dem Patienten fehlt, kann er erfolgreich therapieren. Lehrt der Lehrer gerade das, woran es den Schülern fehlt, und nicht das, was sie schon wissen, so kann er dem Schüler am meisten beibringen. Kann ein Wirtschaftssystem gerade das beschaffen, produzieren oder bereitstellen, woran es mangelt oder wonach die Nachfrage am größten ist, ist es besonders effektiv und erfolgreich.

Das Minimumgesetz – *minimum* (lateinisch) heißt „das Geringste" – wurde schon von Carl Sprengel (1787–1859) im Jahre 1828 veröffentlicht und von Justus von Liebig (1803–1873) in erweiterter Form bekannt gemacht. Deshalb heißt es auch das „Liebig'sche Minimumgesetz". Als Modell der Funktionsweise des Gesetzes gilt das „Minimumfass": Dieses Fass hat unterschiedlich lange Dauben und lässt sich nur bis zur Höhe der kürzesten Daube füllen (Abb. 12.6).

Zu einem limitierenden Minimumfaktor könnte regional, national oder sogar weltweit der Phosphor werden, wenn es nicht gelingt, den Phosphor – etwa aus Klärschlämmen – durch Recycling wiederzugewinnen.

Nachhaltigkeit: Es gibt im Prinzip zwei Wege zu einer nachhaltigen Wirtschaftsweise, die auch zukünftigen Generationen eine lebenswerte Welt lässt: drastische Reduzierung des Verbrauchs verbunden mit Verzicht und optimaler Effektivität oder das Wirtschaften in zyklischen Prozessen. Das bedeutet insbesondere das Wiederverwerten, das Recycling, von Stoffen in Stoffkreisläufen und die Wiederherstellung zerstörter Lebensbereiche, das Rekultivieren nach neuestem Stand von Wissenschaft und Technik. Hierzu ist schon heute, aber noch mehr in naher Zukunft, hohe Fachkompetenz in Verbindung mit handlungsorientiertem Verantwortungsdenken erforderlich. Recycling und das Schließen von Stoffkreisläufen ist ein der Natur entnommenes Konzept der Nachhaltigkeit.

Klimaproblematik und Treibhauseffekt: Die Aufrechterhaltung weitgehend stabiler Klimaverhältnisse hängt – global betrachtet – davon ab, ob die Konzentration der wichtigsten Treibhausgase Kohlenstoffdioxid CO_2, Methan CH_4 und Distickstoffmonoxid N_2O

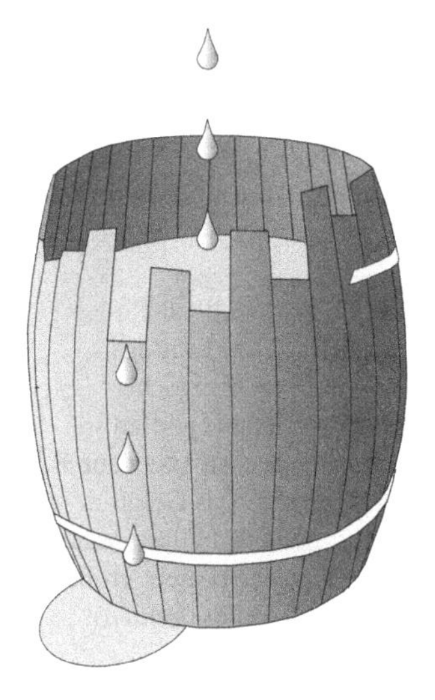

Abb. 12.6 Ein Fass mit unterschiedlich hohen Dauben dient als Modell des Liebig'schen Minimumgesetzes: Limitierender Faktor ist immer die kürzeste Daube. Sie bestimmt den Gesamteffekt, selbst wenn alle anderen Komponenten optimal beschaffen sind

in der Atmosphäre kontrolliert, geregelt und weitgehend konstant gehalten werden kann. Obwohl diese Gase auch ohne den Menschen in der Natur gebildet werden, ist die anthropogen bedingt zu hohe Zunahme der Konzentration in der Luft ein enorm wichtiges zu lösendes Zukunftsproblem. Es gibt im Prinzip zwei Wege für die weitgehende Konstanthaltung der Konzentrationen der genannten Gase.

Bezogen auf das CO_2 wäre dies vor allem die Reduzierung der Produktion und Emission von CO_2 (Abb. 12.7). Dazu würden nach Auffassung vieler Menschen der Ausstieg aus der Kohle- und Erdölverbrennung und die Decarbonisierung der Energieversorgung gehören. Der zweite Weg erfordert eine bessere Wiederverwertung, ein besseres Recycling, in Stoffkreisläufen durch Förderung und Verbesserung der Photosynthese in der landwirtschaftlichen und forstwirtschaftlichen Produktion, bei der Wiederbegrünung von Wüsten und der Bewirtschaftung von Brachland, aber auch in den Ozeanen weltweit.

Geht es um biologische Evolution, sollten eigentlich teleologische Formulierungen, die Sinn, Absicht, Zweck oder Vorsatz unterstellen und nicht mit einem evolutionsbiologisch begründeten biologischen Verständnis zu vereinbaren sind, vermieden werden (vgl. Kap. 11), weil die Evolution nach den Erkenntnissen Darwins an sich weder ein Ziel noch einen Sinn kennt. Solche Formulierungen sind an Wendungen wie etwa „um zu" oder „damit", zu erkennen, obwohl oft Sachverhalte beschrieben werden, die nichts mit menschlicher Absicht oder menschlichem Vorsatz zu tun haben. Dazu gehört auch das Hineininterpretieren von Zwängen und Notwendigkeiten aus dem menschlichen Denken in die Biologie, die an Formulierungen wie „müssen", „brauchen", „benötigen", „zwingen" erkennbar sind. Solche Begriffe haben im Rahmen der sprachlichen Kommunikation des Menschen durchaus ihre Berechtigung und sind nahezu unvermeidbar, man muss sich aber darüber im Klaren sein, dass sie für eine wissenschaftliche Erklärung in der Biologie eigentlich ungeeignet sind. Allerdings kann niemand dem Menschen verbieten, biologische Phänomene und Anpassungen als sinnvoll zu erkennen und deshalb entsprechend zu formulieren.

Um ein angemessenes Verständnis der Bedeutung jedes Elements und seiner Ionen zu entwickeln und insbesondere um Überschuss und Mangel im Bereich Umwelt und Gesundheit zu vermeiden, empfiehlt es sich, sich in Tabellen über den täglichen Bedarf an Mineralstoffen und Spurenelementen, über quantitative Angaben von Nährelementen in

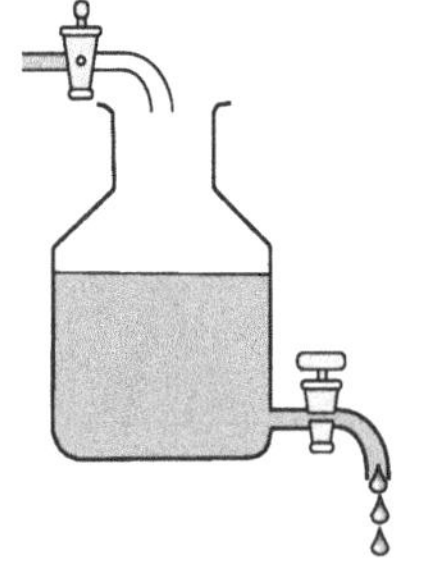

Abb. 12.7 Modell zur Regulation des CO_2-Eintrags (*oben*) aus organismischen bzw. industriellen Quellen sowie (*unten*) des Austrags durch Photosynthese: Das Gefäß läuft nur dann nicht über, wenn der Zufluss (*oben*) nicht größer wird als der Abfluss (*unten*)

Pflanzen, über Richtwerte über Spurenelemente in Böden und über Grenzwerte nach der Trinkwasserverordnung zu informieren.

Ein Erwachsener benötigt täglich beispielsweise 2000 mg Kalium, 0,5–5 mg Eisen, 2–4 mg Kupfer, aber nur rund 0,06 mg Selen oder 0,01 mg Chrom. Die Gesamtgehalte von Spurenelementen in Böden betragen je kg lufttrockenen Bodens etwa 2–20 mg, bei Selen 0,1–5 mg. Tolerierbar sind beispielsweise 2 mg Quecksilber, 3 mg Cadmium. 100 mg Chrom bzw. Blei und 300 mg Zink. Die Trinkwasserverordnung legt je Liter als Grenzwerte fest 0,01 mg Arsen, 0,04 mg Blei, 0,005 mg Cadmium, 0,001 mg Quecksilber, aber 240 mg Sulfat.

12.5 Das Haber-Bosch-Verfahren: vom Mangel zum Überschuss

Obwohl die Luft zu etwa 78 % aus Stickstoff besteht, steht der Riesenvorrat an Stickstoff in der Luft den Pflanzen in der Regel nicht zur Verfügung, da sie den elementaren oder molekularen Luftstickstoff N_2 nicht nutzen können. Ausnahmen bestehen insofern, als es Stickstoff-fixierende Bakterien, z. B. *Rhizobium*-Arten bei Leguminosen (Hülsenfrüchten) und Strahlenpilze (*Actinomyceten*), etwa an der Erle oder am Sanddorn gibt, die den Luftstickstoff nutzen und den Pflanzen in Wurzelsymbiose zur Verfügung stellen.

Pflanzenverfügbarer Stickstoff war deshalb früher, das heißt vor der Entdeckung des Haber-Bosch-Verfahrens, knapp. Stickstoff in der Form, in der ihn Pflanzen nutzen können, ist von Natur aus ein Mangelstoff. Das hat sich inzwischen durch menschliches Eingreifen in die Umwelt, und zwar durch das Haber-Bosch-Verfahren, grundlegend geändert, mit dem in beachtlichem Umfang bislang inerte Stickstoffquellen (N_2) angezapft werden. Aus einem Mangel ist vielfach ein Überschuss geworden. Heute verursacht die Überdüngung mit Stickstoffverbindungen erhebliche Umweltprobleme. Eines davon ist die Eutrophierung ganzer Landschaften und Gewässer. Sie bewirkt einen bedenklichen Artenschwund. Durch übermäßige Stickstoff-Einträge werden nämlich die stickstoffliebenden Pflanzen (= nitrophile Arten) gefördert und andere dagegen verdrängt. An manchen Stellen breiten sich die Brombeere, die Waldrebe oder der Efeu derart aus, dass nichts anderes mehr Platz hat. Anderswo wiederum bilden Große Brennnessel, Zaun-Giersch, Hecken-Kälberkropf, Stumpfblättriger Ampfer, Kletten-Labkraut, der Wiesen-Kerbel, Kriechender Hahnenfuß, Taubnesseln oder der Löwenzahn nahezu reine Monokulturen.

Insbesondere durch Stickstoffverbindungen wie Salpetersäure HNO_3 kommt es überdies zur Versauerung von Böden, Seen und Ozeanen und schließlich auch zu Waldschäden, die auf säurebedingte Auswaschung von wichtigen Mineralstoffen zurückgeführt werden können. Saure Böden sind bekanntlich arm an Mineralien.

Pflanzenverfügbare Stickstoff-Verbindungen sind vor allem Ammonium-Salze oder Nitrate, die gedüngt werden können. Ammonium-Salze enthalten Ammonium-Ionen NH_4^+. Sie leiten sich vom Ammoniak NH_3 ab und entstehen, wenn Ammoniak in Wasser geleitet wird:

$$NH_3 + H_2O \rightarrow NH_4^+ + OH^-.$$

Nitrate NO_3^- sind die Salze der Salpetersäure HNO_3. Diese ist eine starke Säure und dissoziiert in Wasser nahezu vollständig:

$$HNO_3 \rightarrow H^+ + NO_3^-.$$

Früher musste der Landwirt vor allem NPK-Dünger ausbringen, um dem Boden die durch Ernteentzug verloren gegangenen Stickstoff-, Phosphor- und Kalium-Vorräte zu ersetzen. Heute bringen Stickstoff-Dünger oft nur wenig Ertragsverbesserung, da die Böden häufig durch Stickstoff-Verbindungen überdüngt sind.

Der Wandel vom Mangel zum Überschuss ist vor allem auf die Tatsache zurückzuführen, dass der Mensch darauf gekommen ist, technisch den Luftstickstoff durch das **Haber-Bosch-Verfahren** chemisch umzusetzen und zu nutzen. Wie bereits erwähnt (Abschn. 8.5) wird der reaktionsträge Luftstickstoff N_2 dabei mit Hilfe von Katalysatoren unter hohem Druck und bei hoher Temperatur mit Wasserstoff zu Ammoniak umgesetzt

$$N_2 + 3\,H_2 \rightarrow 2\,NH_3$$

Alle Stickstoffverbindungen, vor allem Proteine, in der organischen Substanz werden in der oxidierenden Atmosphäre in den Böden letztlich zu Salpetersäure oxidiert:

$$NH_3 + 2\,O_2 \rightarrow H^+ + NO_3^- + H_2O$$

Dies bewirkt in Waldböden eine Freisetzung von Säure und somit einen Säurestoß. Dadurch werden im mineralischen Tonunterboden toxische Aluminium-Ionen Al^{3+} mobilisiert, die nicht nur Wurzeln absterben lassen, sondern alles Leben aus den Böden vertreiben: Regenwürmer oder wichtige Kleinlebewesen des Bodens verschwinden.

$$Al_2O_3 + 6\,HNO_3 \rightarrow 2\,Al^{3+} + 6\,NO_3^- + 3\,H_2O$$

Freie wasserlösliche Aluminium-Ionen Al^{3+} sind für lebende Zellen deshalb toxisch, weil sie sich an Phosphatgruppen lebenswichtiger Stoffe in der Zelle setzen. Aluminium-Phosphat ist ein schwerlösliches Salz – die beiden dreiwertigen Ionen Al^{3+} und Phosphat PO_4^{3-} binden fest aneinander. Zu den lebenswichtigen Biomolekülen der Zelle gehören die Nukleinsäuren, DNA und RNA, aber auch ATP und NAD^+ bzw. $NADP^+$, die für genetische Funktionen oder den Energiestoffwechsel von Organismen unentbehrlich sind. Besonders verheerend müssen sich für Menschen die Folgen des Absterbens von Nervenzellen des Gehirns als Folge der Einwirkung toxischer Aluminium-Ionen auswirken. Neurodegenerative Erkrankungen wie die Alzheimer-Krankheit können in den Fällen auftreten, in denen sich der Organismus nicht gegen toxische Aluminium- oder auch Schwermetall-Ionen (z. B. Eisen-, Kupfer- oder Mangan-Ionen) wehren kann.

Die Ursachen und Folgen der globalen Versauerung terrestrischer und mariner Ökosysteme, die sich etwa als Bodenversauerung in Wäldern, Agrarflächen oder als Versauerung der Oberflächengewässer in den Ozeanen äußert, werden erst nach und nach bekannt. Immer mehr wird klar, welche besondere Rolle die Salpetersäure HNO_3, eine starke Säure, die sich aus Ammoniak NH_3 (Haber-Bosch-Verfahren) und Stickoxiden unter oxidierenden Bedingungen der Atmosphäre bildet, spielt. Sie gibt nicht nur Anlass zur Freisetzung von CO_2 aus Kalkgestein und Meeren, sondern verhindert auch die Aufnahme von CO_2 durch die Ozeane. Es hat sich gezeigt, dass die Auswirkungen der Zunahme pflanzenverfügbaren Stickstoffs auf Landschaften, Waldökosysteme und landwirtschaftlich genützte Böden im Hinblick auf Versauerung, Eutrophierung und Mineralstoffmängel erheblich sein können.

Im menschlichen Organismus werden die Stickstoffverbindungen nicht zu Salpetersäure oxidiert. Ein solcher Säurestoß würde die Puffersysteme des Blutes, hauptsächlich Hydrogencarbonate HCO_3^-, überfordern. Wir Menschen, aber auch die uns verwandten Wirbeltiere, scheiden deshalb überschüssige Stickstoffverbindungen aus dem Proteinabbau als Harnstoff oder Harnsäure aus, ohne sie zu Nitrat zu oxidieren. Das anfallende Nitrat würde zudem eine gesundheitliche Gefährdung bedeuten, da Nitrat NO_3^- leicht zu Nitrit NO_2^- reduziert werden kann, das seinerseits zu Nitrosaminen umgewandelt wird, die als krebserregend oder cancerogen gelten.

Die Wasserwerke haben zunehmend Probleme, die Grenzwerte für Nitrat einzuhalten. Selbst Wasser aus Waldökosystemen kann erheblich mit Nitrat belastet sein. Auch Nitrat im Trinkwasser kann der menschlichen Gesundheit schaden, da es im Verdauungstrakt zu Nitrit reduziert wird, das – wie gerade erwähnt – zur Bildung cancerogener, das heißt Krebs erzeugender, Nitrosamine, führen kann.

Nitrat im Wasser schmeckt widerlich. Davon kann sich jeder überzeugen: Nimmt man jeweils eine Spatelspitze Natriumnitrat $NaNO_3$ und löst sie in einem Reagenzglas in Wasser und vergleicht die Probe mit einer solchen, die statt des Nitrats Kochsalz (Natriumchlorid, NaCl) oder Natriumsulfat Na_2SO_4 enthält, so kommt man zu folgenden Resultat: Natriumsulfat ist völlig geschmacklos, Natriumchlorid schmeckt salzig und Natriumnitrat bitter. Die Natur warnt uns offenbar vor zu viel Nitrat und vor einem Übermaß an Kochsalz.

Die zu hohen Einträge von Stickstoffverbindungen gehören zu den großen ungelösten Umweltproblemen unserer Zeit. Das Thema besitzt eine ähnliche Brisanz wie der Klimawandel und der Verlust der Biodiversität und ist mit diesen Großthemen der Umweltpolitik eng verwoben.

Waldschäden: Aus diesen vergleichenden Betrachtungen ergibt sich, dass die auffälligen Waldschäden in den Reinluftgebieten der Mittelgebirge, etwa auf den Höhen des Schwarzwaldes oder des Harzes, offenbar durch zunächst schwer erklärliche Ursachen bedingt sein müssen. Es ist zu vermuten, dass primäre Schadgase wie Schwefeldioxid SO_2 und Stickoxide NO/NO_2 in der Atmosphäre unter dem Einfluss energiereicher Strahlung und Sauerstoff O_2 in starke Säuren wie Schwefelsäure H_2SO_4 und Salpetersäure HNO_3 und starke Oxidationsmittel, Photooxidantien wie Ozon O_3 und seine Derivate, umgewandelt werden und die industriefernen Landschaften belasten („Sekundärschadstofftheorie"). Aber auch die Annahme, dass den Bäumen der Reinluftgebiete im Gegensatz zu den Ballungsgebieten wichtige Mineralien als Pflanzennährstoffe fehlen, könnte eine Erklärung sein („Nutzstoffmangeltheorie"). Diese Mängel könnten durch Auswaschung aufgrund des sauren Regens, vornehmlich des Eintrags von Salpetersäure, hervorgerufen worden sein („Stickstoffüberdüngungstheorie").

Was kann man gegen die Überdüngung der Umwelt durch Stickstoffverbindungen tun? Zunächst muss man die Stickstoff-Einträge, so gut es geht, reduzieren und die übermäßige Düngung mit Stickstoffdüngern wie Gülle und andere organische und anorganische stickstoffhaltige Dünger einschränken. Zusätzlich sollte man die durch die Säureextraktion der Böden durch Salpetersäure HNO_3 ausgewaschene und verloren gegangene Mineralien wie Calcium-Ionen Ca^{2+}, Magnesium-Ionen Mg^{2+} und wichtige Spurenelemente wie etwa Molybdän, Selen oder Zink ersetzen.

Das kann man zum Beispiel durch die Verwendung von Aschen aus der Verbrennung von Biomasse, aus Holz oder auch Braunkohle, wenn diese auf ihre Eignung untersucht wurden. Ein solches Recycling verlangt allerdings gewissenhaftes verantwortliches Vorgehen und gute chemische und ökologische Fachkenntnisse, weil man sonst der Umwelt mehr schaden als nutzen würde.

Es gibt im Prinzip zwei Wege zu einer nachhaltigen Wirtschaftsweise, die auch zukünftigen Generationen eine lebenswerte Welt lässt: drastische Reduzierung des Verbrauchs verbunden mit optimaler Effektivität oder das Wirtschaften in zyklischen Prozessen. Das bedeutet insbesondere das Wiederverwerten von Stoffen in Stoffkreisläufen und die Wiederherstellung zerstörter Lebensbereiche, das Rekultivieren nach neuestem Stand von Wissenschaft und Technik. Das Schließen von Stoffkreisläufen ist ein der Natur entnommenes Konzept der Nachhaltigkeit. Hierzu ist handlungsorientiertes Verantwortungsdenken in Verbindung mit hoher Fachkompetenz erforderlich.

Mineralienmängel in der Natur und Mangelerkrankungen des Menschen lassen sich somit zumindest teilweise auf die in der Natur nicht vorgesehene technische Nutzung des inerten Stickstoff-Pools der Luft im großen Maßstab zurückführen. Weltweit über 7,6 Mrd. Menschen müssen ernährt werden. Dazu wird vor allem pflanzliches und tierisches Protein benötigt. Protein ist für das Wachstum und die Entwicklung von allen Organismen und allen lebenden Zellen unbedingt nötig. Proteine haben unzählige lebenswichtige Funktionen in lebenden Zellen und sind auch Struktur- und Baustoffe. Ohne Proteine gäbe es kein Leben. Nicht zuletzt sind Proteine organische Nährstoffe, die von Pflanzen durch Photosynthese hergestellt werden. Ohne düngefähigen oder pflanzenverfügbaren Stickstoff können die Pflanzen kein Protein bilden.

12.6 Kooperative Systeme: Regelung und Steuerung

Bei der Steuerung wird ein Vorgang, eine bestimmte Größe, etwa die Temperatur, durch eine Vorgabe von außen beeinflusst. Bei der Regelung erfolgt innerhalb des Systems nach einer Störung, Änderung oder Abweichung eine Wiedereinstellung des Ausgangszustandes. Lebewesen sind darauf angewiesen, dass Störungen und Änderungen gering gehalten werden und verschwinden. Sie müssen vor allem mit einem Zuviel oder Zuwenig fertig werden. Es haben sich in der Evolution deshalb Mechanismen entwickelt, die der Erhaltung und der Konstanthaltung (Homöostase) dienen. Situationen von Überschuss oder Mangel werden in geeigneter Weise bewältigt. Im Stoffwechsel werden die Konzentrationen sämtlicher Metabolite genau geregelt. Das geschieht auch unter Einbeziehung genetisch gesteuerter Mechanismen (Jacob-Monod-Modell). Es wurde bereits bei der Behandlung des Prinzips vom kleinsten Zwang (Le Chatelier-Prinzip) darauf hingewiesen, dass in der Natur Störungen ausgeglichen oder Zwänge minimiert werden (Kap. 10). Darüber hinaus reagieren aber Lebewesen physiologisch in der Weise sinnvoll, dass Mängeln oder Überschuss entgegengewirkt wird.

Auf einen Mangel an Wärme zum Beispiel reagieren Lebewesen mit einer Erhöhung der Stoffwechselaktivität, aber auch durch eine bessere Exposition dem Sonnenlicht gegenüber. Wärmeverluste werden durch Isolierung etwa durch ein dickes Fell bei den Säugetieren oder Federkleid bei den Vögeln gering gehalten. Hierbei wirkt vor allem die im Fell oder Gefieder eingeschlossene Luft als Isolator.

Wärme ist eine Energieform: Energie bedeutet die Fähigkeit, Arbeit zu verrichten – z. B. Konzentrations- oder Transportarbeit – oder Wärme zu liefern. Wärme ist nichts anderes als die Bewegungsenergie oder kinetische Energie (E_{kin}) einzelner Teilchen

$$E_{\text{kin}} = 1/2m \times v^2 \ .$$

Dabei ist m die Masse der Teilchen und v die Geschwindigkeit. Man erkennt, dass die Energie mit dem Quadrat der Teilchen zunimmt. Ist die kinetische Energie der Teilchen hoch, äußert sich dies makrophysikalisch in einer höheren Temperatur. Die Wärmeleitung ist in Gasen wegen der geringeren Dichte viel schlechter als in Flüssigkeiten oder Feststoffen (Kap. 3). Deshalb wird auch die kinetische Energie von Gasen, das heißt von Teilchen zu Teilchen, durch Stöße der Moleküle schlechter weitergegeben.

Die Temperatur wird von gleichwarmen oder homoiothermen (endothermen) Tieren (Vögel, Säugetiere) in einem recht konstanten Temperaturbereich gehalten und von wechselwarmen oder poikilothermen (ektothermen) Tieren (alle Wirbellosen sowie Fische, Amphibien und Reptilien) den Außenbedingungen entsprechend variiert.

Die Gesetzmäßigkeit, dass lebende Organismen sowohl einem Überschuss als auch einem Mangel entgegenwirken, zeigt sich nicht nur bei der Einstellung der Körpertemperatur, sondern ganz allgemein. Nimmt ein Organismus beispielsweise zu viel Wasser oder Salz auf, so reagiert er in der Weise, dass Salz oder Wasser verstärkt ausgeschieden werden. Gerät der Stoffwechsel eines Säuglings zum Beispiel unter Acidosebedingungen, dann wird er der Säurebelastung durch Aufnahme von Basen aus der Muttermilch oder aus dem für die Säuglingsnahrung verwendeten Mineralwasser begegnen. Er wird also aus einer Calciumsulfatlösung vorzugsweise $Ca(OH)_2$-Anteile und nicht H_2SO_4-Anteile aufnehmen und so den pH-Wert in seinem Blut konstant halten. Es ist deshalb für eine gesunde Ernährung wichtig, dem Organismus reichlich Kalium, Calcium oder Magnesium in Ionenform zuzuführen, weil er auf diese Weise gemeinsam mit diesen Kationen OH^--Ionen aufnehmen kann. Bekanntlich sind in pflanzlicher Nahrung, in Obst und Gemüse meistens reichlich von diesen Alkali- und Erdalkali-Ionen vorhanden. Ein Zuviel oder Zuwenig kann aber immer nur in gewissen Grenzen reguliert werden. Deshalb dürfen im Trinkwasser und in den Böden alle Ionen (Kap. 8) als gelöste Stoffe nur in bestimmten zulässigen Grenzen enthalten sein.

12.7 Negative Rückkopplung

Der Konstanthaltung von lebenswichtigen Bedingungen dient vor allem die negative Rückkopplung oder das negative Feedback. Dabei gilt, dass die Wirkung einer Ursache auf diese Ursache hemmend zurückwirkt. Ein bekanntes Beispiel ist die Tatsache, dass die Nahrungsaufnahme, das Essen, auf die Ursache, den Hunger, hemmend zurückwirkt. Auch im Stoffwechsel sorgt das negative Feedback für die Konstanthaltung der Konzentrationen von Metaboliten. So wirkt zum Beispiel ein Anstieg der Konzentration von Desoxythymidintriphosphat (dTTP) bei der Bereitstellung von Nucleotiden für die DNA-Synthese hemmend auf die Aktivität der Thymidin-Kinase zurück (Endprodukthemmung). Dieses Enzym steht am Beginn der Synthesekette vom Thymidin (dT) über Thymidinmonophosphat (dTMP) und Thymidindiphosphat (dTDP) zum Thymidintriphosphat (dTTP); es phosphoryliert mithilfc von ATP Thymidin (dT) zu Thymidinmonophosphat:

$$\mathrm{dT} \rightarrow \mathrm{dTMP} \rightarrow \mathrm{dTDP} \rightarrow \mathrm{dTTP}\,.$$

Dass Lebewesen einem auftretenden Mangel oder Überschuss, also einer Abweichung, entgegenwirken, liegt vor allem an ihrer Fähigkeit, bestimmte Stoffwechselwerte wie die Temperatur oder auch den Blutzucker- oder Hormonspiegel regeln zu können. Das geschieht ganz analog wie in technischen Regelkreisen. Der Regler verändert die Stellgröße, etwa die Körpertemperatur, derart, dass Abweichungen von einem vorgegebenen Wert gering gehalten werden. Eine Verringerung der Temperatur durch eine Abkühlung (Störgröße) bewirkt immer eine Änderung, die eine Temperaturerhöhung zur Folge hat.

In der Technik dient der Regelkreis dazu, eine vorgegebene physikalische Größe, die Regelgröße, z. B. die Temperatur eines Wasserbades, auf einen vorgegebenen Wert, den Sollwert, einzustellen und aufrechtzuerhalten. In einem Regelkreis wird gemessen, verglichen und nach einer Abweichung erneut so eingestellt, dass der Ausgangszustand wiederhergestellt wird. Damit wird erreicht, dass anhaltende Veränderungen und Störungen ausgeschaltet und korrigiert werden.

Ein einfacher linear geschlossener Regelkreis besteht aus einem Fühler, einer Messeinrichtung, z. B. dem Thermometer, einer Regelgröße oder Regelstrecke, z. B. der Temperatur, einer Stelleinrichtung, z. B. der Heizung und dem Regler, z. B. einem Thermostaten,

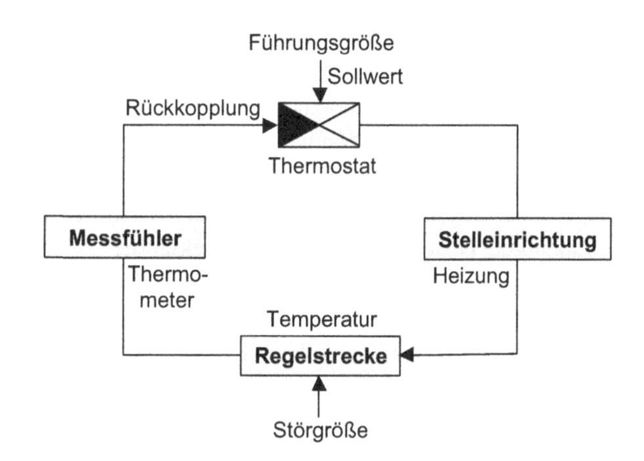

Abb. 12.8 Elemente eines Regelkreises mit negativer Rückkopplung

von dem Istwert (z. B. die gemessene Temperatur) mit einem Sollwert (z. B. die vorgegebene Temperatur) verglichen wird. Auf die Regelgröße oder die Regelstrecke wirken Störgrößen ein. Das kann zum Beispiel bei der Regelung der Körpertemperatur ein Wärmeverlust sein, der eine Temperaturerniedrigung zur Folge hat (Abb. 12.7).

Die negative Rückkopplung trägt demnach zur Erhaltung konstanter Verhältnisse bei (Abb. 12.8), während eine positive Rückkopplung zur Verstärkung bestimmter Störungen und Abweichungen und damit oft zu einem Zusammenbruch führen kann. Konstante Bedingungen sind evolutionsbiologisch mitunter von großem Vorteil. Das kann man sich am Beispiel der homoiothermen Tiere verdeutlichen, die im Gegensatz zu den wechselwarmen Tieren ihre Mobilität auch bei kalten Außentemperaturen erhalten und entweder flucht- oder zumindest angriffsbereit bleiben. Dass eine positive Rückkopplung schädlich oder von Nachteil sein kann, wird deutlich, wenn man sich vorstellt, dass das Essen, die Nahrungsaufnahme, den Hunger verstärken und nicht abmildern würde (Abb. 12.9).

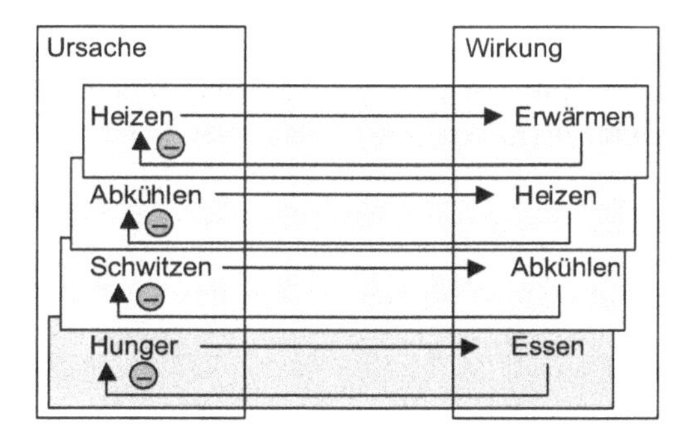

Abb. 12.9 Ursache-Wirkungs-Beziehungen

12.8 Fragen zum Verständnis

1. Wie kann es sein, dass ein bestimmter Baustoff zugleich der Energieversorgung der Zellen dienen kann? Nennen Sie einen solchen Stoff, auf den das zutrifft.
2. Was haben Brennstoffzelle und Atmung gemeinsam und wo liegen die Unterschiede?
3. Was haben Chemiosmose und aktiver Transport miteinander zu tun? Welcher Zusammenhang besteht und wie ist er zu erklären?
4. Weshalb sind Chloroplasten und Mitochondrien von einer Doppelmembran umgeben? Erklären Sie mithilfe einer Skizze.
5. Was sind die Gemeinsamkeiten zwischen Endosymbiose und Phagocytose und was sind die Unterschiede?
6. Wie kann man mithilfe der Donnan-Verteilung und der Na^+/K^+-Pumpe die Grundlagen der Reizbarkeit erklären?
7. Was versteht man unter dem Begriff „Information" und weshalb ist er sowohl in der Genetik als auch in der Neurobiologie von Bedeutung. Was versteht man jeweils darunter?
8. Weshalb kann das K^+-Ion besser die Poren der Biomembranen passieren als das Na^+-Ion, wo es doch größer ist als das Na^+-Ion?
9. Weshalb haben Tiere in der Regel Na^+/K^+-Pumpen, Pflanzen aber H^+/K^+-Pumpen?
10. Wie sind Lebewesen an Mangel- und Überschusssituationen angepasst? Erklären Sie an Bespielen!
11. Warum sind gerade Tier und Mensch auf dic Zufuhr von Erdalkali-Ionen aus der Nahrung in besonderer Weise für die Aufrechterhaltung des pH-Wertes in den Körperflüssigkeiten angewiesen? Was ist der Unterschied zu den Pflanzen?
12. Weshalb können einige Stoffe wie Spurenelemente und Schwermetalle lebenswichtig und andererseits toxisch sein?
13. Warum können Stoffe wie Traubenzucker oder Nitrat zugleich nutzen oder schaden?
14. Weshalb kann eine negative Rückkoppelung vorteilhaft, eine positive Rückkoppelung nachteilige Auswirkungen haben? Erklären Sie an einem Beispiel!

Die Antworten zu diesen Fragen finden Sie im Anhang „Antworten und Lösungen zu den Fragen".

Organische Kohlenstoffverbindungen – eine erste Übersicht

13

Zusammenfassung

Bis in das 17. Jh. war es üblich, die in der Natur vorkommenden Stoffe entsprechend ihrer Herkunft als mineralische, pflanzliche und tierische Substanzen zu unterscheiden. Im 18. Jh. grenzte man die mineralischen Stoffe als „unorganisierte Körper" von den „organisierten Körpern" aus Pflanzen oder Tieren ab. Erst im 19. Jh. ersetzte man den Begriff „Körper" durch Substanz oder Verbindung und nannte die stofflichen Komponenten organismischer Herkunft konsequenterweise „organische Verbindungen". Heute ist es nicht nur in den Medien fallweise üblich, von „chemischen Substanzen" zu sprechen, was allerdings einen Pleonasmus darstellt.

Erst in der fortgeschrittenen Neuzeit begann man damit, auch bestimmte Stoffe aus natürlichen Verbindungsgemischen organismischer Herkunft gezielt zu isolieren und möglichst rein darzustellen. Der schwedische Chemiker und Apotheker Karl Wilhelm Scheele (1742–1786) gewann beispielsweise reine Citronensäure, Weinsäure, Milchsäure und Oxalsäure aus üblichen Lebensmitteln und versuchte, ihre Zusammensetzung durch Verbrennung mit anschließender Analyse von Art und Menge der Verbrennungsprodukte zu bestimmen. Die meisten dieser aus der Natur bzw. aus Organismen gewonnenen Verbindungen bestanden, wie sich aus diesen frühen Ergebnissen überraschend ergab, aus nur wenigen Elementen in relativ unübersichtlichen, damals noch weitgehend unverstandenen Massenverhältnissen. Der schwedische Chemiker Jöns Jakob Berzelius (1779–1848) stellte erstmals einige gemeinsame Merkmale dieser Stoffe heraus, darunter geringe Wärmebeständigkeit und Brennbarkeit, und nannte sie „organisch", weil sie allesamt aus Lebewesen stammten und nach damaliger Einschätzung auch nur von lebenden Systemen aufgebaut werden können. Damit war das Teilgebiet der Organischen Chemie begründet. Aber schon 1828 leitete der deutsche Chemiker Friedrich Wöhler (1800–1882) einen Paradigmenwechsel ein, als er aus der anorganischen Verbindung Ammoniumisocyanat (NH_4OCN) die als organisch aufgefasste Substanz Harnstoff ($H_2N–CO–NH_2$, Diamid der Kohlensäure) herstellte. Damit fiel erstmals die bis dahin als grundsätzlich empfundene Schranke zwischen anorganischer

H. Bannwarth et al., *Basiswissen Physik, Chemie und Biochemie*,
https://doi.org/10.1007/978-3-662-58250-3_13

und organischer Chemie, zumal in der Folgezeit immer häufiger organische Verbindungen aus anorganischen oder auch auf synthetischem Wege hergestellt wurden – bereits im Jahre 1845 beispielsweise die Essigsäure aus ihren Elementen C, H und O.

13.1 Organische Chemie und Biochemie sind nicht identisch

Nachdem nunmehr Gewissheit darüber bestand, dass alle „organischen" Verbindungen Kohlenstoff enthalten und sich durch gemeinsame Besonderheiten in Aufbau und Reaktionen auszeichnen, behielt man die Bezeichnung **Organische Chemie** für die Chemie der Kohlenstoffverbindungen bei. Der genauere Begriffsumfang der Organischen Chemie ist heute jedoch zu modifizieren. Auf der Erde und selbst im Weltraum gab es nach den Ergebnissen der präbiotischen Chemie bzw. Astrochemie sogar relativ komplexe organische Kohlenstoffverbindungen schon lange vor dem ersten Auftreten lebender Zellen im tiefen Präkambrium vor mehr als 3×10^9 a und damit eine von Organismen völlig unabhängige Organische Chemie. Andererseits hat die moderne Polymerenchemie eine Vielzahl „organischer" C-Verbindungen entwickelt, die so in der Natur oder in Organismen nicht vorkommen und somit „Kunststoffe" darstellen. Dazu gehören insbesondere halogenorganische Verbindungen (Kap. 8).

In fast allen Organismen sind andererseits aber auch Verbindungen struktur- bzw. prozessintegriert, die typischerweise nicht in die klassischen Arbeitsgebiete der Organischen Chemie fallen, darunter die biogenen Eisenoxide (Ferrohydrit, Magnetit) in magnetotaktischen Bakterien oder die mit Metalloxiden verstärkten Raspelzungen mancher Weichtiere (Polyplacophora). Ferner gehören hierher die zarten gläsernen Zellwände der Kieselalgen (Diatomeen, Klasse Bacillariophyceae), in denen die Kieselsäure als amorphes, polymeres Siliciumoxid bzw. Siliciumhydroxid ($SiO_2(OH)_{4-2n}$) und somit gleichsam als biogenes Glas vorliegt. Ferner ist zu denken an Biominerale in den Exoskeletten von Schnecken und Muscheln (wasserfreies Calciumcarbonat, $CaCO_3$, in den Mineralformen Calcit, Aragonit oder Vaterit) sowie an die Calciumphosphate im Endoskelett (Knochen und Zähne) der Wirbeltiere, überwiegend deponiert als Hydroxylapatit, $Ca_{10}(OH)_2(PO_4)_6$, oder Fluorapatit, $Ca_{10}F_2(PO_4)_6$. Viele organismische Verbindungen enthalten essenzielle Metalle. Beispiele sind das Zink-Ion (Zn^{2+}) im Enzym Carboanhydrase, das Eisen-Ion (Fe^{2+}) im Blutfarbstoff Hämoglobin bzw. Atmungsferment Cytochrom oder das Cobalt-Ion (Co^{2+}) im Coenzym (Vitamin) B_{12}. Diese und weitere „mineralische Komponenten" fallen in das Arbeitsgebiet der Bioanorganischen Chemie und sind somit auch Gegenstand der Biochemie.

Da sich das Methodenrepertoire der (Organischen) Chemie bei der Gewinnung, Isolierung, Strukturaufklärung und Synthese von Naturstoffen aus Organismen als außerordentlich erfolgreich erwies, begann man konsequenterweise bereits zu Beginn des 19. Jh. auch damit, typische Lebenserscheinungen mit chemischen Mitteln zu erforschen und zu beschreiben. Soweit hierbei stoffliche Abläufe in Lebewesen oder ihren Strukturbestandteilen Gegenstand der Betrachtung sind und charakteristische Lebenserscheinungen mit den methodisch-formalen Möglichkeiten der Chemie auf molekularer Basis kausal erklärt werden, wird die Organische Chemie zu einer grenzüberschreitenden Wissenschaft mit breiter thematischer Überlappung zur Biologie, Medizin und Pharmazie. Eine Frage, die in verschiedenen weltanschaulichen Lagern nach wie vor kontrovers diskutiert wird, ist die, ob sich die Lebenserscheinungen erschöpfend im Rahmen physikalisch-chemischer Gesetzmäßigkeiten erklären lassen (reduktionistischer Ansatz). Diese in die Grenzbereiche zur Naturphilosophie führenden Fragen sind für das moderne naturwissenschaftliche Verständnis von geradezu grundsätzlicher Bedeutung, aber wir werden dieser faszinierenden Problematik hier dennoch keinen weiteren Raum geben. Bei den Blickachsen und Problemstellungen derjenigen Disziplinen, die speziell die organismischen Leistungen in stofflichen Kategorien analysieren und beschreiben, spricht man zutreffender von **Physiologischer Chemie** oder Biologischer Chemie bzw. einfach von **Biochemie**. Eine genaue inhaltliche Abgrenzung zur **Molekularbiologie**, die lange Zeit wesentliche Impulse aus der modernen Genetik erhielt, ist heute nicht mehr möglich.

13.2 Organische Stoffe sind Kohlenstoffverbindungen

Während anorganische (Natur-)Stoffe wie die Mineralien der Erdkruste in ihrer Zusammensetzung praktisch alle natürlich vorkommenden Elemente des Periodensystems verwenden, beteiligen sich am Aufbau organischer Verbindungen außer Kohlenstoff (C) nur relativ wenige weitere Elemente, darunter in der Reihenfolge ihrer Häufigkeit Wasserstoff (H), Sauerstoff (O) und Stickstoff (N), ferner Phosphor (P), Schwefel (S) und einige Halogene. Trotz dieses stark eingeschränkten Elementspektrums sind weitaus mehr organische als anorganische Stoffe bekannt: Das Zahlenverhältnis beträgt derzeit ungefähr 5000 : 1. Diese Angabe ist allerdings nur bedingt sinnvoll angesichts der Tatsache, dass es prinzipiell theoretisch unbegrenzt viele organische Kohlenstoffverbindungen gibt. Die enorme Vielfalt organischer Stoffe erklärt sich ganz einfach aus den besonderen und geradezu einzigartigen Eigenschaften des Kohlenstoffatoms, über die andere Elemente (darunter Silicium aus der gleichen Gruppe 14 im PSE) gar nicht oder nur in minderem Maße verfügen.

Gerade die Atome des Kohlenstoffs können sich nämlich nahezu unbegrenzt mit sich selbst verbinden und dabei Ketten, Ringe oder andere dreidimensionale Strukturen (z. B. komplexe Gitter wie die Fullerene oder die nicht exakt definierbaren Huminstoffe) aufbauen. Weil für die Bildung von Kohlenstoff-Ionen (C^{4+} oder C^{4-}) außerordentlich hohe Energiebeträge aufzuwenden wären, verbinden sich C-Atome bereitwillig mit sich selbst (C–C) oder mit Atomen anderer Elemente (z. B. C–H) eher durch Atombindungen. Diese stellen reine **kovalente Bindungen** (Elektronenpaarbindungen; Abschn. 9.2) dar. Unter Standardbedingungen sind C–C- oder C–H-Bindungen ziemlich beständig: Die durchschnittliche Bindungsenergie in einer C–C-Bindung beträgt $339\,kJ \cdot mol^{-1}$, in einer C–H-Bindung $410\,kJ \cdot mol^{-1}$. Nur der Kohlenstoff (Gruppe 14) ist zu dieser Kettenbildung befähigt, denn er nimmt im Periodensystem der Elemente (PSE) eine Sonderstellung ein:

Tab. 13.1 Beispiele für Elektronenpaarbindungen und Bindungslängen (in pm bzw. nm) in organischen Verbindungen

Einfachbindungen	Doppelbindungen	Dreifachbindungen
–C–C– –C–H –C–N–H (mit H am N) 155 pm (0,155 nm)	–C=C– –C=O 134 pm (0,134 nm)	–C≡C– $\vert C^{+}\equiv O\vert^{-}$ 120 pm (0,120 nm)

[1]Kohlenstoffmonoxid (CO) ist mit dem dreibindig eingebauten Sauerstoff eine bemerkenswerte Ausnahme. Normalerweise hat Sauerstoff nur 2 Valenzen

Während das Methanmolekül CH_4 neutral ist, stellt eine einfache Verbindung des Elementes Bor (Gruppe 13) wie das Bortrifluorid (BF_3) eine Lewis-Säure (mit e^--Lücke) dar, eine solche des Stickstoffs (Gruppe 15) wie der Ammoniak (NH_3) dagegen eine Lewis-Base (mit einsamem e^--Paar). Schon allein aus elektrostatischen Gründen sind daher BF- und NH-Ketten unstabil. Nur beim Kohlenstoff sind demnach C–C–C–C–. . . -Ketten möglich.

In Formelbildern organischer Verbindungen stellt man das gemeinsame bzw. bindende Elektronenpaar üblicherweise durch einen einfachen Strich (Valenzstrich) zwischen den miteinander verbundenen Atomen dar (Strich-, Valenz- oder Strukturformel). Soweit es die Valenzverhältnisse zulassen, können zwischen zwei bindenden Atomen auch zwei oder (höchstens) drei Elektronenpaare bestehen (Tab. 13.1).

13.3 Alkane bilden die Basis der Biomoleküle

Da sich nahezu beliebig viele Kohlenstoffatome miteinander verknüpfen können, ergibt sich entsprechend eine große Anzahl gerader oder verzweigter Kohlenstoffketten. Sofern die C-Atome ausschließlich durch Einfachbindungen verbunden sind und ausschließlich Wasserstoffatome alle übrigen vorhandenen Valenzen einnehmen (absättigen), erhält man als Ausgangsgruppe die **gesättigten Kohlenwasserstoffe** (Hydrocarbone) oder **Alkane** (Paraffine). Sie sind vergleichsweise reaktionsträge. Ihre einfachste Stammverbindung ist das tetraedrisch aufgebaute Methan CH_4 (Tab. 13.2). Der Winkel zwischen den einzelnen Bindungen beträgt jeweils 109,5°, die Bindungslänge 154 pm (0,154 nm). Durch schrittweise erfolgenden Einbau weiterer C-Atome unter gleichzeitiger ständiger Kettenverlängerung sind formal alle anderen aliphatischen Kohlenwasserstoffe abzuleiten. Die sich daraus ergebenden Verbindungsfolge nennt man eine **homologe Reihe**.

Um das Ausgangsmolekül Methan zu einer C-Kette zu erweitern, muss jedoch ein Valenzelektron (durch Entfernung eines Wasserstoffatoms) zur Verfügung stehen. Anstelle eines vollständigen Methanmoleküls CH_4 wird also nur ein um ein Wasserstoffatom verminderter Rest ($–CH_3$ = **Methylrest**) verwendet. Zwei Methylreste ergeben somit als nächste Alkanverbindung das Ethan (veraltete, aber fallweise noch verwendete Schreibweise: Äthan).

Tab. 13.2 Formel- bzw. Strukturbilder einfacher Alkane

Summenformel	Valenzformel (Konstitutionsformel)	Kugel-Stab-Modell	Kalottenmodell
Methan CH_4	H–C–H (mit H oben und unten) bzw. H HCH H		
Ethan C_2H_6	H–C–C–H (je H oben und unten) bzw. $H_3C–CH_3$		

Aus allen Alkanen lassen sich somit durch formale Wegnahme eines Wasserstoffatoms die entsprechenden **Alkylreste** bilden. Für die Bildung eines Alkans mit 3 C-Atomen aus Ethan oder weiterer Mitglieder dieser Stofffamilie ist nunmehr nur noch der Einbau einer CH_3-Gruppe erforderlich. Auf diese Weise entsteht die **homologe Reihe** der offenkettigen Alkane (**gesättigte** bzw. **aliphatische** Kohlenwasserstoffe) mit der allgemeinen Summenformel C_nH_{2n+2}, die sich jeweils nur um einen gleichbleibenden Baustein (nämlich die Methylengruppe $–CH_2–$) unterscheiden (Tab. 13.2 und 13.3).

Die Valenzen der wenigen an organischen Molekülen beteiligten Elemente geben einfache und konsistente Bauregeln organischer Verbindungen bzw. Biomoleküle vor. Daher lassen sich die vollständigen Strukturformeln teilweise abkürzen, indem man die Valenzstriche weglässt und die an jedem C-Atom gebundenen H-Atome summiert: Aus der Summen- bzw. Strukturformel für Ethan (C_2H_6, vgl. Tab. 13.2) ergibt sich somit die Grup-

Tab. 13.3 Homologe Reihe der gesättigten Kohlenwasserstoffe (Alkane)

Summenformel	Gruppenformel	Name	Schmelzpunkt (°C)	Siedepunkt (°C)	Alkylrest (Alkan minus H)
CH_4	CH_4	Methan	−184	−164	Methyl-
C_2H_6	CH_3-CH_3	Ethan	−171,4	−93	Ethyl-
C_3H_8	CH_3-CH_2-CH_3	Propan	−190	−45	Propyl-
C_4H_{10}	CH_3-$(CH_2)_2$-CH_3	Butan	−135	−0,5	Butyl-
C_5H_{12}	CH_3-$(CH_2)_3$-CH_3	Pentan	−130	36	Pentyl-
C_6H_{14}	CH_3-$(CH_2)_4$-CH_3	Hexan	−93,5	68,7	Hexyl-
C_7H_{16}	CH_3-$(CH_2)_5$-CH_3	Heptan	−90	98,4	Heptyl-
C_8H_{18}	CH_3-$(CH_2)_6$-CH_3	Octan	−57	126	Octyl-
C_9H_{20}	CH_3-$(CH_2)_7$-CH_3	Nonan	−53,9	150,6	Nonyl-
$C_{10}H_{22}$	CH_3-$(CH_2)_8$-CH_3	Decan	−32	173	Decyl-
...					
$C_{20}H_{42}$	CH_3-$(CH_2)_{18}$-CH_3	Eicosan	37	–	Eicosyl-

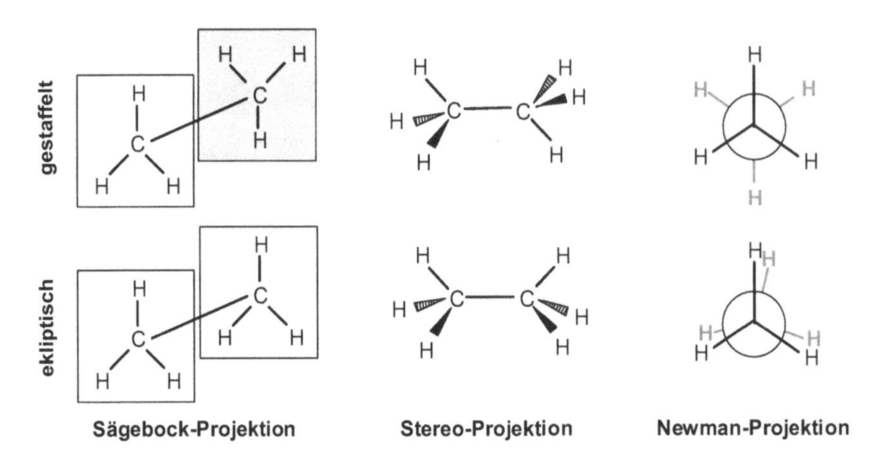

Abb. 13.1 Räumliche Struktur und Projektionen auf die Papierebene

penformel CH_3–CH_3. Wenn man die tatsächlich bindenden Atome im Formelbild zum Ausdruck bringen möchte, sortiert man zu H_3C–CH_3 um.

Für die Beschreibung der Molekülstruktur sind die folgenden Begriffe relevant:

- Unter **Konstitution** versteht man Art und Menge der Bindungen zwischen den Atomen eines Moleküls: Im Ethan sind alle Bindungspartner nur durch Einfachbindungen miteinander verknüpft.
- Die **Konfiguration** bezeichnet dagegen die räumliche Anordnung der Atome eines Moleküls, ohne Berücksichtigung der möglichen Drehung an Einfachbindungen.
- Gegenstand der **Konformation** ist schließlich die Beschreibung der räumlichen Anordnung drehbarer Bindungen zwischen C-Atomen: Im Ethan sind die beiden C-Atome durch eine σ-Bindung (vgl. Kap. 8) verknüpft.

Aus der möglichen freien Rotation der beiden CH_3-Gruppen im Ethanmolekül um diese C–C-Bindung ergeben sich verschiedene räumliche Anordnungen, die man **Konformere** nennt. Dafür bestehen verschiedene Darstellungsmöglichkeiten (Stereo-Projektionen), beispielsweise die Sägebock-Projektion. Eine weitere Darstellung ist die in Abb. 13.1 ebenfalls gezeigte Keilstrich-Projektion, bei der man das Molekül exakt von der Seite anschaut. Nur die durchgezogenen Linien liegen dabei jeweils in der Papierebene. Keilförmig kompakt (ausgefüllt) dargestellte Linien weisen immer nach vorne, gestrichelt gezeichnete Bindungen liegen jeweils hinter der Papierebene.

Alkane sind eine außerordentlich wichtige Naturstoffgruppe, die vor allem im Erdöl sowie in petrochemischen Folgeprodukten enthalten sind. Gleichzeitig bilden sie die formalen Stammverbindungen zahlreicher Biomoleküle. Tab. 13.3 listet die wichtigsten unverzweigten Alkane mit Kettenlängen unter 20 C-Atomen auf. Die ersten vier Verbindungen vom Methan bis zum Butan tragen konventionelle, überwiegend aus dem Arabischen entlehnte Bezeichnungen. Beginnend mit dem Pentan bezeichnet man die nach der Anzahl der beteiligten C-Atome nach (alt)griechischen Zahlwörtern (*penta* = fünf usw.).

Die leicht entflammbaren niederen Alkane vom Methan bis zum Butan sind bei Zimmertemperatur gasförmig. Propan oder Butan sind daher nur unter stark erhöhtem Druck in besonderen Behältern als „Flüssiggas" (etwa als Betriebsmittel für Feuerzeuge) aufzubewahren. Die mittleren Alkane (Pentan bis Nonan) bilden die Hauptbestandteile des Benzins, sind bei Zimmertemperatur flüssig, leicht flüchtig und ebenfalls leicht entflammbar. Nur die höheren Alkane (>Decan) sind unter diesen Bedingungen ölig oder fest, beispielsweise die Fraktion C_{10} bis C_{16} für Motorenöl oder $>C_{16}$ im Kerzenparaffin. Bei allen Alkanen liegt das spezifische Gewicht unter demjenigen von Wasser; Benzin schwimmt daher in Wasserlachen immer oben und erzeugt hier durch Interferenzeffekte bunt schillernde Flecken. Als unpolare Verbindungen sind Alkane in Wasser nicht löslich, sondern nur in anderen **unpolaren Lösemitteln**. Dennoch können sie sich mit Wasser mischen und schon in geringer Menge riesige Wassermengen bis zur Unbrauchbarkeit kontaminieren (Umweltproblematik).

13.4 Benennung organischer Verbindungen

Bei der Ableitung der homologen Reihe der Kohlenwasserstoffe von der Stammsubstanz Methan (CH_4) wurde jeweils ein endständiges Wasserstoffatom durch die gleichbleibende Baugruppe $-CH_3$ (Methylgruppe) ersetzt. Atome oder Atomgruppen, die einen Wasserstoff an einem Alkan (C-Kette) ersetzen, nennt man **Substituenten** oder **Liganden**. Den Vorgang selbst bezeichnet man als Substitution (vgl. Abschn. 13.9.2). Führt man die Substitution eines nicht endständigen (mittenständigen) Wasserstoffatoms durch, erhält man die verzweigten Alkane.

Für Butan und alle höheren Alkane der homologen Reihe sind nach Substitution jeweils mehrere Strukturalternativen mit Verzweigungen durch Methylgruppen möglich, ohne dass sich dadurch die **Summenformel** $C_2H_{(2n+2)}$ ändert. Diese Verbindungen sind daher (struktur-)**isomer.** Tab. 13.4 zeigt als Formelbeispiele die drei möglichen strukturisomeren Pentane, einige technische Daten und ihre Benennung auf.

Zur genauen Kennzeichnung der unverzweigten Alkane stellt man dem Substanznamen oft ein *n*- (für normal = unverzweigt) voran. Die Vorsilbe Iso- oder *iso*- kennzeichnet eine Verzweigungsstelle vom Typ $(CH_3)_2CH$- am Kettenende: 2-Methylbutan könnte man danach auch als ***iso*-Pentan** bezeichnen. Die Vorsilbe Neo- oder *neo*- verwendet man für endständige Verzweigungen vom Typ $(CH_3)_3\,C$– wie im Fall von 2,2-Dimethylpropan = ***neo*-Propan**.

Je länger die Kohlenstoffkette, umso höher ist die Anzahl von Verbindungen, die zwar die gleiche Summen-, jedoch eine unterschiedliche Strukturformel aufweisen und folglich **isomer** sind. Die Isomerenzahl wächst rasch an – beim Hexan sind es 5, beim Heptan 9, beim Hexan 75 und beim Pentadecan ($C_{15}H_{32}$) bereits 4347 Strukturalternativen.

Tab. 13.4 Isomere Pentane

Formelbild	Substanznamen	Schmelzpunkt (°C)	Siedepunkt (°C)
$CH_3–CH_2–CH_2–CH_2–CH_3$	*n*-Pentan	−129,7	36,0
$CH_3–CH–CH_2–CH_3$ | CH_3	2-Methylbutan *iso*-Pentan Isopentan	−158,6	27,9
CH_3 | CH_3-C-CH_3 | CH_3	2,2-Dimethylpropan *neo*-Pentan Neopentan	−20,1	9,5

Angesichts der großen Zahl möglicher Strukturalternativen ergibt sich die zwingende Notwendigkeit, die Moleküle eindeutig, nachvollziehbar und international einheitlich zu benennen. Dazu hat die *International Union of Pure and Applied Chemistry* (IUPAC) ein komplexes und international verbindliches Regelwerk geschaffen. Um Moleküle nach diesen Vorschriften der **Genfer Nomenklatur** eindeutig (rationell) zu benennen, verfährt man folgendermaßen:

- Man sucht die längste im Molekül vorhandene unverzweigte Kohlenstoffkette auf und leitet davon den Substanznamen ab (beispielsweise -pentan).
- Dann nummeriert man die vorhandenen C-Atome (gedanklich) durch und fügt in den Namen die Verzweigungsstelle(n) sowie die beteiligte(n) Alkylgruppe(n) ein (beispielsweise 2-Methylpentan).
- Die Nummerierung erfolgt von einem Ende her immer so, dass die Verzweigungsstellen möglichst **niedrige (kleine) Nummern** erhalten.
- Enthält ein verzweigter Kohlenwasserstoff als Substituenten mehrere gleichartige Alkylgruppen, gibt man dies durch Verwendung entsprechender Vorsilben an, nämlich mit **di** für zwei, **tri** für drei oder **tetra** für vier Substituenten. Im obigen Beispiel zeigt dies die Verbindung 2,2-Dimethylpropan.
- Das Komma zwischen den Angaben für die Verzweigungsstellen im Substanznamen wie bei 2,2-Dimethylpropan ist grundsätzlich stumm. Die betreffende Bezeichnung wird also „zwei zwei Dimethyl…“ gesprochen.
- Bei verschiedenartigen Substituenten als Seitenketten ordnet man diese im Substanznamen **alphabetisch** (Ethyl- vor Methyl- usw.).
- Sind die Seitenketten ihrerseits verzweigt, gibt man deren Substituenten (Liganden) in Klammern mit eigener Zählung der Verzweigungsstelle(n) an. Beispiel: 2-Ethyl-3-methyl-4-(2,2-dimethyl)-5-propyloctan.
- Zahlenangaben in Substanzbezeichnungen werden ohne Zwischenraum geschrieben, aber mit Binde- bzw. Trennstrich (**Divis -**, nicht mit Gedankenstrich –) an die Wort-

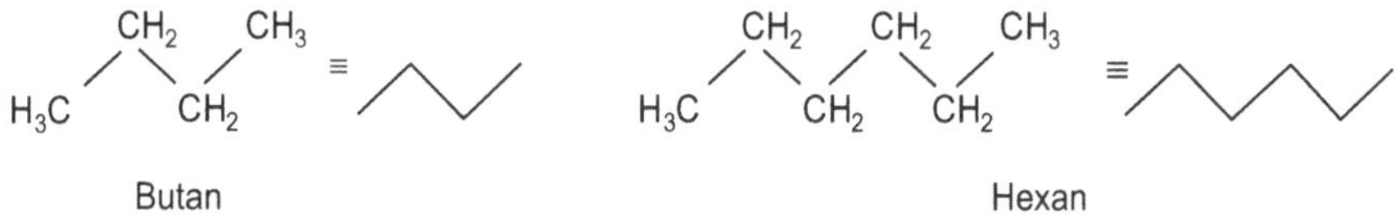

$H_3C-CH_2-CH_2-CH_3$ ≡ (Skelettformel)

Butan

$H_3C-CH_2-CH_2-CH_2-CH_2-CH_3$ ≡ (Skelettformel)

Hexan

Abb. 13.2 Darstellung längerkettiger Alkane mit Skelettformeln

stämme angefügt. Zur besseren Erkennbarkeit wird der Name der Stammverbindung (manchmal) ebenfalls durch ein Divis abgetrennt: 3,4-Dimethyl-pentan.

- Ein Großbuchstabe steht nur am Beginn des Substanznamens. Alle weiteren Bauglieder werden in Kleinbuchstaben geschrieben: Eisen(II, III)-oxid; 6,7-Diethoxy-1-(3′,4′diethoxybenzyl)-isochinolin.
- In Strich- und Gruppenformeln schreibt man die Einfachbindungen im Allgemeinen mit Trennstrichen (Divis) und nur zur besonderen Hervorhebung mit Gedankenstrichen. Zwischen den Baugruppen wird **kein** Leerzeichen verwendet: H_3 C-$(CH_2)_6$-COOH.
- Für die übersichtliche Formeldarstellung komplexerer Kohlenwasserstoffe oder davon abgeleiteter bioorganischer Verbindungen ist eine noch weiter vereinfachende Darstellungsweise (= **Skelettformel**) möglich (Abb. 13.2). Darin verwendet man für eine C–C-Einfachbindung lange Striche. An jedem Knick ist eine -CH_2-Gruppe (Methylengruppe) zu denken, während das Ende eines Striches immer einer Methylgruppe (-CH_3) entspricht:
- Sind als Substituenten andere Elemente als C und H enthalten, werden diese immer mit ihrem jeweiligen Elementsymbol dargestellt.

Kohlenwasserstoffe mit 4 und mehr C-Atomen können auch ringförmige C-Gerüste bilden. Im Fall der gesättigten Alkane erhält man so die **Cycloalkane** oder **alicyclischen Kohlenwasserstoffe**. Im vereinfachten Formelbild werden diese Ringe meist als ebene Gebilde dargestellt (Abb. 13.3). Tatsächlich sind sie jedoch gewinkelt und entgehen damit der Ringspannung. Das planare Cyclopentan weist zwischen den C-Atomen jeweils Bindungswinkel von 108° auf und steht somit nur unter relativ geringer Ringspannung. Im gewinkelten Cyclopentan beträgt der ideale Bindungswinkel für den spannungsfreien Zustand jeweils 109,5°. Allerdings ist ein stark gespanntes Cyclopropan bekannt.

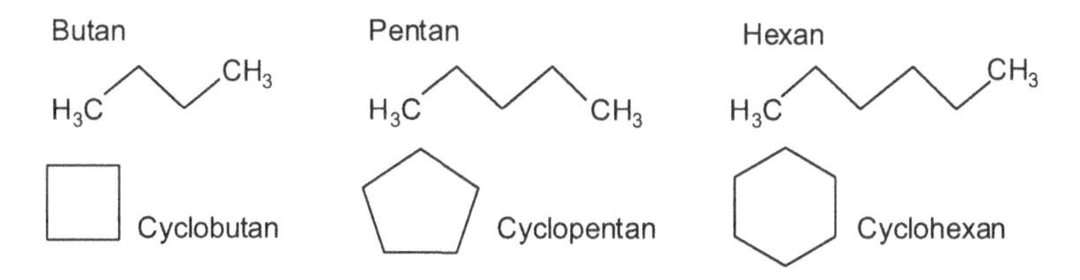

Abb. 13.3 Formelbilder einfacher Cycloalkane (Einfachringe)

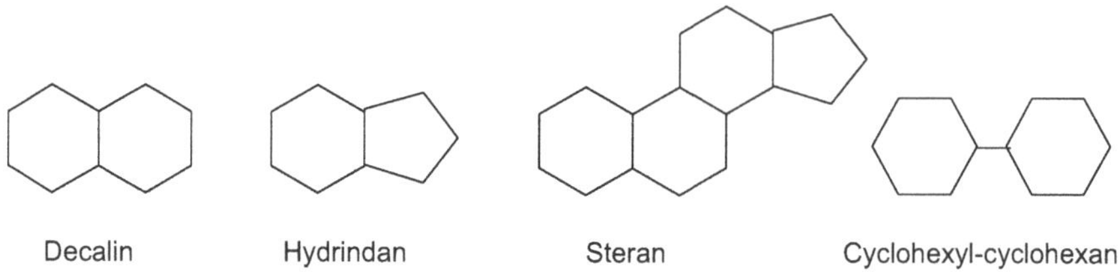

Abb. 13.4 Formelbilder einiger kondensierter Cycloalkane (Mehrfachringe)

Außer Einfachringen wie Cyclopentan oder Cyclohexan sind auch **kondensierte Ringsysteme** wie Decalin (2 C_6-Ringe), Hydrindan (1 C_6- und 1 C_5-Ring) oder Steran (3 C_6-Ringe und 1 C_5-Ring) von Bedeutung. Alicyclische (gesättigte) Ringsysteme spielen neben den ungesättigten Ringverbindungen in der Natur als Bausteine zahlreicher organischer Stoffe (früher vereinfachend oft Sekundärstoffe genannt) eine bedeutende Rolle.

Das aus mehreren kondensierten Ringen bestehende Sterangerüst liegt formal beispielsweise den zahlreichen in der Natur vorkommenden Steroidverbindungen (Steroidglykoside, Steroidalkaloide, Steroidhormone u. a.) zugrunde, wobei auch Verbindungen mit vier C_6-Ringen vorkommen. Diese leiten sich biosynthetisch jedoch nicht von den Cycloalkanen ab, sondern sind komplexe Derivate des Terpenstoffwechsels (s. unten). Cyclohexyl-cyclohexan stellt eine so **verbrückte Ringstruktur** dar (Abb. 13.4).

13.5 Alkene und Alkine sind ungesättigte Kohlenwasserstoffe

Tab. 13.1 informierte bereits darüber, dass zwischen den C-Atomen einer organischen Verbindung oder zwischen einem C-Atom und einem anderen Bindungspartner (beispielsweise N-Atom) auch zwei Elektronenpaarbindungen und somit eine Doppelbindung (=) bestehen können. Zwei C-Atome können auch über eine Dreifachbindung verknüpft sein.

Kohlenwasserstoffverbindungen, die in ihren Molekülen zwischen einzelnen C-Atomen Mehrfachbindungen aufweisen, nennt man **ungesättigt**. Sind Doppelbindungen vor-

Tab. 13.5 Ungesättigte Kohlenwasserstoffe (Alkene und Alkine)

Substanzname	Formelbild
Ethen (früher: Ethylen bzw. Äthylen)	$H_2C{=}CH_2$
2-Buten	$H_3C{-}CH{=}CH{-}CH_3$
1,3-Butadien	$H_2C{=}CH{-}CH{=}CH_2$
Ethin (früher: Acetylen)	$HC{\equiv}CH$
1-Propin	$H_3C{-}C{\equiv}CH$
5-Methyl-1-hexin	CH_3 (an C-5) $H_3C{-}CH{-}CH_2{-}CH_2{-}C{\equiv}CH$

cis-2-Buten
Z-2-Buten
Siedepunkt 3,7 °C

H_3C CH_3 C=C H H

H_3C H C=C H CH_3

trans-2-Buten
E-2-Buten
Siedepunkt 0,9 °C

Abb. 13.5 Formelbilder und Eigenschaften konfigurationsisomerer Verbindungen

handen, heißen die entsprechenden Stoffe **Alkene** (früher Olefine); enthalten sie dagegen Dreifachbindungen, spricht man von **Alkinen**. Auch sie bilden jeweils eine **homologe Reihe** mit einer oder mehreren Mehrfachbindungen. Anzahl und Lage (= Ausgangsatom) der Mehrfachbindung(en) in der Kohlenstoffkette bringt man im rationellen Verbindungsnamen analog zur Bezeichnung von Verzweigungsstellen bei den Alkanen zum Ausdruck. Einige Beispiele zeigt Tab. 13.5.

Im Ethenmolekül ist wegen der Doppelbindung die Lage der beiden mittleren Kohlenstoffatome fixiert. Eine beliebig freie Drehung (Rotation) um diese C=C-Bindung ist im Unterschied zur Einfachbindung C–C nicht mehr möglich. Das hat Konsequenzen für längere Moleküle: Für das 2-Buten sind daher zwei räumlich verschiedene Strukturformeln möglich, je nachdem, ob die beiden endständigen Methylgruppen im Molekül auf der gleichen Seite der Doppelbindung liegen oder nicht. Man spricht in solchen Fällen von **geometrischer Isomerie** bzw. **Konfigurationsisomerie** oder ***cis/trans*-Isomerie** (Abb. 13.5). Oftmals unterscheiden sich die Konfigurationsisomere in ihren physikalischen Eigenschaften deutlich.

Außer der *cis/trans*-Benennung mit 1,2-disubstituierter Doppelbindung hat man weitere Benennungsmöglichkeiten entwickelt, um auch komplexer substituierte Moleküle genau bezeichnen zu können, darunter das ***Z/E*-Verfahren**: Darin entspricht Z (von **z**usammen) im einfachsten Fall der *cis*-Konfiguration, E (von **e**ntgegengesetzt) der jeweiligen *trans*-Alternativen.

H_3C CH_3 CH_3 CH_3 H_3C HC=O

H_3C CH_3 CH_3 CH_3 HC=O CH_3

cis-Retinal (gewinkelt, an Opsin gebunden) *trans*-Retinal (gestreckt, nicht gebunden)

Abb. 13.6 Das Sehpigment Retinal ist ein Beispiel für *cis-/trans*-Umwandlungen

Exkurs: Sehpurpur

Für die biologische Aktivität beispielsweise von artspezifischen Signalstoffen oder von Arzneiwirkstoffen spielt die Isomerie eine bedeutende Rolle. Ein weiteres Beispiel liefern die Dicarbonsäuren: Die Fumarsäure (*trans*-Isomer) ist eine wichtige Station im Tricarbonsäurezyklus (vgl. Abschn. 20.4), während die Maleinsäure (*cis*-Isomer) vom nachgeschalteten Enzym Fumarat-Dehydrogenase nicht umgesetzt werden kann.

Ein weiteres wichtiges Beispiel sind ***cis*- und *trans*-Retinal**: In den Stäbchen der Netzhaut liegt Retinal verbunden mit dem Protein Opsin vor (= Rhodopsin). Beim Sehvorgang spielt die *cis-trans*-Isomerisierung eine wichtige Rolle. Nimmt 11-*cis*-Retinal ein Lichtquant auf, wird es zum *trans*-Isomer umgelagert und Retinal wird vom Opsin abgespalten. Infolge dieses Lichtreizes entsteht als Signal eine elektrochemische Potenzialänderung in der Stäbchenzelle, die den Sehvorgang einleitet (Abb. 13.6).

Alkene sind in der Natur weit verbreitet, beispielsweise in der wichtigen Naturstoffgruppe der **Isoprenoide**, die aus dem 5-C-Grundkörper Isopren = 2-Methyl-1,3-butadien zusammengesetzt sind. Zwei Isopreneinheiten bilden die Monoterpene ($C_{10}H_{16}$), die entweder offenkettig wie das Myrcen oder cyclisiert wie das Limonen sein können. Die gesamte Beispielreihe der Monoterpene in Abb. 13.7 sind Blatt-, Blüten- oder Fruchtaromen. Aus zwei Terpenen erhält man die Diterpene ($C_{20}H_{32}$), zu denen beispielsweise Vitamin A (Retinol), das Retinal und damit ein wichtiger Funktionsträger der Photorezeptoren im Auge gehört (Abb. 13.6). Die als pflanzliche Plastidenpigmente bedeutsamen **Carotenoide** (häufig auch als Carotinoide bezeichnet) wie β-Caroten (vgl. Kap. 19), Lutein oder Fucoxanthin weisen allesamt das Grundgerüst der Tetraterpene ($C_{40}H_{64}$) auf.

Komplexere Terpene sind die ebenfalls vom Isopren bzw. Sterangrundgerüst abgeleiteten Steroide. Cholesterin (Cholesterol) ist ein wichtiger Membranbaustoff und kommt ferner fast nur in tierischen Depotfetten vor. Testosteron ist das männliche, Estradiol (Östradiol) eines der weiblichen Sexualhormone (Abb. 13.8).

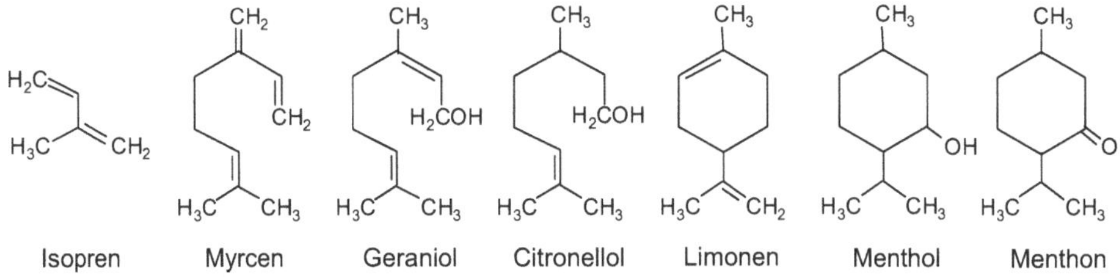

Isopren Myrcen Geraniol Citronellol Limonen Menthol Menthon

Abb. 13.7 Beispiele für biologisch-pharmakologisch bedeutsame Vertreter der Monoterpene

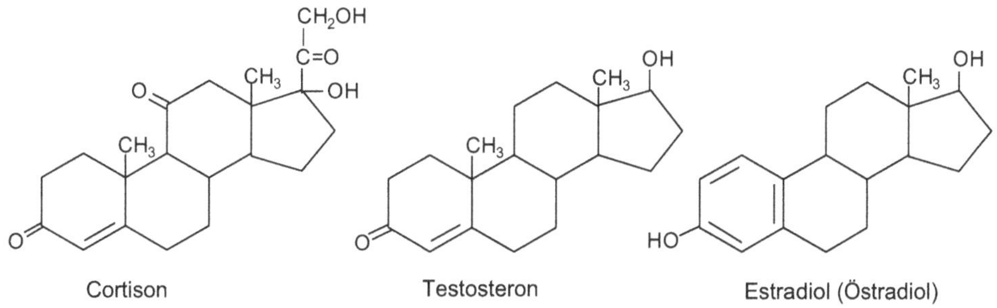

Cortison Testosteron Estradiol (Östradiol)

Abb. 13.8 Beispiele für biologisch-pharmakologisch relevante komplexere Vertreter der Terpene

13.6 Aromaten sind besondere Kohlenstoffringe

Schon lange sind natürliche Stoffe bekannt, die wie Vanillin, Cumarin (Waldmeister) oder Zimtaldehyd besondere Aromaqualitäten aufweisen und mithin als **aromatische Verbindungen** bezeichnet wurden. Aus solchen Naturstoffen ließen sich einfachere Verbindungen wie Anilin, Benzoesäure oder Zimtsäure herstellen. Ihre Struktur blieb jedoch lange unklar. Schon vor knapp 150 Jahren erkannte man jedoch, dass diese aromatischen Verbindungen fast immer einen festen Baustein von sechs verknüpften Kohlenstoffatomen enthalten, der auch den von Michael Faraday 1825 im Leuchtgas entdeckten Kohlenwasserstoff Benzol (Benzen) kennzeichnet. Aber erst August Kekulé von Strahowitz (1829–1896) fand 1865 in London eine passende strukturelle Lösung und schlug für die Kohlenstoffe im Benzol (Benzen, 1,3,5-Cyclohexen) eine ringförmige Anordnung vor.

Die danach benannten **Kekulé-Formeln** des Benzolmoleküls mit je drei Doppelbindungen geben den tatsächlichen Zustand der Elektronen jedoch nicht unbedingt zutreffend wieder, sondern halten vereinfachend lediglich die Grenz- bzw. Zwischensituationen (**Mesomerien**) fest: Im ungesättigten Benzolring sind alle sechs Kohlenstoffatome durch gleichlange Einfachbindung verknüpft und liegen mit den Wasserstoffatomen jeweils in der gleichen Ebene, während die übrigen sechs Valenzelektronen (π-Elektronen; vgl. Abschn. 9.1) unter- und oberhalb des Ringes verteilt und demnach nicht auf eine bestimmte Stelle fixiert sind (= delokalisiertes Elektronensystem). Ein mesomeres System vom Typ des Benzolmoleküls ist besonders stabil und energiearm, weil die delokalisierten Elektronen einen größeren Raum einnehmen können. Wären die drei Doppelbindungen streng lokalisiert, müsste bei der Hydrierung zum gesättigten Cyclohexan eine Wärmeenergie von $3 \times 119{,}7\,\text{kJ mol}^{-1}$ frei werden. Tatsächlich liegt der Betrag nur bei $69\,\text{kJ mol}^{-1}$.

Zur vereinfachenden Schreibweise von Benzol und seinen Derivaten verwendet man üblicherweise die Kekulé-Formel statt der heute nicht mehr gebräuchlichen Dewar-Strukturen. Eine weitere Schreibalternative zur Andeutung der delokalisierten Elektronen ist ein Sechseck mit eingeschlossenem Kreis (Abb. 13.9). Dieser Moleküldarstellung liegt die zutreffende Vorstellung zugrunde, dass alle Grenzstrukturen gemeinsam die tatsächlichen Bindungsverhältnisse wiedergeben (resonanzstabilisierter Hybrid).

Abb. 13.9 Schreibweise der ungesättigten Cyclohexanderivate nach August Kekulé

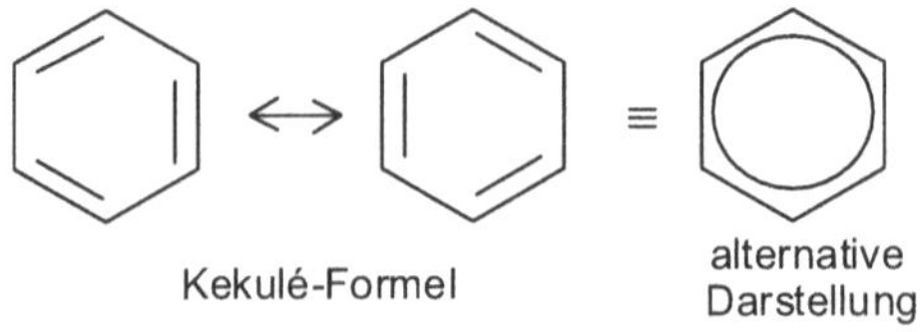

Kekulé-Formel

alternative Darstellung

Die Art der Verknüpfung von C-Atomen sowie erstaunlich wenigen anderen Elementen zu unverzweigten bzw. verzweigten Ketten oder zu einfachen bzw. mehrgliedrigen Ringsystemen ist eines der Leitkriterien für die Systematik der organischen Stoffklassen, die Tab. 13.6 überblicksweise angibt. Alle aufgeführten Stoffklassen sind die Stammverbindungen wichtiger Biomoleküle bzw. Naturstoffe. Unter den Ringverbindungen bezeichnet man als **Carbocyclen** diejenigen, deren Ringe nur aus C-Atomen bestehen, während die **Heterocyclen** (Schreibweise auch Heterozyklen) zusätzlich andere Atome (meist O, N oder S) enthalten.

Einige wichtige Vertreter der aromatischen Kohlenwasserstoffe (Arene, Cycloalkene), welche die Ringstruktur des Benzols aufweisen und einen oder mehrere Alkylreste bzw. funktionelle Gruppen (Liganden) tragen können, sind in Abb. 13.10 aufgeführt.

In aromatischen Kohlenwasserstoffen (Arene, Cycloalkene) können ebenso wie bei den alicyclischen Vertretern (Alicyclen, Cycloalkane) auch mehrere Ringe miteinander verbunden sein und kondensierte Ringsysteme bilden (Abb. 13.11).

Ähnlich wie die (aliphatischen) Cycloalkane können die aromatischen Ringe neben Kohlenstoffatomen auch andere Atome enthalten – sie bilden dann die wichtige Gruppe

Tab. 13.6 Vereinfachte Systematik der organischen Stoffklassen

Organische C-Verbindungen					
Acyclische Verbindungen mit C-Ketten		Cyclische Verbindungen mit C-Ringen			
Gesättigte Kohlenwasserstoffe: Alkane	Ungesättigte Kohlenwasserstoffe: Alkene Alkine	Carbocyclen		Heterocyclen	
		Gesättigt	Ungesättigt	Gesättigt	Ungesättigt (aromatisch)
		Cycloalkane (Alicyclen)	Cycloalkene Arene (Aromaten)		

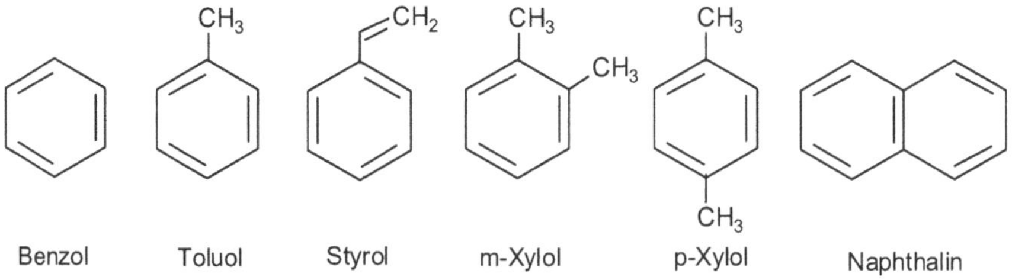

CH_3 CH_2 CH_3 CH_3 CH_3 CH_3

Benzol Toluol Styrol m-Xylol p-Xylol Naphthalin

Abb. 13.10 Beispiele für Arene (Cycloalkene) mit Liganden

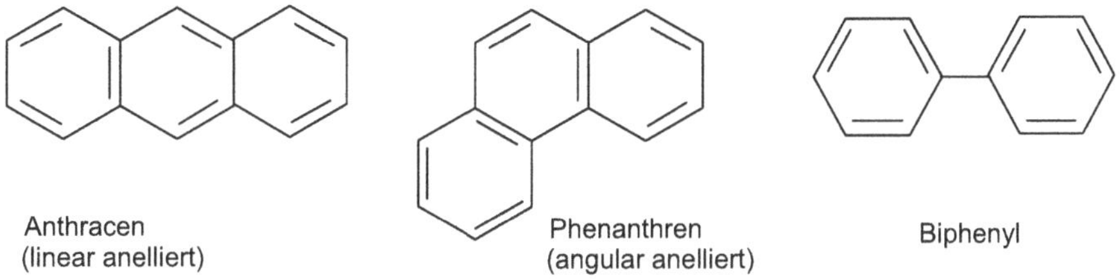

Anthracen
(linear anelliert)

Phenanthren
(angular anelliert)

Biphenyl

Abb. 13.11 Beispiele für kondensierte Arene (Cycloalkene)

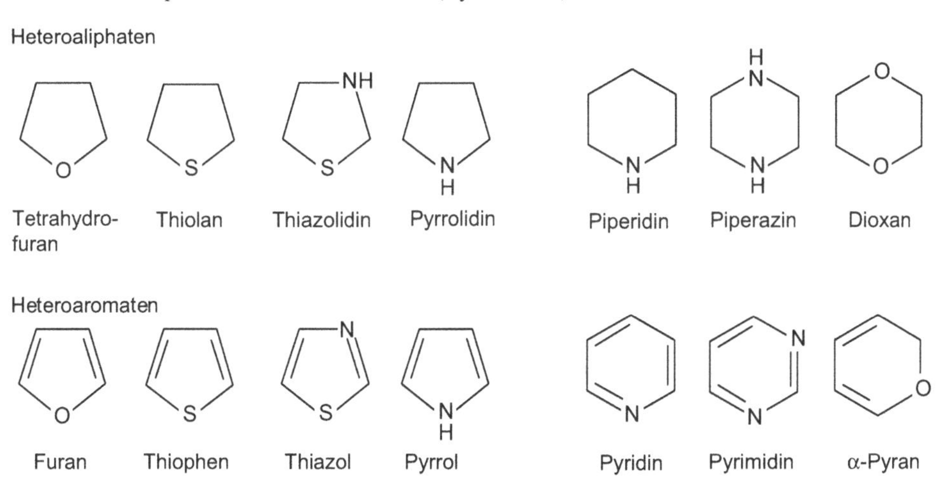

Abb. 13.12 Beispiele für heterocyclische Aliphaten und Aromaten

der **aromatischen Heterocyclen** (Abb. 13.12). Einige von ihnen sind die Stammverbindungen funktionell bedeutender Biomoleküle.

Exkurs: Tetrapyrrolringe

Von den 5-gliedrigen Heterocyclen ist unter anderem die Verbindung Pyrrol von besonderem Interesse. Ein aus vier Pyrrolkernen bestehendes **Tetrapyrrol**system (= **Porphyrin**ring) tritt in zahlreichen Biomolekülen auf, beispielsweise im Häm des Blutfarbstoffs Hämoglobin, im Chlorophyll, in den Cytochromen sowie im Vitamin B_{12} (Cyancobalamin). Offenkettige Tetrapyrrolverbindungen sind die als Algenpigmente bedeutsamen Phycobiline sowie der in höheren Pflanzen wirksame Entwicklungsschalter Phytochrom (Abb. 13.13).

Chinolin und Isochinolin sind die Ausgangsverbindungen pharmakologisch bedeutender **Alkaloid**familien. Vom Purin, das formal betrachtet aus einem Pyrimidin- und einem Imidazolring besteht, leiten sich die Nucleobasen Adenin und Guanin (vgl. Kap. 18) eben-

ringförmiges Tetrapyrrolsystem: Porphyrin

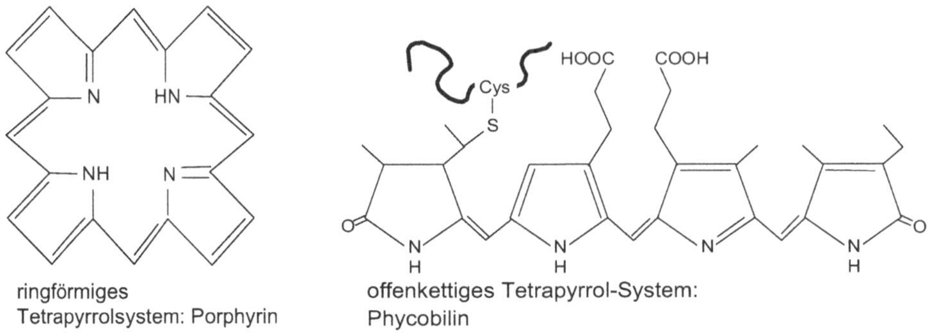

offenkettiges Tetrapyrrol-System: Phycobilin

Abb. 13.13 Biologisch relevante Tetrapyrrolverbindungen

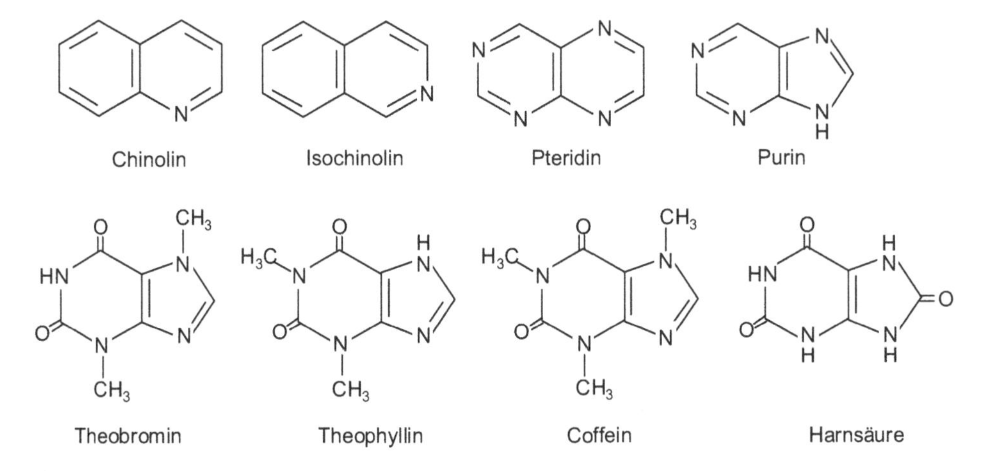

Abb. 13.14 Formelbeispiele einiger biologisch-pharmakologisch wichtiger Alkaloide

so ab wie die Genussmittelalkaloide Coffein (Kaffee), Theophyllin (Tee) und Theobromin (Kakao). Pteridin ist in den Flügelpigmenten vieler Schmetterlinge enthalten (Abb. 13.14).

13.7 Funktionelle Gruppen bestimmen die Reaktivität

Reine Kohlenwasserstoffe zeigen zwar eine beachtliche Strukturvielfalt, doch kommt der enorme Typenreichtum organischer und gerade auch der biologisch bedeutsamen Verbindungen tatsächlich erst durch die Einfügung funktioneller Gruppen als Substituenten (Liganden) zustande. Darunter versteht man Atomgruppen, in denen Fremdatome wie Sauerstoff, Stickstoff oder wenige andere mit den Kohlenstoff- oder Wasserstoffatomen polare (und somit reaktionsfreudigere) Atombindungen bilden und das reaktive Verhalten der betreffenden Verbindungen bestimmen. Tab. 13.7 listet einige für Biomoleküle relevante funktionelle Gruppen und deren Struktur auf. Sie sind Gegenstand der folgenden Abschnitte.

Tab. 13.7 Wichtige in Biomolekülen vorkommende funktionelle Gruppen

Funktionelle Gruppe	Bezeichnung als		Beispiele/Stoffklasse
	Vorsilbe	Nachsilbe	
-OH	Hydroxyl-	-ol	Alkohole, Phenole
$-NH_2$	Amino-	-amin	Amine, Aminosäuren
-SH	Sulfhydryl-	-thiol	Mercaptane, Cystein (Aminosäure)
$>C=O$	Keto-	-al (Aldehyde) -on (Ketone)	Carbonyle
$>C=NH$	Imino-	-imin	Imine
$-COOH$, COO^-	Carboxyl- Carboxylat	-carbonsäure	Carbonsäuren
-CN	Cyano-	-nitril	Nitrile
$-NO_2$	Nitro-	–	Nitroverbindungen
$-PO_4^{2-}$	Phospho-	-phosphat	Phosphatester

13.8 Biologisch wichtige Stoffklassen

Die folgende (auch) an Tab. 13.7 orientierte Ableitung einiger einfacher sauerstoffhaltiger Verbindungen (= Kohlenwasserstoffe mit O-haltigen funktionellen Gruppen) ist rein formal und beschreibt damit nicht den experimentellen oder natürlichen Weg, auf dem solche Stoffe oder Stoffklassen synthetisiert werden können.

13.8.1 Alkohole

Die Alkohole (nach dem arabischen Wort *al kuhl* für den am längsten bekannten Vertreter dieser Stoffgruppe (Alkohol = „Weingeist"; später auf die Gesamtheit analog aufgebauter Verbindungen übertragen)) sind die einfachsten organischen Stoffe mit einer sauerstoffhaltigen funktionellen Gruppe. Sie enthalten in ihrem von einem Alkan abgeleiteten Molekül eine oder mehrere Hydroxylgruppen (OH-Gruppe, alkoholische OH-Gruppen). Gewöhnliche Alkohole entstehen formal durch den Austausch eines Wasserstoffatoms gegen eine OH-Gruppe. Man könnte sie daher sogar als alkylsubstituiertes Wasser auffassen. Die Benennung der entstehenden Verbindungen erfolgt durch Anhängen der Endsilbe *-ol* an den Namen des Grundkörpers – aus Alkanen entstehen somit Alkanole oder im speziellen Fall aus Methan das Methanol sowie aus Ethan das übliche Ethanol, früher auch Äthylalkohol genannt (Tab. 13.8). Sind die Kohlenstoffatome zur genaueren Bezeichnung der Stellung der funktionellen Gruppe oder einer Seitenkette zu nummerieren, beginnt man jeweils nach den IUPAC-Regeln an demjenigen Kettenende, das der Hydroxylgruppe am nächsten steht.

Tab. 13.8 Beispiele für Alkanole

Methanol	H–OH	Veraltet: Methylalkohol
Ethanol	$H_3C–CH_2OH$	Veraltet: Ethylalkohol oder Äthylalkohol
1-Propanol	$H_3C–CH_2–CH_2OH$	Veraltet: Propylalkohol
2-Propanol = *iso*-Propanol	$H_3C–CHOH–CH_3$	Veraltet: Isopropylalkohol

Bei längerkettigen Alkanen erhöht sich durch die Einführung einer OH-Gruppe in das Molekül die Anzahl der Strukturisomere. Das Beispiel des Propanols zeigt bereits, dass sich hinter der Summenformel C_3H_7OH schon zwei strukturell verschiedene Alkohole (1-Propanol = *n*-Propanol sowie 2-Propanol = *iso*-Propanol) verbergen. Wie am Beispiel der vier möglichen Isomere des Butanols in der Formeldarstellung unten abzulesen ist, sind je nach Stellung der OH-Gruppe somit **primäre**, **sekundäre** und **tertiäre** Alkohole zu unterscheiden (Tab. 13.9).

- **Primäre Alkohole** tragen ihre alkoholische OH-Gruppe an einem primären (in der Kette endständigen) C-Atom; für sie ist die Gruppierung $–CH_2OH$ kennzeichnend (*n*-Propanol, *n*-Butanol, *iso*-Butanol).
- **Sekundäre Alkohole** zeichnen sich durch die etwas einfachere Atomgruppe -CHOH aus (2-Propanol, 2-Butanol).
- Bei **tertiären** Alkoholen trägt das C-Atom mit der OH-Gruppe eine weitere Kettenverzweigung und ist folglich mit der Gruppierung -COH wiederzugeben (2-Methyl-2-

Tab. 13.9 Isomerie am Beispiel von Butanol

primäres Butanol *n*-Butanol 1-Butanol	$H_3C–CH_2–CH_2–CH_2OH$	R–C(H)(H)–OH	Primärer Alkohol
iso-Butanol 2-Methyl-1-propanol	$(H_3C)_2CH–CH_2OH$	R–C(H)(H)–OH	Primärer Alkohol
sekundäres Butanol 2-Butanol	$(H_3C)_2CH–CHOH$	R–C(H)(R)–OH	Sekundärer Alkohol
tertiäres Butanol 2-Methyl-2-propanol	$(H_3C)_2C(OH)CH_3$	R–C(R)(R)–OH	Tertiärer Alkohol

Tab. 13.10 Mehrwertige Alkohole (Alkanole)

Glycol 1,2-Ethandiol	$H_2COH–CH_2–OH$
Glycerin (Glycerol) 1,2,3-Propantriol	$H_2COH–CHOH–CH_2OH$
Mannitol und seine Isomeren (Sorbitol, Dulcitol u. a.)	$H_2COH–(CHOH)_4–CH_2OH$

propanol): Das Atom mit der OH-Gruppe hat eine weitere Kettenverzweigung und ist folglich mit der Gruppierung -COH wiederzugeben (2-Methyl-2-propanol).

- Alkanole mit zwei oder mehr OH-Gruppen nennt man mehrwertige Alkohole oder **Polyole** (Tab. 13.10); die Hydroxylgruppen sind entsprechend der Erlenmeyer-Regel stets an verschiedene C-Atome gebunden.

Bei OH-Gruppen, die an einem in der C-C-Kette befindlichen C-Atom stehen, wählen manche Darstellungen auch die Schreibweise mit runden Klammern:

$$H_2C(OH)–CH(OH)–CH_2(OH)$$

Wir behalten in diesem Buch die traditionelle Schreibweise (vgl. Tab. 13.10) bei.

Die polar gebaute alkoholische OH-Gruppe macht die niedermolekularen Alkohole (bis 3 C-Atome) ausgesprochen hydrophil; sie mischen sich daher in jedem beliebigen

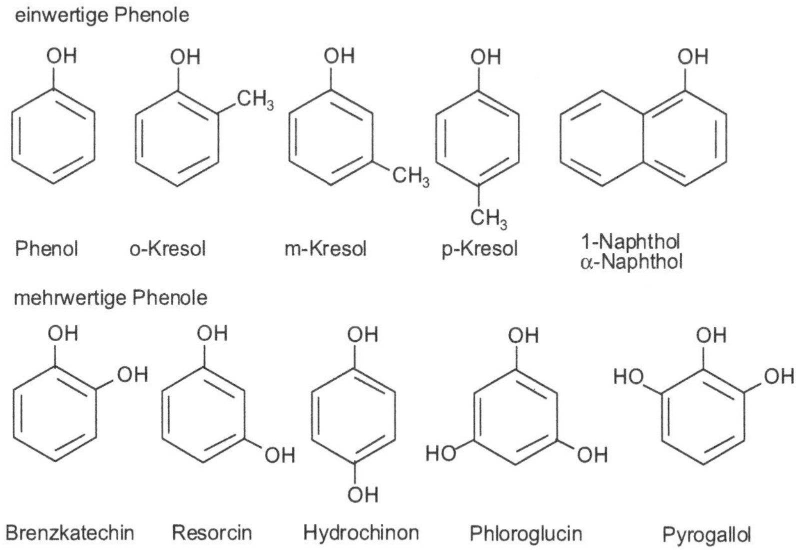

Abb. 13.15 Formelbeispiele für ein- und mehrwertige Phenole

o-Benzochinon p-Benzochinon 1,4-Naphthochinon Anthrachinon

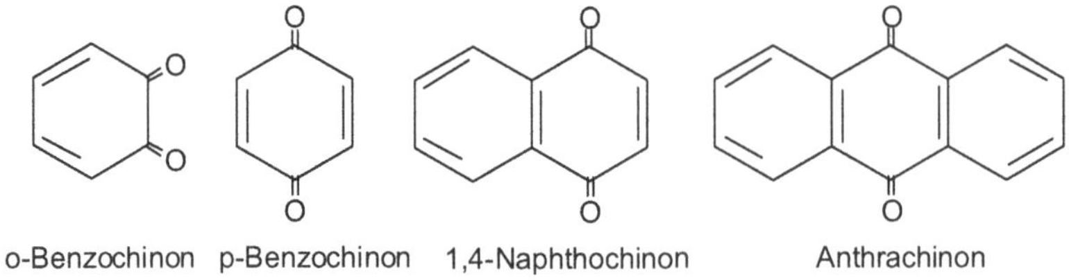

Abb. 13.16 Formelbeispiele für Chinone (= ungesättigte Cycloketone)

Phenylpropan Zimtaldehyd Phenylethanol p-Cumarylalkohol Coniferylalkohol Sinapylalkohol

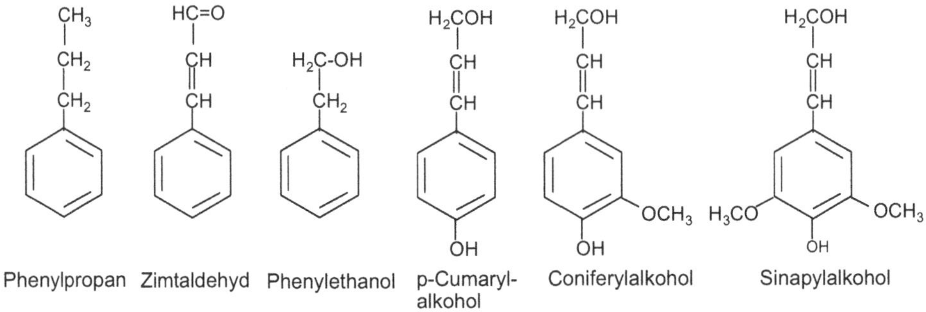

Abb. 13.17 Phenylpropane bilden eine bedeutsame Naturstoffgruppe

Verhältnis mit Wasser. Mit steigender Länge der C-Kette übertreffen jedoch die auftretenden **van-der-Waals-Kräfte** die Wirkungen der OH-Gruppe. Alkohole mit >4 C-Atomen sind daher zunehmend lipophil (**apolar**) bzw. hydrophob.

Verbindungen, die eine oder mehrere OH-Gruppen direkt an einem Benzolkern (aromatischen Ring) binden, heißen **Phenole**. Je nach Anzahl der im Molekül vorhandenen OH-Gruppen unterscheidet man ein- oder mehrwertige Phenole (Abb. 13.15). Alle diese Verbindungen sind überwiegend ziemlich toxisch und meist auch cancerogen.

Die mehrwertigen Phenole lassen sich relativ leicht zu Chinonen (= ungesättigte Cycloketone) oxidieren, wie die folgenden Beispiele zeigen (Abb. 13.16).

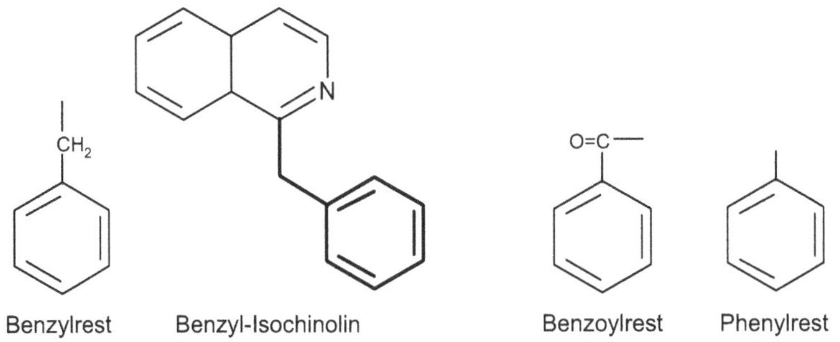

Benzylrest Benzyl-Isochinolin Benzoylrest Phenylrest

Abb. 13.18 Zur Unterscheidung von Benzyl-, Benzoyl- und Phenylrest

Zur Benennung von Arenen sind zahlreiche historische und Trivialbezeichnungen in Gebrauch. Bei der Restbildung von Arenen (Aromaten) ist der Unterschied zwischen einem **Phenyl-** und einem **Benzylrest** zu beachten, obwohl auch Phenol ein Benzolderivat ist: Ein Benzylrest trägt jeweils eine kurze aliphatische Seitenkette (CH_2-Baugruppe) (Abb. 13.18).

Exkurs: Phenylpropane

Phenole, insbesondere die eine C_3-Kette tragenden **Phenylpropane**, sind die Ausgangsverbindungen zahlreicher biologisch relevanter Naturstofffamilien mit zum Teil recht komplexen Verbindungstypen. Bedeutsam sind sie vor allem im pflanzlichen Sekundärstoffwechsel. Sie bilden Blütenfarbstoffe (Flavonoide) ebenso wie Antibiotika (Phytoalexine), liefern wichtige Signalmoleküle (beispielsweise manche Flavone) oder sind Bausteine strukturbildender Polymere wie die Holzsubstanz Lignin. Biosynthetisch leiten sie sich aus dem Metabolismus der aromatischen Aminosäuren (Phenylalanin bzw. Tyrosin) ab (vgl. Abschn. 15.1). Die folgenden Formelbilder liefern dazu nur einen kleinen Eindruck. Zimtaldehyd ist die Hauptkomponente im betreffenden Gewürz, nach dem die Verbindung benannt ist. Das in der Seitenkette eingekürzte Phenylethanol ist im Rosenaroma enthalten (Abb. 13.17). Die übrigen benannten Komponenten sind Bausteine im Lignin.

Das Molekülbeispiel Benzylisochinolin zeigt, wie die beiden Baugruppen verknüpft sind. Ein **Benzoylrest** entsteht aus der Benzoesäure. Der Phenylrest ist gleichsam ein Benzolradikal.

Das Formelbild in Abb. 13.19 zeigt einen sehr kleinen Ausschnitt aus dem Lignin der Rot-Buche (*Fagus sylvatica*). Die Holzsubstanz Lignin, die bei Holzpflanzen zur Inkrustation von Zellwänden dient, ist eine der komplexesten pflanzlichen Verbindungen überhaupt. Im Prinzip durchzieht das Zellwandgefüge den gesamten Baum mit Stamm und sämtlichen Verzweigungen mit nur einem einzigen gigantischen Ligninmakromolekül.

13.8.2 Carbonylverbindungen: Aldehyde und Ketone

Rein formal betrachtet entstehen Carbonylverbindungen aus Alkoholen durch Entzug von Wasserstoff – die Carbonylgruppen stellen somit oxidierte OH-Gruppen dar und können zweierlei Gestalt annehmen (Abb. 13.20): Aus einem primären Alkohol ($-CH_2OH$) geht die Aldehydgruppe -CHO hervor (zur Vermeidung von Verwechslungen mit tertiären Alkoholen nicht als -COH zu schreiben); aus einem sekundären Alkohol entsteht unter Wasserstoffwegnahme (Dehydrierung, Oxidation) dagegen die Ketogruppe $>C=O$.

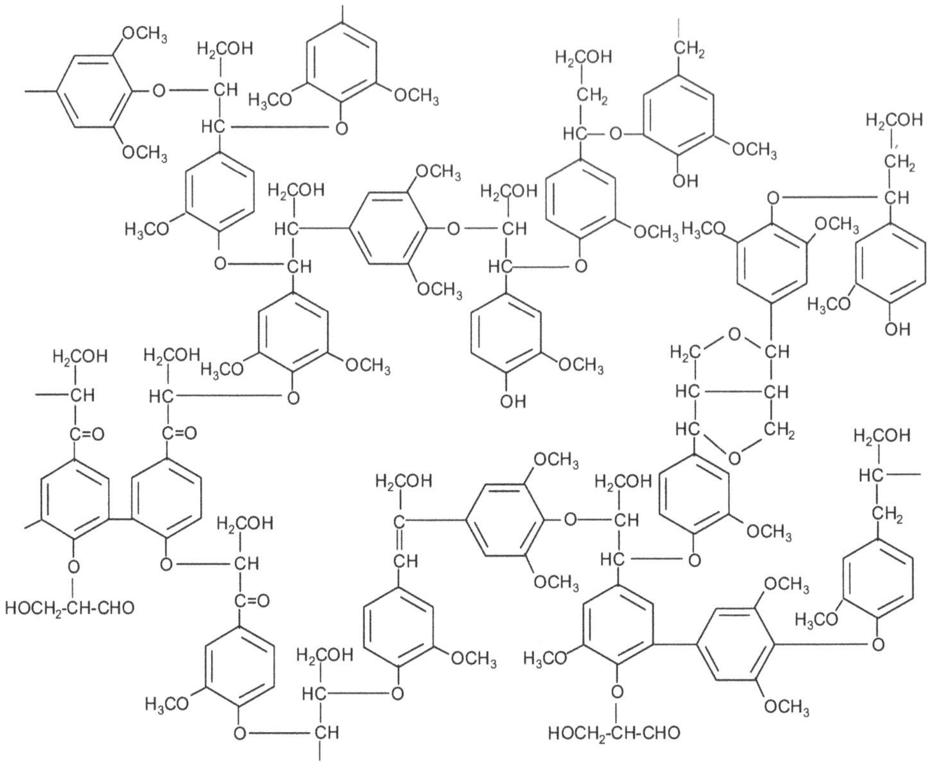

Abb. 13.19 Ausschnitt aus der Strukturformel von Lignin (Holzsubstanz)

Abb. 13.20 Basisstruktur eines Aldehyds und eines Ketons

An einer Aldehydgruppe hängt somit nur ein Kohlenwasserstoffrest, während eine Ketoverbindung davon zwei trägt. Die zugrunde liegenden Strukturen betonen die formale Ähnlichkeit beider Carbonylgruppen:

Da die Reaktion umkehrbar ist, lassen sich Carbonylverbindungen leicht wieder zu Alkoholen reduzieren. Darüber hinaus kann man Aldehyde (nicht dagegen Ketone) einfach zu Carbonsäuren gleicher Kohlenstoffzahl oxidieren. Zur Bezeichnung von Aldehyden hängt man die Endsilbe *-al* an den Namen der Stammverbindung. Beispiele entsprechender Verbindungen zeigt Tab. 13.11.

Ketone werden ganz analog mit der Endsilbe *-on* versehen. Aus sekundärem Propanol (*iso*-Propanol, früher auch Isopropylalkohol genannt) entsteht durch Dehydrierung die einfachste Verbindung dieser Klasse, nämlich: Propanon (Aceton) mit der Gruppenformel $H_3C–CO–CH_3$.

Tab. 13.11 Beispiele einfacher Aldehyde

Methanal (Formaldehyd)	H–CHO
Ethanal (Acetaldehyd)	H_3C–CHO
Propanal (Propionaldehyd)	H_3C–CH_2–CHO

13.8.3 Carbonsäuren

Oxidiert man eine Aldehydgruppe durch Einfügen eines zusätzlichen Sauerstoffatoms, erhält man die **Carboxylgruppe** –COOH. Wegen der starken Elektronegativität des Sauerstoffs ist die endständige OH-Bindung so stark polarisiert, dass sie ein Proton (H^+) abgibt (dissoziiert): Die Gruppierung –COOH wird somit zum Protonendonator und wirkt folglich als Säure. Dabei geht sie in die anionische Form –COO^- über. In dieser Form wirkt sie als Protonenakzeptor und somit als Base (vgl. Kap. 11). Die entsprechenden Verbindungen mit –COOH-Gruppen heißen **Carbonsäuren**.

Ihre Reste R–$(C{=}O)^-$ nennt man allgemein **Acylreste**, im Fall der Essigsäure CH_3-CO^- also Acetylrest (Tab. 13.12). Die funktionelle Gruppe mit der Allgemeinstruktur R–$(C{=}O)^-$ nennt man auch einfach Acyl, Azyl oder Alkanoyl.

Unsubstituiert sind sie meist nur schwache Säuren. Halogenierte Carbonsäuren wie die Trichloressigsäure (Cl_3C–COOH) sind jedoch starken anorganischen Säuren vergleichbar.

Nach der Anzahl der vorhandenen Carboxylgruppen unterscheidet man Mono-, Di- oder Tricarbonsäuren (neuerdings auch Carbonmono-, -di bzw. -trisäuren genannt). Bis etwa zur Kettenlänge C_4 sind die Monocarbonsäuren mit Wasser in jedem beliebigen Verhältnis mischbar. Mit zunehmender Kettenlänge zeigen sich allerdings vermehrt hydrophobe (lipophile) Eigenschaften. Langkettige Carbonsäuren mit > 12 C-Atomen fasst man daher als **Fettsäuren** zusammen. Sofern ihnen Alkene zugrunde liegen und sie (mehrfach) ungesättigt sind wie die Omega-3-Fettsäuren (ω-3-Fettsäuren) Linolensäure oder Eikosapentaensäure, haben sie ernährungsphysiologisch eine besondere Bedeutung (Abschn. 17.1).

Bei längerkettigen substituierten Carbonsäuren ist es üblich, die Verzweigungsstelle mit griechischen Kleinbuchstaben zu bezeichnen. Dabei ist das α-C jeweils das Kohlen-

Tab. 13.12 Beispiele wichtiger Monocarbonsäuren

C-Atome	Gruppenformel	Trivialname	Anion	Rest
1	HCOOH	Ameisensäure	-formiat	Formyl-
2	CH_3COOH	Essigsäure	-acetat	Acetyl-
3	CH_3CH_2COOH	Propionsäure	-propionat	Propionyl-
4	CH_3-$(CH_2)_2$-COOH	Buttersäure	-butyrat	Butyryl-
5	CH_3-$(CH_2)_3$-COOH	Valeriansäure	-valerianat	Valerianyl-
6	CH_3-$(CH_2)_4$-COOH	Capronsäure	-capronat	Capronyl-
16	CH_3-$(CH_2)_{14}$-COOH	Palmitinsäure	-palmitat	Palmityl-

stoffatom unmittelbar hinter der Carboxylgruppe. Die Milchsäure (H_3C–CHOH–COOH, = 2-Hydroxypropionsäure) wäre danach auch als α-Hydroxypropionsäure zu bezeichnen, die Glycerinsäure (CH_3OH–CHOH-COOH) als α,β-Dihydroxypropionsäure.

Glycol-, Milch- und Glycerinsäure (Tab. 13.13) sind Hydroxycarbonsäuren. Die beiden folgenden Verbindungen stellen Oxocarbonsäuren dar, wobei Glyoxylsäure die einzige nennenswerte Aldehydcarbonsäure ist (im Stoffwechsel unreifer Früchte). Brenztraubensäure (alter Name, von brenzen = trocken destillieren und von Traubensäure = Weinsäure) ist beim Kohlenhydratabbau (Abschn. 20.2) bedeutsam. Die durch Transaminierung mit einer Aminogruppe (–NH_2) substituierten Aminocarbonsäuren werden meist nur als Aminosäuren bezeichnet. Diese wichtigen Verbindungen sind Gegenstand von Abschn. 15.1.

Carboxylgruppen lassen sich auch in aromatische Ringe einbauen. Man erhält damit die aromatischen Carbonsäuren, die überwiegend in der Chemie sekundärer Naturstoffe bzw. in der Pharmakognosie eine bedeutende Rolle spielen. Ein wichtiges Beispiel aus dieser Verbindungsgruppe ist die erstmals aus der Rinde von Weidenarten (*Salix* spp.) isolierte und auch aus wenigen anderen Pflanzenarten darstellbare Salicylsäure, deren Acetylierungsprodukt unter dem Handelsnamen Aspirin bis heute eine bemerkenswerte Karriere gemacht hat (Abb. 13.21).

Tab. 13.13 Beispiele wichtiger Dicarbonsäuren

Gruppenformel	Trivialname	Anion	Rest
CH_2OH–COOH	Glycolsäure Hydroxyethansäure	-glycolat	Glycyl-
CH_3–CHOH–COOH	Milchsäure 2-Hydroxypropansäure	-lactat	Lactyl-
CH_2OH–CHOH–COOH	Glycerinsäure 2,3-Dihydroxypropansäure	-glycerat	Glyceryl-
HCO–COOH	Glyoxylsäure Oxoessigsäure	-glyoxylat	Glyoxyl-
H_3C–CO–COOH	Brenztraubensäure 2-Oxopropansäure	-pyruvat	–
HOOC–COOH	Oxalsäure Ethandi(carbon)säure	-oxalat	Oxyl-
HOOC–CH_2–COOH	Malonsäure Propandi(carbon)säure	-malonat	Malonyl-
HOOC–CH=CH–COOH	Maleinsäure	-maleinat	Maleinyl-
HOOC–$(CH_2)_2$–COOH	Bernsteinsäure Butandi(carbon)säure	-succinat	Succinyl-
HOOC–$(CH_2)_3$–COOH	Glutarsäure Pentandi(carbon)säure	-glutarat	Glutaryl-
HOOC–$(CHOH)_2$–COOH	Weinsäure 2,3-Dihydroxybutandisäure	-tartrat	Tartryl-

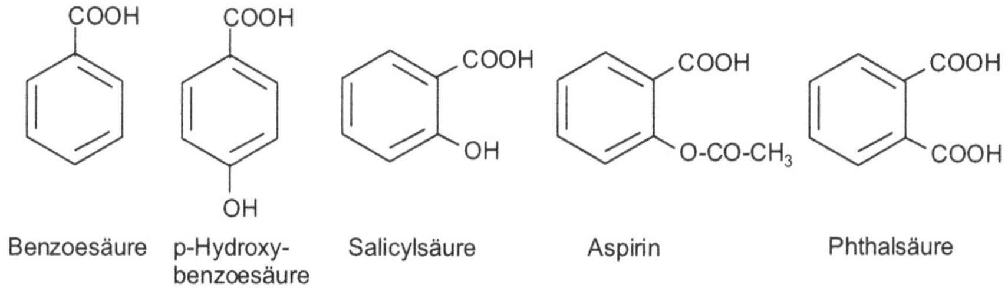

Abb. 13.21 Aromatische Carbonsäuren

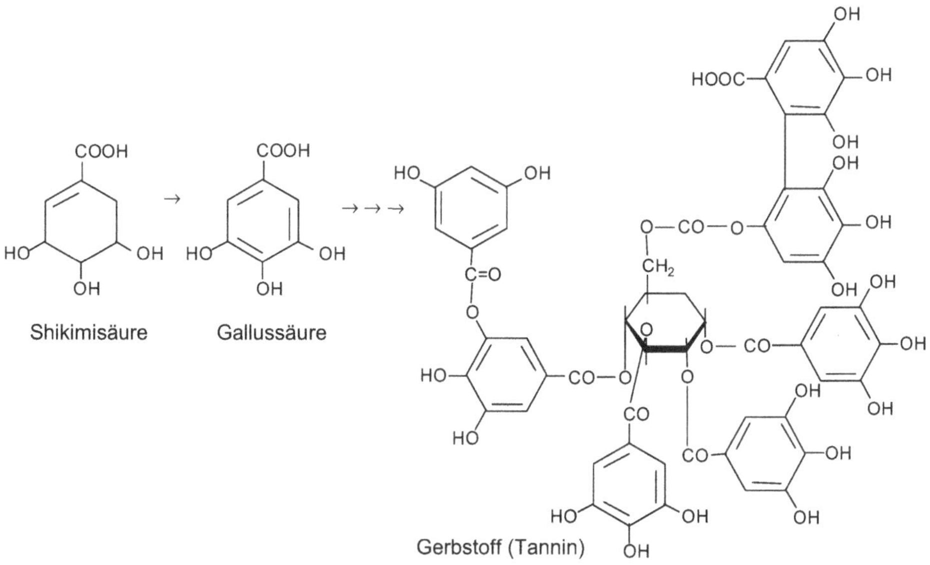

Abb. 13.22 Aus Di- und Trihydroxcarbonsäuren leiten sich die naturstoffchemisch wichtigen Gerbstoffe ab

Tab. 13.14 Allgemeinformeln und Beispiele für Carbonsäurederivate

Säureamide	Ester	Thioester	Anhydride
R–CO–NH_2	R–CO–OR′	R–CO–SR′	R–CO–O–CO–R′
H_3C–CO–NH_2 Essigsäureamid Acetamid	H_3C–COO–CH_2–CH_3 Essigsäureethylester, Essigester	H_3C–CO–S–CH_3 Essigsäuremethyl- thioester	H_3C–CO–O–CO–CH_3 Essigsäureanhydrid Acetanhydrid

Phenolische Di- bzw. Trihydroxycarbonsäuren stehen ebenfalls am Beginn von Synthesewegen wichtiger Naturstoffe. Die ökologisch als Fraßschutz ebenso wie technisch bedeutsamen Gerbstoffe vom Gallustyp wären hier als Beispiel anzugeben (Abb. 13.22).

Carbonsäuren vom Typ R–COOH sind Ausgangsverbindungen für zahlreiche weitere Stofffamilien, bei denen die Carboxylgruppe in kennzeichnender Weise abgewandelt wurde. Dabei wird in der Regel deren OH-Baugruppe durch eine andere funktionelle Gruppe ersetzt (Tab. 13.14).

13.8.4 Ester

Von den verschiedenen Carbonsäurederivaten greifen wir hier die Ester heraus. Sie entstehen aus (meist primären) Alkoholen, die mit Carbonsäuren unter Wasserausschluss in Gegenwart wasserentziehender Mittel kondensieren. Unter physiologischen Bedingungen (wässriges Milieu bei pH ≈ 7) liegt das Reaktionsgleichgewicht auf Seiten der Edukte Säure und Alkohol. Im Stoffwechsel vollzieht sich die Esterbildung durch Gruppenübertragung aus aktivierten Säurederivaten:

$$\underset{\text{Essigsäure}}{H_3C\text{–}COOH} + \underset{\text{Methanol}}{HO\text{–}CH_3} \rightleftarrows \underset{\text{Essigsäuremethylester}}{H_3C\text{–}CO\text{–}O\text{–}CH_3} + H_2O\,. \tag{13.1}$$

Die niedermolekularen Ester benennt man ähnlich wie Salze. Essigsäuremethylester heißt daher auch Methylacetat, Buttersäureethylester entsprechend Ethyl-butyrat. Ester kurzkettiger Carbonsäuren sind flüchtig und entwickeln oft ein angenehmes, fruchtartiges Aroma, das man auch lebensmitteltechnologisch zur Geschmacksabrundung oder für besondere Duftnoten verwendet. Die Ester langkettiger Carbonsäuren (Fettsäuren) und höherer Alkohole heißen **Wachse**. Im Bienenwachs sind Säuren und Alkohole mit Kettenlängen zwischen C_{26} und C_{28} miteinander verknüpft.

Unterliegen Hydroxycarbonsäuren wie die γ-Hydroxybuttersäure $HOCH_2\text{-}(CH_2)_2\text{-}COOH$ einer intramolekularen (inneren) Veresterung, so entstehen die **Lactone**, im vorliegenden Fall γ-Butyrolacton (Abb. 13.23). Lactone bilden sich gerne dann, wenn sie zu 5- oder 6-gliedrigen Ringen führen. Ein Beispiel ist die Bildung von Cumarin (Waldmeisteraroma) aus dem Phenylpropanderivat *o*-Hydroxyzimtsäure. Cumarine sind die Stammverbindungen zahlreicher weiterer Naturstoffe, beispielsweise der phototoxisch wirkenden Furocumarine (Furanocumarine) oder der Aflatoxine aus verschiedenen Schimmelpilzarten u. a. der Gattung *Aspergillus*.

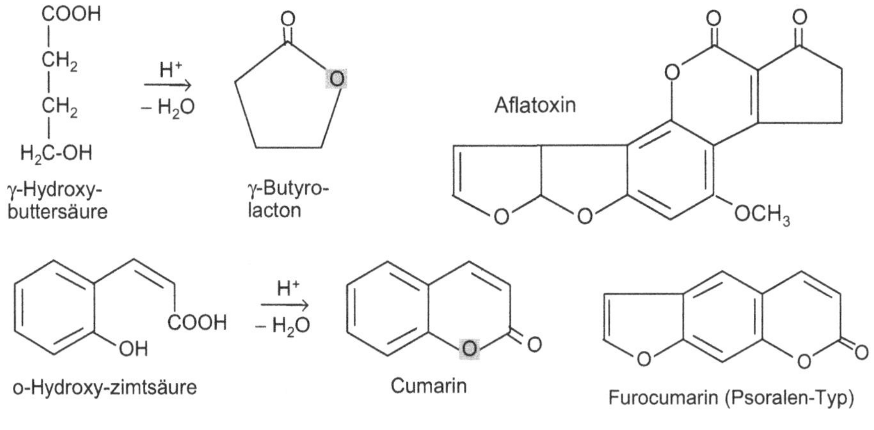

Abb. 13.23 Lactone sind intramolekulare Ester

Bilden sich Ester aus höheren Carbonsäuren (Fettsäuren) und dem dreiwertigen Alkohol Glycerin, erhält man **fette Öle** oder **Fette** (Glyceride). Dabei können die drei alkoholischen OH-Gruppen des Glycerins mit der gleichen oder mit verschiedenen Fettsäuren verestert sein. Die Details dazu werden in Kap. 17 vorgestellt.

Die Bildung von Estern unter Wasserabspaltung (Veresterung) lässt sich mit Basen oder Säuren auch relativ leicht wieder umkehren. Diesen Vorgang nennt man **Verseifung**. Die dabei erfolgende Auflösung einer Atombindung (im Fall der Ester einer CO-O-Bindung) ist gleichzeitig eine **Hydrolyse**, da die Spaltung als Umkehrung der Veresterung natürlich unter Aufnahme von Wasser abläuft.

13.9 Wichtige Reaktionstypen organischer Moleküle

Wie bei jeder chemischen Reaktion müssen auch bei der Umwandlung organischer Stoffe im Stoffwechsel vorhandene Bindungen aufgebrochen und neue geknüpft werden. Dafür stehen verschiedene Wege offen, mit denen man die organisch-chemischen Reaktion klassifizieren kann. Die Unterschiede betreffen Art der Trennung der beteiligten Bindungspartner und das Lösen bzw. Neuknüpfen von Bindungen (vgl. Tab. 13.15). Zu dieser wichtigen Thematik können im Rahmen dieser Einführung nur die wichtigsten Sachverhalte kurz umrissen werden.

13.9.1 Addition

Bei einer Additionsreaktion werden an eine ungesättigte Verbindung zusätzliche Atome angefügt – sie ist daher die typische Reaktion von Alkenen. Deren Doppel- oder Dreifachbindung wird gelöst, womit zwei Elektronen verfügbar werden, die neue kovalente Bindungen eingehen können. Zwei Möglichkeiten sind zu unterscheiden:

Elektrophile Reagenzien (**Elektrophile**) sind Reaktionspartner mit Elektronenmangel und nehmen bei den Reaktionen Elektronen auf. Hierher gehören Protonen (H^+), Halogen-Kationen wie Bromonium Br^+ oder Carbonium-Ionen wie R_3C^+.

Tab. 13.15 Wichtige Typen von Reaktionsmechanismen

Reaktionstyp	Allgemeinform
Addition elektrophil nucleophil	$>C{=}C< + X\text{-}Y \rightarrow X\text{-}\overset{\vert}{\underset{\vert}{C}}\text{-}\overset{\vert}{\underset{\vert}{C}}\text{-}Y$
Substitution elektrophil	$R{-}X + Y^+ \rightarrow R{-}XY^+ \rightarrow R{-}Y + X^+$
nucleophil	$X^- + R{-}Y \rightarrow R{-}X + Y^-$
Eliminierung	Umkehrung der Addition

Nucleophile Reagenzien (**Nucleophile**) geben bei den Reaktionen dagegen Elektronen ab und müssen daher elektronenreiche Moleküle oder Anionen sein wie H_2O, Alkohole (R-OH), Ether (R-O-R) oder Halgonid-Ionen wie Cl^-. Beispiele für Additionsreaktionen sind:

Hydrierung Alkene reagieren nicht direkt mit Wasserstoff (H_2). Erst mithilfe eines geeigneten Katalysators wird die Doppelbindung angegriffen und das Alken hydriert. Dabei wird es gleichzeitig zum Alkan reduziert. Bei der Hydrierung erfolgt der Angriff eines Elektrophils, etwa eines Schwermetall-Ions des Nickels, Palladiums oder Platins, auf die elektronenreiche Doppelbindung des Alkens. Nur in Gegenwart eines Katalysators kann also Wasserstoff an eine C=C-Doppelbindung addiert werden – aus dem ungesättigten Ethylen entsteht das gesättigte Ethan:

$$H_2C = CH_2 + H_2 \rightarrow H_3C{-}CH_3 \qquad (13.2)$$

Hydratisierung Eine weitere elektrophile Addition ist die **Hydratisierung**. Darunter versteht man die Anlagerung eines Wassermoleküls H–OH. Wird Wasser an eine Doppelbindung addiert, so entsteht ein Alkohol. Weil Wasser zu wenige freie Protonen besitzt, benötigt man eine starke Säure, etwa Schwefelsäure, für den elektrophilen Angriff, der die Hydratisierung einleitet. Die Reaktion läuft demnach nur säurekatalysiert ab. Dabei wird ein Proton an die Doppelbindung addiert. Das gebildete Kation entreißt dem Wassermolekül ein OH^--Ion, wodurch der gewünschte Alkohol entsteht.

$$H_2C = CH_2 + H - OH \rightarrow CH_3 - CH_2OH \qquad (13.3)$$

Halogenierung Bei einer **Halogenierung** werden zwei Halogenatome an die gegenüber liegenden Seiten einer Doppelbindung addiert, wobei das Halogen zunächst heterolytisch gespalten wird, beispielsweise bei der Chlorierungsreaktion mit Cl_2 zum Dichlorethan. Im ersten Schritt wird dabei das aus Cl_2 durch Heterolyse (Disproportionierung) gebildete Chloronium-Ion Cl^+ (= Elektrophil) an die Doppelbindung angelagert, dann das Chlorid-Anion Cl^- (= Nucleophil):

$$H_2C = CH_2 + Cl_2 \rightarrow Cl - CH_2 - CH_2 - Cl \qquad (13.4)$$

Ebenso wird bei der Bromaddition erst das Br_2-Molekül in ein Br^+-Ion (Bromonium) und ein Br^- (Bromid) disproportioniert und ein Bromonium-Ion (Br^+) an die Doppelbindung angelagert (elektrophiler Angriff). Dann erst wird das Br^--Ion angefügt.

Eine Doppelbindung kann man auch nucleophil angreifen, wenn ein Substituent beteiligt ist, der Elektronen abzieht. Ein Beispiel für eine solche nucleophile Addition ist die Reaktion von Aminen mit Carbonylverbindungen: Aus einem Amin und Acrylsäure erhält man die Abkömmlinge von β-Aminosäuren (vgl. Kap. 14):

$$R_2 - NH_2 + H_2C = CH - COOH \rightarrow R_2N - CH_2 - CH_2 - COOH \qquad (13.5)$$

Die Umkehrung einer Additionsreaktion nennt man Eliminierung. Dabei werden Atome oder Atomgruppen aus einem Molekül entfernt, wobei die verbleibenden ungepaarten Elektronen eine Bindung eingehen. Auf diese Weise entsteht wieder eine ungesättigte Verbindung. Werden nur 2 H abgezogen, spricht man von Dehydrierung, wird Wasser abgespalten, liegt eine Dehydratisierung vor.

$$H_3C - CH_2OH \rightarrow H_2C = CH_2 + H_2O \tag{13.6}$$

13.9.2 Substitution

Die Substitution ist das Ersetzen eines Atoms oder einer Gruppe am aliphatischen oder aromatischen Molekül durch ein anderes Atom oder eine andere Gruppe. Im Unterschied zu einer Addition, bei der eine sp^3-Bindung gelöst wird, entstehen bei diesen Reaktionen immer zwei Produkte nach Lösen und Neuknüpfen kovalenter Bindungen. Zwei Möglichkeiten sind zu unterscheiden:

Radikal-Reaktionen Die Elektronenpaarbindung in einem Molekül A–B wird dabei so gelöst, dass jeder Molekülbestandteil A und B je eines der Bindungselektronen erhält. Dabei entstehen zwei Teilchen mit je einem ungepaarten e^-, die man Radikale nennt. Die Trennung bezeichnet man als Homolyse oder homolytischen Bruch, das umkehrende Wiederzusammenfügen als Kolligation.

$$A - B \rightleftarrows A^\bullet + B^\bullet \tag{13.7}$$

Polare Reaktionen Bei einer heterolytischen Spaltung (= heterolytischer Bruch = Heterolyse) einer Verbindung A–B geht das Elektronenpaar der Bindung komplett auf einen der beiden Molekülteile über – es entstehen somit Ionen. Das erneute Zusammenfügen nennt man **Rekombination**:

$$A - B \rightleftarrows A^+ + B^- \tag{13.8}$$

Die polare Substitutionsreaktion kann nucleophil oder elektrophil ablaufen. Bei der **nucleophilen Substitution** greift ein Nucleophil X, das ein einsames (freies) Elektronenpaar aufweisen muss (daher oft auch X: geschrieben), die Verbindung R–Y an und verdrängt daraus den Substituenten Y: Das Elektronenpaar des Nucleophils geht auf die **Abgangsgruppe** Y: über. Ein Beispiel für eine solche Reaktion, die typisch ist für gesättigte Kohlenwasserstoffe, ist die nucleophile aliphatische Substitution wie bei der Umsetzung von Methylbromid zu Methanol:

$$OH^- + H_3C - Br \rightarrow H_3COH + Br^- \tag{13.9}$$

Als weiteres Beispiel kann die Verseifung von Propionsäuremethylester zu Methanol und Propansäure dienen:

$$H_2O + H_3C - CH_2 - CO - OCH_3 \rightarrow H_3C - OH + CH_3CH_2COOH \tag{13.10}$$

Die **elektrophile Substitution** betrifft vor allem aromatische Verbindungen, wobei in der Allgemeinformel in Tab. 13.11 R einen Aromaten (C_6H_5-) bedeutet. Ein wichtiges Beispiel für diesen Reaktionstyp ist die Nitrierung von Aromaten durch das Nitronium-Ion oder Nitryl-Kation NO_2^+ aus konzentrierter Salpetersäure HNO_3:

$$HR - CH_3 + NO_2{}^+ \rightarrow H_3C - R - NO_2 + H^+ , \tag{13.11}$$

wie sie bei der Umsetzung von Toluol zu Nitrotoluol oder auch mehrstufig zu 2,4,6-Trinitrotoluol abläuft. Hierher gehören ferner die bekannten Friedel-Crafts-Reaktionen, entweder die Alkylierung von Aromaten durch Halogenalkane nach dem Schema

$$RH + R' - CH_2 - Cl \rightarrow R - CH_2 - R' + HCl \tag{13.12}$$

oder bei der Acylierung von Aromaten mit Säurehalogeniden wie

$$R - H + R' - COCl \rightarrow R - CO - R' + HCl . \tag{13.13}$$

Solche Reaktionen kommen in Organismen allerdings nicht vor, sondern sind in erster Linie von technischem Interesse und insofern im hier behandelten Kontext entbehrlich.

13.10 Fragen zum Verständnis

1. Wie sehen die Strukturformeln von Kohlenstoffdioxid und Kohlenstoffmonoxid aus?
2. Definieren Sie die Begriffe Konstitution, Konfiguration und Konformation.
3. Wie viele Liter Luft benötigt man zur Verbrennung von 150 g Hexan?
4. Entwickeln Sie die Strukturformeln folgender Verbindungen: 2,3-Dimethylbutan, 1,3-Hexadiin, Dichlordiphenyltrichlorethan (DDT) und 2,3,3-Trimethyl-4-ethyl-5-hepten-1-ol.
5. Was ist eine Skelettformel?
6. Was sind Liganden?
7. Benennen Sie wichtige funktionelle Gruppen.
8. Benennen Sie Beispiele für Alkaloide.
9. Wie unterscheiden sich zweiwertige und sekundäre Alkohole?
10. Wodurch sind Fettsäuren gekennzeichnet?
11. Wie unterscheiden sich ein Phenyl- und ein Benzoylrest?
12. Was versteht man unter geometrischer Isomerie?
13. Wie erhält man aus Ethanol einen Diethylether?
14. Welche weiteren Carbonsäurederivate kennen Sie?
15. Was versteht man unter Verseifung?

Die Antworten zu diesen Fragen finden Sie im Anhang „Antworten und Lösungen zu den Fragen“.

Kohlenstoffhydrate

14

Zusammenfassung

Unter Kohlenhydraten, exakter Kohlenstoffhydraten oder moderner Sacchariden, versteht man die in der Natur vorkommenden Aldehyd- (1-Oxo-) oder Keto- (2-Oxo-)Derivate mehrwertiger Alkohole (Polyalkohole, Polyole) (vgl. Kap. 13). Die Bezeichnung Kohle(n)hydrat stammt aus dem Jahre 1844 und damit aus einer Zeit, als man aus der schon bekannten allgemeinen Summenformel $C_n(H_2O)_n$ eine bestimmte Struktur abzuleiten versuchte: Man fasste die betreffenden Stoffe zunächst schlicht als Hydrate (Wasserverbindungen) des Kohlenstoffs auf. Für die exakte Umgrenzung der Stoffklasse Kohlenhydrate ist die einfache Summenformel $C_n(H_2O)_n$ heute jedoch ohne weitere Bedeutung.

Zur genaueren Einteilung dieser biologisch bedeutenden Stoffklasse verwendet man im Wesentlichen einfache strukturelle Kriterien:

- Position der Carbonylgruppe: Zucker mit einer Aldehydgruppe am C-1 bilden die **Aldosen**, solche mit einer Ketogruppe am C-2 sind die **Ketose**. Bei allen in der Natur vorkommenden Zuckern befindet sich die Carbonylgruppe immer nur am C-1 oder am C-2.
- Anzahl der C-Atome in der Kette: Ferner bezeichnet man die Zucker nach der Anzahl der vorhandenen C-Atome, abgeleitet von (alt)griechischen Zahlwörtern. Triosen bestehen nur aus 3 C-Atomen, Tetrosen umfassen 4, Pentosen 5 und Hexosen 6 C-Atome. Eine Heptose wäre ein Monosaccharid mit 7 C-Atomen. Je nach vorhandener Carbonylgruppe lassen sich mithin jeweils Aldotriosen, Ketopentosen, Aldohexosen usw. unterscheiden.
- Ringgestalt: Einige Zucker, vor allem die Pentosen und Hexosen, schließen sich in wässriger Lösung zu Ringen. Nach dem zugrunde liegenden Ringsystem unterscheidet

H. Bannwarth et al., *Basiswissen Physik, Chemie und Biochemie*,
https://doi.org/10.1007/978-3-662-58250-3_14

man Furanosen (5-gliedriger Ring: 4 C und 1 O) sowie Pyranosen (6-gliedriger Ring: 5 C und 1 O; vgl. Abschn. 13.6).

- Anzahl der verknüpften Zuckermoleküle: Aldosen und Ketosen sind Einfachzucker oder Monosaccharide. Sie können durch lineare Verknüpfung komplexere Moleküle ergeben: Zwei gleiche oder verschiedene Monosaccharide bilden ein **Disaccharid**. Durch weitere Verlängerung um jeweils ein Monosaccharid entstehen Tri-, Tetra- bzw. Pentasaccharide. Bis zu zehn miteinander verknüpfte Monosaccharide fasst man als **Oligosaccharide** zusammen. Bei mehr als zehn Kettengliedern spricht man von **Polysacchariden**.

14.1 Isomerien bei Monosacchariden

Die strukturell einfachsten Zucker sind Glycerinaldehyd (Dihydroxypropanal; Aldotriose) und Dihydroxyaceton (1,3-Dihydroxypropanon; Ketotriose). Im Glycerinaldehyd trägt das C-2 vier verschiedene Reste (–H, –OH, –CHO und $–CH_2OH$). Diese Triose besitzt eine tetraedrische Struktur – die vier mit einem zentralständigen Kohlenstoffatom verknüpften Reste nehmen nämlich die Ecken eines regelmäßigen Tetraeders ein. Da das C-2 dieser Verbindung vier verschiedene Substituenten trägt, bezeichnet man es auch als **asymmetrisches C-Atom**.

Bei den Alkanen (Abschn. 13.5) wurde bereits darauf hingewiesen, dass die Summenformel zur genaueren Kennzeichnung einer Verbindung nicht genügt, weil sich Substanzen mit gleicher Summenformel in ihrer Struktur erheblich unterscheiden können. Verbindungen, die unterschiedliche Verknüpfungen ihrer Atome aufweisen, bezeichnet man als **Strukturisomere** oder **Konstitutionsisomere**. Am Beispiel der einfachen Kohlenhydrate (Abb. 14.1) lässt sich ein weiterer Typ von Isomerie aufzeigen: Verbindungen mit gleicher Summenformel können sich auch in der räumlichen Anordnung ihrer Atome bzw. Baugruppen unterscheiden und somit **Stereoisomere** bilden. Diese Situation ist immer dann gegeben, wenn ein C-Atom vier verschiedene Substituenten (Liganden) aufweist und damit asymmetrisch substituiert ist. Dabei sind zwei Möglichkeiten zu berücksichtigen, nämlich

- Spiegelbildisomerie (Enantiomerie)
- Diastereomerie

Alle Verbindungen mit einem asymmetrischen C-Atom kommen in zwei räumlich verschiedenen Formen vor, die durch einfaches Drehen oder Verschieben in der Ebene nicht zur Deckung zu bringen sind – die Moleküle verhalten sich wie ein Objekt zu seinem Spiegelbild und stellen somit **Spiegelbildisomere** dar, auch **Enantiomere** oder **optische Antipoden** genannt. Da sich solche Molekülpaare wie eine linke und rechte Hand zueinander verhalten, spricht man auch von Händigkeit oder **Chiralität** (vom Griech. *cheir* =

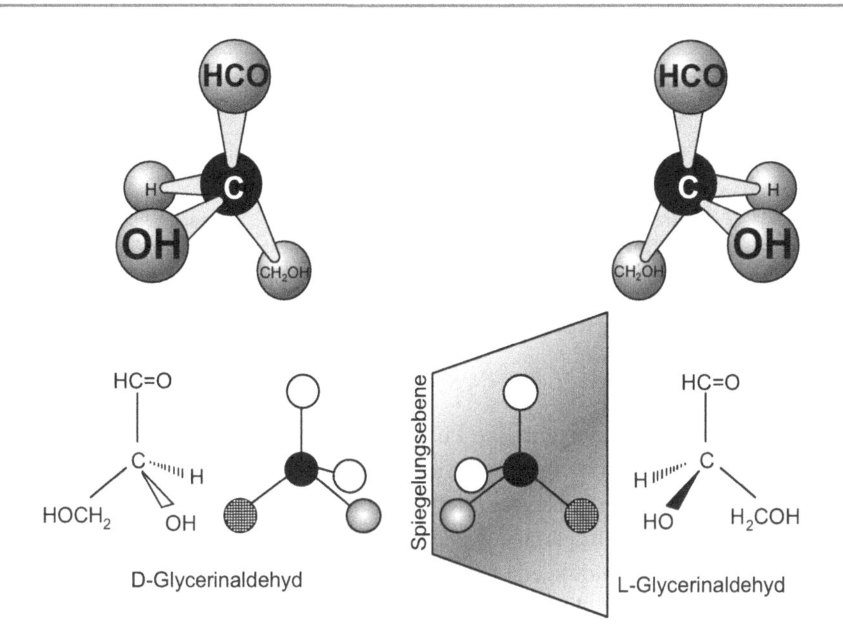

Abb. 14.1 Stereoisomerie am Beispiel von Glycerinaldehyd

Hand) der Moleküle. **Stereoisomere** (vgl. Abb. 14.1) weisen die gleiche Summenformel und Atomfolge auf, unterscheiden sich aber in der räumlichen Anordnung einer funktionellen Gruppe an einem stereogenen Zentrum (Chiralitätszentrum). Für das gewählte Beispiel Glycerinaldehyd lässt sich diese Besonderheit der Raumstruktur formelmäßig so darstellen: Alle durchgezogenen Verbindungsstriche liegen in der Papierebene, die mit schwarzen Keilen wiedergegebenen davor, die gestrichelten dahinter.

Enantiomere zeichnen sich durch die gleichen chemischen und fast gleichen physikalischen Eigenschaften aus. Sie unterscheiden sich allerdings in ihren Wechselwirkungen mit polarisiertem Licht, was man als **optische Aktivität** bezeichnet: Lässt man linear polarisiertes Licht durch die wässrige Lösung einer optisch aktiven Substanz fallen (vgl. Abb. 14.2), so dreht das eine Enantiomer die Schwingungsrichtung der eingestrahlten Wellenzüge – vom Beobachter aus gesehen – im Uhrzeigersinn (+), das andere im Gegenuhrzeigersinn (−), was man durch einen entsprechenden Vorzeichenzusatz ausdrückt. Winkelbetrag und jeweilige Drehrichtung sind substanzspezifisch und unabhängig von der Zugehörigkeit zur D- oder L-Reihe: Im vorliegenden Fall gilt D(+)-Glycerinaldehyd und L(−)-Glycerinaldehyd. Die optisch aktive Weinsäure weist dagegen die Formen D(−)- bzw. L(+)-Tartrat auf.

Für reine α-D-Glucose beträgt der spezifische Drehwinkel $+112°$, für reine β-D-Glucose $+18{,}7°$. In wässriger Lösung stellt sich zwischen den beiden Anomeren (α- bzw. β-Form, vgl. Abschn. 14.2) langsam ein Gleichgewicht mit einem Drehwinkel bei $52{,}7°$ ein (**Mutarotation**). Saccharose hat einen Drehwinkel von $+66{,}5°$. Bei Spaltung in die beiden Monomere geht er stark zurück, weil ihr Baustein Fructose einen Drehwinkel

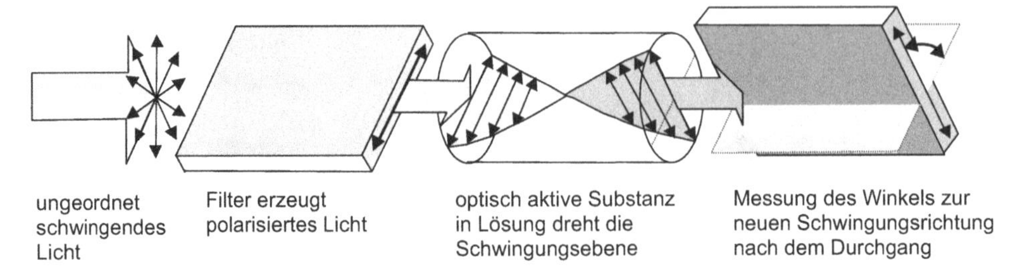

Abb. 14.2 Wirkung einer optisch aktiven Verbindung auf linear polarisiertes Licht: Prinzip eines Polarimeters

von –92,4° aufweist. Dieses eigenartige Phänomen wird als **Inversion** bezeichnet. Mischungen aus Glucose und Fructose, wie sie beispielsweise im Bienenhonig vorliegen, werden daher auch als Invertzucker bezeichnet. Ein Saccharose spaltendes Enzym aus dem Honigmagen der Biene trägt danach auch die Trivialbezeichnung Invertase.

Verhalten sich zwei Verbindungen mit gleicher Summenformel und mit gleicher Atomfolge zueinander *nicht* wie Bild und Spiegelbild, spricht man von **Diastereomeren**. Diese weisen eventuell größere Unterschiede in ihren physikalischen und chemischen Eigenschaften (Löslichkeit, Fixpunkte) auf.

14.2 Moleküldarstellung – die Fischer-Projektion

Durch Projektion auf eine ebene Fläche erhält man aus den Raumgebilden der stereoisomeren C_3-Kohlenhydrate die vereinfachenden Fischer-Projektionsformeln (Abb. 14.3).

Für die strukturisomere Ketotriose Dihydroxyaceton gibt es keine Stereoisomeren, weil ihr sp^2-hybridisiertes Atom C-2 (vgl. Abschn. 8.2) mit der Ketogruppe kein Chiralitätszentrum darstellt.

Auch für die Darstellung einer Zuckerstrukturformel mit senkrecht orientierter Kohlenstoffkette verwendet man oft die **Fischer-Projektion** (entwickelt von Emil Fischer (1852–1919), Nobelpreis 1902). Dabei steht die Carbonylgruppe jeweils oben: Als Aldehydgruppe sitzt sie am Atom C-1, als Ketogruppe immer am C-2. Weist die OH-Gruppe am C-2 des Glycerinaldehyds nach rechts, gehört die betreffende Verbindung der **D-Reihe** an (vom lateinischen *dexter* = rechts), zeigt sie dagegen nach links, ordnet man die betref-

Abb. 14.3 Fischer-Projektionsformel der beiden stereoisomeren C3-Kohlenhydrate

D-Glycerinaldehyd	L-Glycerinaldehyd	Dihydroxyaceton
HC=O	HC=O	H_2C-OH
|	|	|
H**C**-OH	HO-**C**H	**C**=O
|	|	|
H_2COH	H_2COH	H_2COH

fende Verbindung der **L-Reihe** (vom lateinischen *laevus* = links) zu. Die weitaus meisten natürlichen Zucker gehören der D-Reihe an.

Ausgehend vom D-Glycerinaldehyd lassen sich durch sukzessives Einfügen von CH-OH-Baugruppen alle anderen in der Natur vorkommenden **Aldose** ableiten. Bereits bei den beiden kurzkettigen Tetrosen D(−)-Erythrose und D(−)-Threose (je zwei spiegelbildliche **Enantiomere** sind möglich; s. Abb. 14.4) wird deutlich, dass jeweils zwei Asymmetriezentren (Chiralitätszentren) vorliegen.

Die beiden Verbindungen D-Erythrose und D-Threose verhalten sich nicht wie Bild und Spiegelbild zueinander, sind also keine Enantiomere, sondern einfache **Diastereomere** (Abb. 14.4). Für die Zuweisung zur D- oder L-Reihe ist bei längerkettigen Monosacchariden immer die Stellung der OH-Gruppe an demjenigen C-Atom maßgebend, das am weitesten von der Aldehyd- bzw. Ketogruppe entfernt ist.

Bei den Aldopentosen liegen drei, bei den Aldohexosen sogar vier Asymmetriezentren vor. Bei n vorhandenen asymmetrischen (chiralen) Kohlenstoffatomen beträgt die Anzahl der Isomeren 2^n und nimmt somit mit wachsender Kettenlänge rasch zu. Folglich sind $2^3 = 8$ verschiedene Aldopentosen und $2^4 = 16$ Aldohexosen möglich. Von diesen zahlreichen Strukturalternativen kommen jedoch die wenigsten als Naturstoffe in Organismen auch tatsächlich vor.

Monosaccharide, deren Konfiguration sich unabhängig von ihrer D,L-Enantiomerie an nur einem weiteren Asymmetriezentrum in der Kette unterscheidet, nennt man **Epimere** (Abb. 14.5): So ist die D-Mannose am C-2 epimer zur D-Glucose, während die D-Galactose zu D-Glucose am C-4 epimer ist. Die folgenden Formelbeispiele in Fischer-Projektion verdeutlichen diesen Sachverhalt für die benannten Verbindungen (Abb. 14.5).

Analog zur Ableitung der in der Natur vorkommenden Aldosen von D-Glycerinaldehyd kann man die Fischer-Formeln biologisch relevanter Ketosen aus Dihydroxyaceton (1,3-Dihydroxypropanon) entwickeln (Abb. 14.6).

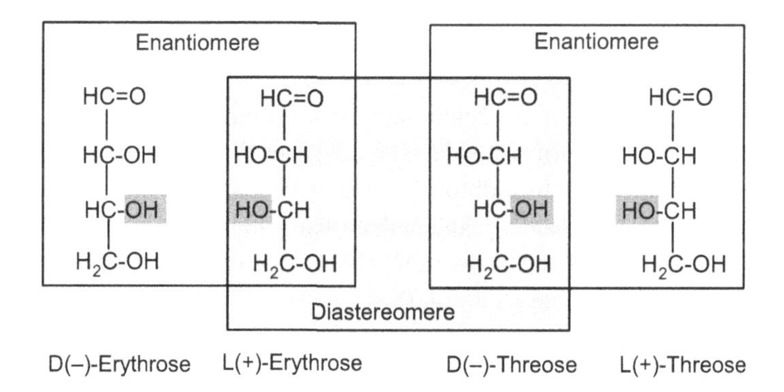

Abb. 14.4 Enantiomerie und Diastereomerie am Beispiel zweier Aldotetrosen

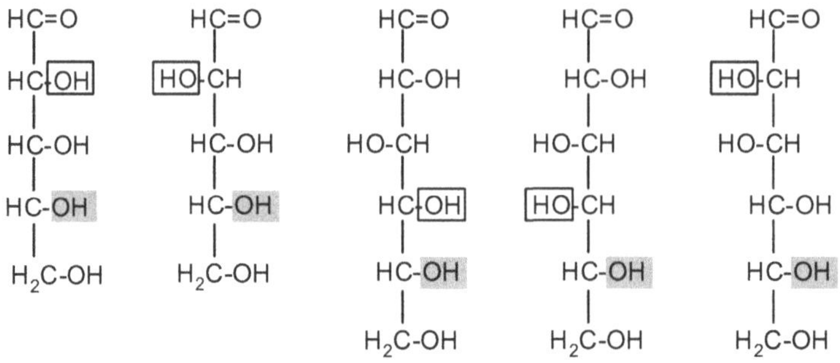

D-Ribose	D-Arabinose	D-Glucose	D-Galactose	D-Mannose
HC=O	HC=O	HC=O	HC=O	HC=O
HC-OH	HO-CH	HC-OH	HC-OH	HO-CH
HC-OH	HC-OH	HO-CH	HO-CH	HO-CH
HC-OH	HC-OH	HC-OH	HO-CH	HC-OH
H_2C-OH	H_2C-OH	HC-OH	HC-OH	HC-OH
		H_2C-OH	H_2C-OH	H_2C-OH

Abb. 14.5 Formelbeispiele für epimere D-Pentosen und D-Hexosen in Fischer-Projektion

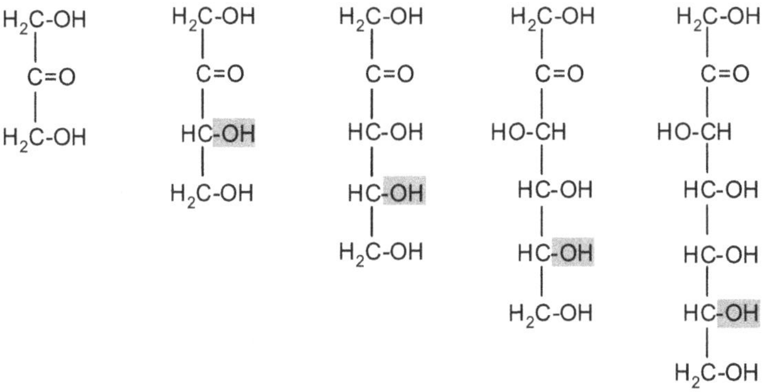

Dihydroxy-aceton	D-Erythrulose	D-Ribulose	D-Fructose	D-Seduheptulose
H_2C-OH	H_2C-OH	H_2C-OH	H_2C-OH	H_2C-OH
C=O	C=O	C=O	C=O	C=O
H_2C-OH	HC-OH	HC-OH	HO-CH	HO-CH
	H_2C-OH	HC-OH	HC-OH	HC-OH
		H_2C-OH	HC-OH	HC-OH
			H_2C-OH	HC-OH
				H_2C-OH

Abb. 14.6 Formelbeispiele für natürlich vorkommende D-Ketosen

14.3 Ringbildung der Monosaccharide (Halbacetale)

In wässriger Lösung liegen die in der Natur häufiger vorkommenden Hexosen zu weniger als 1 % in der offenkettigen Form vor, wie sie die Fischer-Projektion darstellt. Aldehyde und Ketone gehen nämlich durch Addition von einem Molekül Alkohol sehr leicht in die entsprechenden **Halbacetale** über. Für die einfachsten Carbonylverbindungen Acetaldehyd (Ethanal) und dem Verbindungspartner Ethanol lässt sich diese Reaktion entsprechend dem folgenden Schema darstellen (Abb. 14.7).

$$H_3C\text{-}CH{=}O + HO\text{-}C_2H_5 \rightleftarrows H_3C\text{-}CH(OH)\text{-}O\text{-}C_2H_5$$

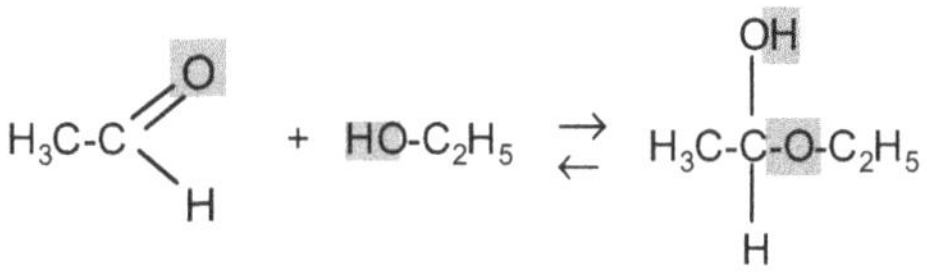

Ethanal Ethanol Halbacetal

Abb. 14.7 Halbacetalbildung am Beispiel von Ethanal und Ethanol

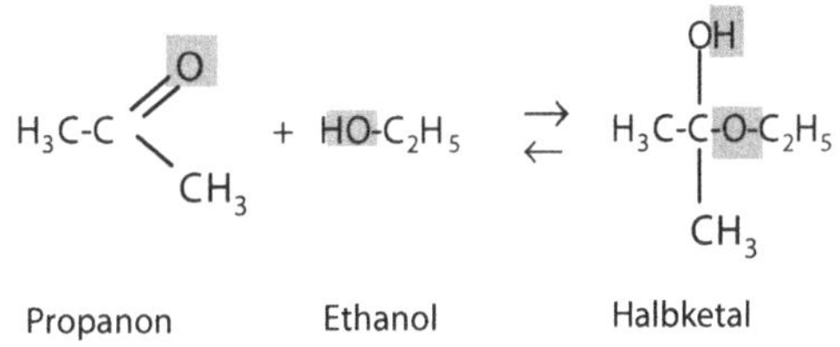

Abb. 14.8 Halbketalbildung am Beispiel von Propanon und Ethanol

$H_3C\text{-}C(=O)\text{-}CH_3 + HO\text{-}C_2H_5 \rightleftarrows H_3C\text{-}C(OH)(CH_3)\text{-}O\text{-}C_2H_5$

Propanon Ethanol Halbketal

Wenn man dagegen vom Açeton (Propanon) ausgeht, erhält man das entsprechende **Halbketal** (Abb. 14.8).

Durch intramolekulare Verknüpfung der jeweiligen Carbonylgruppe mit der am weitesten vom Chiralitätszentrum entfernten OH-Gruppe entstehen heterocyclische (sauerstoffhaltige) Ringe.

Bei der Glucose addiert sich somit die OH-Gruppe des C-5 intramolekular an die Aldehydgruppe am C-1. Die so entstehenden Ringe lassen sich formal vom fünfgliedrigen **Tetrahydrofuran** (Ketohexosen) oder vom sechsgliedrigen **Tetrahydropyran** (Aldohexosen) ableiten. Die Ringformen der Monosaccharide bezeichnet man entsprechend als **Furanosen** oder **Pyranosen** (Abb. 14.9).

Bei der Nummerierung der C-Atome in den Zuckermolekülen beginnt die Zählung immer bei demjenigen C-Atom, das der Aldehyd- bzw. Ketogruppe am nächsten steht (Abb. 14.10).

Beim Ringschluss entsteht aus der ursprünglich freien Carbonylgruppe ein weiteres (neues) asymmetrisches Kohlenstoffatom (Chiralitätszentrum): Die beiden nunmehr auftretenden Diastereomeren, die man an der Stellung der neu gebildeten OH-Gruppe am C-1 erkennt, bezeichnet man in diesem Fall als **Anomeren** und kennzeichnet sie durch Zusatz von α oder β.

Zur zeichnerischen Darstellung der cyclischen Zuckerformen bieten sich zwei Möglichkeiten an. Die **Tollens-Ringformeln** (nach Bernhard Tollens, 1841–1918) lassen sich direkt von der Fischer-Projektion ableiten. Sie zeigen die C-Kette der Monosaccharide als senkrecht orientierte Projektionsbilder und den jeweiligen Ringschluss in einer Ebene (Abb. 14.11).

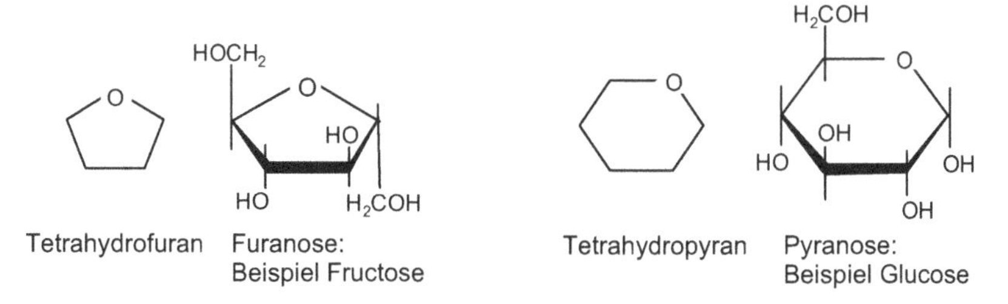

Abb. 14.9 Furanose und Pyranose

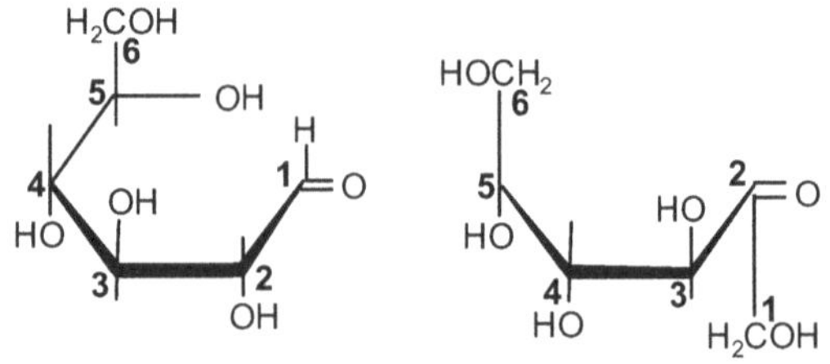

Abb. 14.10 Konvention zur Nummerierung der C-Atome in Monosacchariden (*links* Glucose, *rechts* Fructose, beide vor dem Ringschluss)

Stellt man die Ringformel dagegen nach Haworth (Walter N. Haworth, 1883–1950) dar, so liegen alle Ringatome in einer Ebene, die man sich zur Zeichenebene senkrecht vorstellen muss. Die in der Fischer-Formel nach links weisenden Gruppen stehen in der Haworth-Darstellung oben („Floh-Regel“: **F**ischer **l**inks – **o**ben **H**aworth). Bei der α-Form weist die anomere OH-Gruppe am C-1 nach unten („**a**bwärts“), bei der β-Form nach oben („**b**ergwärts“). Die nicht in den Ring einbezogene Gruppierung am C-6 steht oben (Abb. 14.11).

Interessanterweise drehen die beiden Anomeren das polarisierte Licht nicht nur mit abweichendem Drehwinkel (siehe oben), sondern weisen auch geringfügig unterschiedliche Schmelzpunkte auf: Für α-D(+)-Glucose (Schmelzpunkt 136 °C) beträgt der Drehwinkel 114°, für β-D(+)-Glucose (Schmelzpunkt 150 °C) dagegen nur 19°. Formal entspricht der

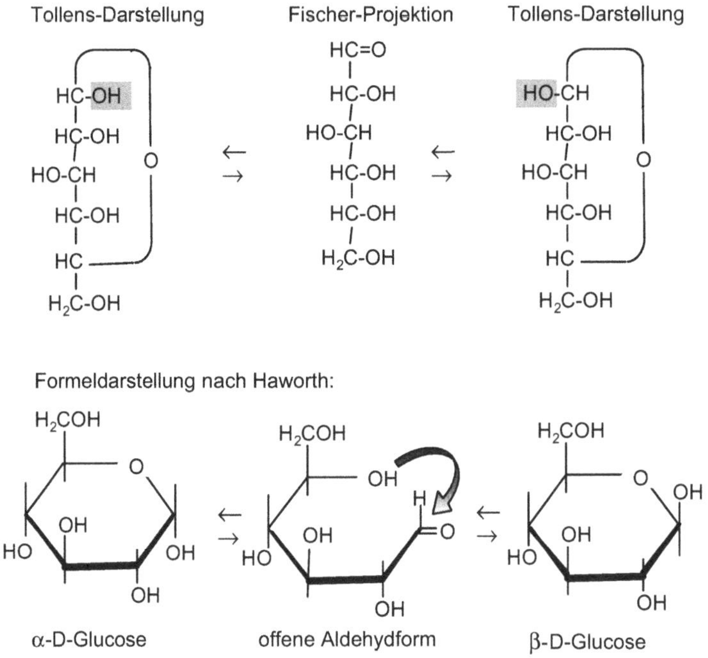

Abb. 14.11 Ringdarstellungen von α- bzw. β-D-Glucose nach Tollens und Haworth

Ringschluss bei der Glucose der Addition eines Aldehyds mit einem Alkohol unter Bildung eines **Halbacetals**. Aus Ketonen erhält man die entsprechenden **Halbketale**.

Exkurs: Fehling-Test

Die Carbonylgruppe am C-1 einer Aldose kann nach **Ringöffnung** relativ leicht zur Carboxylgruppe oxidiert werden und wirkt deshalb als **Reduktionsmittel**: Aus D-Glucose entsteht dabei D-Gluconsäure. Dabei wird das verwendete **Oxidationsmittel** (beispielsweise Cu^{2+}) zu Cu^{+} reduziert. Diese Reaktion, bei der ziegelrotes Cu_2O (Kupfer-(I)-oxid) anfällt, ist die Grundlage der bekannten **Fehling-Probe** (Redox-Reaktion). Ähnlich läuft auch die Reaktion mit Ketosen ab. Alle Monosaccharide gehören daher immer zu den **reduzierenden Zuckern**.

In der zum Ring geschlossenen Halbacetal- bzw. Halbketalform können die Monosaccharide von Cu^{2+} eigentlich nicht oxidiert werden. Da sich in wässriger Lösung jedoch immer ein Gleichgewicht zwischen der ringförmigen und der offenkettigen Form einstellt, liegen jeweils genügend angreifbare freie Carbonylgruppen vor (Störung des Gleichgewichts nach dem Prinzip von Le Chatelier).

Die übersichtlichen Fischer- oder Tollens-Formeln eignen sich zwar sehr gut zur Wiedergabe von Umsetzungen und Konfigurationen, jedoch weniger zur Darstellung der räumlichen Verhältnisse. Die oben schon bei der Darstellung von D- und L-Glycerinaldehyd verwendeten Keilstrich-Darstellungen geben zwar ebenfalls eine brauchbare Vorstellung von der tatsächlichen Räumlichkeit einer Verbindung, eignen sich aber nicht besonders gut für komplexere Moleküle wie Hexosen. Die tatsächliche Raumstruktur berücksichtigen die aus den Haworth-Ringformeln abgeleiteten Darstellungen erheb-

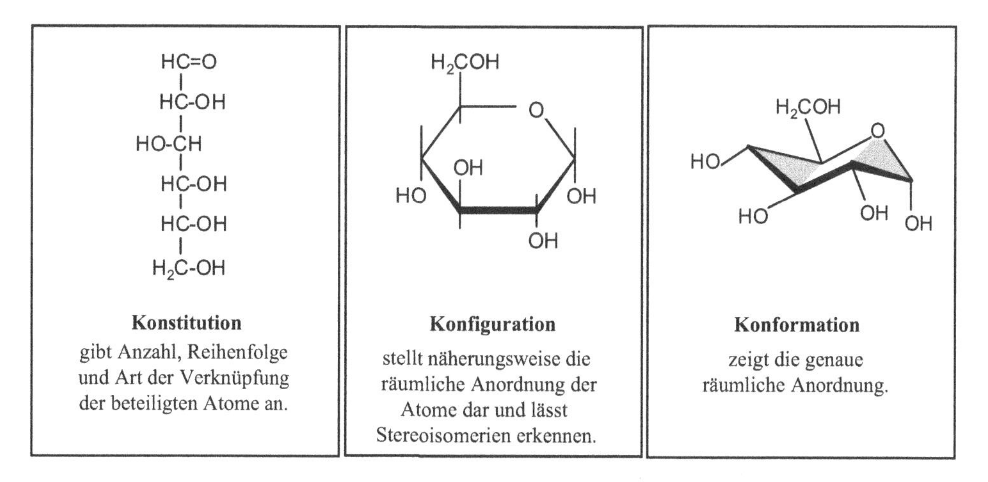

Abb. 14.12 Konstitution, Konfiguration und Konformation im Vergleich am Beispiel der Glucose

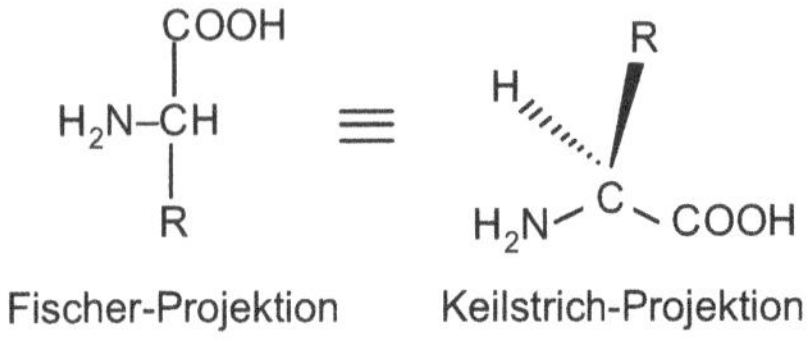

Abb. 14.13 Fischer-Projektion und Keilstrich-Darstellung einer L-Aminosäure

Fischer-Projektion Keilstrich-Projektion

lich besser. Die in der Haworth-Darstellung planar gezeichneten Sechsringe weisen in Wirklichkeit eine „Sesselform" auf. In diesen **Konformationsformeln** stehen alle Atome oben, die auch in der Haworth-Darstellung nach oben weisen. Die folgende Übersicht (Abb. 14.12) stellt am Beispiel einer Aldohexose die Unterschiede zwischen Konstitution, Konfiguration und Konformation vergleichend dar.

Die Konstitution bzw. Konfiguration, wie sie in den Fischer- bzw. Tollens-Formeln zum Ausdruck kommt, lässt sich auch in Keilstrich-Formeln darstellen. Die vor der Zeichenebene befindlichen molekularen Baugruppen werden mit einem kompakten, die dahinter liegenden mit einem gestrichelten Keil wiedergegeben (Abb. 14.13).

14.4 Glycosidbindungen bilden Oligo- und Polysaccharide

Offenkettige Aldehyde oder Ketone, die sich mit einem Alkohol verbunden haben und dabei zum cyclischen Halbacetal bzw. Halbketal wurden, können mit einer weiteren alkoholischen OH-Gruppe unter Wasserabspaltung zum (Voll-)Acetal bzw. Ketal reagieren. Solche Verbindungen nennt man **Glycoside**; die Bindung zwischen Zucker und Alkohol

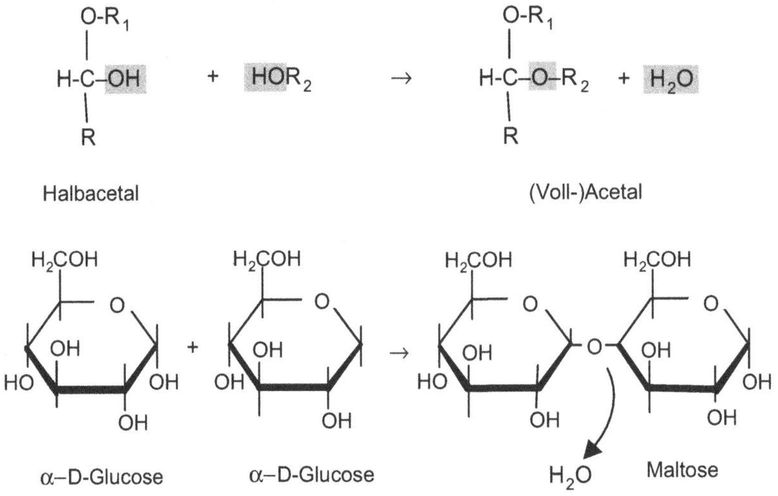

Halbacetal (Voll-)Acetal

α–D-Glucose α–D-Glucose Maltose

Abb. 14.14 Glycosidbindung am Beispiel der α-D-Glucose

(R-OH) ist eine glycosidische Bindung (*O*-Glycosid). In Anlehnung an die α- und β-Form der beteiligten Zucker unterscheidet man die α- bzw β-**glycosidische Bindung**. Bei der α-glycosidischen Bindung befindet sich das bindende anomere O-Atom in axialer Position (d. h. in der Ebene der Sessellehne), bei der β-glycosidischen Bindung dagegen in äquatorialer Ausrichtung (d. h. in der Ebene der Sesselsitzfläche) (Abb. 14.14).

Im letzteren Fall ist die Glycosidbindung zwischen zwei identischen Zuckern (α-D-Glucopyranose) geknüpft worden – die halbacetalische OH-Gruppe eines Monosaccharids hat mit einer alkoholischen OH-Gruppe eines zweiten Zuckermoleküls zum Glycosid reagiert. Dabei entstand das Disaccharid Maltose (Abb. 14.14). Glycoside, die sich von Pyranosen ableiten, heißen **Pyranoside**. Die **Furanoside** sind entsprechend als Abkömmlinge von Furanosen aufzufassen (Abb. 14.15).

Die Bezeichnung von **Glycosiden** benennt jeweils den an der glycosidischen Hydroxylgruppe eingeführten Rest, ferner die Zugehörigkeit zur α- oder β-Form, die Zugehörigkeit zur D- oder L-Reihe, die Art des Monosaccharids und die Verwendung eines Fünf- oder Sechsringes (vgl. Tab. 14.1). Für das oben dargestellte Beispiel lautet die Komplettbezeichnung daher

$$\begin{aligned}&\alpha\text{-D-Glucopyranose} + \alpha\text{-D-Glucopyranose} \rightarrow\\&\alpha - \text{-D-Glucopyranosido-}(1 \rightarrow 4)\alpha\text{-D-Glucopyranose}\,(\,=\text{Maltose})\ .\end{aligned}$$

Die folgenden Formelbeispiele zeigen eine Reihe biologisch wichtiger Disaccharide (Abb. 14.16).

Die (1→4)-verknüpften Di- und Oligosaccharide gehen aus der Verbindung einer halbacetalischen und einer alkoholischen OH-Gruppe hervor. Sie besitzen am letzten Zuckerbaustein jeweils noch eine freie OH-Gruppe und damit ein reduzierendes Ende. Erfolgt die Glycosidbindung über zwei halbacetalische OH-Gruppen (1→1), wie bei der Trehalose bzw. (1→2) wie bei der Saccharose, entsteht ein nicht reduzierender Zucker (Abb. 14.17).

Die Fortsetzung der Glycosidbindung mit weiteren Monosacchariden ergibt Trisaccharide, Tetrasaccharide, Pentasaccharide (= Oligosaccharide) und schließlich Polysaccharide – zusammen auch als **Glycane** bezeichnet (Glucane sind Oligo- oder Polymere nur aus Glucose!). Aus α-D-Glucose entsteht durch fortgesetzte glycosidische Bindung (Polykondensation) weiterer Moleküle α-D-Glucose beispielsweise das Polysaccharid Stärke, aus β-D-Glucose das Strukturpolysaccharid Cellulose.

Die aus Mono- oder Oligosacchariden durch fortgesetzte glycosidische Anknüpfung weiterer Zuckerbausteine hervorgehenden Polysaccharide teilt man nach ihrem chemi-

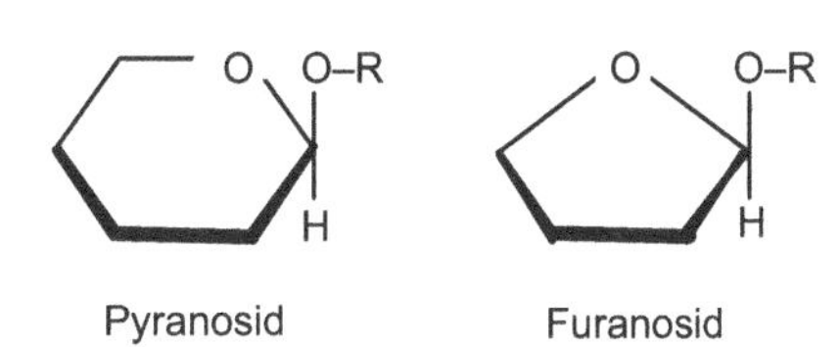

Abb. 14.15 Pyranoside und Furanoside

Tab. 14.1 Biologisch wichtige Disaccharide

Substanzbezeichnung [Kurzform]	Vorkommen/Funktion
Maltose, Malzzucker α-D-Glucopyranosyl-(1→4)-α-D-Glucopyranose [α-Glc(1→4)α-Glc]	Baustein von Stärke und Glycogen, Verwendung beim Bierbrauen
Trehalose α-D-Glucopyranosyl-(1→1)-α-D-Glucopyranose [α-Glc(1→1)α-Glc]	Blutzucker der Arthropoden, auch in Pilzen und Süßwasserrotalgen enthalten
Lactose, Milchzucker β-D-Galactopyranosyl-(1→4)-β-D-Glucopyranose [β-Gal(1→1)β-Glc]	Wichtigstes Kohlenhydrat der Säugetiermilch (bis 6 %)
Saccharose, Sucrose, Rübenzucker α-D-Glucopyranosyl-(1→2)-β-D-Fructofuranose [α-Glc(1→2)β-Fru]	Herkunftsbedingt auch Rohrzucker genannt, wichtigstes Reserve- und Transportdisaccharid höherer Pflanzen, haushaltsüblicher Zucker
Cellobiose β-D-Glucopyranosyl-(1→4)-β-D-Glucopyranose [β-Glc(1→4)β-Glc]	Kommt in der Natur in freier Form nicht vor, gilt als Baustein der Cellulose in pflanzlichen Zellwänden

schen Aufbau ein in **Homoglycane** und **Heteroglycane**. Homoglycane enthalten nur ein bestimmtes Monosaccharid als Baustein. Beispiele sind die nur aus Glucoseeinheiten bestehenden Polysaccharide (Glucane bzw. **Polyglucane**) Amylose und Amylopectin. Die Allgemeinreaktion für den Aufbau eines Homoglycans aus einer Hexose lautet

$$nC_6H_{12}O_6 \rightarrow C_{6n}H_{11n}O_{5n+1} + (n-1)\,H_2O\;.$$

Amylose enthält bis zu 300 Glucosebausteine und bildet eine schraubig gewundene Kette mit je sechs Glucoseresten je Windung. Amylopectin ist ein verzweigtes Makromolekül, dessen Glucoseketten nicht nur α-1→4-glycosidische Bindungen aufweisen, sondern auch Verzweigungen am C-6 (Baustein Isomaltose). Beim ähnlichen Glycogen ist der Verzweigungsgrad noch höher (Abb. 14.18).

Wechselnde Anteile von Amylose und Amylopectin bilden die pflanzliche Stärke, ein ernährungsphysiologisch wichtiges **Reservepolysaccharid**. **Dextrane** sind Polyglucane, deren Glucosebausteine auch am C-1 und am C-6 glycosidisch verknüpft sind. Glycogen (tierische Stärke) ist ein hochgradig verzweigtes, dem pflanzlichen Amylopectin vergleichbares Makromolekül. Cellulose ist eine der wichtigsten pflanzlichen Gerüstsubstanzen (**Strukturpolysaccharid**) und besteht aus linearen, nicht gewundenen Ketten mit bis zu 10.000 β-Glucosebausteinen.

Ein aus Fructosebausteinen zusammengesetztes Homoglycan ist das **Fructan** Isokestrose (mit β1→2-Bindungen; früher auch **Inulin** genannt), das vor allem aus Asteraceen-Wurzelorganen (Artischocke, Dahlie, Knollen-Sonnenblume, Löwenzahn) gewonnen wird. Die ähnliche Kestrose (mit β2→6-Bindungen) findet sich vor allem in Süßgräsern. Das Kettenende besteht jeweils aus Saccharose (Abb. 14.19).

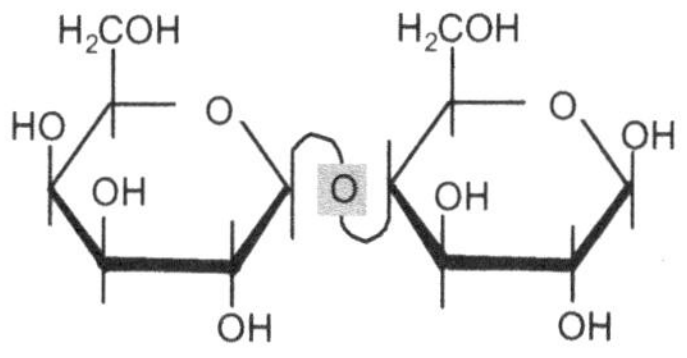

Lactose
β-D-Galactopyranosyl-(1→4)-β-D-Glucopyranose
β-Gal(1→1)β-Glc

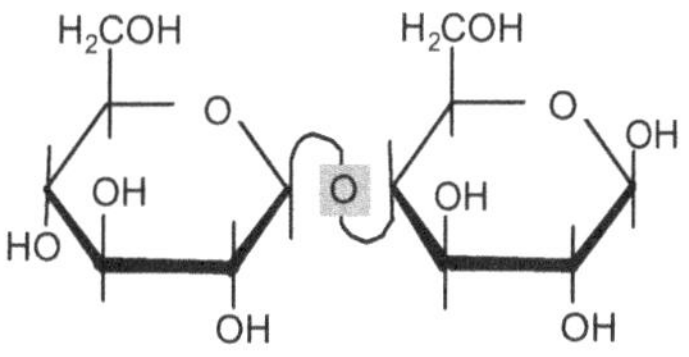

Cellobiose
β-D-Glucopyranosyl-(1→4)-β-D-Glucopyranose
β-Glc(1→4)β–Glc

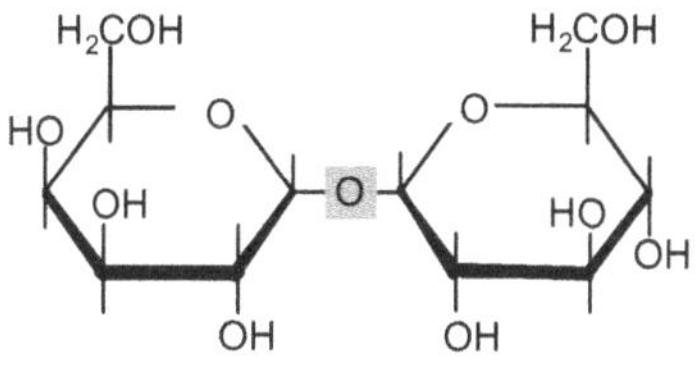

Trehalose
α-D-Glucopyranosyl-(1→1)-α-D-Glucopyranose
α-Glc(1→1)α-Glc

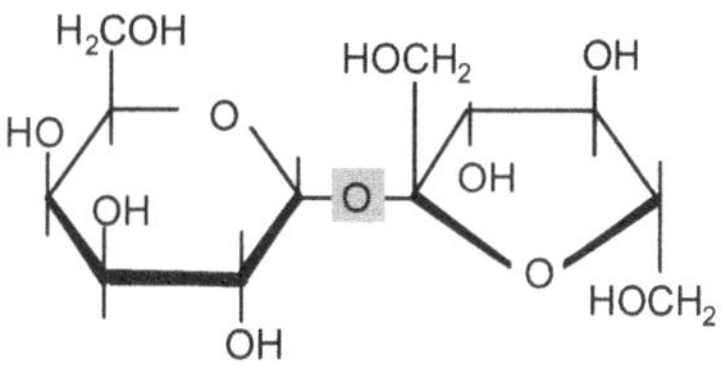

Saccharose (Sucrose)
α-D-Glucopyranosyl-(1→2)-β-D-Fructofuranose
β-Glc(1→2)β-Fru

Abb. 14.16 Beispiele natürlich vorkommender Disaccharide

Heteroglycane sind im Unterschied zu den einheitlichen Homoglycanen aus (meist jedoch nur zwei oder drei) verschiedenen Monosacchariden aufgebaut. Sie erreichen damit bei Weitem nicht die Strukturvielfalt der Proteine, die mit den 20 biogenen Aminosäuren eine ungleich größere Materialwahl nutzen können. Sie bilden beispielsweise die große und sehr uneinheitlich zusammengesetzte Gruppe der Hemicellulosen und **Pektine**, die als Gerüst- oder Matrixsubstanzen der pflanzlichen Zellwand auftreten.

Glycoproteine bestehen aus einer an ein Protein gebundenen einfachen oder verzweigten, unperiodisch aufgebauten Oligosaccharidkette, die sich überwiegend aus Galactose, Mannose und den *N*-Acetylhexosaminen (*N*-Acetylglucosamin und *N*-Acetylgalactosamin) zusammensetzt. Oft ist die sonst seltene Fucose das Endglied einer der Ketten. Glycoproteine erfüllen zahlreiche wichtige Aufgaben, darunter den zelltypspezifischen

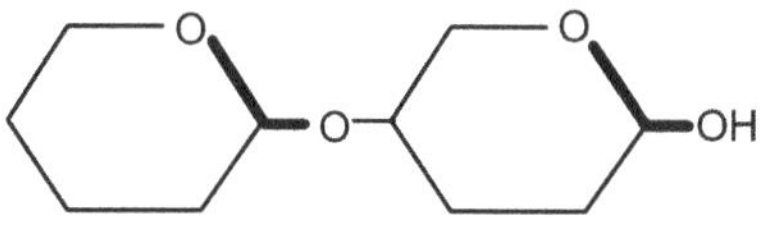

reduzierendes Disaccharid

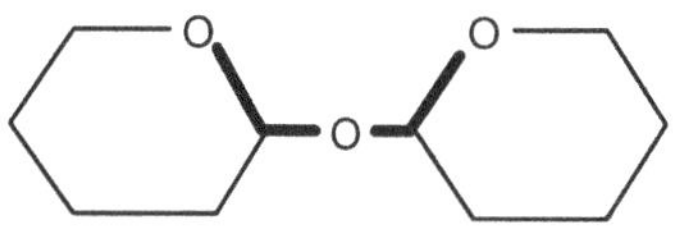

nicht reduzierendes Disaccharid

Abb. 14.17 Reduzierende und nicht reduzierende Disaccharide

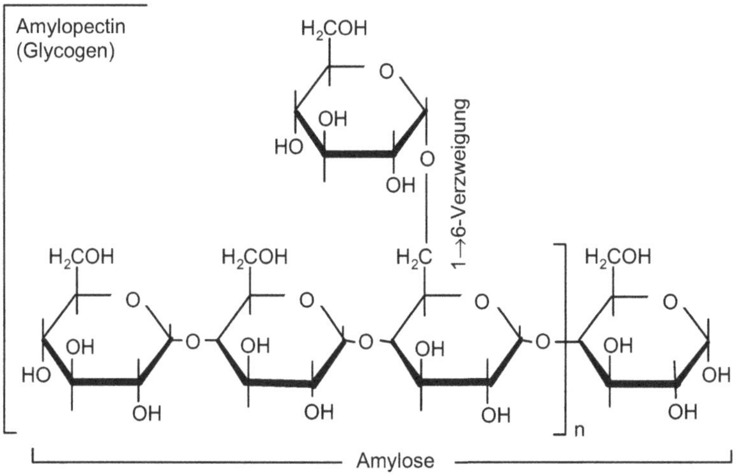

Abb. 14.18 Formelbild von Amylose und Amylopectin (Glycogen)

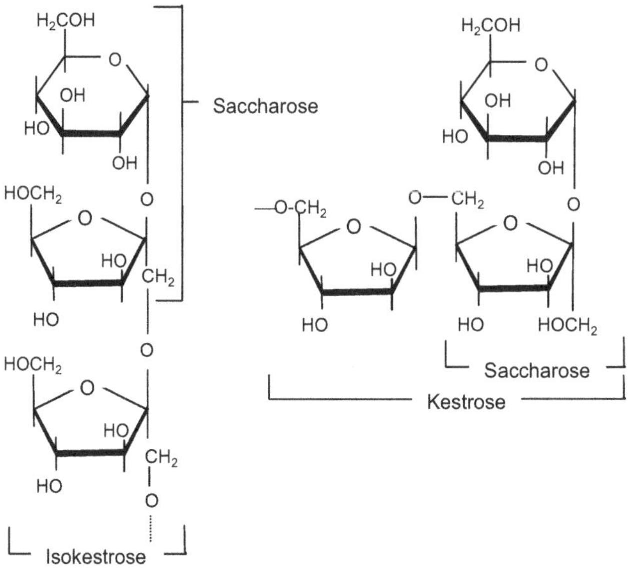

Abb. 14.19 Aus Fructoseeinheiten zusammengesetzte Polysaccharide

Aufbau von Zelloberflächen, die für Zell-Zell-Erkennungsmechanismen bedeutsam sind. Auch die membrangebundenen Rezeptoren für Hormone oder die Empfangsstellen für die Neurotransmitter an der postsynaptischen Membran gehören in diese Funktionsklasse.

14.5 Einige Zuckerderivate

Die gewöhnlichen Pentosen und Hexosen sind Ausgangssubstanzen für einige naturstoffchemisch und biologisch besonders wichtige Derivate, von denen hier überblicksweise nur die wichtigsten Gruppen erwähnt werden:

Desoxyzucker (= Deoxyzucker) Die Fucose trägt am C-1 lediglich eine Methylgruppe. Sie kommt in freier Form nicht vor, ist jedoch ein relativ häufiger Bestandteil in den Oligosaccharidketten von Glycoproteinen (Abb. 14.20).

Ungleich bedeutsamer ist die 2-Desoxy-D-ribose; sie trägt am C-2 keine OH-Gruppe, sondern nur 2 H-Atome und weist daher auch nur 2 Chiralitätszentren auf (Abb. 14.20). Diese spezielle Aldopentose ist in der Ringform Baustein der DNA (Desoxyribonucleinsäure, vgl. Kap. 18), kommt aber in freier (akkumulierter) Form in der Natur nicht vor.

Aminozucker Bei diesen Molekülen ist die OH-Gruppe am C-2 durch eine Aminogruppe (-NH_2) ersetzt – aus D-Glucose wird 2-Amino-2-desoxyglucose (= Glucosamin). Durch Acetylierung der Aminogruppe gelangt man zu den *N*-Acetylhexosaminen wie dem *N*-Acetylglucosamin, dem Baustein des **Chitins**. Dieses Gerüstpolysaccharid der Arthropoden (Krebse, Spinnen, Insekten) besteht aus $\beta(1\rightarrow4)$-verknüpften Bausteinen und entspricht strukturell demnach der pflanzlichen Cellulose. *N*-Acetylglucosamin (Abb. 14.21) ist ebenfalls Bestandteil der aus dem Komplexpolysaccharid **Murein** aufgebauten bakteriellen Zellwand. Der isomere Aminozucker *N*-Acetylgalactosamin ist auf der Erythrocytenoberfläche an der Ausprägung der blutgruppenspezifischen **Antigene** beteiligt (vgl. Glycoproteine).

Zuckersäuren Im Zellstoffwechsel (Intermediärstoffwechsel) reagieren Zucker fast nur aus der energiereicheren Phosphatesterform. Die Hexosen werden dazu am C-6 zu den entsprechenden Hexose-6-phosphaten phosphoryliert. Als Beispiel zeigt die unten stehende Formel (Abb. 14.22) die metabolisch wichtige Verbindung Glucose-6-phosphat (G-6-P). Details finden sich in Kap. 19 und folgenden.

Die Umwandlung des C-6 einer Hexose zur Carboxylgruppe führt zu den **Zuckersäuren** vom Typ Glucuronsäure oder Galacturonsäure. Durch polymer $\alpha(1\rightarrow4)$-verknüpfte D-Galacturonsäure, deren COOH-Gruppen überwiegend als Methylester (–$COOCH_3$)

Abb. 14.20 Beispiele für De(s)oxymonosaccharide

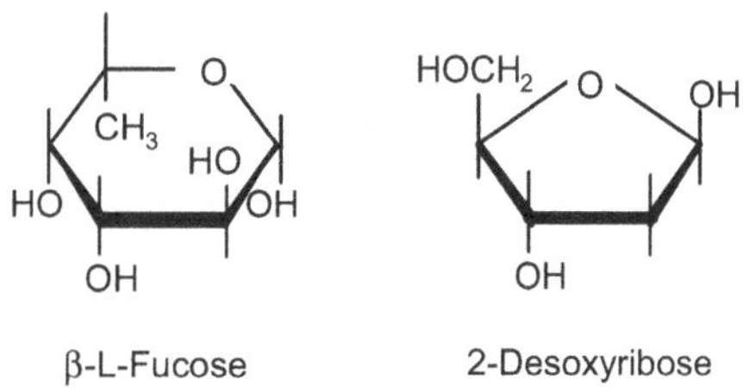

β-L-Fucose

2-Desoxyribose

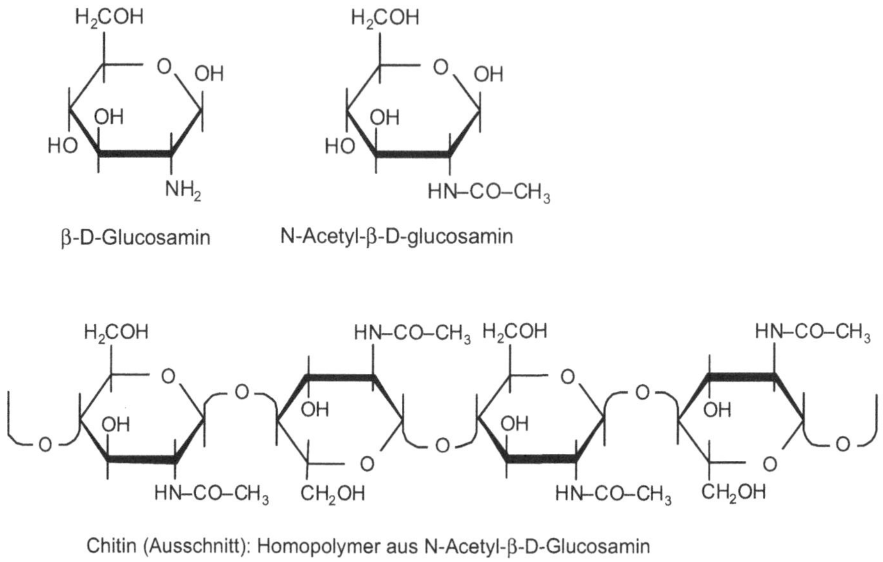

β-D-Glucosamin N-Acetyl-β-D-glucosamin

Chitin (Ausschnitt): Homopolymer aus N-Acetyl-β-D-Glucosamin

Abb. 14.21 Beispiele für wichtige Aminozucker und ein Homopolymer

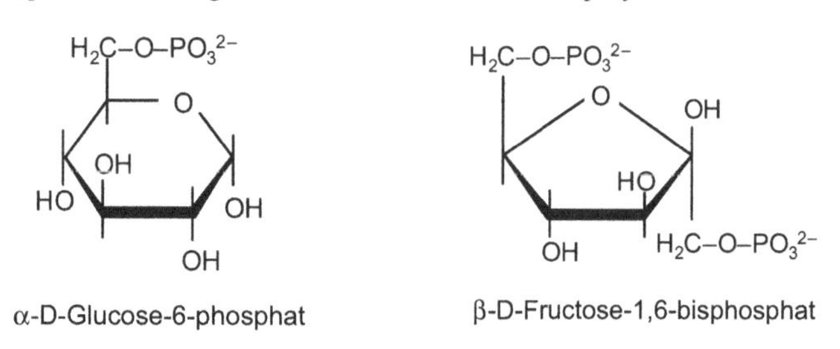

Abb. 14.22 Durch Phosphorylierung (Phosphatesterbindung) entstehen Zuckerphosphate

vorliegen. entsteht das **Pektin** der pflanzlichen Zellwände (Primärwandbaustoff). Polymere der D-Glucuronsäure (Abb. 14.23) sind Bestandteil des **Chondroitins** im tierischen Bindegewebe. **Heparin** ist ein Mischpolysaccharid unter anderem aus D-Glucuronsäure-2-sulfat und D-Galactosamin-N,C-6-sulfat; es kommt in Mastzellen und in Endothelzellen der Blutgefäßwände vor und verhindert die spontane Blutgerinnung. Die Oxidation des Atoms C-1 ergibt Zuckersäuren wie Gluconsäure oder Galactonsäure, deren Lactone jeweils lebensmitteltechnisch von Bedeutung sind.

Vitamin C L-Ascorbinsäure leitet sich von D-Glucuronsäure bzw. vom L-Gulonolacton ab (Abb. 14.24) und kann daher als Zuckerderivat aufgefasst werden. Den Primaten fehlt das letzte Enzym der Synthesekette (Gulonolacton-Oxidase); daher ist diese Verbindung für sie ein essenzieller Nahrungsbestandteil. Die Bezeichnung Vitamin für diese Verbindung ist jedoch problematisch, da Vitamine im Allgemeinen Coenzymfunktionen aufwei-

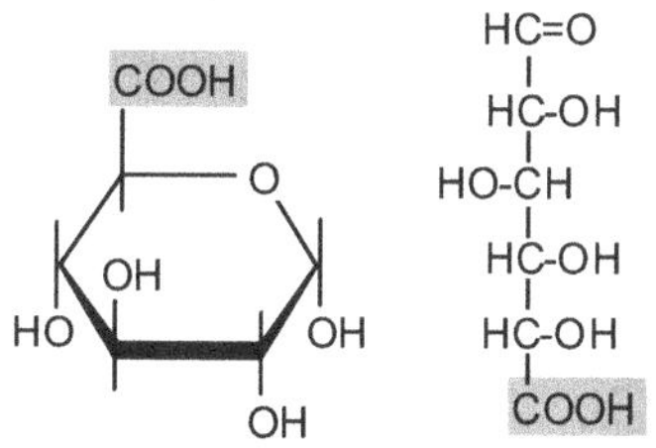

D-Glucuronsäure 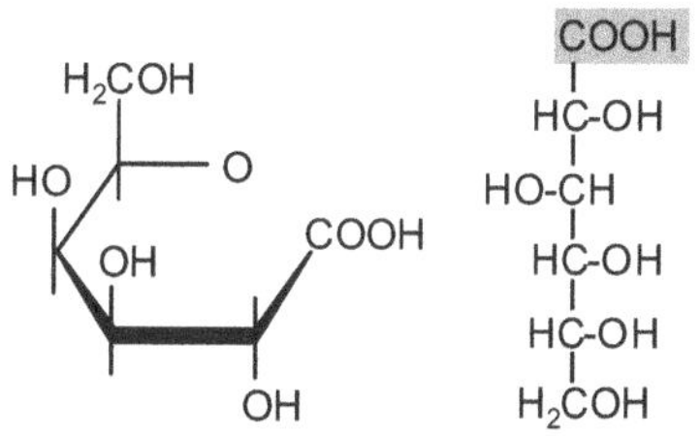 D-Gluconsäure

Abb. 14.23 Säurederivate der Glucose

Abb. 14.24 Vitamin C ist ein Zuckerderivat

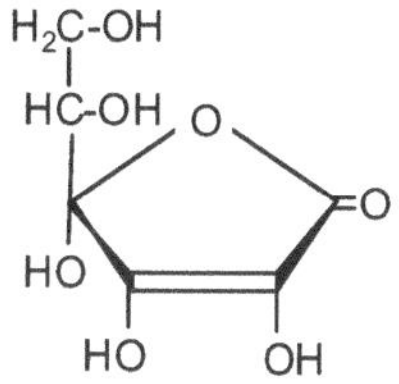

L-Ascorbinsäure
= Vitamin C

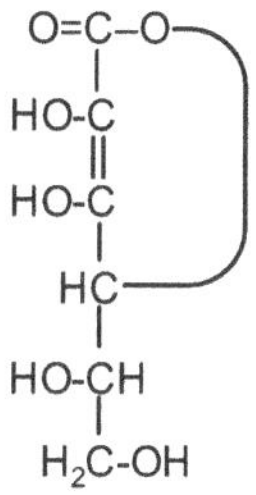

sen, während Ascorbat im Zellstoffwechsel eher als Radikalfänger im Einsatz ist (vgl. **Halliwell-Asada-Reaktionsweg**, Kap. 8).

Polyole Die Carbonylgruppen der Aldosen und Ketosen kann man zu alkoholischen OH-Gruppen reduzieren, wobei Polyhydroxyverbindungen entstehen, die man Zuckeralkohole oder Polyole nennt (Abb. 14.25). Aus Pentosen gehen Pentit(ol)e, aus Hexosen **Hexit(ol)e** hervor. Mannitol kommt unter anderem in Braunalgen vor, Sorbitol in vielen Vertretern der Rosengewächse (Rosaceae). Diese Verbindungen schmecken in unterschiedlichem Maße süß und spielen zum Teil als nicht oder schlecht metabolisierbare Zuckeraustauschstoffe eine bedeutsame Rolle (Mannitol, Sorbitol) oder sind Bausteine anderer wichtiger Biomoleküle (Ribitol).

Abb. 14.25 In der Natur häufige Polyole (Pentitol und Hexitole)

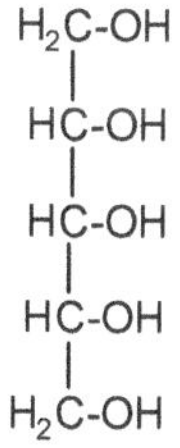

D-Ribit(ol) 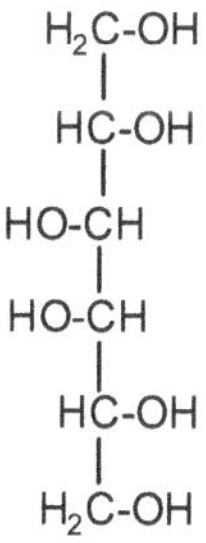 Dulcit(ol) (Galactitol) Mannit(ol) 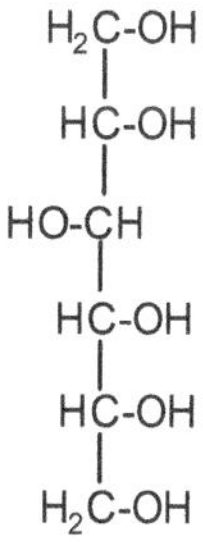 Sorbit(ol) (Glucitol)

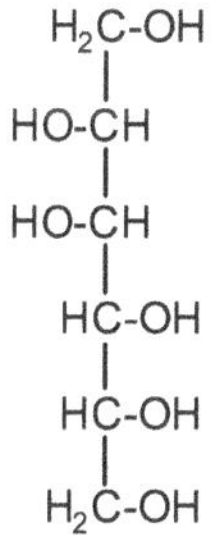

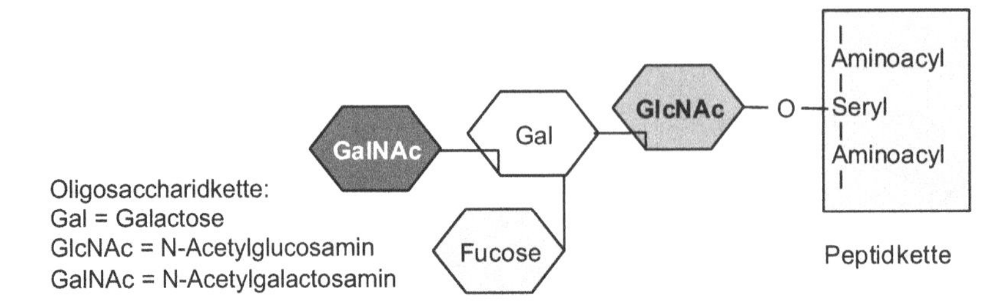

Abb. 14.26 Basisstruktur eines Glycoproteins: determinante Gruppe des Antigens von Blutgruppe A

Glycoproteine Diese typenreichen Verbindungen stellen Konjugate aus Oligosacchariden und (Membran-)Proteinen dar. Die in vielen Fällen verzweigte, jedoch meist nur relativ kurze Kohlenhydratkette ist glycosidisch mit der OH-Gruppe eines Serin- oder Threoninrestes verknüpft.

Die trotz ihrer vergleichsweise übersichtlichen Struktur bemerkenswert vielgestaltigen Glycoproteine erfüllen in den Organismen zahlreiche Aufgaben. Manche sind determinante Gruppen von **Antigenen** (s. Beispiel in Abb. 14.26), andere sind unter anderem im Zusammenwirken mit **Lektinen** an spezifischen Oberflächeneffekten wie Zell-Zell-Erkennungsmechanismen beteiligt.

14.6 Fragen zum Verständnis

1. An welchen Struktureigenschaften erkennt man einen Zucker?
2. Was ist unter Chiralität bzw. Händigkeit zu verstehen?
3. Wie ist die Zugehörigkeit zur D- oder L-Reihe definiert?
4. Was sind konformere, enantiomere, diastereomere, anomere und epimere Zucker (Beispiele)?
5. Was versteht man unter optischer Aktivität?
6. Formulieren Sie am Beispiel der D-Glucose die Bildung eines Halbacetals.
7. Wie unterscheiden sich Furanosen und Pyranosen?
8. Was ist ein Asymmetriezentrum?
9. Wie sieht eine glycosidische Bindung aus?
10. Wie viele Isomere sind bei n asymmetrischen C-Atomen möglich?
11. Was versteht man unter einem reduzierenden Zucker?
12. Formulieren Sie die glycosidische Verknüpfung von α-D-Glucose zu einem nicht reduzierenden Disaccharid.
13. Warum gehört Saccharose zu den nicht reduzierenden Zuckern?
14. Welche Raumgestalt nimmt ein Stärkemolekül ein?
15. Welcher Unterschied besteht zwischen einem Polyglycan und einem Polyglucan?

16. Wie erklären sich die Unterschiede zwischen Amylose und Cellulose, obwohl beide aus Glucosebausteinen bestehen?

Die Antworten zu diesen Fragen finden Sie im Anhang „Antworten und Lösungen zu den Fragen“.

Aminosäuren, Peptide, Proteine

15

Zusammenfassung

Neben den Kohlenhydraten, den Lipiden, Isoprenoiden und den Nucleinsäuren sind die aus Aminosäuren (Aminocarbonsäuren, vgl. Abschn. 13.8.3) aufgebauten Proteine die wichtigsten hochmolekularen Bestandteile der lebenden Zelle. Ihre Bezeichnung wurde bereits 1838 von Jöns J. Berzelius (1779–1848) eingeführt und leitet sich ab vom griechischen *prōtéios* = erstrangig, was zu Recht die Wichtigkeit dieser Stoffgruppe betont. Die weit verbreitete Bezeichnung „Eiweiße" ist nicht unbedingt treffend, weil nur die wenigsten Proteine aus Eiern stammen. Enzyme als Proteine mit besonderer Aufgabenstellung werden hier aus der Betrachtung zunächst noch ausgeklammert. Sie bilden den Gegenstand eines eigenen Kapitels (Kap. 18).

15.1 Proteine bestehen aus Aminosäuren

Bausteine (Monomere) der Proteine sind die Aminosäuren, die sich formal von Mono- oder Dicarbonsäuren ableiten lassen. Neben der Carboxylgruppe (–COOH), die durch Dissoziation leicht ein Proton (H^+) abgibt und somit als Säure wirkt, enthalten Aminosäuren mindestens eine weitere funktionelle Gruppe, die namengebende **Aminogruppe** ($-NH_2$). Die einfachste biologisch relevante Aminosäure leitet sich von der Essigsäure ab – die Einführung einer Aminogruppe am C-2 (bei Monocarbonsäuren bezeichnet man das der Carboxylgruppe unmittelbar benachbarte C-Atom auch als α-C) führt zur α-Aminoessigsäure, für die der Trivialname Glycin (abgekürzt Gly oder G) üblich ist (Tab. 15.1).

Außer bei Glycin steht bei allen übrigen 19 in natürlichen Proteinen vorkommenden (**proteinogenen**) Aminosäuren die Aminogruppe stets am α-C-Atom (d. h. in α -Stellung). Der Rest R ist im Glycin ein H-Atom, bei allen anderen Aminosäuren dagegen eine unverzweigte oder verzweigte Kohlenstoffkette. Beginnend mit der α-Aminopropionsäure (= Alanin/Ala, vgl. Tab. 15.1) trägt das α-C vier verschiedene Reste (Carboxylgruppe,

H. Bannwarth et al., *Basiswissen Physik, Chemie und Biochemie*,
https://doi.org/10.1007/978-3-662-58250-3_15

Tab. 15.1 Die 20 biogenen Aminosäuren

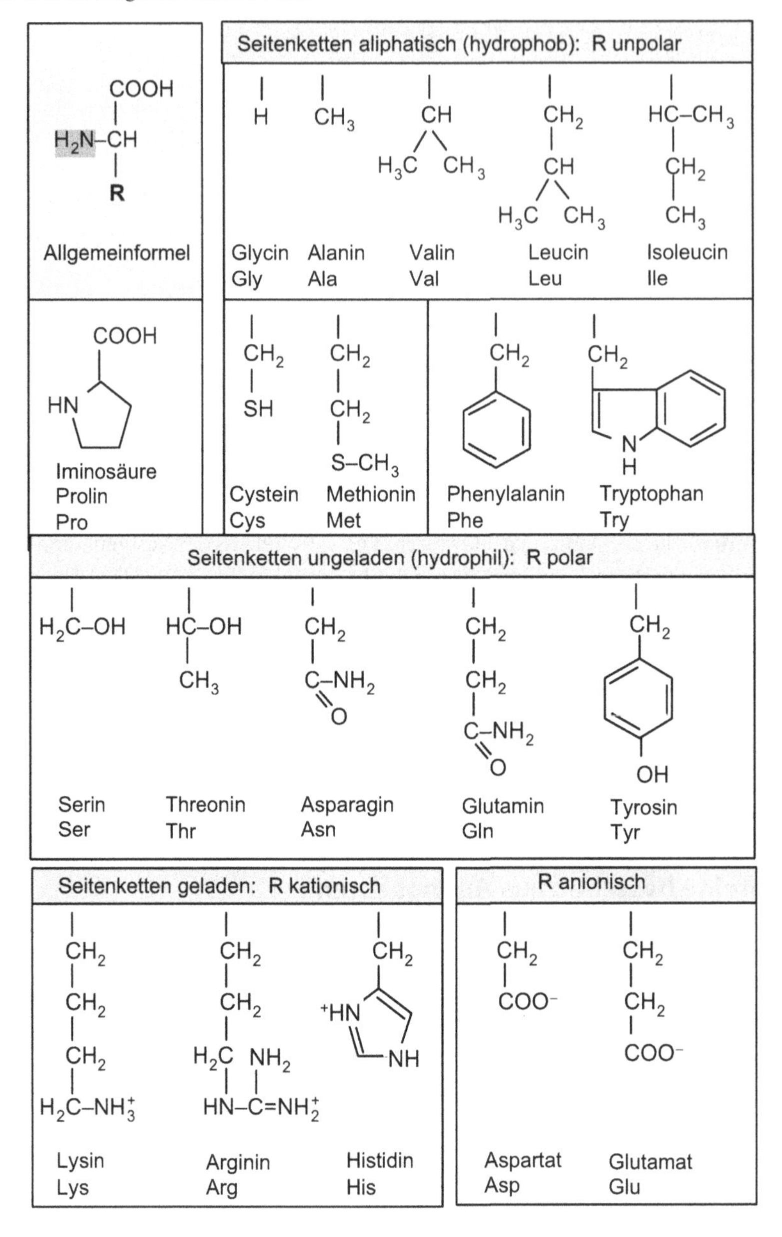

Aminogruppe, H-Atom sowie Rest R), ist daher asymmetrisch substituiert und stellt somit ein **Chiralitätszentrum** dar (vgl. Abschn. 14.1). Folglich müssen die Aminosäuren als händige (chirale) Moleküle in D- und L-Formen auftreten. Alle proteinogenen Aminosäuren weisen die **L-Konfiguration** (nach einem anderen Bezeichnungssystem S-

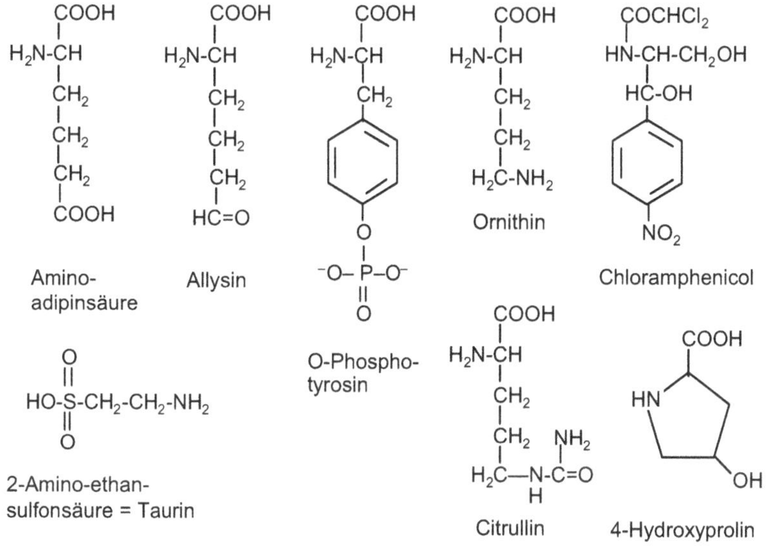

Amino-adipinsäure, Allysin, O-Phospho-tyrosin, Ornithin, Chloramphenicol, 2-Amino-ethan-sulfonsäure = Taurin, Citrullin, 4-Hydroxyprolin

Abb. 15.1 Beispiele nicht proteinogener natürlich vorkommender Aminosäuren

Konfiguration) auf. Wenn man die Aminosäureformeln in der Fischer-Projektion schreibt, weist die Aminogruppe immer nach links, die Carboxylgruppe nach rechts. Selten kommen in der Natur auch D-Aminosäuren vor, beispielsweise in den Peptiden Amanitin (8 Aminosäuren) und Phalloidin (7 Aminosäuren), den hochwirksamen Toxinen der Knollenblätterpilze (*Amanita* spp., u. a. *A. phalloides*).

Im Stoffwechsel bedeutsam sind nur die L-Formen. Eine gewisse Ausnahme bilden die beiden Verbindungen Prolin und Hydroxyprolin: Hier ist die ursprünglich freie α-Aminogruppe durch intramolekularen Ringschluss zu einer Iminogruppe geworden. Diese **Iminosäuren** werden, da sie in natürlichen Proteinen häufig sind, üblicherweise dennoch zusammen mit den anderen Aminosäuren behandelt. 4-Hydroxyprolin (Abb. 15.1) und auch 5-Hydroxylysin sind nicht direkt proteinogene Aminosäuren und kommen nur in Strukturproteinen (beispielsweise im Kollagen) vor. Sie entstehen aus Prolin bzw. Lysin durch den Einbau einer Hydroxylgruppe nach bereits abgeschlossener Proteinbiosynthese. In solchen Fällen spricht man von **posttranslationaler** Modifizierung einer Aminosäure. Neben den **proteinogenen** Aminosäuren spielen im Stoffwechsel auch einige nicht proteinogene eine gewisse Rolle, darunter beispielsweise Citrullin und Ornithin im Harnstoffzyklus (Abb. 15.1). Chloramphenicol ist ein heute nur noch wenig eingesetztes Antibiotikum. Die Verbindung Taurin (= 2-Aminoethansulfonsäure) kommt in der Muttermilch vor und ist im Gehirn am Synapsenbetrieb beteiligt.

Das L-Canavanin (= 2-Amino-4-guanidinooxybuttersäure, $HN{=}C(NH_2){-}NH{-}O{-}(CH_2)_2{-}CH(NH_2){-}COOH$) aus Hülsenfrüchten ist ein weiteres Beispiel: Diese Aminosäure ist wegen ihrer Strukturähnlichkeit mit Arginin ein Inhibitor des Argininstoffwechsels und daher für die Giftigkeit roher Bohnen verantwortlich.

Von den 20 proteinogenen Aminosäuren (den „Standardaminosäuren“) gelten zehn (nämlich Arginin, Histidin, Isoleucin, Leucin, Lysin, Methionin, Phenylalanin, Threonin, Tryptophan und Valin) für den Menschen als **essenziell** – sie müssen dem tierischen und menschlichen Organismus mit der Nahrung zugeführt werden. Davon sind Arginin und Histidin allerdings nur im Säuglingsalter essenziell.

Üblicherweise gruppiert man die 20 biologisch wichtigen Aminosäuren nach den chemischen Eigenschaften ihrer **Seitenkette R**. Die übliche Einteilung richtet sich nach deren Polarität. Diese reicht von völlig unpolar (hydrophob) bis stark polar (und damit sehr gut wasserlöslich). Vier Gruppen lassen sich dabei unterscheiden (Tab. 15.1).

- Aminosäuren mit hydrophober aliphatischer Seitenkette (R unpolar):
  Die Seitenkette besteht bei den Aminosäuren Alanin, Valin, Leucin, Isoleucin aus einer unsubstituierten Kohlenwasserstoffkette. Abweichend zählt man wegen seiner besonderen Eigenschaften auch noch das Methionin dazu, welches sich durch eine Thioethergruppe ($-S-CH_3$) auszeichnet. Grundsätzlich würde auch das bereits vorgestellte Glycin hierher gehören. Da es jedoch im Unterschied zu den übrigen Angehörigen dieser Gruppe nicht an hydrophoben Wechselwirkungen teilnimmt (s. unten), bildet es streng genommen eine eigene Gruppe. Auch Phenylalanin, Tyrosin und Tryptophan sind mit ihren aromatischen Seitenketten relativ unpolar (Phe > Tyr).
- Aminosäuren mit polaren, ungeladenen Gruppen in der Seitenkette:
  Die Aminosäuren dieser Klasse sind besser wasserlöslich als die vorigen und können besonders gut Wasserstoffbrücken bilden (s. unten). Serin und Threonin verdanken ihre Polarität der OH-Gruppe, Cystein seiner endständigen SH-Gruppe (Thiolgruppe). Asparagin und Glutamin sind die Säureamide der zugehörigen Aminosäuren Asparaginsäure und Glutaminsäure. Unter physiologischen Bedingungen um pH ≈ 7 sind die polar wirkenden Gruppen dieser Aminosäuren allerdings ungeladen.
- Saure Aminosäuren (mit negativ geladener Seitenkette):
  Die beiden Aminosäuren Asparaginsäure und Glutaminsäure sind Monoaminodicarbonsäuren. In Abhängigkeit vom pH-Wert in der Zelle tragen die zusätzlichen Carboxylgruppen nach Dissoziieren eines Protons eine negative Ladung. Die entsprechenden Ionen heißen Aspartat bzw. Glutamat.
- Basische Aminosäuren (mit positiv geladener Seitenkette):
  Lysin trägt an der ε-Position seiner aliphatischen Seitenkette eine zweite Aminogruppe. Arginin besitzt eine positiv geladene Guanidinogruppe. Beim Histidin mit seiner Imidazolgruppe ist die Seitenkette ionisierbar und deswegen positiv geladen.

Außer den in Tab. 15.1 aufgelisteten Aminosäuren wurden in jüngerer Zeit weitere proteinogene Aminosäuren entdeckt. Beispiele sind das Selenocystein im aktiven Zentrum bestimmter Reduktasen sowie das bislang nur aus der Methyltransferase von Archaeen (früher Archaebakterien genannt) bekannte Pyrrolysin (Abb. 15.2). Thyroxin ist keine proteinogene Aminosäure, sondern das vom Tyrosin abgeleitete Schilddrüsenhormon.

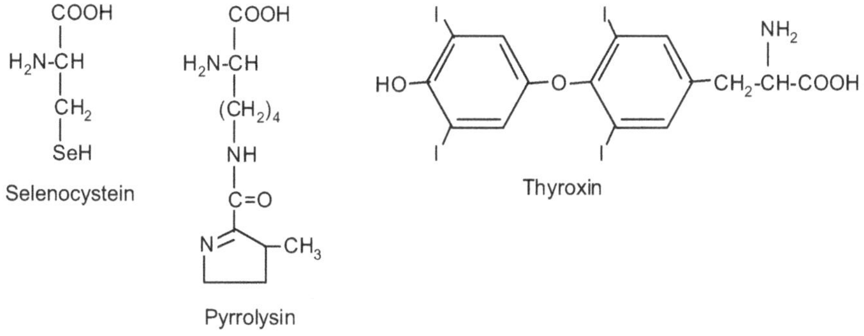

Selenocystein

Pyrrolysin

Thyroxin

Abb. 15.2 Beispiele seltener proteinogener Aminosäuren

Die Kohlenstoffgerüste der Aminosäuren leiten sich von Zwischenprodukten des Pentosephosphatweges (Calvin-Zyklus, Abschn. 19.3), der Glycolyse oder des Citrat-Zyklus (Abschn. 20.4) ab. Glutaminsäure geht durch reduktive Aminierung von α-Ketoglutarsäure (2-Oxoglutarsäure) mit NH_4^+ durch das Enzym Glutamat-Dehydrogenase mit NAD(P)H als Reduktionsmittel hervor:

$$\alpha\text{-Ketoglutarat} + NH_4^+ + \text{NAD (P) H} \rightleftarrows \text{Glutamat} + \text{NAD(P)}^+ + H_2O \tag{15.1}$$

Serin entsteht aus 3-Phosphoglycerat und erhält seine Aminogruppe durch eine Transaminase-Reaktion von Glutaminsäure. Der Abbau dieser Aminosäuren verläuft analog. Die Biosynthese der aromatischen Aminosäuren (Phenylalanin, Tyrosin, Tryptophan) erfolgt über den **Shikimisäureweg**, wobei aus Erythrose-4-phosphat und Phosphoenolpyruvat die Ringverbindung Chorisminsäure entsteht und der Ring schrittweise aromatisiert wird. Die Kondensation der Chorisminsäure mit einem Pentosephosphat und anschließendem weiterem Ringschluss ergibt das Indolgerüst des Tryptophans.

15.2 Einige Aminosäurederivate

Einige der proteinogenen Aminosäuren sind Ausgangspunkte für die Biosynthese wichtiger weiterer Naturstoffe, die zum Teil auch eine erhebliche praktische Bedeutung haben. Aus Platzgründen führen wir in diesem Zusammenhang nur wenige Beispiele eher nachrichtlich an.

15.2.1 Decarboxylierung führt zu Aminen

Die (enzymatische) Abspaltung der Carboxylgruppe aus einer Aminosäure führt formal zu den **primären Aminen**. Soweit diese Reaktion im Zellstoffwechsel eintritt, spricht man auch von **biogenen Aminen**. Viele dieser Verbindungen entfalten außergewöhnlich starke biologische Wirkungen und sind daher von besonderem pharmakologischem Interesse. Aus Histidin entsteht beispielsweise der **hormonähnliche Mediator** Histamin (Abb. 15.3), der bei der zellulären Signalübertragung sowie an der Auslösung allergischer Reaktionen beteiligt ist. Aus Asparaginsäure wird nach Decarboxylierung die nicht proteinogene Aminosäure β-Alanin, die als Baustein im Coenzym A bzw. in der Pantothensäure enthalten ist. Decarboxylierte Glutaminsäure ergibt γ-Aminobuttersäure (GABA), die ebenso ein wichtiger **Neurotransmitter** ist wie das aus 5-Hydroxytryptophan entstehende Serotonin. Tyramin aus Tyrosin wirkt uterukontrahierend. Bedeutsam sind ferner Verbindungen, die sich vom decarboxylierten Phenylalanin ableiten und die Gruppe der β-Phenylethylamine bilden. Hierher gehören Adrenalin (Hormon der Nebennieren), Mescalin (Halluzinogen aus dem Peyotl-Kaktus), Ephedrin (aufputschendes Amphetamin) und Dopamin (Abb. 15.3). Dopamin entsteht aus Tyrosin (*p*-Hydroxyphenylalanin) durch eine weitere Hydroxylierung des aromatischen Ringes (DOPA = 3,4-Dihydroxyphenylalanin) und nachfolgende Decarboxylierung. Die Verbindung ist ein wichtiger Neurotransmitter, auf dessen Mangel die Parkinson-Krankheit zurückgeführt wird.

Außer den von Aminosäuren abgeleiteten Aminen gibt es in der Natur weitere Vertreter dieser Stofffamilie, die man formal als Substitutionsprodukte des Ammoniaks (NH_3) auffassen kann. Sie weisen allesamt die Grundstruktur $R{-}NH_2$ (primäres), $R{-}NH{-}R'$ (sekundäres) oder $R{-}N(R'R'')$ (tertiäres Amin) auf. Trimethylamin ist ein tertiäres Amin von

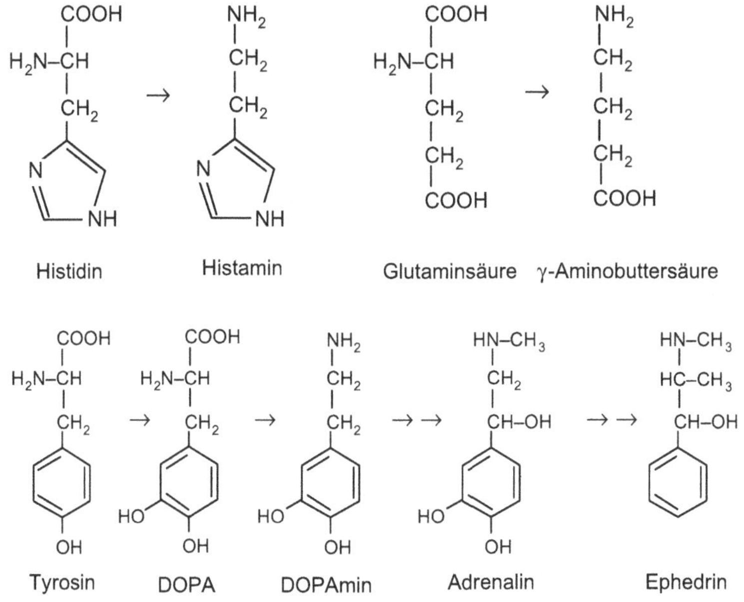

Abb. 15.3 Aus Aminosäuren entstehen die pharmakologisch bedeutsamen Amine

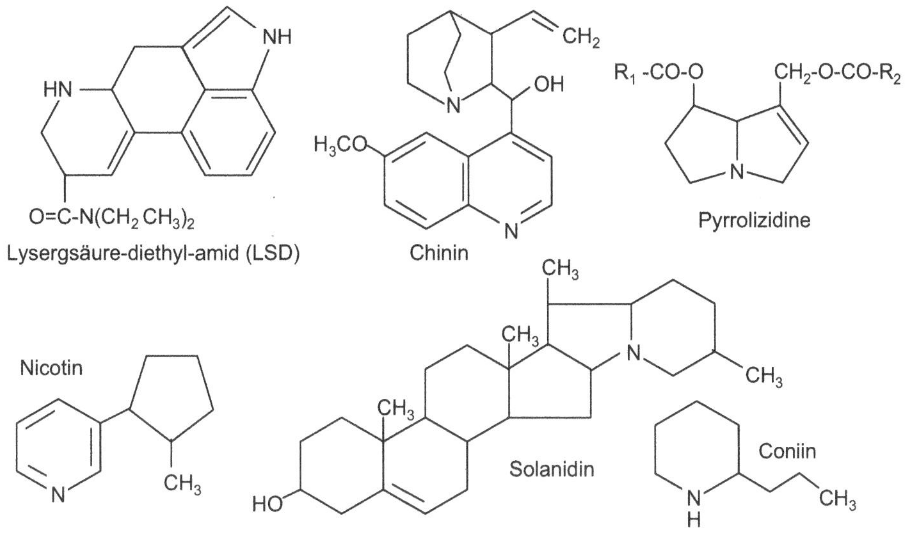

Abb. 15.4 Aminosäuren sind die Stammsubstanzen der Alkaloide

betont fischartiger Duftnote. Es kommt unter anderem im Blütenduft des Roten Hartriegels (*Cornus sanguinea*) vor.

15.2.2 Aus Aminosäuren leiten sich viele Alkaloide ab

Unter dem Sammelbegriff „Alkaloide" fasst man eine große Anzahl N-haltiger Verbindungen von basischer Wirkung zusammen, die sich nach ihren Grundgerüsten auf zahlreiche strukturell begründete Gruppen verteilen (Abb. 15.4) und schätzungsweise mehr als 10.000 Verbindungen umfassen.

Exkurs: Alkaloide

Die weitaus meisten Alkaloide sind nach ihrer Biosynthese Abkömmlinge des Aminosäurestoffwechsels. Vom L-Tryptophan leiten sich beispielsweise die Chinolinalkaloide ab, darunter das bekannte Chinin aus der Rinde von *Cinchona*-Arten. Aus dem Umbau von L-Arginin entstehen die Pyrrolizidinalkaloide, die unter anderem in *Senecio*-Arten und anderen Korbblütengewächsen, aber auch in Raublattgewächsen (Boraginaceae) vorkommen. Von L-Ornithin nimmt die Biosynthese der Tropanalkaloide ihren Ausgang, die in Vertretern der Nachtschattengewächse vorkommen und beispielsweise für die ausgesprochene Giftigkeit von Tollkirsche (*Atropa belladonna*) oder Bilsenkraut (*Hyoscyamus niger*) verantwortlich sind. Wegen ihrer besonderen Wirksamkeit finden zahlreiche Alkaloide als Arzneistoffe

Verwendung. Einige sind hochwirksame Halluzinogene, wie Cocain aus den Blättern des Coca-Strauches (*Erythroxylon coca*) oder die Lysergsäurederivate aus dem Mutterkornpilz (*Claviceps purpurea*). Coniin ist das Hauptalkaloid aus dem Schierling (*Conium maculatum*). Nicotin ist im Tabak enthalten. Piperin ist der Scharfstoff aus dem Schwarzen Pfeffer (*Piper nigrum*).

15.2.3 Betalaine und Betaine sind weitere Aminosäurederivate

Die **Betalaine** ersetzen in den Blüten und Früchten einiger Pflanzenfamilien (vor allem in den Vertretern der Ordnung Caryophyllales, nicht jedoch in der Familie Caryophyllaceae selbst) die sonst weit verbreiteten Anthocyane (Flavonoide). Sie stellen chymchrome (in den Vakuolen gelöste) N-haltige Pigmente dar und treten in einer blauvioletten bis roten Form (Betacyane, z. B. Betacyanin aus der Roten Bete, *Beta vulgaris*) und in einer gelben Farbstufe (Betaxanthine, z. B. Indicaxanthin aus dem Feigenkaktus, *Opuntia ficus-indica*) auf (Abb. 15.5). Die Biogenese dieser Pigmente geht vom L-Tyrosin über DOPA (s. oben) bzw. vom L-Prolin aus. Ähnliche Verbindungen finden sich als Pigmente auch in einigen Hutpilzen, beispielsweise im Fliegenpilz (*Amanita muscaria*).

Nicht zu verwechseln mit den Betalainen sind die **Betaine** (Abb. 15.5). Sie stellen ebenfalls derivatisierte Aminosäuren mit methylierten Aminogruppen dar. In vielen höheren Pflanzen werden sie als Antwort auf Trocken- und Salzstress gebildet und verhindern als kompatible Solute den kritischen osmotischen Wasserentzug aus den Zellkompartimenten. Medizinisch verwendet man sie zur Blutdrucksenkung und zur Beeinflussung des Fettsäurestoffwechsels.

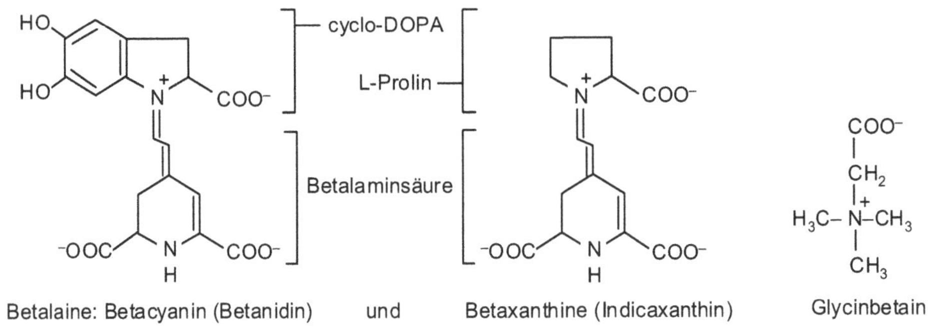

cyclo-DOPA
L-Prolin
Betalaminsäure
Betalaine: Betacyanin (Betanidin) und Betaxanthine (Indicaxanthin) Glycinbetain

Abb. 15.5 Betalaine und Betain

15.3 Aminosäuren sind Zwitterionen

Da die Aminosäuren bi- und damit **mischfunktionell** aufgebaut sind, besitzen sie sowohl basische als auch saure Eigenschaften (**Ampholyte**). Ihre Carboxylgruppe dissoziiert als saure Funktion Protonen (H^+) und ihre basische Aminogruppe (H_2N–) lagert diese sehr bereitwillig an (^+H_3N–). So erhält man die im Formelbild wiedergegebene **Zwitterionen**formel (Abb. 15.6) mit je einer positiven und negativen Ladung (dipolarer Zustand), bei der eine intramolekulare Neutralisation erfolgt. In dieser Form liegen die bifunktionellen Aminosäuren in wässriger Lösung normalerweise vor, sofern ihre Seitenketten keine zusätzlichen sauren oder basischen Gruppen enthalten. Wenn beide funktionelle Gruppen einer Aminosäure je eine elektrische Ladung tragen, reagiert das betreffende Molekül nach außen neutral – man bezeichnet diesen Zustand als **isoelektrischen Punkt** (IP) – er entspricht dem pH-Wert der Elektroneutralität.

Verändert sich der pH-Wert in Richtung größerer oder geringerer Wasserstoffionenkonzentrationen (Zugabe von Säuren bzw. Basen), verschiebt sich entsprechend auch der Anteil positiv bzw. negativ geladener Gruppen: Die Aminosäure wird zum **Anion** oder **Kation**. Analog verändert sich das Verhalten der Aminosäuren im elektrischen Feld: Bei pH-Werten unterhalb des isoelektrischen Punktes (die Aminosäure liegt als positiv geladenes Kation vor), wandert die Aminosäure zur Kathode (–Pol), bei entsprechend höherem pH-Wert (die Aminosäure liegt als negativ geladenes Anion vor) zur Anode (+Pol).

Rechnerisch ergibt sich der pH-Wert der Elektroneutralität (= isolelektrischer Punkt) einer bifunktionellen Aminosäure als arithmetisches Mittel der jeweiligen pK_S-Werte der beteiligten funktionellen Gruppen:

Wegen der unterschiedlichen pK_S-Werte der geladenen Gruppen einer bi- oder mehrfunktionellen Aminosäure ergibt die Titration keine Gerade, sondern eine doppelt sigmoid geschwungene rotationssymmetrische Kurve, deren Drehpunkt dem IP entspricht (Abb. 15.7). Die Kurvenabschnitte beschreiben die fortschreitende Deprotonierung. Bei sehr niedrigem pH-Wert überwiegt die kationische Form $^+H_3N–CH_2–COOH$. Bei pK_{S1} liegen äquimolare Mengen von $^+H_3N–CH_2–COOH$ und $^+H_3N–CH_2–COO^-$ vor. Am isoelektrischen Punkt (pIP) hat die Aminosäure Glycin gänzlich ihre zwitterionische Form $^+H_3N–CH_2–COO^-$ angenommen.

Bei weiterer Titration mit Lauge wirkt sie weiter als **Protonendonator**, bis sie jenseits von pK_{S2} in der anionischen Form des **Protonenakzeptors** $H_2N–CH_2–COO^-$ vorliegt. Der isoelektrische Punkt errechnet sich für Glycin zu $pIP = (pK_{S1} + pK_{S2})/2$ = (2,34 +

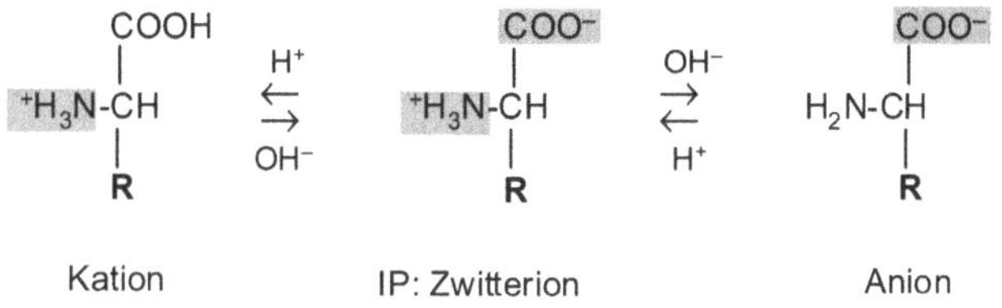

Abb. 15.6 Ionale Zustände der funktionellen Gruppen einer Aminosäure

COOH / ^+H_3N-CH / R ⇆ (H^+ / OH^-) COO⁻ / ^+H_3N-CH / R ⇄ (OH^- / H^+) COO⁻ / H_2N-CH / R

Kation — IP: Zwitterion — Anion

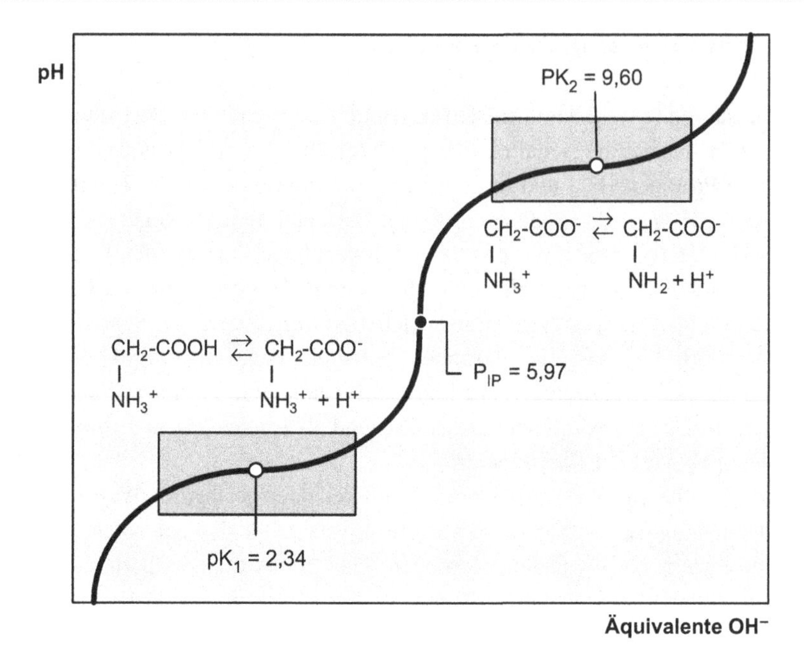

Abb. 15.7 Titrationskurve der Aminosäure Glycin: Die hervorgehobenen Rechtecke bezeichnen die Bereiche wirksamer Pufferung

9,60)/2 = 5,91. Aus dem Kurvenverlauf ist zu ersehen, dass die Aminosäure zwei Pufferbereiche aufweist, in denen trotz Laugenzugabe keine nennenswerte pH-Änderung eintritt.

15.4 Aminosäuren verbinden sich zu Peptiden

Ähnlich wie man einzelne Kohlenhydratmonomere (Monosaccharide) durch wiederholte Glycosidbindungen zu einer längeren, makromolekularen Kette verknüpfen kann, lassen sich auch einzelne Aminosäuren durch eine Kondensationsreaktion (**Säureamid**bildung) untereinander verbinden. Formal erfolgt die Verknüpfung durch die Reaktion einer Carboxylgruppe der einen Aminosäure mit der Aminogruppe der nächsten; dabei wird Wasser eliminiert. Die entstehende Bindung heißt **Peptidbindung** (Abb. 15.8). Die –CO–NH-Baueinheit ist, wie Linus Pauling (1901–1994; Nobelpreis 1954) bereits 1938 feststellen konnte, starr in einer Ebene fixiert, während die benachbarten –C–C- und –N–C-Bindungen frei drehbar sind. Daraus ergibt sich eine etwas eingeschränkte Flexibilität der Peptidkette, was für die Ausbildung weiterer Strukturhierarchien im Proteinmakromolekül von besonderem Belang ist.

Die Peptidbindung ist mesomeriestabilisiert (Abb. 15.9), erhält dadurch einen gewissen Doppelbindungscharakter und weist im Vergleich zu einer gewöhnlichen C-N-Bindung mit der Bindungslänge 0,157 nm (147 pm) nur eine von 0,132 nm (132 pm) auf. Alle zur

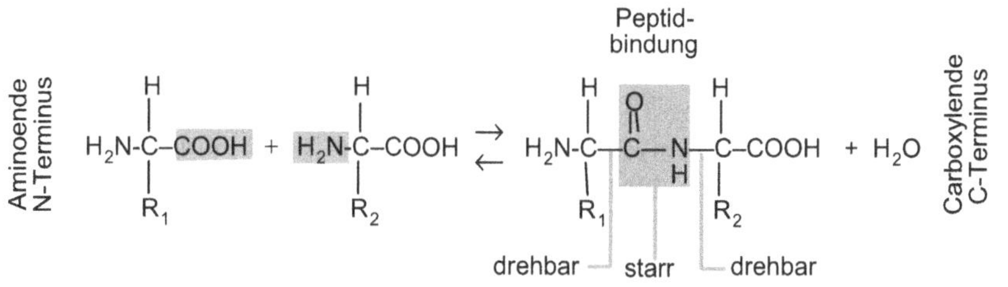

Abb. 15.8 Zwei Aminosäuren verbinden sich zum Dipeptid

Abb. 15.9 Peptidbindungen sind durch Mesomerie (vgl. Abschn. 8.3) stabilisiert

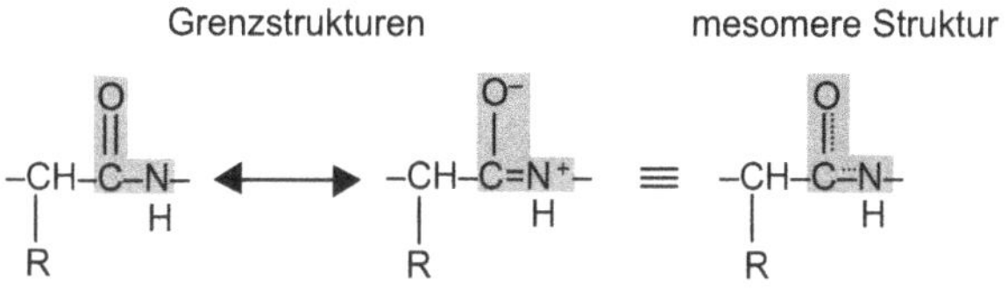

Peptidbindung gehörenden Atome – neben dem α-C auch die beiden Atomgruppen C=O und NH sowie das nachfolgende α-C liegen in einer Ebene.

Die so verknüpften Monomere bilden jetzt ein Peptid. **Oligopeptide** (Di-, Tri-, Tetra-, Pentapeptide usw.) enthalten bis etwa 10 Aminosäuren, Polypeptide bis ungefähr 100 und Makropeptide (= **Proteine**) bis 1000 oder sogar darüber. Die hochmolekularen Komplexe der Proteine bezeichnet man umgangssprachlich auch als Eiweiße oder Eiweißstoffe.

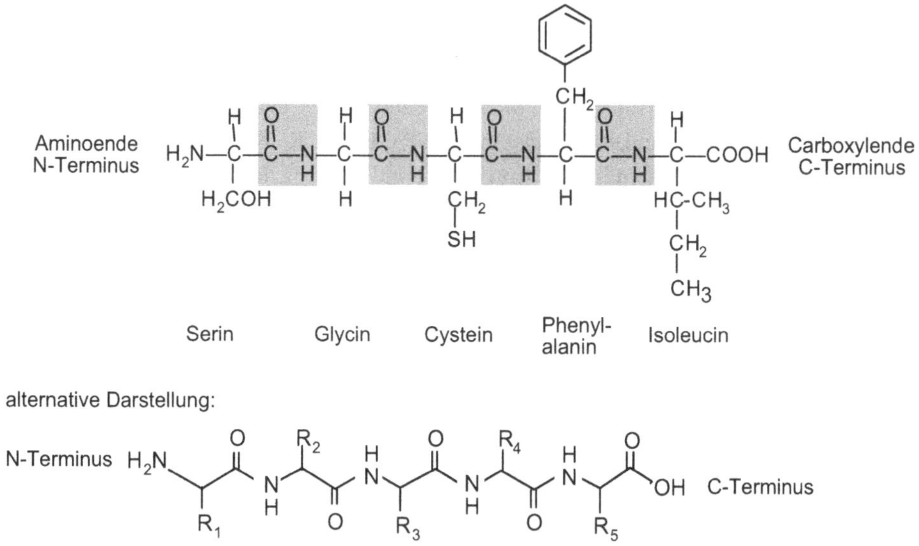

Abb. 15.10 Alternative Formeldarstellungen von Peptiden

Bei der korrekten Schreibweise stellt man ein Peptid so dar, dass es am linken Ende eine freie Aminogruppe (Aminoende, **N-Terminus**, aminoterminal oder N-terminale Aminosäure), am rechten eine Carboxylgruppe (Carboxylende, **C-Terminus**, carboxyterminale oder C-terminale Aminosäure) aufweist. Damit ist gleichzeitig eine intramolekulare Richtung festgelegt, die sich aus der Abfolge der beteiligten Aminosäuren ergibt: Ein Tripeptid aus Ala-Ser-Gly (oft auch in der Kurzform H-Ala-Ser-Gly-OH wiedergegeben) stellt folglich ein völlig anderes Molekül dar als Gly-Ser-Ala. Drei verschiedene Aminosäuren können bereits $3! = 1 \times 2 \times 3 = 6$ verschiedene Tripeptide bilden, die zueinander sequenzisomer sind. Die Anzahl der Strukturalternativen wächst mit mehrgliedrigen Oligo- und erst recht mit den Polypeptiden beträchtlich an. Die chemische Grundstruktur der Peptide und Proteine ist somit recht einfach und einheitlich; ihr Rückgrat weist konsistent die Atomfolge –αC–C–N–αC–C–N–αC–C–N– auf. Allgemein lässt sie sich mit der Darstellung von Abb. 15.10 wiedergeben.

15.5 Proteine haben eine dreidimensionale Struktur

Die Aufklärung der molekularen Architektur von Polypeptiden bzw. Proteinen und deren Deutung in Funktionszusammenhängen gehört zu den faszinierendsten Leistungen der modernen Biochemie. Die Gesamtstruktur eines Proteins lässt sich auf vier verschiedenen Ebenen beschreiben – Proteine weisen damit eine beeindruckende und bemerkenswert klar organisierte Strukturhierarchie auf.

15.5.1 Primärstruktur: Die Reihenfolge entscheidet

Die genaue Abfolge der verschiedenen in einem Peptid linear gebundenen Aminosäuren (in Schemata sind ihre Seitenketten meist mit R_1, R_2, R_3 … R_n bezeichnet) stellt dessen Aminosäuresequenz oder **Primärstruktur** dar. Art und Reihung der einzelnen Aminosäuren eines Peptids bedingen dessen räumliche Gestalt oder **Konformation**. Unter Verwendung der 20 proteinogenen Aminosäuren ist bei der Synthese längerer Polypeptidketten eine große Anzahl von Strukturalternativen zu erzielen. Grundsätzlich beträgt die Anzahl der theoretisch realisierbaren Primärstrukturen (A_{PS}) einer Kette aus 20 verschiedenen Aminosäuren, die n Monomere lang ist, $A_{PS} = 20^n$. Für ein Protein aus 1000 Aminosäuren Kettenlänge ergibt sich somit die überaus erstaunliche Anzahl von 20^{1000} (entsprechend $\approx 10^{1300}$) alternativen Primärstrukturen – eine schier unerschöpfliche Vielfalt, die eine praktisch unbegrenzte Kettenvarianz zulässt und die Einzigartigkeit spezifischer Funktionsproteine begründet. Die Primärstruktur ist heute dank automatisierter Analyseverfahren (Sequenzierverfahren, beispielsweise durch Edman-Abbau mit Phenylisothiocyanat) von vielen biologisch wichtigen Proteinen bekannt bzw. im Allgemeinen relativ schnell zu ermitteln.

15.5.2 Sekundärstruktur: Bindungen intra- und intermolekular

Polypeptide bzw. Proteine sind im Unterschied zu den meisten Polysacchariden keine einfachen Makromoleküle von fadenförmiger Gestalt, sondern nehmen eine mehr oder weniger komplexe, bereits durch ihre Primärstruktur festgelegte räumliche Gestalt (**Konformation**) an. Da die Kettenglieder um die kovalenten Einfachbindungen ihres -C–C–N-Rückgrats frei drehbar sind, kann eine längere Peptidkette prinzipiell in zahlreichen räumlichen Anordnungen vorliegen. Da für eine spezifische Funktion jedoch nur bestimmte Raummuster taugen, muss ein Proteinmolekül einen relativ stabilen strukturellen Zustand einnehmen können, ohne dass kovalente Bindungen aufzubrechen sind.

Für die Ausbildung dieser Raumgestalt (Konformation) sind nichtkovalente Wechselwirkungen zwischen den Seitenketten R der beteiligten Aminosäuren verantwortlich. Dafür bieten sich mehrere Möglichkeiten an (Abb. 15.11): Eine der wichtigsten ist die Ausbildung von **Wasserstoffbrücken**. Außer den Wasserstoffbrücken und den bei längeren Ketten immer auftretenden **van-der-Waals-Kräften** (vgl. Kap. 7) bestehen weitere nichtkovalente und relativ schwache Wechselwirkungen zwischen den Endgruppen der jeweiligen Seitenketten R. Eine Ausnahme ist allerdings die Disulfidbrücke, die unter Abspaltung von Wasserstoff zwischen den beiden endständigen SH-Gruppen von Cystein entsteht.

α-Helix

Kommt es innerhalb der gleichen Kette (und demnach intramolekular) zur Ausbildung von stabilisierenden Wechselwirkungen zwischen den Resten R oder sonstigen Atomgruppen, vor allem in Form von Wasserstoffbrücken, ist dabei oft eine Struktur begünstigt, bei der sich die reaktiven Gruppen bereits innerhalb der eigenen Sequenz absättigen. Dabei nimmt das Polypeptid eine schraubige Grundgestalt an, bei der sich die C=O- und

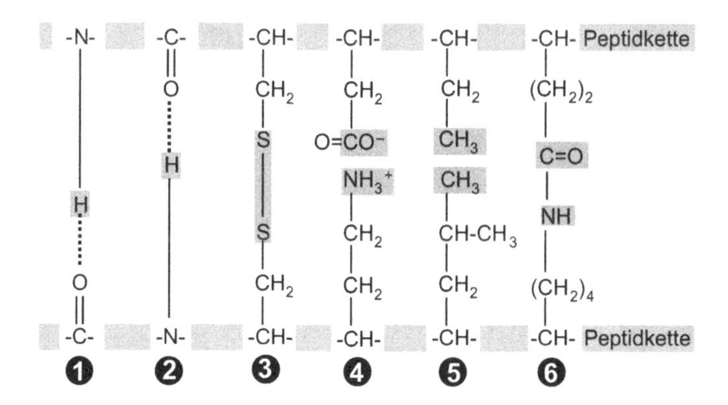

Abb. 15.11 Strukturstabilisierung zwischen Peptidketten: *1*, *2* Wasserstoffbrücke, *3* Disulfidbindung (Cys-Cys), *4* ionale Wechselwirkung, *5* hydrophobe Wechselwirkung (zwischen Ile und Leu: „Leucin-Zipper"), *6* Peptidbindung (z. B. zwischen Glu und Lys)

NH-Gruppen zwischen aufeinanderfolgenden Windungen in axialer Richtung gegenüberstehen und die jeweiligen Seitenketten R radial nach außen weisen. Das Ergebnis ist eine rechtsgängige Schraube oder **α-Helix** mit durchschnittlich etwa 3,6 Aminosäureresten je Windung und einer Ganghöhe zwischen den Windungen von etwa 0,54 nm. Hier bilden sich **Wasserstoffbrücken** aus (in Abb. 15.12 nicht dargestellt), welche die Gesamtstruktur stabilisieren. Schraubig (**helical**) angeordnete Strukturen kennzeichnen in besonderem Maße die faserigen Proteine, wie sie beispielsweise im Bindegewebe oder im Bewegungsapparat (Sehnen) des Säugetierorganismus vorkommen.

In den allermeisten Fällen (ebenso wie bei den α-Helices der Desoxyribonucleinsäuren) ist die Polypeptidschraube **rechtsgängig**, aber linksgewunden – das Projektionsbild des Schraubenmodells zeigt daher ein „S" mit nach rechts oben schräg aufsteigenden Vorderflanken, auf denen man – wenn man sich das Molekül als Wendeltreppe vorstellt – jedoch Drehungen im Gegenuhrzeigersinn (Linkswindungen) ausführen muss, um nach oben zu gelangen. Bei einer linksgängigen Helix zeigt das Projektionsbild dagegen ein „Z". Eine andere einfache Hilfsvorstellung verwendet folgendes Modell: Wenn man auf die rechte Hand mit ausgestrecktem Daumen blickt, windet sich eine rechtsgängige Helix so, wie die vier übrigen Finger gekrümmt sind (Abb. 15.12).

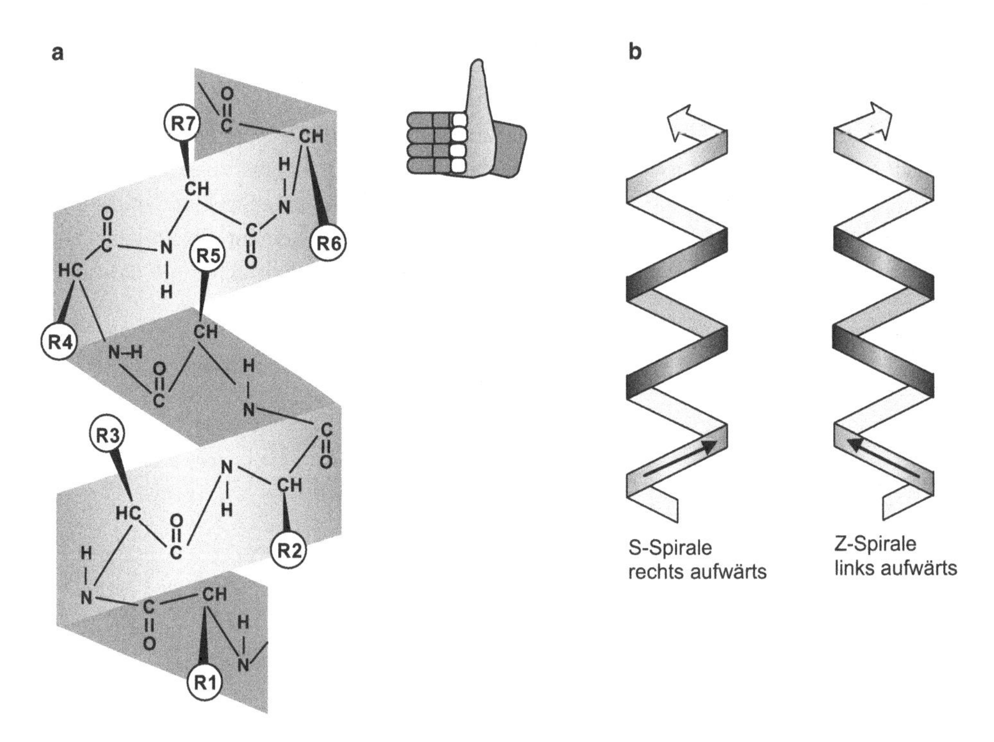

Abb. 15.12 **a** Schema eines α-helical gewundenen Proteinabschnitts. **b** Die gekrümmten Finger der rechten Hand bestimmen den Windungssinn der rechtsgängigen α-Helix: Linksgängige und rechtsgängige Helix

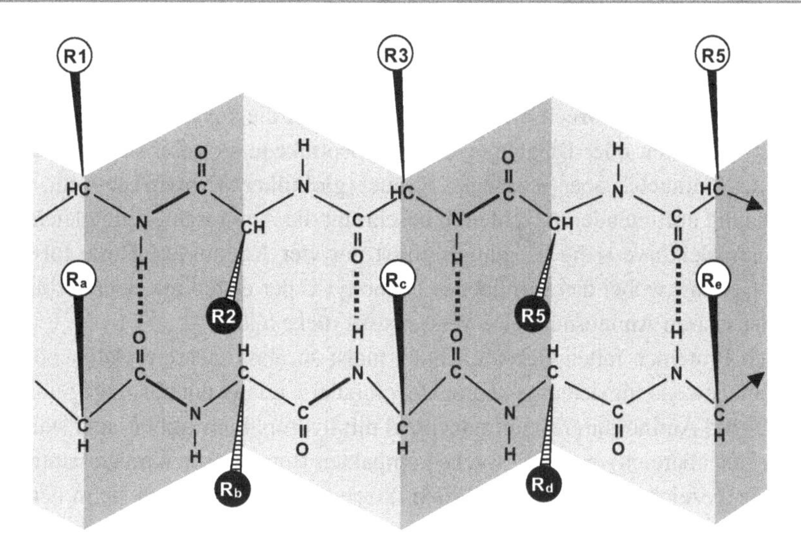

Abb. 15.13 β–Faltblattstruktur eines Proteins aus zwei parallelen Kettenabschnitten mit den Aminosäureresten R_1–R_5 und R_a–R_e. Die schwarz markierten Reste R liegen hinter dem Faltblatt

Starke **Helixbildner** sind die Aminosäuren Glutaminsäure, Alanin, Leucin und Methionin. Die Iminosäure Prolin lässt sich wegen ihrer Ringstruktur nicht in eine α-Helix einbauen; sie bricht daher die regelmäßige Schraubenstruktur einer Polypeptidkette ab (**Helixbrecher**).

β-Faltblattstruktur

Relativ gleichförmig aus ähnlichen Aminosäuren zusammengesetzte Polypeptidketten(abschnitte) lagern sich dagegen abschnittweise nebeneinander und bilden durch die auch hier häufig eingestreuten Wasserstoffbrücken die **β-Faltblattstruktur** aus. Dabei können die benachbarten, sich gegenüberliegenden Ketten(abschnitte) **parallel** oder **antiparallel** (gegenläufig) zueinander ausgerichtet sein. In vielen Strukturproteinen finden sich Struktureinheiten mit bis zu fünf nebeneinander liegenden Ketten. Solche Faltblattbereiche erzeugen im Protein eine gewisse Steifigkeit – etwa im Seidenfibroin, das ausschließlich aus Aggregaten antiparalleler β-Faltblattstrukturen („Peptidrost“) besteht. Auch das **β-Keratin** der Haare besitzt diese Struktur. In Raummodellen komplexerer Proteine verwendet man zur Wiedergabe von Faltblattgrundstrukturen gewöhnlich einen breiten Pfeil, dessen Spitze zum C-Terminus der betreffenden Kette weist (Abb. 15.13).

15.5.3 Tertiärstruktur: Proteine mit Domänen und Motiven

Die verschiedenen Raumgebilde der Sekundärstruktur erfassen im Allgemeinen nur einzelne Abschnitte bzw. Bereiche innerhalb eines Makropeptids. Zur Konformation eines

Proteins gehört aber auch die räumliche Festlegung derjenigen Kettenabschnitte, die sich zwischen den α-Helices oder β-Faltblättern befinden. Über nichtkovalente Wasserstoffbrücken und vergleichbare Wechselwirkungen sowie über die kovalenten Disulfidbrücken können auch Schleifen oder Biegungen der Polypeptidkette so stabilisiert werden, dass ein kompaktes, gefaltetes, aber geordnetes Knäuel (**globuläres Protein**) entsteht. Bei den besonders häufig auftretenden β-Schleifen beschreibt die Aminosäurekette gleichsam eine 180°-Haarnadelkurve – die Biegung umfasst nur vier Aminosäure-Reste (als dritten fast immer Glycin), wobei das verbliebene Carbonyl-C der ersten mit dem verbliebenen Amino-H der vierten Aminosäure eine Wasserstoffbrücke bildet.

Bei vielen Proteinen falten sich die Ketten meist so, dass mehrere Helix- oder Faltblattabschnitte jeweils für sich eine kompakte, globuläre, relativ unabhängige Substruktur aus etwa 50–300 Aminosäureresten (manchmal mit hydrophilem Außen- und stärker hydrophobem Innenbereich) ergeben. Solche kompakten Binnenformen im Gesamtmolekül eines Proteins bezeichnet man als **Domänen**. Soweit erkennbar, bilden sie in den bisher untersuchten Proteinen eventuell wiederkehrende substrukturelle Faltungsmusterserien, die man als **Motive** bezeichnet.

Die durch die Sekundär- und Tertiärstruktur vorgegebene Konformation ist allerdings nicht so starr wie die Peptidbindungen der Primärstruktur, sondern verhält sich fallweise ausgesprochen dynamisch: Viele Proteine können ihre Faltung in Abhängigkeit ihrer Funktionszustände verändern. Solche Konformationsänderungen sind unter anderem der Schlüssel zum Verständnis von **Enzymwirkungen** (Kap. 16).

Vor allem globuläre Proteine (**Globuline**) zeichnen sich gewöhnlich durch eine komplexe Tertiärstruktur aus. Bei der Gesamtfaltung weisen die eher hydrophoben Strukturanteile überwiegend in das Innere des Makromoleküls, die hydrophilen und damit hydratisierbaren nach außen. Daraus folgt die gute Wasserlöslichkeit der Globuline.

15.5.4 Quartärstruktur: Komplexe Proteine mit Untereinheiten

Nur wenige Funktionsproteine bestehen aus einem einzigen Makromolekül mit den entsprechenden Organisationshierarchien von der Primär- bis zur Tertiärstruktur. Das nur mit einer Peptidkette aus 153 Aminosäuren aufgebaute **Myoglobin**, das zu etwa 75 % als α-Helix vorliegt, war das erste Protein, dessen Tertiärstruktur aufgeklärt wurde. Viel häufiger schließen sich die zu einem globulären Protein gefalteten Peptidketten zu noch höheren, räumlich festgelegten Aggregaten zusammen. Deren genaue Zusammensetzung und räumliche Anordnung bezeichnet man als **Quartärstruktur** (Abb. 15.14). Mit dieser Strukturebene beschreibt man die Anordnung mehrerer **Untereinheiten** zu einem funktionstüchtigen **Gesamtprotein**. So ist beispielsweise das Hämoglobin aus den roten Blutzellen (Erythrocyten) ein tetrameres Protein aus vier Untereinheiten, je zwei identischen α-Ketten mit 146 und zwei β-Ketten mit 141 Aminosäureresten von artspezifischer Primärstruktur. Das Enzym Urease besteht aus insgesamt sechs Untereinheiten. Ribulose-1,5-bisphosphat-Carboxylase/Oxigenase (RubisCO), das Schlüsselenzym des

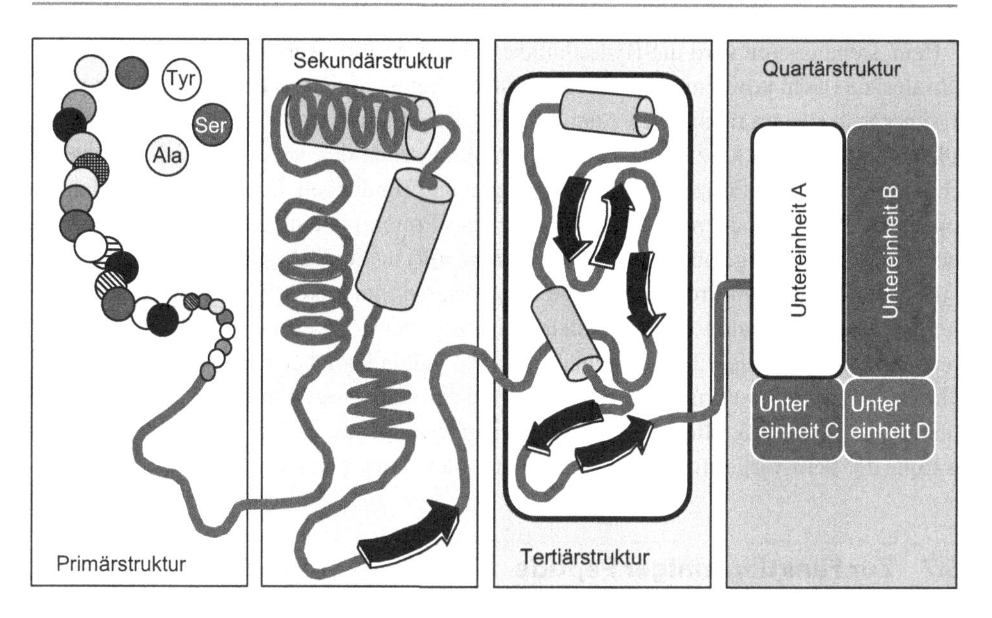

Abb. 15.14 Strukturhierarchie eines Proteins: Makropeptide lassen sich auf vier Strukturebenen beschreiben: Die zahlreichen Aminosäuren einer Peptidkette bilden die Primärstruktur (*links*). Bestimmte Kettenabschnitte können besondere Geometrien aufweisen (Sekundärstruktur: Faltblatt- oder Helixabschnitte), deren genaue Positionierung die Tertiärstruktur ergibt. Mehrere Polypeptidketten können die Baueinheiten noch komplexerer Proteine sein (Quartärstruktur)

Calvin-Zyklus im lichtunabhängigen Reaktionsbereich der Photosynthese (Kap. 19), ist ein besonders komplex aufgebautes Enzymprotein – es besteht aus acht größeren Baueinheiten mit einer Molekülmasse (vgl. Abschn. 7.6) von je etwa 55.000 und acht kleineren zu je 14.000.

15.6 Raumstruktur und Denaturierung

Bei globulären Proteinen ist ungefähr die Hälfte aller vorhandenen Seitenketten an der Stabilisierung der Sekundär- bzw. Tertiärstruktur beteiligt. Dennoch befindet sich auf den Außenflanken des Proteinmoleküls eine genügende Anzahl geladener Gruppen, die in Wechselwirkungen mit Wassermolekülen treten, sodass sich Proteine bei Lösung in Wasser mit einer geschlossenen **Hydrathülle** umgeben.

Viele lösliche Proteine flocken bei starkem Erhitzen, aber auch nach Behandlung mit bestimmten Stoffen (z. B. Säuren, Basen, organischen Lösemitteln u. a.) aus – sie koagulieren unter Veränderung ihrer Löslichkeit. Mit dieser Ausflockung (**Koagulation**, Präzipitation, Fällung) ist gewöhnlich eine beträchtliche Strukturänderung verbunden, bei der auch die biologischen Eigenschaften (Hormonwirkung, katalytische Wirkung von Enzymproteinen) verloren gehen. Die Koagulation ist also gleichzeitig **Denaturierung** und Inaktivierung.

Beim Denaturieren wird die Hydrathülle erheblich gestört. Außerdem werden die Nebenvalenzen (nicht kovalenten Wechselwirkungen) gelöst, welche das betreffende Protein in seiner festgelegten räumlichen Anordnung (Konformation) stabilisieren. Die Polypeptidkette entfaltet sich kurzfristig, und es kommt zwischen den verschiedenen Kettenabschnitten sofort zu zufälligen Wechselwirkungen und Bindungen. Das Protein geht dabei von einem Zustand hochgradiger Ordnung (natives Protein) in ein beliebig ungeordnetes, nach Zufallsaspekten geknäueltes (engl.: ***random coil***) und unlösliches Protein über.

Bei sehr komplexen Proteinen ist die Denaturierung unumkehrbar (irreversibel). Bei weniger kompliziert aufgebauten Proteinen ist zumindest experimentell eine langsame **Renaturierung** möglich. Die typgemäß korrekte Faltung solcher Proteine stellt sich in solchen Fällen also aufgrund der von der Primärstruktur programmierten physikalisch-chemischen Bindungskräfte von selbst ein – ein überzeugendes Beispiel für die bedeutende Rolle der **Selbstorganisation** gerade in der molekularen Dimension des Lebens.

15.7 Zur Funktion einiger Peptide

Bereits die Peptide niederer Kettenlänge übernehmen wichtige biologische Funktionen. Einige Beispiele aus einer beachtlich vielfältigen Aufgabenpalette sind:

- Das Dipeptid L-Aspartyl-L-phenylalanylmethylester ist ein unter dem Handelsnamen Aspartam bekannter **Süßstoff** von der etwa 150-fachen Süßkraft der Saccharose. Die entsprechende Verbindung mit dem enantiomeren D-Phenylalanin schmeckt übrigens extrem bitter.

```
                 O=C–O–CH3
                   |
      O=C——————HN–CH
        |          |
     H2N–CH        CH2
        |          |
        CH2      (C6H5)
        |
        COOH
```

Aspartam

L-Aspartyl-L-phenylalanylmethylester

- **Glutathion** (GSH), ein Tripeptid der Struktur Glu-Cys-Gly (γ-Glutamylcysteinylglycin), in dem die Glutaminsäure ausnahmsweise nicht über ihr αC, sondern über das γC verknüpft ist, wirkt im Zellstoffwechsel als **Antioxidans**, indem es oxidierende Verbindungen reduziert.

Glutathion (GSH)

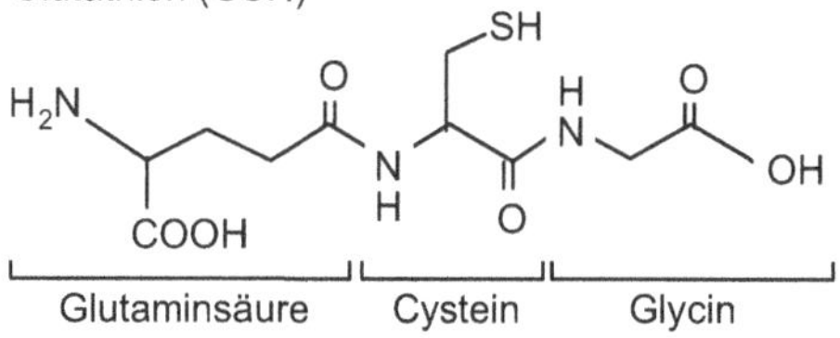

H_2N – COOH – O – N H – SH – H N – O – OH – O

Glutaminsäure Cystein Glycin

- **Enkephaline** sind Pentapeptide z. B. der Struktur Tyr-Gly-Gly-Phe-Leu oder Tyr-Gly-Gly-Phe-Met. Sie gehören zu den Neuropeptiden und binden an die **Opiatrezeptoren** des Gehirns, woraus sich ihre schmerzlindernde Wirkung ableiten lässt. Die hier ebenfalls bindenden Endorphine sind Neuropeptide mit 20–30 Aminosäuren.
- Einige Oligopeptide wirken als **Hormone**, darunter das Ocytocin (aus neun Aminosäuren), das die Uteruskontraktion auslöst, sowie das Vasopressin (ebenfalls aus neun Aminosäuren), das den Blutdruck steigert. Zu den längerkettigen **Peptidhormonen** gehören das Adenocorticotrope Hormon (ACTH) mit 39 Aminosäuren und Insulin mit zwei Peptidketten aus 31 bzw. 20 Aminosäuren.

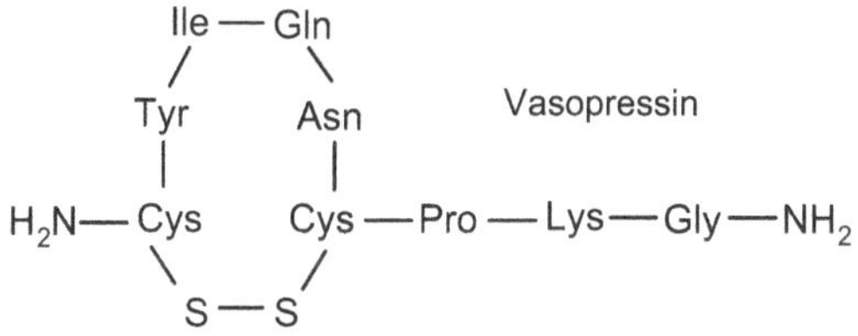

Ile — Gln

Tyr Asn Vasopressin

H_2N— Cys Cys — Pro — Lys — Gly — NH_2

S — S

- Das aus Bakterien (vor allem *Bacillus brevis*) gewonnene **Antibiotikum** Gramicidin ist ein cyclisches Decapeptid aus zwei identischen Pentapeptiden, von denen jedes ein D-Phenylalanin enthält. Gramicidin S destabilisiert Zellmembranen, weil es mit Protein-Lipid-Komplexen interagiert und zu Störungen der Membranfunktion bis hin zur Membranauflösung führt.

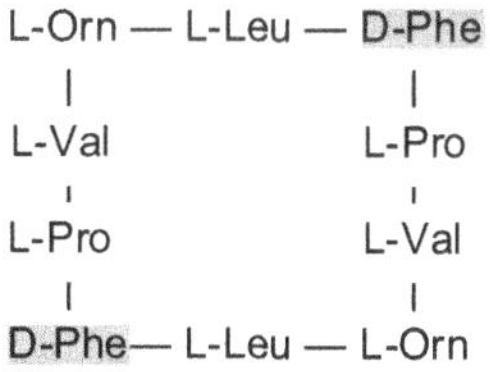

L-Orn — L-Leu — D-Phe

L-Val L-Pro

L-Pro L-Val

D-Phe — L-Leu — L-Orn Gramicidin S

- Die außerordentlich giftigen **Phallotoxine** aus den Knollenblätterpilzen (Gattung Amanita, beispielsweise *Amanita phalloides*) sind bicyclische Heptapeptide mit D-Aminosäuren. Ihre cytotoxische Wirkung beruht auf dem Angriff auf das Cytoskelett, insbesondere die Mikrofilamente vom Typ Actin. Hauptvertreter ist das Phalloidin, ein oft in der Zellforschung eingesetzter Naturstoff. Man kann ihn nämlich leicht an fluoreszierende (fluoreszente) Farbstoffe koppeln und damit vor allem die Actin-Mikrofilamente auch im Lichtmikroskop darstellen.

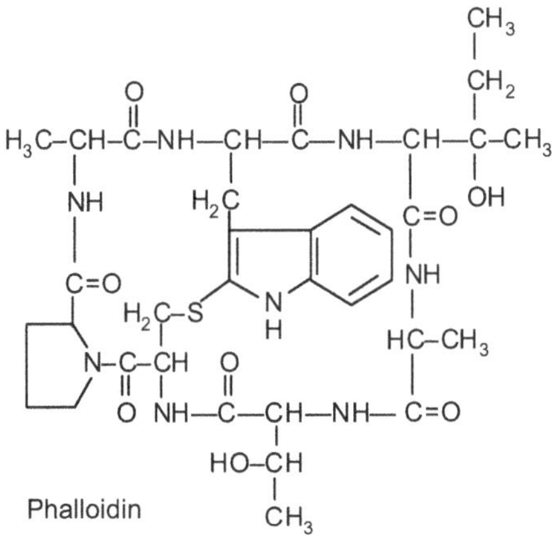

Phalloidin

15.8 Aufgabenfelder der Proteine

Die beachtliche Bandbreite der Beteiligung von Proteinen an biologischen Prozessen verdeutlicht die folgende Kurzübersicht ihrer wichtigsten Einsatzgebiete:

- **Enzymatische Katalyse**
  Nahezu sämtliche chemischen Reaktionen im Zellstoffwechsel werden von besonderen Makromolekülen katalysiert, die man **Enzyme** nennt. Mit Aufbau und Wirkungsweise der Enzyme befasst sich Kap. 16.
- **Transportproteine**
  Spezielle Proteine transportieren kleinere Moleküle entweder durch Membranen zwischen den Zellkompartimenten (**Metabolittransport**) oder auch über längere Distanzen. Ein Beispiel ist der Sauerstofftransport im Hämoglobin der Erythrocyten. Das Hämoglobin bindet an allen vier Hämgruppen je ein Sauerstoffmolekül (O_2) koordinativ (Kap. 8).
- **Speicherproteine**
  Viele zur Klasse der Globuline gehörende Proteine sind Nahrungs- bzw. Energiespeicher, darunter beispielsweise das **Albumin** der Milch oder die Reserveproteine in den Samen der Hülsenfrüchte (Vertreter der Familie Fabaceae).
- **Bewegungsproteine**
  Zwei verschiedene Arten von Proteinfilamenten (**Actin** und **Myosin**) vermitteln durch aneinander vorbeigleitende Bewegung die Kontraktion von Muskeln. Vergleichbare

kontraktile Systeme sind auch bei der Chromosomenbewegung in der Mitose (Anaphase) oder im Axonem der Spermiengeißel beteiligt.

- **Stütz- bzw. Skleroproteine**
  Die bemerkenswerte Zugfestigkeit von Haut, Sehnen und Knochen gewährleistet das Faserprotein **Kollagen**. Im Kollagen sind drei ausnahmsweise linksgängige Helices zu einer rechtsgängigen Superhelix verdrillt.
- **Kontrollproteine**
  Zum koordinierten Wachsen und Differenzieren von Zellen und Organismen gehört die zeitlich-räumlich exakt abgestimmte Expression genetischer Information. **Repressorproteine** liefern dazu wichtige Steuerungselemente, indem sie bestimmte Bereiche der DNA stilllegen. Bei höheren Organismen haben viele Wachstumsfaktoren Proteinnatur.
- **Rezeptorproteine**
  Besondere Proteinstrukturen vermitteln die Antwort von Nervenzellen auf spezifische Reize. Sie sind unter anderem auch in der postsynaptischen Membran lokalisiert, wo sie durch Acetylcholin oder andere Neurotransmitter stimuliert werden können und ein chemisches Signal in einen elektrischen Impuls umwandeln.
- **Antikörperproteine**
  Antikörper als Komponenten der Immunabwehr erkennen Viren, Bakterien oder Fremdzellen und binden diese. Die dominierende Gruppe unter diesen Proteinen sind die **Immunglobuline** (Abb. 15.15), die aus 2 längeren H- und 2 kürzeren L-Ketten

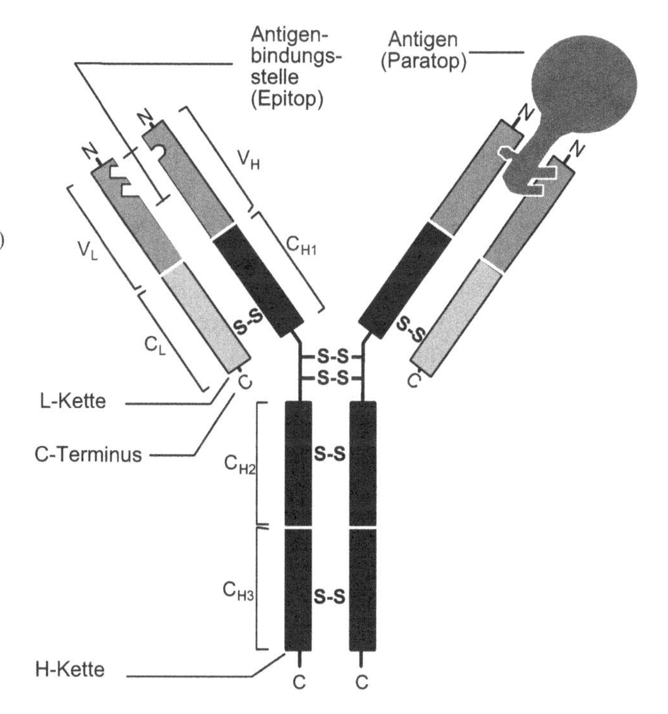

Abb. 15.15 Struktur eines Immunglobulins der Klasse G (IgG): Je zwei H- und L-Ketten (schwere bzw. leichte Ketten) bilden eine Y-förmige Figur. Die Ketten sind untereinander durch Disulfidbrücken (vgl. Abb. 15.11) stabilisiert

bestehen und eine Y-förmige Gestalt aufweisen. Die hochspezifische Antigenbindungsstelle befindet sich am Ende der L-Ketten.

- **Toxische Proteine**
  Von den rund 2700 beschriebenen Schlangenarten gelten etwa 400 auch für den Menschen als gefährlich. Diese Giftschlangen verteilen sich auf sechs Familien. Die Schlangengifte dienen hauptsächlich der Tötung der Beutetiere und der Einleitung von deren Verdauung, Viele Komponenten der Schlangengifte haben daher Enzymcharakter (vgl. Kap. 16). Andere wirken neurotoxisch (lähmend), weil sie gezielt die Rezeptoren an der postsynaptischen Membran blockieren. Etliche Schlangengifte bestehen aus relativ kurzkettigen Polypeptiden mit weniger als 70 Aminosäureresten. Andere stellen Oligopeptide dar.

15.9 Fragen zum Verständnis

1. Welche Konfiguration weisen die biogenen (proteinogenen) Aminosäuren auf?
2. Nach welchen Kriterien teilt man die Aminosäuren ein?
3. Unter welchen Bedingungen geht eine bifunktionelle Aminosäure in ein monofunktionelles Ion über?
4. Inwiefern haben Peptidmoleküle eine festgelegte Richtung?
5. Wie viele verschiedene Pentapeptide sind möglich?
6. Geben Sie ein Beispiel für die Umwandlung einer Aminosäure in ein biologisch aktives Amin.
7. Definieren Sie die Schraubung eines helical gewundenen Proteins.
8. Was versteht man unter der Konformation eines Proteins?
9. Wie ist die Denaturierung eines Proteins zu erklären?
10. Welche Aufgaben erfüllen Proteine?
11. Warum ist die Strukturvielfalt der Proteine weitaus größer als die der polymeren Kohlenhydrate?
12. Welche Farbänderung ist zu erwarten, wenn man eine Kupfersalzlösung zu einer Lösung einer Aminosäure- oder einer Proteinlösung gibt? Wie könnte man diese messtechnisch nutzen?
13. Warum ist es sinnvoll, die spezifische Aktivität eines Enzyms bezogen auf die Proteinmasse pro mg Protein anzugeben? Wie verändert sich die spezifische Aktivität im Zuge der Reinigungsschritte eines Enzyms?
14. Weshalb kann man Proteine „aussalzen", das heißt, etwa mit Ammoniumsulfat, $(NH_4)_2SO_4$, fällen, und warum kann man wiederholtes Ausfällen und Lösen zur Enzymreinigung nutzen?
15. Weshalb muss man beim Arbeiten mit Enzymen unter Kühlung (Kühlraum, Kühlschrank, Trockeneis) arbeiten?

Die Antworten zu diesen Fragen finden Sie im Anhang „Antworten und Lösungen zu den Fragen".

Enzyme und Enzymwirkungen

16

Zusammenfassung

Die im vorangehenden Kapitel vorgestellten Proteine, die unmittelbare Produkte der Umsetzung der in den Nucleinsäuren abgespeicherten biologischen Information und somit Abbilder der Gene darstellen, erfüllen im Organismus zentrale Aufgaben. Besonders deutlich wird dieser Sachverhalt an den Enzymen, die zu den biologisch wichtigsten Funktionsproteinen gehören. Sie wirken als Biokatalysatoren und bestimmen durch ihre Direktbeteiligung an nahezu allen biochemischen Prozessen das gesamte Stoffwechselgeschehen in der lebenden Zelle. Sie stehen im Folgenden im Vordergrund der Betrachtung.

16.1 Biochemische Reaktionen und Gleichgewicht

Die meisten biochemischen Reaktionen (Stoffwechselprozesse) verlaufen umkehrbar. Die Reaktionspartner setzen sich dabei jedoch häufig nicht vollständig um, sondern setzen sich in ein bestimmtes Gleichgewicht. Bei der Veresterung der Edukte Essigsäure und Ethanol zu fruchtig duftendem Essigsäureethylester und Wasser liegen folglich alle Komponenten gleichzeitig nebeneinander vor, obwohl die vereinfachte Formeldarstellung der Reaktion einen vollständigen Ablauf von links nach rechts nahelegt:

$$\mathrm{CH_3COOH + CH_3CH_2OH \rightleftarrows CH_3CO-O-CH_2CH_3 + H_2O}\,. \tag{16.1}$$

Im Blick auf die Gleichgewichtseinstellung ließe sich die Reaktionsgleichung auch nach dem schon früher vorgestellten Massenwirkungsgesetz (vgl. Kap. 10) schreiben.

$$\frac{c(\mathrm{CH_3CO-O-CH_2CH_3}) \times c(\mathrm{H_2O})}{c(\mathrm{CH_3COOH}) \times c(\mathrm{CH_3CH_2OH})} = K\,. \tag{16.2}$$

Das zu erwartende Gleichgewicht ist von beiden Seiten der Reaktionsgleichung zu erreichen. Darin zeigt sich, dass die Gleichgewichtskonstante K konzentrationsabhän-

H. Bannwarth et al., *Basiswissen Physik, Chemie und Biochemie*,
https://doi.org/10.1007/978-3-662-58250-3_16

gig ist. Konzentrationsveränderungen nur eines Reaktionspartners führen zwangsläufig zur Einstellung eines neuen Gleichgewichtes mit Konzentrationsänderungen aller übrigen Komponenten. Ferner ist die Lage des Gleichgewichtes auch von Druck und Temperatur abhängig. Auch darin kommt das im Jahre 1884 von Le Chatelier formulierte Prinzip der „Flucht vor dem Zwang“ zum Ausdruck (vgl. Abschn. 10.2). Mitunter liegt das Gleichgewicht weit auf einer Seite. Im Gleichgewicht ist weder die Hin- noch die Rückreaktion messbar, weil Bildung und Zerfall gleich groß sind.

16.2 Katalysatoren erniedrigen die Aktivierungsenergie

Unabhängig davon, ob eine Reaktion exergonisch oder endergonisch verläuft, wird die stoffliche Umsetzung nicht allein nach Maßgabe der Freien Energie ΔG (auch als Freie Enthalpie oder Gibb'sche Energie bezeichnet) eingeleitet (vgl. Abschn. 3.1.5). Vielmehr ist die Aktivierungsenergie entscheidend, die von ΔG unabhängig ist. Bei Anwesenheit von Luftsauerstoff (O_2) liegt das Reaktionsgleichgewicht der Komponenten einer Wachs- oder Paraffinkerze ganz aufseiten der Oxidationsprodukte CO_2 und H_2O. Unter Standardbedingungen erreicht sie diesen Zustand jedoch nicht von selbst – eine Kerze kann man erfahrungsgemäß Jahre lang aufbewahren. Man muss sie vielmehr anzünden, um sie aus ihrem metastabilen Zustand mit Luftsauerstoff reagieren zu lassen. Die vom Zündholz ausgehende Erwärmung entspricht der erforderlichen Aktivierungsenergie, die den Verbrennungsprozess einleitet.

Allgemein verläuft die Umwandlung eines Eduktes S (= Substrat) in das Produkt P über den Übergangszustand S′, der immer eine höhere Freie Energie G° als S oder P aufweist. Bei einem hohen Bedarf an Aktivierungsenergie läuft eine (bio)chemische Reaktion ausgesprochen träge ab. Erniedrigt man diese experimentell, erfolgt der Reaktionsablauf ungleich rascher. Abb. 16.1 zeigt das Energiediagramm einer solchen Reaktion. Bestimmte Hilfsstoffe, Katalysatoren genannt, können nun die Aktivierungsenergie wirksam erniedrigen und damit die Einstellung der Gleichgewichte beträchtlich beschleunigen, ohne deren Lage zu beeinflussen. Katalysatoren nehmen zwar an der Reaktion teil, gehen aber unverändert und unverbraucht daraus hervor und stehen anschließend erneut für die katalytische Wirkung zur Verfügung.

Ein Beispiel ist die Zerlegung von Wasserstoffperoxid H_2O_2 zu Wasser und molekularem Sauerstoff nach

$$2\,H_2O_2 \rightarrow 2\,H_2O + O_2\,. \tag{16.3}$$

Unter Standardbedingungen läuft die Reaktion sehr langsam ab, obwohl Wasserstoffperoxid nur eine metastabile Verbindung ist, die stabil gegenüber schwachen, aber instabil gegenüber starken Einflüssen ist. Elementares Platin (Pt) lässt die Zerlegung jedoch ungleich rascher ablaufen (Tab. 16.1).

Die Rolle anorganischer Katalysatoren, deren Typenvielfalt und Spezifität überschaubar begrenzt ist, fällt in biochemischen Reaktionen katalytisch wirksamen Proteinen zu,

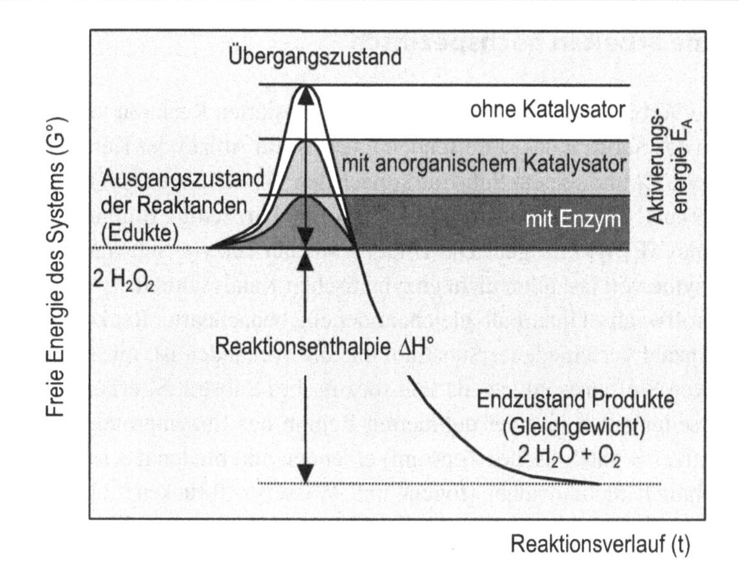

Abb. 16.1 Reaktionsablauf nach Arrhenius: Energieprofil der Zerlegungsreaktion einer metastabilen Verbindung am Beispiel von Wasserstoffperoxid

die man früher Fermente und heute nach einem Vorschlag von Friedrich Wilhelm Klüfter aus dem Jahre 1878 einheitlich Enzyme nennt. Sie wirken somit als Biokatalysatoren und sind wegen der nahezu beliebig großen Strukturvielfalt der Proteine ungleich spezifischer und damit meist auch leistungsfähiger als anorganische Katalysatoren. Tab. 16.1 betont eindrucksvoll die geradezu unschlagbare Überlegenheit organischer (biologischer) Katalysatoren. Dennoch bleibt auch im Fall der Enzyme festzustellen, dass unter ihrer katalytischen Wirkung nur der Eintritt von Reaktanten in den Reaktionsweg wesentlich erleichtert und damit die Einstellung des Reaktionsgleichgewichts beschleunigt wird, die Lage des Gleichgewichts aber grundsätzlich unbeeinflusst bleibt. Die Gleichgewichtskonstante K für eine definierte stoffliche Umsetzung hat den gleichen Wert bei unkatalysierten wie bei katalysierten Reaktionen. Auch unter Beteiligung hochwirksamer Enzyme kann eine Reaktion nur dann ablaufen, wenn sie energetisch überhaupt möglich ist.

Tab. 16.1 Reaktionsgeschwindigkeit und Aktivierungsenergie bei der Zerlegung von H_2O_2 – Vergleich der unkatalysierten und der katalysierten Reaktion

Bedingung	Relative Reaktionsgeschwindigkeit	Aktivierungsenergie (kJ mol^{-1})
Unkatalysiert	1	77
Elementares Platin	800	50
Enzym Katalase	3×10^{11}	8

16.3 Enzyme arbeiten hochspezifisch

Eine chemische Verbindung, die bei einer enzymkatalysierten Reaktion verändert werden soll, nennt man das Substrat des betreffenden Enzyms. Im Ablauf der Katalyse muss zwischen dem Enzym E_1 und seinem Substrat S_1 nach den Vorstellungen von Leonor Michaelis (1875–1949) und Maud Menten (1879–1960) eine kurzzeitige Bindung zum Enzym-Substrat-Komplex $[E_1S_1]$ erfolgen. Die Bildung solcher Enzym-Substrat-Komplexe unterscheidet Enzyme von fast allen nicht enzymatischen Katalysatoren.

Da im Zellstoffwechsel innerhalb gleicher oder eng benachbarter Reaktionsräume stets eine größere Anzahl verschiedener Substratmoleküle vorhanden ist, muss Enzym E_1 aus dieser vielfältigen Stoffauswahl jeweils sein spezifisches Substrat S_1 erkennen. Bestimmte Aminosäureseitenketten in einer definierten Region des Enzymproteins (Substratbindungsstelle, aktives = katalytisches Zentrum) erkennen und binden das richtige Substratmolekül gewöhnlich nichtkovalent (Ionen- und Wasserstoffbrücken), über hydrophobe Wechselwirkungen oder auch nur unter Vermittlung von van-der-Waals-Kräften, doch sind auch Fälle von kovalenter Substratbindung bekannt. Die gezielte Anlagerung eines genau festgelegten Substrates bezeichnet man als **Substratspezifität** eines Enzyms.

Im Augenblick der Substratbindung bringt ein weiterer Bereich aus der Primärstruktur des Enzyms das gebundene Substrat in einen **Übergangszustand** und katalysiert eine ganz bestimmte Reaktion. Von der Vielzahl strukturell-chemischer Veränderungen, die beispielsweise an einem enzymgebundenen Glucosemolekül thermodynamisch bzw. energetisch möglich sind, führt Enzym E_1 nur eine einzige durch, nämlich die seinem katalytischen Leistungsprofil entsprechende. Enzyme besitzen außer einer ausgeprägten Substratspezifität somit auch eine ausgeprägte **Wirkspezifität**. Substrat- und Wirkspezifität eines Enzyms kommen auch in seiner meist sehr ausgeprägten **Stereoselektivität** zum Ausdruck: Von zwei stereoisomeren Verbindungen wird im Allgemeinen nur diejenige der D- oder der L-Konfiguration umgesetzt.

Um die räumlich-strukturellen Voraussetzungen für die Substrat- und die Wirkspezifität zu gewährleisten, sind die Enzymproteine aufgrund ihrer theoretisch nicht ausschöpfbaren Strukturvielfalt und der sich daraus ergebenden Konformationen geradezu optimal geeignet. Mit polymeren Kohlenhydraten wären solche Leistungsprofile nicht zu erfüllen.

Substratbindungsstelle und katalytisch wirksamer Bereich sind am Enzymmolekül oft eng benachbart, oft erst durch die passende räumliche Faltung des Enzymmoleküls. Beide Wirkbereiche fasst man als **aktives Zentrum** des Enzyms zusammen. In der modellhaften Darstellung einer enzymkatalysierten Reaktion (Abb. 16.2) lässt sich das aktive Zentrum als besondere Passstelle am Enzymprotein („Parkbucht") wiedergeben. Zur Verdeutlichung der Substratspezifität verwendet man nach einem Vorschlag von Emil Fischer (1852–1919, Nobelpreis 1902) aus dem Jahre 1894 gerne das Bild vom Schloss (Substrat) und dem dazu exakt passenden Schlüssel (Enzym).

Bei vielen Enzymkatalysen wird bei der Substratbindung sowohl das Schloss geringfügig verändert als auch in gewissem Maße der Schlüssel verbogen – das spezifische Substrat induziert an seinem Enzym die richtige Passform unter (leichter) Konformati-

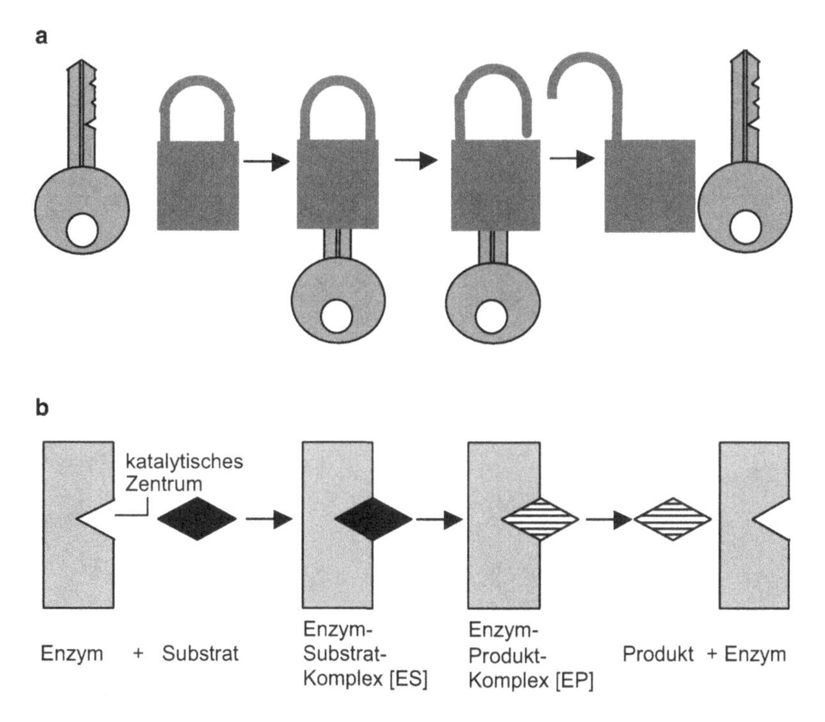

Abb. 16.2 Modellvorstellung zur Enzym-Substrat-Bindung nach dem Schloss-Schlüssel-Prinzip (**a**) und schematischer Ablauf einer Enzymreaktion (**b**)

onsänderung und sichert sich damit den ungehinderten Zugang zu seiner Bindungsstelle (*induced fit*, dynamische Erkennung). Nach Ablauf einer Katalyse, deren Details hier verzichtbar sind, liegt das Produkt P_1 zunächst noch in Bindung am Enzym vor (Enzym-Produkt-Komplex $[E_1P_1]$), dann lösen sich beide Reaktionspartner voneinander. Das entstandene Produkt P könnte nun in einer Synthese- oder Stoffabbaukette zum Substrat S_2 für ein weiteres, nachgeschaltetes Enzym E_2 werden, während E_1 wieder für die nächste Katalyse zur Verfügung steht. Der Gesamtablauf lässt sich demnach folgendermaßen darstellen (vgl. Abb. 16.2):

$$E_1 + S_1 \rightarrow [E_1S_1] \rightarrow [E_1P_1] \rightarrow E_1 + P_1 \; . \tag{16.4}$$

Nicht immer, aber mitunter binden die Enzyme ihr Substrat kovalent.Ein gut untersuchtes Beispiel ist eine Peptidase vom Typ des Chymotrypsins. Im aktiven Zentrum befindet sich ein bemerkenswert reaktiver Serinrest. Da ein Histidinrest (Position 57 in der Peptidkette des Enzyms) vom Serin (in Position 195) ein Wasserstoffatom an sich zieht (Station 1 in Abb. 16.3), kann der Serinrest eine kovalente Bindung mit dem Carbonyl-C einer Peptidbindung eingehen (Station 2). Dadurch wird die Peptidbindung gespalten und der abgetrennte Peptidrest B diffundiert ab (Station 3). Nun erfolgt eine enzymgesteuer-

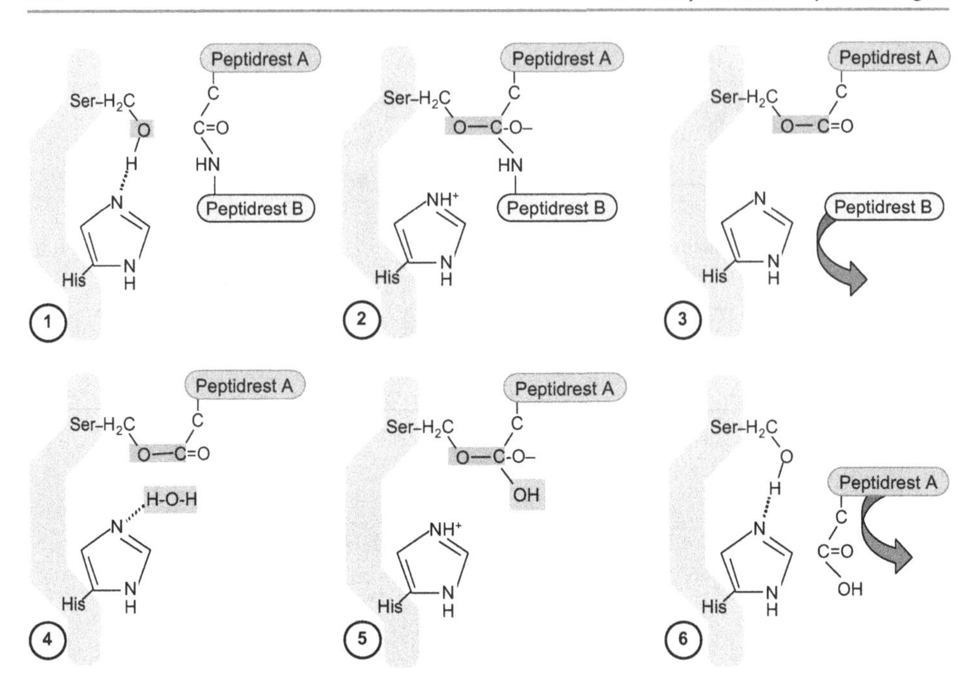

Abb. 16.3 Beispiel einer enzymkatalysierten hydrolytischen Peptidspaltung durch ein reaktives Serin im aktiven Zentrum (Peptidase vom Serin-Typ)

te Addition von Wasser (Stationen 4 und 5). Anschließend kann sich der verbleibende Peptidrest A vom Enzym lösen (Station 6) – die Spaltung ist erfolgreich abgeschlossen.

16.4 Manche Enzyme benötigen Coenzyme

Vielfach besteht das katalytisch wirksame, funktionsfähige Enzym tatsächlich nur aus einem Protein definierter Konformation und ist allein aufgrund seiner Gesamtstruktur aktiv. Andere Enzyme brauchen jedoch zusätzliche Cofaktoren, entweder Metall-Ionen wie Fe^{2+}, Mg^{2+}, Mn^{2+}, Cu^{2+} und Zn^{2+} oder seltener Komplex-Ionen wie MoO_4^{2-} bzw. SeO_3^{2-} (vgl. Tab. 16.2).

Die bemerkenswerte Giftigkeit mehrwertiger Kationen bestimmter Schwermetalle wie Pb^{2+}, Hg^{2+}, Cd^{2+} oder As^{3+} beruht in vielen Fällen darauf, dass sie sich irreversibel an beliebige freie anionische Gruppen eines Enzymproteins binden und dadurch dessen Konformation verändern, womit eine erhebliche Funktionsbeeinträchtigung oder gar Totalblockade einhergeht (Kap. 9 und 10). Die Ionen von Eisen, Kupfer, Mangan, Molybdän und Selen können bei Enzymreaktionen ihre Oxidationsstufe ändern.

In anderen Fällen benötigt das Enzymmolekül (**Apoenzym**) ein weiteres organisches Molekül (**Coenzym**), mit dem es sich zum aktionsfähigen **Holoenzym** zusammenschließt.

Tab. 16.2 Metall-Ionen bzw. Metalle als Cofaktoren ausgewählter Enzyme

Cofaktor	Enzymbeispiele
Cu^{2+}	Cytochrom-Oxidase
Fe^{2+}, Fe^{3+}	Katalase, Peroxidase, Cytochrom-Oxidase
K^{+}	Pyruvat-Kinase
Mg^{2+}	Hexokinase, Phosphatasen
Ni^{2+}	Urease
Zn^{2+}	Carboanhydrase, Ethanol-Dehydrogenase
Mo[1]	Denitrogenase
Se[1]	Glutathion-Peroxidase

[1] in anionischer Form mit unterschiedlichen Oxidationszahlen

Sofern das Coenzym sehr fest oder sogar kovalent an das Enzymprotein gebunden ist, wie im Fall der Katalase, bezeichnet man es als **prosthetische Gruppe**. Vielfach trennen sich Apoenzym und locker gebundenes Coenzym (beispielsweise bei der Glucokinase) nach erfolgter Katalyse wieder durch Dissoziation.

Die meisten als **Vitamine** bezeichneten Verbindungen haben eine spezifische Coenzymfunktion bei Enzymreaktionen (vgl. Tab. 16.3). Viele davon müssen beispielsweise auch dem menschlichen Organismus mit der Nahrung zugeführt werden, da er sie gewöhnlich nicht selbst aufbauen kann. Das zuerst entdeckte und so benannte Vitamin C ist nach heutigem Verständnis jedoch kein Coenzym, sondern dient im Zellstoffwechsel als Antioxidans (vgl. Halliwell-Asada-Reaktionsweg; Kap. 8 und Abschn. 13.5).

Die Coenzyme sind als Reaktionspartner an der Enzymkatalyse beteiligt und werden durch sie verändert. Sie gehen im Unterschied zum eigentlichen Katalysator also nicht unverändert aus dem Ablauf hervor, beispielsweise NAD^{+} oder NADPH, sondern müssen in einer weiteren Reaktion wieder in ihren ursprünglichen Zustand zurückverwandelt werden. Daher verwendet man zunehmend den Begriff **Cosubstrat**. Enzymkatalysen mit Cobsubstrat, wie sie beispielsweise bei Gruppenübertragungen vorliegen, kann man sich nach folgendem Modell (Abb. 16.4) vorstellen.

Mitunter besitzen Enzyme, welche die gleiche biochemische Reaktion katalysieren, (geringfügig) unterschiedliche Strukturen, weil sie entweder von verschiedenen Genen codiert werden oder aus mehreren, zu minimaler Kettenvariabilität neigenden Unterein-

Tab. 16.3 Einige Vitamine und ihre Rolle als Coenzyme

Vitamin	Substanzname	Coenzym von
B_1	Thiamin	Decarboxylasen, Transferasen
B_2	Riboflavin	Desaminasen
B_6	Pyridoxin	Aminotransferasen und -decarboxylasen
B_{12}	Cobalamin	Isomerasen, Lyasen
H	Biotin	Pyruvat-Carboxylase

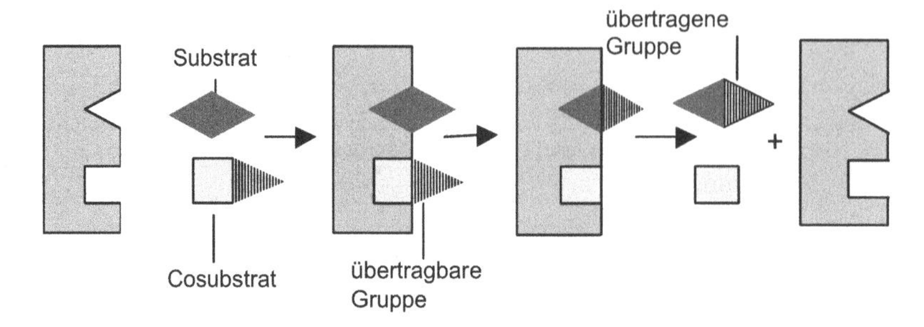

Abb. 16.4 Modell zur enzymatischen Gruppenübertragung mit Cosubstrat

heiten bestehen. In solchen Fällen spricht man von **Isoenzymen**. Ein bekanntes Beispiel ist die aus vier Untereinheiten aufgebaute Lactat-Dehydrogenase (LDH). Je nach Kombination von deren als A und B bezeichneten Bauvarianten werden daraus – beispielsweise nach elektrophoretischer Trennung – die fünf Isoenzyme A_4, A_3B, A_2B_2, AB_3 und B_4 (Hybridformen) erhalten.

Multienzymkomplexe sind dagegen Zusammenschlüsse von Untereinheiten unterschiedlicher Funktion, die hintereinander am gleichen Substrat mehrere Umwandlungen katalysieren, beispielsweise die Pyruvat-Decarboxylase (vgl. Abschn. 20.3) oder die Fettsäuresynthase.

16.5 Enzyme haben besondere kinetische Eigenschaften

Die Katalysegeschwindigkeit v (Reaktionsgeschwindigkeit, gemessen als Produktmenge je Zeiteinheit) einer Enzymreaktion ist bei konstanter Enzymmenge nicht linear abhängig von der Konzentration des umzusetzenden Substrates [S]. Nur bei sehr kleinem [S] ist v angenähert linear proportional. Bei wachsendem oder sehr hohem [S] nimmt die Abhängigkeit von v dagegen einen hyperbolischen Verlauf (Abb. 16.5).

Bereits im Jahre 1913 haben Michaelis und Menten die zugrunde liegenden Effekte genauer untersucht und zur Erklärung das allgemeine Ablaufmodell einer enzymkatalysierten Reaktion vorgeschlagen (Abb. 16.3). Rechnerisch stellt sich die Abhängigkeit der Reaktionsgeschwindigkeit von der Substratkonzentration nach der Michaelis-Menten-Beziehung dar als:

$$v = \frac{-d(\mathrm{S})}{dt} = \frac{d(\mathrm{P})}{dt} \tag{16.5}$$

mit v = Reaktionsgeschwindigkeit, $-d(\mathrm{S})$ = Änderung der Substratkonzentration, $d(P)$ = Änderung der Produktkonzentration und dt = betrachtetes Zeitintervall.

Aus dem hyperbolischen Kurvenverlauf in Abb. 16.5 ist nicht abzuleiten, bei welcher Substratkonzentration die Reaktionsgeschwindigkeit ihren Maximalwert (v_{max}) annimmt, weil sich die Kurve dem Wert für V_{max} asymptotisch nähert. Dagegen ist grafisch ungleich

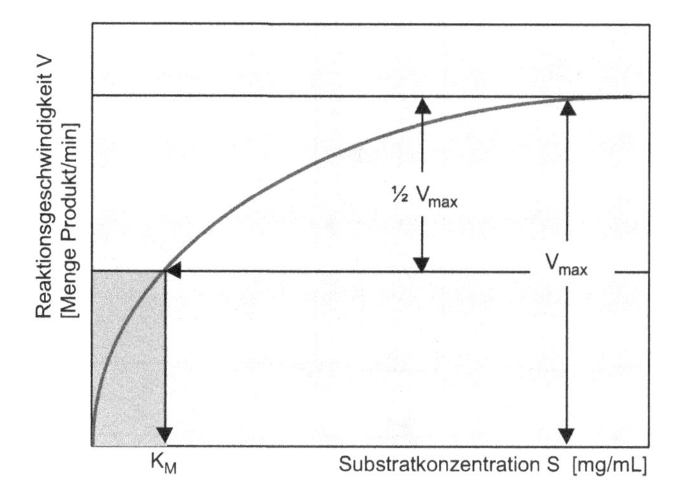

Abb. 16.5 Enzymkinetik: Abhängigkeit der Reaktionsgeschwindigkeit v von der Substratkonzentration [S]

genauer zu bestimmen, bei welchem [S] die Reaktion mit halbmaximaler Geschwindigkeit ($v_{max}/2$) abläuft bzw. welche Substratkonzentration vorliegen muss, damit die Hälfte aller vorhandenen Enzymmoleküle in einen Enzym-Substrat-Komplex überführt wird. Die zugehörige Substratkonzentration bezeichnet man verkürzt als **Michaelis-Konstante** K_M. Die Anfangsgeschwindigkeit v_0 der Reaktion beträgt nach der Michaelis-Menten-Gleichung:

$$v_0 = v_{max}\,[S]\,/\,K_M + [S]\ . \tag{16.6}$$

Sobald K_M und v_{max} bekannt sind, kann man nach dieser Gleichung die Reaktionsgeschwindigkeit für jede beliebige Substratkonzentration berechnen.

Um die Leistungsfähigkeit eines einzelnen Enzymmoleküls anzugeben, verwendet man fallweise die **Wechselzahl**. Sie gibt an, wie viele Substratmoleküle ein einzelnes Enzymmolekül in der Zeiteinheit (min oder s) zum Produkt umsetzt. Man erhält sie experimentell durch den Quotienten aus v_{max} und der Gesamtmenge des vorhandenen Enzyms (in mol). Bei den meisten Enzymen liegt die Wechselzahl zwischen 10^3 und 10^5. Bei der Katalase ist sie mit ca. $5 \cdot 10^9$ ungewöhnlich hoch. Sie wird nur noch von der Carboanhydrase übertroffen.

Zur genaueren graphischen Bestimmung von K_M bietet sich eine weitere Möglichkeit an. Dazu wählt man die doppelt reziproke Darstellung der Enzymkinetik ($1/v$ als Funktion von $1/[S]$) im **Lineweaver-Burk-Diagramm** (Abb. 16.6). Diese kinetischen Daten gelten nun für nichtallosterisch regulierten Enzyme.

Der K_M-Wert ist ein quantitatives Maß für die Stabilität eines Enzym-Substrat-Komplexes und somit für die **Affinität** eines Enzyms zu seinem Substrat. Je kleiner sein Zahlenwert, desto stärker bindet ein Enzym das Substrat aus einer verdünnten Lösung und umso niedriger ist die erforderliche Substratkonzentration für die halbmaximale

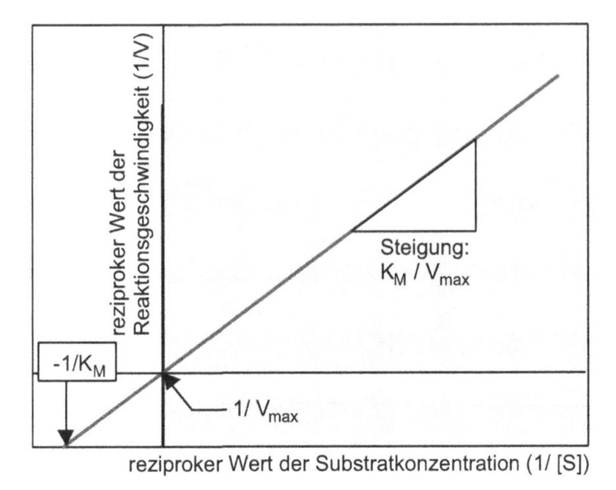

Abb. 16.6 Bestimmung von v_{max} und K_M im Lineweaver-Burk-Diagramm

Reaktionsgeschwindigkeit. Die K_M-Werte verschiedener Enzyme variieren in einem großen Bereich; für die meisten bisher untersuchten liegen sie zwischen 10^{-1} und 10^{-7} M. Für ein bestimmtes Enzym ist K_M eine spezifische Größe. Dagegen hängt v_{max} von der jeweils vorhandenen Enzymkonzentration ab.

16.6 Enzymaktivitäten werden reguliert

Ein geordneter Stoffwechsel ist in der Zelle nur möglich, wenn die benötigten Enzyme im richtigen Kompartiment in genügender Anzahl und im passenden Aktivitätszustand vorhanden sind. Damit bieten sich für den Organismus zwei verschiedene Möglichkeiten an, die katalytische Tätigkeit seiner Enzyme so zu kontrollieren und zu koordinieren, dass systemerhaltende Antworten auf Veränderungen der Umgebung möglich sind.

16.6.1 Kontrolle der Enzymverfügbarkeit

Enzymproteine sind primäre Genprodukte und damit direkte Abbilder der betreffenden Gene. Die Menge eines in der Zelle vorhandenen Enzyms hängt demnach von seiner Syntheserate und seinem Abbau ab. Die nötigen Schritte einer Kontrolle der Enzymsynthese sind komplex und berühren zentrale Fragen der Molekulargenetik (vgl. **Jacob-Monod-Modell**).

Das gezielte Abschalten eines Enzyms erfolgt durch andere Mechanismen, meist durch den Einbau von Phosphatgruppen (= **kovalente Modifikation**). Auch der gezielte proteolytische Abbau ist eine häufig anzutreffende Möglichkeit, die Verfügbarkeit katalytisch wirksamer Funktionsmoleküle zu steuern.

Exkurs: Enzymaktivierung

Ein wichtiger Mechanismus ist die **proteolytische Aktivierung** inaktiver Enzymvorstufen (Proenzyme). Die Überführung der inaktiven in die katalytisch aktive Form erfolgt durch Spaltung einzelner oder mehrerer Peptidbindungen, durch die entweder die Konformation verändert oder das aktive Zentrum freigelegt wird. Beispiele sind das inaktive Prothrombin, das durch Thrombokinase zum Thrombin aktiviert wird und dann erst die Blutgerinnung (Bildung des unlöslichen Fibrins aus Fibrinogen) einleiten kann. Aus dem inaktiven Chymotrypsinogen entsteht Chymotrypsin durch Spaltung einer Peptidbindung nach dem Arginin in Position 15, sodass Isoleucin in Position 16 mit Aspartat in Position 194 die Substratbindungsstelle der aktiven Protease bilden kann.

16.6.2 Kontrolle der Enzymaktivität

Neben gänzlich unspezifischen Eingriffen in den Funktionsstatus eines Enzyms (irreversible und zerstörerische Konformationsänderungen durch erhöhte Temperatur, starke Säuren und Basen oder die Bildung fester Bindungen mit Schwermetall-Ionen wie Cd^{2+}-, Hg^{2+}-, As^{3+}- oder Pb^{2+}-Ionen) können **irreversible Funktionsblockaden** (Enzymhemmung) auch spezifisch erfolgen. Substratanaloge Verbindungen, die im aktiven Zentrum kovalent binden, haben den Totalverlust der katalytischen Fähigkeit bestimmter Enzyme zur Folge. Diese Möglichkeit nutzt man unter anderem auch therapeutisch aus. Ein Beispiel für ein **Substratanalogon**, mit dem gleichsam die Substratspezifität des katalytischen Zentrums getäuscht wird, ist die Wirkung des Antibiotikums Penicillin. Penicillin hemmt in Bakterien spezifisch und irreversibel eine Transpeptidase, die in der bakteriellen Zellwand die Quervernetzung von Peptidoglucanketten katalysiert. Den genauen Wirkort zeigt Abb. 16.7.

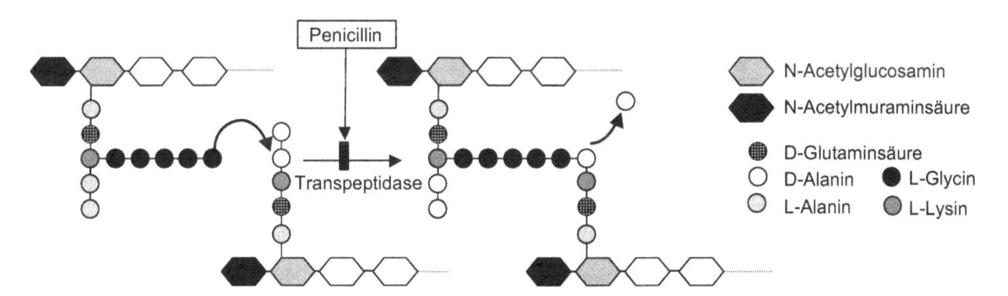

Abb. 16.7 Penicillin hemmt irreversibel die Synthese des bakteriellen Zellwandbaustoffs Peptidoglucan durch Blockade der Quervernetzung von Peptidketten

Wirkstoffe mit spezifischer, aber irreversibler Hemmung einer definierten Enzymreaktion nennt man auch Selbstmord- oder Suizidinhibitoren. Ein weiteres Beispiel für diesen Reaktionstyp, den man beispielsweise in manchen Bioziden einsetzt, ist die Unterdrückung der Acetylcholin-Esterase an cholinergen Synapsen durch Diisopropylfluorophosphat (DFP) und vergleichbare Alkylphosphatester mit dem Effekt der Atemlähmung.

Im Unterschied zu den irreversiblen Schädigungen eines Enzyms lässt sich die Enzymaktivität durch besondere Bedingungen im Wirkmilieu auch durch eine **reversible Hemmung** modulieren. Sofern dabei die Raumgestalt des Enzymproteins (Konformation) unverändert bleibt, spricht man von **isosterischen Effekten**. So kann etwa ein zum eigentlichen Substrat strukturell ähnliches Molekül, das vom Enzym aus Gründen der Substratspezifität nicht umgesetzt wird, dennoch um die Bindung am aktiven Zentrum konkurrieren und damit zum Inhibitor (I) werden (Abb. 16.8). Diese Konkurrenzwirkung unterliegt dem Massenwirkungsgesetz (vgl. Abschn. 10.1). Daher kann der kompetitive Inhibitor durch Erhöhung der Substratkonzentration auch wieder aus dem aktiven Zentrum des Enzyms verdrängt werden. Ein Beispiel für diese **kompetitive Hemmung** ist die Wirkung von Malonsäure (Malonat) auf die Succinat-Dehydrogenase, ein Enzym aus dem Tricarbonsäurezyklus (vgl. Abschn. 20.4), welches Succinat unter Dehydrierung in Fumarat umwandelt. Malonat ähnelt dem Succinat strukturell, kann jedoch nicht zur Fumarsäu-

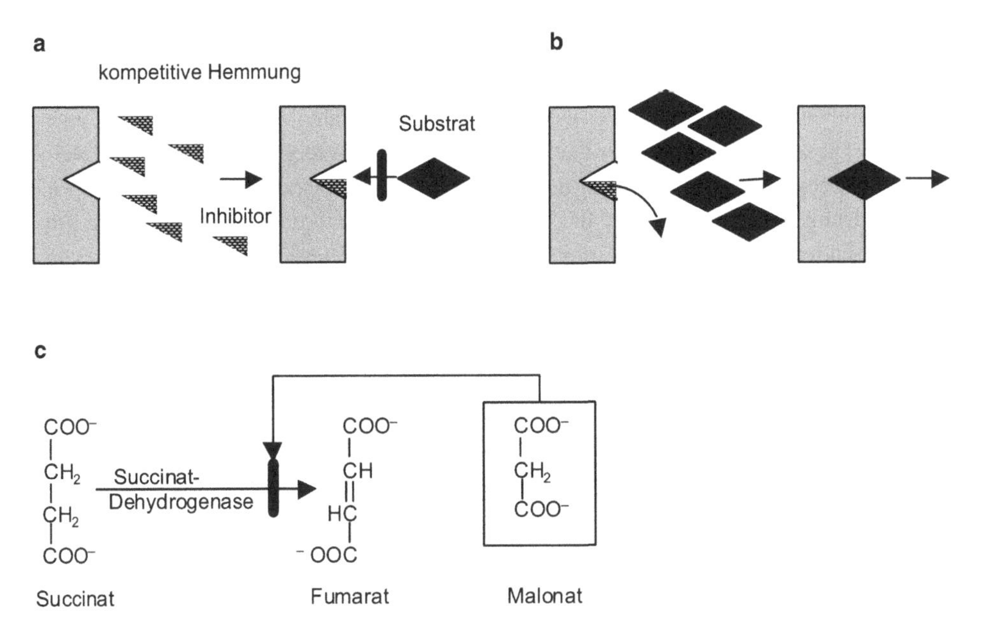

Abb. 16.8 Modell zur kompetitiven Hemmung durch strukturanaloge, aber nur reversibel am katalytischen Zentrum gebundene Pseudosubstrate (Antimetabolite): Der Effekt erklärt sich aus der Blockade des aktiven Zentrums durch quantitativ überwiegende Inhibitoren (**a**). Ein Überschuss an Substratmolekülen verdrängt den Inhibitor wieder aus dem aktiven Zentrum (**b**). Ein Beispiel ist die kompetitive Hemmung der Succinat-Dehydrogenase aus dem Citratzyklus (**c**)

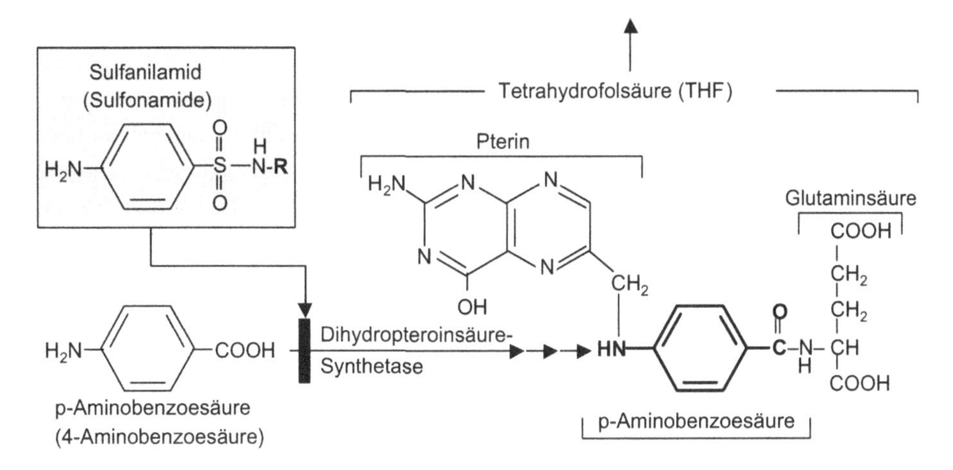

Abb. 16.9 Bakteriostatische Wirkung der Sulfonamide (Sulfanilamide) durch kompetitive Hemmung: Strukturanalogie zur *p*-Aminobenzoesäure

re dehydriert werden. Daher bezeichnet man die kompetitiven Inhibitoren zutreffend auch als **Strukturanaloga** oder **Antimetaboliten** (Abb. 16.9).

Auch die kompetitive Hemmung (Wettbewerbshemmung) wird therapeutisch eingesetzt. Ein Beispiel ist die bakteriostatische Wirkung von **Sulfonamiden**, welche die *p*-Aminobenzoesäure als unverzichtbaren Baustein des Vitamins Tetrahydrofolsäure (THF) an der Dihydropteroinsäure-Synthetase verdrängen und damit die THF-Synthese blockieren (Abb. 16.9). Da Tiere und der Mensch Folate nicht selbst aufbauen, sondern mit der

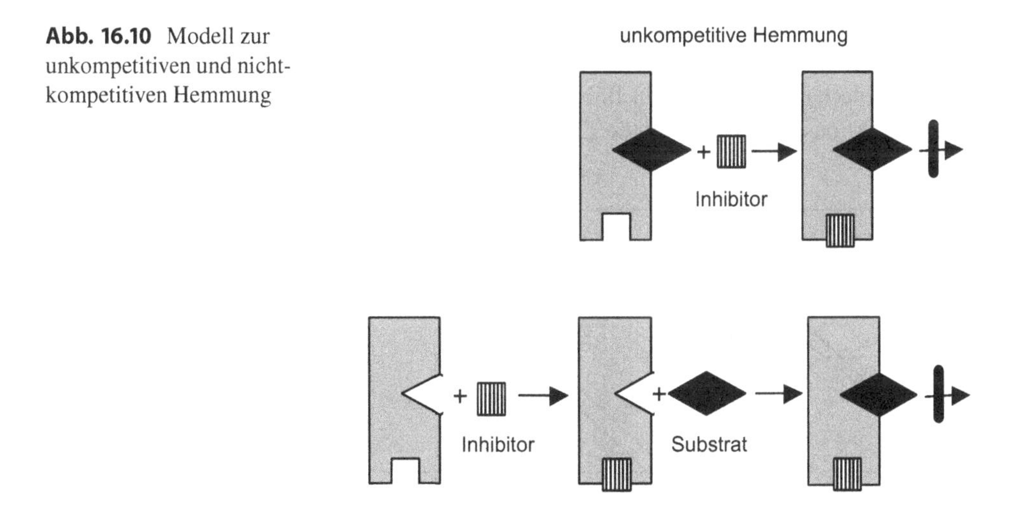

Abb. 16.10 Modell zur unkompetitiven und nichtkompetitiven Hemmung

Nahrung aufnehmen (Vitamine), bleiben die Sulfonamide hier ohne Wirkung oder führen höchstens zu unspezifischen Effekten.

Daneben kennt man als weitere Hemmtypen die unkompetitive sowie die nichtkompetitive Hemmung. Bei der unkompetitiven Hemmung bindet der Inhibitor an einer anderen Stelle als dem aktiven Zentrum, aber ausschließlich an den bereits gebildeten Enzym-Substrat-Komplex [E-S] und vermindert durch seine Blockade sowohl den K_M-Wert als auch v_{max} (vgl. Abschn. 16.5).

Exkurs: Enzymhemmung

Bei der nichtkompetitiven oder gemischten Hemmung bindet der Inhibitor sowohl an das freie Enzym als auch an den bereits vorliegenden Enzym-Substrat-Komplex (Abb. 16.10). Der K_M-Wert wird dabei nicht beeinflusst, während v_{max} kleiner wird. Ein Beispiel für die nichtkompetitive Hemmung ist die Rückreaktion der Alkohol-Dehydrogenase (ADH, vgl. Abschn. 21.2), die Ethanol (Substrat 1) und NAD^+ (Substrat 2) zu Acetaldehyd und NADH umsetzt. Eine hohe Konzentration an Acetaldehyd hemmt die Reaktion kompetitiv und wirkt gleichzeitig als nichtkompetitiver Inhibitor der Reduktion von NAD^+ zu NADH. Anhand dieser reaktionskinetischen Unterschiede sind beide Hemmtypen experimentell leicht zu unterscheiden (Abb. 16.11).

Im Stoffwechsel tritt die Aktivitätsregulation eines Enzyms durch einen kompetitiven Inhibitor oft in der Form einer negativen Rückkopplungshemmung (**Produkthemmung**) auf: Das Produkt einer nachgeschalteten Enzymreaktion kann durch kompetitive Hemmung die Aktivität des Eingangsenzyms einer Synthesekette blockieren und dadurch im Fall erhöhter Konzentration seine eigene Nachlieferung unterbinden (Abb. 16.12).

Diesen Mechanismus zeigt ein Beispiel aus der Aminosäuresynthese: Threonin wird in fünf Reaktionsschritten durch die Enzyme E_1 bis E_5 in Isoleucin umgewandelt. Die-

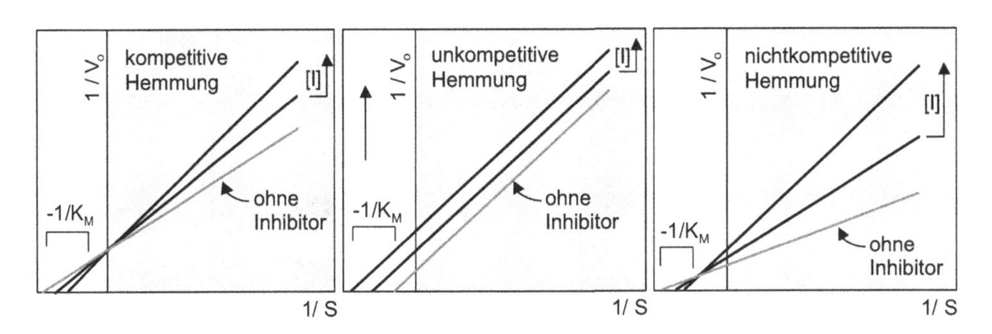

Abb. 16.11 Reaktionskinetik bei verschiedenen Hemmmechanismen im Lineweaver-Burk-Diagramm (vgl. Abb. 16.15 und 16.6)

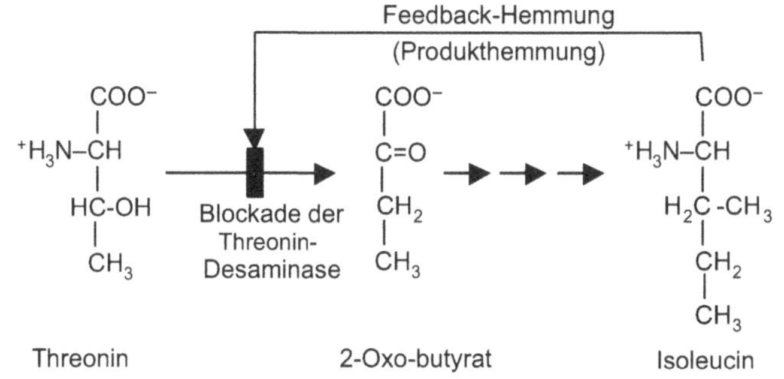

Feedback-Hemmung
(Produkthemmung)

COO^- – $^+H_3N{-}CH$ – $HC{-}OH$ – CH_3 | Blockade der Threonin-Desaminase | COO^- – $C{=}O$ – CH_2 – CH_3 | COO^- – $^+H_3N{-}CH$ – $H_2C{-}CH_3$ – CH_2 – CH_3

Threonin → 2-Oxo-butyrat → → → Isoleucin

Abb. 16.12 Mechanismus der Feedback-Hemmung (Produkthemmung, negative Rückkopplung) der Threonin-Desaminase

ses kann nun das Startenzym der Threoninumwandlung, die Threonin-Desaminase (E_1), über einen negativen **Feedback-Effekt** allosterisch hemmen. Erst wenn im Stoffwechsel akuter Bedarf an Isoleucin besteht und dessen Konzentration abnimmt, wird das aktive Zentrum des Enzyms erneut für Threonin zugänglich. Ein weiteres sehr gut untersuchtes Beispiel ist die enzymatische Zerlegung von Saccharose in Glucose und Fructose. Produktreguliert ist dabei das Enzym Saccharase. Ein weiteres Beispiel für eine allosterische Regulation ist die Phosphofructokinase, das Schlüsselenzym für die Steuerung der Glycolyse (Abschn. 21.4). Die Kinetik der allosterischen Regulation zeigt an diesem Beispiel die Abb. 21.5.

Die katalytische Aktivität vieler Enzyme lässt sich auch dadurch modifizieren, dass bestimmte kleinere Moleküle (Effektoren, Modulatoren) an einer Bindungsstelle außerhalb des aktiven Zentrums, eventuell an einer anderen Untereinheit des Enzymproteins, angreifen. Sie verändern die räumliche Gestalt des Enzyms (oder seiner Untereinheiten) und erzwingen dadurch aktive oder inaktive Konformationen (Abb. 16.13). Man spricht wegen der dabei erfolgenden Änderung der Raumgestalt des Enzyms von **allosterischen**

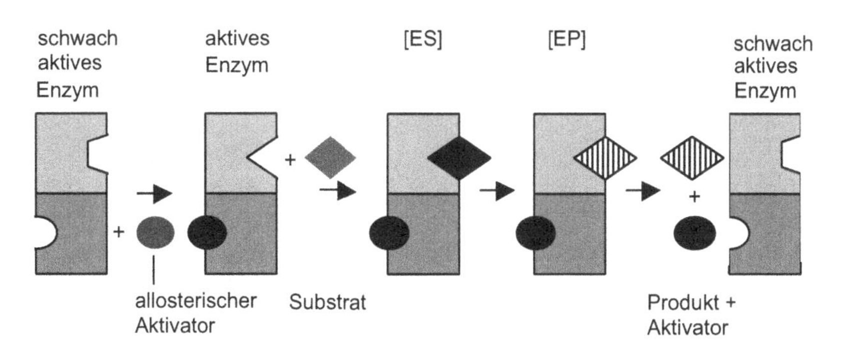

Abb. 16.13 Effekt eines allosterischen Aktivators. Die Bindungsstelle für den positiven Modulator befindet sich auf einer anderen Untereinheit des Enzymproteins als das aktive Zentrum

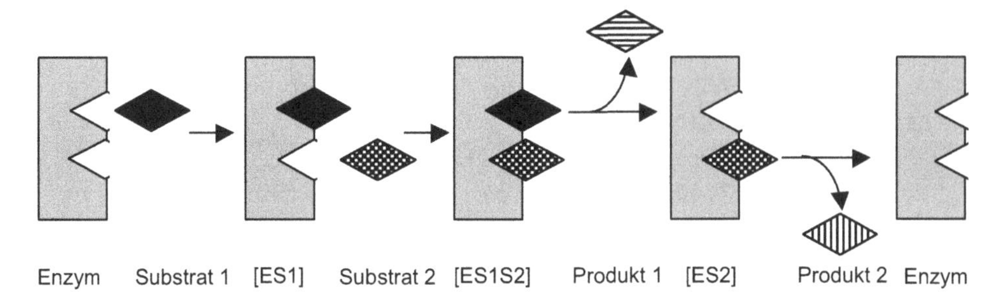

Abb. 16.14 Modell einer enzymkatalysierten Bisubstratreaktion

Effekten (Abb. 16.13). Positive Effektoren stabilisieren die aktive Form des Enzyms und heißen deshalb **Aktivatoren**, negative erschweren durch Konformationsänderung die Bindung des Substrates und wirken somit als **Inhibitoren**.

Nicht selten liegen einer enzymatischen Umsetzung auch sogenannte Mehrfachsubstratreaktionen (meist Bisubstratreaktionen) zugrunde: In solchen Fällen bindet das Enzym nacheinander mit zwei verschiedenen Substraten, S1 und S2, und bildet damit zeitweilig einen ternären Enzym-Substrat-Komplex [ES1S2] (Abb. 16.14). Reaktionen dieses Typs sind bei Gruppenübertragungen häufig, wie das Beispiel der Aspartat-Aminotransferase (AAT) zeigt (Abb. 16.15).

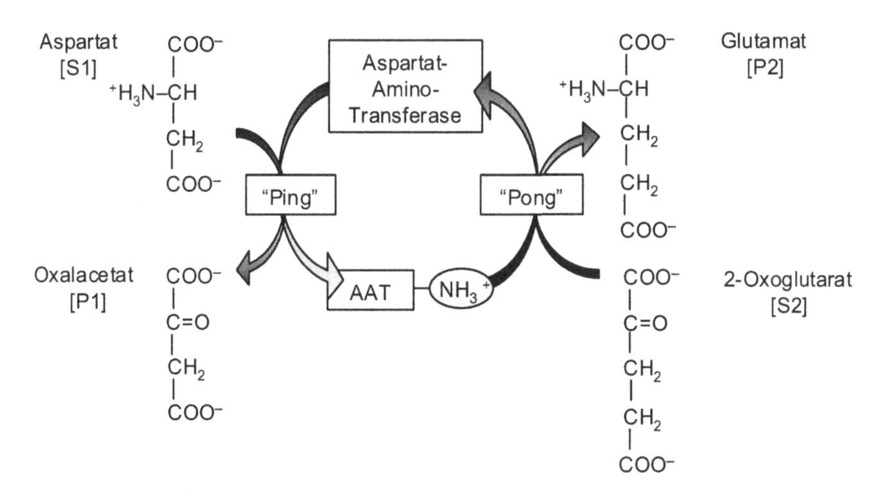

Abb. 16.15 Beispiel einer enzymkatalysierten Bisubstratreaktion. Wegen der beiden aufeinanderfolgenden Reaktionsschritte bezeichnet man solche Enzymkatalysen auch als Ping-Pong- oder Doppelverdrängungs-Mechanismus

16.7 Die Enzymaktivität hängt von Temperatur und pH-Wert ab

Wie alle stofflichen Prozesse zeigen auch enzymatisch gesteuerte Abläufe eine ausgeprägte Temperaturabhängigkeit (Abb. 16.16). Unter physiologischen Bedingungen (Temperaturbereich zwischen etwa 0 und 35 °C) folgt die Enzymkinetik weitgehend der **RGT-Regel** (Reaktionsgeschwindigkeits-Temperatur-Regel; Van't Hoff'sche Regel), nach der sich die Reaktionsgeschwindigkeit v bei einer Temperaturerhöhung um 10 °C ungefähr verdoppelt (sogenannter **Q_{10}-Wert** ≈ 2).

Bei höheren Temperaturen werden die Enzyme der meisten Organismen jedoch zunehmend inaktiviert, da sie temperaturabhängig irreversibel denaturiert werden (vgl. das Kochen eines Frühstückseies). Extrem thermophile Prokaryoten wie das Archaeon *Thermus aquaticus* aus heißen vulkanischen Quellen ertragen jedoch schadlos Temperaturen von >90 °C und müssen daher Enzyme mit einem erstaunlichen Temperaturprofil enthalten. Aus solchen Prokaryoten stammen meist auch die für höhere Temperaturen vorgesehenen Waschmittelenzyme oder die DNA-Polymerasen, die in der PCR-Technik eingesetzt werden. Die molekularen Grundlagen dieser erstaunlichen Temperaturtoleranz sind bislang noch nicht bekannt.

Die Proteinnatur der Enzyme erklärt auch die charakteristische Abhängigkeit der Reaktionsgeschwindigkeit vom pH-Wert am jeweiligen Wirkort. Bei Veränderung des Ionenmilieus durch Säure oder Lauge wird unter massiver (Zer)Störung der über Wasserstoffbrücken oder andere Wechselwirkungen aufgebauten Hydrathülle und der intramolekular vorhandenen geladenen Gruppierungen die Konformation der Enzymproteine bis hin zum Funktionsverlust modifiziert (vgl. Kap. 15).

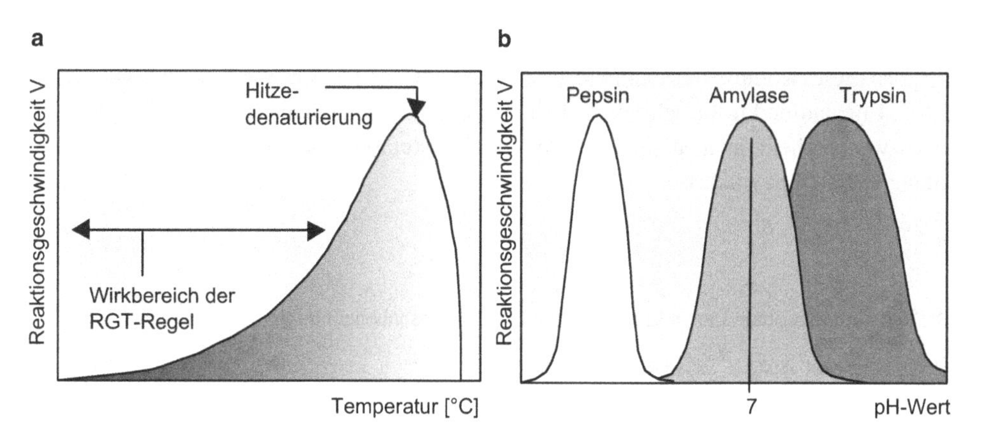

Abb. 16.16 Abhängigkeit der Enzymaktivität von Temperatur (**a**) und pH-Wert (**b**)

16.8 Enzyme tragen genormte Bezeichnungen

Zu Beginn der biochemischen Forschung vor 1900 erhielten die noch nicht in allzu großer Anzahl und Genauigkeit bekannten Enzyme einfache Trivialnamen. Die Verdauungsenzyme Pepsin oder Trypsin, ferner das die Zellwand mancher Bakterien auflösende Lysozym (im Jahre 1922 entdeckt von Alexander Fleming, 1881–1955, Nobelpreis 1945) oder das Stärke spaltende Ptyalin (ein Enzymgemisch) sind Beispiele dafür.

Nach der Entdeckung und Charakterisierung zahlreicher weiterer Enzyme verwendete man insbesondere für die stoffabbauenden Biokatalysatoren unterscheidende Bezeichnungen durch Anhängen der Endsilbe „-ase" an den Substratnamen. Einige wie beispielsweise Amylase, Lipase, Ribonuclease oder Urease sind bis heute in Gebrauch. Seit 1961 gibt es jedoch international standardisierte Regeln zur Einteilung und Benennung von Enzymen. Nach Art der jeweils katalysierten Reaktion unterscheidet man danach sechs Hauptklassen und innerhalb dieser Gruppen jeweils mehrere Unterklassen entsprechend der Knüpfung oder Lösung chemischer Bindungen. Eine orientierende Übersicht dazu bietet Tab. 16.4.

Innerhalb dieses Klassifizierungssystems erhält jedes Enzym eine 4-stellige Kennziffer und einen systematischen Namen. Das für die Reaktion

$$\text{ATP} + \text{D-Glucose} \rightarrow \text{ADP} + \text{Glucose-6-phosphat} \qquad (16.7)$$

zuständige Enzym heißt ATP: Glucose-Phosphotransferase. Seine Klassifizierungsnummer lautet E.C.2.7.1.1; darin bezeichnet die erste Ziffer die betreffende Hauptklasse (Transferasen), die zweite die entsprechende Unterklasse (Phosphotransferasen). Ziffer (3) besagt, dass die Phosphotransferase eine OH-Gruppe als Akzeptor aufweist, und Ziffer (4) steht für den Sachverhalt, dass der Akzeptor der übertragenen Phosphatgruppe eine D-Glucose ist.

Neben dieser Komplettbezeichnung ist jedoch auch der Trivialname Hexokinase in Gebrauch. Eine laufend fortgeschriebene Liste aller bisher benannten ca. 10.000 Enzyme ist unter www.biochem.ucl.ac.uk einzusehen. Die Transferasen sind darin mit etwa 2300 die umfangreichste Enzymklasse.

Tab. 16.4 Internationale Enzymklassifizierung: Hauptklassenbenennung

Nr.	Enzymklasse	Katalysierte Reaktion
1	Oxidoreduktasen	Elektronentransfer (H-Atome)
2	Transferasen	Gruppenübertragungen
3	Hydrolasen	Hydrolysereaktionen
4	Lyasen	Lösen von Gruppen an Doppelbindungen durch Entfernen anderer
5	Isomerasen	Gruppentransfer mit Isomerenbildung
6	Ligasen	Kondensationsreaktionen u. a. mit Bildung von C–C-, C–O- und C–N-Bindungen

16.9 Fragen zum Verständnis

1. Sind die Substrate am Enzym kovalent oder nichtkovalent gebunden?
2. Ist für eine Katalyse die freie Reaktionsenthalpie oder die Veränderung der Aktivierungsenergie entscheidend?
3. Wie lässt sich das Leistungsprofil eines Biokatalysators quantifizieren?
4. Was versteht man unter Isoenzymen?
5. Erläutern Sie den Begriff „aktives Zentrum“!
6. Warum bezeichnet man manche Coenzyme besser als Cosubstrate?
7. Wie ist die Michaelis-Konstante definiert?
8. Erläutern Sie den Grundmechanismus einer kompetitiven Hemmung!
9. Was versteht man unter Kooperativität?
10. Wie unterscheiden sich die Reaktionskinetiken isosterisch und allosterisch regulierter Enzyme?
11. Wie lassen sich kompetitiv, unkompetitiv und nichtkompetitiv gehemmte Enzymreaktionen experimentell unterscheiden?
12. Warum wirken Sulfonamide (Sulfanilamide) bakteriostatisch?
13. Warum kann man die Stoffgruppe der Sulfonamide therapeutisch nutzen, ohne Gefahr zu laufen, dass auch der Zielorganismus Tier oder Mensch in Mitleidenschaft gezogen wird?
14. Wie werden Enzymaktivitäten von physiko-chemischen Reaktionsparametern wie Temperatur und pH-Wert beeinflusst?
15. Nach welchen Kriterien teilt man die Enzyme ein?

Die Antworten zu diesen Fragen finden Sie im Anhang „Antworten und Lösungen zu den Fragen“.

Lipide

17

Zusammenfassung

Als Lipide fasst man eine recht heterogene Naturstoffgruppe fettartiger Substanzen zusammen, die in den Organismen einerseits wichtige strukturelle Aufgaben übernehmen, beispielsweise als Bausteine von Membranen, als Cofaktoren von Enzymen oder als Hormone und intrazelluläre Botenstoffe, andererseits als Speicherlipide auch bedeutende Depots organisch gebundener Energie darstellen. Gemeinsam ist ihnen die Synthese ihrer zentralen Bausteine aus aktivierter Essigsäure (Acetyl-Coenzym A, vgl. Abschn. 20.3) sowie die Löslichkeit in unpolaren Lösemitteln, da sie immer größere apolare Molekülbauteile aufweisen – die davon abgeleitete Eigenschaft bezeichnet man auch bei anderen Molekülspezies als lipophil bzw. hydrophob.

17.1 Fettsäuren sind langkettige Monocarbonsäuren

In fast allen Lipiden sind unverzweigte **Monocarbonsäuren** mit Kettenlängen zwischen 12 und 20 C-Atomen enthalten – man bezeichnet sie als Fettsäuren (Abb. 17.1) (vgl. Abschn. 13.8.3). Die weitaus meisten in biologischen Strukturen enthaltenen Fettsäuren sind geradzahlig, da ihre Biosynthese jeweils über die Verknüpfung von C_2-Einheiten der aktivierten Essigsäure (Acetyl-Coenzym A) verläuft (vgl. Abschn. 17.3). Sofern in den Fettsäuren nur C–C-Einfachbindungen vorliegen, spricht man von gesättigten Fettsäuren (Tab. 17.1).

Fettsäuren mit einer oder mehreren C=C-Doppelbindungen bezeichnet man als ungesättigt (Abb. 17.2). In den mehrfach ungesättigten Fettsäuren sind die Doppelbindungen

Abb. 17.1 Basisstruktur einer Fettsäure

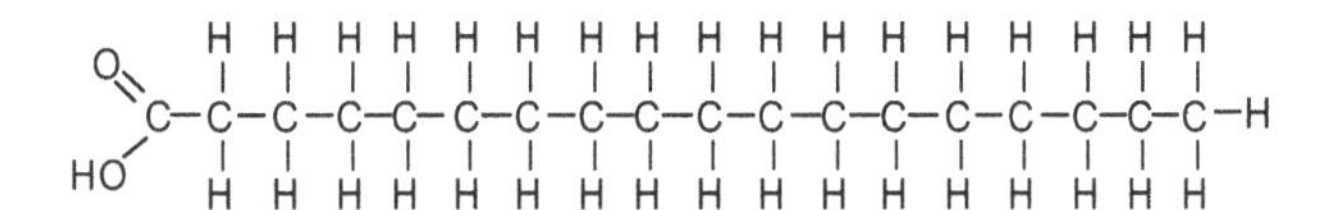

H. Bannwarth et al., *Basiswissen Physik, Chemie und Biochemie*,
https://doi.org/10.1007/978-3-662-58250-3_17

Tab. 17.1 Wichtige natürlich vorkommende Fettsäuren

C-Skelett	Aufbau	Trivialname
12:0	$CH_3(CH_2)_{10}COOH$	Laurinsäure
14:0	$CH_3(CH_2)_{12}COOH$	Myristinsäure
16:0	$CH_3(CH_2)_{14}COOH$	Palmitinsäure
18:0	$CH_3(CH_2)_{16}COOH$	Stearinsäure
20:0	$CH_3(CH_2)_{18}COOH$	Arachinsäure
$18{:}1(\Delta^{9})$	$CH_3(CH_2)_7CH{=}CH{-}(CH_2)_7COOH$	Ölsäure
$18{:}2(\Delta^{9,12})$	$CH_3(CH_2)_4CH{=}CH{-}CH_2{-}CH{=}CH{-}(CH_2)_7COOH$	Linolsäure
$18{:}3(\Delta^{9,12,15})$	$CH_3(CH_2)(CH{=}CH{-}CH_2)_3(CH_2)_6COOH$	Linolensäure
$20{:}4(\Delta^{5,8,11,14})$	$CH_3(CH_2)_4(CH{=}CH{-}CH_2)_4(CH_2)_2COOH$	Arachidonsäure

fast nie konjugiert (wie in der Folge –C=C–C=C–), sondern liegen gewöhnlich durch eine Methylengruppe getrennt ($–CH{=}CH–CH_2–CH{=}CH–$) und somit isoliert vor. Die genauen Positionen der Doppelbindungen gibt man durch ein Delta (Δ) mit nachgestellter Hochzahl an: Die Angabe $18{:}2(\Delta^{9,12})$ bedeutet, dass die betreffende Fettsäure 18 C-Atome und 2 Doppelbindungen aufweist, die vom C-9 und vom C-12 ausgehen (Tab. 17.1). Die Zählung der C-Atome erfolgt jeweils vom Carboxylende her. Im systematischen Namen verwendet man zusätzlich die Alkennomenklatur und spricht von -en, -dien bzw. -trien bei 1, 2 oder 3 vorhandenen Doppelbindungen. Wegen der Doppelbindungen (Tab. 17.2) sind ***cis/trans*-Konfigurationen** möglich (vgl. Abschn. 13.5).

Die biologisch relevanten ungesättigten Fettsäuren gehören nahezu ausschließlich der *cis*-Form an. Das letzte C-Atom einer Fettsäure wird unabhängig von der Kettenlänge immer als ωC (Omega-C) bezeichnet. Linolensäure gehört zu den **Omega-3-Fettsäuren**, weil ihre dritte Doppelbindung vom C-15 ausgeht, während Linolsäure eine Omega-6-Fettsäure (ω-6-FS) darstellt. Die mehrfach ungesättigten Fettsäuren vom Typ ω-3 kann ein Säugetierorganismus nicht selbst herstellen, sondern muss diese über die Nahrung beziehen. Diese Verbindungen sind daher essenziell.

Tab. 17.2 Rationale Bezeichnungen wichtiger natürlicher Fettsäuren

Systematischer Name	Trivialname
n-Dodecansäure	Laurinsäure
n-Tetradecansäure	Myristinsäure
n-Hexdecansäure	Palmitinsäure
n-Octadecansäure	Stearinsäure
n-Eicosansäure	Arachinsäure
cis-9-Octa-decensäure	Ölsäure
cis-,cis-9,12-Octadecadiensäure	Linolsäure
cis-,cis-,cis-9,12,15-Octadecatriensäure	Linolensäure
cis-,cis-,cis-,cis-5,8,11,14-Icosatetraensäure	Arachidonsäure

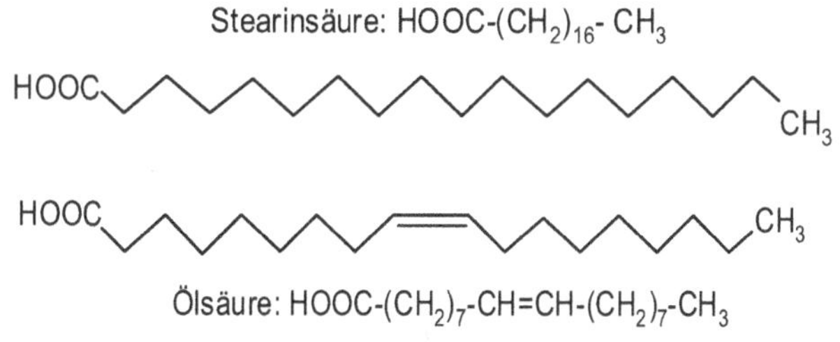

Abb. 17.2 Gesättigte und ungesättigte Fettsäure

Fettsäuren sind also biologisch ungemein bedeutsame Verbindungen. Sie liefern die Bausteine von Phospho- und Glycolipiden als amphipathische Membrankomponenten. Ferner steuern sie Baugruppen zu Hormonen und anderen Signalmolekülen bei und verankern bestimmte Proteine durch kovalente Bindung an definierten Membranorten. Schließlich sind Fettsäuren Bestandteil wichtiger Depotstoffe.

Während die Fettsäuren wegen ihrer langen unpolaren Kohlenwasserstoffketten kaum wasserlöslich sind, lösen sich ihre K- und Na-Salze in Wasser sehr gut und wirken als **Detergenzien** (Seife). Beim Waschvorgang in hartem (kalkreichen) Wasser bilden sich ihre schwer löslichen Ca-Salze (Seifenflocken).

17.2 Fette sind die Glycerolester verschiedener Carbonsäuren

Zu den vergleichsweise einfachsten Lipiden gehören die Triacylglyceride, die man auch als **Triglyceride**, Neutralfette oder einfach als Fette bezeichnet (Abb. 17.3). In den Triacylglyceriden sind entweder drei identische oder jeweils verschiedene Fettsäuren über ihre Carboxylgruppe mit dem dreiwertigen Alkohol Glycerin (Glycerol) verestert. Einfache Triacylglyceride nur mit den 16:0-, 18:0- und 18:1-Fettsäuren heißen entsprechend Tristearat, Tripalmitat bzw. Trioleat. Die meisten in der Natur vorkommenden Fette sind jedoch immer gemischte Glyceride, deren Zusammensetzung man entsprechend angibt, beispielsweise als 1-Palmitoyl-2,3-distearoylglycerin.

Abhängig von ihrer Fettsäurezusammensetzung haben die Triacylglyceride bei Zimmertemperatur eine unterschiedliche Konsistenz. Olivenöl hat einen hohen Anteil un-

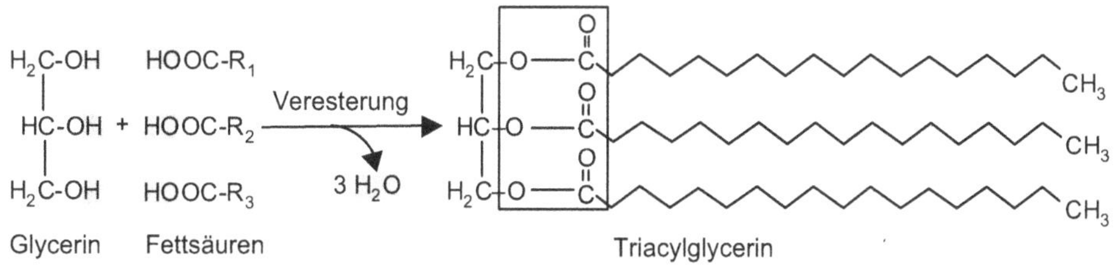

Abb. 17.3 Basisstruktur eines Neutralfettes

gesättigter bei einem Anteil von mehr als 20 % gesättigter Fettsäuren und ist daher ein flüssiges Fett. In der Butter machen die ungesättigten und gesättigten Fettsäuren je etwa 40 % aus, weswegen dieses Fett bei Zimmertemperatur streichfähig ist. Im festen, harten Rindertalg überwiegt dagegen der Anteil der gesättigten Fettsäuren. Bei der technischen Fetthärtung (beispielsweise bei der Margarineherstellung aus Sonnenblumenöl oder anderen Pflanzenölen) werden die Doppelbindungen katalytisch hydriert (Additionsreaktion, vgl. Abschn. 13.9.1), womit ihr Schmelzpunkt steigt.

Von den fetten Ölen sind begrifflich und sachlich die **ätherischen Öle** zu unterscheiden (vgl. Abschn. 13.8.4), die wie die Mono- und Diterpene meist Derivate des Isoprens sind und Duftsubstanzen darstellen. Mineralöle (Erdöl, Petroleum) sind dagegen reine Kohlenwasserstoffe. Sie können im Stoffwechsel nicht durch Lipasen abgebaut werden und sind daher unverdaulich oder fallweise auch toxisch.

Triacylglyceride sind ideale (aber nicht immer erwünschte) Energiespeicher. Da ihre Kohlenstoffatome ungleich stärker reduziert sind als in den Kohlenhydraten, liefert der oxidative Fettabbau auch mehr als das Doppelte an Energie – nämlich 38 kJ g^{-1} gegenüber nur 17 kJ g^{-1} bei den Kohlenhydraten. Ein Durchschnittsmensch von 70 kg Körpergewicht speichert etwa 400.000 kJ Energiereserven in Form von Triacylglyceriden, 100.000 kJ als Protein, aber nur 2500 kJ als Glycogen. Würde er seine gesamten Energiereserven ausschließlich in Form von Polysacchariden speichern, wäre er rund 55 kg schwerer. Schon allein auf diesem Hintergrund wird deutlich, warum in der Evolution die Triacylglyceride als Energiespeicher bevorzugt wurden.

Bio- oder **Agrodiesel** wird in Europa meist durch Umesterung von Rapsöl mit Methanol gewonnen (vgl. Abb. 17.4). Biodiesel ist somit im Prinzip ein Pflanzenöl-Methylester. In den USA verwendet man dafür überwiegend Soja- und fallweise auch Sonnenblumenöl. Die Herstellung aus pflanzlichen Ölen ist seit 1853 bekannt. Für den Antrieb von Dieselmotoren geeignete Kraftstoffe erhält man auch durch eine Umesterung von Alt- und Tierfetten.

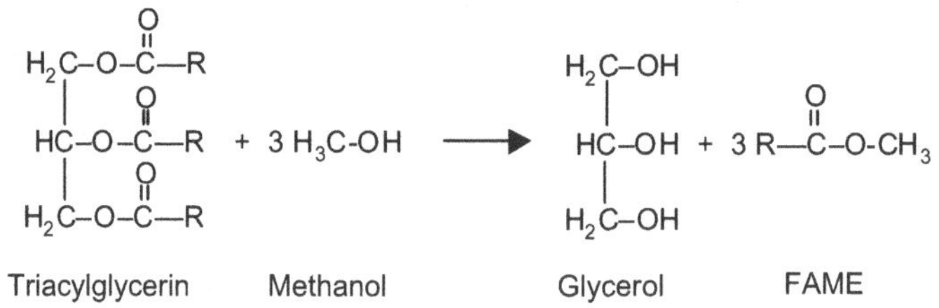

$$\begin{array}{l} H_2C\text{-}O\text{-}C(=O)\text{—}R \\ \;| \\ HC\text{-}O\text{-}C(=O)\text{—}R \\ \;| \\ H_2C\text{-}O\text{-}C(=O)\text{—}R \end{array} + 3\,H_3C\text{-}OH \longrightarrow \begin{array}{l} H_2C\text{-}OH \\ \;| \\ HC\text{-}OH \\ \;| \\ H_2C\text{-}OH \end{array} + 3\,R\text{—}C(=O)\text{-}O\text{-}CH_3$$

Triacylglycerin Methanol Glycerol FAME

Abb. 17.4 Herstellung von Biodiesel (FAME: *fatty acid methyl-ester*)

17.3 Biosynthese: Fettsäureketten wachsen immer um C_2-Einheiten

Die Biosynthese der Fettsäuren erfolgt bei Tieren und Pilzen im Cytoplasma, bei photoautotrophen Pflanzen dagegen im Stroma der Chloroplasten. Sie startet jeweils mit Acetyl-CoA und läuft unter Katalyse an der Fettsäure-Synthase ab. Diese besteht bei Bakterien und Chloroplasten aus sieben eng assoziierten Einzelenzymen, bei Pilzen und Tieren aus einem Multienzymkomplex. Bei Tieren und Menschen besteht der Komplex aus zwei identischen Proteinketten mit jeweils sieben aktiven Zentren. Alle Zwischenstufen der Fettsäurebiosynthese sind kovalent an ein spezielles Acyl-Carrier-Protein (**ACP**) gebunden.

In der Startphase (Schritt 1 in Abb. 17.5) wird Acetyl-CoA mit CO_2 unter ATP-Verbrauch durch Acetyl-CoA-Carboxylase zur C_3-Einheit Malonyl-CoA erweitert. Der Malonylrest wird nun durch eine Malonyl-Transferase (Malonyl-Transacylase) auf das Carrier-Protein ACP übertragen (Schritt 2). Schritt 3 umfasst die Bildung Acetyl-ACP durch eine Acetyl-Transacylase. In Schritt 4 erfolgt die Kondensation je eines Malonyl-ACP und eines Acetyl-ACP zum C_4-Körper Acetoacetyl-ACP unter gleichzeitiger Abspaltung von CO_2. Die folgenden Reaktionsschritte 5 bis 7 leisten lediglich die Umformungen zum Buttersäurerest Butyryl-ACP. Damit ist ein Umlauf abgeschlossen. Beim nächsten Umlauf, der wiederum eine Kondensation mit Malonyl-ACP sowie eine CO_2-Abspaltung einschließt, wächst die entstehende Fettsäure um eine weitere C_2-Einheit. Die Kettenverlängerung endet an der Fettsäure-Synthase jedoch mit der Bildung von Palmitat (C_{16}). Die weitere Verlängerung sowie die Einführung von Doppelbindungen übernehmen

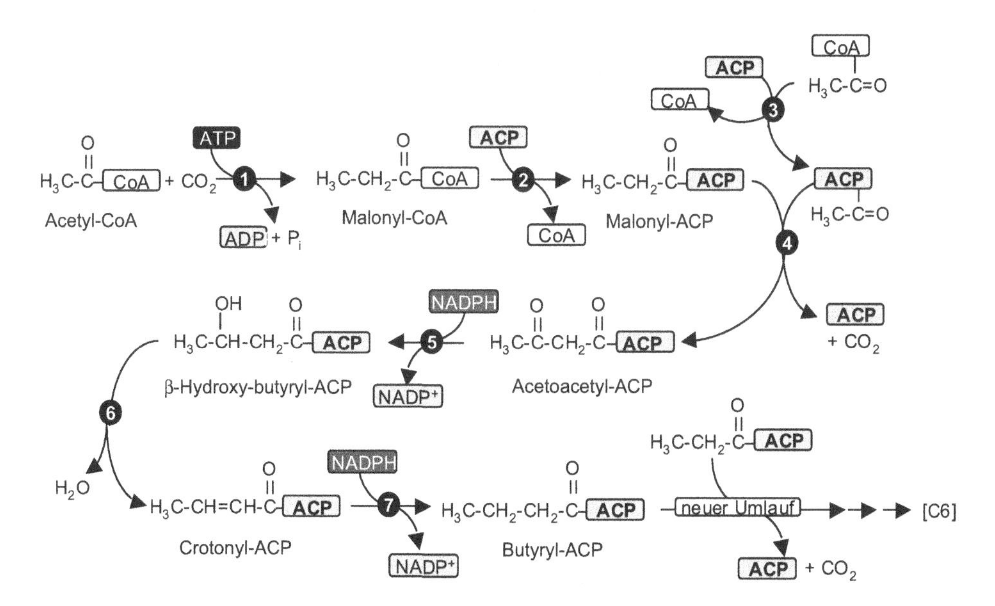

Abb. 17.5 Einzelschritte der Fettsäuresynthese. ACP: Acyl-Carrier-Protein, CoA: Coenzym A

andere Enzyme. Aus diesem Syntheseablauf wird deutlich, warum Fettsäuren aus immer geradzahligen Kohlenstoffketten bestehen.

Der Abbau von Fettsäuren verläuft nur in den Mitochondrien und analog durch Einkürzung um jeweils einen Acetylrest, der jedoch nur an Coenzym A gebunden wird.

17.4 Strukturlipide bilden das Grundgerüst einer Membran

Alle Zellen sind von einer Membran umgeben. Eucyten enthalten im Unterschied zu den Protocyten (Bakterien) auch noch zahlreiche zellinnere Membranen, die der **Kompartimentierung** dienen. Die Zell- oder Plasmamembran (Plasmalemma) schließt eine Zelle zur Außenwelt ab und bildet eine wirksame Barriere mit lebenswichtigen Kontrollfunktionen zum extrazellulären Raum (vgl. u. a. Kap. 1, 12 und 20).

Die Architektur einer Biomembran weist gegenüber den einfachen Speicherlipiden (Fetten) eine entscheidende Qualität auf: Die Baugruppen der inneren und äußeren Membranoberfläche sind polar und damit der wässrigen Phase der Zellkompartimente bzw. des Zellmilieus zugewandt, während ihre innere **Lipiddoppelschicht** aus gebundenen Fettsäureresten hydrophob reagiert und deswegen den einfachen Durchtritt polarer Moleküle nicht zulässt (Abb. 17.10). Die Lipidbausteine einer Membran verhalten sich somit wegen ihrer polaren und unpolaren Baugruppen **amphipathisch** bzw. **amphiphil**.

Lipide bilden die stabilisierende Grundsubstanz einer Membran und haben nur selten eine spezielle Funktion. Sie werden durch nichtkovalente, kooperative Wechselwirkungen zusammengehalten, unter anderem durch die van-der-Waals-Kräfte der benachbarten Kohlenwasserstoffketten. Erstaunlicherweise treten sie, obwohl sie lediglich die Matrix einer Membran bilden, in zahlreichen Molekülspezies mit meist organspezifischer Vielfalt auf. Diese Bausteine der Membranlipide gehören den folgenden Typen an (Tab. 17.3 und 17.4, Abb. 17.6).

Phospholipide auch Glycerolphosphatide oder Glycerolphospholipide genannt, tragen am C-1 und C-2 des Glycerins je eine hydrophob wirkende Fettsäure sowie am C-3 einen

Tab. 17.3 Übersicht zur Typologie der Phospholipide

Phospholipid	Substituent am C-3	Formelbild
Phosphatidylethanolamin	Ethanolamin	$-CH_2-CH_2-NH_2$
Phosphatidylcholin	Cholin	$-CH_2-CH_2-N^+(CH_3)_3$
Phosphatidylserin	Serin	$-CH_2-CH(COO^-)-N^+H_3$
Phosphatdiylinositol	*myo*-Inositol	$-CH_2-(CHOH)_4-CH_2OH$
Phosphatidylglycerol	Glycerin	$-CH_2-CHOH-CH_2OH$

Tab. 17.4 Typologie der Sphingolipide

Sphingolipid		Substituent am C-3	Formelbild
Ceramid		–H	
Sphingomyelin		Phosphocholin	HO–PO_3^{2-}–CH_2–CH_2–$N^+(CH_3)_3$
Glucosylcerebrosid	Glyco-sphin-gosine	Glucose (Glc)	$C_6H_{12}O_6$
Galactosylcerebrosid		Galactose (Gal)	$C_6H_{12}O_6$
Globosid		Di- bis Tetrasac-charid	Gal-Glc-Glc-Gal
Gangliosid		Oligosaccharid	vgl. Formelbild unten

stark polaren und daher hydrophilen Rest, der einerseits über eine Phosphorsäureesterbindung an das Glycerin gekoppelt ist und andererseits über eine weitere Esterbindung eine spezielle Kopfgruppe trägt (Tab. 17.3).

Diese kann beispielsweise Ethanolamin (–CH_2–CH_2–NH_3^+), Cholin (CH_2–CH_2–$N^+(CH_3)_3$), Serin (–CH_2–CH(COOH)–NH_3^+) oder eine andere Komponente sein. Entsprechend heißen diese **Glycerophospholipide** Phosphatidylethanolamin, Phosphatidylcholin (= Lecithin) oder Phosphatidylserin (Serin-Kephalin) bzw. Phosphatidylinositol.

Sphingolipide Bei den komplex aufgebauten Sphingolipiden (Tab. 17.4, Abb. 17.8) ist das Glycerin der Phospholipide durch den langkettigen Aminodialkohol **Sphingosin** ($HOCH_2$–$CHNH_2$–CHOH–CH=CH–$(CH_2)_{12}$–CH_3) oder eines seiner Derivate ersetzt. Sphingosin leitet sich von decarboxyliertem Serin und Palmitinsäure ab. Seine ersten drei C-Atome entsprechen dem Glycerin. An die Aminogruppe am C-2 ist meist eine 16:0-,

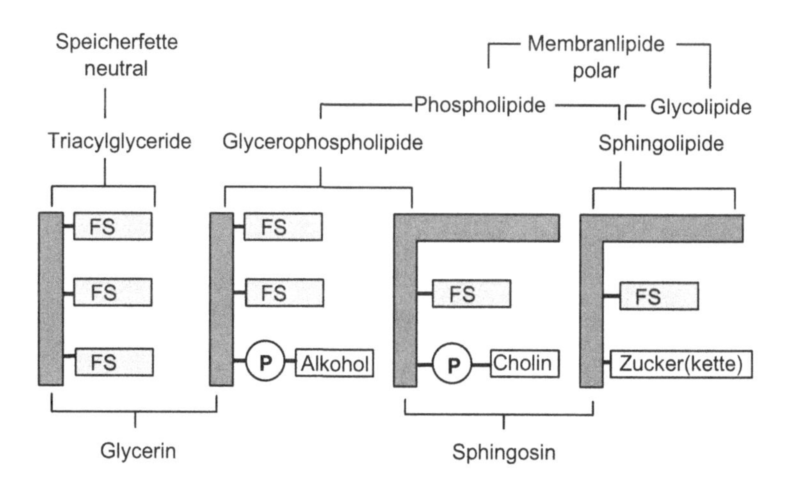

Abb. 17.6 Lipide – eine typologisch-schematische Übersicht. FS = Fettsäure, P = Phosphatgruppe

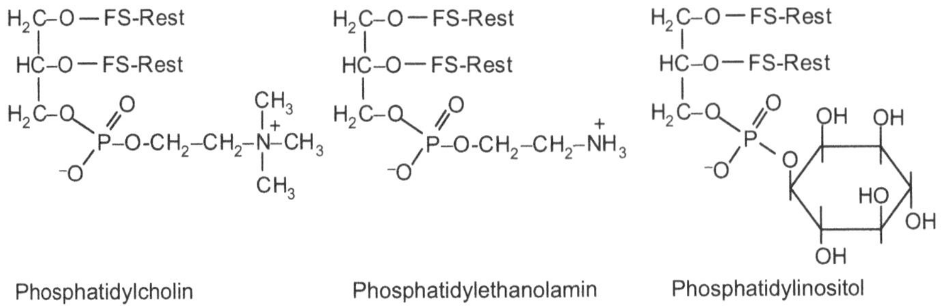

Phosphatidylcholin Phosphatidylethanolamin Phosphatidylinositol

Abb. 17.7 Beispiele wichtiger Phospholipide

18:0- oder 22:1-Fettsäure als Säureamid gebunden. Sind keine weiteren Substituenten vorhanden, bezeichnet man die Moleküle als Ceramide.

Am C-1 können jedoch auch Phosphocholin sowie ein Monosaccharid (bei Cerebrosiden) oder eine Oligosaccharidkette (wie bei den Gangliosiden oder Globosiden) sitzen. Die Letzteren bezeichnet man auch als Glycolipide. Die ausgesprochen variantenreichen Sphingolipide erhielten ihren Namen deswegen, weil sie bei ihrer Entdeckung im 19. Jh. genauso rätselhaft waren wie die Sphinx.

Außer den in Abb. 17.6 skizzierten Membranlipidtypen enthalten eukaryotische Zellen als **Strukturlipide** auch noch die **Sterole**. Sie leiten sich biosynthetisch von Isopreneinheiten ab und umfassen jeweils drei 6-gliedrige Kohlenstoffringe und einen 5-gliedrigen. Der wichtigste Vertreter dieser umfangreichen Stofffamilie, zu dem auch die fettlöslichen Vitamine (darunter D_3 = Cholecalciferol) und etliche Hormone (Testosteron, Östradiol, Cortisol) gehören, ist in tierischen Zellen das **Cholesterin** (Abb. 17.9). Auch diese Verbindung verhält sich amphipathisch: Als hydrophilen Kopf trägt sie eine endständige OH-Gruppe, während das Ringsystem und seine Alkylseitenkette hydrophob reagieren.

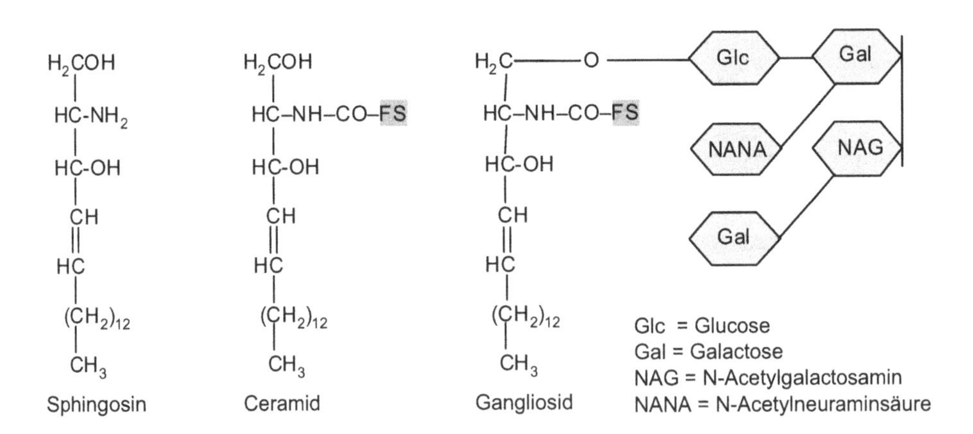

Abb. 17.8 Beispiele wichtiger Sphingolipide

Abb. 17.9 Formelbild von Cholesterin

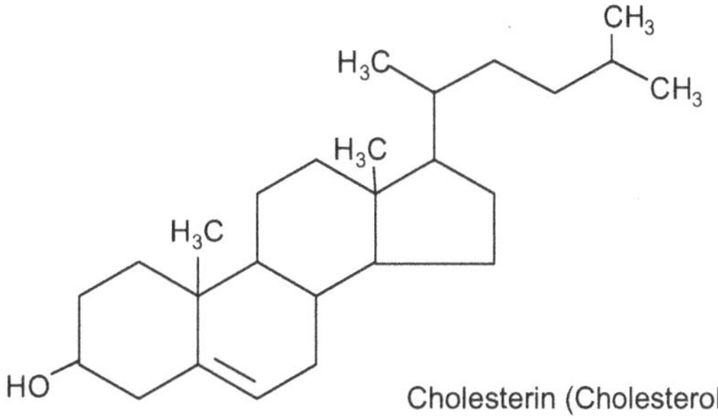

Cholesterin (Cholesterol)

Aus Cholesterin entstehen in der Leber die strukturell ähnlichen Gallensäuren, die im Darm als Detergenzien wirken und die Nahrungsfette emulgieren. Damit sind sie den Lipasen bei der Verdauung leichter zugänglich.

Das Gift verschiedener Giftschlangen, beispielsweise der Klapperschlangen und der Kobra, enthält u. a. das Enzym **Phospholipase A**, welche die Fettsäuren am C-2 von Glycerophospholipiden abspaltet. Dabei entsteht aus Lecithin ein Abbauprodukt, das als starkes Detergens wirkt und die Membranen von Erythrocyten auflöst. Die dadurch hervorgerufene Hämolyse ist der eigentlich lebensbedrohliche Effekt eines Schlangenbisses.

Bei den Globosiden und Gangliosiden übernimmt das Ceramid die Verankerung in der Lipiddoppelschicht. Globoside mit einer Oligosaccharidkette aus fünf oder sechs Zuckerresten sind in den Erythrocytenmembranen für die Ausprägung der Blutgruppenantigene verantwortlich. Endet das Oligosaccharid mit *N*-Acetylgalactosamin, liegt das A-Antigen vor; beim B-Antigen ist dagegen Galactose endständig.

Bei den **Gangliosiden**, den komplexesten Sphingolipiden, ist in der an das Ceramid gebundenen Oligosaccharidkette mindestens ein saurer Zucker gebunden, oft die aus 9 C-Atomen bestehende *N*-acetylneuraminsäure (NANA). Ganglioside sind vor allem im Nervensystem enthalten. Eine bedeutsame erbliche Störung des Gangliosidabbaus ist die Tay-Sachs-Krankheit, die sich durch lipidgefüllte Lysosomen in den Nervenzellen auszeichnet. Auch einige weitere Enzymdefektkrankheiten betreffen einen unvollständigen Abbau von Membranlipiden, darunter das Fabry-Syndrom und die Gaucher-Krankheit.

Exkurs: Lipoproteine

In diesem Zusammenhang sind außerdem die **Lipoproteine** zu erwähnen, die allerdings keine Membrankomponenten darstellen. Vielmehr erfüllen sie im Körper Transportaufgaben. Triacylglyceride und Cholesterin werden im Körper in Form von Lipoproteinpartikeln transportiert, deren Proteinkomponente die hydrophoben Lipide in den wässrigen Transportmedien in Lösung halten. Außerdem enthalten sie bestimmte Signalsequenzen, die den gerichteten Transport in bestimmte Zellen kontrollieren. Die Plasmalipoproteine klassifiziert man nach ihrer molekularen Masse (Dichte). Von gesundheitlich besonderer Bedeutung ist das jeweilige Verhältnis von

Lipoproteinen geringer Dichte (***low density lipoproteins*****, LDL**) und solchen hoher Dichte (***high density lipoproteins*****, HDL**). LDL sind die wichtigsten Cholesterin-Carrier im Blutserum.

Man geht heute davon aus, dass vor allem erhöhte LDL-Werte für die Gesundheit des Menschen bedrohlich sein können. Die ursprüngliche Vermutung, dass der Herzinfarkt durch einen erhöhten Cholesterinspiegel verursacht wird, wurde inzwischen modifiziert. Man unterscheidet heute zwischen HDL- und LDL-Cholesterin. Ein erhöhter HDL-Spiegel gilt als günstig, ein hoher LDL-Spiegel als ungünstig. HDL wird deshalb als „gutes" Cholesterin, LDL als „schlechtes" Cholesterin bezeichnet.

17.5 Biomembranen enthalten Funktionsproteine

Membranen – oft auch Biomembranen und deutlich besser Zell- oder Cytomembranen genannt – sind ein wesentlicher struktureller Bestandteil jeder Zelle. Alle Zellen sind von einer abgrenzenden Membran umgeben. Eucyten enthalten im Unterschied zu den Protocyten (Bakterien) zusätzlich zahlreiche zellinnere Membranen, die der Kompartimentierung dienen. Die zur Außenwelt abschließende Plasmamembran (Plasmalemma) bildet eine wirksame Barriere zum extrazellulären Raum, mit lebenswichtigen Kontrollfunktionen.

Membranen sind aus Lipiden und Proteinen aufgebaut, wobei der Anteil beider Komponenten je nach Membrantyp recht unterschiedlich sein kann. Gegenüber den einfachen Speicherlipiden (Fetten) weist die molekulare Architektur einer Zellmembran eine entscheidende weitere Qualität auf: Die Baugruppen der äußeren und inneren Membranoberfläche sind polar und damit der wässrigen (plasmatischen) Phase der Zellkompartimente bzw. des Zellmilieus zugewandt, während ihre innere Lipiddoppelschicht aus gebundenen Fettsäureresten hydrophob reagiert und deswegen den problemlos einfachen Durchtritt polarer Moleküle nicht zulässt (Abb. 17.11 sowie 17.12). Die Lipidbausteine einer Membran verhalten sich somit wegen ihrer polaren und unpolaren Baugruppen amphipathisch bzw. amphiphil. Die Abgrenzung von Cytoplasma, Organellen, Zisternen des Endoplasmatischen Retikulums (ER) und anderen Zellkomponenten (Golgi-Vesikeln, Lysosomen, Vakuolen etc.) ist Gegenstand des von dem Heidelberger Zellbiologen Eberhard Schnepf 1965 aufgestellten **Kompartimentierungs-Theorems**, wonach eine Biomembran jeweils eine plasmatische Phase von einer nichtplasmatischen trennt. Für die Abgrenzung verschiedener Reaktionsräume mit unterschiedlichen Stoffwechselaufgaben ist dieser Sachverhalt von größter Bedeutung.

Generell sind Lipide die Ester des dreiwertigen Alkohols Glycerin (= Glycerol) mit längerkettigen Fettsäuren. Als Strukturlipide bilden sie die stabilisierende Grundsubstanz einer Membran und haben nur selten eine spezielle Funktion. Sie werden durch nicht-

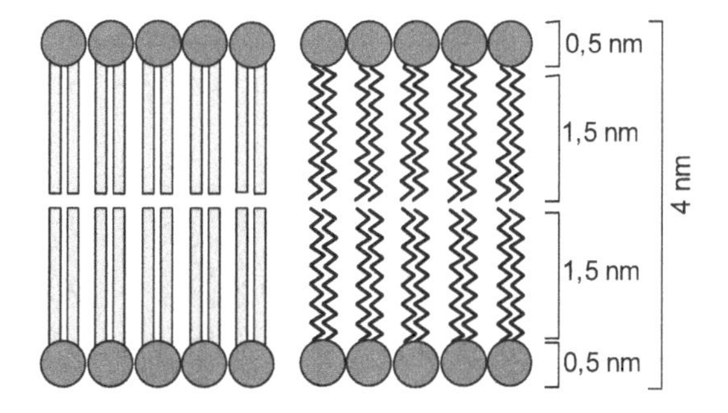

Abb. 17.10 Anordnung der Membranbausteine (hier: Phospholipide) in einer Zellmembran und ungefähre Abmessungen der einzelnen Baugruppen

kovalente, kooperative Wechselwirkungen zusammengehalten, unter anderem durch die van-der-Waals-Kräfte der benachbarten Kohlenwasserstoffketten. Für den Membranaufbau besonders wichtig sind die Phospholipide, auch Glycerolphosphatide oder Glycerolphospholipide genannt. Sie tragen am C-1 und am C-2 des Glycerins je eine hydrophob wirkende Fettsäure sowie am C-3 einen stark polaren und daher hydrophilen Rest, der einerseits über eine Phosphorsäureesterbindung an das Glycerin gekoppelt ist und andererseits über eine weitere Esterbindung eine spezielle Kopfgruppe trägt (Abb. 17.10 und 17.11). Diese kann beispielsweise Ethanolamin ($-CH_2-CH_2-NH_3^+$), Cholin ($-CH_2-CH_2-N^+(CH_3)_3$), Serin ($-CH_2-CH(COOH)-NH_3^+$) oder eine andere Komponente sein. Entsprechend heißen diese speziellen Glycerophospholipide Phosphatidylethanolamin, Phosphatidylcholin (=Lecithin) oder Phosphatidylserin (Serin-Kephalin) bzw. Phosphatidylinositol. Phosphatidylcholin (vgl. Abb. 17.7) ist ein 1-Palmityl-2-oleinylphosphatidylcholin – seine beiden Fettsäuren sind Palmitin- (C16) sowie Ölsäure (C18).

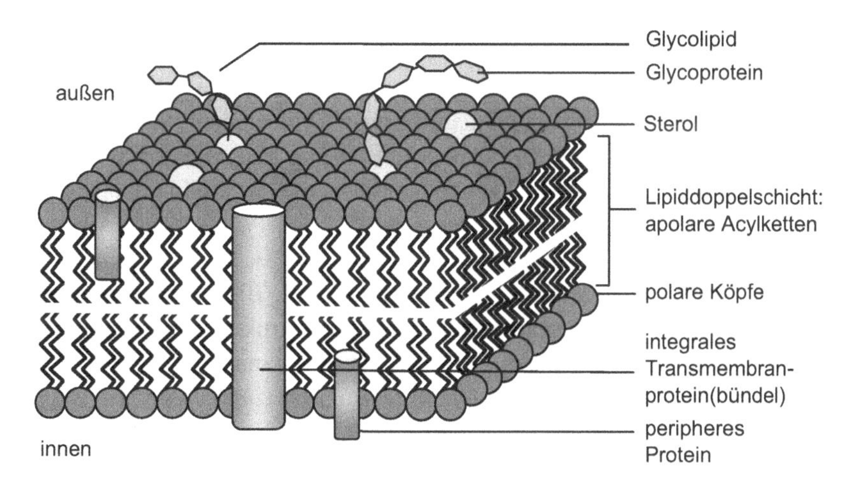

Abb. 17.11 Fluid-Mosaic-Strukturmodell einer Biomembran: Die einzelnen Baueinheiten sind zylindrisch, der polare Kopf hat den gleichen Durchmesser wie die beiden Acylketten

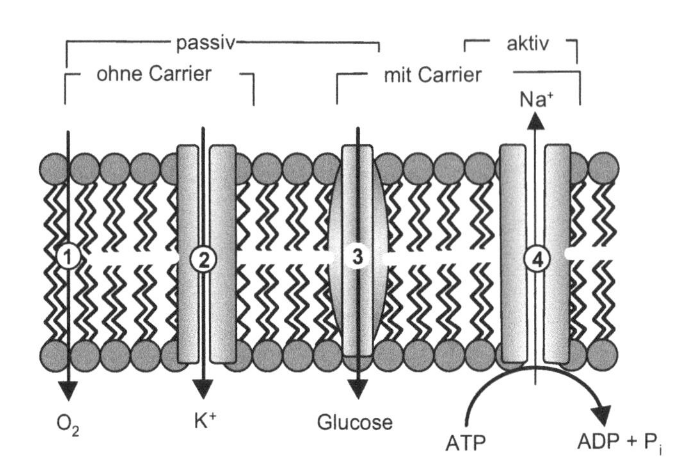

Abb. 17.12 Elementare Mechanismen für die Membrandurchquerung: *1* einfache Diffusion, *2* Diffusion durch den Aquaporinkanal eines integralen Membranproteins, *3* erleichterte Diffusion mithilfe eines Protein-Carriers, *4* aktiver (energieabhängiger) Transport (Antiport von Na^+ und K^+)

Die Kenntnis von Aufbau und Bedeutung der Zellmembranen ging Hand in Hand mit den Ergebnissen der Elektronenmikroskopie (EM). Auf EM-Aufnahmen zeigen sich die Zellmembranen bei guter Auflösung gewöhnlich dreischichtig: Je eine äußere elektronendichte Lage von etwa 0,5 nm Dicke schließt eine elektronenlichte und deswegen im Bild heller erscheinende Schicht von etwa 2 × 1,5 = insgesamt 3 nm Dicke ein. Eine Zellmembran ist daher unabhängig von ihrem Einsatzort immer rund 4 nm dick – und damit im Lichtmikroskop als solche nicht darstellbar. Die elektronendichte Lage entspricht den hydrophilen Köpfen der Membranlipide, die stets nach außen zur hydrophilen Seite weisen. Die hellere Membraninnenschicht repräsentiert im EM-Bild die längerkettigen Fettsäurereste.

Die elektronenoptisch darstellbare Dreiteilung einer Zellmembran bestätigt glänzend das von H. Davson und J. F. Danielli 1935 entwickelte und nach ihnen benannte Membranmodell, wobei man jedoch zunächst annahm, auf beiden Seiten der Lipiddoppelschicht seien globuläre Proteine assoziiert. Die in den Abb. 17.8 und 17.9 skizzierte Vorstellung geht im Wesentlichen auf das von J. D. Robertson 1960 vorgeschlagene *unit membrane*-Konzept zurück, weil sich unterdessen gezeigt hatte, dass alle Biomembranen zumindest nach elektronenoptischen Befunden eine recht einheitliche Struktur aufweisen. Physiologisch und biochemisch können sie indessen auch durchaus asymmetrisch sein.

Trotz ihrer unterschiedlichen Aufgaben und Zusammensetzung haben alle Biomembranen einen erstaunlich konstanten Durchmesser um 4 nm, wovon jeweils 0,5 nm auf die hydrophilen Köpfe der jeweiligen Membranoberflächen und etwa 1,5 nm auf die Fettsäurereste entfallen (vgl. Abb. 17.10). Biomembranen entstehen in der Zelle nicht völlig neu aus ihren molekularen Bausteinen, sondern per Selbstinstruktion (*self assembly*) durch seitliches Flächenwachstum und anschließendes Abtrennen.

Viele der in Lehr- und Schulbüchern verwendeten Modelle bzw. Grafiken stellen die für den amphiphilen Charakter wichtigen Teilbereiche der Membranlipide konsistent falsch dar: Die beiden Fettsäuren werden zusammen mit dem Glycerin als lipophiler (hydrophober) Bauteil angesehen, während der Substituent am C-3 des Glycerins die hydrophile (lipophobe) Komponente darstellen soll. Aus dieser Notierung resultieren Membranbaustein-Modelle, wie sie in Abb. 17.13 rechts unten dargestellt sind.

Tatsächlich verläuft die Grenze zwischen den hydrophilen und hydrophoben Baugruppen eines Phospholipids im Bereich der Esterbindung zwischen den OH-Gruppen des Glycerins und den Carboxylgruppen der beiden Fettsäuren. Daraus ergibt sich zwingend die Notwendigkeit, die Membranlipidmodelle anders zu gestalten – etwa so, wie es Abb. 17.13 rechts oben vorschlägt. Danach umfassen die als dunkle Kreise dargestellten hydrophilen Köpfe a) die hydrophile Baugruppe am C-3 des Glycerins, b) das gesamte

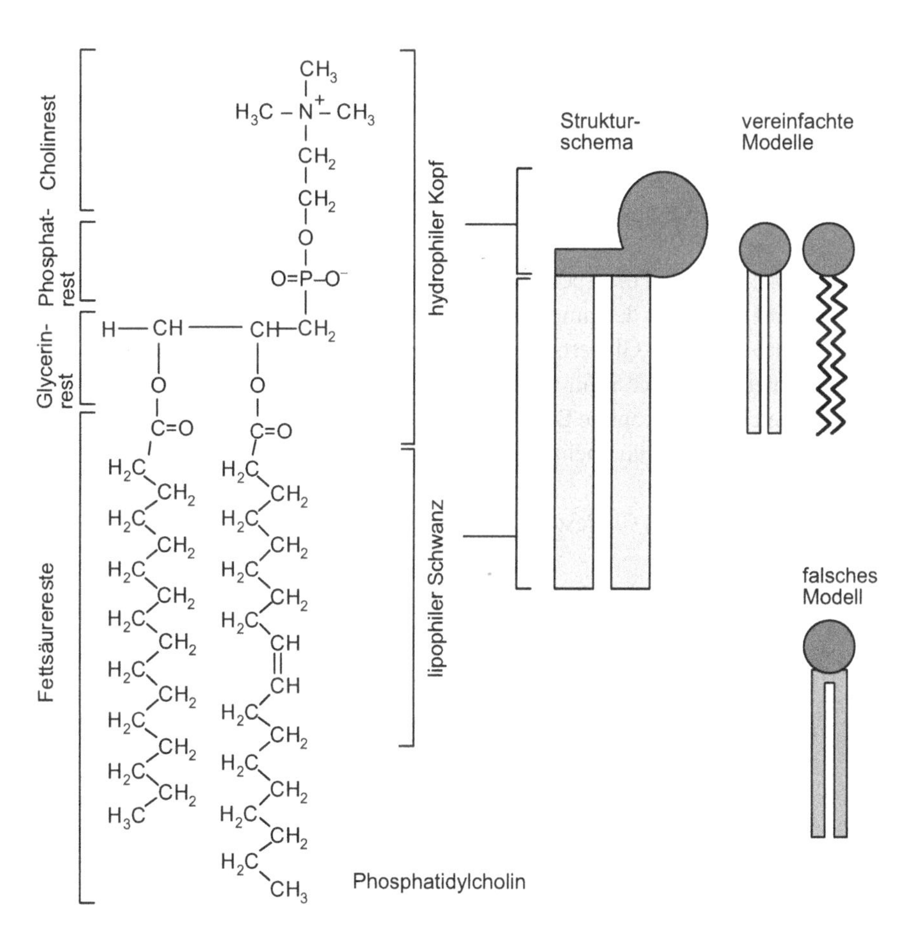

Abb. 17.13 Molekulare Struktur des Membranbausteins Lecithin (= Phosphatidylcholin, *links*) sowie vereinfachende Darstellung zur Wiedergabe des Membranaufbaus

restliche Glycerinmolekül sowie c) die beiden in die Esterbindung einbezogenen Reste der Carboxylgruppen der beiden beteiligten Fettsäuren.

Die Gesamtmasse der integralen **Membranproteine** übertrifft die der Lipide im Allgemeinen beträchtlich. Die Verknüpfung der Membranproteine mit der Lipiddoppelschicht kommt über hydrophobe Helices und auch über kovalente Bindungen (Thioester zwischen Palmitinsäure und Cystein) zustande.

Membranen erfüllen unverzichtbare Aufgaben als kontrollierende Instanzen von Stoffbewegungen zwischen den Kompartimenten einer Zelle sowie zwischen der Zelle und ihrem Außenmilieu. Da eine komplette Abschottung für die zellulären Fließgleichgewichte nicht möglich ist, lassen Biomembranen selektive Stoffpassagen zu. Dazu sind vier elementare Mechanismen denkbar, die passiv oder aktiv sowie ohne oder mit Beteiligung eines Proteins als Transporter ablaufen, wie Abb. 17.12 schematisch verdeutlicht.

17.6 Fragen zum Verständnis

1. Warum sind die in den Lipiden enthaltenen Fettsäuren im Allgemeinen geradzahlig?
2. Was versteht man unter Omega-3-Fettsäuren?
3. Von welchen strukturellen Eigenschaften hängen die Schmelzpunkte der Fettsäuren ab?
4. Warum bezeichnet man die Speicherfette auch als neutrale Fette?
5. Was versteht man unter den amphipathischen Eigenschaften der Membranlipide?
6. Wie unterscheiden sich Glycerophospholipide von den Sphingolipiden?
7. Welche Unterklassen der Sphingolipide sind von Bedeutung?
8. Nennen Sie einige hydrophile Baugruppen in Membranlipiden.
9. Welche Komponenten übernehmen in aller Regel die spezifischen Aufgaben einer biologischen Membran?
10. Welche Rolle spielt das Cholesterin?

Die Antworten zu diesen Fragen finden Sie im Anhang „Antworten und Lösungen zu den Fragen“.

Nucleotide und Nucleinsäuren 18

Zusammenfassung

Weil die äußerlich erkennbaren Merkmale des Erscheinungsbildes eines Lebewesens wie Farbe oder Größe letztlich immer stoffliche Eigenschaften sind, vermutete man schon lange Zeit zu Recht, dass auch die dafür verantwortlichen Gene eine stoffliche Natur aufweisen. Nachdem die klassische Genetik bis etwa zum ersten Drittel des 20. Jh. alle Gesetzmäßigkeiten erarbeitet hatte, nach denen erbliche Eigenschaften auf die Folgegeneration weitergegeben werden (vertikaler Gentransfer) und welche Beziehungen zwischen den bereits ausgangs des 19. Jh. entdeckten Chromosomen und den Erbanlagen bestehen, interessierte man sich konsequenterweise auch für die chemische Natur der Gene. Heute ist ein Gen molekular definiert als ein Abschnitt auf der DNA, der erblich festgelegte Strukturen oder Leistungen eines Lebewesens codiert. Die wissenschaftshistorisch wichtigsten Stationen dieses Erkenntnisprozesses, der bereits die Biologie des 20. Jh. in eine ungeahnte Dimension geführt hat, sind:

- 1869: In Tübingen entdeckt Friedrich Miescher in Eiterzellen und später in Basel auch in den Zellkernen von Lachssperma die Kernsäuren (**Nucleinsäuren**). In den Zellkernen ist hauptsächlich die DNA enthalten. Ihre Bedeutung für die Vererbung blieb unklar; man hielt sie Jahrzehnte lang für ein relativ uninteressantes Biomolekül ähnlich wie Stärke oder Cellulose.
- 1903: Theodor Boveri begründet in Würzburg die **Chromosomentheorie** der Vererbung. Einen wichtigen Pionierbeitrag dazu leistete ab 1905 in New York die meist vergessene Amerikanerin Nettie Stevens – sie hatte an der Taufliege *Drosophila* entdeckt, dass das Geschlecht durch bestimmte Chromosomen festgelegt wird.
- 1909: Der dänische Botaniker Wilhelm Johannsen führt für die Erbanlagen den Begriff „**Gen**" ein und prägte auch die Begriffe „Geno"- bzw. „Phänotyp", ohne allerdings eine Vorstellung von deren stofflicher Natur zu haben. Schon Gregor Mendel, mit dem die Genetik im 19. Jh. ihren Ausgang nahm, ging bei seinen berühmten Versuchen mit Erbsen von zunächst nicht genau definierbaren Anlagen aus,

H. Bannwarth et al., *Basiswissen Physik, Chemie und Biochemie*,
https://doi.org/10.1007/978-3-662-58250-3_18

die er in seinen Versuchsprotokollen mit Buchstaben bezeichnete und „Elemente" nannte.

- 1925: Im Labor von Thomas H. Morgan und Herman J. Muller in New York erstellt man durch umfangreiche Kreuzungsversuche mit *Drosophila* genauere **Chromosomenkarten** für die Lage einzelner Gene.
- 1944: Oswald Avery und seine Mitarbeiter kommen am Rockefeller Institute in New York durch jahrelange Versuche an Erregern der Lungenentzündung (Pneumokokken) zu dem Ergebnis, dass die DNA der eigentliche **Träger der Erbanlagen** ist. Sie erkennen die DNA als „transformierendes Prinzip", mit dem man im Reagenzglas die Eigenschaften eines bestimmten Bakterienstammes erblich auf einen anderen übertragen kann.
- 1941: George Beadle und Edward Tatum entdecken in Stanford/Kalifornien an dem Schimmelpilz *Neurospora*, dass ein bestimmtes Gen für die Synthese eines bestimmten Enzyms zuständig ist.
- 1944: Der Physiker Erwin Schrödinger schreibt im irischen Exil seinen viel beachteten Essay „Was ist Leben?" und schlägt darin für die Gene ohne Kenntnis der Nucleinsäuren eine Sequenzstruktur aus wenigen Bausteinen ähnlich wie eine Morsebotschaft vor.
- 1949: Der Österreicher Erwin Chargaff findet die **Basenpaarung**.
- 1953: James D. Watson und Francis H. Crick beschreiben in Cambridge/Großbritannien die Doppelhelixstruktur der DNA nach vorausgegangenen Röntgenstrukturanalysen von Rosalind Franklin und Maurice Wilkins. Die Klärung der stofflichen Natur eines Gens rückte näher, weil jetzt das eigentliche Problem der molekularen Basis klarer zu formulieren war.
- 1961: Johannes H. Matthaei und Marshall Nirenberg finden, nachdem Francis Crick und seine Mitarbeiter 1961 generell einen **Triplett-Code** vorgeschlagen und eine *messenger*-RNA entdeckt hatten, im gleichen Jahr das erste RNA-Codewort (UUU für Phenylalanin).
- 1965: Der **genetische Code** ist nun vollständig bekannt. Damit konnte erstmalig der Genbegriff exakter gefasst werden.
- 1970: Werner Arber entdeckt die Restriktionsendonucleasen und leitet damit die Ära der Gentechnologie ein.
- 1973: Stanley Cohen und Annie C. Y. Chang führen die ersten gentechnischen Experimente mit rekombinanter DNA durch.
- 1985: Kary B. Mullis entwickelt (konzeptionell während einer Nachtfahrt auf einem kalifornischen Highway) die Polymerasekettenreaktion (PCR).
- 2000: Das Erbgut von *Drosophila melanogaster* und *Arabidopsis thaliana* ist vollständig entziffert.
- 2001: Craig Venter und Francis Collins präsentieren die erste Fassung des menschlichen Gencodes.

18.1 Basen bilden Nucleoside und Nucleotide

Die Bausteine der von Friedrich Miescher entdeckten und zunächst noch unverstandenen Nucleinsäuren sind die Nucleotide (mitunter auch Nukleotide geschrieben). Die DNA sowie die diversen in allen Zellen vorkommenden RNA-Spezies sind daher Polynucleotide. Die monomeren Bestandteile dieser Baugruppen zeigen Abb. 18.1 sowie Tab. 18.1. Danach bestehen Nucleotide jeweils aus den Komponenten Nucleobase, Nucleopentose und *ortho*-Phosphorsäure.

Ein **Nucleosid** besteht zunächst aus einer organischen, stickstoffhaltigen Base (heterocyclische Nuclein- bzw. Nucleobase). Diese leitet sich entweder von einem Purinkörper ab

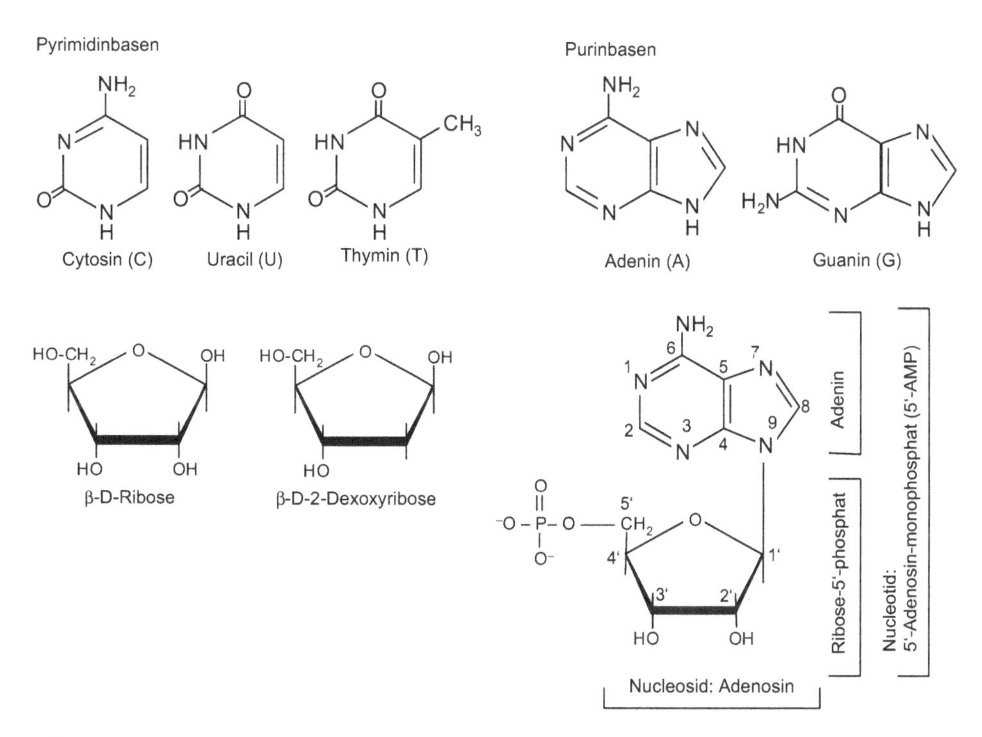

Abb. 18.1 Komponenten der Polynucleotide RNA und DNA

Tab. 18.1 Benennung und Abkürzungen der Standardkomponenten von RNA und DNA

Nucleobase		Ribonucleosid		Desoxyribonucleosid		Nucleotid	
						RNA	DNA
Adenin	Ade	Adenosin	A	Desoxyadenosin	dA	AMP	dAMP
Guanin	Gua	Guanosin	G	Desoxyguanosin	dG	GMP	dGMP
Thymin	Thy	Thymidin	T	Desoxythymidin	dT		dTMP
Cytosin	Cyt	Cytidin	C	Desoxycytidin	dC	CMP	dCMP
Uracil	Ura	Uridin	U	Desoxyuridin		UMP	

(Adenin, Guanin) oder von einem Pyrimidingrundgerüst (Cytosin, Thymin, Uracil). Thymin kommt nur in der DNA, das strukturhomologe Uracil nur in der RNA vor. Die DNA von höheren Pflanzen und Tieren enthält auch einige seltenere Basen wie 5-Methylcytosin. In der bakteriellen DNA ist *N*-Methyladenin enthalten. Seltene Basen wie Hypoxanthin und Pseudouracil finden sich in bestimmten Regionen der tRNAs. Die Ringatome in den Purin- und Pyrimidinringen werden jeweils mit 1 bis n nummeriert (vgl. Abb. 18.1).

Der jeweils zweite Baustein eines Nucleosids ist eine Pentose, im Fall der DNA die β-D-2-Desoxyribose, bei der RNA die β-D-Ribose (Abb. 18.1). Zur besseren Unterscheidung werden die C-Atome dieser Pentosen mit $1'$ bis $5'$ gekennzeichnet. Nucleoside sind demnach Baugruppen aus Zucker und Base. Darin sind die Pentosen N-glycosidisch mit dem $1'$-Ende an die Basen gebunden. Die Purinnucleoside erhalten die Endung **-osin**, die Pyrimidinnucleoside enden auf **-idin** (Tab. 18.1).

Die dritte Komponente eines Nucleotids ist ein Phosphorsäurerest: Eine *ortho*-Phosphorsäure (H_3PO_4) ist mit einer OH-Gruppe des Zuckers verestert – das Nucleosid stellt nunmehr ein **Nucleotid** und somit ein Nucleosidphosphat dar. Die in Tab. 18.1 aufgelisteten Monophosphate sind jeweils die $5'$-Nucleotide. Die Nummerierung der Ringatome in der Nucleobase und in der jeweiligen Pentose ist am Beispiel von Adenosinmonophosphat (AMP) in Abb. 18.1 dargestellt.

Nucleotide spielen in den Organismen auch außerhalb der Nucleinsäuren eine bedeutende Rolle. Die **Coenzyme** (Cosubstrate) ADP und ATP enthalten weitere Phosphatreste, die untereinander durch Phosphorsäureanhydridbindungen verknüpft sind. ATP (vgl. Kap. 19) ist dic universelle Energiewährung der Zelle. Der $\Delta G°$-Wert für die Abspaltung der dritten Phosphatgruppe entsprechend der Reaktion ATP $\rightarrow$ ADP + P_i beträgt $-31\,kJ\,mol^{-1}$ ($P_i = PO_4^{3-}$), für die Abspaltung des Pyrophosphatrests PP_i ($= P_2O_7^{4-}$) nach ATP $\rightarrow$ AMP + PP_i sogar $-36\,kJ\,mol^{-1}$. Die H-übertragenden Cosubstrate NAD^+ bzw. $NADP^+$ sowie FAD bestehen aus Dinucleotiden mit je zwei Mononucleotidbausteinen (vgl. Formelbild in Abschn. 20.3).

Im Nucleotid ist eine zweite Veresterung mit der OH-Gruppe am C3$'$-Ende der Pentose möglich. Auf diese Weise entstehen die cyclischen Nucleotide wie 3$'$,5$'$-*cyclo*-AMP, kurz auch nur **cAMP** genannt, das eine spezielle Funktion als ***second messenger*** erfüllt. Ein *second messenger* diffundiert innerhalb der Zelle an bestimmte Stellen und löst dort eine Reaktionskaskade aus, nachdem ein ***first messenger*** wie ein Hormon (beispielsweise Adrenalin oder Glucagon) an einen spezifischen Rezeptor an der Zelloberfläche gebunden hat.

Beim Abbau der Purine entsteht über Xanthin zunächst Harnsäure, daraus Allantoin (wird von vielen Säugetieren ausgeschieden) und Allantoinsäure. Die Ringe werden zerlegt, indem Glyoxylat (HCO–COO^-) und Harnstoff $(NH_2)_2C{=}O$ abgespalten wird. Durch weitere hydrolytische Zerlegung entstehen CO_2 und NH_3. Analog verläuft auch der Abbau von Purinalkaloiden aus einigen Genussmitteln, darunter das Coffein aus Kaffee und Tee (vgl. Abschn. 13.6).

Exkurs: Nucleotidsynthese

Die Biosynthese der Purin- und Pyrimidinnucleotide verläuft auf unterschiedlichen Wegen. Bei den Purinnucleotiden beginnt die Synthese mit einer mehrfach phosphorylierten Ribose, dem 5-Phosphoribosyl-1-pyrophosphat, das am C-1 eine Pyrophosphatgruppierung (PP_i) trägt. Die einzelnen Komponenten des heterocyclischen Ringsystems werden in einer komplexen Reaktionsfolge mit 11 Schritten nacheinander durch Gruppenübertragung aus Glutamin, Glycin, Formylfolsäure und Asparaginsäure angefügt. Zuletzt erfolgt in je zwei weiteren Schritten der Umbau zu AMP oder GMP. Bei der Biosynthese der Pyrimidine entsteht dagegen zuerst der 6-gliedrige Ring, der dann mit Ribose-5-phosphat verknüpft wird. Ausgang der Ringsynthese ist Asparaginsäure, die mit Carbamoylphosphat verknüpft wird.

18.2 Zahlreiche Nucleotide bilden das Polynucleotid der DNA

Nachdem man bis zum Beginn der 1950er-Jahre ursprünglich von einer vergleichsweise einfachen DNA-Struktur mit ständig wiederholten Tetranucleotidfolgen des Typs -ATGC-ATGC-ATCG- ausgegangen war und Erwin Chargaff 1950 die unterschiedlichen Mengenanteile von AC/TG entdeckt hatte, formte sich allmählich das Bild einer in den Nucleinsäuren vorliegenden **aperiodischen Basensequenz**: Im Polynucleotid bilden die Nucleotide eine unregelmäßige Folge. Je drei Nucleotide bilden ein **Triplett**; die Triplettfolge nennt man die Primärstruktur der DNA. Sie stellt eine bedeutungstragende (syntaktische) Information dar. Die Nucleotide sind untereinander über ihre Phosphatreste durch **Phosphorsäurediester**bindungen verknüpft (Abb. 18.3): Die am 3′-Ende (Abb. 18.2) beispielsweise von AMP sitzende Phosphatgruppe verbindet sich mit dem 5′-OH des nachfolgenden Nucleotids (vgl. Abb. 18.3).

Abb. 18.2 Struktur von cAMP

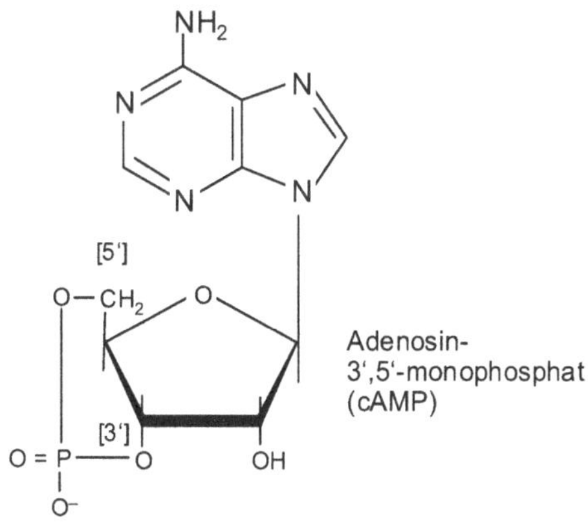

Adenosin-3',5'-monophosphat (cAMP)

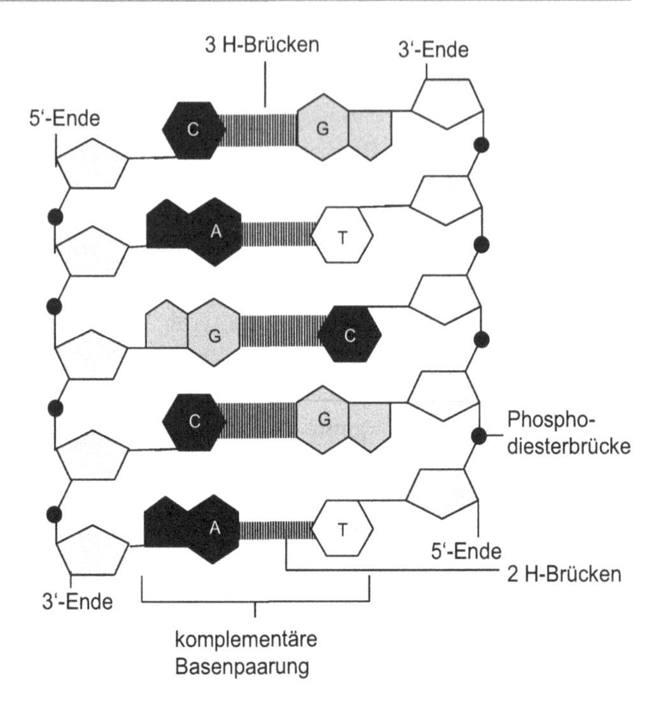

Abb. 18.3 Ausschnitt aus einer doppelsträngigen DNA. Phosphodiesterbrücken stabilisieren die beiden kovalenten Stränge in axialer, H-Brücken in lateraler Richtung. Die beiden Nucleotidstränge verlaufen antiparallel

Während die RNA überwiegend einsträngig oder nur abschnittweise zweisträngig vorliegt, besteht die DNA generell aus einem Doppelstrang (Abb. 18.4). Darin sind die beiden unverzweigten Nucleotidketten nach Watson und Crick als rechtsgängige (links gewundene) Spiralen (α-Helix) coaxial umeinander gewunden. Beide Spiralen verbinden sich über ihre Basen bzw. durch zwischen ihnen ausgebildete **Wasserstoffbrücken.** Je eine Purinbase paart aus sterischen Gründen jeweils nur mit einer Pyrimidinbase. Die möglichen Paarungen lauten demnach **A-T** (mit 2 H-Brücken) und **G-C** (mit 3 H-Brücken; Abb. 18.2). Im Polynucleotiddoppelstrang der DNA verlaufen die Hauptvalenzketten aus den sich abwechselnden Phosphorsäure- und Desoxyriboseresten jeweils antiparallel: Eine der beiden Ketten ist in $3' \rightarrow 5'$-Richtung orientiert, der jeweilige Partnerstrang entsprechend in $5' \rightarrow 3'$-Richtung. Dem 5′-Ende (Phosphatende) des einen Strangs liegt daher das 3′-Ende (OH-Ende) des anderen gegenüber.

Die jeweilige Binnenrichtung bezeichnet man auch als **Polarität** der DNA. Die Basenpaare liegen ungefähr rechtwinklig zur Längsachse der DNA und sind modellhaft etwa den Tritten einer Strickleiter vergleichbar, während die Zucker-Phosphorsäure-Folge den Holmen entspricht. Jede ihrer Windungen umfasst etwa 10 **Basenpaare** (bp) und ist etwa 3,4 nm lang. Der Durchmesser der Doppelhelix liegt bei 2 nm, der Abstand zwischen den Basenpaaren beträgt 0,34 nm. Jede Zelle des besonders gut untersuchten Darmbakteriums *Escherichia coli* enthält rund $4{,}6 \times 10^6$ bp und ist linear ausgestreckt ca. 1,3 mm lang. Die rund $3{,}2 \times 10^9$ bp des menschlichen Genoms messen ausgestreckt etwa 1,3 m. Außer den

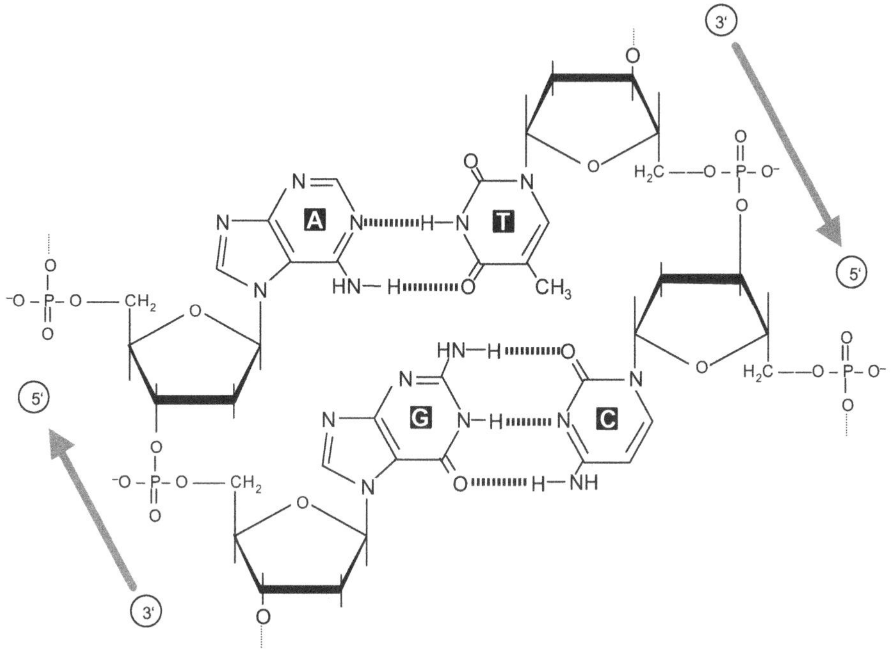

Abb. 18.4 Bindungsverhältnisse in einem Ausschnitt aus der DNA-Doppelhelix

H-Brücken sind an der Stabilisierung der Helix weitere intermolekulare Wechselwirkungen beteiligt.

Die Sekundärstruktur weist eine räumliche Besonderheit auf: Da der Abstand der Zucker-Phosphat-Stränge nicht konstant ist, stehen sich an der Grenze zwischen benachbarten Windungen der DNA-Doppelhelix je eine große und eine kleine Furche genau gegenüber (Abb. 18.6). Der Geometrie dieser Furchen entsprechen häufig bestimmte Domänen von Proteinen, die spezifisch an die DNA binden.

Auf der Basis der von Watson und Crick 1953 entwickelten Vorstellungen zur Struktur der DNA sind alle Grundfunktionen des genetischen Materials erklärbar, nämlich

- Speicherung genetischer Information,
- Verdoppelung und Vererbung (vertikaler Gentransfer),
- Ausprägung (Exprimieren) der genetischen Information,

die im Rahmen dieser einführenden Darstellung jedoch nicht weiter verfolgt werden.

In den Zellkernen (Karyoplasma) der Eukaryoten liegt die DNA im Allgemeinen nicht frei vor, sondern in Bindung mit basischen Proteinen von relativ hohem Arginin- und Lysingehalt, die man als **Histone** bezeichnet. Die DNA-Protein-Komplexe sind das Chromatin des Zellkerns – eine Bezeichnung, die sich von der guten Färbbarkeit der Interphase-Zellkerne in mikroskopischen Präparaten ableitet (beispielsweise mit Fe-Hämatoxylin und

Abb. 18.5 Mit der DNA auf zellulärer Ebene assoziierte Begriffe

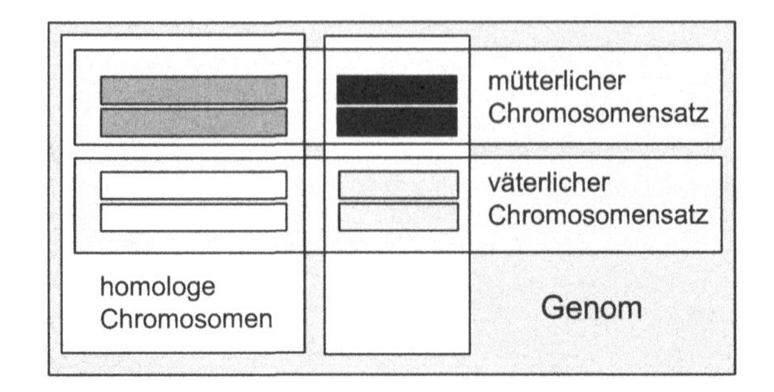

Methylenblau). Andererseits kann man cytochemisch auch nur die Nucleinsäuren der Zellkerne darstellen, vor allem mit der oft verwendeten und sehr spezifischen **Feulgen-Reaktion**.

Während der Kernteilung (Mitose oder Meiose) wird im lichtmikroskopischen Bild die Portionierung der kerneigenen DNA erkennbar, wenn sich die Chromosomen als stäbchenförmige Strukturen zeigen (vgl. Kap. 1). Bis vor kurzem wendete man den Begriff „Chromosom" nur auf diese lichtmikroskopisch während der Kernteilung sichtbaren Gebilde an. Neuere Ergebnisse von Untersuchungen an fluorochromierten Zellkernen zeigten

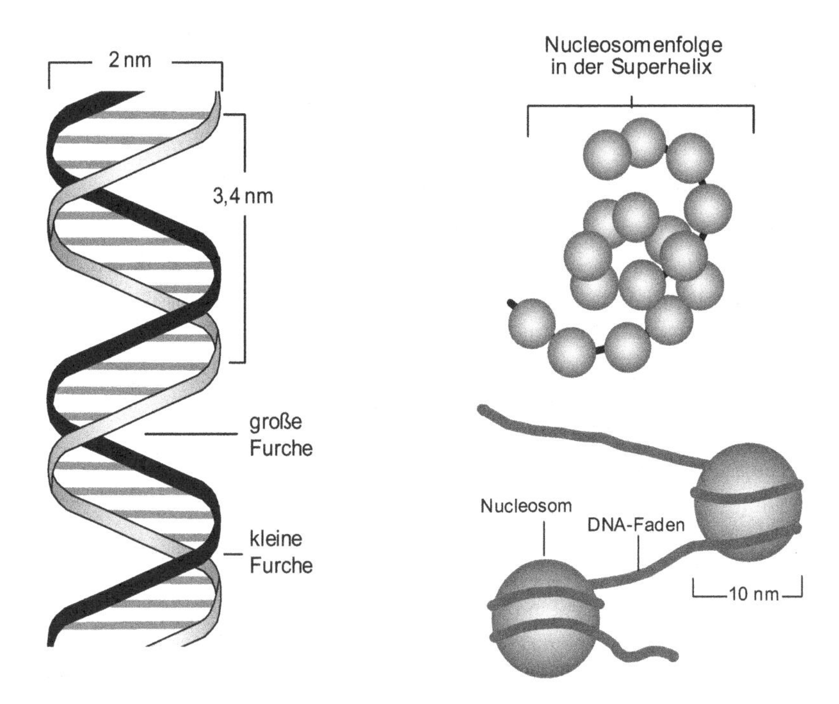

Abb. 18.6 Sekundärstruktur der rechtsgängigen DNA-Doppelhelix (*links*) und Organisation des Chromatins in Nucleosomen, die sich zu Superhelices anordnen (*rechts* und *oben*)

jedoch, dass die Chromosomen auch während der Interphase als separate Gebilde fortbestehen und die DNA-Moleküle keineswegs in ein völlig ungeordnetes molekulares Chaos übergehen. Abb. 18.5 fasst die mit der DNA auf zellulärer Ebene assoziierten Begriffe noch einmal zusammen.

Die in vier verschiedenen Versionen vorliegenden Histone (2 H2 A, H2B, H3 und H4) bilden als Oktamere die zentrale Baugruppe (Core) der **Nucleosomen**. Deren kugelförmige Quartärstruktur weist zwei Rillen auf. Je ein Kettenabschnitt von etwa 140 Basenpaaren der DNA-Doppelhelix wickelt sich in den Rillen um das Nucleosom, während ein Folge-

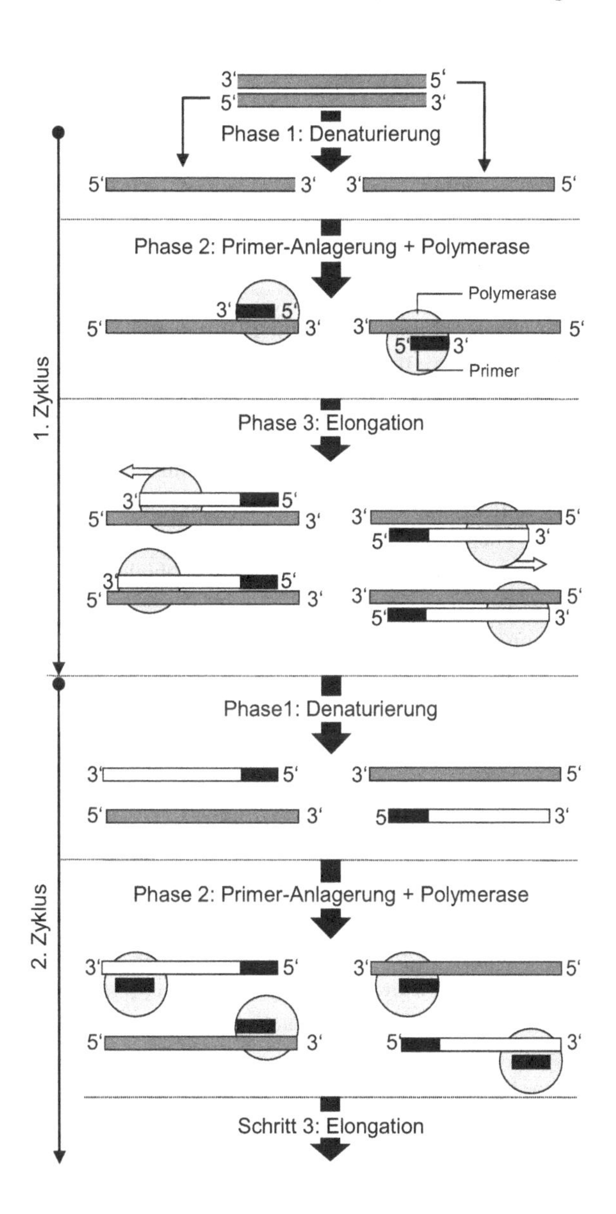

Abb. 18.7 Ablaufschema der Polymerasekettenreaktion (PCR)

abschnitt von ungefähr 60 Basenpaaren eine freie Verbindung zum nächsten Nucleosom bildet (Abb. 18.6). Die Nucleosomen sind untereinander durch ein spezielles Histon (H1) verbunden. Auf diese Weise entsteht eine perlschnurartige Gesamtstruktur, die ihrerseits nochmals eine Spiralform wie eine verdrillte Telefonschnur annimmt und somit eine Superhelix ergibt. Nur während der Kernteilungen (Mitose, Meiose) nimmt das Chromatin die kompakte Gestalt von Chromosomen an.

Durch Erhitzen (Schmelzen) kann man die beiden DNA-Stränge voneinander trennen und anschließend in vitro je einen neuen Partnerstrang synthetisieren. Diese Technik ist die Basis der für die molekulargenetische Forschung außerordentlich folgenreichen Polymerasekettenreaktion (PCR), die der amerikanische Chemiker Kary B. Mullis (Nobelpreis 1993) 1985 entwickelt hat.

Diese Methode setzt die durch Erhitzen in seine beiden Einzelstränge zerlegte DNA als Kopiervorlage zum Zusammenbau des fehlenden Gegenstück (komplementärer Strang) ein. Die denaturierende (trennende) DNA-Schmelze findet bei etwa 94 °C statt. Wichtige Komponenten des Reaktionsansatzes sind natürlich die Nucleotide, DNA-Primer als Starter für die DNA-Synthese sowie eine bei hohen Temperaturen arbeitende DNA-Polymerase (Abb. 18.7). Eine genügend thermostabile Polymerase fand man bei dem extrem thermophilen Bakterium ***Thermus aquaticus***, das man schon Jahre zuvor aus den 70 °C heißen Quellen des Yellowstone National Parks (Wyoming/USA) isoliert hatte. Danach nannte man das Enzym Taq-DNA-Polymerase. Da die in vitro erstellten DNA-Kopien sogleich wieder als Kopiervorlagen zu verwenden sind, stellt der gesamte Ablauf eine Kettenreaktion dar, als deren Ergebnis nach wenigen Vermehrungszyklen eine millionenfach vermehrte (amplifizierte) DNA für weitere Analysen zur Verfügung steht. Dass die Polynucleotide immer nur am 3′-Ende verlängert werden können, liegt daran, dass die Bausteine für die Polymerasen, die Nucleosidtriphosphate, jeweils nur am 5′-Ende reagieren können, da dort die erforderliche Energie in den Triphosphatbindungen zur Verfügung steht (vgl. ATP).

18.3 Die Sekundärstruktur der RNA

Die wichtigsten Unterschiede zwischen RNA und DNA betreffen neben der Verwendung von Ribose sowie Uracil statt Thymin die Tatsache, dass dieses Polynucleotid gewöhnlich **einzelsträngig** vorliegt. Einige tRNAs, die im Cytosol spezifisch ihre jeweilige Aminosäuren binden, ehe diese an den Ribosomen in die wachsende Polypeptidkette eingebaut werden, zeigen jedoch eine Sekundärstruktur, die abschnittweise intramolekulare Basenpaarungen aufweisen und daher **anteilig doppelsträngig** sind. Die Raumstruktur solcher RNA-Spezies lässt sich schematisch am besten mit dem **Kleeblattmodell** wiedergeben (Abb. 18.8).

Zum **Exprimieren** der in der DNA gespeicherten genetischen Information kooperieren verschiedene Nucleinsäuretypen miteinander in besonderer Weise (Abb. 18.9): Im Wege der **Transkription** wird die Information des codogenen Strangs der DNA in die Codon-

Abb. 18.8 Kleeblattstruktur einer tRNA: Der Aminosäure-Akzeptor-Arm und der TC-Arm weisen eine ununterbrochene Doppelhelix auf. Am Anticodon-Arm und D-Arm ist die Doppelhelix unvollständig

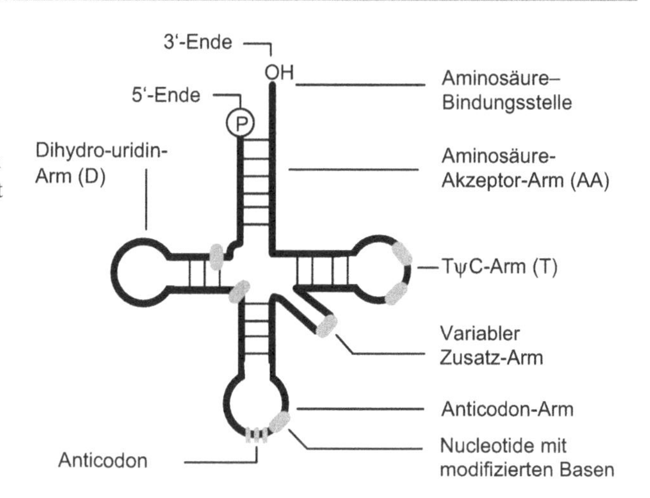

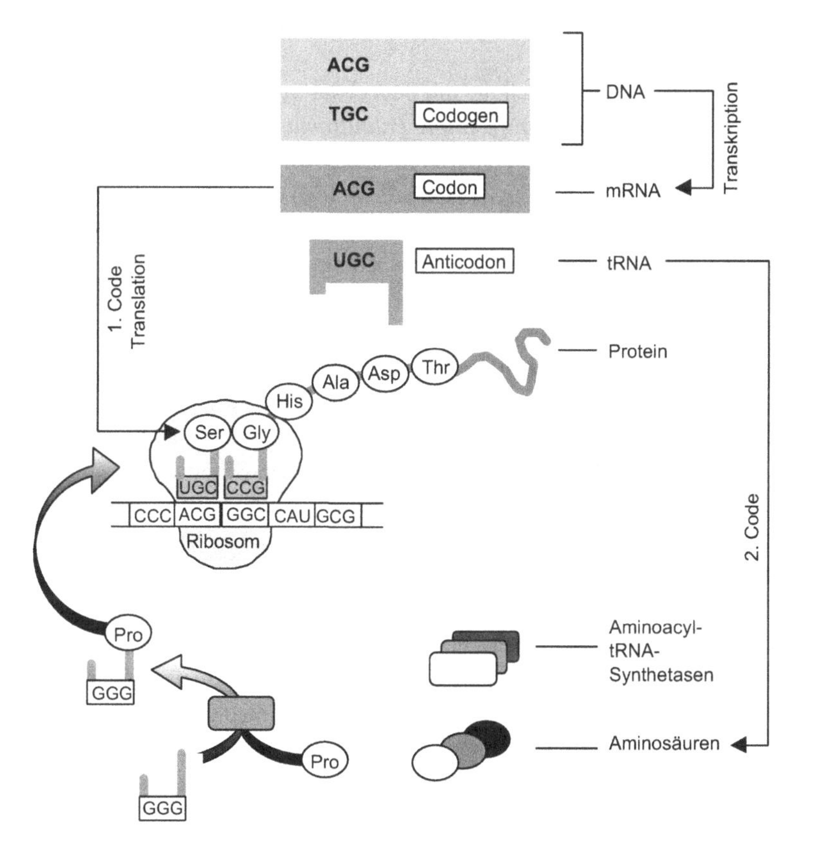

Abb. 18.9 Signalfluss vom codogenen Strang der DNA bis zum fertigen Protein („Dogma der Molekularbiologie")

Folge der *messenger*-RNA (**mRNA**) umgeschrieben. Je ein Basentriplett steht für eine bestimmte Aminosäure, wobei für etliche Aminosäuren mehrere Codewörter (**Codons**) vorgesehen sind – die 20 proteinogenen Aminosäuren werden durch $4^3 = 64$ Codewörter vertreten. Diesen Übersetzungsschlüssel bezeichnet man als den **1. genetischen Code**. Am Ribosom findet das Umlesen der Basenfolge einer mRNA mithilfe mehrerer transfer-RNAs (**tRNA**) in die Aminosäuresequenz des Proteins statt. Diesen Prozess bezeichnet man als **Translation**.

Die Bindungsstelle, an die eine der bisher ca. 40 bekannten tRNAs ihre jeweilige Aminosäure verankert, liegt dem **Anticodon** diametral gegenüber. Die Zuordnung der Aminosäurespezifität am AA-Arm (Abb. 18.8) zum Anticodon bildet den **2. genetischen Code** (Abb. 18.9), der immer noch recht wenig verstanden ist. Die weiteren Details der Genexpression, der Genregulation und der Proteinbiosynthese sind im Kontext dieses Buches nicht weiter dargestellt.

18.4 Gene gezielt verändern: Die CRISPR/Cas-Technik

Der Mensch kann unterdessen durch die mit dem etwas sperrigen Akronym CRISPR/Cas (von *Clustered Regularly Interspaced Short Palindromic Repeats*) bezeichnete Technik gezielt und vorsätzlich in das Erbgut eingreifen: Dabei wird die DNA an ganz bestimmten Stellen geschnitten, bestimmte DNA-Abschnitte werden entfernt und durch andere (i. e. bessere, funktionstüchtige oder geeignetere) ersetzt. So sind genetische Veränderungen oder Mutationen nicht mehr wie bisher zufallsbedingt, sondern gezielt und mit Absicht möglich. Das hat bereits der somatischen Gentherapie völlig neue Chancen und Möglichkeiten eröffnet. Erst im Jahre 2012 wurde diese zweifellos bahnbrechende neue Methode, die einen beachtlichen Durchbruch in der Gentechnik bzw. Gentherapie bedeutet, von Emmanuelle Charpentier und Jennifer Doudna publiziert.

Die CRISPR/Cas-Technik ist eine molekulargenetische bzw. biochemische Technik, die es ermöglicht, DNA gezielt an ausgewählten Stellen zu schneiden und anschließend das Erbgut nach Plan zu verändern (Abb. 18.10). DNA-Abschnitte – Gene oder Teile davon – können damit eingefügt, entfernt oder ausgeschaltet werden. Der Nukleinsäure-Abschnitt (CRISPR) erkennt mit Hilfe der darin integrierten RNA, der *Guide RNA*, nach dem Prinzip der Basenpaarung das jeweilige Ziel, eine bestimmte Sequenz in dem umzuschreibenden Gen. Die Methode arbeitet bemerkenswert präzise: Auch einzelne Nukleotide eines bestimmten Gens – und damit das gesamte Genom – können punktuell genau geändert werden. Diese Veränderung oder Bearbeitung am Genom nennt man generell Genome Editing. Die im Akronym benannten Palindrome sind kurze Wiederholungen mit regelmäßigen Abständen. Ein Palindrom ist damit ein DNA-Abschnitt, dessen Sequenz in beiden Leserichtungen der Doppelstränge identisch ist – die Sequenz 5′-AGACTT-3′ ist in der 5′-3′-Richtung im komplementären Strang identisch. Palindrome dienen Restriktionsenzymen als Erkennungssequenzen. Ausschließlich an diesen Stellen wird die DNA geschnitten.

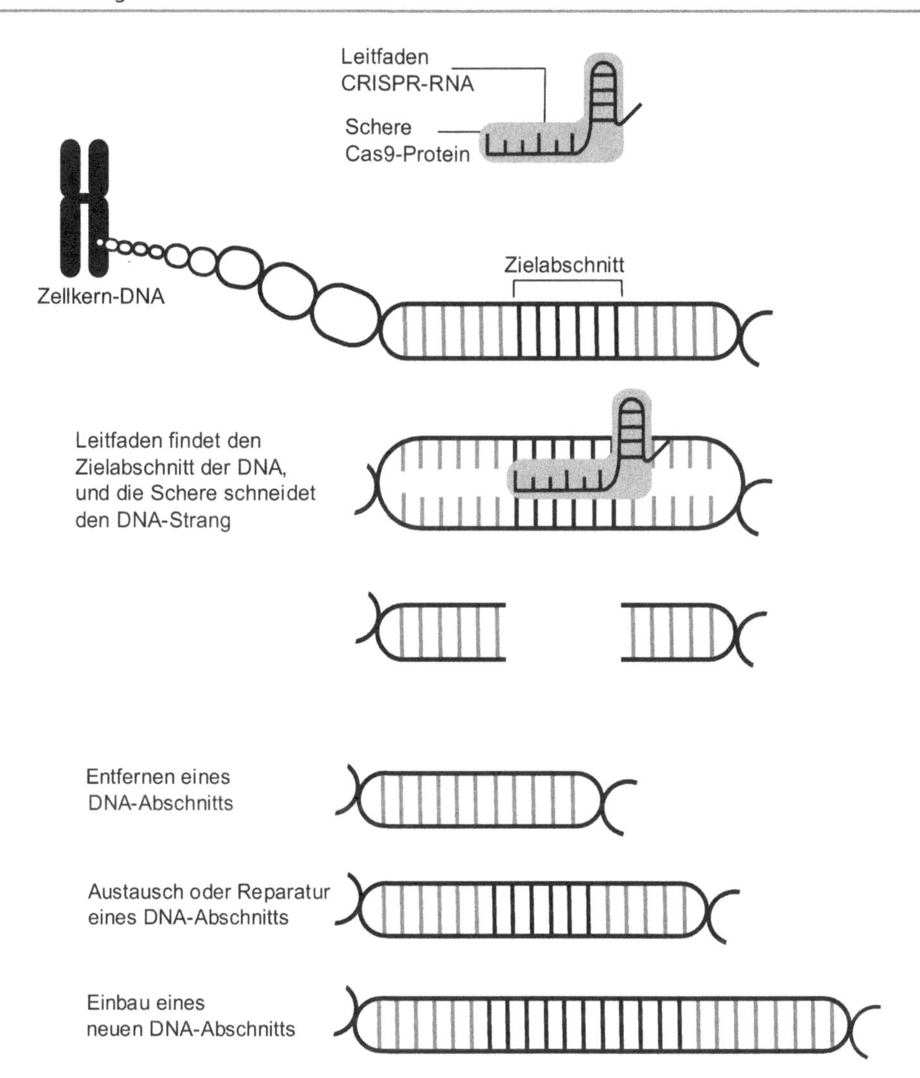

Abb. 18.10 Ablaufschema eines genchirurgischen Eingriffs nach der CRISPR/Cas-Technik

Mit Cas (oder Cas9) wird das CRISPR-assoziierte Protein, ein Restriktionsenzym, benannt. Restriktionsenzyme, genauer Restriktionsendonukleasen (REN), erkennen bestimmte Positionen auf der DNA an der Basensequenz und schneiden einen DNA-Strang nur an ganz bestimmten spezifischen Stellen. Restriktionsenzyme treten unter anderem in Bakterien auf und dienen dort der Abwehr von Phagen. In molekularbiologischen Verfahren verwendet man sie, um DNA-Moleküle – gleichsam wie mit molekularen Scheren – an definierten Stellen zu zerlegen. Mit Hilfe von Ligasen kann man die Schnittenden wieder über kovalente Bindungen verknüpfen.

Schon 1967 begann mit der Entdeckung der Restriktionsenzyme und durch ihre Isolierung aus Bakterien die Entwicklung der Gentechnologie. Hierdurch war die gezielte Herstellung von DNA-Fragmenten (Restriktionsfragmenten) möglich. Mithilfe von Ligasen lassen sich isolierte DNA-Abschnitte zu neuen Kombinationen zusammensetzen. Wichtig sind dabei Enzyme, die „klebrige Enden" („sticky ends") erzeugen, weil sich überlappende Enden miteinander verbinden lassen. In der DNA der Bakterien sind die entsprechenden Erkennungssequenzen jeweils methyliert und damit so modifiziert, dass sie nicht von eigenen Restriktionsenzymen der Bakterien geschnitten werden.

Werner Arber (*1929), Daniel Nathans (*1928) und Hamilton Othanel Smith (*1931) erhielten 1978 den Nobelpreis für Physiologie oder Medizin für ihre grundlegenden Arbeiten zur Entdeckung der Restriktionsenzyme und ihrer Anwendung in der Gentechnik und Molekulargenetik.

18.5 Fragen zum Verständnis

1. Warum heißen RNA und DNA Kernsäuren, obwohl sie Basen enthalten?
2. Aus welchen Nucleobasen besteht die RNA, aus welchen die DNA?
3. Wie sind die Nucleobasen und die Nucleopentosen in den Nucleosiden verknüpft?
4. Warum bezeichnet man die Nucleoside auch als *N*-Glycoside?
5. Wodurch unterscheiden sich RNA und DNA?
6. Wie lauten die typischen Basenpaarungen in der doppelsträngigen DNA?
7. Welche Windungsrichtung (Gängigkeit) weist die DNA-Doppelhelix auf?
8. Welche Bindungen stabilisieren die RNA und die DNA in axialer Richtung?
9. Welche verschiedenen RNA-Spezies gibt es? Welche Aufgaben erfüllen sie?
10. Was versteht man unter Transkription, was unter Translation?
11. Was ist der 2. Genetische Code?
12. Nennen Sie ein Beispiel für eine posttranslationale Modifikation.
13. Weshalb kann sich zwischen der –CH=-Gruppe im Sechserring des Adenins und der –CO-Gruppe des Thymins keine dritte Wasserstoffbrückenbindung ergeben?

Die Antworten zu diesen Fragen finden Sie im Anhang „Antworten und Lösungen zu den Fragen".

Photosynthese

19

Zusammenfassung

Für das Überleben eines jeden Organismus ist es entscheidend wichtig, dass er alle Nährelemente in der für ihn erforderlichen Menge zur Verfügung hat. Die Grundphänomene der Photosynthese sind bereits seit dem 18. Jh. bekannt. Der englische Pfarrer Joseph Priestley (1733–1804) fand 1779 heraus, dass eine grüne Pflanze (bezeichnenderweise eine Minze ...) „die Luft erneuert" und damit die Vitalität einer Maus unter der Glasglocke sichert (Abb. 19.1). Jan Ingenhousz (1730–1799), niederländischer Hofarzt, entdeckte um 1788 die Bedeutung des Lichtes bei diesem Versuch. Wenige Jahre später zeigte der Schweizer Pfarrer Jean Senebier (1742–1809), dass die von einer Pflanze produzierte Trockenmasse größer ist als der entsprechende Verbrauch von CO_2 und schloss damit auf Wasser als Betriebsstoff der Photosynthese. Robert Mayer (1814–1878) formulierte 1842 den Energieerhaltungssatz und erkannte, dass Pflanzen die Energie des Lichtes aufnehmen und in die chemische Energie ihrer Biomasse umwandeln. Damit waren bereits um die Mitte des 19. Jh. wesentliche Komponenten dieser wichtigen pflanzlichen Stoffwechselleistung bekannt, wenngleich die strukturellen und biochemischen Details noch lange unklar blieben. Den Begriff „Photosynthese" schlug 1893 der britische Botaniker C. Mac Millan vor. Durch den Bonner Pflanzenphysiologen Wilhelm Pfeffer wurde er ab 1897 allgemein bekannt. Analog zum eingedeutschten Begriff „Fotografie" findet sich die gelegentliche Variante „Fotosynthese". Wir behalten hier konsistent die im Wissenschaftssprachgebrauch auch international weithin übliche Schreibweise (vgl. engl. *photosynthesis*, frz. *photosynthèse*) bei.

Unter **Assimilation** versteht man generell die Herstellung körpereigener Substanz (Produkte) aus körperfremden Ausgangsstoffen (Edukten). Der mit Abstand wichtigste Assimilationsprozess ist die Kohlenstoffassimilation. Grundsätzlich stehen dafür zwei verschiedene Wege offen: Entweder nehmen die Organismen den Kohlenstoff bereits als

H. Bannwarth et al., *Basiswissen Physik, Chemie und Biochemie*,
https://doi.org/10.1007/978-3-662-58250-3_19

Abb. 19.1 Priestley-Experimente (1779) mit Maus und Minze: Pflanzen erhalten tierisches Leben

organische Substanz auf (und sind dann C-heterotroph wie alle Pilze und Tiere) oder sie synthetisieren organische Verbindungen aus dem anorganischen Ausgangsstoff Kohlenstoffdioxid und Wasser (C-Autotrophie der photosynthetisch aktiven Bakterien und der grünen Pflanzen, vgl. Tab. 19.1).

Im CO_2 ist der Kohlenstoff maximal oxidiert (Oxidationszahl $+4$) und energiearm. Seine Assimilation zu energiereichen organischen Verbindungen (Oxidationszahl von C in Kohlenhydraten gewöhnlich ± 0) ist daher ein Reduktionsvorgang von beträchtlichem Energiebedarf. Die notwendige Energie kann aus der Oxidation anorganischer Verbindungen (z. B. Schwefelwasserstoff, Ammoniak) oder aus Methan gewonnen werden. Diesen Stoffwechsel- und Ernährungstyp bezeichnet man als **Chemosynthese** bzw. Chemolithotrophie. Er kommt nur bei Prokaryoten vor, darunter bei farblosen Bakterien (*Thiobacillus, Nitrobacter* u. a.). Andere Prokaryoten wie die grünen und purpurnen Schwefelbakterien (Chlorobiaceae und Chromatiaceae) nutzen als Elektronenquelle beispielsweise H_2S. Die schwefelfreien grünen Purpurbakterien (Vertreter der Rhodospirillaceae sowie Chloroflexaceae) verwenden als e^--Quelle dagegen organische Stoffe. Ungleich bedeutsamer als Energiequelle ist jedoch das Sonnenlicht. Diese folgenreiche Betriebsart des Stoffwechsels, die das Gesicht der Biosphäre prägt, ist die Photosynthese bzw. **Phototrophie**. Die vor etwa $2{,}7 \times 10^9$ Jahren erstmals aufgetretenen Cyanobakterien (Blau„algen“) und Chloroxybakterien sowie alle entwicklungsgeschichtlich jüngeren, mit Chlorophyll *a* ausgestatteten grünen Land- und Wasserpflanzen nutzen als e^--Quelle ausschließlich H_2O. Je nach Art des genutzten Elektronendonators für die Reduktion des gebundenen CO_2 sind die folgenden Ernährungstypen zu unterscheiden (Tab. 19.1).

Tab. 19.1 Autotrophe Stoffwechseltypologien und ihre Benennung

Primäre Energiequelle	Primärer e^--Donator	Primäre C-Quelle	
Licht ⇒ Photo-	Anorganisch: H_2O ⇒ -litho-	Anorganisch CO_2 ⇒ -auto-	-trophie
Chemische Reaktion ⇒ Chemo-	Anorganisch: H_2S ⇒ -litho-	Anorganisch CO_2 ⇒ -auto-	
Chemische Reaktion ⇒ Chemo-	Organisch: ⇒ -organo-	Anorganisch CO_2 ⇒ -auto-	

19.1 Die Photosynthese gliedert sich in zwei Reaktionsbereiche

Die photosynthetische, reduktive Assimilation von Kohlenstoffdioxid, meist vereinfacht nur Photosynthese genannt, ist ein vergleichsweise komplexer Vorgang. Da im Ergebnis in den produzierten organischen Substanzen oder Assimilaten sowohl die verwendete Ausgangssubstanz CO_2 als auch die Energie des Lichtes steckt, lässt sich der Gesamtablauf in zwei Teilbereiche gliedern: Es sind dies die

- **Energieumwandlung**, sie umfasst den photochemischen Reaktionsbereich mit den Lichtreaktionen, sowie die
- **Substanzumwandlung**, also der biochemische Reaktionsbereich mit dem Weg vom CO_2 zum Kohlenhydrat, mit den lichtunabhängigen Reaktionen.

Letztere werden häufig, aber völlig unzutreffend auch Dunkelreaktionen genannt, obwohl sie grundsätzlich nur im Licht ablaufen können. Beide Teilprozesse sind funktionell und räumlich getrennt.

Zentraler Ort des photosynthetischen Stoffwechselgeschehens in den grünen Pflanzen sind die meist ca. 2–4 μm breiten und 5–10 μm langen Chloroplasten. Auf deren **Thylakoiden**, Abfaltungen der inneren Chloroplastenmembran, sind die photochemischen Abläufe lokalisiert. In den Protocyten wie den Cyanobakterien stehen dafür pigmenttragende und frei im Cytoplasma liegende Thylakoide zur Verfügung. Die biochemischen, den Einbau des CO_2 und die seine Umwandlung in Kohlenhydrate betreffenden Reaktionen finden dagegen im **Stroma** (Matrix) der Chloroplasten bzw. im Cytoplasma der photosynthetisch aktiven Protocyten statt.

Bei den prokaryotischen Cyanobakterien, den eukaryotischen Algen und den grünen Pflanzen ist der Photosyntheseapparat in allen wesentlichen Leistungsmerkmalen identisch. Dieser Befund unterstützt die unterdessen etablierte und generell akzeptierte **Endosymbiontentheorie**, wonach die Plastiden in der Zellevolution aus symbiontischen Cyanobakterien (mit Chlorophyll *a* und Phycobilinen) bzw. Chloroxybakterien (beispielsweise vom Typ der Gattung *Prochloron* mit Chlorophyll *a* und *b*) hervorgegangen sind (vgl. Kap. 15). Die Photosynthese als bedeutsamste organismische Primärproduktion ist demnach im Prinzip immer noch eine prokaryotische (bakterielle) Stoffwechselleistung.

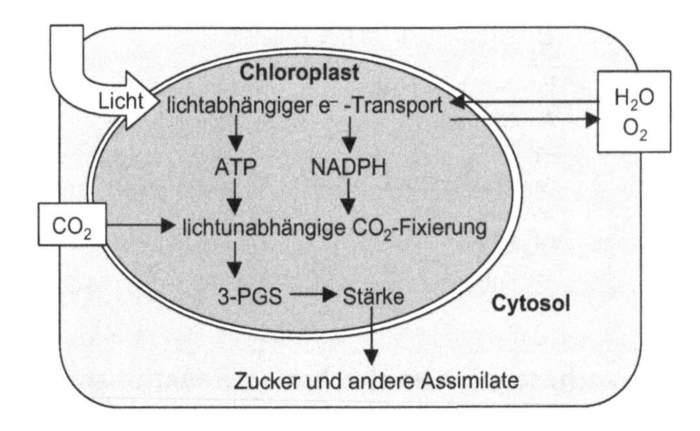

Abb. 19.2 Funktionsdiagramm der Photosynthese eukaryotischer Zellen

Den Gesamtablauf der Photosynthese gliedert man in die beiden Betriebsteile **Energieumwandlung** und **Substanzumwandlung**. Für beide Teilbereiche gelten bei den photohydrotrophen Cyanobakterien, Chloroxybakterien und Pflanzen die folgenden Bruttogleichungen, die man nach dem niederländisch-amerikanischen Mikrobiologen Cornelis Bernardus van Niel (1897–1985) auch van-Niel-Gleichungen nennt. Er formulierte die Reaktionsgleichung erstmals 1931. Die Energieumwandlung nach Lichtabsorption:

$$12\ H_2O \rightarrow 24\ H + 6\ O_2 \tag{19.1}$$

sowie die Substanzumwandlung durch lichtunabhängige CO_2-Reduktion:

$$6\ CO_2 + 24\ H \rightarrow C_6H_{12}O_6 + 6\ H_2O \tag{19.2}$$

lassen sich zusammenfassen zu:

$$6\ CO_2 + 12\ H_2O \rightarrow C_6H_{12}O_6 + 6\ O_2 + 6\ H_2O\ , \tag{19.3}$$

mit einem Energiebedarf von $\Delta G^{o\prime} = 2875\,\text{kJ mol}^{-1}$. Die vereinfachte Form der **(van-Niel-)Bilanzgleichung** der Photosynthese lautet demnach

$$6\ CO_2 + 6\ H_2O \rightarrow C_6H_{12}O_6 + 6\ O_2\ . \tag{19.4}$$

Die der Photosynthese grüner Eucyten zugrunde liegenden Abläufe und Teilprozesse lassen sich unter Berücksichtigung ihrer Zelltopographie schematisch zusammenfassen zu (Abb. 19.2).

19.2 Lichtreaktionen: Pigmentsysteme wandeln Lichtenergie um

Auf den Thylakoiden der photosynthetisch aktiven Organismen sind verschiedene Pigmente lokalisiert – bei den Cyanobakterien Chlorophyll *a*, Phycobiliproteine (Phycocyanobilin, Phycoerythrobilin) sowie verschiedene Carotenoide, bei den Chloroxybakterien und grünen Pflanzen immer Chlorophyll *a*/Chlorophyll *b* neben mehreren Carotenoiden. Carotenoide (häufig auch Carotinoide genannt) leiten sich aus dem Terpenstoffwechsel ab (vgl. Kap. 13). **Carotene** wie das β-Caroten (β-Carotin) sind reine Kohlenwasserstoffe, während die **Xanthophylle** wie das Lutein wenige sauerstoffhaltige Gruppen tragen.

Farbgebende Baueinheit der Chlorophylle (Chlorophyll *a*: $R_2 = –CH_3$, Chlorophyll *b*: $R_2 = –CHO$, Chlorophyll *a/b*: $R_1 = –CH{=}CH_2$, Bacteriochlorophyll: $R_1 = –O–CHCH_3$) ist das Tetrapyrrol- bzw. Porphyrinringsystem mit seiner Folge konjugierter Doppelbindungen. Bei den Cyanobakterien und Rotalgen wird Chlorophyll *b* durch Phycobiliproteine ersetzt, deren Pyrrolringe linear angeordnet sind. Diese Pigmente bestimmen das farbige Erscheinungsbild der betreffenden Zellen oder Gewebe. Sie dienen als Antennen

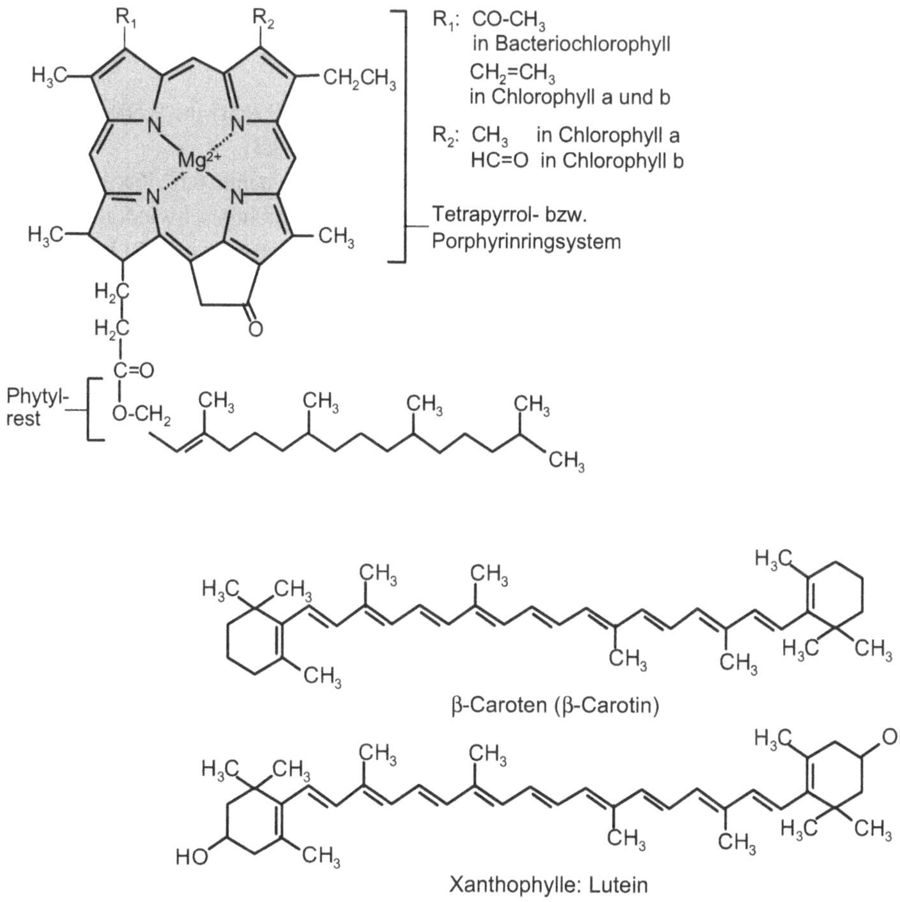

Abb. 19.3 Formelbilder von Chlorophyll *a* und *b* (*oben*) sowie zweier wichtiger Vertreter der Carotenoide (*unten*)

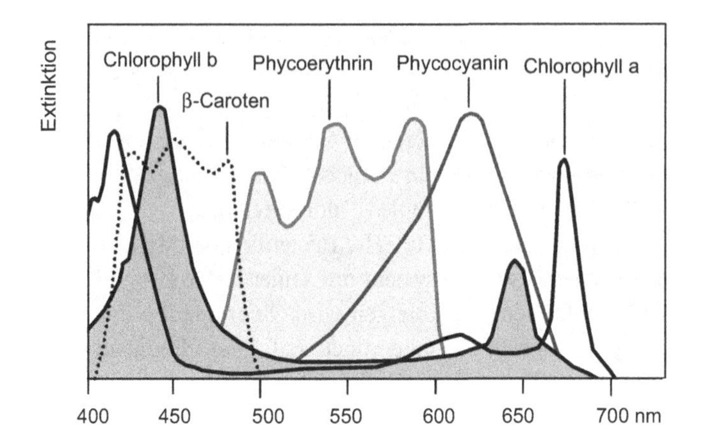

Abb. 19.4 Absorptionsspektren wichtiger an der Photosynthese beteiligter Antennenpigmente

für den Empfang (Absorption) elektromagnetischer Strahlung (Licht) im Wellenlängenbereich zwischen ungefähr 400 (blau) und 700 nm (rot) (Abb. 19.3).

Nach dem **Planck-Gesetz** ($E = h\nu = h \times c/\lambda$, h = Planck-Konstante, $6{,}6256 \times 10^{-34}$ J s; λ = Wellenlänge in nm, ν = Frequenz der Strahlung, c = Lichtgeschwindigkeit, ca. 3×10^{8} m s^{-1}) besitzt Licht der Wellenlänge 700 nm eine Energie von 171 kJ mol^{-1} Photonen. Zahlreiche membrangebundene Chlorophyllmoleküle und ihre Hilfspigmente (Carotenoide und/oder Phycobiliproteine) bilden auf den Thylakoiden **Lichtsammelkomplexe** (***light harvesting complex*** = LHC). Sie fangen die eintreffenden Photonen (Lichtquanten) ein und leiten deren absorbierte Energie in ein Reaktionszentrum fort, in dem außer Chlorophyll *a* auch spezielle Proteine enthalten sind (Abb. 19.4).

Die Absorption eines Photons im LHC, im Kontext der Photosynthese auch **Exciton** genannt, dauert etwa 10^{-15} s, die Weiterleitung seiner Energie zum Reaktionszentrum rund 10^{-12} s. Lichtsammelkomplex und Reaktionszentrum bezeichnet man zusammen als **Photosystem**. Nach ihren Absorptionsmaxima bei 680 bzw. 700 nm lassen sich die beiden Photosysteme II (PS II, P_{680}) und I (PS I, P_{700}) unterscheiden, wobei PS II dem PS I vorgeschaltet ist: Die Numerik spiegelt also die Entdeckungsgeschichte wider. Beide Photosysteme kooperieren miteinander (**Emerson-Enhancement-Effekt**): Die Wirkung beider Photosysteme ist bei gleichzeitiger Anregung (PS I *und* PS II) durch Licht größer als bei Einzelanregung von PS I und PS II.

19.2.1 Die 1. Lichtreaktion: O_2-Entwicklung und ATP-Bildung

Durch Absorption von **Photonen** (Quanten, Excitonen) in den LHC geht das Chlorophyll von PS II in einen angeregten Zustand $P_{680}{}^*$ über und wird dabei ein starkes Reduktionsmittel und wegen seines hohen negativen **Redoxpotenzials** zum Elektronendonator. Die freie Enthalpie (Gibbs-Energie ΔG; vgl. Abschn. 3.1.5) errechnet sich nach

$$\Delta G = -z \times \mathrm{F} \times \Delta E \ . \qquad (19.5)$$

Darin steht F für die Faraday-Konstante (Abschn. 4.3.2) und z für die Anzahl der Elektronen und ΔE für das Redoxpotenzial (gemessen in Volt).

Das angeregte $P_{680}*$ gibt nun ein energiereiches Elektron (e^-) an den nachgeschalteten Elektronenakzeptor Pheophytin (Ph) ab und wandelt diesen in die geladene Form Ph^- um. Damit erfolgt im Reaktionszentrum des PS I eine Ladungstrennung: $P_{680}*$ wird nach e^--Abgabe zum kationischen Radikal P^+_{680} und stellt nunmehr wegen seiner erhöhten Elektronenaffinität ein starkes Oxidationsmittel dar. Sein erniedrigtes (positives) Redox-Potenzial reicht aus, um das Elektronendefizit von $P_{680}*$ mithilfe eines Mn-haltigen Komplexes aus dem **Elektronendonator** H_2O auszugleichen. Dazu wird Wasser nach der folgenden Reaktionsgleichung zerlegt. Man bezeichnet diesen Teilprozess als **Photolyse des Wassers**:

$$4\ H_2O \rightarrow 4\ OH^\bullet + 4\ H^+ + 4\ e^- \ . \qquad (19.6)$$

Die dabei entstehenden **Hydroxidradikale** ($OH^\bullet$) sind außerordentlich kurzlebig und reagieren unmittelbar weiter nach:

$$4\ OH^\bullet \rightarrow 2\ H_2O + O_2 \ . \qquad (19.7)$$

Diesen heute verbreitetsten Typ der Photosynthese mit Sauerstoffentwicklung nennt man **oxigene Photosynthese** im Unterschied zu den nicht oxigenen Photosyntheseformen bei bestimmten Photobakterien. Der photosynthetisch freigesetzte Sauerstoff stammt ausschließlich aus der Photolyse des **Elektronendonators Wasser** und nicht, wie man zeitweilig vermutete, aus den Reaktionen des **Wasserstoffakzeptors** (bzw. Elektronenakzeptors) Kohlenstoffdioxid. Dieser Grundmechanismus der Lichtreaktion war im Wesentlichen bereits 1931 bekannt, als Cornelis van Niel für die Stöchiometrie der Photosynthese grüner Schwefelbakterien zu folgender Reaktionsgleichung kam:

$$CO_2 + 2\ H_2S \rightarrow [CH_2O] + 2\ S + H_2O \qquad (19.8)$$

oder allgemeiner:

$$CO_2 + 2\ H_2A \rightarrow [CH_2O] + 2\ A + H_2O \ . \qquad (19.9)$$

Darin bezeichnet CO_2 den oxidierten H-Akzeptor, $H_{2\ A}$ den H-Donator, $[CH_2O]$ den zum Kohlenhydrat reduzierten (hydrogenierten) H-Akzeptor C aus CO_2 sowie A den dehydrogenierten, oxidierten H-Donator. Setzt man für $H_{2\ A}$ den von Cyanobakterien und grünen Pflanzen verwendeten Wasserstoff(Elektronen)donator H_2O ein, erhält man die **van-Niel-Grundgleichung** der oxigenen Photosynthese (vgl. Gln. 19.3 und 19.4):

$$CO_2 + 2\ H_2O \rightarrow [CH_2O] + O_2 + H_2O \ . \qquad (19.10)$$

Die O_2-Herkunft aus den lichtabhängigen Prozessen am PS I ergibt sich nicht nur aus der Analogie zur Photosynthese der Schwefelbakterien, sondern wurde auch durch Verwendung von isotopenmarkiertem Wasser ($H_2^{18}O$) und der photosynthetischen Freisetzung von ^{16}O-^{18}O nachgewiesen. Ferner können isolierte Chloroplasten bei Belichtung den künstlichen Elektronenakzeptor 2,6-Dichlorophenolindophenol (DCPIP) reduzieren und zeigen eine O_2-Entwicklung ohne gleichzeitige CO_2-Fixierung nach folgender Reaktion (**Hill-Reaktion**):

$$2\,H_2O + 4\,Fe^{3+} \rightarrow O_2 + 4\,H^+ + 4\,Fe^{2+}\ . \tag{19.11}$$

Der photochemische Reaktionsbereich der Photosynthese besteht in seinen ersten Teilschritten im Wesentlichen aus dem lichtgetriebenen Transfer angeregter Elektronen e^- gegen das chemische Potenzialgefälle von einem anorganischen Donator auf einen organischen Akzeptor.

Der primäre e^--Akzeptor Pheophytin wird durch e^--Übernahme vom angeregten Pigmentsystem (Reduktionsmittel) P_{680}* seinerseits zum starken Reduktionsmittel und übergibt seine Elektronen e^- an nachgeschaltete Elektronen-Carrier (Plastochinone PQ_A und PQ_B, Cytochrom$_{bf}$-Komplex, Plastocyanin (PC)). Sobald im Cytochromkomplex Elektronen fließen, entsteht hier an der Thylakoidmembran ein **Protonengradient** – der Thylakoidbinnenraum fällt dabei gegenüber dem Chloroplastenstroma (Interthylakoidalraum) um rund 3,5 pH-Einheiten auf pH 4. Der Rückfluss der Protonen auf die Stromaseite der Membran treibt nach der chemiosmotischen Theorie von Peter Mitchell (1962) mithilfe einer ATP-Synthase über die **protonenmotorische Kraft** die Bildung von Adenosintriphosphat (ATP) aus Adenosindiphosphat (ADP) und anorganischem Phosphat (P_i) an (vgl. Kap. 10): Der pH-Gradient von rund 3,5 Einheiten entspricht einem ΔG von rund $-20\,kJ\,mol^{-1}$. Die Ereignisse an den Transmembrankomplexen im **Photosystem II** fasst Abb. 19.6 schematisch zusammen. Die endergonisch verlaufende Bruttogleichung der 1. Lichtreaktion am PS II lässt sich somit formulieren als:

$$4\,H_2O + 3\,ADP + 3\,P_i \rightarrow 4\,H^+ + 4\,e^- + O_2 + 3\,ATP + 2\,H_2O\ . \tag{19.12}$$

Je Mol des neu gebildeten ATP fließen beim H^+-Gradientenabbau 3 mol Protonen durch den Cytochromkomplex. Nach Absorption von 8 Photonen durchlaufen das PSII insgesamt 4 mol Elektronen, bilden 1 mol O_2 und ungefähr 3 mol ATP. Man nennt diese lichtabhängige ATP-Synthese am PSII **Photophosphorylierung**. Mit der ATP-Bildung wird die absorbierte Strahlungsenergie über den lichtgetriebenen Elektronenfluss am Ende der 1. Lichtreaktion in chemischer Energie (genauer: in der „energiereichen“ Bindung der dritten Phosphatgruppe am ATP-Molekül) konserviert. ATP bezeichnet man daher als **Energieäquivalent** der absorbierten Lichtstrahlung. ATP (Abb. 19.5) ist auch hier als universelle Energiewährung der Zelle im Einsatz. Die Hydrolyse der dritten Phosphatesterbindung liefert konzentrationsabhängig $\Delta G = -50\,kJ\,mol^{-1}$ (unter Standardbedingungen $\Delta G° = -31\,kJ\,mol^{-1}$) (vgl. Abschn. 1.5). Dieser durchaus ansehnliche Betrag wird für endergonische Synthesereaktionen genutzt.

Abb. 19.5 Formelbild der universellen Energiewährung ATP

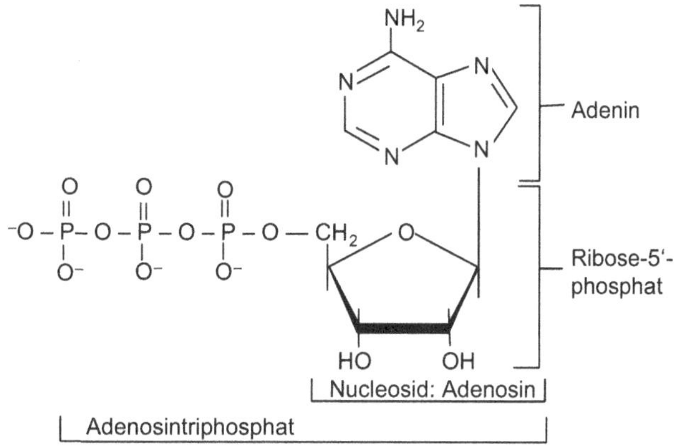

Adenin

Ribose-5'-phosphat

Nucleosid: Adenosin

Adenosintriphosphat

19.2.2 Die 2. Lichtreaktion erzeugt NADPH

Das **Photosystem I** (PSI) besitzt zu PSII funktionsanaloge LHC, die nach Anregung durch Lichtquanten die absorbierte Energie durch **Resonanzeffekte** (Ladungstransfer durch wechselseitige Anregung) auf das Reaktionszentrum P_{700} übertragen und dieses in das **Reduktionsmittel** P_{700*} überführen. Wie beim PSII löst die Absorption von Lichtenergie auch hier eine Ladungstrennung aus: Ein Elektron geht vom angeregten P_{700}* auf ein Akzeptormolekül A° über, wobei $A^{\circ-}$ und P_{700}* mit stark negativem Redoxpotenzial entstehen.

P_{700}* erhält zum Ausgleich seiner Bilanz vom reduzierten, frei in der Lipiddoppelschicht der Thylakoidmembran umher driftenden Plastocyanin ein Elektron der Elek-

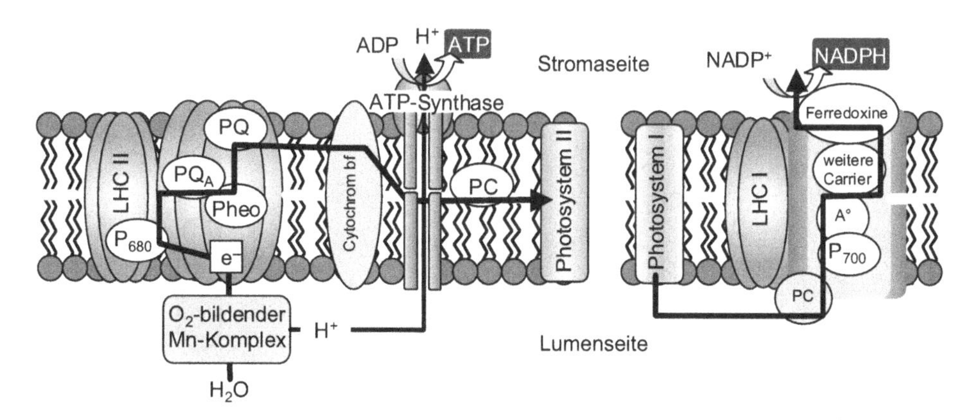

Abb. 19.6 Vorgänge an den Thylakoidmembranen bei der 1. (*links*) und 2. Lichtreaktion (*rechts*): Dargestellt ist der Weg der Elektronen durch die Komponenten der Thylakoidmembran in den Photosystemen II und I. Abkürzungen: LHC II (I): Lichtsammelkomplex II (I); Pheo: Pheophytin; PQ: Plastochinone; PC: Plastocyanin. Die PSII-Komplexe sind in den Chloroplasten vor allem an den Stromathylakoiden lokalisiert, die PSI-Komplexe überwiegend an den Granathylakoiden

tronentransportkette vom PSII und geht damit wieder in den Grundzustand über. PSII und PSI sind also in Serie geschaltet. Das Gesamtsystem weist bei Belichtung einen linearen, nichtcyclischen Elektronenfluss auf. Die Elektronen gelangen über zugeschaltete Elektronen-Carrier schließlich auf den **terminalen Elektronenakzeptor** $NADP^+$. Den Weg der mithilfe von Lichtenergie bewegten Elektronen durch die Komponenten der Thylakoidmembranen zeigt Abb. 19.6.

Reduziertes $NADP^+$ (= NADPH, Abb. 19.7) ist ein Wasserstoff übertragendes Molekül, beteiligt sich als Cosubstrat an Reduktionen und wird daher auch als **Reduktionsäquivalent** der photosynthetischen Energieumwandlung bezeichnet. Anstelle der oft üblichen Wiedergabe mit NADPH + H^+ verwenden wir hier für die reduzierte Form vorzugsweise die einfachere Schreibweise NADPH. Beim Vergleich der Strukturformel mit derjenigen von ATP fällt die Ähnlichkeit einzelner Baugruppen auf. Die Bruttogleichung der am PSI ablaufenden 2. Lichtreaktion der Photosynthese lautet:

$$2\,H^+ + 4\,e^- + 2\,NADP^+ \rightarrow 2\,NADPH\,. \qquad (19.13)$$

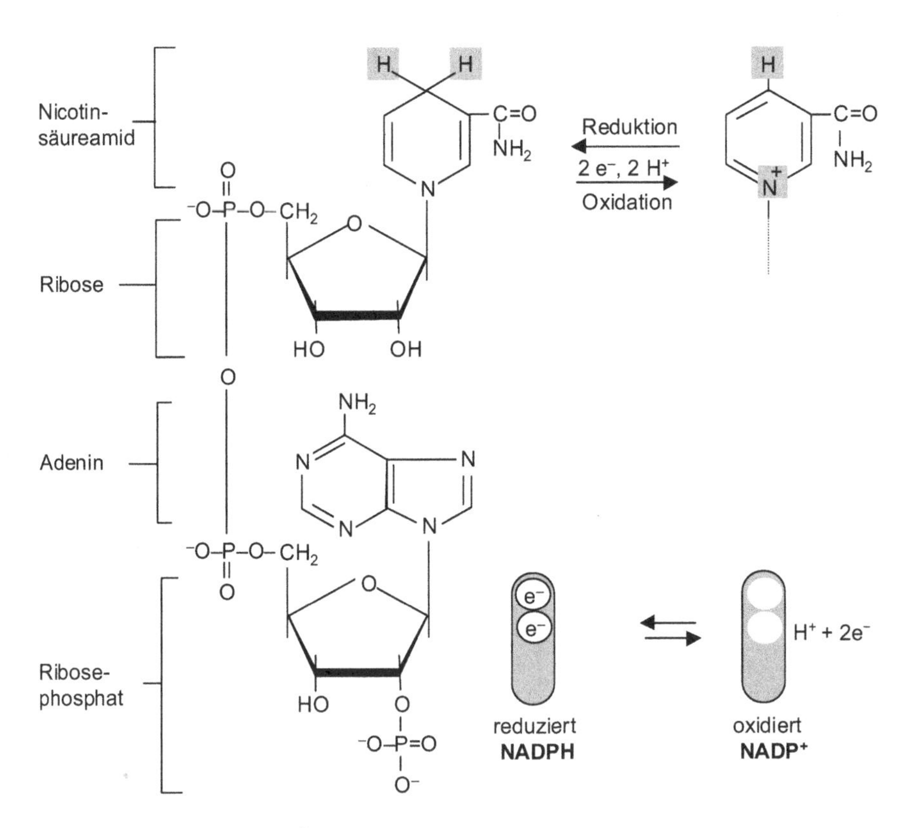

Abb. 19.7 Formelbilder des H-Überträgers NADPH (Reduktionsäquivalent, reduziert) und seiner oxidierten Form $NADP^+$

Licht bewirkt somit einen Elektronenfluss vom primären Elektronendonator Wasser bis zum terminalen Elektronenakzeptor $NADP^+$.

Diesen Weg mit seiner Abfolge der beteiligten Redox-Stationen (Elektronen-Carrier) entsprechend den jeweiligen Potenzialen zeigt zusammenfassend Abb. 19.8. Man nennt dieses Bild das **Z-Schema** der Lichtreaktionen, weil das Redox-Diagramm vom P_{680} bis zum P_{700}* einem gekippten Z ähnelt.

Eventuell können die angeregten Elektronen von P_{700}* (reduzierte Form) auf der Thylakoidmembran auch direkt zum P_{700} (oxidierte Form) zurückfließen. Am Cytochromkomplex leisten sie wiederum mithilfe des Protonengradienten eine ATP-Bildung. Man nennt diesen Spezialweg im Unterschied zur Standardfolge den **cyclischen Elektronentransport**. Die Lichtreaktionen können die chemische Energie also fallweise auch ausschließlich in ATP konservieren und ihr Leistungsprofil damit dynamisch dem aktuellen Energiebedarf in den Chloroplasten anpassen.

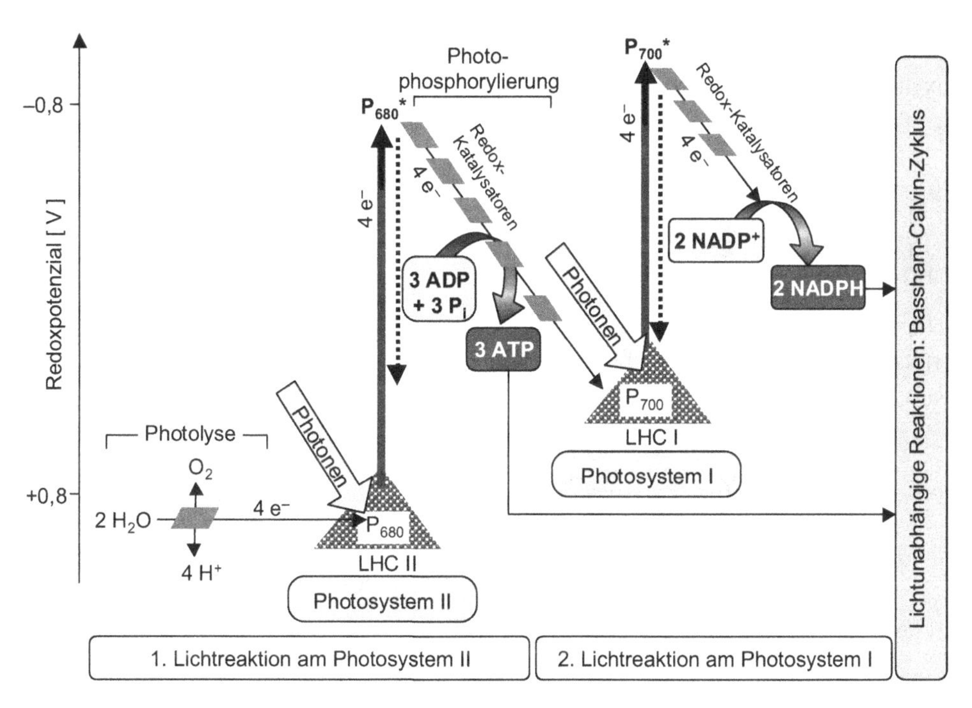

Abb. 19.8 Z-Schema (Redox-Diagramm) der Abläufe an den beiden Photosystemen während der Lichtreaktionen der Photosynthese: Die Stationen des photosynthetischen Elektronenflusses vom Wasser (PSII) bis zur Bildung von Reduktionsäquivalenten (Abschluss von PSI)

19.3 Biochemie nach der Photochemie: der Calvin-Zyklus

Die im Chloroplasten in Membrannähe, aber nicht membrangebunden ablaufenden Prozesse der CO_2-Bindung (-Fixierung) und -Umwandlung sind unabhängig vom Photonenfluss, solange genügende Mengen an ATP und NADPH aus den Lichtreaktionen zur Verfügung stehen. Man bezeichnet sie daher auch als lichtunabhängige Reaktionen der Photosynthese. Diese biochemischen Reaktionen umfassen die eigentlichen anabolen (stoffbildenden) Leistungen der Chloroplasten.

Die Bindung des CO_2, die nachfolgende Umwandlung in Kohlenstoffverbindungen (Kohlenhydrate, Proteine, Fette u. a.) und die erneute Bereitstellung der Reaktionspartner des Kohlenstoffdioxids lassen sich als Kreisprozess auffassen und heißen **reduktiver Pentosephosphatzyklus** oder nach den Entdeckern **Bassham-Calvin-Benson-Zyklus**, meist jedoch nur kurz als Calvin-Zyklus zitiert (nach Melvin Calvin 1911–1997; Nobelpreis 1961). Er lässt sich in die carboxylierende (Abschn. 19.3.1), die reduzierende (Abschn. 19.3.2) und die regenerierende Phase (Abschn. 19.3.3) untergliedern (vgl. Abb. 19.6). Bei seiner Aufklärung in den frühen 1950er-Jahren war der Einsatz von isotopenmarkiertem, radioaktivem Kohlenstoffdioxid ($^{14}CO_2$) außerordentlich hilfreich. Carboxylierung bis zum fertigen Hexosebisphosphat zeigt Abb. 19.9.

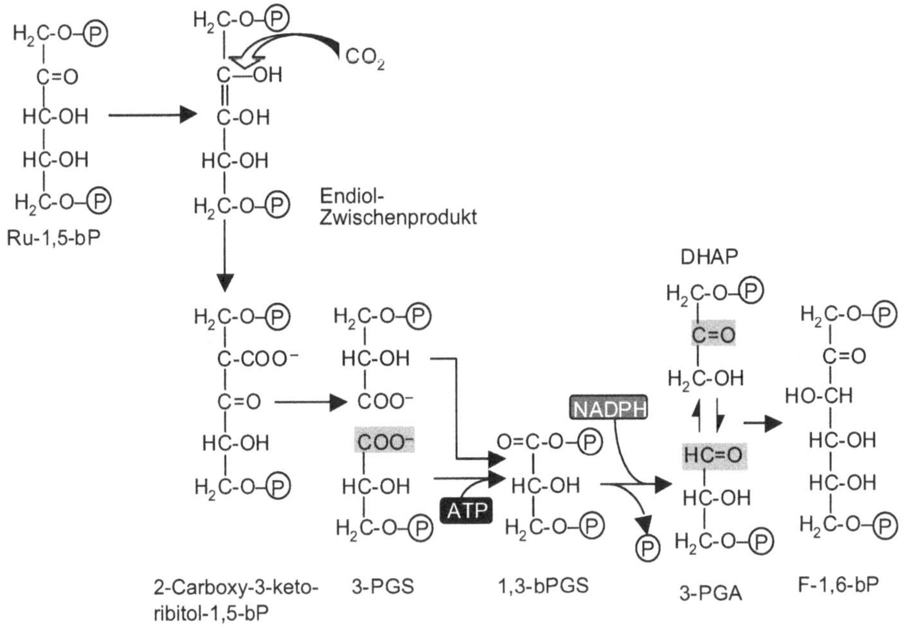

Abb. 19.9 Reaktionsfolge im Bassham-Calvin-Zyklus vom Carboxylierungsschritt bis zum Abschluss der reduzierenden Phase

19.3.1 Phase 1: Ribulose-1,5-bisphosphat wird carboxyliert

Kohlenstoffdioxid aus der Atmosphäre oder gelöst in Wasser (als Hydrogencarbonat-Anion (HCO_3^-)) bzw. Carbonat-Anion (CO_3^{2-}) ist das Substrat der Eingangsreaktion des Calvin-Zyklus.

Die schnelle Einstellung des Gleichgewichtes

$$CO_2 + H_2O \rightleftarrows HCO_3^- + H^+$$

besorgt das mit den Chloroplasten assoziierte Enzym **Carboanhydrase**. Für wasserlebende Algen ist der rasche Übergang zum gelösten CO_2 von Bedeutung, da die Aktivität der Carboanhydrase hier wie eine CO_2-anreichernde Pumpe wirkt. In der Atmosphäre liegen bei einem CO_2-Gehalt von (heute) 0,036 % rund 18×10^{-6} mol L^{-1} vor. Im Meerwasser sind es (abhängig vom pH-Wert) etwa $2{,}2–2{,}5 \times 10^{-3}$ mol L^{-1}. Die Diffusionsraten für CO_2 in der Luft betragen etwa 0,16 cm s^{-1}, im Meerwasser dagegen nur 2×10^{-5} cm s^{-1}. Photosynthetische marine Organismen sind angesichts von vier Zehnerpotenzen Unterschied in den Diffusionsgeschwindigkeiten gegenüber Landpflanzen daher in der CO_2-Versorgung nicht unbedingt im Nachteil.

Die **Carboxylierung** als erstes Ereignis des **Calvin-Zyklus** besteht in der Verknüpfung von CO_2 mit dem Akzeptormolekül Ribulose-1,5-bisphosphat (Ru-1,5-bP), das aus seiner Endiolform (mit Doppelbindung zwischen dem C-2 und dem C-3) reagiert. Der Einbau von CO_2 führt zur Bildung einer sehr kurzlebigen Zwischenverbindung aus sechs C-Atomen (= 2-Carboxy-3-ketoribitol-1,5-bisphosphat), die sofort in zwei Moleküle 3-Phosphoglycerinsäure (3-PGS) zerfällt (Abb. 19.8). Bei dem relativ hohen pH-Wert im Stroma der Chloroplasten liegt allerdings nicht die freie 3-Phosphoglycerinsäure, sondern das entsprechende Anion 3-Phosphoglycerat vor. Das Enzym Ribulose-1,5-bisphosphat-Carboxylase (Ru-1,5-bPCase, auch **RubisCO** genannt) katalysiert diesen stark exergonischen Schritt ($\Delta G^\circ = -52$ kJ mol^{-1}). Da 3-PGS eine C_3-Monocarbonsäure ist, bezeichnet man alle Pflanzen dieses Reaktionstypus auch als **C_3-Pflanzen** (vgl. Abschn. 19.5).

19.3.2 Phase 2: Reduktion zum Kohlenhydrat

In der nun anschließenden reduzierenden Phase des Calvin-Zyklus wird 3-PGS zum Triosephosphat 3-Phosphoglycerinaldehyd (3-PGA, manchmal auch Glycerinaldehyd-3-phosphat oder GAP genannt) reduziert. Dieser endergonische Teilschritt erfordert die Kopplung mit einer energieliefernden Reaktion und verläuft in zwei Stufen unter Verbrauch von NADPH (Abb. 19.8).

Der ΔG°-Wert für die Reduktion von CO_2 auf die Energiestufe eines Zuckers beträgt 477 kJ mol^{-1}. Wenn 8 mol Photonen (s. oben) mit einem durchschnittlichen Energiegehalt von zusammen 1600 kJ in den Lichtreaktionen die notwendigen Energie- und Reduktionsäquivalente bereitstellen, beträgt der Wirkungsgrad der Photosynthese unter Standardbedingungen 477 : 1600 oder rund 30 %.

Das Enzym Triosephosphat-Isomerase stellt ein Gleichgewicht zwischen 3-PGA und dem isomeren Dihydroxyacetonphosphat (DHAP) ein. Die Aldolase verknüpft 3-PGA und DHAP zu Fructose-1,6-bisphosphat (F-1,6-bP). Davon ist jedoch nur ein reduziertes Kohlenstoffatom ein Nettogewinn. Um ein komplettes Hexosemolekül als Nettoprodukt zu erhalten, sind sechs Durchgänge des Reaktionsweges von der Carboxylierung bis zur reduzierenden Phase erforderlich. Die Bilanz ergibt sich damit zu:

$$6\,CO_2 + 6\,C_5H_{10}O_5 + 12\,ATP + 12\,NADPH + 12\,H_2O \rightarrow$$
$$6\,C_6H_{12}O_6 + 12\,ADP + 12\,P_i + 12\,NADP^+ + 6\,H_2O + 6\,O_2 + 12\,H^+ + 24\,e^- \tag{19.14}$$

oder unter ausschließlicher Berücksichtigung der beteiligten C-Atome:

$$6\,C + 6\,C_5 \rightarrow [6\,C_6] \rightarrow 12\,C_3 \rightarrow\rightarrow\rightarrow 6\,C_6\,. \tag{19.15}$$

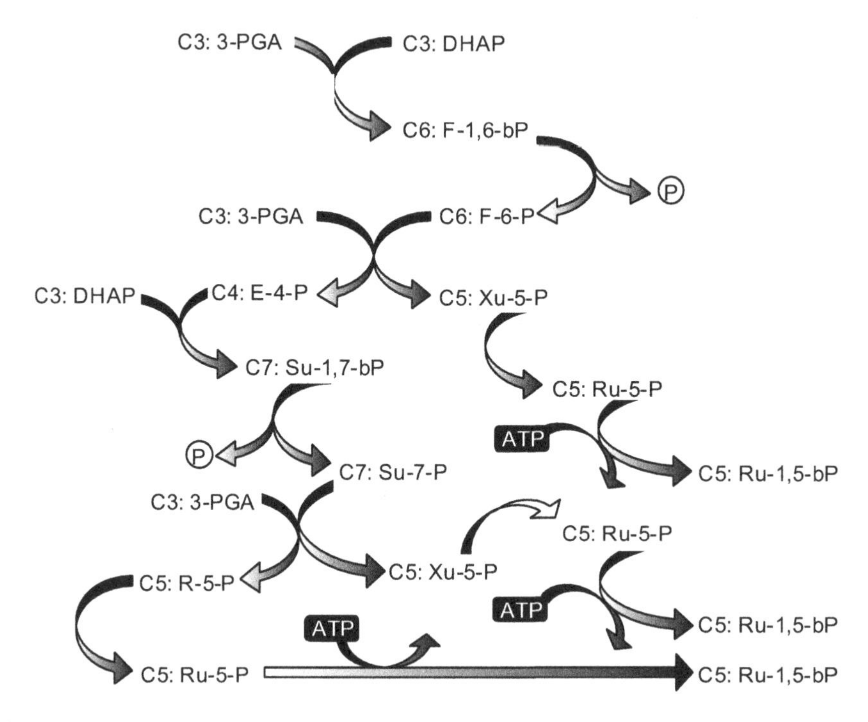

Abb. 19.10 Reaktionsfolge in der regenerierenden Phase des Calvin-Zyklus. Die komplexen molekularen Arrangements dienen der Bereitstellung des Carboxylierungssubstrates Ru-1,5-bP. Abkürzungen (soweit nicht schon erläutert): E-4-P: Erythrose-4-phosphat; Xu-5-P: Xylulose-5-phosphat; R-5-P: Ribose-5-phosphat: Su-1,7-bP: Seduheptulose-1,7-bisphosphat

Bei dieser Bilanzierung wird ersichtlich, dass im Chloroplasten ein bedeutender Pool an Ribulose-1,5-bisphosphat (Rub-1,5-bP) vorhanden sein müsste, aus dem ständig Akzeptormoleküle für den Carboxylierungsschritt abfließen. Zusatzreaktionen des Calvin-Zyklus regenerieren nun das Pentosephosphat Ru-1,5-bP jeweils aus dem Reaktionsablauf (Abb. 19.10).

19.3.3 Phase 3: Regeneration des CO_2-Akzeptors

Von den aus sechs Carboxylierungsschritten insgesamt anfallenden 12 C_3-Körpern (Triosephosphate) werden nur 2 C_3-Einheiten zur Bildung von einem Molekül F-1,6-bP abgezweigt. Die restlichen 10 C_3-Körper dienen der Wiederbereitstellung des CO_2-Akzeptors durch eine komplexe Reaktionsfolge, deren Details hier entbehrlich sind. Deren Bruttobilanz lautet:

$$6\,C + 6\,C_5 \rightarrow 12\,C_3[10\,C_3\downarrow] + 2\,C_3 \rightarrow C_6\,. \qquad (19.16)$$

Der komplette Umlauf des Zyklus (Abb. 19.11) mit Regeneration des CO_2-Akzeptors erfordert somit 18 mol ATP und 12 mol NADPH. Die benötigten 18 mol ATP repräsentieren ein Energieäquivalent von zusammen rund 576 kJ, die 12 mol NADPH von 2640 kJ. Das Energieinvestment in den Komplettzyklus liegt damit bei 3220 kJ. Zieht man davon den Energieinhalt der gewonnenen 12 C_3-Körper (3-PGA/DHAP) ab, bleibt eine Differenz von $\Delta G^\circ = -280\,\text{kJ}$ übrig – etwa 10 % des ursprünglich aufgewendeten Betrags. Damit würde der Calvin-Zyklus unter optimalen Standardbedingungen mit einer energetischen Ausbeute von rund 90 % ablaufen.

F-1,6-bP ist das erste im Bassham-Calvin-Zyklus synthetisierte Hexosebisphosphat. Die häufig in der einfacheren Lehrbuchliteratur nachzulesende Aussage, wonach Glucose (Traubenzucker) das Primärprodukt der Photosynthese ist, trifft nicht zu. Noch im

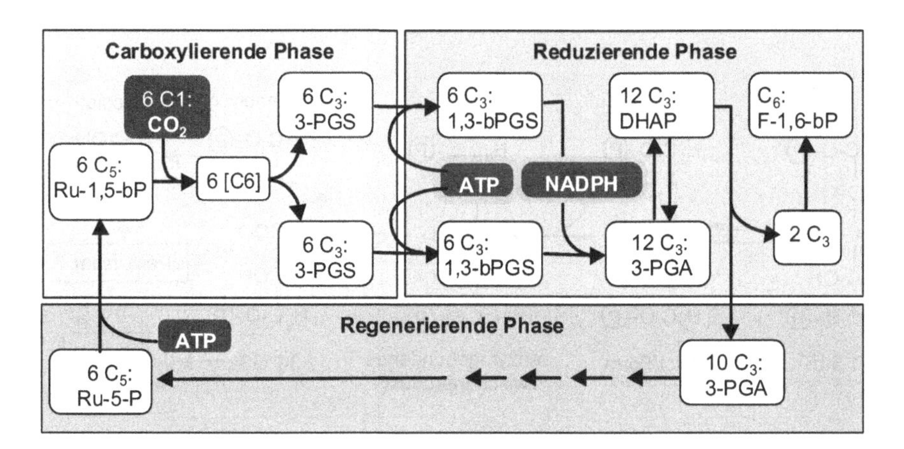

Abb. 19.11 Einzelreaktionen (summarisch) des Bassham-Calvin-Zyklus. Die Abkürzungen sind im Text erläutert

Chloroplasten dient F-1,6-bP zur Synthese von Stärke, die in Form von Stärkegranula für kurze Zeit intraplastidär gespeichert wird (= transitorische Stärke), ehe sie wieder zu Saccharose umgebaut wird. Die im Cytosol ablaufende Saccharosesynthese nimmt ihren Ausgang von Fru-6-P und der phosphorylierten Nucleotidhexose UDP-Glucose. Das Enzym Saccharose-6-phosphat-Synthase verknüpft beide zu Saccharose-6-P. Nach hydrolytischer Abspaltung der Phosphatgruppe durch Sacch-6-P-Phosphatase liegt die freie Saccharose vor. Über die pflanzlichen Leitgewebe, in der Regel in den Siebröhren des Phloems, wird dieses wichtigste pflanzliche Disaccharid zu Depotgeweben mit Amyloplasten (Früchte, unterirdische Speicherorgane wie Wurzeln und Knollen, bei Gehölzen auch parenchymatische Markstrahlen) transportiert, wo in den Speicherplastiden erneut eine Stärkesynthese stattfindet.

19.4 Photorespiration ist CO_2-Abgabe im Licht

Unter bestimmten Bedingungen geben grüne Pflanzen lichtabhängig unter gleichzeitigem O_2-Verbrauch CO_2 ab. Wegen der zunächst vermuteten Ähnlichkeit mit der mitochondrialen CO_2-Freisetzung (vgl. Kap. 20) und der Lichtabhängigkeit nennt man diesen Prozess **Lichtatmung** oder Photorespiration. Sie ist jedoch keine eigentliche Atmungsleistung mit Energiegewinn, sondern eine Begleiterscheinung der Photosynthese, denn zumindest ihre Eingangsreaktionen laufen in den Chloroplasten ab.

In dieser Reaktionsfolge steht nicht die Carboxylasefunktion der Ribulose-1,5-bisphosphat-Carboxylase im Vordergrund, sondern ihre katalytische Möglichkeit, mit O_2 oxidativ zu spalten (**Oxigenasefunktion**, daher RubisCO genannt). Dieser Reaktionsschritt erfolgt immer dann, wenn im Blatt unter Lichtsättigung bei hoher Temperatur ein hoher O_2-Partialdruck vorliegt. Spaltprodukte der RubisCO-Katalyse sind 3-Phosphoglycerat (3-PGS), CO_2 und 2-Phosphoglycolat, das noch im Chloroplasten zu Glycolat dephosphoryliert wird (Abb. 19.12). Die Weiterverarbeitung des Glycolats zu Glyoxylat, Glycin

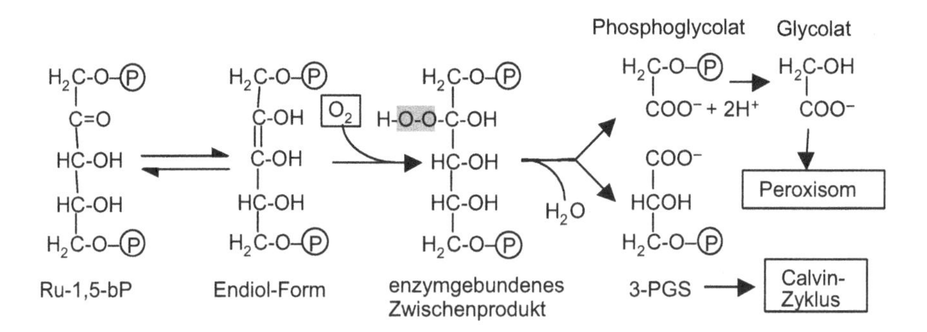

Abb. 19.12 Die Oxigenasefunktion von RubisCO: Initialreaktionen der Photorespiration

und Serin erfolgt dagegen in den Peroxisomen, die in grünen Pflanzenzellen stets eng mit den Chloroplasten assoziiert sind.

Den Verbrauch von ATP und NADPH deutete man zunächst als Verschwendung oder gar als Fehlleistung der RubisCO, versteht ihn heute jedoch eher als Regulationsmöglichkeit der Pflanze: Bei voller Beleuchtungsstärke, hoher Temperatur und (nach davon induziertem Schließen der Spaltöffnungen!) geringem CO_2-Angebot können die Chloroplasten ihre Kohlenhydratproduktion abkoppeln, während die nicht abschaltbaren Lichtreaktionen weiter laufen müssen. Mit der dann wirksamen Oxigenasefunktion der RubisCO vermeidet der Chloroplast die Bildung von Superoxiden ($O_2^{\bullet -}$) und damit von reduzierten Sauerstoffspezies bzw. -radikalen.

19.5 C_4-Weg der photosynthetischen C-Assimilation

Das Eingangsenzym des Calvin-Zyklus, die Ribulose-1,5-bisphosphat-Carboxylase, macht etwa 15 % aller Chloroplastenproteine aus und ist mutmaßlich die mengenmäßig bedeutsamste Enzymspezies auf der Erde. Sein beträchtlicher Mengenbedarf liegt offenbar darin begründet, dass es vergleichsweise ineffektiv ist, denn seine Affinität zum Substrat CO_2 ist im Vergleich zu dessen Konzentration in der Atmosphäre oder im Wasser erstaunlich gering. Der entsprechende **K_M-Wert** (vgl. Abschn. 16.5) für CO_2 liegt für die RubisCO tatsächlich bei etwa 400×10^{-6} mol L^{-1}.

Eine Anzahl Pflanzen, darunter die tropischen **Hochleistungspflanzen** Hirse, Mais und Zuckerrohr, hat jedoch einen ergänzenden Weg zur oben dargestellten C_3-Photosynthese entwickelt und bindet CO_2 in deutlich besserer Ausbeute. Sie verfügen gewöhnlich über eine besondere Blattanatomie, wobei die grünen Mesophyllzellen mit morphologisch und funktionell andersartig beschaffenen Chloroplasten bestückt sind als die Zellen, die kranzförmig unmittelbar um die Leitbündel gruppiert sind (**Chloroplasten-Dimorphismus**). Dieses spezielle von dem österreichischen Pflanzenanatomen Gottlieb Johann Haberlandt (1854–1945) entdeckte Gewebearrangement bezeichnet man auch als **Kranzanatomie**.

In den Mesophyllzellen verknüpft das Enzym Phosphoenolpyruvat-Carboxylase (PEPCase) atmosphärisches CO_2 mit Phosphoenolbrenztraubensäure (Phosphoenolpyruvat, PEP) zu Oxalessigsäure (OAA) und liefert damit als erstes fassbares Carboxylierungsprodukt eine C_4-Dicarbonsäure. Danach wird diese Reaktionsfolge, auch **C_4-Weg** der Photosynthese, nach seinen Entdeckern auch als Hatch-Slack-Kortschak-Weg (**HSK-Weg**) bezeichnet. Das carboxylierende Enzym PEPCase hat zum CO_2 eine bemerkenswert hohe Affinität – sein K_M-Wert liegt bei nur $20–70 \times 10^{-6}$ mol L^{-1}. Daher kann es in den Blättern sogar als CO_2-Pumpe wirken und auf diese Weise die photosynthetische Effizienz steigern (Abb. 19.13).

Eine besondere Form des C_4-Weges der Photosynthese zeigt die CAM-Reaktion (Akronym von ***Crassulacean Acid Metabolism***) der stamm- und blattsukkulenten Vertreter beispielsweise der Pflanzenfamilien Cactaceae, Crassulaceae und Mesembryanthemaceae. Anstelle einer **räumlichen** Trennung der Carboxylierungsschritte zwischen den

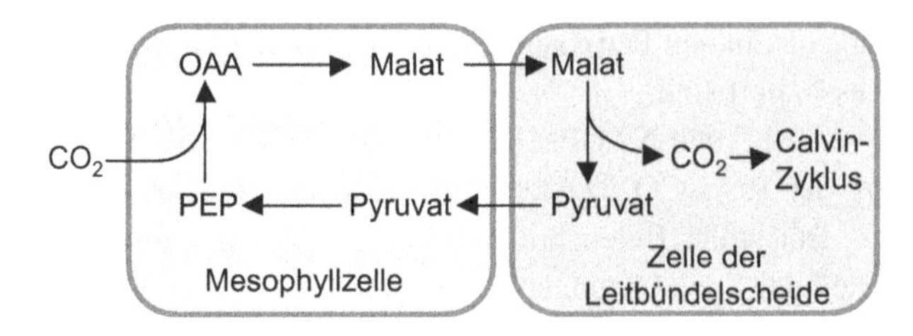

Abb. 19.13 Basisabläufe des C_4-Weges der Photosynthese. Daneben gibt es zwei Varianten, die statt Malat die C_4-Aminosäure Aspartat in die Leitbündelscheidenzellen transportieren

Chloroplasten verschiedener Zellen (Mesophyll vs. Leitbündelscheide) erfolgt hier eine **zeitliche** Verschiebung des CO_2-Einbaus: Im Dunkeln kommt es zur Ansäuerung durch OAA/Malatbildung, und im Licht folgt die konventionelle Verarbeitung des CO_2 aus der OAA-Decarboxylierung über den Calvin-Zyklus.

19.6 Photosynthese als komplexer Redox-Prozess

Der Gesamtablauf der Photosynthese lässt sich als Säure verbrauchende sowie Basen freisetzende Reaktion auffassen (vgl. Kap. 11). Die Bruttoreaktionsgleichung der Photosynthese (van-Niel-Gleichung, vgl. Gl. 19.10) lässt sich demnach auch so fassen:

$$12\,H_3O^+ + 6\,\overset{+4}{H}CO_3^- \xrightarrow{\text{Lichtenergie}} \overset{\pm 0}{C}_6H_{12}O_6 + 6\,\overset{\pm 0}{O}_2 + 6\,H_2O\,. \tag{19.17}$$

Diese Formel lässt erkennen, dass bei der Photosynthese Kohlensäure und H_3O^+-Ionen, gleichbedeutend H^+-Ionen, verbraucht werden und sich zugleich die Oxidationsstufen des Kohlenstoffs und Sauerstoffs ändern. Mithilfe der Lichtenergie wird aber nicht nur Kohlenstoff als CO_2 assimiliert, sondern auch Stickstoff als Nitrat und Schwefel als Sulfat. Beim respiratorischen Stoffabbau, dem Antagonismus zur Photosynthese (vgl. Kap. 20), sind die Reaktionsgleichungen entsprechend von rechts nach links zu lesen. Dabei entstehen wiederum die starken mineralischen Ausgangssäuren.

$$H_3\overset{-2}{O}^+ + \overset{+5}{N}O_3^- \xrightarrow{\text{Lichtenergie}} \overset{-3}{N}H_3 + 2\,\overset{\pm 0}{O}_2 \rightarrow\rightarrow\rightarrow \text{Protein} \tag{19.18}$$

Analog ist auch die Reduktion von Schwefel zu Sulfat entsprechend der folgenden Gleichung zu sehen:

$$2\,H_3\overset{-2}{O}^+ + \overset{+6}{S}O_4^{2-} \xrightarrow{\text{Lichtenergie}} H_2\overset{-2}{S} + 2\,O_2 + 2\,H_2O \rightarrow\rightarrow\rightarrow \text{Protein}\,. \tag{19.19}$$

Auch in diesen Fällen wird jeweils Säure verbraucht: Aus starken Säuren – nämlich der Salpetersäure (HNO_3) und der Schwefelsäure (H_2SO_4) – entstehen die Base Ammoniak

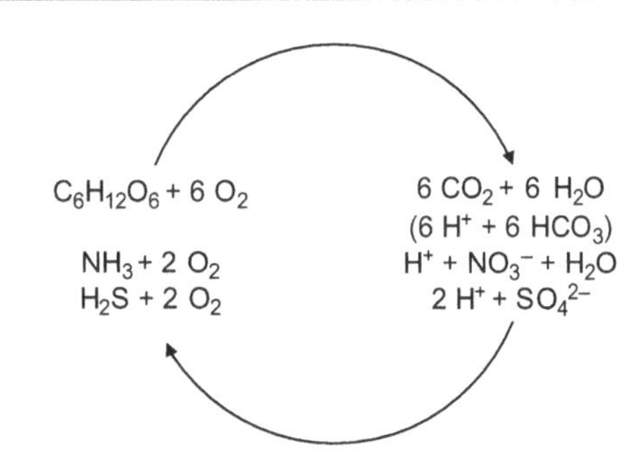

Abb. 19.14 Säure verbrauchende und Säure produzierende Vorgänge sind auf der organismischen Ebene (Pflanzenzelle: Photosynthese vs. Atmung) und auch ökosystemar gekoppelte antagonistische Prozesse

(NH_3) und die sehr schwache Säure Schwefelwasserstoff (H_2S). Die Anschlussreaktionen des Stoffwechsels mit der Aminosäure- und Proteinsynthese sind deshalb gleichzeitig Entgiftungen, weil schon leicht erhöhte Konzentrationen an NH_3 oder H_2S für die Lebewesen toxisch sind. Bei der photosynthetischen Reduktion ändern sich die Oxidationsstufen von Stickstoff und Schwefel zusammen mit derjenigen des Sauerstoffs.

Photosynthese und Atmung stellen jedoch keineswegs einfache Reaktionen dar, sondern Fließgleichgewichte. In solchen biologisch-physiologischen Fließgleichgewichten (Kap. 10) lassen sich Redox-Reaktionen und Säure-Base-Reaktionen nicht voneinander trennen. Von besonderer praktisch-ökologischer Bedeutung ist beispielsweise, dass Stoffe wie Ammoniak zwar chemisch als Base wirken, aber in Ökosystemen zu einer starken Säure (Salpetersäure) umgewandelt werden. Ammoniak ist unter diesem Aspekt als Säurebildner und somit als **acidogen** anzusehen. Das Nitrat- und das Sulfat-Ion werden durch die Photosynthese andererseits unter Säureverbrauch wieder reduziert. Sie wirken demnach Basen bildend bzw. **basogen**. Für die experimentelle Behandlung der Photosynthese, aber auch der Atmung, in der Lehre ist deshalb der Einsatz von Säure-Base-Indikatoren und Redox-Indikatoren nicht nur nützlich, sondern auch attraktiv (vgl. Kap. 11).

19.7 Fragen zum Verständnis

1. Definieren Sie die Begriffe „Photolithotrophie", „Photohydrotrophie" und „Photoautotrophie".
2. Warum ist die weit verbreitete Bezeichnung „Dunkelreaktionen" für den Calvin-Zyklus unzutreffend?
3. Wie lässt sich die Kooperation von zwei Photosystemen experimentell nachweisen?
4. An beiden Photosystemen erfolgt nach Lichtanregung eine Ladungstrennung in einen positiv geladenen Donator und einen negativ geladenen Akzeptor. Warum kommt es nicht sofort wieder zum Ladungsausgleich?
5. Die Absorption eines Photons im Pigmentkomplex dauert ca. 10^{-15} s, die Weiterleitung seiner Energie 10^{-12} s, die Ladungstrennung in den Reaktionszentren 10^{-10} s

und der e^--Transport 10^{-4} bis 10^{-1} s. Warum ist die beträchtliche Verlangsamung der Prozesse bei den Lichtreaktionen sinnvoll oder gar notwendig?

6. Da sich die Photosyntheseprodukte formal als $C_n(H_2O)_n$ darstellen lassen, nahm man zeitweilig an, der photosynthetisch freigesetzte Sauerstoff stamme aus dem aufgenommenen Kohlenstoffdioxid. Wie lässt sich seine tatsächliche Herkunft zeigen?
7. Wo genau sind die beiden Reaktionsbereiche der Photosynthese lokalisiert?
8. Was ist unter dem Wirkungsgrad der Photosynthese zu verstehen und wie könnte man ihn bestimmen?
9. Der Cytochromkomplex in der Elektronentransportkette zwischen PSII und PSI ist dem der mitochondrialen Atmungskette strukturell und funktionell sehr ähnlich. Welche Schlüsse legt dieser Befund nahe?
10. Definieren und interpretieren Sie die Hill-Reaktion isolierter Chloroplasten.
11. In welche Teilbereiche gliedert man üblicherweise den Calvin-Zyklus?
12. An welcher Stelle im Calvin-Zyklus werden die Produkte aus den Lichtreaktionen eingesetzt?
13. Warum erreichen C_4-Pflanzen eine bessere Photosyntheserate als Pflanzen mit C_3-Photosynthese?
14. Was versteht man unter Photorespiration (Lichtatmung)?
15. Warum ist die Photosynthese ein Redoxprozess?

Die Antworten zu diesen Fragen finden Sie im Anhang „Antworten und Lösungen zu den Fragen“.

Atmung

20

Zusammenfassung
Leben bedarf der dauernden Zufuhr von chemischer Energie. Da sich lebende Zellen mit ihren komplexen Stoffgemischen und Stoffflüssen weit entfernt vom thermodynamischen Gleichgewicht befinden (müssen) (vgl. Kap. 10), sind sie nur so lange betriebsfähig, wie über ihre miteinander kooperierenden Kompartimente (Cytosol und Zellorganellen) gebundene Energie weitergegeben wird. Der dazu erforderliche Energieaufwand dient unter anderem dazu, Synthesen zu betreiben und Bausteine für das Wachstum bereitzustellen, Bewegungsprozesse zu ermöglichen oder Ungleichgewichte (beispielsweise Membranpotenziale oder Konzentrationsunterschiede) aufrechtzuerhalten (vgl. Kap. 1 und 12).

Die benötigte Funktionsenergie gewinnen die Organismen durch den Abbau körpereigener oder körperfremder organischer Substanzen. Man nennt diesen Teil des Stoffwechsels, der zur Assimilation entgegengerichtet ist, **Dissimilation** – es handelt sich dabei um exergone katabolische Abläufe. **C-Autotrophe** wie die prokaryotischen Photobakterien und alle mit Chlorophyll *a* ausgestatteten Eukaryoten (Algen, Moose, Farne, Samenpflanzen) verwenden für die Dissimilation die Reserven, die sie zuvor durch Photosynthese aus anorganischen Stoffen unter Nutzung äußerer Energiequellen (Licht) gewonnen haben. Dagegen müssen **C-Heterotrophe** (farblose Bakterien, Pilze, Tiere) von außen zugeführte organische Stoffe als Energiequelle abbauen (Tab. 20.1).

Die am weitesten verbreitete Form der Dissimilation ist die Atmung oder **Respiration**. Sie ist ein Oxidationsprozess, bei dem atmosphärischer oder im Wasser gelöster Sauerstoff verbraucht wird und Kohlenstoffdioxid entsteht. Den Austausch dieser Gase mit der Umwelt bezeichnet man gewöhnlich als äußere Atmung, während die **innere Atmung** oder Zellatmung den in den Zellen ablaufenden biochemischen Abbau (Katabolismus) bestimmter Stoffe (= Atmungssubstrate) meint.

H. Bannwarth et al., *Basiswissen Physik, Chemie und Biochemie*,
https://doi.org/10.1007/978-3-662-58250-3_20

Tab. 20.1 Heterotropher Stoffwechsel: Typologie und Benennung

Primäre Energiequelle	Primärer e^--Donator	Primäre C-Quelle	
Chemische Reaktion ⇒ Chemo-	Organisch: $C_6H_{12}O_6$ ⇒ -organo-	Organisch: $C_6H_{12}O_6$ ⇒ -hetero-	-trophie

Respiration baut die verwendeten Substrate unter beträchtlichem Energiegewinn durch chemische Reaktionen vollständig zu energiearmen, anorganischen Endprodukten ab. Da dieser Abbauweg nur unter Beteiligung von Sauerstoff zu beschreiten ist, spricht man auch von **aerobem Stoffabbau**. Dabei werden verschiedene makromolekulare oder polymere Nahrungsstoffe wie Lipide, Proteine oder Polysaccharide in vorbereitenden Reaktionsfolgen wieder in ihre jeweiligen monomeren Bausteine zerlegt.

Wir betrachten hier die dissimilatorische Zerlegung von Kohlenhydraten (vgl. Kap. 14). Die Stoffwechselwege für den Abbau gerade dieser bedeutenden Nähr- und Reservesubstanzen sind bei allen Organismen sehr ähnlich oder sogar identisch. Sie gehören offenbar zu den phylogenetisch ältesten Stoffwechselleistungen der Zellen überhaupt. Formal entspricht die Dissimilation der Umkehrung der Bilanzgleichung der Photosynthese und lässt sich analog mit der folgenden Bruttoformel beschreiben:

$$C_6H_{12}O_6 + 6\ O_2 \rightarrow 6\ CO_2 + 6\ H_2O + \text{Energie}\ . \qquad (20.1)$$

Angesichts der Tatsache, dass hier die freigesetzte Energie E mit dem Plus-Zeichen versehen wird, sei daran erinnert, dass von Energiegewinn bezogen auf das reagierende System keine Rede sein kann, dass es sich nur um Energieverlust handelt, wenn man sich richtigerweise auf das reagierende System bezieht. So gesehen ist es richtig, dass die Freie Enthalpie ΔG ein negatives Vorzeichen erhält (vgl. Abschn. 3.1.5 und Kap. 10).

Exkurs: Produktionsbiologie

In ihrer allgemeinen Form (Gl. 20.1) beschreiben die Bruttoreaktionsgleichungen gleichzeitig die produktionsbiologische Basisstruktur beliebiger Ökosysteme: In jeder ökosystemaren Vergesellschaftung müssen bestimmte Bestandsmitglieder durch Primärproduktion energiereiche, organische Verbindungen bereitstellen (Produzenten), während Sekundärproduzenten (Konsumenten, Destruenten) diese unter Energiegewinn für ihren eigenen Stoffwechselbetrieb abbauen und die Produkte der erneuten energetischen Aufwertung durch Photosynthese zuführen (Abb. 19.1). Bei diesen Materialflüssen beschreiben die beteiligten Stoffe jeweils Kreisläufe und repräsentieren insofern ein perfektes **Recycling**, während die mit den Stoffen über die nachgeschalteten Konsumentenebenen weitergegebene gebundene Energie die Ökosysteme lediglich durchfließt und letztlich als Wärme verloren geht. Für Energie gibt es kein Recycling – die von der Sonne gespeisten Energieflüsse sind grundsätzlich Einbahnstraßen (vgl. Begriff Entropiezunahme, Abschn. 3.1.4).

Die Formeldarstellung in Gl. 20.1 zeigt, dass der respiratorische Stoffwechsel exakt die anorganischen Endprodukte anliefert, die gleichzeitig die Betriebsstoffe der Photosynthese darstellen. Die assimilatorisch wirksame Photosynthese und die dissimilatorisch arbeitende Respiration sind somit **gegenläufige** oder antagonistische Stoffwechselleistungen (Abb. 20.1).

20.1 Die Kohlenhydratveratmung verläuft in zwei Teilprozessen

Der respiratorische (oxidative) Abbau von Kohlenhydraten ist ein komplexer Vorgang. Nicht nur aus Gründen der Übersichtlichkeit gliedert man ihn in zwei aufeinanderfolgende Teilphasen:

Substratzerlegung Nach der Addition von Phosphatgruppen an eine abzubauende Hexose (Phosphorylierung) schließt sich eine schrittweise Umwandlung in Produkte mit hohem Phosphatgruppen-Übertragungspotenzial an. Gleichzeitig wird die Kohlenstoffkette des jeweiligen Atmungssubstrates halbiert, substratgebundener, reduzierter Wasserstoff (jeweils 2 H) durch Dehydrogenasen abgespalten und an H-übertragende Coenzyme (**Cosubstrate**) gebunden. Die im Cytosol stattfindenden Einzelreaktionen der Substratzerlegung (gewöhnlich der C_6-Körper einer Hexose) bis zur Stufe des C_3-Körpers Brenztraubensäure (Anion: Pyruvat) bezeichnet man als **Glycolyse** (Abschn. 20.2). Ihre Teilschritte sind im **Cytoplasma** lokalisiert. Dieser grundlegende Stoffwechselweg war bereits im Jahre 1940

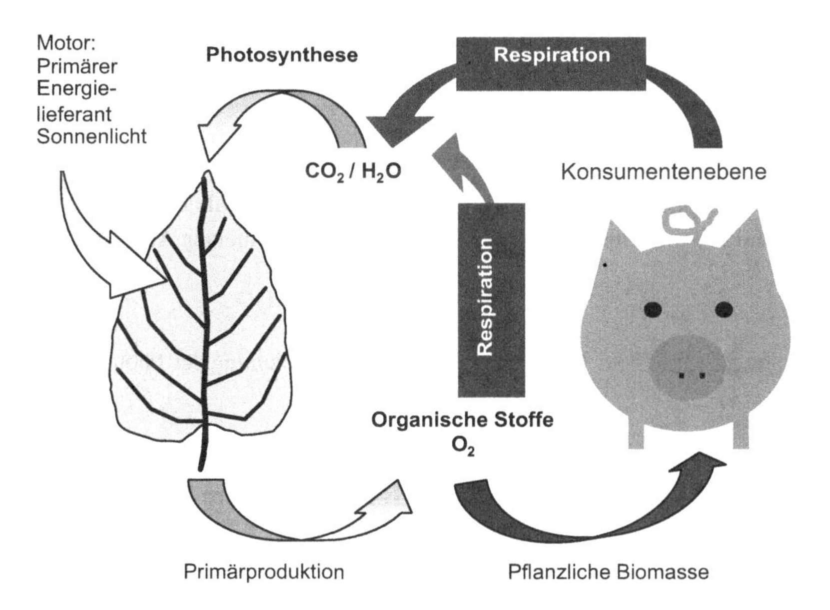

Abb. 20.1 Die organismischen entsprechen den ökosystemaren Energie- bzw. Stoffflüssen

komplett aufgeklärt. Nach den in der Hauptsache an seiner Charakterisierung beteiligten Wissenschaftlern nennt man ihn auch **Embden-Meyerhof-Parnas-Weg**. Außer Gustav Embden (1874–1933), Otto Meyerhof (1884–1951) und Jacob Parnas (1884–1949) hatte daran auch Otto Warburg (1883– 1970, Nobelpreis 1931) großen Anteil.

Mit der oxidativen Decarboxylierung des glycolytisch erhaltenen Pyruvats, der Bildung coenzymgebundener Acetatreste („aktivierte Essigsäure“ = **Acetyl-Coenzym A**) und der weiteren Verarbeitung des verbliebenen Kohlenstoffgerüstes verlagert sich der oxidative Abbau in die **Mitochondrien**. Den gesamten restlichen Weg bis zur CO_2-Bildung und vollständigen Übertragung des zuvor substratgebundenen Wasserstoffs auf H-übertragende Coenzyme bilden die Reaktionssequenz des **Citronensäurezyklus** (vgl. Abschn. 20.4).

Formal umfasst die Substratzerlegung die folgende Gesamtreaktion:

$$C_6H_{12}O_6 + 6\,H_2O \rightarrow 6\,CO_2 + 24\,[H]\ . \tag{20.2}$$

Wasserstoffoxidation Die gesamte Energetik des organismischen Stoffwechsels nutzt letztlich auf raffinierte Weise die beträchtliche Potenzialdifferenz zwischen Wasserstoff und freiem Sauerstoff. In der mitochondrialen **Atmungskette** wird der aus der Substratzerlegung anfallende, coenzymgebundene Wasserstoff schließlich auf Sauerstoff übertragen (**Endoxidation**, Abschn. 20.5). Dieser Prozess entspricht formal einer Knallgasreaktion ($2\,H_2 + O_2 \rightarrow 2\,H_2O + E$). Der zu erwartende große Betrag an Freier Energie wird von der Zelle jedoch nicht als diffuse Wärme abgestrahlt, sondern stufenweise in chemische Energie überführt. Hier vollziehen sich die verbleibenden Umsetzungen aus der obigen Gleichung:

$$24\,[H] + 6\,O_2 \rightarrow 12\,H_2O\ . \tag{20.3}$$

Zusammengefasst ergibt sich für den respiratorischen Komplettabbau einer Hexose

$$C_6H_{12}O_6 + 6\,H_2O + 6\,O_2 \rightarrow 6\,CO_2 + 12\,H_2O\ , \tag{20.4}$$

mit $\Delta G^\circ = -2845\,\text{kJ mol}^{-1}$. Die Vereinfachung dieser Bruttoreaktion (durch Subtraktion von $6\,H_2O$ auf beiden Seiten) führt zur Kurzversion der allgemeinen **Atmungsgleichung**:

$$C_6H_{12}O_6 + 6\,O_2 \rightarrow 6\,CO_2 + 6\,H_2O\ . \tag{20.5}$$

Sie entspricht formal der Umkehrung der van-Niel-Gleichung der Photosynthese (vgl. Abschn. 19.2.1).

20.2 Die Glycolyse ist der Weg von der Hexose zum Pyruvat

Die beiden in der Natur am häufigsten vorkommenden Reservekohlenhydrate sind Stärke (Amylose und Amylopectin; vgl. Kap. 14) sowie Glycogen. Beide sind Homopolymere (Homoglucane), da sie nur aus α-glycosidisch gebundener D-Glucose bestehen. Bei ihrem Abbau sind zunächst Enzyme wirksam, welche die (α1→4)- sowie die (α→6)-Bindungen der Ketten hydrolytisch spalten. Die α-Amylase spaltet die intramolekularen (α1→4)-Bindungen, während eine β-Amylase vom reduzierenden Kettenende her angreift und Maltose freisetzt. Maltase zerlegt dieses Disaccharid weiter zu α-D-Glucose. Die 1,6-Verzweigungsstellen der Isomaltose werden von einem weiteren Enzym hydrolytisch gespalten. Im Folgenden gehen wir vereinfachend davon aus, dass der Abbau von Reservekohlenhydraten nur α-D-Glucose anliefert. Bei vielen Organismen verläuft der Polysaccharidabbau zum Teil phosphorolytisch mit Glucose-6-P als vorläufigem Endprodukt.

Die Glycolyse umfasst zehn enzymkatalysierte Einzelschritte. Bei allen Organismen verläuft sie über die gleichen Zwischenstufen (Tab. 20.2). Reaktionsschritt (R1) ist die Vorbereitung des abzubauenden Substrats, mit der Phosphorylierung der Glucose zu Glucose-6-phosphat. Das beteiligte Enzym Hexokinase benötigt ATP als Cosubstrat. Hexosephosphat-Isomerase (R2) wandelt die phosphorylierte Glucose reversibel zu Fructose-6-phosphat um. Für den weiteren Abbau ist ein zweiter Phosphorylierungsschritt erforderlich – die Phosphofructokinase (R3) leistet die Gruppenübertragung unter ATP-Verbrauch zum Fructose-1,6-bisphosphat. Dieses Enzym ist eine der wichtigsten Regulationsstellen der Glycolyse: Ein hoher ATP-Spiegel hemmt die Enzymaktivität allosterisch, während eine erhöhte AMP-Konzentration allosterisch aktiviert. Damit wird die **Energieladung** der Zelle (***energy charge***), das Verhältnis ATP/AMP bzw. ATP/ADP zum Regler – bei hohem Energieverbrauch sinkt die Energieladung, und der energieliefernde Stoffwechsel wird angekurbelt (vgl. **Pasteur-Effekt**).

Aldolase (R4) katalysiert nun die Spaltung von Fructose-1,6-bis-phosphat (F-1,6-bP) in die beiden Triosephosphate 3-Phosphoglycerinaldehyd (3-PGA) und Dihydroxyacetonphosphat (DHAP), wobei das Anschlussenzym Triosephosphat-Isomerase das Gleichge-

Tab. 20.2 Einzelreaktionen der Glycolyse

Schritt	Umsetzung	Beteiligtes Enzym	$\Delta G°$ (kJ mol^{-1})
R1	$C_6H_{12}O_6$ + ATP → G-6-P + ADP	Hexokinase	−16,7
R2	G-6-P → F-6-P	G-6-P-Isomerase	+1,67
R3	F-6-P + ATP → F-1,6-bP + ADP	Phosphofructokinase	−14,2
R4	F-1,6-bP → 3-PGA + DHAP	Aldolase	+23,8
R5	3-PGA ↔ DHAP	Triose-P-Isomerase	+7,5
R6	3-PGA + NAD^+ + P_i → 1,3-bPGS + NADH	Glycerinaldehyd-P-Dehydrogenase	+6,3
R7	1,3-bPGS + ADP → 3-PGS + ATP	Phosphoglycerat-Kinase	−18,8
R8	3-PGS → 2-PGS	Phosphoglycerat-Mutase	+4,4
R9	2-PGS → PEP + H_2O	Enolase	+1,8
R10	PEP + ADP → Pyruvat + ATP	Pyruvat-Kinase	−31,4

wicht zwischen den erhaltenen Spaltprodukten einstellt (R5). R6 mit der Glycerinaldehydphosphat-Dehydrogenase (Triosephosphat-Dehydrogenase) verwendet als Substrat ausschließlich 3-PGA, der laufend über R5 nachzuliefern ist.

Durch Oxidation der Carbonylverbindung mit dem gleichen Enzym entsteht 1,3-Bisphosphoglycerat (1,3-bPGS) als gemischtes Anhydrid mit Phosphorsäure in energiereicher Bindung. Wasserstoffakzeptor ist dabei NAD^+. Dann überträgt Phosphoglycerat-Kinase (R7) von der 1,3-bPGS eine Phosphatgruppe auf ADP. Diese ATP-Bildung bewahrt die Oxidationsenergie von der Carbonylverbindung zur Carbonsäure als Energieäquivalent und ist eine **Substratkettenphosphorylierung**. Da jedes der beiden aus R4 erhaltenen Triosephosphate die gleiche Umformung erfährt, fallen insgesamt 2 ATP an, womit die eingangs erforderliche Investition ausgeglichen ist. Der Nettoertrag der Glycolyse besteht bisher nur aus den beiden Reduktionsäquivalenten NADH.

Der bisherige, im Cytoplasma ablaufende Reaktionsweg liest sich wie die formale Umkehr des reduktiven Pentosephosphatzyklus der Photosynthese (Abschn. 19.3). Die folgenden Reaktionen sind jedoch für die Glycolyse spezifische Leistungen. In R8 verlagert die Phosphoglycerat-Mutase die Phosphatgruppe vom C-3 auf das C-2; dabei entsteht aus 3-PGS die isomere 2-PGS. Die Enolase (Phosphoglycerat-Dehydratase, R9) spaltet davon Wasser ab, wodurch Phosphoenolbrenztraubensäure (Anion: Phosphoenolpyruvat, PEP) mit einer energiereich gebundenen Phosphatgruppe entsteht. Diese wird im abschließenden R10 durch Pyruvat-Kinase unter Bildung von Brenztraubensäure (Anion: Pyruvat) wiederum auf ADP übertragen. Damit entstehen zum Abschluss der Glycolyse wiederum 2 mol ATP. Pro Molekül eingesetzter Glucose (Hexose) sind für die Gesamtbilanz der Glycolyse außer zwei Molekülen NADH auch noch zwei Moleküle ATP aus R10 zu verbuchen.

20.3 Acetyl-Coenzym A ist das zentrale Verbindungsglied

Das Endprodukt der Glycolyse im Cytoplasma (Cytosol) ist Pyruvat. Es gelangt durch die äußere Mitochondrienmembran unter Vermittlung einer **Permease** (Monocarboxyl-Translocator) in den Mitochondrieninnenraum (Matrix) und unterliegt hier der Katalyse durch Pyruvat-Dehydrogenase: Der C_3-Körper wird unter Abspaltung von CO_2 decarboxyliert, der verbleibende C_2-Rest (Acetylrest) mit einer energiereichen **Thioesterbindung** an Coenzym A (Abb. 20.2) geknüpft. Gleichzeitig fällt NADH an. Die Gesamtreaktion ist als **oxidative Decarboxylierung** stark exergon ($\Delta G^\circ = -33\,\text{kJ mol}^{-1}$) und nicht umkehrbar. Der coenzymgebundene Acetylrest (Acetyl-Coenzym A, abgekürzt Acetyl-CoA) stellt die sogenannte aktivierte Essigsäure dar. Die Gesamtreaktion lässt sich darstellen als:

$$\mathrm{CH_3COCOO^- + HSCoA + NAD^+ \rightarrow CH_3CO \sim SCoA + CO_2 + NADH}\,. \quad (20.6)$$

Nicht nur die Kohlenhydrat abbauende Glycolyse mündet in die Bildung von Acetyl-CoA ein, sondern viele weitere katabolische Reaktionswege wie der **Fettsäureabbau**

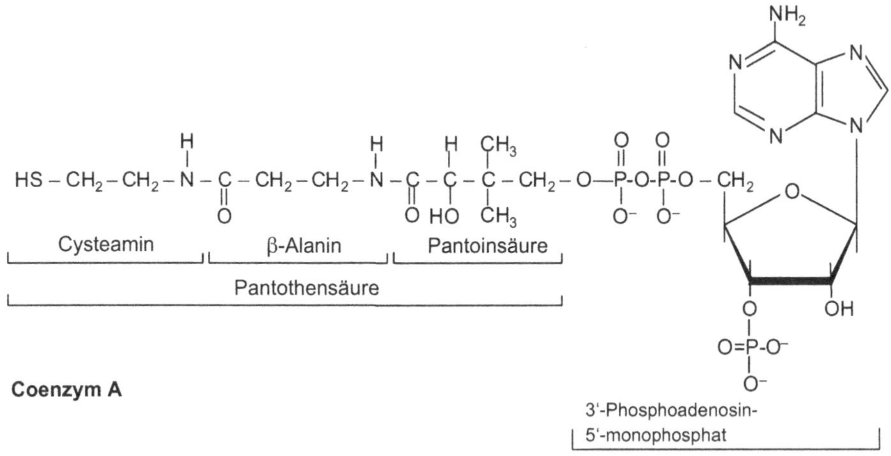

Abb. 20.2 Formelbild von Coenzym A: An der HS-Gruppe (*links*) bindet der zu übertragende Acetylrest durch Thioesterverknüpfung

enden mit diesem Molekül. Acetyl-CoA liefert die energiereichen C_2-Bausteine für zahlreiche Synthesewege. Im hier näher betrachteten Citratzyklus wird die Acetylgruppe von Acetyl-CoA jedoch zu CO_2 oxidiert.

20.4 Der Citratzyklus ist ein Redoxprozess

Acetyl-Coenzym A importiert zwei organisch gebundene C-Atome in den Citratzyklus (Citronensäurezyklus, Tricarbonsäurezyklus), der nach seinem Entdecker Hans Adolf Krebs (1900–1981, Nobelpreis 1953) auch Krebs-Zyklus genannt wird. Er umfasst einen aus neun Reaktionen bestehenden Kreislauf, der so in fast allen Organismen vorkommt und im Zentrum des gesamten Intermediärstoffwechsels steht. In seinem Verlauf werden die beiden C-Atome des Acetylrestes von Acetyl-CoA vollständig oxidiert und der Kohlenstoff als CO_2 abgegeben. Die dabei abgezogenen Elektronen der beteiligten H-Atome werden auf oxidierte Reduktionsäquivalente übertragen – neben dem schon bekannten NAD^+ auch auf einen funktionell verwandten H-Akzeptor FAD aus der Stoffklasse der **Flavoproteine** (Abb. 20.3). FAD bindet bei der Reduktion im Unterschied zum NAD^+-System zwei H-Atome – insofern ist für die reduzierte Form die Schreibweise $FADH_2$ korrekt.

$$\begin{aligned}&\text{Acetyl-CoA} + 3\,\text{NAD}^+ + \text{FAD} + \text{GDP} + \text{P}_\text{i} + 3\,\text{H}^+ + 6\,\text{e}^- \rightarrow\\&2\,\text{CO}_2 + \text{HSCoA} + \text{GTP} + 3\,\text{NADH} + \text{FADH}_2\,.\end{aligned} \tag{20.7}$$

Summarisch stellt sich die Reaktionsfolge des Citratzyklus demnach so dar (Abb. 20.4): Eine Serie von Einzelschritten (R1–R8) wandelt Citrat in Oxalacetat um, wobei zwei

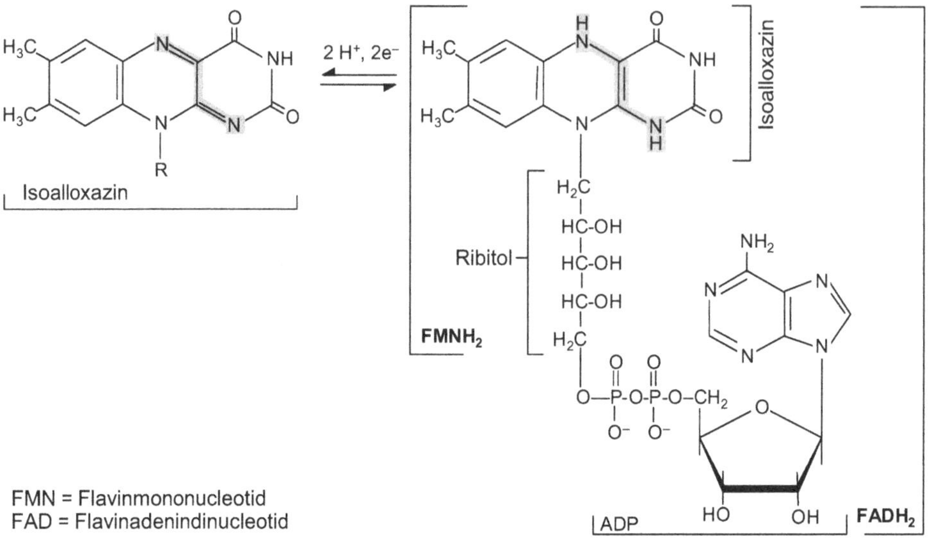

FMN = Flavinmononucleotid
FAD = Flavinadenindinucleotid

Abb. 20.3 Formelbild der H-übertragenden Flavoproteine FAD und FMN

Moleküle CO_2 abgespalten werden. In vier Schritten landen die von den C-Atomen abgezogenen Elektronenpaare oder H-Atome auf Redox-Coenzymen (Cosubstraten, Reduktionsäquivalenten), dreimal (R3/R4/R8) auf NAD^+ und einmal (R6) auf FAD. Die Substratkettenphosphorylierung von R5 liefert GTP, welches in seiner energetischen Wertigkeit dem ATP entspricht. Die folgenden Reaktionen R6–R8 dienen der Regeneration des Acetylgruppenakzeptors Oxalacetat, wobei in R8 nochmals ein Molekül NADH gewonnen wird.

Als zentrale Funktionsfolge leistet der Citratzyklus nicht nur die komplette Oxidation von Acetatgruppen aus Acetyl-CoA, sondern zweigt an verschiedenen Stellen bestimmte Intermediate für anabolische Reaktionen ab – beispielsweise 2-Oxoglutarsäure oder Oxalacetat für die Aminosäuresynthese, etwa von Glutaminsäure oder von Asparaginsäure (Abb. 20.4).

20.5 Atmungskette: Gebundener Wasserstoff wird zu Wasser

Die in Serie durchlaufenen Reaktionsschritte der Glycolyse und des nachgeschalteten Citratzyklus ergeben je Mol eingesetzter Glucose (Hexose) insgesamt 6 mol CO_2, 10 mol NADH und 2 mol $FADH_2$ (Tab. 20.3). Der in der allgemeinen Reaktionsgleichung der Atmung enthaltene molekulare Sauerstoff dient erst in einer abschließenden Reaktionsfolge indirekt der Reoxidation der reduziert vorliegenden Coenzyme. NADH und $FADH_2$ übertragen dabei ihren Wasserstoff auf Redox-Systeme, die dabei reduziert werden und die Coenzyme (Cosubstrate) in der oxidierten Form NAD^+ bzw. FAD entlassen. Erst ein letz-

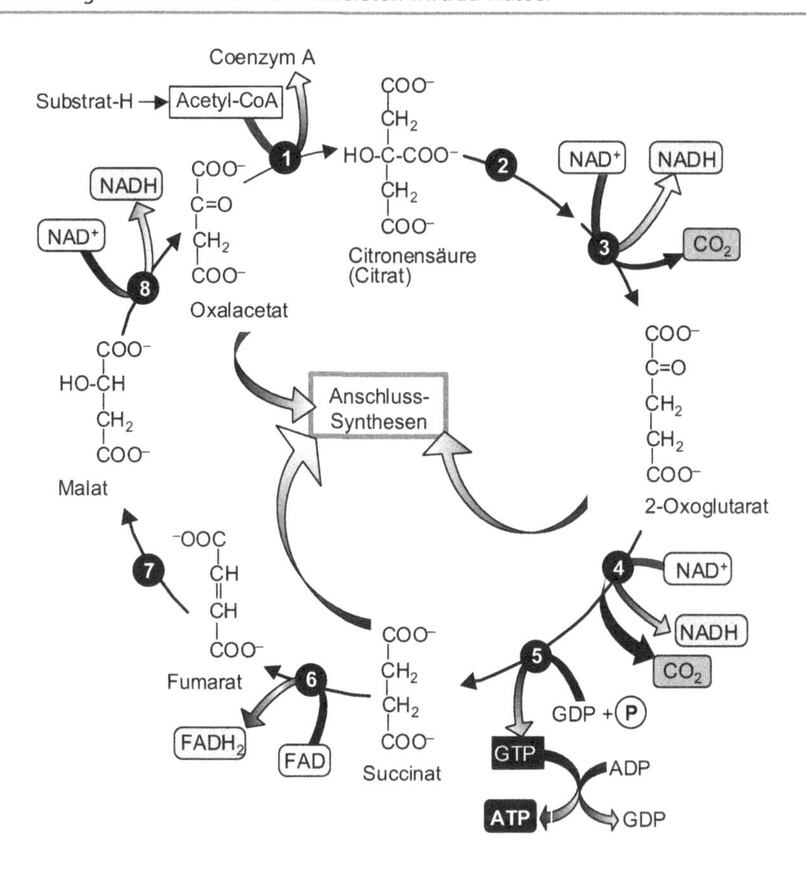

Abb. 20.4 Reaktionsfolge im Citratzyklus (Tricarbonsäurezyklus); die Zwischenstationen Isocitronensäure (Isocitrat) und *cis*-Aconitat sind hier nicht dargestellt

ter Redox-Katalysator überträgt die Elektronen auf O_2 als terminalen Akzeptor unter Bildung von OH^--Ionen, die zu H_2O zusammentreten. Die beachtliche Elektronegativität des Sauerstoffs (d. h. die Neigung, Elektronen aufzunehmen) bringt den gesamten Elektronenfluss der Atmungskette in Gang. Der Sauerstoff ist somit nicht nur Terminalakzeptor für die Elektronen, sondern er treibt den gesamten Prozess an. Die H-übertragenden Akzeptoren bzw. Redox-Systeme sind jeweils Coenzyme (Cosubstrate) spezifischer, membrangebundener Oxidoreduktasen (Elektronen-Carrier-Proteine). Die verschiedenen Reaktionen und die beteiligten Redox-Katalysatoren lassen sich nach ihrem Redox-Potenzial schematisch vereinfacht zur **Atmungskette** anordnen (Abb. 20.5). Sie ist in dieser oder ähnlicher Form in allen Organismen aktiv.

Bei der Direktoxidation von Glucose zu CO_2 und H_2O beläuft sich die Änderung der Freien Energie $\Delta G° = -2845\,\text{kJ mol}^{-1}$. Bei der Oxidation von 10 Molekülen NADH sowie 2 Molekülen $FADH_2$ aus Glycolyse und Citratzyklus beträgt $\Delta G° = 10 \times -220\,\text{kJ} + 2 \times -182\,\text{kJ} = -2565\,\text{kJ}$. Weit über 90 % der potenziellen Freien Energie der eingesetz-

Tab. 20.3 ATP-Bilanz für den Komplettabbau von 1 mol Hexose

Station	Reaktion	Teilbilanz	Bilanz
Glycolyse	G → G6P; F6P→ F1,6bP	−2 ATP	
	2 3-PGA → 2 1,3-bPGS	2 NADH	
	2 1,3-bPGS → 2 3-PGS	2 ATP	
	2 PEP → 2 Pyr	2 ATP	2 ATP
	2 Pyr → 2 Acetyl-CoA + 2 CO_2	2 NADH	
Citratzyklus	2 Citrat → 2 Oxoglutarat	2 NADH	
	2 Oxoglutarat → 2 Succinat	2 ATP 2 NADH	2 ATP
	2 Succinat → 2 Fumarat	2 $FADH_2$	
	2 Malat → 2 Oxalacetat	2 NADH	
Atmungskette	2 $FADH_2$ → 4 ATP		4 ATP
	10 NADH → 30 ATP		30 ATP
Summe aller Teilschritte			**38 ATP**

ten Hexosemoleküle bleibt zunächst noch in den reduzierten Coenzymen konserviert. Erst nach deren Passage reicht eine endständige Oxidoreduktase (= Cytochrom-Oxidase) die Elektronen auf molekularen Sauerstoff weiter – nacheinander 4 e^- auf ein Molekül O_2. Summarisch entstehen dabei 2 Moleküle H_2O. Die Summenreaktion lässt sich

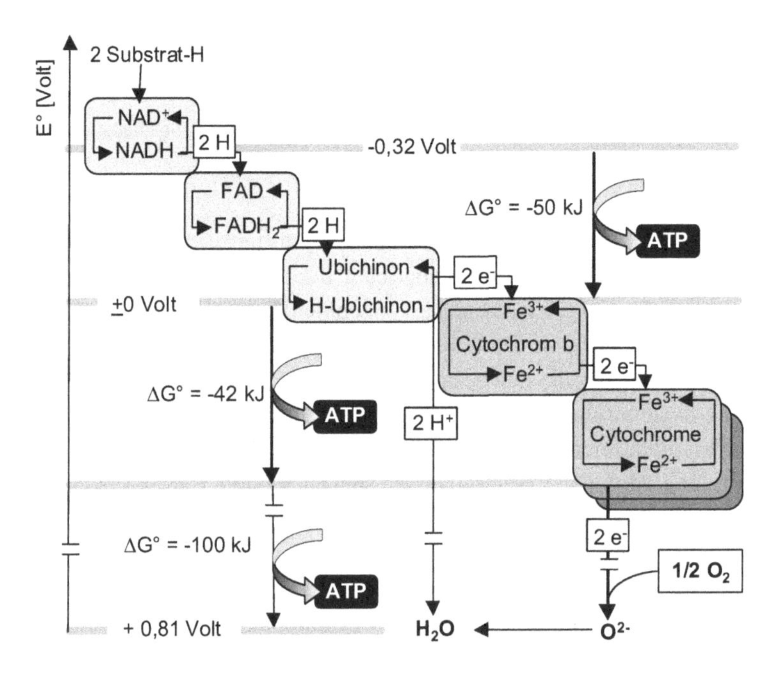

Abb. 20.5 Anordnung der Redox-Systeme in der mitochondrialen Atmungskette

darstellen als:

$$O_2 + 4\,e^- + 4\,H^+ \rightarrow 2\,H_2O\,. \tag{20.8}$$

Während des Elektronentransportes über die Kaskade der Oxidoreduktasen werden an mehreren Stellen Protonen durch die mitochondriale Innenmembran in den Interstitialraum (= mitochondrialer Membranzwischenraum) gepumpt, sodass ein Protonengradient entsteht. Die bei der Oxidation von NADH und $FADH_2$ gewonnene Freie Energie wird somit in einem elektrochemischen Gradienten quer über die Innenmembran gespeichert. Der Rücktransport der Protonen treibt mithilfe des Membranproteinkomplexes der ATPase (= ATP-Synthase) die Bildung von ATP aus ADP und P_i an. Die ATP-Bildung an dieser Stelle nennt man oxidative Phosphorylierung oder **Atmungskettenphosphorylierung**.

Der Elektronentransport vom NADH zum O_2 überbrückt insgesamt eine Potenzialdifferenz von 1,13 V. Sie entspricht einer freien Energie von $\Delta G° = -220\,\text{kJ mol}^{-1}$. Er reicht bequem aus, um drei Moleküle ATP zu synthetisieren, denn für die endergonische Reaktion ADP + P_i → ATP beträgt $\Delta G°$ lediglich rund $-30\,\text{kJ mol}^{-1}$. Die der Potenzialdifferenz zwischen $FADH_2$ und O_2 entsprechende Freie Enthalpie reicht nur aus, um den Protonengradienten für die Synthese von zwei Molekülen ATP aufzubauen.

Exkurs: Wirkungsgrad

Vom theoretisch verfügbaren Betrag Freier Energie bei der Oxidation von NADH ($\Delta G° = -220\,\text{kJ mol}^{-1}$) bleibt in den drei Molekülen ATP schließlich ein Betrag von $\Delta G° = 3 \times -30\,\text{kJ mol}^{-1} = -90\,\text{kJ mol}^{-1}$ erhalten. Unter Standardbedingungen macht der oxidative Stoffabbau somit rund 40 % der frei werdenden Energie als chemische Energie nutzbar. Da in der Zelle wegen der in den Kompartimenten zu vermutenden höheren Metabolitkonzentrationen keine Standardbedingungen vorliegen, kann der Wirkungsgrad fallweise sogar noch höher ausfallen.

Die aus Glucose gewinnbare Freie Energie beträgt maximal $\Delta G° = -2845\,\text{kJ mol}^{-1}$. Dem steht mit 38 mol ATP ein gewinnbarer Betrag chemischer Energie von $\Delta G° = 38 \times -30\,\text{kJ} = -1140\,\text{kJ}$ entgegen. Der gesamte aerobe Glucoseabbau zeichnet sich mithin ebenfalls durch eine Energieausbeute (**biochemischer Wirkungsgrad**) von rund 40 % aus.

Der vom elektrochemischen Protonengradienten angetriebene ATP-Synthase-Komplex ist bei aeroben Bakterien, bei Mitochondrien (oxidative Phosphorylierung) und bei Chloroplasten (Photophosphorylierung) grundsätzlich sehr ähnlich (vgl. Abb. 20.6), was Zusammenhänge der Stoffwechselevolution nahelegt. Der Komplex befindet sich in allen Fällen jeweils auf der cytoplasmatischen (Bakterien) bzw. der dieser analogen Matrixseite (Mitochondrien, Chloroplasten). Prozessabhängig werden Elektronen jeweils zur exoplasmatischen Seite gepumpt – bei aeroben Bakterien in das Außenmilieu, bei Mitochondrien in den Zwischenmembranraum und bei Chloroplasten in den Thylakoidbinnenraum (**Thy-**

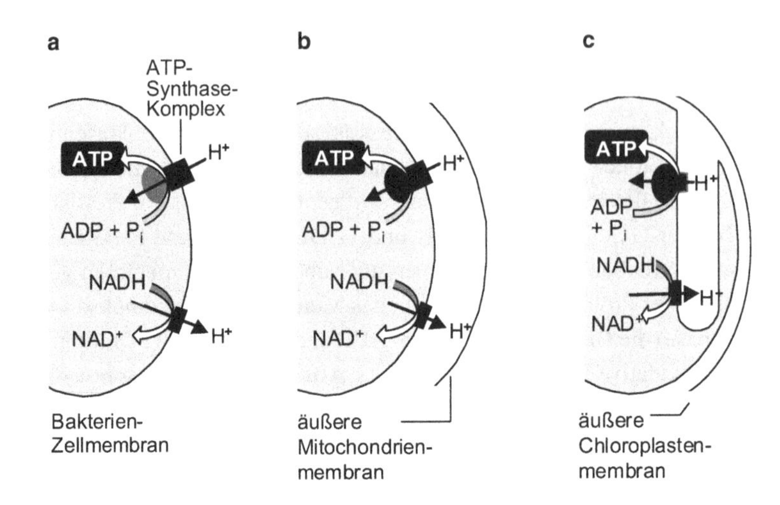

Abb. 20.6 Membranen und Protonenpumpen bei Bakterien und Zellorganellen: Elektronen transportierende Systeme sind: **a** Chemo-/Photosynthese bei *Halobacterium halobium*, **b** Respiration und **c** Lichtreaktionen der Photosynthese

lakoidlumen). Beim Rückstrom fließen die Protonen in umgekehrter Richtung durch den ATP-Synthase-Komplex.

Dieser Vergleich zeigt die grundsätzliche Übereinstimmung fundamentaler Teilleistungen des Energiemetabolismus und betont die biochemische Verwandtschaft freilebender Bakterien und ihrer endocytobiontischen Nachfahren (Mitochondrien/Chloroplasten; vgl. Endosymbiontentheorie, Abschn. 19.1). Der gesamte phototrophe und heterotrophe Energiestoffwechsel der Eukaryoten erweist sich somit im Grunde genommen immer noch als prokaryotischer Metabolismus.

20.6 Gluconeogenese: Zuckersynthese aus Abbauprodukten

Bei normaler Ernährung reichen die Kohlenhydratreserven des Körpers aus, um den hohen Glucosebedarf des Gehirns zu decken. Bei starker körperlicher Anstrengung oder bei erzwungenen Hungerperioden muss Glucose dagegen aus Nicht-Kohlenhydraten gebildet werden. Die Glucoseneusynthese findet vor allem in der Leber statt und nimmt ihren Ausgang beispielsweise von Lactat in stark beanspruchter Muskulatur oder aus einigen beim Proteinabbau anfallenden Aminosäuren. Diese Metabolite werden zunächst in Pyruvat umgewandelt. Daraus entsteht in den Mitochondrien durch Carboxylierung über die Pyruvat-Carboxylase Oxalacetat, im Cytoplasma durch Phosphorylierung über

Phosphoenolpyruvat-Carboxykinase 2-Phosphoglycerat (2-PGS) (Gl. 20.9):

$$\underset{\underset{\text{Lactat}}{\uparrow}}{\text{Pyr}} \overset{\overset{\text{Aminosäuren}}{\downarrow}}{\rightarrow} \text{OAA} \rightarrow \text{PEP} \rightarrow \text{2-PGS} \rightarrow \text{3-PGS} \rightarrow$$
$$\text{1,3-bPGS} \rightarrow \text{3-PGA} \overset{\overset{\text{Glycerin}}{\downarrow}}{\rightarrow} \text{DHAP}\,. \tag{20.9}$$

Die weitere cytoplasmatische Reaktionsfolge liest sich wie eine Umkehrung der Glycolyse (Gl. 20.10; zu den Abkürzungen vgl. Abschn. 20.2). Auf der Stufe von Dihydroxyacetonphosphat mündet auch das Glycerin aus dem Abbau von Neutralfetten ein. Die beim Fettabbau anfallenden C_2-Fragmente (Acetyl-CoA) können allerdings nicht zur Glucoseneubildung genutzt werden, da ihre beiden C-Atome im Citratzyklus bei Decarboxylierungen aufgebraucht werden.

$$\text{3-PGA} + \text{DHAP} \rightarrow \text{F-1,6bP} \rightarrow \text{F-6-P} \rightarrow \text{G-6-P} \rightarrow \text{Glucose}\,. \tag{20.10}$$

Die beiden die Folge abschließenden Enzyme, Fructose-1,6-bisphosphatase und Glucose-6-phosphatase sind spezifisch für die Gluconeogenese und an Membranen des endoplasmatischen Reticulums lokalisiert.

Bei der Glycolyse entsteht Pyruvat aus Glucose, bei der Gluconeogenese Glucose aus Pyruvat. Dennoch ist die **Glucoseneubildung** keine Umkehr der Glycolyse, weil zum Teil andere Reaktionen eingebunden sind, darunter die Carboxylierung von PEP zum OAA. Außerdem liegt das Gleichgewicht der Glycolyse wegen dreier irreversibler Reaktionen (Hexokinase, Phosphofructokinase und Pyruvat-Kinase) weit auf der Seite der Pyruvatbildung.

20.7 Anaerobe Atmung

Beim aeroben Abbau von Glucose betreiben die beteiligten Redoxreaktionen mit einer Potenzialdifferenz von zusammen 1,1 V (zwischen $E_o' = -320\,\text{mV}$ bei NADH als Elektronendonator und $E_o' = +814$ bei O_2 als Elektronenakzeptor) die zur ATP-Bildung erforderlichen Transmembran-Protonenpumpen. Manche Bakterien können dazu anstelle von O_2 auch andere anorganische Elektronenakzeptoren einsetzen. Solche Möglichkeiten bezeichnet man als **anaerobe Atmung**. Ein Beispiel ist die dissimilatorische Reduktion von Nitrat NO_3^- zu molekularem N_2 nach

$$2\,NO_3^- + 2\,H^+ + 10\,NADH \rightarrow N_2 + 6\,H_2O + 10\,NAD^+ + 10\,e^- \tag{20.11}$$

oder im Fall des Glucoseabbaus

$$5\,C_6H_{12}O_6 + 24\,HNO_3 \rightarrow 30\,CO_2 + 42\,H_2O + 12\,N_2 \tag{20.12}$$

mit einer Freien Energie von $E_0' = -2715$ KJ mol^{-1}, was immerhin rund 90 % des oxidativen Abbaus entspricht.

Dieser Prozess ist eine wichtige Komponente des natürlichen Stickstoffkreislaufs und wird auch als **Denitrifikation** bezeichnet. Er hält das Gleichgewicht zwischen fixiertem und atmosphärischem Stickstoff aufrecht und läuft nahezu ausschließlich im Boden ab. Die Denitrifikation ist der Antagonist der nur von Prokaryoten leistbaren Stickstofffixierung, bei der molekularer Stickstoff (N_2) zu Ammoniak (NH_3) reduziert wird.

Wie generell beim Substratabbau ein Elektronentransfer zustande kommt, stellt man sich am besten mithilfe des **Fallturmmodells** vor (Abb. 20.7). Der reduzierte (rechte) Partner des obersten Redox-Paares weist die größte potenzielle Energie auf, der oxidierte (linke) des untersten Redox-Paares jeweils die größte Tendenz, Elektronen aufzunehmen. ATP-Bildung findet nur bei $\Delta G_0' \geq 50\,\text{kJ mol}^{-1}$ bzw. einer Fallhöhe von $\Delta E_0' > 250\,\text{mV}$ statt. Die Umrechnung von $\Delta E_0'$ in die nutzbare Freie Energie $\Delta G_0'$ erfolgt je Elektronenübergang (n) für physiologische Bedingungen mithilfe der Faraday-Konstanten ($F = 96{,}5\,\text{kJ mol}^{-1}\,\text{V}^{-1}$)

$$\Delta G_0' = -n \times F \times \Delta E_0' . \tag{20.13}$$

Die Faraday-Konstante wird hier in kJ mol^{-1} V^{-1} und nicht in C (Coulomb) oder As (Amperesekunde) angegeben, wobei 1 As = 1 C ist (vgl. Kap. 8). Das ist durch den Zu-

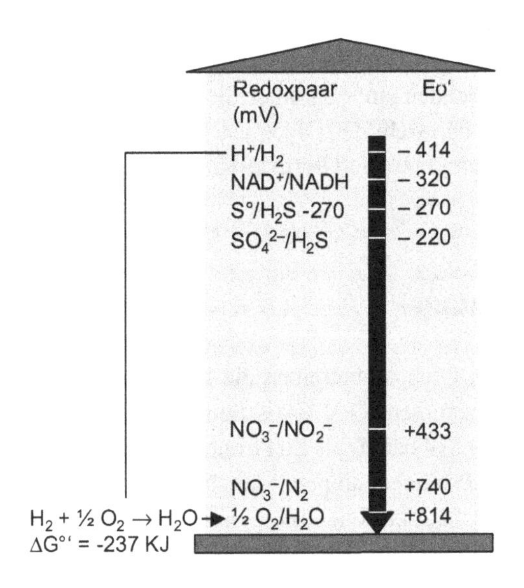

Abb. 20.7 Der Fallturm der Elektronen: Die hier nur beispielhaft wenigen angeführten Redox-Paare sind so angeordnet, dass sich die stärksten Reduktanten (Reduktionsmittel, negatives Redox-Potenzial) im Turmobergeschoss und die stärksten Oxidantien (Oxidationsmittel, positives Redox-Potenzial) unten am Turmboden befinden. Je weiter die Elektronen fallen, umso größer ist $\Delta E_0'$ und desto mehr Energie wird freigesetzt. Der freie Fall vom [H] zum O_2 ist die größte in der Natur genutzte Potenzialspanne

Tab. 20.4 Beispiele für anaerobe Atmung

Prozess	Summenreaktion
Eisenreduktion	$[H] + Fe^{3+} \rightarrow Fe^{2+} + H^+$
Manganreduktion	$2\,[H] + Mn^{4+} \rightarrow Mn^{2+} + 2\,H^+$
Sulfatreduktion	$8\,[H] + SO_4^{2-} + 2\,H^+ \rightarrow H_2S + 4\,H_2O$
Methanbildung	$8\,[H] + CO_2 \rightarrow CH_4 + 2\,H_2O$

sammenhang zwischen elektrischer Energie oder Arbeit W, Ladung q und Spannung U zu erklären, wegen $W = q \times U$ beziehungsweise $q = W/U$.

Zur Erinnerung: Die Energie $W = 1$ eV erhält ein Elektron mit der Ladung e^-, wenn es durch die Spannung 1 V beschleunigt wird.

Bei Bakterien kommen zahlreiche weitere Wege der Energiegewinnung durch anaerobe Atmung vor. Eine Übersicht entsprechender Stoffwechselleistungen listet Tab. 20.4 auf.

20.8 Fragen zum Verständnis

1. Die Atmungsgleichung des oxidativen Hexoseabbaus entspricht formal der Umkehrung der photosynthetischen CO_2-Fixierung. Gibt es fundamentale Unterschiede?
2. Die Bruttogleichung der Atmung legt die Annahme nahe, dass beim respiratorischen Stoffabbau eine Oxidation der C-Atome zu CO_2 stattfindet. Umgangssprachlich spricht man beim oxidativen Stoffabbau auch von Kohlenhydrat- bzw. von Fettverbrennung. Trifft dies zu?
3. Kennzeichnen Sie Ablauf und Bedeutung der Glycolyse.
4. Wo findet die oxidative Decarboxylierung von Pyruvat zu Acetyl-CoA statt?
5. Was fällt beim Vergleich der Formelbilder von ATP, CoA, NAD^+ oder FAD auf?
6. Wie muss das Redox-Potenzial eines Substrates beschaffen sein, damit es Wasserstoff (Elektronen) auf NAD^+ übertragen kann?
7. Wie lässt sich die Bedeutung des Citratzyklus für den Intermediärstoffwechsel kennzeichnen?
8. Bilanzieren Sie den Gewinn an Energie- und Reduktionsäquivalenten in Glycolyse und Citratzyklus beim Einsatz von 1 mol Hexose.
9. Prokaryoten haben den Weg entdeckt, wie sich die Potenzialdifferenz zwischen gebundenem Wasserstoff und molekularem Sauerstoff für den eigenen Energiestoffwechsel nutzen lässt. Gibt es darin Übereinstimmungen zwischen Cyanobakterien, Mitochondrien und Chloroplasten?
10. Wie berechnet man den Wirkungsgrad des oxidativen Stoffabbaus?
11. Worin besteht der Unterschied zwischen Substratketten- und Atmungskettenphosphorylierung?
12. Kennzeichnen Sie die Besonderheiten der Gluconeogenese im Vergleich zur Hexosebildung im Wege des Calvin-Zyklus.

13. Wie kann man eine Bromthymolblau-Lösung zum Nachweis der Atmung nutzen? Beschreiben und erklären Sie den Versuch!
14. Wie lässt sich mithilfe von Säure-Base-Indikatoren zeigen, dass Leben in leblos erscheinenden Zweigen oder Wurzeln steckt?

Die Antworten zu diesen Fragen finden Sie im Anhang „Antworten und Lösungen zu den Fragen“.

Gärung

21

Zusammenfassung

Mit Gärung oder **Fermentation** bezeichnet man Wege des Energiestoffwechsels, die **anaerob**, d. h. ohne Sauerstoff als Oxidationsmittel, ablaufen. Ihr Entdecker Louis Pasteur (1822–1895) hat sie treffend als „*vie sans l'air*" bezeichnet. Beim aeroben Stoffabbau dient molekularer Sauerstoff in der Atmungskette als terminaler Elektronenakzeptor zur Wasserbildung; die hohe Potenzialdifferenz zum substrat- bzw. coenzymgebundenen Wasserstoff entspricht einer Freien Energie von mindestens $\Delta G° = -220\,\mathrm{kJ\,mol^{-1}}$ bezogen auf 2 mol Elektronen, die übertragen werden. Daher liefern – bezogen auf den Hexoseabbau – gerade die letzten Reaktionsschritte der Endoxidation über die Atmungskette eine beträchtliche Ausbeute an chemischer Energie in Form von 34 mol ATP für die insgesamt verfügbaren 10 mol NADH und 2 mol $FADH_2$ aus vorangegangenen Stoffabbaustrecken. Die Energieausbeute anaerober Abbauwege im Wege von Gärungsprozessen, die bereits vor der Atmungskette enden, lässt daher eine wesentlich geringere ATP-Bildung erwarten.

Anaerobe Situationen (Sauerstoffmangel) sind stoffwechselphysiologisch zumindest bei einigen Mikroorganismen nicht unbedingt identisch mit Gärung. Manche Bakterien führen eine Elektronentransport-Phosphorylierung durch, bei der sie molekularen Sauerstoff als Endakzeptor durch andere anorganische oder auch organische Verbindungen ersetzen. Man bezeichnet diese Möglichkeit als **anaerobe Atmung** und unterscheidet mehrere Typen, je nach eingesetztem Elektronenakzeptor. Bei der Nitratatmung übertragen Bakterien die vom Substrat stammenden Elektronen auf Nitrat und produzieren dabei zunächst Nitrit (dissimilatorische Nitratreduktion) und weiter molekularen Stickstoff entsprechend:

$$10\,[\mathrm{H}] + 2\,\mathrm{H^+} + 2\,\mathrm{NO_3^-} \rightarrow \mathrm{N_2} + 6\,\mathrm{H_2O}. \qquad (21.1)$$

H. Bannwarth et al., *Basiswissen Physik, Chemie und Biochemie*,
https://doi.org/10.1007/978-3-662-58250-3_21

Bei der Sulfatatmung verwenden obligat anaerobe Bakterien beispielsweise der Gattungen Desulfovibrio als Akzeptor des vom Substrat stammenden Wasserstoffs (Elektronen) Sulfat (SO_4^{2-}). Die entsprechende Bruttogleichung lautet:

$$8\,[H] + 2\,H^+ + SO_4^{2-} \rightarrow H_2S + 4\,H_2O\,. \tag{21.2}$$

Erwähnenswert ist schließlich auch die **Carbonatatmung** der methanogenen Bakterien, bei der CO_2 als terminaler Elektronenakzeptor einer e^--Transportkette verwendet und nach folgender Gleichung zu Methan reduziert wird:

$$8\,[H] + CO_2 \rightarrow 2\,H_2O + CH_4\,. \tag{21.3}$$

In diesem Kapitel sollen jedoch lediglich solche anaeroben Abbauwege näher betrachtet werden, bei denen ATP ausschließlich durch Substratkettenphosphorylierung gebildet wird. Im Unterschied zur aeroben (und anaeroben) Atmung wird das protonen- bzw. elektronenliefernde organische Substrat in solchen Fällen nicht vollständig zu CO_2 und H_2O oxidiert. Vielmehr fallen bei den Gärungen noch relativ energiereiche Endprodukte (Gärprodukte) an, die vom betreffenden Organismus meist nicht weiterverarbeitet und daher ausgeschieden werden. Die verschiedenen Gärungen unterscheidet man nach diesem jeweils anfallenden Endprodukt.

Obligate Gärer können molekularen Sauerstoff nicht verwenden. Ihnen fehlt die Atmungskette. **Fakultative Gärer** können aerob atmen, haben aber die Möglichkeit, unter anaeroben Bedingungen auf Gärstoffwechsel umzuschalten. Die Gärfähigkeit ist allerdings begrenzt und reicht gewöhnlich nicht aus, den Energiebedarf über längere Zeit zu decken. Gärsubstrate sind vor allem Kohlenhydrate. Manche Mikroorganismen können auch andere organische Moleküle – beispielsweise Fettsäuren oder Aminosäuren – vergären.

21.1 Unterschiede im terminalen Elektronenakzeptor

Die Hauptwege des Kohlenhydratabbaus sind bei der Atmung und bei vielen Gärungen über weite Strecken identisch. Gewöhnlich wird die Glycolyse eingesetzt, die mit der Bildung von Pyruvat abschließt. Auf der Stufe dieses C_3-Körpers trennen sich die Wege: Der oxidative (aerobe) Abbau führt, wie im vorigen Kapitel dargestellt, über den Citratzyklus zur Atmungskette (vgl. Kap. 20.5). Bei den Gärungen wird das Zwischenprodukt Pyruvat anderweitig verwendet.

Bei der glycolytischen Umformung von Kohlenhydraten ist die Dehydrierung von Aldehydgruppen (Oxidation) zur entsprechenden Carbonsäure über die Bildung des energiereichen Zwischenproduktes 1,3-bis-Phosphoglycerinsäure die einzige genügend exergone Reaktion, an die durch Substratketten-phosphorylierung eine ATP-Bildung aus ADP gekoppelt ist. Da NAD^+ das Hauptoxidationsmittel der Glycolyse ist und bei dieser Reaktion

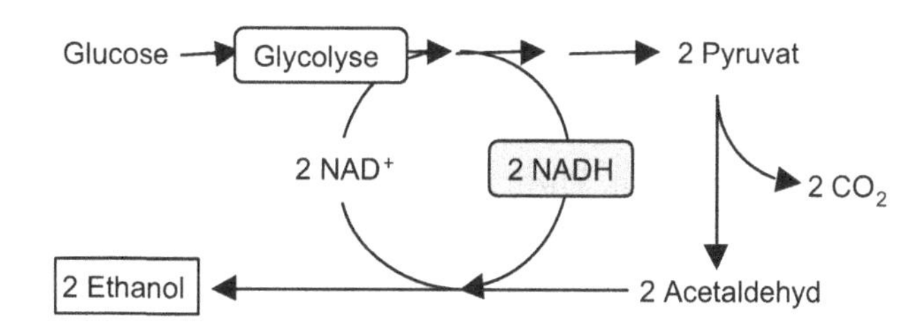

Abb. 21.1 Basisablauf der ethanolischen Gärung

NADH entsteht, muss das reduzierte Coenzym (Cosubstrat) wieder reoxidiert werden, um als H-Akzeptor für den weiteren Betrieb der Glycolyse zur Verfügung zu stehen. Da jedoch die Atmungskette als Oxidationsort reduzierter Coenzyme wegfällt, kann NADH nur durch Reaktion mit einem Metaboliten, einem **organischen H-Akzeptor** aus dem Zuckerabbau, oxidiert werden. Diese reduktive Gärungsreaktion lässt jeweils das Gärprodukt entstehen, mit dem der Abbau endet, obwohl die weitere aerobe Verwertung noch sehr viel Energie freisetzen könnte.

21.2 Umwandlung von Pyruvat zu Ethanol – die alkoholische Gärung

Die Regeneration von NAD^+ durch Umwandlung von Pyruvat in Ethanol und CO_2 ist besonders kennzeichnend für den Stoffwechsel von *Saccharomyces*-Arten (Bäcker-, Bier-, Weinhefe). Das auf dem **Embden-Meyerhof-Parnas-Weg** (Glycolyse, bei Hefen) oder dem **Entner-Doudoroff-Weg** (beispielsweise bei Bakterien der Gattung Zymomonas) entstandene Pyruvat wird durch Pyruvat-Decarboxylase zu Acetaldehyd decarboxyliert (Abb. 21.1). Die Reaktion entspricht nur in ihrem ersten Teilschritt der oxidativen Decarboxylierung vor dem Eintritt von Acetylresten in den Tricarbonsäurezyklus – der entstehende Acetaldehyd wird hier freigesetzt und nicht auf ein Coenzym A übertragen.

Acetaldehyd ist nun der **organische Akzeptor** für reduzierten Wasserstoff und damit für die Elektronen aus dem NADH der glycolytischen GAPDH-Reaktion. Alkohol-Dehydrogenase reduziert das Zwischenprodukt unter Verwendung von NADH zu Ethanol. Danach wird dieser Gärablauf umgangssprachlich als alkoholische Gärung bezeichnet. Zutreffender ist die Benennung als ethanolische Gärung:

$$\underset{\text{Brenztraubensäure}}{CH_3{-}CO{-}COOH} \rightarrow \underset{\text{Acetaldehyd}}{CH_3{-}CHO} + CO_2 \rightarrow \underset{\text{Ethanol}}{CH_3{-}CH_2OH} \tag{21.4}$$

oder für die Gesamtreaktion von der Glucose zum Gärprodukt:

$$C_6H_{12}O_6 \rightarrow 2\,CH_3{-}CH_2OH + 2\,CO_2 \tag{21.5}$$

mit $\Delta G^\circ = -235\,\text{kJ mol}^{-1}$. Der Abbau von 1 mol Glucose liefert somit nur einen Ertrag von 2 mol ATP, von der Freien Energie geht somit ein Teil dissipativ als Wärme verloren.

21.3 Milchsäurebildung aus Pyruvat – Homolactische Gärung

Verschiedene Bakterien (vor allem Lactobacillus- und Streptococcus-Stämme), daneben aber auch Protozoen, Pilze, Algen, chlorophyllfreies Gewebe höherer Pflanzen und vor allem die tierische Muskulatur schalten bei hohem ATP-Bedarf und Sauerstoffzehrung auf diesen Stoffwechselweg um, bei dem Pyruvat nicht decarboxyliert wird, sondern direkt selbst als H-Akzeptor dient und durch **Lactat-Dehydrogenase** (LDH) zu Milchsäure (Lactat) reduziert wird mit $\Delta G^\circ = -219\,\text{kJ mol}^{-1}$:

Bakterien setzen Pyruvat dabei häufig zu D-Lactat um, während die Muskeln unter anaeroben Bedingungen L-Lactat bilden. Da bei dieser Gärungsform nur Milchsäure entsteht, nennt man sie auch **Reine Milchsäuregärung** (Homofermentation oder **Homolactische Gärung**) (Abb. 21.2). Im Gegensatz dazu kommen bei bestimmten Bakterien (beispielsweise bei der Gattung Leuconostoc) durch Verschaltung weiterer Stoffwechselwege mit der Glycolyse neben Milchsäure auch noch Ethanol und Essigsäure als Gärprodukte zustande (= **Unreine Milchsäuregärung**).

Die Bruttoreaktionsgleichung für die Reine Milchsäuregärung ist anzugeben mit:

$$C_6H_{12}O_6 \rightarrow 2\ CH_3{-}CHOH{-}COOH \tag{21.6}$$

mit $\Delta G^\circ = -199\,\text{kJ mol}^{-1}$. Wie bei der ethanolischen Gärung beschränkt sich die Energieausbeute auch in diesem Fall auf 2 ATP aus der Substratkettenphosphorylierung.

Die Milchsäuregärung ist eine lebensmitteltechnologisch äußerst wichtige Stoffwechselleistung bestimmter Mikroorganismen. Milchsäurebakterien sind an der Säuerung der Milch und damit an der Erzeugung von Sauermilchprodukten (Jogurt, Käse) oder von Sauergemüse (Sauerkraut, Saure Gurken) beteiligt. Die Säurebildung, die erst bei pH-Werten unter 4 zum Stillstand kommt, hemmt das Wachstum konkurrierender Mikroorganismen und schließlich die Vermehrung der Milchsäurebakterien (negatives Feedback). Damit kommt ein gewisser Konservierungseffekt zustande.

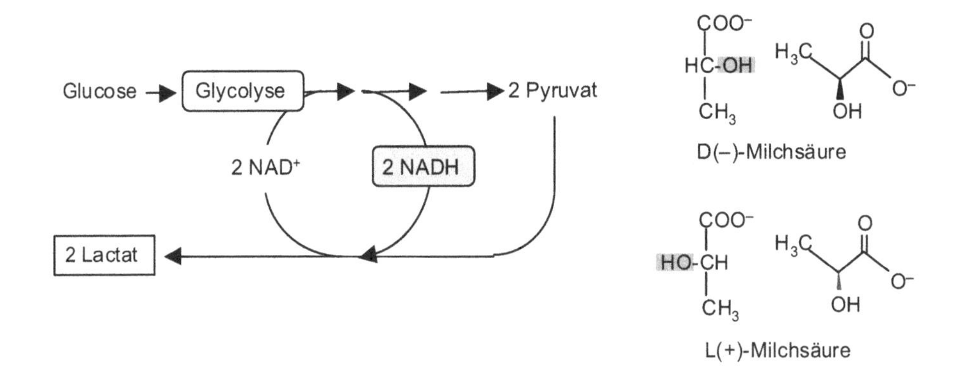

Abb. 21.2 Basisablauf der Milchsäuregärung

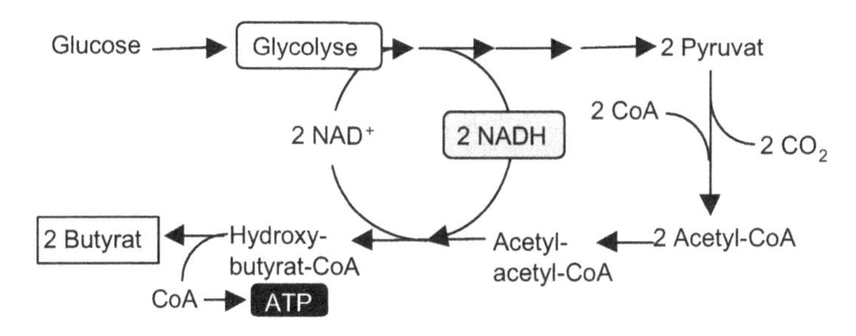

Abb. 21.3 Basisablauf der Buttersäuregärung

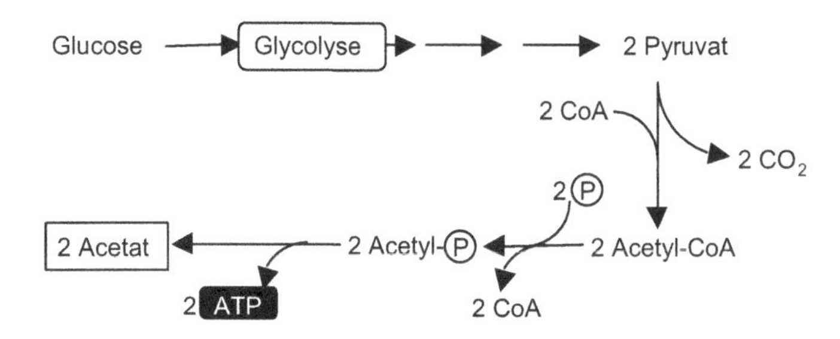

Abb. 21.4 Stationen der Essigsäurebildung

Außer den beiden beschriebenen Gärformen sind zahlreiche weitere katabolische Reaktionswege mit Gärstoffwechsel bekannt. Von Bedeutung ist beispielsweise die Buttersäuregärung (Abb. 21.3) von Bakterien der Gattung *Clostridium*. Menschen empfinden die Duftqualität des Gärproduktes Buttersäure (= Butyrat) als problematisch, Fliegen dagegen hochgradig attraktiv. Die Buttersäuregärer gewinnen aus der Umwandlung des freigesetzten Coenzyms A zusätzlich zur Glycolyse ein weiteres ATP (Abb. 21.3).

Die Essigsäurebildung (Abb. 21.4), auch als Homoacetatgärung bezeichnet, gehört eher zu den Stoffwechselwegen vom Typ der Carbonatatmung. Bei diesem Abbauweg wird Glucose nur in Acetat und CO_2 umgewandelt (Abb. 21.4).

21.4 Umschalten können – der Pasteur-Effekt

Hefezellen sind fakultativ-anaerobe Organismen. Sie können ebenso wie die Muskeln ihren Energiebedarf wahlweise über den Atmungsstoffwechsel oder durch Gärung decken und somit zwischen aerobem, oxidativem Stoffabbau und anaeroben Reaktionen umschalten. Die Hemmung der Gärung durch die Atmung (negatives Feedback) bezeichnet man nach ihrem Entdecker als **Pasteur-Effekt** (Abb. 21.5). Entscheidend ist der jeweilige Sauerstoffpartialdruck. Bei Anwesenheit von O_2 verläuft der Stoffabbau ausschließlich über die Atmung; diese unterdrückt oder hemmt die Gärung vollständig. Wichtigster Regelmechanismus, der die Umschaltung besorgt, ist offenbar die allosterische Kontrolle des

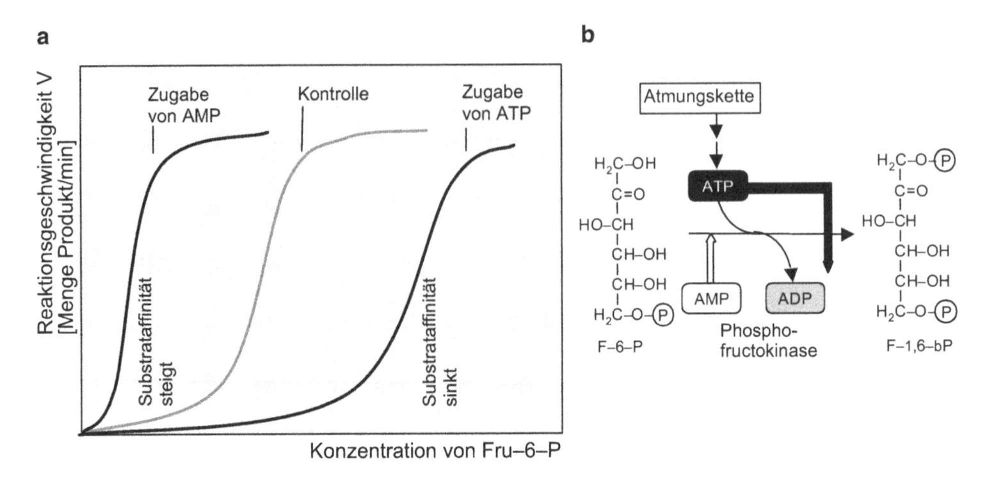

Abb. 21.5 Pasteur-Effekt: Allosterische Regulation der Phosphofructokinases (**a**) und Hemmung der Enzymreaktion durch ATP bzw. Aktivierung durch AMP (**b**)

Enzyms Phosphofructokinase (PFK) der Glycolyse. Durch hohe Konzentrationen an ATP (Inhibitor) wird die Aktivität des Enzyms gehemmt, obwohl es ATP als Cosubstrat benötigt. Wenn aerob kultivierte Hefezellen (oder Muskelgewebe) unter Sauerstoffmangel geraten und die Elektronentransport-Phosphorylierung in der Atmungskette unterbunden wird, sinkt das Konzentrationsverhältnis ATP/AMP. Dies führt dann regulativ zu einer Aktivierung der PFK, da AMP und ADP das Enzym aktivieren und das wenige noch verfügbare ATP zur Hemmung nicht mehr ausreicht. Damit wird der Stoffdurchfluss durch die Glycolyse stark beschleunigt. Die allosterisch regulierte PFK ist damit einem durch die Adenylate ATP, ADP und AMP gesteuerten Ventil vergleichbar: Unter anaeroben Bedingungen öffnet sie gleichsam alle Schleusen, bei ausreichendem oder überschüssigem ATP-Vorrat kommt es dagegen zur Schließung – oberhalb der PFK stauen sich die Metabolite an, während die nachfolgenden durch weiteren Umsatz ständig abnehmen. Auch ein hoher Citratüberschuss aus dem Citratzyklus wirkt hemmend. Daraus erklärt sich die experimentell leicht zu messende Verminderung des Glucoseumsatzes beim Übergang zu aeroben Bedingungen mit ihrem hohen ATP/ADP-Verhältnis infolge ungleich besserer Energieausbeute.

21.5 Fragen zum Verständnis

1. Was unterscheidet den Gärstoffwechsel von der anaeroben Atmung?
2. Kann CO_2 terminaler Akzeptor von Wasserstoff sein, der von einem Glycolysesubstrat stammt?
3. Bei manchen Gärformen wird Pyruvat decarboxyliert – ebenso wie beim Stoffabbau über den Citratzyklus?

4. Warum ist bei Gärungen die Übertragung von gebundenem Wasserstoff auf einen organischen Akzeptor erforderlich?
5. Was versteht man unter Gärprodukten?
6. In welchem Kompartiment der Eucyten laufen die Reaktionen der Gärung ab?
7. Unterscheiden sich die Energiebilanzen bei den verschiedenen Gärformen?
8. Manche Organismen oder Gewebe können von respiratorischem auf fermentativen Stoffwechsel umschalten. Wie ist die Regulation dieses Effektes zu erklären?
9. Ist bei Gärungen die ATP-Bildung an einen Elektronentransport gekoppelt oder wie erfolgt die Gewinnung chemischer Energie?
10. Welche Alternativen zum Standardablauf der Glycolyse gibt es bei manchen Mikroorganismen?

Die Antworten zu diesen Fragen finden Sie im Anhang „Antworten und Lösungen zu den Fragen“.

Antworten und Lösungen zu den Fragen

Kapitel 1

1. Die unbelebte Natur ist überwiegend aus anorganischen Stoffen aufgebaut. Darin werden die kleinsten Teilchen als geladene Ionen miteinander verbunden. Ionen können auch dissoziiert in Lösung (Meerwasser) vorliegen. Die belebte Natur besteht aus Zellen lebender Organismen, die eine ungeheure Fülle komplexer organischer Verbindungen enthalten. Diese sind ausnahmslos Verbindungen des Kohlenstoffs. Anorganische Kohlenstoffverbindungen sind etwa Kalkstein und andere Carbonate, Kohlenstoffdioxid und Kohlenstoffmonoxid.
2. Emergenz bedeutet, dass das Ganze oder die Einheit mehr ist als die Summe seiner Teile. Zwei Teile, getrennt oder zusammen, ergeben nicht dasselbe. Die Zelle ist mehr als Zellkern und Cytoplasma getrennt. Zwei vereinigte Keimzellen sind mehr als zwei getrennte Individuen. Ein Quarzkristall in seiner Gesamtheit hat andere Eigenschaften als seine voneinander getrennten Einzelbausteine.
3. Die wichtigsten Elemente der organischen Materie sind C, H, O, N, S und P, die der anorganischen Natur Ca, Mg, K, Na, Cl, Si, Al, Fe, O, S, N, P, Se, I und F.
4. Makro- und Mikronährstoffe sind zum Aufbau und zur Funktion lebender Zellen wichtig: Ca für Skelett (Knochen, Zähne) und Synapsenfunktion von Nerven, Mg für Muskeln und Energie freisetzende Enzyme (ATP-spaltende Kinasen). Se schützt vor toxischen und aggressiven reduktiv aktivierten Sauerstoffspezies oder Radikalen (Superoxid, vgl. Halliwell-Asada-Pathway). Ca wird täglich von einer erwachsenen Person in Mengen von rund 1 g und Selen von 80 Mikrogramm ($= 80 \cdot 10^{-6}$ g) benötigt.
5. Kernaustausch-Experimente mit Acetabularia-Zellen von zwei verschiedenen Arten mit verschiedenen Hutformen zeigen: Nach dem Kernaustausch und der Entfernung des alten Hutes wird der neue Hut jeweils nach der Art gebildet, von welcher der Kern stammt.
6. Energieumwandlungen in Pflanzenzellen sind: Lichtenergie elektromagnetischer Strahlung in elektrische Energie der Elektronen, diese wird weiter in chemiosmotisch gebundener Energie eines Protonengradienten gespeichert und schließlich in chemische Energie von ATP umgesetzt. Die Umwandlung von Lichtenergie in elektrische Energie findet analog in einem Solartaschenrechner statt. Die Umwandlung elektrischer Energie in einen H^+-Ionen-Konzentrationsgradienten geschieht nebenbei

H. Bannwarth et al., *Basiswissen Physik, Chemie und Biochemie*,
https://doi.org/10.1007/978-3-662-58250-3

auch bei der Elektrolyse von Salzen. Die Synthese von ATP aus einem Protonengradienten ist technisch nicht zu analogisieren.

7. Entropie ist ein Maß für Unordnung. Je gleichmäßiger die Verteilung in einem System wird, desto größer wird die Unordnung (Entropie). Die Entropie gibt die Richtung von Naturvorgängen an; z. B. gleichen sich Temperatur oder Feuchtigkeit zweier im Kontakt befindlicher Körper aneinander an (Zweiter Hauptsatz der Thermodynamik).
8. Das Dollo'sche Gesetz beinhaltet die Nichtumkehrbarkeit von Entwicklungen. So entwickeln sich jeweils eine Raupe zum Schmetterling und eine Kaulquappe zum Frosch, aber nicht umgekehrt. Auch der Ablauf der Evolution und andere (erd)geschichtliche Entwicklungen sind nicht umkehrbar.
9. Das Leben scheint vordergründig betrachtet dem Entropiegesetz zu widersprechen, weil in lebenden Systemen im Laufe der Entwicklung die Ordnung zu- und die Unordnung abnehmen (vgl. die Entwicklung eines hochkomplexen Lebewesens aus einer befruchteten Eizelle, der Zygote). Berücksichtigt man aber, dass auch in lebenden Zellen Energie (ATP) zur Aufrechterhaltung der Ordnung benötigt wird, so hebt sich dieser Widerspruch auf.
10. Physikalische Größen, die als Basis eines Größensystems festgelegt wurden, heißen Basisgrößen. Sie sind so festgelegt, dass sie sich nicht durch andere Basisgrößen ausdrücken lassen. Die Wahl der Basisgrößen kann nach physikalisch-praktischen oder didaktischen Gesichtspunkten erfolgen.

Kapitel 2

1. Die Eigenschaften der Masse sind Schwere und Trägheit.
2. Der aktuelle Wert zur Zeit *t* ist der Momentanwert. Der Durchschnittswert errechnet sich als betrachtete Gesamtstreckenlänge geteilt durch die benötigte Gesamtzeit.
3. Für eine beschleunigte Bewegung ist das Wirken einer Kraft Voraussetzung.
4. Kräftegleichgewicht herrscht, wenn in einem System die Summe aller Kräfte null ergibt.
5. Durch Ermittlung des Kräfteparallelogramms, in dem die Summenkraft und die einzelnen Teilkräfte eingetragen sind.
6. Weil die Gravitation, welche die Masse der Sonne zusammenhält, eine Zentralkraft ist, die in alle Richtungen gleich stark wirkt.
7. Energie geht nach dem Energieerhaltungssatz (Erster Hauptsatz der Thermodynamik) nirgendwo verloren.
8. Das Drehmoment ist das Vektorprodukt aus Abstand (Drehachse – Angriffspunkt) und wirkender Kraft. Der Begriff wird überall dort benötigt, wo Drehbewegung auftritt.
9. Der Vektor des Drehimpulses zeigt in Richtung der Drehachse.

10. Weil die Teilchen untereinander beweglich sind, ist eine Betrachtung der Kraft auf einzelne Teilchen faktisch unmöglich. Daher betrachtet man die Kraft (gemittelt über viele Teilchen) auf eine gewisse Fläche.
11. Jeder Körper erfährt durch den Druckunterschied zwischen seiner Ober- und Unterseite in einem Medium eine Auftriebskraft, die gleich der Gewichtskraft des verdrängten Volumens des Mediums ist.
12. Herrscht in einem System zweier verbundener Kolben Druckgleichgewicht, so wirkt beim Bewegen des kleineren Kolbens am großen eine Kraft, die um das Verhältnis der Kolbenflächen größer als diejenige am kleineren ist.
13. Weil die Luft kompressibel ist und unter ihrem eigenen Gewicht am Boden erheblich stärker zusammengedrückt wird als in der Höhe.
14. Eine Welle ist eine sich im Raum ausbreitende Schwingung, bei der ein ggf. beteiligtes schwingendes Medium sich nicht mit ausbreitet.
15. Durch Anblasen wird in der Flöte die Luft zum Schwingen gebracht und dabei eine stehende Welle mit einer Frequenz erzeugt, die durch die Geometrie des Schallraumes gegeben ist (mit zugehörigen Oberwellen).

Kapitel 3

1. Temperatur ist ein Maß für die Bewegung von Teilchen der betrachteten Substanz, Wärmemenge ist eine Form von Energie.
2. Die Wärmekapazität gibt an, wie viel Energie nötig ist, um 1 kg eines Stoffes um 1 K zu erwärmen.
3. Es gibt keine periodisch arbeitende Maschine, die aus einem Wärmereservoir vollständig mechanische Arbeit gewinnt.
4. Enthalpie ist die Summe aus Innerer Energie eines Systems und dem (mechanisch arbeitsfähigen) Produkt aus Druck und Volumen. Bestimmen kann man nicht ihren Absolutwert, sondern jeweils nur Änderungen der Enthalpie.
5. Eine adiabatische Zustandsänderung ist eine solche, bei der keine Energie abgeführt wird.
6. Sie verbindet die makroskopischen Größen eines Systems wie Druck oder Volumen mit den mikroskopischen Größen wie Teilchenzahl oder Teilchengeschwindigkeit.
7. Eine exotherme Reaktion ist immer auch exergonisch, aber eine exergonische nicht immer exotherm, weil Energie nicht nur als Wärme, sondern auch als Licht oder als Energie zur Trennung von Ionen zum Lösen eines Salzes frei werden kann. Exergonische Prozesse können auch endotherm sein, wie die Abkühlung beim (exergonischen) Lösen hydratisierter Salze zeigt. Exotherme Reaktionen sind immer mit einer Temperaturerhöhung verbunden.
8. Beim idealen Gas sind die Teilchen frei beweglich und ohne Volumen. Sie stoßen elastisch miteinander.

9. Konvektion spielt in der Atmosphäre und bei Meeresströmungen eine bedeutende Rolle.
10. Die Strahlungsleistung eines Schwarzen Körpers hängt nur von seiner Temperatur und seiner Oberfläche ab.

Kapitel 4

1. Potenzial ist der Absolutwert der potenziellen Energie an einem Ort geteilt durch die eingebrachte Ladungsmenge; Spannung ist die Differenz zwischen den Potenzialen an zwei betrachteten Orten.
2. Beispielsweise bei einer Reihenschaltung addieren sich die Spannungen der einzelnen Kondensatoren, also die Kehrwerte der Kapazitäten, da die Spannungen umgekehrt proportional zur Kapazität sind. Ebenso addieren sich die Spannungsabfälle an den Widerständen. Da diese proportional zu den Widerstandswerten sind, addieren sich auch die Widerstandswerte einfach.
3. Induktion kommt ausschließlich durch Änderung des magnetischen Flusses in einer Leiterschleife/Spule zustande.
4. Es lautet: Der Widerstand ist konstant, Strom und Spannung hängen linear miteinander zusammen. Die Kennlinie ist eine Gerade, deren Steigung gerade der Widerstandswert ist.
5. Beim Strommessgerät muss der Innenwiderstand möglichst gering sein (es darf hier keine Spannung abfallen), beim Spannungsmessgerät möglichst groß (es darf kein nennenswerter Strom fließen).
6. Ausschließlich durch Bewegung von Ladungsträgern (durch elektrischen Strom).
7. Bei allen (tierischen) Lebewesen (Nervenzellen).
8. Jeder reale Schwingkreis weist auch einen Ohm'schen Widerstand auf.

Kapitel 5

1. Elektromagnetische Strahlung, also auch Licht, entsteht ausschließlich durch beschleunigte Bewegung elektrischer Ladungen im Feld anderer Ladungen.
2. Licht hat sowohl Wellen- als auch Teilchencharakter (Welle-Teilchen-Dualismus).
3. Der abnehmende Mond geht (anfangs des 4. Viertels) gegen Mitternacht auf und mittags unter, ist also in der zweiten Nacht- und der ersten Taghälfte zu sehen.
4. Bei Reflexion gilt das Reflexionsgesetz (optisch glatte Oberflächen), bei Streuung an optisch rauen Oberflächen sind die Einfallslote auf kleinstem Raum unregelmäßig angeordnet, man erhält daher nur diffuse Reflexion und kein Spiegelbild.
5. Lichtbrechung beruht auf der Verminderung der Lichtgeschwindigkeit in Medien.

6. Wenn beim Übergang von einem dichteren in ein dünneres Medium der Austrittswinkel gegenüber dem Austrittslot 90° übersteigt, kommt es zu Totalreflexion, das Licht verbleibt im Medium.
7. Reelle Bilder kann man mit einem Schirm auffangen, virtuelle nicht.
8. Tritt ein Lichtstrahl oberhalb der optischen Achse der Lochkamera schräg ein, so verläuft er nach Durchtritt durch das Loch natürlich unterhalb der optischen Achse. Dies gilt für alle Strahlen, wodurch „oben" hinterher „unten" und „rechts" hinterher „links" ist.
9. Bei Kurzsichtigkeit liegt die Brennebene vor der Netzhaut des Auges (zu korrigieren mit einer Zerstreuungslinse), bei Weitsichtigkeit dahinter (zu korrigieren mit einer Sammellinse).
10. Man zeichnet von den Punkten des Gegenstandes die ausgezeichneten Strahlen Brennstrahl (wird hinter der Linse zum Parallelstrahl), Mittelpunktstrahl (bleibt Mittelpunktstrahl) und Parallelstrahl (wird zum Brennstrahl), die sich hinter der Linse in den zugehörigen Bildpunkten treffen.
11. Fällt eine ebene Wellenfront auf eine Blende, so erhält man am Blendenrand stets Beugung, da hier die Wellenfront abgebrochen wird (Elementarwellenausbreitung in alle Richtungen). Die Beugung tritt gegenüber dem Wellenfrontverlauf umso stärker hervor, je kleiner die Blende (d. h. je schmaler die ebene Wellenfront) ist.
12. Durch subtraktive Farbmischung (farbselektive Absorption).

Kapitel 6

1. Für die Kennzeichnung eines Elements genügt im Prinzip die Kernladungszahl Z.
2. Isotope sind möglich, da die meisten Atomkerne verschieden viele Neutronen besitzen können.
3. (1) Postulate wie nach Bohr sind in der Physik unsinnig und verboten, außerdem sind zwei von ihnen auch noch falsch. (2) Bereits für Zweielektronensysteme sind die Energiewerte der Niveaus falsch. (3) Die relativen Intensitäten der Spektrallinien werden nicht erklärt – es ist Vieles an dem Modell falsch.
4. Auch für Elektronen gilt der Welle-Teilchen-Dualismus. Für die Atomhülle versagt das Teilchenmodell. In der Mikrophysik sind nur statistische Aussagen über den Aufenthalt von Teilchen möglich.
5. Die Magnetquantenzahl m wird benötigt, weil der Gesamtdrehimpuls eines Elektrons in einem äußeren Magnetfeld verschiedene Positionen (genau $2l+1$) einnehmen kann.
6. Die Kernkraft ist die Restkraft der Starken Wechselwirkung, sie wirkt aufgrund der asymmetrischen Verteilung der Farbladungen im Nukleon, allerdings nur auf dessen allernächste Nachbarn; ein entfernteres Nukleon „sieht" dieses Nukleon nur noch „weiß" (farbladungslos).

7. Ab dem Element Blei ($Z = 82$) besitzen alle weiteren zu viele Protonen, die sich ja gegenseitig abstoßen. Diese Abstoßung schwächt die Kernkraft derart, dass die Kerne instabil werden (die Kernkraft wirkt nur auf unmittelbare Nachbarn, die elektrische Abstoßung reicht über größere Distanzen).
8. Ein radioaktiver Zerfall ist ein schwerer Eingriff in die innere Struktur eines Kerns, er wird sich in den meisten Fällen danach in einem angeregten Zustand befinden. Beim Übergang in seinen neuen Grundzustand sendet der Kern Strahlung aus.
9. Im Inneren der Sonne wird durch Kernfusion Wasserstoff zu Helium umgewandelt. Das Produkt hat (wie bei manchen chemischen Reaktionen auch) einen niedrigen Energiezustand, die Bindungsenergie des Heliumkerns wird beim Eingehen der Bindung frei.
10. Die 7 Perioden (Zeilen im PSE) entsprechen den 7 Hauptquantenzahlen beim Schalenaufbau der Atomhüllen. In den Spalten im PSE haben die Atome jeweils die gleiche Konfiguration im äußeren Bereich der Elektronenhülle und daher ähnliche chemische Eigenschaften.

Kapitel 7

1. Pflanzenzellen haben im Gegensatz zu Tierzellen eine große Zentralvakuole und sind von einer Zellwand umschlossen. Verliert die Vakuole Wasser, verkleinert sich die Zelle, und die Zellwände ziehen sich zusammen. Die damit verbundene Verformung wird als Welken wahrgenommen. Bei den Zellen von Tieren ist das nicht möglich.
2. Pflanzen schützen sich mit löslichen Salzen oder mit löslichen organischen Stoffen vor dem Erfrieren. Diese verhindern das Entstehen und das Wachsen von Eiskristallen. Als Frostschutzmittel wirken kleine organische Moleküle, Aminosäuren wie Glycin oder Prolin, oder verschiedene Zucker wie Glucose oder Saccharose.
3. Luft nimmt mit steigender Temperatur mehr und mit sinkender Temperatur weniger Wasser auf. Beim Abkühlen wird das Wasser wieder ausgeschieden (Kondensation, Waschkücheneffekt an Autoscheiben). Wird die Temperatur erhöht, nimmt der Anteil von Wassermolekülen zu, die so viel kinetische Energie haben, dass sie die Wasseroberfläche verlassen können. Das Wasser verdunstet, nasse Gegenstände trocknen.
4. Der osmotische Wert einer Lösung ist abhängig von der Konzentration. Der dem osmotischen Wert entsprechende Druck einer Lösung wird als hydrostatischer Druck gemessen. Dabei wird die Höhe der Flüssigkeitssäule bestimmt, die man erhält, wenn man eine in eine semipermeable Membran eingeschlossene Lösung mit einem Steigrohr verbindet und in reines Wasser stellt.
5. Man setzt für die höhere Konzentration C_1, die niedrige Konzentration C_2, für die Konzentration der Mischung Cx sowie für das Volumen der konzentrierteren Lösung V_1 und das Volumen der verdünnten Lösung V_2. Dann ergibt sich für $V_1 = Cx - C_2$ und für $V_2 = C_1 - Cx$. Gibt man nun V_1 und V_2 durch Mischen zusammen, wird $V_1 + V_2 = C_1 - C_2$. Zum Beispiel für Alkohol (Ethanol)/Wasser-Gemische $C_1 = 96(\%)$,

$C_2 = 10(\%)$, $Cx = 70(\%)$, werden $V1 = 60$ (Volumenteile) und $V_2 = 26$ (Volumenteile). Es werden dann $V_1 + V_2 = 60 + 26 = 86$ und $C_1 - C_2 = 96 - 10 = 86$ gleichermaßen.

6. Wasser diffundiert durch eine semipermeable (semiselektive) Membran immer in Richtung der konzentrierteren Lösung, weil das Ausströmen der Wasserteilchen durch die Hydratkomplexe, die sich um die Ionen oder die gelösten organischen Moleküle bilden, in der konzentrierten Lösung mehr behindert oder erschwert wird als in der verdünnteren. In reinem Wasser können sich die Wasserteilchen abgesehen von Dipolkräften oder H-Brückenbindungen ungehindert bewegen.
7. In diesem Fall würden sich die Konzentrationen nach und nach ausgleichen. Der Druck in der Lösung würde zunächst wegen der durch die Osmose bedingten Wasseraufnahme ansteigen und dann langsam wegen des Konzentrationsausgleichs wieder absinken. Das Diagramm – Druck vs. Zeit – würde demnach eine Optimumkurve darstellen.
8. Wasser kann unter hohem Druck (>1 bar) auch bei Temperaturen über 100 °C vorkommen. Das ist in den ozeanischen Heißwasserquellen der Fall, weil das Gewicht der Wassersäule je 10 m um 1 bar zunimmt. Bei solchen Drucken und Temperaturen müssen Lebewesen andere Proteine mit höherem Disulfidgehalt haben, sodass sie nicht denaturieren.
9. In einem Liter Wasser sind bei der Masse von 1 kg rund $1000\,g : 18\,g = 56\,mol$ Wasser enthalten, da 1 mol Wasser 18 g Wasser entspricht. Wenn ein Mol der Avogadro'schen Zahl entsprechend $6 \cdot 10^{23}$ Teilchen enthält, sind dies $56 \cdot 6 \cdot 10^{23}$ Teilchen $= 333 \cdot 10^{23}$ Teilchen $= 3{,}3 \cdot 10^{25}$ Teilchen. In einem Liter Luft sind, da das Molvolumen für Gase 22,4 L beträgt, $1\,L : 22{,}4\,L = 0{,}0446\,mol = 4{,}46 \cdot 10^{-2}\,mol$, das heißt $4{,}46 \cdot 10^{-2} \cdot 6 \cdot 10^{23}$, also rund $2{,}7 \cdot 10^{22}$ Gasmoleküle enthalten. In 1 L Wasser sind $3{,}3 \cdot 10^{25} : 2{,}7 \cdot 10^{22} = 1{,}2 \cdot 10^{3}$ mal mehr Teilchen als in 1 L Luft enthalten, weil die Moleküle in der Flüssigkeit viel dichter gepackt vorliegen als im Gasgemisch Luft.

Kapitel 8

1. $2\ Al + 3\ Br_2 \rightarrow 2\ AlBr_3 \rightarrow 2\ Al^{3+} + 6\ Br^-$. Es bilden sich dreifach positiv geladene Aluminium-Ionen und einfach negative geladene Bromid-Ionen. Das entstandene Salz heißt Aluminiumbromid.
2. Sauerstoff löst sich in Wasser schlecht, weil das O_2-Molekül unpolar ist. Sauerstoff wird lediglich in das Wasser eingemischt und bildet damit keine echte Lösung. Die Wasserteilchen binden sich fester untereinander als an das O_2-Molekül. Bei steigender Temperatur wird O_2 durch die stärker werdende Molekularbewegung leicht ausgetrieben. Zucker und Salz hingegen lösen sich unter Bildung von Hydratkomplexen bei steigender Temperatur besser, weil die Auflösung der Feststoffe Salz und Zucker in Wasser bei höherer Temperatur aufgrund der stärkeren Bewegung der Teilchen leichter abläuft.

3. Die meisten Elemente kommen als geladene Teilchen (Ionen) vor, weil sie in der Ionenform eine stabile Schale (Edelgasschale) haben und in der Natur stabile Zustände bevorzugt eingenommen werden.
4. Die Ionenbindung ist polar (heteropolar), die Atombindung oder Elektronenpaarbindung unpolar (homöopolar). In Gasen wie H_2, Cl_2, O_2, N_2 liegen homöopolare Bindungen vor. Die kleinsten Teilchen der Feststoffe können polar wie bei Salzen, Oxiden und Sulfiden oder unpolar wie bei Graphit oder Schwefel miteinander verbunden sein. Stoffe mit ausschließlich homöopolaren Bindungen sind schlecht wasserlöslich. Stoffe mit polaren Bindungen können leicht wasserlöslich (z. B. NaCl, KI, $Mg(NO_3)_2$ oder schwer wasserlöslich ($CaCO_3$, $BaSO_4$, AgCl) sein.
5. Die Bindung der H-Atome im Wasserstoffmolekül H_2 (intramolekulare Bindung, Elektronenpaarbindung) kann dadurch erklärt werden, dass sich die Elektronen bewegen und nach den Gesetzen des Elektromagnetismus ein Magnetfeld erzeugen – bewegte elektrische Ladung stellt einen Strom dar, der ein Magnetfeld zur Folge hat (Maxwell'sche Beziehungen). Wie zwei Magnete ziehen sich die beiden Atome gegenseitig an. Eine andere Erklärung geht davon aus, dass die Elektronenpaarbindung im H_2-Molekül der Zweierschale des He entspricht und die Edelgasschale Stabilität bedeutet. Die zwischen- oder intermolekularen Kräfte, die Bindungen der H_2-Moleküle untereinander durch van-der-Waals-Kräfte, sind bei Normaltemperaturen sehr schwach.
6. Hydrophile Gruppen wie Hydroxyl-, Carboxyl-, Amino- und Phosphatgruppen bedingen die Wasserlöslichkcit, Alkyl- und Aryl-Reste die Fettlöslichkeit von Stoffen in der Zelle. Erstere bewirken die Mobilisierung und Lösung von Molekülen als Voraussetzung für die enzymatische Weiterverarbeitung und den Weitertransport von Stoffen. Lipophile Stoffe sind wichtig für das Speichern von Fetten, den Aufbau von Membranen und zur Isolierung und Trennung von Stoffwechselräumen (Kompartimentierung) (vgl. Abschn. 16.4). Enzymatische Umsetzungen finden in der Regel in der gelösten Phase statt. Zur Mobilisierung werden deshalb oft hydrophile Gruppen (z. B. Phosphatgruppen) angehängt, zur Immobilisierung dagegen lipophile Gruppen, z. B. Methylgruppen, etwa an Zucker oder auch DNA.
7. Reines Wasser ist ein schlechter Leiter, weil es wenig in seine Ionen dissoziiert. Das Gleichgewicht: $H_2O \rightleftarrows H^+ + OH^-$ liegt links. In 1 L Wasser sind nur etwa 10^{-7} mol Wasser dissoziiert.
8. Die bei der Dissoziation von Wasser gebildeten Ionen heißen Protonen H^+ und Hydroxid-Ion OH^-. Allerdings sind die Protonen nicht frei, sondern schließen sich mit Wassermolekülen zu Oxonium (=Hydronium)-Ionen zusammen: $H^+ + H_2O \rightarrow H_3O^+$.
9. Ionenbildung ist die Voraussetzung der Ionenbindung. Bei der Ionenbildung nehmen ungeladene Atome entweder Elektronen auf oder geben sie ab. Durch Elektronenaufnahme entstehen so negativ geladene Anionen und durch Elektronenabgabe positiv geladene Kationen. Unter der Ionenbindung versteht man die elektrostatische Anziehung entgegengesetzt geladener Teilchen (Ionen). In der Natur müssen sich aber

nicht erst die Atome und dann die Ionen gebildet haben. Die Atome können aus den Ionen mit technischen Verfahren wie der Elektrolyse unter Energieaufwand gebildet werden.

10. Der Begriff der Wertigkeit kann sich auf die Ionenladung beziehen. So ist das Ca^{2+}-Ion zweiwertig und das Al^{3+}-Ion dreiwertig positiv geladen. Ferner wird die zweiprotonige Schwefelsäure H_2SO_4 als zweiwertige Säure bezeichnet – dann ist die Säurewertigkeit gemeint. Sie gibt an, wie viele Mol Protonen (H^+) 1 mol Schwefelsäure (H_2SO_4) abgibt. Bezeichnet man das Permanganat-Ion (MnO_4^-) als ein fünfwertiges Oxidationsmittel, dann meint man seine Redox-Wertigkeit. Sie gibt an, dass es bei einer Redox-Reaktion 5 mol Elektronen (e^-) pro Mol MnO_4^- aufnimmt und dabei zum zweifach positiv geladenen Mn^{2+}- Ion reduziert wird. Das Mangan-Ion im Permanganat (MnO_4^-) ist 7-fach positiv geladen, hat also die Oxidationsstufe +7. Den Begriff der Bindigkeit setzt man vor allem bei unpolaren oder kovalenten Bindungen ein. So ist der Kohlenstoff im Methan und in anderen Kohlenwasserstoffen vierbindig, der Stickstoff im N_2-Molekül, im Ammoniak und in den Aminen dreibindig und der Phosphor in den Phosphaten fünfbindig.
11. Die Halogene F, Cl, Br, I können in organischen Verbindungen kovalent gebunden sein (Elektronenpaarbindung) wie etwa in den Perfluorierten Tensiden PFT, den Fluor-Chlor-Kohlenwasserstoffen FCKW, den Chlorkohlenwasserstoffen, dem Dibromethan und dem Schilddrüsenhormon Thyroxin. Halogene können aber auch in Salzen als Halogenide in Anionenform vorliegen etwa als Fluorid F^-, Chlorid Cl^-, Bromid Br^- und Iodid I^-. Als Salze sind sie meist gut wasserlöslich. Ausnahmen sind z. B. Calciumfluorid (CaF_2) und die Halogenide des Silbers. Chlororganische Verbindungen kommen in Landökosystemen kaum vor. Eine Ausnahme ist z. B. das bakterizide Antibiotikum Chloramphenicol. Die Enzyme von Landpflanzen, von Tieren und Menschen können in der Regel organische Chlorverbindungen weder aufbauen noch zerstören. Diese bleiben also lange als Gifte vor allem im Fettgewebe erhalten. Sie sind zum großen Teil toxisch und häufig auch cancerogen. Beispiele sind Tetrachlorkohlenstoff (CCl_4), Chloroform ($CHCl_3$), DDT, PCP, PCB, Dioxine und Furane.
12. Mit Giftigkeit oder Toxizität bezeichnet man die Eigenschaft von bestimmten Stoffen, bereits in geringen Mengen schädliche oder tödliche Wirkungen auf Lebewesen auszuüben. In der Regel werden lebenswichtige Stoffwechselprozesse oder Transportvorgänge durch Gifte beeinträchtigt oder blockiert. So können etwa bestimmte Schwermetall-Ionen toxisch sein, weil sie durch Binden an die Sulfhydrylgruppen von Enzymen die Enzymaktivität blockieren. Cancerogene Gifte können Tumoren auslösen. Teratogene Gifte sind keimschädigend. Cancerogene und Teratogene stören wichtige zellgenetische Prozesse wie die Genaktivität an der DNA. Bestimmte Gifte können auch nützlich sein und Heilwirkungen erzielen, weil sie pathogene Bakterien vernichten. Viele Stoffe sind erst ab einer bestimmten Konzentration giftig: „Die Menge macht, dass ein Stoff ein Gift ist“ (Paracelsus). Zucker und Salz können, in zu großen Mengen verabreicht, ebenfalls schädlich sein und Giftwirkungen haben.

13. Einige Mineralien wie z. B. Ca und Mg sind als Mengenelemente und einige andere Elemente in geringen Mengen z. B. Fe, I, Mn, Cu, Se, Zn, Mo, F und Cr als Spurenelemente (Mikroelemente) für den Menschen essenziell – er muss sie in den erforderlichen Mengen mit der Nahrung aufnehmen. Auch Vitamine, einige Aminosäuren und mehrfach ungesättigte Fettsäuren können vom Organismus nicht hergestellt werden. Sie sind ebenfalls essenziell. Die Konsequenz für die Gesundheitsfürsorge ist, dass den Elementen Fluor, Iod und Selen für die menschliche Ernährung besondere Beachtung geschenkt werden muss, vor allem bei Menschen, die sich vegetarisch oder veganisch ernähren. Bei einem Mangel an diesen Elementen drohen Stoffwechselstörungen, Schäden an Zähnen- und Knochen; schwere Herz-Kreislauf-Erkrankungen und auch Krebs können gehäuft auftreten.
14. Nur weil Carbonat- und Phosphat-Salze des Calciums im geringen Umfang löslich sind, ist überhaupt ein Aufbau oder Abbau von Skelett, Knochen, Zähnen, Eierschalen, Schneckenhäusern und Korallen in der Natur möglich. Beim Aufbau entstehen die nicht dissoziierten Carbonate und Phosphate des Calciums, beim Abbau die freien Ionen.
15. Man kann sich vorstellen, dass im Phosphat-Ion (PO_4^{3-}) vier zweifach negativ geladenen Sauerstoff-Ionen mit einem fünffach positiv geladenen Phosphor-Ion koordinativ verbunden sind. Die entgegengesetzten Ladungen bedingen die starke Anziehung (Kristallfeld-Theorie). Man kann das Komplex-Ion Phosphat deshalb als Komplexverbindung betrachten, bei dem sich die Sauerstoffliganden um ein Zentral-Ion, das Phosphor-Ion, gruppieren (Ligandenfeldtheorie) und sich die Sphären der Elektronen beeinflussen. Im Kupfer-Tetrammin-Komplex sind die freien Elektronenpaare der vier Ammoniakmoleküle zum Kupfer-Ion hin gerichtet und bedingen durch die koordinative Bindung die Stabilität des Komplexes. Beim Chlorophyll und Cytochrom sind die Zentral-Ionen, das Mg^{2+}-Ion im Chlorophyll und das Fe^{2+}-Ion im Cytochrom, komplex in einem Tetrapyrrolringsystem gebunden, wobei die freien Elektronenpaare der Pyrrolringe dem Zentral-Ion koordinativ zugeordnet sind (s. Formeln).
16. Die Konsequenz für die Gesundheitsfürsorge des Menschen ist, dass die richtige Versorgung mit Fluor, Jod und Selen besonders beachtet werden sollte, weil sie nicht, und schon gar nicht überall, automatisch durch die pflanzliche Nahrung sichergestellt wird.

Kapitel 9

1. Organismen im Meerwasser und in Salzseen sind an hohe Salzkonzentrationen angepasst. Extremophile Spezialisten (Archaea) wie *Halobacterium halobium* kommen in bis zu 4 mol L^{-1} NaCl-Lösung vor. An niedrige Salzkonzentrationen sind Pflanzen ombrogener Hochmoore angepasst, etwa Torfmoose der Gattung *Sphagnum*.

2. Eine Zelle reguliert den Ionenhaushalt durch Wasseraufnahme über die Osmose. Die Konzentration an gelösten Stoffen wird durch aktive Ionenaufnahme und die Synthese löslicher organischer Moleküle erhöht. Höhere Organismen stellen zudem die osmotischen Werte durch Resorption von Salz und Zuckern über die Haut oder den Darm sowie Ausscheidung über die Niere ein. Die Bildung von Polymeren (wie Stärke aus Glucose; Proteine aus Aminosäuren) senkt den osmotischen Wert.
3. Unter einer starken Säure versteht man eine stark dissoziierte Säure, unter einer schwachen Säure eine nur schwach dissoziierte. Eine stark dissoziierte Säure ist z. B. die Salzsäure HCl. Chlorwasserstoffgas zerfällt in Wasser nahezu vollständig in seine Ionen: $HCl \rightarrow H^+ + Cl^-$. Die Rückreaktion $H^+ + Cl^- \rightarrow HCl$, die Bildung von Chlorwasserstoff aus den Ionen, ist extrem gering und kann vernachlässigt werden. Bei der schwachen Säure Essigsäure liegt das Dissoziationsgleichgewicht links: $CH_3COOH \leftrightarrows CH_3COO^- + H^+$.
4. Die Brønsted'sche Definition ist ein Fortschritt gegenüber derjenigen von Arrhenius, weil sie sich nicht nur auf wässrige Lösungen bezieht, sondern auch Protonenaufnahme und -abgabe in der Gasphase einschließt, z. B. $HCl(g) + NH_3(g) \rightarrow NH_4Cl(s)$.
5. Das Sulfat-Ion ist keine Säure, weil es keine Protonen (H^+-Ionen) abgeben kann. Es ist vielmehr eine sehr schwache Base, weil es Protonen, wenn auch nur sehr schwach, bindet: $SO_4^{2-} + 2H^+ \rightarrow H_2SO_4$.
6. Unter einem konjugierten Säure-Base-Paar versteht man eine Säure und eine Base, die in einer reversiblen Reaktion auseinander hervorgehen. Durch Protonenabgabe wird aus einer Säure die konjugierte Base und durch Protonenaufnahme aus der Base die konjugierte Säure. HCl und Cl^- und H_3O^+ und H_2O stellen solche konjugierten Säure-Base-Paare dar.
7. Das Ammoniakmolekül ist eine Base, weil es Protonen aufnimmt: $NH_3 + H^+ \rightarrow NH_4^+$ oder $HCl(g) + NH_3(g) \rightarrow NH_4Cl(s)$. Das Proton geht an das freie Elektronenpaar des Stickstoffs im Ammoniakmolekül NH_3 und bildet dass Ammonium-Ion NH_4^+.
8. Salze bestehen aus positiv geladenen Metall-Kationen und negativ geladenen Anionen. Sie bilden charakteristische Ionengitter. Die Anionen können Halogenide sein wie Fluorid F^-, Chlorid Cl^-, Bromid Br^- und Iodid I^- oder aber Komplex-Ionen wie Nitrat (NO_3^-), Sulfat (SO_4^{2-}), Carbonat (CO_3^{2-}), Phosphat (PO_4^{3-}) oder auch organische Anionen wie Acetat (CH_3COO^-).

Kapitel 10

1. Sprudelwasser schäumt heftiger, wenn man eine Säure zugibt. Nach dem Prinzip des Kleinsten Zwanges (Le-Chatelier-Prinzip) wird das Gleichgewicht zwischen $H^+ + HCO_3^-$ sowie $CO_2 + H_2O$ durch die Konzentrationserhöhung der H^+-Ionen nach rechts verschoben, weil die Konzentration der H^+-Ionen der Geschwindigkeit der Hinreaktion V_1 proportional ist: $c(H^+) \sim V_1$; denn je mehr H^+-Ionen vorhanden sind, umso mehr können mit Hydrogencarbonat-Ionen (HCO_3^-) zu Kohlenstoffdioxid und

Wasser H_2O umgesetzt werden. Weil Sprudelwasser eine nahezu gesättigte Lösung von CO_2 ist, wird das aus $H^+ + HCO_3^-$ gebildete CO_2 frei und entweicht in Form von Blasen. Bei Laugezugabe müsste demnach die Bildung von Bläschen unterbleiben oder unterbunden werden.

2. Das Massenwirkungsgesetz stellt die Grundlage des Prinzips vom Kleinsten Zwang (Le-Chatelier-Prinzip) dar. Es beschreibt chemische Reaktionen, die sich im Gleichgewicht befinden $V_1 = V_2$, während das Le-Chatelier-Prinzip die Gesetzmäßigkeiten beschreibt, die gelten, wenn kein Gleichgewicht besteht, und $V_1 \neq V_2$ gilt, wenn die Reaktion im Gange ist. Weil man eine chemische Reaktion durch Einflussnahme auf das Gleichgewicht in die gewünschte Richtung zwingen kann, ergibt sich hieraus ein enormer technisch und wirtschaftlich nutzbarer Vorteil. So kann man zum Beispiel einen Alkohol und eine organische Säure durch Entzug von Wasser zur Esterbildung zwingen.
3. Lebende Organismen können die Einstellung des Gleichgewichtes dadurch verzögern und verhindern, dass die bei einer Reaktion entstandenen Produkte sofort in einer Folgereaktion weiterverwendet und in andere Produkte umgesetzt werden. So entstehen hintereinander angeordnete und miteinander gekoppelte chemische Reaktionen, die insgesamt ein Fließgleichgewicht darstellen. Da Enzyme die Einstellung von Reaktionsgleichgewichten bewirken, können auch Enzymaktivitäten gehemmt und dadurch die Gleichgewichtseinstellung verzögert werden. So stoppt z. B. ein negativer Feedback-Mechanismus die Aktivität eines Schlüsselenzyms durch ein Endprodukt der Reaktionskette, wie bei der Phosphofructokinase (Schlüsselenzym der Glycolyse) mit Hemmung durch ATP aus der Atmungskette.
4. Das Le-Chatelier-Prinzip scheint vordergründig für lebende Systeme nicht zu gelten. Es gilt aber auch für Lebewesen, wenn man auch die Energie berücksichtigt. Nach dem Prinzip des Kleinsten Zwanges könnte ein Auto nur bergab fahren. Mithilfe von Treibstoffenergie kann es aber auch bergauf, entgegen dem durch die Schwerkraft bewirkten Zwang, fahren. Analog werden in Lebewesen Stoffwechselreaktionen, die nicht spontan ablaufen, durch Energiezufuhr (ATP) möglich (endergonische Reaktionen).
5. Ein biologisches Fließgleichgewicht besteht aus mehreren hintereinander geschalteten Reaktionen, die nicht zum Stillstand kommen und sich nicht im Gleichgewicht befinden. Das ist bei einer einfachen chemischen Reaktion, die sich im Gleichgewicht befindet, nicht der Fall.
6. Lebewesen sind immer offene Systeme. Daher bleibt das Fließgleichgewicht (*steady state*) in Gang. Die Reaktionen des Stoffwechsels werden nach dem Prinzip des Kleinsten Zwanges (Le-Chatelier-Prinzip) ständig durch die Stoffkonzentrationsveränderungen durch Stoffzufuhr von außen oder Stoffabgabe nach außen gestört. Atmende Organismen nehmen immer Sauerstoff als Oxidationsmittel und Kohlenstoffverbindungen als Reduktionsmittel von außen auf und geben Kohlenstoffdioxid und Wasser nach außen ab.

7. Katalysatoren (Enzyme) verschieben das Gleichgewicht nicht, sondern beschleunigen lediglich dessen Einstellung, weil sie nach dem Le-Chatelier-Prinzip weder Stoffe zuführen noch entfernen und auch keine Energie zuführen oder ableiten.
8. Mithilfe des Le-Chatelier-Prinzips kann man erklären, wie man mit Kupfermetall und Kupfersalzlösungen verschiedener Konzentration eine elektrische Spannung erzeugen kann. Gibt man in ein U-Rohr mit einer porösen Glaswand (Glasfritte) nebeneinander eine konzentrierte und eine verdünnte Kupfersalzlösung, so entsteht in der konzentrierten Lösung ein Pluspol, weil dort durch die Erhöhung der Cu^{2+}-Ionenkonzentration $c(Cu^{2+})$ nach dem Le-Chatelier-Prinzip die Reaktion $Cu^{2+} + 2\ e^- \rightleftarrows Cu$ in Richtung der Hinreaktion V_1 in Gang kommt, weil gilt: $V_1 \sim c(Cu^{2+})$. Nur im Gleichgewicht, das heißt bei gleichen Konzentrationen, wäre $V_1 = V_2$. Die Reaktion am Kupfermetall in der konzentrierten Lösung läuft also in Pfeilrichtung $Cu^{2+} + 2\ e^- \rightarrow Cu$. Dabei werden Elektronen e^- verbraucht, die sich mit den Kupfer-Ionen zu elementarem Kupfer vereinigen. Der Elektronenverbrauch führt zu einem Elektronenmangel und damit zu einem Pluspol. Umgekehrt entsteht in der verdünnten Kupfersalzlösung ein Minuspol, weil dort nach dem Le-Chatelier-Prinzip aufgrund der Erniedrigung der Cu^{2+}-Ionenkonzentration $c(Cu^{2+})$ die Reaktion $Cu^{2+} + 2\ e^- \rightleftarrows Cu$ von rechts nach links läuft, ebenfalls wieder, weil immer noch gilt: $V_1 \sim c(Cu^{2+})$. Jetzt wird aber in der verdünnten Lösung an der Metalloberfläche die Geschwindigkeit der Hinreaktion V_1 kleiner als die der Rückreaktion V_2. Die Reaktion verläuft dort also in Richtung $V_2 : Cu \rightarrow Cu^{2+} + 2\ e^-$ demnach gerade in umgekehrter Richtung verglichen mit der Reaktion in der konzentrierten Lösung. Hierbei werden nun aber Elektronen geliefert oder auf der Metalloberfläche freigesetzt. Es entsteht folglich dort ein Elektronenüberschuss, ein Minuspol. Die Elektronen (e^-) wandern vom Überschuss zum Mangel, also vom Minuspol zum Pluspol, wenn man die Metallstreifen, die in die verdünnte und in die konzentrierte Lösung tauchen, miteinander verbindet. Während sich die Cu^{2+}-Kationen in der konzentrierten Lösung am Kupfermetall absetzen, würden die Anionen des Kupfersalzes, z. B. Cl^-- oder SO_4^{2-}-Ionen, durch die poröse Glasfritte von der konzentrierten zur verdünnten Lösung fließen. Es entsteht so ein geschlossener Stromkreis, in welchem die Elektronen im metallischen Leiter vom Minuspol zum Pluspol fließen und in der Lösung die Anionen den Ladungstransport von der konzentrierten zur verdünnten Lösung übernehmen.
9. Ammoniak wirkt als Base, weil bei der Reaktion mit Wasser $NH_3 + H_2O \rightleftarrows NH_4^+ + OH^-$ Hydroxid OH^--Ionen freigesetzt werden, Kohlenstoffdioxid (CO_2) als Säure, weil bei der Reaktion mit Wasser $CO_2 + H_2O \rightleftarrows H^+ + HCO_3^-$ Protonen (H^+-Ionen) entstehen. Ammoniakgas (NH_3) kann man aus der Lösung eines Ammoniumsalzes (z. B. NH_4Cl), die immer NH_4^+-Ionen aufgrund der Dissoziation des Salzes $NH_4Cl \rightarrow NH_4^+ + Cl^-$ enthält, durch Zugabe einer starken Lauge, z. B. NaOH, freisetzen, weil das Gleichgewicht der Reaktion $NH_3 + H_2O \rightleftarrows NH_4^+ + OH^-$ durch die Zugabe von OH^--Ionen stark von rechts nach links in Richtung Rückreaktion V_2 gezwungen wird (Prinzip des kleinsten Zwanges, Le-Chatelier-Prinzip). Dabei bildet sich so viel Ammoniakgas (NH_3), dass die Löslichkeitsgrenze überschritten wird und das

Gas entweicht. Kohlenstoffdioxidgas CO_2 wird durch Zugabe einer starken Säure, z. B. HCl, aus einem Carbonatsalz (z. B. $CaCO_3$) freigesetzt, weil das Gleichgewicht der Reaktion $CO_2 + H_2O \rightleftarrows H^+ + HCO_3^-$ durch die Zugabe von H^+-Ionen stark von rechts nach links in Richtung Rückreaktion V_2 gezwungen wird (Prinzip des kleinsten Zwanges, Le-Chatelier-Prinzip). Dabei bildet sich so viel Kohlenstoffdioxidgas (CO_2), dass die Löslichkeitsgrenze überschritten wird und das Gas entweicht.

10. Phosphorsäure (H_3PO_4), aber auch Fettsäuren (HR) und Phenolphthalein (HPhe) lösen sich besser in Lauge als in Säure, weil aufgrund des Le-Chatelier-Prinzips die Reaktionsgleichgewichte, welche sich bei der Lösung in Wasser einstellen ($H_3PO_4 \rightleftarrows 3\,H^+ + PO_4^{3-}$, $HR \rightleftarrows H^+ + R^-$ und $HPhe \rightleftarrows H^+ + Phe^-$), durch Zugabe von Säure, also von H^+-Ionen, von rechts nach links und bei Zugabe von Base, also von OH^--Ionen, von links nach rechts zu reagieren, gezwungen werden. Dabei ist zu betonen, dass die auf der rechten Seite dieser Reaktionsgleichgewichte die Ionenformen stehen, die eine wesentlich bessere Wasserlöslichkeit bedingen als die nicht dissoziierten Säureformen.

Kapitel 11

1. Die Stärke einer Säure beruht auf ihrem Vermögen, H^+-Ionen dissoziieren zu können, die Konzentration einer Säure, z. B. der Essigsäure, gibt nicht an, wie stark sie dissoziiert. So enthält eine molare Salzsäure (starke Säure) viel mehr H^+-Ionen als eine Essigsäure (schwache Säure) derselben Konzentration und eine molare Kalilauge mehr OH^--Ionen als eine molare Lösung einer schwachen Base. Die Stärke einer Säure, gemessen an der Konzentration der H^+-Ionen, ist umso größer, je größer die Säurekonzentration ist. Eine schwache Base, z. B. $Al(OH)_3$, hat mit einem schwachen Reduktionsmittel, z. B. einem Edelmetall wie Silber (Ag), gemeinsam, dass beide schlecht abgeben können: die Base OH^--Ionen, das Reduktionsmittel Elektronen. Die Gleichgewichte für die Abgabe von OH^--Ionen und Elektronen liegen in beiden Fällen links.
2. Die Versauerung der Biosphäre ist vom Gleichgewicht zwischen Atmung und Photosynthese abhängig, weil bei der Photosynthese Säuren wie Kohlensäure, Salpetersäure und Schwefelsäure verbraucht und bei der Atmung freigesetzt werden. Die Luft wird durch die Photosynthese entgiftet, weil die Abgase CO_2, SO_2, NO_2 durch die Photosynthese reduziert und ihre Elemente C, S oder N in Zucker oder Aminosäuren eingebaut werden.
3. Die Oxidationsstufen des Kohlenstoffs, Sauerstoffs, Stickstoffs und Schwefels ändern sich bei Photosynthese und Atmung. Kohlenstoff-, Stickstoff- und Schwefelverbindungen werden bei der Atmung oxidiert, bei der Photosynthese reduziert. Der Sauerstoff wird bei der Atmung reduziert und bei der Photosynthese oxidiert. Bei der Atmung wird die Oxidationsstufe des Kohlenstoffs (C) von der Oxidationsstufe 0

auf +4, die des Stickstoffs (N) von −3 auf +5 und des Schwefels (S) von −2 auf +6 erhöht, die des Sauerstoffs von 0 auf −2 herabgesetzt.

4. Bei der Atmung wird Säure (Kohlen-, Salpeter- und Schwefelsäure) frei, bei der Photosynthese aber verbraucht (vgl. Frage 3). Die Photosynthese läuft in den Chloroplasten, die Atmung in den Mitochondrien ab.
5. Das bei der Atmung freigesetzte CO_2 sollte mit einem Indikator wie Bromthymolblau und nicht mit $Ca(OH)_2$- oder $Ba(OH)_2$-Lösung nachgewiesen werden, wenn der Versuch lebende Gewebe (Blätter, Pflanzenwurzeln, Zweigstücke) untersucht. Dabei entsteht nur wenig CO_2, das sich nicht oder nur schwer als Gas in eine $Ca(OH)_2$- oder $Ba(OH)_2$-Lösung überleiten lässt. Diese starken Basen können zudem lebende Zellen abtöten.
6. Die Konzentration der Natronlauge $c(NaOH)$ berechnet sich wie folgt, wobei 1 eq ein Säure-Base-Äquivalent in g, also die Äquivalentmasse in g bedeutet: $c(NaOH) \cdot 24\,mL = 0{,}4\ eq\ L^{-1} \cdot 6\ mL$ und $c(NaOH) = 0{,}4\ eq\ L^{-1} \cdot 6\ mL/24\,mL = 0{,}1\ eq\ L^{-1}$, für NaOH gilt $0{,}1\ eq\ L^{-1} = 0{,}1\,mol\,L^{-1}$, weil NaOH eine einwertige Base ist. Die Konzentration der Natronlauge $c(NaOH)$ ist also $0{,}1\,mol\,L^{-1}$.
7. 50 ml einer Lösung von Schwefelwasserstoff (H_2S) werden unter Zugabe von Schwefelsäure (H_2SO_4) mit 10 mL einer Kaliumpermanganatlösung der Konzentration $c(KMnO_4) = 0{,}1\,mol\,L^{-1}$ titriert (Redox-Reaktion). Die Konzentration an Schwefelwasserstoff in $mol\,L^{-1}$ errechnet sich wie folgt: 1 eq bedeutet ein Redox-Äquivalent in g, also die Äquivalentmasse in g, dann gilt: $c(H_2S) \cdot 50\ mL = 0{,}5\ eq\ L^{-1} \cdot 10\ mL$, weil 0,1 mol $KMnO_4$ = 0,5 eq $KMnO_4$, denn $KMnO_4$ ist bei der Reduktion zu Mn^{2+}-Ionen ein 5-wertiges Oxidationsmittel. $c(H_2S) = 0{,}5\ eq\ L^{-1} \cdot 10\ mL/50\ mL = 0{,}1\ eq\ L^{-1}$. Weil 1 eq H_2S = 1/8 mol H_2S sind, da H_2S ein 8-wertiges Reduktionsmittel ist, wird $c(H_2S) = 0{,}1\ eq\ L^{-1} = 0{,}1/8\,mol\,L^{-1} = 0{,}0125\,mol\,L^{-1} = 12{,}5\,mmol\,L^{-1}$. Die Redox-Reaktion für die Oxidation von Schwefelwasserstoff mit Permanganat lässt sich folgendermaßen entwickeln, wenn vorausgesetzt wird, dass Schwefelwasserstoff (H_2S) zu Sulfat oxidiert und Permanganat zu Mn^{2+} - Ionen reduziert wird:
   $5\ H_2S + 8\ MnO_4^-\ 5\ SO_4^{2-} + 8\ Mn^{2+}$ (Ionengleichung)
   $5\ H_2S + 8\ KMnO_4 \rightarrow 5\ SO_4^{2-} + 8\ Mn^{2+} + 8\ K^+$
   $5\ H_2S + 8\ KMnO_4 \rightarrow 5\ SO_4^{2-} + 8\ Mn^{2+} + 12\ H_2O + 8\ K^+$
   $5\ H_2S + 8\ KMnO_4 + 7\ H_2SO_4 \rightarrow 5\ SO_4^{2-} + 8\ Mn^{2+} + 7\ SO_4^{2-} + 8\ K^+ + 12\ H_2O \rightarrow 12\ SO_4^{2-} + 8\ Mn^{2+} + 8\ K^+ + 12\ H_2O \rightarrow 8\ MnSO_4 + 4\ K_2SO_4 + 12\ H_2O$. Die Gesamtgleichung lautet daher:
   $5\ H_2S + 8\ KMnO_4 + 7\ H_2SO_4 \rightarrow 8\ MnSO_4 + 4\ K_2SO_4 + 12\ H_2O$
8. Der pH-Wert einer Calciumhydroxidlösung der Konzentration $c(Ca(OH)_2) = 0{,}05\ mol\,L^{-1}$ – vollständige Dissoziation vorausgesetzt – lässt sich errechnen, indem man zuerst die Konzentration der OH^--Ionen ermittelt. $c(OH^-)$ ist doppelt so groß wie $c(Ca(OH)_2)$, da $Ca(OH)_2$ eine zweiwertige Base ist, also $c(OH^-) = 0{,}1\,mol\,L^{-1}$. Weil das Ionenprodukt des Wassers $c(H^+) \cdot c(OH^-) = 10^{-14}\ mol^2/L^2$ ist, ergibt sich für die Wasserstoff-Ionenkonzentration: $c(H^+) = 10^{-14}\ mol^2\,L^{-2} : 10^{-1}\,mol\,L^{-1} = 10^{-13}\ mol\,L^{-1}$. Der pH-Wert wäre also 13.

9. Der pH-Wert extrem verdünnter Säuren der Konzentrationen 10^{-12} mol L^{-1} und 10^{-24} mol L^{-1} wäre wie der pH-Wert von Wasser 7, weil die Konzentration der H^+-Ionen aus der Säure mit $c(H^+) = 10^{-12}$ mol L^{-1} und $c(H^+) = 10^{-24}$ mol L^{-1} gegenüber der Konzentration der H^+-Ionen im Wasser $c(H^+) = 10^{-7}$ mol L^{-1} verschwindend gering ist und vernachlässigt werden darf. Man kann solcherart verdünnte Lösungen ausgehend von Lösungen der Konzentration 1 mol L^{-1} herstellen, indem man 1 mL der Lösung der Konzentration 1 mol L^{-1} mit der Pipette entnimmt und in einem Messkolben unter Schütteln mit Wasser auf 1 L auffüllt. So würde man die Konzentration 10^{-3} mol L^{-1} erhalten. Wiederholt man diesen Verdünnungsschritt, erhält man die Konzentration 10^{-6} mol L^{-1}, und wiederholt man nochmals, 10^{-9} mol L^{-1} und so weiter.
10. Die Gemeinsamkeiten zwischen den Säure-Base-Konzepten von Brønsted, Lewis und Usanovich bestehen darin, dass alle drei Säuren oder Basen definieren. Von Brønsted über Lewis und Usanovich werden die Definitionen immer umfassender. Brønsted legt seinem Konzept die Abgabe und Aufnahme von Protonen oder H^+-Ionen zugrunde. Lewis sieht die Wechselwirkungen bei der Säure-Base-Definition als Abgabe und Aufnahme von Elektronenpaaren; dabei wirkt der Elektronenpaardonator als Base (→ freies Elektronenpaar am Stickstoff beim Ammoniakmolekül!) und der Elektronenpaarakzeptor als Säure. Für Usanovich ist eine Säure eine chemische Verbindung, die Kationen wie H^+-Ionen, aber auch andere Kationen, abgibt oder Anionen oder Elektronen aufnimmt.
11. Die Henderson-Hasselbalch-Gleichung verwendet man, wenn zur Berechnung des pH-Wertes eines Puffergemisches der Dissoziationsgrad einer schwachen Säure eine Rolle spielt und man nicht davon ausgehen kann, dass die Säure (wie bei einer starken Säure) nahezu vollständig dissoziiert. Ein Beispiel ist die Aufrechterhaltung des pH-Wertes im Blut durch den Hydrogencarbonat(HCO_3^-)-Puffer. Gebräuchliche Puffergemische sind die Kombinationen von Essigsäure (CH_3COOH) und Acetat (CH_3COO^-), von Ammoniak (NH_3) und Ammoniumchlorid (NH_4Cl) sowie von Hydrogenphosphat (HPO_4^{2-}) und Dihydrogenphosphat ($H_2PO_4^-$). Man verwendet also schwache Säuren oder Basen und ihre Salze oder die Salze mehrwertiger bzw. mehrprotoniger Säuren.
12. Unter einem Potenzial versteht man das Vermögen oder die Fähigkeit eines Systems zur Veränderung (lat.: *posse* = können; Partizip: *potens*). Es wird umgangssprachlich oft umschrieben mit Wendungen wie „hat die Neigung", „hat das Bestreben ", „tendiert dazu" „will". Neben diesen anthropomorphen Umschreibungen gibt es aber auch exakte Begriffe in der Mathematik und Physik. Unter einem Elektropotenzial versteht man den Quotienten aus der Arbeit W, die gegen die Feldkraft verrichtet werden muss, zur Ladung q. Es stellt die Ursache einer Spannung dar. Unter dem Potenzial in einem Gravitationsfeld versteht man den Quotienten aus der Arbeit W, die gegen die Feldkraft aufgewendet werden muss, um die Masse m ins Unendliche zu bringen, und der schweren Masse m. Das Wasserpotenzial ist ein Maß für die Verfügbarkeit von Wasser für Pflanzen. Unter dem Wasserpotenzial versteht man

den Druck, etwa den osmotischen Druck, den eine Lösung gegenüber reinem Wasser hat. Dabei entspricht das Potenzial der Arbeit, die geleistet werden muss, um eine bestimmte Menge Wasser aus einem bestimmten System oder Kompartiment in ein anderes zu transportieren. Maßgeblich für die Wasserbewegung ist der Konzentrationsunterschied oder Gradient. Das Wasser fließt immer vom höheren zum niedrigeren Potenzial, ähnlich wie sich eine Kugel oder Wasser immer von oben nach unten im Schwerefeld der Erde bewegt (s. „Osmose" Abschn. 7.8). Wasser hat ein großes Potenzial, ein starkes Gefälle, wenn es hoch liegt gegenüber dem Niveau, auf welches es herunterfließt oder fällt. Das Wasserpotenzial hat die Dimension Energie pro Volumen oder Kraft pro Fläche und damit von Druck. Die Gemeinsamkeit zwischen dem Elektropotenzial, dem Potenzial im Gravitationsfeld und dem Wasserpotenzial ist, dass das Potenzial die Voraussetzung für Veränderungen, Energieumsetzungen oder Arbeitsfähigkeit darstellt. Die Energie kommt entweder pro Ladung, pro Masse oder pro Volumen angegeben in allen oben genannten Definitionen des Potenzialbegriffes vor.

13. Unter einem Puffer versteht man etwas, eine Vorrichtung oder ein System, das die Wirkung einer Ursache abschwächt oder verringert. Ein Boxhandschuh oder ein weicher Sessel verringern die Schlag- oder Stoßwirkung. Ein Säurepuffer verringert die Säurewirkung durch Abfangen von Protonen. Die Salze schwacher oder mittelstarker Säuren, die Carbonate, Phosphate, Acetate, Citrate wirken deshalb als Puffer, weil ihre Anionen unter Bildung schwacher oder mittelstarker Säuren Protonen binden können.
14. Korrespondierende Redox-Paare aus der Photosynthese und Atmung bilden die Chinone und die Cytochrome. Sie entsprechen im reduzierten und oxidierten Zustand den Zn/Zn^{2+}- und den Cu/Cu^{2+}-Systemen. Die Gemeinsamkeiten bestehen darin, dass diese Stoffe stets im oxidierten Zustand Elektronen aufnehmen und im reduzierten Zustand abgegeben können. Die Unterschiede der Redox-Systeme in Photosynthese und Atmung zu den Zn/Zn^{2+}- und den Cu/Cu^{2+}-Systemen besteht darin, dass Erstere in weitaus komplexeren Molekülstrukturen eingebunden sind, auch wenn einfache Eisen-Kationen Fe^{2+}/Fe^{3+} in den Cytochromen die eigentlichen Redox-Paare bilden.
15. Zinkmetall reduziert Kupfer-Ionen, aber nicht Kupfermetall Zink-Ionen, weil Zink laut Spannungsreihe über dem Kupfer steht, demnach das stärkere Reduktionsmittel ist. Zink hat das negativere Potenzial und damit die größere „Neigung" Elektronen abzugeben als Kupfer. Man könnte auch sagen, das Zink-Ion Zn^{2+} ist stabiler als das Kupfer-Ion Cu^{2+}, weil es eine stabilere Schale (Zn^{2+}: $s^2 2s^2 2p^6 3s^2 3p^6 3d^{10}$) als das Kupfer-Ion ($Cu^{2+}$: $1s^2 2s^2 2p^6 3s^2 3p^6 3d^9$) hat. In der Natur stellen sich bekanntlich bevorzugt die stabileren Zustände ein.

Kapitel 12

1. Lebende Organismen bilden organische Baustoffe aus Proteinen (z. B. Strukturproteine wie etwa Keratin) oder Kohlenhydraten (z. B. Cellulose). Diese werden aus Zuckern oder Aminosäuren zusammengesetzt. Beim Abbau entstehen wieder Zucker und Aminosäuren. Diese können entweder erneut zur Synthese verwendet oder aber im Stoffwechsel oxidativ abgebaut und „veratmet" werden. Dabei fällt Energie in Form von ATP an.
2. Das Funktionieren der Brennstoffzelle kann anhand von Abb. 12.3 erläutert werden. Die Funktionsweise der Brennstoffzelle kann mit der Atmung verglichen werden. In beiden Fällen wird Wasserstoff mit Sauerstoff unter Energiefreisetzung verbunden. Dies ist eine wichtige Redox-Reaktion. In lebenden Zellen wird jedoch kein Wasserstoffgas (H_2) eingeschleust, sondern an Überträgermoleküle wie NADH gebundener Wasserstoff. Brennstoffzelle und Atmung haben gemeinsam, dass mithilfe von elementarem Sauerstoff (O_2) Reduktionsmittel unter Freisetzung von Energie oxidiert werden. In der Brennstoffzelle sind die Reduktionsmittel gasförmige oder flüssige Stoffe wie Wasserstoff (H_2), Methan (CH_4), Methanol (CH_3OH) oder Ethanol (CH_3CH_2OH), bei der Atmung können nach vorherigem Abbau alle organischen Stoffe wie Kohlenhydrate, Fette und Eiweiße als Reduktionsmittel dienen. Bei der Atmung fällt immer Energie in Form von ATP an, in der Brennstoffzelle ist das nicht möglich. Dort fällt die Energie als elektrische Energie („elektrischer Strom") an.
3. Die chemiosmotische ATP-Synthese kann als Umkehrung des aktiven Transports von H^+-Ionen (Protonen) durch eine Membran erklärt werden. Beim aktiven Transport von H^+-Ionen (Protonen) wird unter ATP-Spaltung durch das Enzym ATP-Synthase ein H^+-Ionen(Protonen)-Gradient aufgebaut, bei der chemiosmotischen ATP-Synthese durch dasselbe Enzym ATP-Synthase ATP gebildet und der H^+-Ionen(Protonen)-Gradient abgebaut. Die Energie für die ATP-Synthese steckt im H^+-Ionen(Protonen)-Gradienten. Die Energie für den aktiven Transport von Protonen im ATP.
4. Chloroplasten und Mitochondrien sind von einer Doppelmembran umgeben, weil ihre Vorläufer nach der Endosymbiontentheorie in einem der Phagocytose ähnlichen Prozess in die Zelle aufgenommen wurden. Die äußere Membran stammt somit von der ursprünglichen umhüllenden Akzeptorzelle, die innere Membran von den prokaryotischen Vorläufern der Chloroplasten und Mitochondrien.
5. Die Gemeinsamkeiten zwischen Endosymbiose und Phagocytose bestehen darin, dass in beiden Fällen die aufgenommenen prokaryotischen Zellen oder die Nahrungspartikel von einer aufnehmenden eukaryotischen Zelle umschlossen und einverleibt werden. Die Unterschiede bestehen darin, dass die aufgenommen Prokaryoten bei der Phagocytose verdaut und abgebaut werden und bei der Endosymbiose durch die aufnehmende Zelle nicht vernichtet, sondern im Gegenteil in diese integriert werden.
6. Mithilfe der Donnan-Verteilung und der Na^+/K^+-Pumpe können die Grundlagen der Reizbarkeit wie folgt erklärt werden. Es lassen sich zwei Zustände unterscheiden:

1. Na^+-Ionen außerhalb der Zelle aufgrund der energieaufwendigen Na^+ Pumpenfunktion (Ruhepotenzial) und 2. Na^+-Ionen innerhalb der Zelle aufgrund der membranverändernden Reizung und der Donnan-Verteilung, die sich automatisch ohne Energiezufuhr wieder einstellt (Aktionspotenzial). Die Entscheidung zwischen beiden Zuständen entspricht der Entscheidung zwischen 0 und 1 und damit der kleinsten Informationsmenge 1 bit. Mit dieser digitalen Informationsübertragung können Nervenzellen ähnlich wie der Computer Informationen übertragen.

7. Unter dem Begriff „Information" versteht man eine Nachricht oder Botschaft. Diese kann im einfachsten Falle ein Signal: ja oder nein, 0 oder 1 (1 bit), „Licht an" oder „Licht aus" bedeuten. Die Information kann aber auch eine komplexe Abfolge einzelner Informationen darstellen, sodass sich Worte, Sätze, Texte oder Bilder ergeben. Sowohl in der Genetik als auch in der Neurobiologie werden Informationen, allerdings auf völlig verschiedene Weise, weitergegeben. In der Genetik werden Informationen, die in der Basenabfolge der Nucleinsäuren vorliegen, gespeichert und sowohl an die Zelle als auch an die Nachkommenschaft übermittelt, in der Neurobiologie werden Informationen durch Erregungsleitung übertragen und in neuronalen Speichern gespeichert.
8. Das K^+-Ion kann besser die Poren der Biomembranen passieren als das Na^+-Ion, obwohl es größer ist als das Na^+-Ion, weil es eine kleinere Hydrathülle besitzt als das Na^+-Ion. Mit Hydrathülle ist also das Na^+-Ion größer als das K^+-Ion mit Hydrathülle.
9. Tiere haben in der Regel Na^+/K^+-Pumpen, Pflanzen aber H^+/K^+-Pumpen. Das ist evolutionsbiologisch so zu erklären, dass es für Landpflanzen einen Überlebensvorteil darstellt, unabhängig von der Bereitstellung von Na^+-Ionen des Meeres zu werden und sie haben sich entsprechend angepasst, während mobile Tiere Salzvorkommen aufsuchen können. Sie bewahren im Gegensatz zu den Pflanzen ein dem Meerwasser recht ähnliches Milieu in ihrem Blut („die See im Blut").
10. Lebewesen sind an Mangel- und Überschusssituationen immer in der Weise angepasst, dass Mangel- und Überschusssituationen nicht verstärkt, sondern im Gegenteil vermindert und nach Möglichkeit behoben werden. Es wird sowohl Mangel- als auch Überschusssituationen entgegengewirkt. Bei Sauerstoffmangel im Hochgebirge zum Beispiel verbessern Tiere oder auch Sportler die Sauerstoffaufnahme durch Mehrbildung von roten Blutkörperchen (Erythrocyten) oder entwickeln größere Kiemen, Pflanzen entwickeln ein Luftgewebe (Aerenchym). Von Tieren und Pflanzen wird im Überschuss aufgenommenes Salz über Drüsen wieder ausgeschieden.
11. Tier und Mensch sind auf die Zufuhr von Erdalkali-Ionen aus der Nahrung in besonderer Weise für die Aufrechterhaltung des pH-Wertes in den Körperflüssigkeiten angewiesen. Im Unterschied zu den Pflanzen können Tier und Mensch den pH-Wert der Zellen nicht durch Photosynthese erhöhen, im Gegenteil, bei der Atmung fällt immer Säure an. Tier und Mensch müssen deshalb den Protonenüberschuss durch Aufnahme von Alkali- und Erdalkali-Ionen im Austausch gegen H^+-Ionen (Protonen) ausgleichen. Mineralwasser und pflanzliche Nahrung, vor allem Obst und Gemüse,

enthalten meist reichlich K^+-, Mg^{2+}- und Ca^{2+}-Ionen. Ohne pflanzliche Nahrung kann durchaus Acidose, eine Übersäuerung (etwa beim Säugling), drohen.

12. Schwermetalle wie Eisen, Mangan, Kupfer, Zink, Molybdän, Selen, Iod und Chrom können als Spurenelemente lebenswichtig sein, weil sie für bestimmte physiologische Lebensfunktionen essentiell sind. So sind etwa Eisen-Ionen für die Atmung unerlässlich. Ein Zuviel dieser Ionen kann aber schädlich sein, weil dann Stoffwechselfunktionen gestört werden. So können etwa Sulfhydrilgruppen, SH-Gruppen, die für die Aktivität von Enzymen wichtig sind, von Schwermetall-Ionen gebunden werden, sodass die Enzymfunktion ausfällt. Das kann für den Organismus fatale Folgen haben.
13. Stoffe wie Traubenzucker oder Nitrat können nutzen oder schaden. Hier kommt es immer auf das richtige Maß und die Umstände an. Traubenzucker ist für die Tätigkeit der Nerven- und Muskelzellen nötig und wichtig. Ein Überschuss allerdings in Form von Süßigkeiten und kohlenhydratreicher Kost kann zu Fehlernährung, Stoffwechselstörungen, Übergewicht, Bluthochdruck und Diabetes führen. Menschen mit Bewegungsmangel und sitzender Tätigkeit sind davon mehr bedroht als Leistungssportler.
    Nitrat kann – im richtigen Maße und zum richtigen Zeitpunkt gegeben – von Pflanzen zur Proteinbiosynthese von den Wurzeln aufgenommen werden und dem Wachstum förderlich sein, im Überschuss gegeben allerdings das Grundwasser belasten oder dem Menschen durch die Bildung toxischer Nitrosamine unter anaeroben Verhältnissen schaden.
14. Eine negative Rückkoppelung ist für lebende Systeme meist vorteilhaft, eine positive Rückkoppelung meist von Nachteil. Die negative Rückkopplung dient der Erhaltung und Konstanthaltung der für das Leben vorteilhaften Verhältnisse und Bedingungen. Die positive Rückkoppelung würde durch Selbstverstärkung einmal in Gang gekommener Veränderungen oder Störungen die Stabilität eines Systems gefährden können. Würde etwa der Hunger als Ursache für die Nahrungsaufnahme nicht gehemmt, sondern verstärkt werden, dann würde eine übermäßige Nahrungszufuhr den Fortbestand des Organismus gefährden oder zumindest zur Überernährung mit Übergewicht führen.

Kapitel 13

1. O = C = O, ohne freie Elektronenpaare am Sauerstoff.
2. Konstitution: Anzahl oder Menge und Art der Bindungen. Konfiguration: räumliche Anordnung von Atomen eines Moleküls; Drehungen um Einfachbindungen werden nicht berücksichtigt. Konformation: räumliche Anordnung eines Moleküls einschließlich der drehbaren Einfachbindungen, beschreibt den dreidimensionalen räumlichen Bau des Moleküls. Moleküle mit gleicher Konstitution besitzen eine

unterschiedliche Konfiguration, wenn sie nicht durch Drehung um Einfachbindungen zur räumlichen Deckung gebracht werden können.

3. Verbrennungsreaktion: $C_6H_{14} + 19/2\ O_2 \rightarrow 6\ CO_2 + 7\ H_2O$; 1 mol Hexan = 86 g; für 1 mol Hexan werden demnach 9,5 mol O_2 benötigt, für 150 g entsprechend 150/86 · 9,5 mol O_2 = 16,57 mol O_2; 1 mol O_2 nimmt das Molvolumen von 22,4 L ein, 16,57 mol O_2 demnach 367,85 L. Luft besteht nur zu 1/5 ihres Volumens aus O_2; das benötigte Volumen beträgt also das Fünffache = 1839 L.

2.3-Dimethyl-butan

Methyl-2-buten

$HC{\equiv}C{-}C{\equiv}C{-}CH_2{-}CH_3$

1,3-Hexadiin

DDT

$H_2COH{-}CH(CH_3){-}C(CH_3)_2{-}CH(C_2H_5){-}CH{=}CH{-}CH_3$

2,3,3-Trimethyl-4-ethyl-5-hepten-1-ol

5. Unter der Skelett- oder Gerüstformel versteht man die Strukturformel einer organischen Verbindung, aus der man die Struktur des Moleküls erkennen kann.
6. Liganden (lat. *ligare* = binden) sind Moleküle oder Ionen, die um das Zentral-Ion einer Komplexverbindung in koordinativen Bindungen so angeordnet sind, dass jeweils ein Elektronenpaar des Liganden am Zentral-Ion ansetzt, z. B. Ammoniakmoleküle um ein Cu^{2+}-Ion im Kupfer-Tetrammin-Komplex oder Cyanid-Ionen CN^- um ein Eisen-Ion in den Hexacyanoferratkomplexen. Die Liganden sind demnach Lewis-Basen, das Zentral-Ion eine Lewis-Säure (vgl. Abschn. 8.2 und 11.2.3).
7. Wichtige funktionelle Gruppen sind die Hydroxyl-, die Carboxyl-, die Amino-, die Sulfhydryl- und die Phosphogruppe.
8. Bekannte Alkaloide sind Nicotin, Coffein, Cocain, Mescalin, Reserpin, Coniin, Atropin, Colchicin und Tetrahydrocannabinol (THC).
9. Zweiwertige Alkohole, z. B. Glycol, tragen zwei OH-Gruppen. Bei sekundären Alkoholen sitzen die OH-Gruppen an einem C-Atom, das mit zwei weiteren C-Atomen verknüpft ist (z. B. Isopropanol).
10. Fettsäuren sind meist langkettige organische Verbindungen mit einem langen aliphatischen Kohlenwasserstoffrest und einer endständigen Carboxylgruppe. Sie sind durch ihre gute Fettlöslichkeit und schlechte Wasserlöslichkeit gekennzeichnet. Besser sind sie in Laugen löslich (Seifen). Fettsäuren können ungesättigt oder gesättigt

sein. Im ersten Fall sind sie flüssig, im zweiten fest. Fettsäuren liefern bei der Verbrennung viel Energie, sind demnach energiereich.

11. Beim Phenylrest (C_6H_5–) ist der Benzolring direkt mit dem Molekül verbunden; beim Benzoylrest (C_6H_5–(C=O)– steht zwischen dem Benzolring und dem übrigen Molekül eine CO-Gruppe.
12. Geometrische Isomerie ist die räumliche Anordnung der Bestandteile einer organischen Verbindung. Sie tritt an nicht drehbaren Doppelbindungen auf.
13. Aus Ethanol erhält man einen Diethylether durch Wasserabspaltung (Dehydratisierung) aus zwei Molekülen Ethanol.
14. Carbonsäurederivate sind zum Beispiel Carbonsäureester, Carbonsäurehalogenide, Carbonsäureanhydride und Carbonsäureamide.
15. Verseifung ist die Hydrolyse eines Esters, z. B. eines Fettes (Glycerinsäureester), durch die wässrige Lösung einer starken Alkalibase wie Natronlauge (NaOH) oder Kalilauge (KOH). Bei der Verseifung von Fett entstehen die Alkalisalze der Fettsäuren (= Seifen). Ester können auch durch Enzyme (= Esterasen) hydrolytisch gespalten werden.

Kapitel 14

1. Zucker sind Aldhyd- oder Ketoderivate mehrwertiger Alkohole. Man erkennt sie also an den zahlreichen OH-Gruppen und an der endständigen Aldehydgruppe am C_1- oder einer Ketogruppe am C_2-Atom. Sie können ringförmig geschlossen oder offen in gestreckter Form vorliegen.
2. Unter Chiralität oder Händigkeit versteht man die Spiegelbildisomerie von stereoisomeren Verbindungen. Sie haben die gleiche Summenformel, unterscheiden sich aber in der räumlichen Anordnung der vier verschiedenen Substituenten am asymmetrischen C-Atom. Sie verhalten sich zueinander wie Bild und Spiegelbild.
3. Für die Zugehörigkeit zur D- oder L-Reihe ist die Stellung der OH-Gruppe an demjenigen C-Atom maßgebend, das am weitesten von der Aldehyd- bzw. Ketogruppe entfernt ist. Steht die OH-Gruppe an diesem C-Atom in der Fischer-Projektionsformel rechts, gehört die Verbindung zur D-Reihe, steht sie links, zur L-Reihe.
4. Konformere sind Verbindungen, die sich durch Drehung um ihre C–C-Bindung ineinander überführen lassen. Von den Zuckern lässt sich z. B. α-D-Glucose durch Drehung am C_1-Atom in β-D-Glucose überführen. Enantiomere Zucker verhalten zueinander spiegelbildisomer – sie sind optische Antipoden wie D- und L-Glycerinaldehyd und sind durch Drehung nicht ineinander zu überführen. Diastereomere oder Anomere sind Zucker, die durch Ringschluss als α- und β-Formen entstehen wie α-D-Glucose und β-D-Glucose. Monosaccharide, die sich unabhängig von der D,L-Enantiomerie an einem weiteren C-Atom unterscheiden, heißen Epimere. D-Mannose und D-Galactose sind zu Glucose epimer.

5. Optisch aktive Stoffe drehen aufgrund ihres asymmetrischen C-Atoms die Schwingungsebene von polarisiertem Licht. Das führt zur Aufhellung, wenn man statt Wasser eine Zuckerlösung zwischen zwei gekreuzte Polarisationsfilter bringt.
6. Der Ringschluss bei der Glucose entspricht formal der Addition eines Alkohols an die Aldehydgruppe unter Bildung eines Halbacetals (s. Abschn. 13.5).
7. Furanosen und Pyranosen unterscheiden sich in der Anzahl der C-Atome im Ring. Furanosen sind Ketohexosen mit fünfgliedrigem, Pyranosen sind Aldohexosen mit sechsgliedrigem Ring.
8. Als Asymmetriezentrum (= stereogenes Chiralitätszentrum) wirkt ein asymmetrisch substituiertes sp^3-hybridisiertes C-Atom mit vier verschiedenen Substituenten.
9. Glycoside entsprechen den Vollacetalen der Aldehyde. Eine glycosidische Bindung entsteht zwischen der Hydroxylgruppe (–OH) der Halbacetalform eines Zuckers und der OH-Gruppe (*O*-glycosidische Bindung) oder NH_2-Gruppe (*N*-glycosidische Bindung) einer anderen organischen Verbindung.
10. Bei n asymmetrischen C-Atomen sind 2^n Isomere möglich, es gibt demnach $2^4 = 16$ Aldohexosen, da die Aldohexosen vier asymmetrische C-Atome haben.
11. Monosaccharide können nur in der offenkettigen Form reduzieren. Ihre Aldehyd- oder Ketogruppe wird mit Oxidationsmitteln wie dem Cu^{2+}-Ion zur Carboxylgruppe oxidiert (Fehling-Probe). Solche Zucker sind deshalb reduzierende Zucker.
12. Glycosidische Verknüpfung von α-D-Glucose zu einem nicht reduzierenden Disaccharid erhält man, wenn die Glycosidbildung über zwei halbacetalische OH-Gruppen wie bei der Trehalose ($1\rightarrow1$) oder ($1\rightarrow2$) wie bei der Saccharose erfolgt. In solchen Fällen bleibt keine reduzierende halbacetalische OH-Gruppe frei.
13. Saccharose gehört zu den nicht reduzierenden Zuckern, weil ihre Bausteine Glucose und Fructose wegen der Glycosidbildung über zwei halbacetalische OH-Gruppen (αD-Glc($1\rightarrow2$)β-D-Fru) so miteinander verknüpft sind, dass keine reduzierenden Aldehyd- oder Ketogruppen frei sind.
14. Die Raumgestalt eines Stärkemoleküls ist eine schraubig gewundene Kette mit sechs Glucoseresten je Windung.
15. Der Unterschied zwischen einem Polyglycan und einem Polyglucan besteht darin, dass Erstere aus beliebigen verknüpften Monosaccharidbausteinen bestehen, Polyglucane aber nur aus Glucoseeinheiten aufgebaute Polysaccharide sind.
16. Obwohl Amylose und Cellulose beide aus Glucosebausteinen bestehen, haben sie verschiedene Eigenschaften. In der Amylose sind die Glucosebausteine α- und in der Cellulose β-glucosidisch miteinander verknüpft. Bestimmte Enzyme können nur Stärke, aber nicht gleichzeitig Cellulose zerlegen.

Kapitel 15

1. Alle biogenen (proteinogenen) Aminosäuren weisen die L-Konfiguration auf – die Aminogruppe steht links, wenn man ihre Formel in der Fischer-Projektion schreibt.

2. Die Einteilung richtet sich nach der Beschaffenheit ihrer Seitenketten. Es gibt solche mit sauren (Asp, Glu) oder mit basischen (Lys, Arg, His), mit hydrophoben (Ala, Val, Leu, Ileu) oder solche mit hydrophilen (Ser, Thre, Asn, Gln, Tyr), mit kationischen (Lys, Arg, His) bzw. mit anionischen (Asp, Glu) Seitenketten.
3. Aminosäuren sind bifunktionelle Carbonsäuren, weil sie außer der sauren Carboxyl- noch eine basische Aminogruppe besitzen. In Gegenwart von Säuren gehen sie in eine kationische, in Gegenwart von Basen in eine anionische Form und somit in ein monofunktionelles Ion über.
4. Peptidmoleküle haben eine festgelegte Richtung oder Polarität, weil sie immer am einen Ende eine Amino- und am anderen Ende eine Carboxylgruppe aufweisen.
5. Die Anzahl der Alternativen bei einer Kettenlänge von 5 Aminosäuren bei 20 verschiedenen beträgt 20^5.
6. Beispiele sind die Decarboxylierung von Histidin zu Histamin oder die Bildung der γ-Aminobuttersäure (GABA) aus Glutaminsäure.
7. Die Schraubung eines helical gewundenen Proteins ist entweder rechtsgängig oder linksgängig. Das Projektionsbild der rechtsgängigen Form zeigt ein **S**, das der linksgängigen Form ein **Z**.
8. Unter der Konformation eines Proteins versteht man die bereits durch die Aminosäuresequenz oder die Primärstruktur festgelegte räumliche Gestalt des Proteinmoleküls.
9. Die Denaturierung ist eine Struktur- bzw. Konformationsänderung. Die Hydrathüllen gehen bei Hitze infolge der starken Schwingungen des Moleküls und bei Chemikalieneinwirkung (Säuren, Basen, Lösemittel) verloren, wobei die funktionellen Gruppen des Proteins regellos neu miteinander verbunden werden. Dabei kommt es zur Ausflockung (Koagulation, Präzipitation, Fällung).
10. Proteine sind Enzymkatalysatoren, Transportproteine, Rezeptorproteine, bei der Signalübermittlung, Reizbarkeit und Regulation, als kontraktile Elemente bei Bewegungsabläufen (Actin, Myosin) oder als Antikörper von Bedeutung. Als Stütz- oder Skleroproteine (Kollagen) oder als Membranbestandteile und Filamente (Cytoskelett) sind sie wichtige Strukturbausteine. Einige Hormone der Hypophyse und der Bauchspeicheldrüse (Insulin) sind Proteine. Als Globuline dienen Proteine zur Stoffspeicherung (Albumin der Milch) oder als Reserveproteine in Samen (Schmetterlingsblütler, Fabaceae).
11. Die Strukturvielfalt der Proteine ist weitaus größer als die der polymeren Kohlenhydrate, weil sie aus sehr verschiedenen Aminosäuren (meist 20) zusammengesetzt sind, woraus sich eine hohe Spezifität von Bau und Funktion ergibt. Kohlenhydrate sind dagegen einheitlich aus einer großen Zahl desselben Bausteins (Stärke nur aus Glucoseeinheiten) zusammengesetzt.
12. Aminosäuren und Proteine bilden mit Kupfer-Ionen in Wasser ähnlich wie Ammoniak einen intensiv blau gefärbten Komplex (vgl. Kupfer-Tetrammin-Komplex). Die Reaktion wird Biuretreaktion genannt. Darauf kann man einen Test zur photometrischen quantitativen Bestimmung von Proteinen aufbauen. Die sehr häufig in der

Fachliteratur zitierte Proteinbestimmungsmethode nach Lowry beruht zum Teil auf dieser Farbreaktion.

13. Man kann daran erkennen, wie viel von dem gesamten Protein in der Lösung wirklich das gesuchte Enzym ist. Mit zunehmender Reinigung eines Enzyms nimmt die spezifische Aktivität zu.
14. Proteine haben kationische und anionische Gruppen, die mit den Ionen des Salzes schwerlösliche Bindungen eingehen, ähnlich wie das Calcium-Ion mit Sulfat. Dadurch kommt es in Abhängigkeit von der Salzkonzentration zur Überschreitung der Löslichkeit. Man kann dieses Verfahren zur Reinigung nutzen, weil andere Stoffe, die als Verunreinigungen zu betrachten sind und sich nicht aussalzen lassen, im Überstand verbleiben und entfernt werden können. Zudem bekommt man beim Lösen auch nur wieder die Proteine in Lösung und andere nicht lösliche Stoffe verbleiben etwa nach Zentrifugation im Sediment.
15. Enzymlösungen sind bei Raumtemperatur nur begrenzt haltbar. Mit Erhöhung der Temperatur geht zeitabhängig Enzymaktivität verloren. Das kann durch Zerstörung der Enzymstruktur geschehen, etwa durch den Angriff spaltender Enzyme, oder durch chemische Reaktionen, welche das aktive Zentrum der Enzyme verändern. Zum Beispiel können die wichtigen Sulfhydrylgruppen chemisch durch Oxidation oder Verknüpfung mit anderen Sulfhydrylgruppen inaktiviert werden. Erst bei höherer Temperatur kommt es zur Denaturierung. Es gibt nur wenige Enzyme, die auch bei hohen Temperaturen aufgrund ihrer stabilen Struktur mit zahlreichen –S–S-Doppelbindungen ihre Aktivität behalten, etwa solche in thermophilen Bakterien.

Kapitel 16

1. Substrate werden am Enzym meist nicht kovalent, sondern über Wasserstoffbrücken, elektrostatische bzw. hydrophobe Wechselwirkungen oder über schwache van-der-Waals-Kräfte gebunden. Es gibt aber auch kovalente Bindungen. So bindet eine Sulfhydrylgruppe der Fettsäuresynthetase Acetyl-CoA über eine Schwefelbrücke vorübergehend kovalent.
2. Die Erniedrigung der Aktivierungsenergie ist entscheidend. Die Reaktionsenthalpie wird nicht verändert (vgl. Abschn. 15.2 und 3.1.5).
3. Das Leistungsprofil eines Enzyms lässt sich quantifizieren durch die Angabe der spezifischen Aktivität als Maß der Reaktionsgeschwindigkeit (= Substratumsatz pro Zeiteinheit je mg Enzymprotein), durch die Michaelis-Konstante oder durch die Wechselzahl.
4. Als Isoenzyme bezeichnet man mehrere Formen eines Enzyms mit gleicher Substrat- und Wirkungsspezifität, aber verschiedener Aminosäuresequenz und daher unterschiedlicher Struktur. Isoenzyme lassen sich im elektrischen Feld aufgrund der

unterschiedlichen Ladung der Seitenketten ihrer Aminosäuren elektrophoretisch trennen.

5. Das aktive Zentrum eines Enzyms ist der katalytisch wirksame Bereich mit der Substratbindungsstelle. Zur Erklärung der Substratbindung im aktiven Zentrum benutzt man nach einem Vorschlag von Emil Fischer das in wesentlichen Punkten stimmige Schlüssel-Schloss-Modell.
6. Manche Coenzyme sind eher Cosubstrate, weil sie nicht kovalent mit dem Enzym verbunden und deshalb auch nicht seine Bestandteile, sondern Reaktionspartner sind. Sie werden bei der Reaktion verändert und gehen nicht wie Enzyme unverändert aus der Reaktion hervor. Beispiele sind die wasserstoffübertragenden Cosubstrate, die reduzierten oder oxidierten Pyridinnucleotide NAD^+, NADH, $NADP^+$ und NADPH.
7. Die Michaelis-Konstante K_M ist ein Maß für die Affinität eines Enzyms zu seinem Substrat. Je kleiner K_M ist, desto größer ist die Affinität.
8. Eine kompetitive Hemmung wird durch eine dem Substrat ähnliche Verbindung verursacht, die mit dem eigentlichen Substrat um das aktive Zentrum konkurriert (Beispiel: Hemmung der Succinat-Dehydrogenase durch Malonat. Ein Überschuss an Succinat verringert die Hemmung des Enzyms durch Malonat aufgrund der Gleichgewichtseinstellungen der Enzym-Substrat-Bindung (Le-Chatelier-Prinzip)).
9. Kooperativität wurde bei einigen Enzymen beobachtet, die aus mehreren Untereinheiten zusammengesetzt sind. Hierbei beeinflusst die Bindung eines Substratmoleküls mehrere Bindungsstellen im gleichen Enzymmolekül. Kooperativität ist bei Enzymen stets mit allosterischen Eigenschaften verbunden. Allosterische Enzyme besitzen neben dem aktiven Zentrum weitere Bindungsstellen. Werden diese von einem Inhibitor besetzt, kann das aktive Zentrum (eventuell an ganz anderer Stelle lokalisiert) so beeinflusst werden, dass die Enzymaktivität zum Erliegen kommt (allosterische Hemmung).
10. Die Reaktionskinetiken isosterisch regulierter Enzyme, wie sie bei der kompetitiven Hemmung vorliegen, weisen einen hyperbolischen Verlauf auf, während die allosterisch regulierten Enzyme einen sigmoiden Kurvenverlauf ergeben.
11. Kompetitiv, unkompetitiv und nichtkompetitiv gehemmte Enzymreaktionen lassen sich experimentell unterscheiden, indem man die Enzymaktivitäten in Abhängigkeit von den Substratkonzentrationen unter den jeweils veränderten Bedingungen misst. Dabei wird die Enzymaktivität mit Hemmstoff (Inhibitor) mit der ohne Hemmstoff verglichen. Die Ergebnisse werden grafisch doppelt reziprok als Lineweaver-Burk-Diagramm dargestellt.
12. Sulfonamide (Sulfanilamide) wirken bakteriostatisch, weil sie die Synthese der Folsäure in Bakterien unterdrücken.
13. Sulfonamide können therapeutisch genutzt werden, da sie den Zielorganismus Tier oder Mensch nicht in Mitleidenschaft ziehen. Tiere und Mensch bauen das Vitamin Folsäure nicht selbst auf, sondern nehmen es mit der Nahrung auf. Sulfonamide stören also abgesehen von möglichen unspezifischen Nebenwirkungen nur den bakteriellen Syntheseweg der Folsäuresynthese.

14. Enzymaktivitäten werden von physiko-chemischen Reaktionsparametern wie Temperatur und pH-Wert beeinflusst, Enzyme sind nur im Bereich ihres Optimums voll aktiv. Niedrige Temperaturen verlangsamen die Reaktion, zu hohe verursachen strukturelle Veränderungen bis hin zur Denaturierung, welche die Enzymaktivität herabsetzen oder ausschalten. Bei zu niedrigem oder zu hohem pH-Wert kommt es ebenfalls zu Strukturveränderungen aufgrund der Änderung des Hydratisierungszustandes der Enzymproteine oder sogar zu hydrolytischen Spaltungen, welche die Enzymaktivität stören oder zerstören.
15. Enzyme teilt man nach der Art der katalysierten Reaktion ein. Man unterscheidet sechs Hauptklassen und innerhalb dieser Gruppen jeweils mehrere Unterklassen entsprechend der Knüpfung oder Lösung chemischer Bindungen.

Kapitel 17

1. Die in den Lipiden enthaltenen Fettsäuren sind im Allgemeinen geradzahlig, weil Fettsäuren aus C_2-Einheiten der aktivierten Essigsäure Acetyl-CoA aufgebaut werden.
2. Unter Omega-3-Fettsäuren versteht man ungesättigte Fettsäuren mit Doppelbindungen in der *cis*-Form, wobei das letzte C-Atom immer unabhängig von der Kettenlänge mit Omega (ωC) bezeichnet wird – ω ist der letzte Buchstabe im griechischen Alphabet.
3. Die Schmelzpunkte der Fettsäuren hängen von ihrer Kettenlänge und vor allem von ihren Doppelbindungen ab. Lange Ketten ohne Doppelbindungen bedingen höhere Schmelzpunkte und den festen Aggregatzustand, kürzere Ketten und Doppelbindungen bedingen niedrigere Schmelzpunkte und den flüssigen Aggregatzustand. Fette mit mehreren Doppelbindungen sind deshalb meist flüssig.
4. Speicherfette bezeichnet man auch als neutrale Fette, weil sie als Glycerinester der Fettsäuren weder sauer noch basisch reagieren. Die Carboxylgruppe der Fettsäuren ist durch die Veresterung mit dem dreiwertigen Alkohol Glycerin gebunden und die Säurewirkung damit ausgeschaltet. Die Estergruppierung kann im Gegensatz zur Carboxylgruppe keine H^+-Ionen abgeben.
5. Unter amphipathischen (amphiphilen) Eigenschaften der Membranlipide versteht man, dass sie sowohl unpolare hydrophobe (lipophile) Fettsäurereste als auch meist räumlich gegenüberliegend polare hydrophile (lipophobe) Reste besitzen.
6. Glycerophospholipide besitzen am Glycerin zwei hydrophobe Fettsäurereste und einen polaren hydrophilen Rest, der über eine Phosphorsäuregruppe am Glycerin verestert ist. Bei den Sphingolipiden ist das Glycerin der Phospholipide durch den langkettigen Aminodialkohol Sphingosin oder eines seiner Derivate ersetzt.
7. Unterklassen der Sphingolipide mit biologischer Bedeutung sind vor allem die Cerebroside und Ganglioside. Glycolipide wie die Ganglioside sind reichlich im Gehirn enthalten, Phytosphingosin kommt im Pflanzenreich vor.

8. Hydrophile Baugruppen in Membranlipiden sind Ethanolamin, Cholin und Serin.
9. Proteine übernehmen als Membrankomponenten in aller Regel die spezifischen Aufgaben, etwa eine bestimmte Transportfunktion. Weil Proteine einen hochspezifischen Bau haben, können sie spezifische Funktionen ausüben.
10. Die biologische Rolle des Cholesterins ist komplex. Es handelt sich um einen der wichtigsten Bausteine der Zellmembranen. Cholesterin ist am Aufbau der Gehirn- sowie Nervenzellen beteiligt. Als Reparaturstoff gegen Schädigungen an Zellmembranen spielt es eine positive Rolle. Es dient zudem als Ausgangsstoff für die Synthese von Steroidhormonen und von Vitamin D. Andererseits wird es in den Gefäßwänden zum Teil deponiert und kann im Zusammenhang mit der Entstehung von Herz-Kreislauf-Erkrankungen (Herzinfarkt, Schlaganfall, Arteriosklerose) problematisch werden.

Kapitel 18

1. RNA und DNA heißen Kernsäuren, weil sie Phosphorsäureeinheiten besitzen. Die Phosphorsäure ist mit jeweils zwei Pentosen in 3′- oder 5′-Bindung verestert (Diester). Nur eine der ursprünglich drei Säuregruppen der Phosphorsäure bleibt frei und kann prinzipiell als Säure fungieren. Allerdings liegt auch diese als Phosphatgruppe bei neutralem pH-Wert in der Zelle in der Anionenform vor. Nucleinsäuren liegen in der Zelle eher als Polyanion und weniger als Säuren vor. Die Säurebezeichnung ist also streng genommen nicht korrekt.
2. Die Nucleobasen der RNA sind Uracil, Cytosin, Adenin und Guanin, die Nucleobasen der DNA sind Thymin, Cytosin, Adenin und Guanin.
3. Die Nucleobasen und die Nucleopentosen sind in den Nucleosiden *N*-glycosidisch mit dem 1′-Ende an die Basen gebunden.
4. Weil die Nucleobasen und die Nucleopentosen in den Nucleosiden *N*-glycosidisch mit ihrem 1′-Ende an die Basen geknüpft sind, bezeichnet man die Nucleoside auch als *N*-Glycoside.
5. RNA enthält die Pyrimidinbase Uracil, DNA jedoch die Pyrimidinbase Thymin. Die Pentose in der RNA ist Ribose und in der DNA Desoxyribose. Damit sind in der DNA mehr hydrophobe und weniger hydrophile Funktionen vorhanden als in der RNA. Das erleichtert das Trennen langkettiger DNA-Doppelstränge bei der Replikation und Transkription. RNA liegt, wenn überhaupt, nur kurzstreckig als Doppelstrang vor.
6. Die typischen Basenpaarungen in der doppelsträngigen DNA lauten: Adenin-Thymin (A-T) und Guanin-Cytosin (G-C).
7. Die Windungsrichtung (Gängigkeit) der DNA-Doppelhelix ist rechtsgängig (vgl. Abb. 18.6).
8. In axialer Richtung stabilisieren Phosphorsäurediesterbindungen die RNA und die DNA. Die Phosphorsäure verknüpft jeweils zwei Pentosen in Esterbindungen, jeweils am 3′- und am 5′-Ende (Diester).

9. (a) mRNA (Boten- oder Messenger-RNA) wird als Transkript an der DNA gebildet und gibt die Anweisung für die Synthese eines Proteins, heftet sich im Cytoplasma an die Ribosomen und legt die Primärstruktur eines Proteins fest; (b) tRNA (Transfer-RNA) vermittelt zwischen der Information, die in Nucleinsäure gespeichert ist, und der im Protein vorliegenden Aminosäuresequenz, bindet eine bestimmte Aminosäure am einen Ende, die einem zugehörigen Triplett-Codon am anderen Ende entspricht; (c) rRNA (ribosomale RNA) ist gemeinsam mit Proteinen am Aufbau der Ribosomen beteiligt. Schließlich gibt es noch die miRNA (Mikro-RNA) und siRNA, kleine interferierende RNA, die für die Regulation der Genexpression bedeutsam sind.
10. Unter Transkription versteht man die Synthese eines RNA-Moleküls an der DNA als Matrize, unter Translation die Proteinsynthese am Ribosom unter Mitwirkung der informationsgebenden mRNA.
11. Unter dem Zweiten Genetischen Code versteht man die Zuordnung der Aminosäuren am 3′-Ende des AA-Arms der tRNA zum Anticodon-Triplett derselben tRNA, das sich diametral entgegengesetzt am gegenüberliegenden Ende der tRNAs befindet.
12. Posttranslationale Modifikationen sind Veränderungen, die nach der Translation stattfinden. Beispiele sind etwa Abspalten oder Hinzufügen bestimmter funktioneller Gruppen oder auch das Zusammenfügen zu Multienzymkomplexen (Quartärstruktur).
13. Es kann sich keine dritte Wasserstoffbrückenbindung zwischen der –CH=-Gruppe im Sechserring des Adenins und der –CO-Gruppe des Thymins bilden, weil der Wasserstoff am Kohlenstoff der –CH=-Gruppe fest kovalent gebunden ist und deshalb keine Brückenfunktion haben kann. Dazu müsste er ähnlich wie die Wasserstoff-Ionen im Wasser zwischen den Bindungspartnern frei wechseln können.

Kapitel 19

1. Photolithotrophie: Fähigkeit von Schwefelbakterien (Chlorobiaceae und Chromatiaceae), Schwefelwasserstoff als e^--Quelle zur photosynthetischen Reduktion zu nutzen. Photohydrotrophie: Fähigkeit der Cyanobakterien („Blaualgen“), Chloroxybakterien, Algen sowie aller grünen Pflanzen, nur Wasser als e^--Quelle zu nutzen. Photoautotrophie: Fähigkeit von Pflanzen, sich photosynthetisch ernähren zu können – sämtliche für den Stoffwechsel erforderlichen energiereichen Verbindungen werden aus anorganischen Verbindungen mithilfe des Sonnenlichts selbst hergestellt.
2. Die weit verbreitete Bezeichnung „Dunkelreaktionen“ für den Calvin-Zyklus ist unzutreffend, weil seine Reaktionen nur im Licht ablaufen. Die Bezeichnung „Dunkelreaktionen“ ist darauf zurückzuführen, dass für den Ablauf des Calvin-Zyklus direkt kein Licht erforderlich ist. Dennoch werden hierfür aber Stoffe benötigt, die bei der Lichtreaktion gebildet werden (ATP, NADPH).
3. Die Kooperation von zwei Photosystemen lässt sich experimentell durch den Emerson-Enhancement-Effekt nachweisen. Wird die Photosynthese mit Licht zweier Wel-

lenlängen gleichzeitig betrieben, wird eine größere Photosyntheserate festgestellt, als der Summe der Einzelbestrahlungen mit jeweils nur einer der beiden Wellenlängen entspricht. Es muss deshalb die Photosyntheserate jeweils durch Bestrahlen mit den Wellenlängen, welche die Photosysteme II und I anregen, getrennt ermittelt und anschließend mit beiden Wellenlängen gemeinsam bestimmt werden.

4. An beiden Photosystemen erfolgt nach Lichtanregung eine Ladungstrennung in einen positiv geladenen e^--Akzeptor und einen negativ geladenen e^--Donator. Es kommt deshalb nicht sofort wieder zum Ladungsausgleich, weil die vom e^--Akzeptor aufgenommenen Elektronen nicht zurückfließen, sondern sofort an einen weiteren e^--Akzeptor abgegeben werden (→ Le-Chatelier-Prinzip, Fließgleichgewichte).
5. Die beträchtliche Verlangsamung der Prozesse (Absorption eines Photons im Pigmentkomplex: ca. 10^{-15} s, Weiterleitung seiner Energie: 10^{-12} s, Ladungstrennung in den Reaktionszentren: 10^{-10} s und e^--Transport: 10^{-4} bis 10^{-1} s) der Lichtreaktionen ist deshalb sinnvoll oder gar notwendig, weil der Energie- und Elektronentransport an den Stoffwechsel der langsameren Redox-Reaktionen in den Chloroplasten (z. B. Wasserstoffübertragung auf $NADP^+$) angepasst werden muss. Bei Störungen des e^--Flusses kann es zum Stau oder zum „Entgleisen" in den e^--Transportketten mit Bildung von aggressivem und toxischem Superoxid $O_2^{\bullet -}$ kommen.
6. Die Herkunft von O_2 aus der Photolyse des Wassers lässt sich durch Verwendung von O-Isotopen im Wasser ($H_2^{18}O$) und der Freisetzung von O_2-Molekülen mit zweierlei Sauerstoffisotopen (mit dem schweren $I^{18}O$ neben „normalem" ^{16}O) nachweisen. Außerdem können isolierte Chloroplasten im Licht bestimmte Stoffe (Redox-Indikatoren, Hill-Reagenzien) reduzieren und dabei Sauerstoff (O_2) freisetzen, ohne gleichzeitig CO_2 zu fixieren.
7. Beide Reaktionsbereiche der Photosynthese sind in den Thylakoiden (Chloroplastenmembranen) lokalisiert.
8. Der Wirkungsgrad der Photosynthese ist der Quotient der für die Reduktion von CO_2 zu Glucose benötigten Energie (477 kJ mol^{-1}) zum Energiegehalt der Photonen (1600 kJ), jeweils auf 1 mol Glucose bezogen. Er wird somit als das Verhältnis der Zunahme des Energiegehalts bei der Synthese des Photosyntheseproduktes (Glucose) zu der für die Photosynthese aufgewendeten Lichtenergie bestimmt und ist also ein dimensionsloser Quotient, der als Prozentsatz angegeben wird (30 %).
9. Der Cytochromkomplex in der e^--Transportkette zwischen PS II und PS I ist dem der mitochondrialen Atmungskette strukturell und funktionell sehr ähnlich. Dies legt den Schluss nahe, dass zwischen den Vorläufern von Chloroplasten und Mitochondrien verwandtschaftliche Beziehungen bestehen. Diese waren Bakterien, die atmen (Purpurbakterien) und Photosynthese (Cyanobakterien) betreiben konnten.
10. Die Hill-Reaktion isolierter Chloroplasten im Licht ist die Reduktion bestimmter Hill-Reagenzien wie Eisen(III)-Hexacyanoferrat $Fe(CN)_6^{3-}$ oder 2,6-Dichlorophenolindophenol (DCPIP). Der dabei freigesetzte O_2 stammt dabei aus der Photolyse des Wassers; der Wasserstoff aus dem Wasser reduziert die Hill-Reagenzien.

11. Den Calvin-Zyklus gliedert man in 1. den carboxylierenden, 2. den reduzierenden und 3. den regenerierenden Bereich oder Abschnitt.
12. Produkte aus den Lichtreaktionen (ATP und NADPH) werden im Calvin-Zyklus bei der Reduktion der 3-Phosphoglycerinsäure, 3-PGS (genauer von dessen Anion 3-Phosphoglycerat), zu 3-Phosphoglycerinaldehyd (3-PGA) eingesetzt.
13. C_4-Pflanzen erreichen eine bessere Photosyntheserate als Pflanzen mit C_3-Photosynthese, weil sie das CO_2 besser und effektiver binden können: PEP-Carboxylase hat eine viel höhere Affinität zum Substrat CO_2 als Ribulose-1,5-bisphosphat-Carboxylase (Ru-1,5-bPCase oder RubisCO). Das drückt sich in den Michaelis-Konstanten für CO_2 aus. Diese ist für die PEP-Carboxylase um Zehnerpotenzen niedriger als für die Ribulose-1,5-bisphosphat-Carboxylase.
14. Unter Photorespiration (Lichtatmung) versteht man die Besonderheit grüner Pflanzen wie bei der Atmung in den Mitochondrien, jetzt jedoch unter Einfluss von Licht, Sauerstoff (O_2) zu verbrauchen und (CO_2) freizusetzen. Die Eingangsreaktionen der Photorespiration laufen in den Chloroplasten und nicht in den Mitochondrien ab. Bei der Photorespiration wird auch keine Energie gewonnen wie bei der Atmung. Photorespiration läuft ab, wenn im Blatt durch Photosynthese viel Sauerstoff entsteht. Ribulose-1,5-bisphosphat-Carboxylase hat demnach eine Doppelfunktion. Das Enzym kann nicht nur CO_2 binden, sondern als Oxygenase auch Ru-1,5-bP oxidativ mit O_2 zu Phosphoglycolat und Phosphoglycerat spalten (doppelt negatives Feedback). Glycolat wird anschließend in den Peroxisomen weiterverarbeitet.
15. Die Photosynthese ist ein Redoxprozess, weil C-, N- und S-Verbindungen bei der Photosynthese reduziert werden und die Photosynthese ein zur oxidativen Respiration (Atmung) entgegengesetzt gerichteter Stoffwechselweg ist (→ Kap. 12 und 20).

Kapitel 20

1. Photosynthese und Atmung sind gegenläufige Prozesse. Bei der Photosynthese wird Säure verbraucht, bei der Atmung freigesetzt. Oxidationsmittel wie O_2 werden bei der Photosynthese freigesetzt und bei der Atmung verbraucht. Photosynthese ist ein endergonischer Prozess, die Atmung ein exergonischer Vorgang. Bei der Atmung (exothermer Vorgang), nicht aber bei der Photosynthese, wird Energie zum Teil in Form von Wärme frei.
2. Eine Oxidation der C-Atome zu CO_2 findet ebenso bei der Atmung wie bei der Verbrennung statt. Die umgangssprachliche Benennung Kohlenhydrat- bzw. Fettverbrennung berücksichtigt jedoch nicht die Unterschiede zwischen Atmung und Verbrennung (= Direktoxidation der C-Atome). Atmung ist im Unterschied zur einfachen Verbrennung ein komplexer Vorgang mit Fließgleichgewichten, Enzymkatalysen und Regulationen (→ Pasteur-Effekt, negatives Feedback). Ein Großteil der freigesetzten Energie wird als ATP gespeichert und geht nicht als Wärme verloren wie bei der Verbrennung.

3. Die Glycolyse läuft im Cytosol ab. Sie ist die Voraussetzung für die Atmung und für Gärungen und liefert Energie in Form von ATP, aber wesentlich weniger als die Atmung (Verhältnis Gärung : Atmung = 1 : 18).
4. Die oxidative Decarboxylierung von Pyruvat zu Acetyl-CoA durch Pyruvat-Dehydrogenase findet im Innenraum der Mitochondrien (= Matrix) statt, nachdem Pyruvat als Endprodukt der Glycolyse durch Vermittlung einer Permease vom Cytosol in die Mitochondrien transportiert wurde.
5. Beim Vergleich der Formelbilder von ATP, CoA, NAD^+ oder FAD fällt auf, dass in allen vier Fällen Adenosinmonophosphat (AMP) enthalten ist.
6. Das Redoxpotenzial eines Substrates muss negativer sein als das von NAD^+ (→ Abb. 20.3), damit der Wasserstoff (bzw. e^-) auf NAD^+ übertragen werden kann.
7. Der Citratzyklus (kommt in fast allen Organismen vor) steht im Zentrum des Intermediärstoffwechsels. Das entstehende CO_2 wird ausgeatmet. Außerdem entstehen je Umlauf 3 NADH und 1 $FADH_2$, die in der Atmungskette sofort oxidiert werden. Es ist deshalb sinnvoll, dass der Citratzyklus und die Endoxidation im gleichen Kompartiment (Mitochondrien) lokalisiert sind. Die Stationen des Citratzyklus sind Ausgangspunkt vieler Anschlusssynthesen.
8. Der Gewinn an Energie- und Reduktionsäquivalenten aus 1 mol Hexose beträgt 2 mol ATP und 4 mol NADH bei der Glycolyse sowie 2 mol ATP und 6 mol NADH plus 2 mol $FADH_2$ im Citratzyklus.
9. Alle heterotrophen Prokaryoten (Bakterien) und Mitochondrien mit der Fähigkeit zur Atmung zeigen Übereinstimmungen darin, wie sie die Potenzialdifferenz zwischen gebundenem H und molekularem O_2 für den eigenen Energiestoffwechsel nutzen. Photosynthese betreibende Cyanobakterien und Chloroplasten haben zwar ähnliche Redox-Systeme (z. B. Chinone und Cytochrome), aber der e^--Transport ist dem der atmenden Zellen und Organellen (Mitochondrien) umgekehrt gerichtet. Übereinstimmungen gibt es bei den genannten Energielieferanten darin, dass eine von einem elektrochemischen Protonengradienten betriebene ATP-Synthese (→ Peter Mitchell) die Fixierung der chemischen Energie (Phosphorylierung) bewirkt.
10. Der Wirkungsgrad des oxidativen Stoffabbaus (= biochemischer Wirkungsgrad) lässt sich pro Mol Glucose als Quotient aus der aus 38 mol ATP gewinnbaren Freien Energie $\Delta G^\circ = 38 \cdot (-30)$ kJ = -1140 kJ zu der aus Glucose überhaupt gewinnbaren Freien Energie $\Delta G^\circ = 2845$ kJ errechnen. Er beträgt demnach rund 40 %.
11. Der Energiegewinn der Substratkettenphosphorylierung beträgt 2 mol ATP pro mol Glucose, bei der Atmungskettenphosphorylierung dagegen 36 mol ATP. Die Substratkettenphosphorylierung mit Übertragung einer Phosphatgruppe von 1,3-bPGS auf ADP bei der Glycolyse läuft im Cytosol der Zelle ab und benötigt im Unterschied zur mitochondrialen Atmung kein O_2.
12. Bei der Gluconeogenese wird Pyruvat – ausgehend von Lactat oder Aminosäuren – über OAA, PEP und 2-PGS zu 3-PGS in mehreren Schritten zu Glucose umgewandelt, während im Calvin-Zyklus 3-PGS direkt aus dem Zerfall des CO_2-Fixierungsproduktes der Photosynthese entsteht.

13. Man gibt in einen Erlenmeyer-Kolben (250 mL) wenige Tropfen einer Bromthymolblaulösung (0,1 % in 20 % Ethanol) in Leitungswasser (pH-Wert etwa 7), sodass die Lösung gerade blau ist und bläst vorsichtig mit einem Trinkhalm Ausatmungsluft in die Lösung. Nach einem einzigen Atmungszug wird die Lösung intensiv gelb gefärbt. Der Farbumschlag erfolgt aufgrund der pH-Wert-Erniedrigung durch das bei der Atmung freigesetzte Kohlenstoffdioxid (CO_2), das zur Freisetzung von Protonen aufgrund der Einstellung des Gleichgewichtes $CO_2 + H_2O \rightleftarrows H^+ + HCO_3^-$ führt. Anstelle von Leitungswasser kann man auch eine gesättigte Calciumsulfatlösung (Gipslösung) verwenden, etwa um die Wurzelhaare (Zellen!) gegen osmotischen Stress zu schützen.
14. Um zu zeigen, dass Leben in Zweigen steckt, kann man ebenfalls die Atmung experimentell nachweisen. Zweigstücke, am besten solche mit Lentizellen (Forsythie, Holunder), werden in Reagenzgläser, die zu etwa einem Drittel mit einer Indikatorlösung (Bromthymolblau, Phenolphthalein) mit annähernd neutralem pH-Wert gefüllt sind, gestellt. Zum Nachweis der Wurzelatmung kann man Pflanzen mit ihren Wurzeln (Gräser, Wildkräuter aus dem Garten) in eine Indikatorlösung stellen. Nach weniger als einer Stunde erfolgt ein Farbumschlag aufgrund der bei der Atmung freigesetzten Kohlensäure.

Kapitel 21

1. In beiden Fällen steht kein O_2 als e^--Akzeptor zur Verfügung. Die anaerobe Atmung nutzt im Gegensatz zur Gärung andere Oxidationsmittel als e^--Akzeptoren, beispielsweise dreifach positiv geladene Eisen-Ionen, Fe^{3+} oder vierfach positiv geladene Mangan-Ionen (Mn^{4+}), ferner Nitrat(NO_3^-)-, Sulfat(SO_4^{2-})- oder Carbonat(CO_3^{2-})-Ionen bzw. CO_2.
2. CO_2 kann bei methanogenen Bakterien terminaler Akzeptor von gebundenem Wasserstoff sein, der von einem Glycolysesubstrat stammt. Dabei reduziert der Wasserstoff CO_2 zu Methan CH_4 und Wasser H_2O.
3. Bei manchen Gärformen wird Pyruvat wie beim Stoffabbau vor dem Eintritt in den Citratzyklus decarboxyliert. Das geschieht bei der alkoholischen Gärung jedoch unter Freisetzung von Acetaldehyd und nicht unter Bildung von Acetyl-CoA wie beim Eintritt in den Citratzyklus.
4. Bei Gärungen ist die Übertragung von gebundenem Wasserstoff auf einen organischen Akzeptor erforderlich, weil NADH sonst nicht zu NAD^+ oxidiert (regeneriert) werden könnte und damit NAD^+ nicht als Wasserstoffakzeptor für die Glycolyse zur Verfügung steht. Eine weitere Möglichkeit wäre, falls die enzymatischen Voraussetzungen gegeben sind, die Abspaltung des Wasserstoffs als H_2.
5. Gärprodukte sind End- oder Ausscheidungsprodukte von Gärprozessen, also reduzierte Produkte wie Ethanol, Lactat, Acetat, Butyrat, aber auch Wasserstoff, Schwefelwasserstoff oder Ammoniak.

6. Bei Eucyten laufen die Reaktionen der Gärung gewöhnlich im Cytosol, dem löslichen Teil der Zelle, und nicht in besonderen Kompartimenten ab.
7. Die Energiebilanzen bei den verschiedenen Gärformen unterscheiden sich in Abhängigkeit von den Gärprodukten. Diese bringen bei einer anschließenden Oxidation unterschiedlich viel Energie pro mol Gärprodukt. Da Gärungen jedoch den Weg zum Pyruvat gemeinsam durchlaufen, ist bis dahin die Energiebilanz bezogen auf das gleiche Substrat (z. B. Glucose) zunächst gleich.
8. Manche Organismen oder Gewebe können vom respiratorischen auf den fermentativen Stoffwechsel umschalten. Reguliert wird dies durch Ausschaltung des Pasteur-Effekts (→ Atmung hemmt die Gärung). Wenn kein O_2 mehr für die Atmung zur Verfügung steht und kein ATP mehr in der Atmungskette gebildet wird, wird die Phosphofructokinase als Schlüsselenzym der Glycolyse nicht mehr allosterisch durch ATP im Überschuss gehemmt. Der Glucoseabbau durch Glycolyse und Gärung geht dann weitgehend ungehindert vonstatten.
9. Bei Gärungen ist die ATP-Bildung nicht in vergleichbarer Weise an einen Elektronentransport gekoppelt wie bei Atmung und Photosynthese. Solche e^--Transportketten gibt es nur in den Mitochondrien und Chloroplasten der Eucyten sowie in Prokaryoten. Die Gewinnung chemischer Energie bei der Substratkettenphosphorylierung erfolgt durch Umwandlung reduzierter Verbindungen wie Aldehyde (wie 3-PGA) oder Ketone (wie DHAP) in organische Säuren. Dabei werden e^- gemeinsam mit dem Wasserstoff übertragen und so transportiert.
10. Alternativen zum Standardablauf der Glycolyse sind dic verschiedenen Möglichkeiten der Gärung bei Mikroorganismen, die sich an die Glycolyse nach Bildung des Pyruvats anschließen. Nicht nur Glucose, sondern auch Fructose kann phosphoryliert und damit in die Glykolyse eingeschleust werden. So ergeben sich Alternativen, die aber in den Hauptabbauweg der Glycolyse einmünden oder an ihn anschließen.

Periodensystem

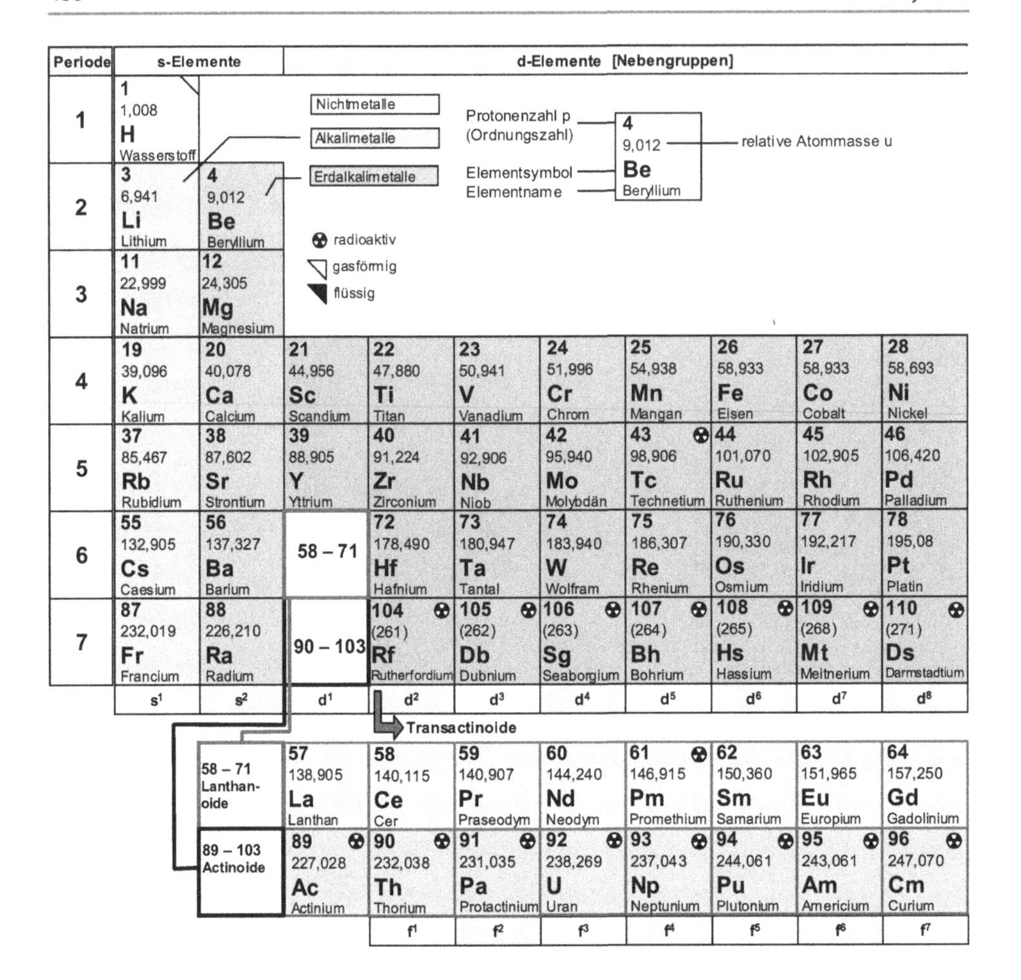
Periode
s-Elemente
d-Elemente [Nebengruppen]
Nichtmetalle
Alkalimetalle
Erdalkalimetalle
Protonenzahl p (Ordnungszahl)
Elementsymbol
Elementname
relative Atommasse u
4 9,012 Be Beryllium
radioaktiv
gasförmig
flüssig
1
1 1,008 H Wasserstoff
2
3 6,941 Li Lithium
4 9,012 Be Beryllium
3
11 22,999 Na Natrium
12 24,305 Mg Magnesium
4
19 39,096 K Kalium
20 40,078 Ca Calcium
21 44,956 Sc Scandium
22 47,880 Ti Titan
23 50,941 V Vanadium
24 51,996 Cr Chrom
25 54,938 Mn Mangan
26 58,933 Fe Eisen
27 58,933 Co Cobalt
28 58,693 Ni Nickel
5
37 85,467 Rb Rubidium
38 87,602 Sr Strontium
39 88,905 Y Yttrium
40 91,224 Zr Zirconium
41 92,906 Nb Niob
42 95,940 Mo Molybdän
43 98,906 Tc Technetium
44 101,070 Ru Ruthenium
45 102,905 Rh Rhodium
46 106,420 Pd Palladium
6
55 132,905 Cs Caesium
56 137,327 Ba Barium
58 – 71
72 178,490 Hf Hafnium
73 180,947 Ta Tantal
74 183,940 W Wolfram
75 186,307 Re Rhenium
76 190,330 Os Osmium
77 192,217 Ir Iridium
78 195,08 Pt Platin
7
87 232,019 Fr Francium
88 226,210 Ra Radium
90 – 103
104 (261) Rf Rutherfordium
105 (262) Db Dubnium
106 (263) Sg Seaborgium
107 (264) Bh Bohrium
108 (265) Hs Hassium
109 (268) Mt Meitnerium
110 (271) Ds Darmstadtium
s1 s2 d1 d2 d3 d4 d5 d6 d7 d8
Transactinoide
58 – 71 Lanthan-oide
57 138,905 La Lanthan
58 140,115 Ce Cer
59 140,907 Pr Praseodym
60 144,240 Nd Neodym
61 146,915 Pm Promethium
62 150,360 Sm Samarium
63 151,965 Eu Europium
64 157,250 Gd Gadolinium
89 – 103 Actinoide
89 227,028 Ac Actinium
90 232,038 Th Thorium
91 231,035 Pa Protactinium
92 238,269 U Uran
93 237,043 Np Neptunium
94 244,061 Pu Plutonium
95 243,061 Am Americium
96 247,070 Cm Curium
f1 f2 f3 f4 f5 f6 f7

11 IB	12 IIB	13 IIIA	14 IVA	15 VA	16 VIA	17 VIIA	18 VIIIA	
		p-Elemente [Hauptgruppen]						
		Halbmetalle			Chalkogene	Halogene	Edelgase	
							2 4,002 **He** Helium	1 K
		5 10,811 **B** Bor	6 12,001 **C** Kohlenstoff	7 14,006 **N** Stickstoff	8 15,999 **O** Sauerstoff	9 18,898 **F** Fluor	10 20,179 **Ne** Neon	2 L
		13 26,961 **Al** Aluminium	14 28,085 **Si** Silicium	15 30,937 **P** Phosphor	16 32,066 **S** Schwefel	17 35,452 **Cl** Chlor	18 39,948 **Ar** Argon	3 M
29 63,546 **Cu** Kupfer	30 65,941 **Zn** Zink	31 69,723 **Ga** Gallium	32 72,610 **Ge** Germanium	33 74,921 **As** Arsen	34 78,960 **Se** Selen	35 79,904 **Br** Brom	36 83,800 **Kr** Krypton	4 N
47 107,868 **Ag** Silber	48 112,411 **Cd** Cadmium	49 114,818 **In** Indium	50 118,710 **Sn** Zinn	51 121,760 **Sb** Antimon	52 127,600 **Te** Tellur	53 126,904 **I** Iod	54 131.290 **Xe** Xenon	5 O
79 196,968 **Au** Gold	80 200,590 **Hg** Quecksilber	81 204,383 **Tl** Thallium	82 207,200 **Pb** Blei	83 208,980 **Bi** Wismut	84 ☢ 208,982 **Po** Polonium	85 ☢ 209,982 **At** Astat	86 ☢ 222,017 **Rn** Radon	6 P
111 ☢ (272) **Rg** Roentgenium	112 ☢ (277) **Cn** Copernicium	113 ☢ (284) **Nh** Nihonium	114 ☢ (289) **Fl** Flerovium	115 ☢ (288) **Mc** Moscovium	116 ☢ (292) **Lv** Livermorium	117 ☢ (292) **Ts** Tenness(ene)	118 ☢ (294) **Og** Oganesson	7 Q
d^9	d^{10}	p^1	p^2	p^3	p^4	p^5	p^6	

Hauptquantenzahl *n* / Energieniveaus (Schalen)

Hauptgruppen
aktuell: 1 – 2, 13 – 18
früher: IA – VIIIA

Nebengruppen
aktuell: 3 – 12
früher: IB – VIIIB

65 158,920 **Tb** Terbium	66 162,500 **Dy** Dysprosium	67 164,930 **Ho** Holmium	68 167,260 **Er** Erbium	69 168,934 **Tm** Thulium	70 173,040 **Yb** Ytterbium	71 174,976 **Lu** Lutetium
97 ☢ 249,075 **Bk** Berkelium	98 ☢ 251,079 **Cf** Californium	99 ☢ 252,083 **Es** Einsteinium	100 ☢ 257,095 **Fm** Fermium	101 ☢ 258,098 **Md** Mendelevium	102 ☢ 259,100 **No** Nobelium	103 ☢ 262,110 **Lr** Lawrencium
f^8	f^9	f^{10}	f^{11}	f^{12}	f^{13}	f^{14}

Elektronentypen nach der Nebenquantenzahl /

Zum Weiterlesen

Physik

Adam G, Läuger P, Stark G (2009) Physikalische Biochemie und Biophysik. Springer Spektrum, Heidelberg
Arroyo Camejo S (2006) Skurrile Quantenwelt. Springer Spektrum, Heidelberg
Bohl E (2006) Mathematik in der Biologie. Springer Spektrum, Heidelberg
Demtröder W (2015) Experimentalphysik. Springer Spektrum, Heidelberg (4 Bände (1 Mechanik und Wärme, 2 Elektrizität und Optik, 3 Atome, Moleküle und Festkörper, 4 Kern-, Teilchen- und Astrophysik).)
Gierer A (1991) Die gedachte Natur. Ursprung, Geschichte, Sinn und Grenzen der Naturwissenschaft. Piper, München
Giancoli DC (2009) Physik. Pearson, Halbergmoos
Glaser R (2012) Biophysics: An Introduction. Springer Spektrum, Heidelberg
Hey T, Walters P (1998) Das Quantenuniversum. Spektrum Akademischer Verlag, Heidelberg
Höfling O, Waloschek P (1989) Die Welt der kleinsten Teilchen. Rowohlt, Reinbek
Koch SW, Halliday D (2017) Springer Spektrum. Physik, Heidelberg
Kohlrausch F (1996) Praktische Physik. Teubner, Stuttgart
Lesch H (2017) Universum für Neugierige. Komplett-Media
Mändele W (2012) Biophysik. Eugen Ulmer, Stuttgart
Meschede D, Gerthsen C (2015) Gerthsen Physik. Springer Spektrum, Heidelberg
Nachtigall W, Wisser A (2006) Ökophysik. Plaudereien über das Leben auf dem Land, im Wasser und in der Luft. Springer, Heidelberg
Pavel W, Winkler R (2007) Mathematik für Naturwissenschaftler. Pearson Education Deutschland, München
Pfeifer H, Schmiedel H, Stannarius R (2004) Kompaktkurs Physik. Teubner, Stuttgart
Schünemann V (2005) Biophysik. Springer, Berlin Heidelberg New York
Stuart HA, Klages S (2009) Kurzes Lehrbuch der Physik. Springer Spektrum, Heidelberg
Tipler PA, Mosca G (2014) Physik für Wissenschaftler und Ingenieure. Springer Spektrum, Heidelberg

Chemie

Arni A (1993) Grundkurs Chemie. VCH, Weinheim
Atkins PW (1993) Einführung in die Physikalische Chemie. Ein Lehrbuch für alle Naturwissenschaftler. VCH, Weinheim
Binder HM (1999) Lexikon der chemischen Elemente. Das Periodensystem in Fakten, Zahlen und Daten. S. Hirzel, Stuttgart

Blumenthal G, Linke D, Vieth S (2006) Chemie – Grundwissen für Ingenieure. Teubner, Wiesbaden
Brown TL, LeMay HE, Bursten E (2014) Basiswissen Chemie. Pearson Education Deutschland, München
Bruce PY (2007) Organische Chemie. Pearson Education Deutschland, München
Brückner R (2003) Reaktionsmechanismen. Spektrum Akademischer Verlag, Heidelberg
Hädener A, Kaufmann H (2006) Grundlagen der allgemeinen und anorganischen Chemie. Birkhäuser, Basel Boston Berlin
Herres-Pawlis S, Klüfers P (2017) Bioanorganische Chemie. Metalloproteine, Methoden und Konzepte. Wiley-VCH, Weinheim
Hollemann AF, Wiberg N (2016) Lehrbuch der Anorganischen Chemie. Walter de Gruyter, Berlin
Housecroft CE, Sharpe A (2006) Anorganische Chemie. Pearson Education Deutschland, München
Keppler BK, Ding A (1997) Chemie für Biologen. Spektrum, Heidelberg
Kremer BP (2010) Wasser! Naturstoff, Lösemittel, Lebensraum. Schneider Verlag Hohengehren, Baltmannsweiler
Matschullat J, Tobschall HJ, Voigt HJ (1997) Geochemie und Umwelt. Springer, Heidelberg
Mortimer CE, Müller U (2015) Das Basiswissen der Chemie. Thieme, Stuttgart
Schirrmeister T, Schmuck C, Wich FR (2015) Beyer/Walter Organische Chemie. S. Hirzel, Stuttgart
Schmuck C, Engels B, Schirrmeister T, Fink R (2008) Chemie für Biologen. Pearson Education Deutschland, München
Vollhardt KPC, Schore N, Butenschön (2005) Organische Chemie, 4. Aufl. Wiley-VCH, Weinheim
Wedler G (1997) Lehrbuch der Physikalischen Chemie. Wiley-VCH, Weinheim

Biochemie und Physiologie

Alberts B, Bray D, Hopkin K, Johnson A, Lewis J, Raff M, Roberts K, Walter P (2012) Lehrbuch der Molekularen Zellbiologie. Wiley-VCH, Weinheim
Bannwarth H, Kremer BP (2011) Vom Stoffaufbau zum Stoffwechsel. Schneider, Hohengehren
Berg JM, Tymoczko JL (2017) Stryer Biochemie. Springer Spektrum, Heidelberg
Campbell NA, Reece JB (2009) Biologie. Pearson, München
Cypionka H (2006) Grundlagen der Mikrobiologie. Springer, Heidelberg
Doewecke D, Koolman J, Fuchs G, Gerok W (2005) Karlsons Biochemie und Pathobiochemie. Thieme, Stuttgart
Efferth T (2007) Molekulare Pharmakologie und Toxikologie. Springer, Heidelberg
Grime JP (2002) Plant Strategies, Vegetation Processes, and Ecosystem Properties. John Wiley & Sons Ltd, Chichester
Harborne JB (1995) Ökologische Biochemie. Spektrum Akademischer Verlag, Heidelberg
Heldt HW, Piechulla B (2015) Pflanzenbiochemie. Springer Spektrum, Heidelberg
Horton HR, Moran LA, Scrimgeour KG, Perry MD, Rawn JD (2008) Biochemie. Pearson Education Deutschland, München
Kaim W, Schwederski B (2005) Bioanorganische Chemie. Zur Funktion chemischer Elemente in Lebensprozessen. Teubner, Wiesbaden
Karp G (2005) Molekulare Zellbiologie. Springer, Heidelberg
Kather R (2003) Was ist Leben? Philosophische Positionen und Perspektiven. Wissenschaftliche Buchgesellschaft, Darmstadt
Knippers R (2012) Eine kurze Geschichte der Genetik. Springer Spektrum, Heidelberg
Latscha HP, Kazmeier U (2016) Chemie für Biologen. Springer Spektrum, Heidelberg
Lottspeich F, Engels JW (Hrsg) (2012) Bioanalytik. Spektrum Akademischer Verlag, Heidelberg
Madigan MT, Martinko JM (2008) Brock Mikrobiologie. Pearson, München
Margulis L (2017) Der symbiotische Planet oder wie die Evolution wirklich verlief. Westend, Frankfurt/M

Nelson DL, Cox MM (2009) Lehninger Biochemie. Springer, Heidelberg
Nortmann U (2008) Unscharfe Welt. Was Philosophen über Quantenmechanik wissen möchten. Wissenschaftliche Buchgesellschaft, Darmstadt
Purves WK, Sadava D, Orians GH, Heller HC (2012) Biologie. Spektrum Akademischer Verlag, Heidelberg
Schopfer P, Brennicke A (2016) Pflanzenphysiologie. Springer Spektrum, Heidelberg
Silverthorn DU (2017) Physiologie. Pearson Education Deutschland, München
Smith TM, Smith RL (2009) Ökologie. Pearson, München
Taiz L, Zeiger E (2000) Physiologie der Pflanzen. Spektrum Akademischer Verlag, Heidelberg
Teuscher E, Lindequist U (2010) Biogene Gifte. Biologie, Chemie, Pharmakologie, Toxikologie. Wissenschaftliche Verlagsgesellschaft, Stuttgart
Weiler E, Nover L (2008) Allgemeine und molekulare Botanik. Thieme, Stuttgart
Wieser W (1986) Bioenergetik. Energietransformationen bei Organismen. Thieme, Stuttgart

Sachverzeichnis

C

H

L

N

O

P

Printed in the United States
By Bookmasters